Herbert Matis, Wolfgang L. Reiter (Hg.)

Darwin in Zentraleuropa

Ignaz-Lieben-Gesellschaft: Studien zu Wissenschaftsgeschichte

herausgegeben von

Mitchell G. Ash, Johannes Feichtinger,
Juliane Mikoletzky, Wolfgang L. Reiter

Band 2

LIT

Herbert Matis, Wolfgang L. Reiter (Hg.)

Darwin in Zentraleuropa

Die wissenschaftliche, weltanschauliche und populäre Rezeption im 19. und frühen 20. Jahrhundert

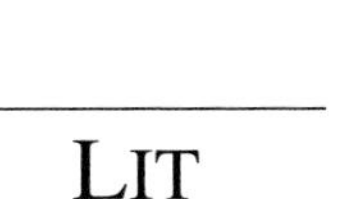

Umschlagbild:
Herbert Rose Barraud, Charles Darwin: The Last Portrait
https://commons.wikimedia.org/wiki/Charles_Darwin#/media/File:
Charles_Darwin_photograph_by_Herbert_Rose_Barraud,_1881_2.jpg

Bibliografische Information der Deutschen Nationalbibliothek
Die Deutsche Nationalbibliothek verzeichnet diese Publikation in der Deutschen Nationalbibliografie; detaillierte bibliografische Daten sind im Internet über http://dnb.d-nb.de abrufbar.

ISBN 978-3-643-50898-0 (br.)
ISBN 978-3-643-65898-2 (PDF)

Garnisongasse 1/19
A-1090 Wien
Tel. +43 (0) 1-409 56 61 Fax +43 (0) 1-409 56 97
E-Mail: wien@lit-verlag.at http://www.lit-verlag.at

Auslieferung:
Deutschland: LIT Verlag, Fresnostr. 2, D-48159 Münster
Tel. +49 (0) 2 51-620 32 22, E-Mail: vertrieb@lit-verlag.de

E-Books sind erhältlich unter www.litwebshop.de

INHALTSVERZEICHNIS

2 | Die weltanschauliche Rezeption und der Kulturkampf

3 | Öffentlicher Diskurs und populäre Rezeption

Vorwort der Herausgeber

Herbert Matis und Wolfgang L. Reiter

Die *Ignaz-Lieben-Gesellschaft-Verein zur Förderung der Wissenschaftsgeschichte* (ILG) hat sich die umfassende Förderung und Dokumentation der Geschichte der Naturwissenschaften in Zentraleuropa als Aufgabe gesetzt. Dabei geht es perspektivisch vor allem um die gegenseitige Durchdringung von Wissenschaft, Gesellschaft, Politik und Kultur. Ein geographischer Schwerpunkt liegt auf Österreich und den angrenzenden Ländern der ehemaligen Donaumonarchie.

Die Frage der Darwin-Rezeption in Zentraleuropa und insbesondere in Deutschland und den Ländern der ehemaligen Habsburgermonarchie war im November 2017 Gegenstand eines von der *Ignaz-Lieben-Gesellschaft* gemeinsam mit der Österreichischen Akademie der Wissenschaften in Wien veranstalteten zweitägigen Symposiums. Insgesamt fünfzehn Referentinnen und Referenten behandelten während dieser zweitägigen Veranstaltung die Rezeptionsgeschichte der Darwinschen Evolutionstheorie im 19. und frühen 20. Jahrhundert. Dabei ging es erstens um deren innerwissenschaftliche Diskussion, zweitens um die spätere Ideologisierung und Verweltanschaulichung sowie den daraus resultierenden *Kampf der Kulturen* und drittens um die populärwissenschaftliche Resonanz in der zeitgenössischen Publizistik sowie im öffentlichen Diskurs.

Die thematische Gliederung des vorliegenden Bandes umfasst daher drei übergreifende Bereiche der Darwin-Rezeption im 19. und frühen 20. Jahrhundert: Einleitend wird die *wissenschaftliche Rezeption* behandelt, woran sich die *weltanschauliche Rezeption und der Kulturkampf* in Zentraleuropa und insbesondere auch in Deutschland anschließt, gefolgt vom *öffentlichen Diskurs und der populären Rezeption des Darwinismus.*

Am Beginn steht ein einleitender Übersichtsartikel von Herbert Matis, der die einzelnen Themenbereiche des Bandes in einen allgemeinen Zusammenhang stellt. Im folgenden ersten Teil »Die wissenschaftliche Rezeption« problematisiert dann Johannes Feichtinger die *Krisis des Darwinismus* im Kontext der Wissenschaften des Wiener Fin de Siècle. Marianne Klemun beleuchtet die *Relationen zwischen Franz Unger, Charles Darwin und Eduard Suess* sowie die *Lektüren von Darwins »Origin« im Wien der 1860er und 1870er Jahre* und Eve-Marie Engels gibt einen umfassenden Überblick über die *Darwin-Rezeption in Deutschland im 19. Jahrhundert.* Einer lokal orientierten Geschichte der Darwin-Rezeption sind die Beiträge von Tomáš Hermann über die *Rezeption von Darwin in den tschechischen Ländern* und der von Josip Balabanić zur *Rezeption des Darwinismus in Kroatien zwischen 1859 und 1920* gewidmet.

Der zweite Teil steht unter dem Thema »Die weltanschauliche Rezeption und der Kulturkampf«. Kurt Otto Bayertz behandelt einleitend *Die Theorie Darwins im Urteil deutscher Philosophieprofessoren des 19. Jahrhunderts.* Werner Michlers Beitrag gilt dem Thema *Darwin in der österreichischen Literatur, 1859–1914* und Richard Saage analysiert in seinem Beitrag die *Darwinsche Evolutionstheorie im Spiegel sozialdemokratischer Rezeption in Deutschland und Österreich vor 1933/34.* Daran anschließend behandeln Lenka Ovčáčková die *Rezeption des naturwissenschaftlichen Monismus von Ernst Haeckel im tschechischen Kulturraum* und Klaus Taschwer das Thema *Darwin und die frühe Eugenik in Wien.*

Im thematisch letzten Teil des Bandes, der dem öffentlichen Diskurs und der populären Rezeption gewidmet ist, geben Gabriele Melischek und Josef Seethaler einen Überblick über die *Darwin-Rezeption in der österreichischen Presse* und Katalin Stráner über die *Darwin-Rezeption in ungarischen Zeitschriften und in der populären Presse im 19. und frühen 20. Jahrhundert.* Aus kunsthistorischer Perspektive betrachtet Stefanie Jovanovic-Kruspel das *Wiener Naturhistorische Museum und die Rezeption von Darwin(ismus).*

Abschließend gibt der theoretische Chemiker und eminente Evolutionstheoretiker Peter Schuster einen umfassenden Überblick und Ausblick aus Sicht der Molekularbiologie und Genetik auf *Darwin gestern und heute.*

Die beiden Herausgeber danken allen Referentinnen und Referenten des Symposiums 2017, dass sie sich der Mühe unterzogen haben, ihre Beiträge auch schriftlich auszuarbeiten. Überdies möchten wir unsere besondere Dankbarkeit für ihre Bereitschaft ausdrücken, diverse Änderungs- und Ergänzungswünsche der Herausgeber zu berücksichtigen. Unser Dank geht auch an Josef Schifferer für die Übertragung des Beitrags von Katalin Stráner vom Englischen ins Deutsche. Besonderer Dank gilt wiederum Herbert Posch für die Erstellung einer reprofähigen Druckvorlage und seine damit im Zusammenhang stehende Kommunikation und Kooperation mit dem Verlag. Bei Juliane Mikoletzky bedanken wir uns für das Korrekturlesen. Dem LIT-Verlag sei an dieser Stelle für die bereits mehrfach geleistete Betreuung und Zusammenarbeit sowie für die zügige Drucklegung des Bandes gedankt.

Wien, im September 2018

Einführung

Zur Darwin-Rezeption in Zentraleuropa 1860 bis 1920

Herbert Matis

Ist's Zufall nur, ist's höherer Wille?
Woher ich komm, wo geh ich hin?
Die uralt Frage, die dem Leben gibt erst Sinn.
Du suchst nach Antwort und hörst Stille.
H. M.

Als dieses Symposium geplant wurde, war noch nicht abzusehen, dass das Thema ›Evolution‹ eine ungeahnte Aktualität in der Gegenwart erfahren würde, und dass Darwins Evolutionstheorie selbst noch am Beginn des 21. Jahrhunderts prominente Gegnerschaft finden könnte. Dazu einige verstörende Indizien: In der Türkei wurde 2017 im Zuge der Re-Islamisierung durch Präsident Recep Tayyip Erdoğan die Evolutionstheorie aus den Schulbüchern verbannt.[1] Aber nicht nur Islamisten, sondern auch evangelikal-christliche Kreationisten berufen sich darauf, dass das ganze Universum, die Natur, das Leben und der Mensch durch den direkten Eingriff eines Schöpfergottes entstanden sein sollen. Alle heute bekannten Organismen gehen demnach nicht auf einen gemeinsamen Ursprung zurück, sondern wurden bereits als solche von eben diesem Schöpfer geschaffen. Ganz Strenggläubige meinen überhaupt, dass Gott – wortwörtlich, wie es in der Bibel steht – sein Schöpfungswerk vor rund 6.000 Jahren in sieben aufeinander folgenden Tagen vollendet habe. Bereits vor mehr als zehn Jahren warnte der Europarat vor dem Aufkommen dieses ›Kreationismus‹. Spiegel-online weist darauf hin, dass in den USA das 1990 gegründete *Discovery Institute* mit seinem *Center of Science and Culture* als eine Speerspitze der modernen Kreationisten gilt, eine Organisation, die aber ganz generell gegen die modernen Naturwissenschaften als

[1] Bis zur Machtübernahme durch die islamisch-konservative AKP im Jahr 2002 war das türkische Bildungswesen im Sinne von Kemal Atatürk strikt laizistisch geprägt gewesen. Der Leiter der Lehrplanabteilung im Bildungsministerium in Ankara, Alpaslan Durmuş, hat nunmehr aber für 2017 angekündigt, die Evolutionstheorie Darwins aus den Lehrbüchern der neunten Schulstufe zu tilgen.

»Quelle des Materialismus« auftritt. Als eine Alternative zu der auf dem Zufallsprinzip basierten Evolutionstheorie[2] gilt für manche auch die Vorstellung eines *intelligent design*, wonach ein höheres Wesen das Leben erschaffen hat, das seitdem zwar einen langen Entwicklungsprozess durchlaufen hat, der aber von eben diesem höheren Wesen auch weiterhin gesteuert wird. Der neue amerikanische Vizepräsident Mike Spence, aber auch ehemalige republikanische Präsidenten wie Ronald Reagan und George W. Bush lehnten daher als Anhänger von *intelligent design* Darwins Theorie ab und sprachen sich dafür aus, dass im Fach Biologie diese Vorstellung des *intelligent design* zumindest als gleichwertig mit der Evolutionstheorie in den Schulen gelehrt werden sollte.[3]

Dies mag damit zusammenhängen, dass es für viele Zeitgenossen eine zutiefst verstörende Erfahrung ist, dass der Mensch als erste Spezies mit dem in der jüngsten Zeit entwickelten neuesten molekularbiologischen Methodenkomplex (Sequenzierung des Genoms, CRISPR und *genome editing*) in die Lage versetzt wurde, an der Basis seiner eigenen genetischen Ausstattung ›gezielt‹ zu manipulieren, wodurch wir uns gleichsam im neuen Zeitalter einer beschleunigten ›akzelerierten Evolution‹ befinden: Es ist nicht mehr alleine die gesamte Umwelt, die den Selektionsdruck (*Survival of the Fittest*) ausmacht, sondern der Mensch selbst tritt plötzlich in einer Art ›Feedback-Schleife‹ in den Mittelpunkt des Selektionsmechanismus. Durch die Fortschritte in der synthetischen Biologie wird es möglich, dass der Mensch erstmals die Möglichkeit erhält, in den Prozess der Evolution selbst aktiv einzugreifen, indem er mittels molekularbiologischer Methoden das Erbgut von Pflanzen, Tieren und Menschen verändert. Es wird dabei nicht ausgeschlossen, dass auf diese Weise auch neue Arten entstehen könnten.[4]

---

[2] Vgl. Karl Sigmund, Spielpläne, Zufall, Chaos und die Strategien der Evolution (Droemer-Knaur: München 1995).

[3] Auch die christlich-orthodoxe Kirche vertritt eine ähnliche Position: In Serbien z. B. unternahm die Unterrichtsministerin Ljiliana Colic im Jahr 2004 den Versuch, den Darwinismus aus den Schulbüchern zu verbannen; sie scheiterte jedoch, was zu ihrem Rücktritt führte. Dennoch richtete 2017 eine 166 Köpfe zählende Gruppe von serbischen ›Intellektuellen‹, darunter mehrere Professoren und zwei Mitglieder der Serbischen Akademie der Wissenschaften, eine Petition an das Parlament in Belgrad, in der diese Forderung erneuert wurde. Vgl. https://www.slobodnaevropa.org/a/28474951.html (abgerufen am 22. 5. 2017).

[4] Ich möchte an dieser Stelle Uwe Sleytr für anregende Hinweise in vielen gemeinsamen Gesprächen danken.

Der 2002 von Paul Crutzen und Eugene F. Stoermer in den wissenschaftlichen Diskurs eingeführte Begriff für ein das *Holozän* ablösendes neues Erdzeitalter *Anthropozän*, der zum Ausdruck bringt, dass der Mensch selbst nunmehr zum wesentlichen Einflussfaktor gravierender geologischer, ökologischer und atmosphärischer Veränderungen der Lebensumwelt geworden ist, wird damit durch den aktuellen Paradigmenwandel in der Biologie ergänzt und erweitert.

Evolution als Leitmotiv der Wissenschaft

Entwicklung oder Evolution wird im 19. Jahrhundert zu einem Schlüsselbegriff, zum Paradigma in der Wissenschaft. Evolution ist abgeleitet vom lateinischen Verbum *evolvere*, das ursprünglich vor allem das Ausrollen einer Schriftrolle bezeichnete. Der Terminus ›Evolution‹ wurde erst in der Neuzeit zu einem verbreiteten Wort und er inkludierte zugleich auch weitere, aus heutiger Sicht teilweise überraschende Bedeutungen. So bezog er sich unter anderem auf die Bewegungen exerzierender Militärabteilungen oder aber auf die Ausführung musikalischer Motive; in der Geometrie wurde seit dem 17. Jahrhundert Evolution als Tangente beschrieben, die wie ein Faden von einem Punkt auf einer Kurve ausgeht oder abgewickelt wird. Im 18. Jahrhundert erhielt das Verbum ›entwickeln‹ die übertragene Bedeutung von »(sich) entfalten«, bzw. »(sich) stufenweise herausbilden«. In allen diesen Fällen ist die Tendenz zu beobachten, dass der Begriff zunächst konkrete Vorgänge bezeichnet, um später abstrakter gefasst und auf Prozesshaftes bezogen zu werden. In diesem Sinne werden dann der Entwicklungsbegriff und der von ihm kaum zu trennende Begriff der Evolution zuerst in den Naturwissenschaften verwendet, um in der Folge auch in die Sozialwissenschaften Eingang zu finden, wobei aber Wechselwirkungen festzustellen sind.

Der Schweizer Naturforscher Albrecht von Haller (1708–1777) gebraucht bereits 1744 den Begriff ›Evolution‹ erstmals im Zusammenhang mit seiner Theorie der menschlichen Embryonalentwicklung. Die Vorstellung der biologischen Evolution liefert in weiterer Folge eine naturwissenschaftlich fundierte Erklärung für die Entstehung und Veränderung der Arten im Verlauf der Erdgeschichte, wobei sich alle derartigen Prozesse in der Natur durch eine Irreversibilität auszeichnen. Der Begriff der Evolution wird seither häufig mit dem englischen Biologen Charles Darwin in Verbindung gebracht. Dieser formuliert auch die Prinzipien der notwendigen Anpassung an Umweltbedingungen durch natürliche Selektion als wichtige Antriebsmomente der Evolution. Dabei gibt es bei der Ausformung der Evolutionstheorie durchaus intellektuelle Wechselwirkungen, denn

Darwin selbst verweist im Vorwort und im dritten Kapitel seines Buches *On the Origin of Species* (1859) auf Anregungen, die er u. a. dem Ökonomen Thomas Robert Malthus verdankt; umgekehrt kommt es dann im Sozialdarwinismus zur Übertragung evolutionstheoretischer Prinzipien auf menschliche Gesellschaften, um etwa soziale Ungleichheit oder rassische Diskriminierung als Folge einer ›natürlichen Auslese‹ zu rechtfertigen. Zentrale Begriffe der Evolutionsbiologie wie ›Evolution‹ selbst, ›Selektion‹ und ›Kampf ums Überleben‹ verwendeten bereits Vertreter der Klassischen Nationalökonomie in einem gesellschaftswissenschaftlichen Kontext.[5]

Die Vorstellung der Entwicklung wird in der zweiten Hälfte des 19. Jahrhunderts zu einem Leitmotiv der Wissenschaften generell. Dies hängt wohl mit der oft beschriebenen »Emergenz des historischen Weltbilds im dritten Viertel des 18. Jahrhunderts« zusammen.[6] Im Zusammenhang mit dem Prinzip der Evolution, wie es u. a. Charles Darwin und auch Alfred Wallace sowie Charles Lyell für die Naturwissenschaften formulierten, gewinnt eine historisch-evolutionistische Betrachtungsweise auch für viele andere Wissenschaften paradigmatische Bedeutung.[7] Viele Disziplinen maßen damals der zeitlichen Dimension und damit auch dem Entwicklungsgedanken einen besonderen Stellenwert zu, und sehr bald wurde dieser auch ganz allgemein als maßgebliches Grundmuster für die Erklärung von Prozessen aller Art verstanden.

Evolution als Paradigma – Darwins Lehre im Diskurs der Wissenschaft

Charles Robert Darwin (1809–1882)[8] nimmt in der Geschichte der Naturwissenschaften und darüber hinaus einen besonderen Platz ein, gilt dieser britische Gelehrte doch gemeinsam mit seinem Landsmann Alfred Russel Wallace (1823–

---

[5] Vgl. Karl Bachinger/Herbert Matis, *Entwicklungsdimensionen des Kapitalismus. Klassische Sozioökonomische Konzeptionen und Analysen* (Böhlau: Köln/Weimar/Wien 2009) 4 f.

[6] Hans Ulrich Gumbrecht, Zeitbegriffe in den Geisteswissenschaften heute, in: *Akademie im Dialog 10. Zum Zeitbegriff in den Geisteswissenschaften* (Verlag d. Österr. Akademie d. Wissenschaften: Wien 2017) 8.

[7] Die Berücksichtigung der zeitlichen Dimension erhielt auch in den Naturwissenschaften einen wichtigen Stellenwert. So wurde etwa die Anamnese für die medizinische Diagnose essentiell, in der Geologie unterschied man verschiedene Erdzeitalter usw.

[8] Die Literatur über Darwin ist nahezu unüberschaubar. In der Ausgabe von *Times*

1913) als Begründer der evolutionären Biologie.[9] Darwin, der aus einem gut situierten Haus stammte und Enkel des bekannten Naturforschers Erasmus Darwin war, hatte zunächst nach einem abgebrochenen Medizinstudium in Edinburgh an der Universität Cambridge das Bakkalaureat in Theologie abgeschlossen. Daneben interessierte er sich aber für die Naturwissenschaften, wobei vor allem die Cambridge-Professoren John Steven Henslow (Mineralogie, Botanik) und Adam Sedgwick (Geologie) ihm Gelegenheit gaben, sich in ihren Fachgebieten weiterzubilden. Henslow war es auch, der Darwin für die Teilnahme an einer von der britischen Marine geplanten Expeditionsreise vorschlug. Den Grundstein seiner späteren naturwissenschaftlichen Karriere legte der damals erst knapp 22-jährige Darwin jedenfalls im Zuge seiner von Ende 1831 bis 1836 dauernden Weltumsegelung auf der von der Royal Navy mit Vermessungsarbeiten, chronometrischen Bestimmungen und kartographischen Aufnahmen betrauten 242 Tonnen-Brigg HMS Beagle, die ihn rund um die Welt führen sollte.[10] Ein Werk, das ihn auf dieser Reise begleitete, waren die dreibändigen *Principles of Geology* (John Murray: London 1830–33) von Charles Lyell. Die an die Expeditionsreise anschließende Publikation seines umfangreichen Reiseberichts (1839), die auf Auswertungen seiner Notizbücher und einer in zwölf Katalogen festgehaltenen systematischen Sammeltätigkeit von Fossilien, Gesteinen, Pflanzen und Tieren beruhte, sowie weitere wissenschaftliche Veröffentlichungen als Ergebnis dieser Reise sicherten ihm in Fachkreisen bereits ab den 1840er Jahren erste Anerkennung als Geologe, Zoologe und Botaniker. Insbesondere wurden seine taxonomischen Fähigkeiten gewürdigt, für die ihm 1853 die prestigereiche *Royal Medal of the Royal Society* verliehen wurde. Er wurde in der Folge zum Mitglied der *Royal Society*, des renommierten *Athenaeum Club*s, der *Geological Society of London*, sowie der *Royal Geographical Society* gewählt.[11]

Literary Supplement v. 15. Dezember 2017 behandelt Clare Pettitt unter dem Titel »The origin of the thesis. Why Charles Darwin's approach to science should not be misunderstood« aktuellste Beiträge wie Evelleen Richards, *Darwin and the making of sexual selection* (Chicago UP: Chicago), A. N. Wilson, *Charles Darwin. Victorian mythmaker* (John Murray: London 2017), James T. Costa, *Darwin's backyard. How small experiments led to a big theory* (W. W. Norton: New York 2017), und Philip Lieberman, *The theory that changed everything* (Columbia UP: New York 2017).

[9] Zwar ist dies nicht ganz zutreffend, denn schon vorher war der Gedanke an eine evolutionäre Entwicklung unter Naturwissenschaftlern durchaus verbreitet, wenn man z. B. an die Vorstellungen von ›Transmutation‹ denkt.

[10] https://en.wikipedia.org/wiki/The_Voyage_of_the_Beagle (abgerufen am 26. 7. 2017).

[11] https://de.wikipedia.org/wiki/Charles_Darwin (abgerufen am 26. 7. 2017).

Abb. 1: Der »Stammbaum des Lebens« (links). Erste Skizze, die Darwin auf der Beagle in seinem Notizbuch B, p. 36 erstellte (1836) und Darwin nach seiner Rückkehr von der Reise auf der Beagle (rechts). Aquarell von George Richmond (Wikipedia, gemeinfrei)

In den folgenden Jahren entwickelte Darwin auf Basis seiner auf induktivem Wege gewonnenen Erkenntnisse erste theoretische Überlegungen im Hinblick auf die Wechselbeziehung zwischen Organismen und Umwelt, wobei er erkannte, dass sich Organismen mittels Variation und natürlicher Selektion an ihr jeweiliges Habitat anpassen. Er begann mit der Niederschrift seiner Überlegungen in seinen *Notebooks on Transmutation*. Als Synonym für den Artenwandel unter den Bedingungen eines direkten Einflusses äußerer Lebensbedingungen verwendete er also die Bezeichnung ›Transmutation‹. Es war dies ein Begriff, der in der ersten Hälfte des 19. Jahrhunderts von verschiedenen Biologen benützt wurde, u. a. von den Franzosen Jean Baptist Lamarck (1744–1829) und Étienne Geoffroy Saint-Hilaire (1772–1844), den britischen Naturforschern Robert Edmond Grant (1793–1874), Robert Chambers (1802–1871), und Erasmus Darwin (1731–1802), dem Großvater von Charles Darwin, aber auch vom österreichischen Botaniker

Franz Josef Unger (1800–1870)[12], dessen Schüler wiederum der Entdecker der ›Vererbungsgesetze‹ Gregor Mendel war.[13]

Auf Seite 36 seines Notizbuches B entwarf Darwin unter der Überschrift *I think* eine erste Skizze eines ›Stammbaums des Lebens‹, in dem die Entstehung der Arten durch eine differenzierte Aufspaltung in einzelne Äste und Zweige in Form von Bifurkationen dargestellt wird.[14] Damit skizzierte er die Struktur der stammesgeschichtlichen (phylogenetischen) Entwicklung aller Lebewesen in der Natur und stellte zugleich auch die Existenz bestimmter Verwandtschaftsgruppen sowie deren Aufspaltung in verschiedene Arten und Varietäten fest. Mit dem in seinem Notizbuch festgehaltenen ›Stammbaum des Lebens‹ postulierte Darwin – gestützt auf zahlreiche Fossilienfunde – seine Theorie einer gemeinsamen Abstammung, wonach über Jahrmillionen zurückreichende Generationenketten letztlich alle Lebewesen miteinander verwandt sind.

Die Frage, warum die Arten variieren, konnte Darwin aufgrund des genauen Studiums von Haustieren auf den umbildenden Einfluss der künstlichen Zuchtwahl durch den Menschen zurückführen; für die Veränderung der Arten durch natürliche Zuchtwahl fand er hingegen eine Entsprechung im Prinzip des *Struggle for Life*, wonach sich in der freien Natur jene Varietäten durchsetzen, die am besten an ihre Umwelt angepasst sind und damit die günstigsten Überlebenschancen vorfinden. Für diese Annahme fanden sich bereits Vorbilder in den Arbeiten englischer Sozialwissenschaftler: Maßgeblich war dabei für ihn die Lektüre der in Darwins Stammverlag erschienenen vieldiskutierten Bevölkerungstheorie des Ökonomen Thomas Robert Malthus (1766–1834).[15] Malthus hatte diese Theorie in seinem *Essay on the Principle of Population. A View of the past and present Effects on Human Happiness* (John Murray: London 1826)[16] formuliert, und fest-

---

[12] Franz Unger, *Versuch einer Geschichte der Pflanzenwelt* (W. Braumüller: Wien 1852).

[13] Stephen Jay Gould, *The Structure of Evolutionary Theory* (Harvard U. P.: Cambridge Mass. 2002) 116–121.

[14] Adrian Desmond/James Moore, *Darwin* (F. List: München/Leipzig 1991) 220–229.

[15] Im Vorwort von *On the Origin of Species* (1859) nimmt Darwin auf Malthus daher auch expliziten Bezug. Später, nämlich 1864, verwendete der englische Soziologe Herbert Spencer den Begriff des *survival of the fittest* für die Vorstellung einer natürlichen Auslese. Vgl. Herbert Spencer, *The Principle of Biology*, 2 vol. (John Chapman: London 1864) vol. 1, 444.

[16] Das renommierte 1768 gegründete Londoner Verlagshaus John Murray in der

gestellt, dass ein unkontrolliertes exponentielles Bevölkerungswachstum zwangsläufig in einer Konkurrenz um immer knappere Ressourcen münden müsse, weil sich diese lediglich in einer arithmetischen Folge vermehren.

Dies führte Darwin, aber auch seinen späteren Konkurrenten und Mitstreiter Wallace, zur Annahme, dass sich das Prinzip des Überlebenskampfs (*Struggle for Life*) verallgemeinern ließe: Im Wettbewerb um Ressourcen würden sich unter limitierenden Umweltbedingungen die vorteilhafteren Variationen durchsetzen, während hingegen unvorteilhafte Variationen aus der Population verschwinden würden. Der mit diesem Konkurrenzkampf einhergehende Selektionsmechanismus erklärt also die Veränderung und auch die Entstehung neuer Arten.[17] Er führte dabei letzteres auf die Anpassung an natürliche Bedingungen, auf das Wirken des ›blinden‹ Zufalls und auf Selektionsdruck, aber nicht auf göttliches Wirken und einen allem zugrunde liegenden teleologischen Plan zurück. Damit

Albemarle Street, das durch die Herausgabe von Reisehandbüchern groß geworden war, verlegte neben den Schriften von Malthus auch diejenigen von Darwin, Lyell und anderen Evolutionsforschern. Die Verbindung mit Darwin kam durch die Herausgabe von dessen Berichten über die Reise mit der Beagle zustande.

[17] Vgl. Darwin, *Autobiography*, 120: »… it at once struck me that under these circumstances favourable variations would tend to be preserved, and unfavourable ones to be destroyed. The result of this would be the formation of new species. Here, then, I had at last got a theory by which to work …«. Unter anderem entwickelten der Biologe Ernst Walter Mayr und der Populationsgenetiker Theodosius Dobzhansky demgegenüber in den 1940er Jahren in ihrer ›synthetischen Evolutionstheorie‹ ein Konzept, wonach Arten als Fortpflanzungsgemeinschaften von sich miteinander paarenden Individuen (Populationen) zu verstehen sind. Mayr zieht es deshalb auch vor, von einer *Elimination der Schwächeren* anstelle eines *Survival of the Fittest* zu sprechen, denn letzteres konnotiert mit der nicht mehr zutreffenden Vorstellung, dass sich nur wenige Individuen einer Population in jeder Generation fortpflanzen können. Vgl. auch Karl Raimund Popper, A new Interpretation of Darwinism, in: *The first Medawar Lecture. Proceedings of the Royal Society* (London 1986): Popper unterscheidet zwischen einem ›aktiven Darwinismus‹, wonach Organismen aktiv nach Überlebensstrategien und Nischen suchen. Eine Folge davon ist der Selektionsdruck, der den Organismus so formt, dass er sich besser an die neue Umwelt anpasst. Hingegen ist der ›passive Darwinismus‹ dadurch charakterisiert, dass die Organismen die Fähigkeit entwickeln, in einer für sie feindlichen Umwelt zu überleben und sich fortzupflanzen. Irgendwie drängt sich hier eine Assoziation zu den Kategorien ›Akkomodation‹ und ›Assimilation‹ bei Jean Piaget auf. Vgl. auch den Volltext der Medawar-Lecture bei: Hans-Joachim Niemann, *Karl Popper and the Two New Secrets of Life.* Including Karl Popper's Medawar Lecture 1986 and Three Related Texts (Mohr-Siebeck: Tübingen 2014), Appendix A.

waren aber die tradierte Auffassung von einer ›Konstanz der Arten‹ und die Annahme eines *Principle of Design*, wie sie nicht nur die christliche Schöpfungsgeschichte, sondern auch zahlreiche zeitgenössische Naturwissenschaftler vertraten, aufgrund seiner Erkenntnisse als wissenschaftlich obsolet zu betrachten.[18] Während die Vorstellung der Evolution in den nächsten Jahren in Wissenschaftskreisen allgemein akzeptiert wurde, fand diejenige der natürlichen Selektion, mit der sich selbst Darwins Freunde Charles Lyell und Asa Gray nicht anfreunden mochten, nicht bei allen Naturwissenschaftlern uneingeschränkte Akzeptanz.

Nachdem er über zehn Jahre lang Belege dafür zusammengetragen hatte, wagte Darwin sich schließlich 1842 und 1844 an die Abfassung erster kurzer essayistischer Abrisse seiner künftigen Evolutionstheorie, die zunächst jedoch noch unveröffentlicht blieben, weil er ab 1856 an einem umfangreicheren Manuskript über die Bedeutung natürlicher Selektion aufgrund optimierter Anpassung an die Umwelt arbeitete. Bei seinen Arbeiten erfuhr er vor allem durch den englischen Botaniker Joseph Dalton Hooker (1817–1911) und den schottischen Geologen Charles Lyell (1797–1875) großen Zuspruch. Erst durch einen Brief des fünfzehn Jahre jüngeren Botanikers Alfred Russel Wallace (1823–1913), in dem dieser auf sein als Ergebnis seiner Forschungsreisen im Malaiischen Archipel verfasstes Manuskript mit ähnlichen Überlegungen zur Rolle der Evolution hinwies, kam es im Sommer 1858 schließlich dazu, dass die beiden (in der Folge lebenslang durch gegenseitige Wertschätzung verbundenen) Naturforscher an eine Veröffentlichung ihrer Theorien gingen. Hooker und Lyell arrangierten eine gemeinsame Vorstellung der Überlegungen der beiden Gelehrten in einer Sitzung der Londoner gelehrten Gesellschaft *Linnean Society* am 1. Juli 1858.

Ein Jahr später publizierte Darwin dann sein revolutionäres Werk, in welchem er eine wissenschaftlich fundierte Erklärung für die Diversität des Lebens auf Basis der Evolutionsbiologie lieferte, was ihn mit einem Schlag berühmt machte: *On the Origin of Species by means of natural Selection, or the Preservation of favoured Races in the Struggle for Life* [dt.: Über die Entstehung der Arten im Thier- und Pflanzen-Reich durch natürliche Züchtung, oder Erhaltung der Vervoll-

---

[18] Franz Stuhlhofer, *Charles Darwin. Weltreise zum Agnostizismus*. Telos-Bücher: Leben – Werk – Wirkung Nr. 2809 (Schwengeler-Verlag: Berneck 1988) stellt in diesem Zusammenhang einen Konnex zu Darwins neu gewonnenen Erkenntnissen auf der Reise mit HMS Beagle her.

Abb. 2: Charles Darwin im Alter von 45 Jahren,
Foto von Francis Maull & John Fobbx um 1854 (Wikipedia, gemeinfrei)

kommneten Rassen im Kampfe ums Dasein] (John Murray: London 1859), das in der Folge noch fünf weitere Auflagen erlebte.[19] Der große internationale Erfolg führte dazu, dass er nahezu ein Jahrzehnt später eine zweite Veröffentlichung folgen ließ: In dem 1868 erschienenen Werk *The Variation of Animals and Plants under Domestication* [dt.: Die Variation von Tieren und Pflanzen unter Domestikation] befasste sich Darwin mit der Veränderlichkeit von vielzelligen Lebewesen unter dem Einfluss des Menschen. Auch formulierte er mit seiner sich später als unrichtig erweisenden *Pangenesis*-Hypothese, die Annahme einer Entstehung des Keimgutes im ganzen Körper, wobei er sich der lamarckistischen Position einer möglichen Vererbung erworbener Eigenschaften öffnete.[20]

---

[19] Dieses Werk ist ab der 6. und zugleich letzten Auflage von 1872 nur mehr unter dem Titel *On the Origin of Species* [dt.: Über den Ursprung der Arten] erschienen.

[20] Dem wurde in der Folge durch den Freiburger Zoologen und Hauptvertreter des ›Neodarwinismus‹ August Friedrich Weismann 1892 mit seiner Keimplasmatheorie

Darwin, der bereits 1857 – also noch vor Erscheinen seines Werkes *On the Origin of Species* – von der ›Deutschen Akademie der Naturforscher Leopoldina‹ zu deren Mitglied ernannt worden war, erfuhr sehr bald auch eine generell überaus positive Aufnahme im deutschsprachigen Raum, ja man kann sagen, dass Darwin hier neben England wohl die größte Zustimmung erfahren hat. Eve-Marie Engels[21], m. E. die beste Kennerin der Darwin-Rezeption in Deutschland, führt die Überzeugungskraft der Darwinschen Theorien vor allem auf deren Systematisierungs- und Integrationsleistung zurück, welche es erlaubte, die Einzelerkenntnisse aus verschiedenen naturwissenschaftlichen Disziplinen in einen kohärenten und konsistenten allgemeinen Zusammenhang zu stellen.

Die beiden ersten Besprechungen von *On the Origin of Species* erschienen bereits 1860, ein halbes Jahr nach dem Erscheinen des Buches. Eine davon lieferte der an der Universität Leipzig lehrende Geologe und Paläontologe Heinrich Georg Bronn (1800–1862).[22] Er war zugleich der erste Übersetzer des Werkes ins Deutsche, wobei er meinte, »Beweis und Gegenbeweis [für Darwins Lehre] lasse sich sofort nicht liefern […] In der Zwischenzeit werden die Naturforscher wohl in zwei Lager getrennt bleiben, in das der Gläubigen und der Ungläubigen«.[23] Eine weitere Rezension lieferte der Geograph und Ethnologe Oscar Ferdinand Peschel (1826–1875).[24] Peschel war ab 1854 Herausgeber der im renommierten

---

widersprochen, wonach vielzellige Organismen aus Keimzellen, welche die Erbinformationen enthalten, sowie aus sich teilenden somatischen Zellen bestehen, deren erworbene Eigenschaften aber nicht an die nächste Generation weitergegeben werden: Das Erbgut wird allein über die Keimzellen weitergegeben, die aber nicht durch die somatischen Zellen beeinflusst werden. https://de.wikipedia.org/wiki/Keimplasmatheorie#cite_note-1 (abgerufen am 1. 3. 2017).

21 Eve-Marie Engels, Darwin, der »bedeutendste Pfadfinder« der Wissenschaft des 19. Jahrhunderts, in: Stefanie Samida (Hrsg.), *Inszenierte Wissenschaft. Zur Popularisierung von Wissen im 19. Jahrhundert* (Transcript Verlag: Bielefeld 2011) 213–244; Eve-Marie Engels/Oliver Betz/Heinz-R. Köhler/Thomas Potthast (Hrsg.), *Charles Darwin und seine Wirkung in Wissenschaft und Gesellschaft* (Attempto: Frankfurt am Main 2009); Eve-Marie Engels, *Charles Darwin* (C. H. Beck: München 2007).

22 Der in Heidelberg lehrende Georg Bronn hatte sich 1857 mit einer von der Pariser Akademie gekrönten Preisschrift *Untersuchungen über die Entwicklungsgesetze der organischen Welt* für das Thema qualifiziert.

23 Die Rezension erschien in: *Neues Jahrbuch für Mineralogie, Geognosie, Geologie und Petrefakten-Kunde*, hrsg. von K. C. von Leonhard und H. G. Bronn, Jg. 1860 (E. Schweizerbart: Stuttgart 1860) 112–116, hier 112.

24 Artikel: Oscar Ferdinand Peschel, in: *NDB*, Bd. 20, 209 f. und *ADB*, Bd. 25, 416–430.

Stuttgarter Cotta-Verlag erscheinenden Wochenzeitschrift *Das Ausland. Eine Wochenschrift für Kunde des geistigen und sittlichen Lebens der Völker*, die sich dem länderübergreifenden Transfer wissenschaftlicher Erkenntnisse verschrieben hatte. Er wurde in dieser Funktion zum Vorreiter für die Diskussion und rasche Verbreitung der Darwinschen Lehre im deutschen Sprachraum. Zunächst noch in relativ kritischer Distanz, zieht Peschel dann bei der Bewertung der Bedeutung der Darwinschen Theorie in weiterer Folge erstmals einen Vergleich mit dem Paradigmenwechsel, den seinerzeit die Theorien von Kepler und Newton in Astronomie und Physik ausgelöst hatten. Peschel schließt sich dabei der Meinung des englischen Geologen Charles Lyell an, der in seinem Werk *The Geological Evidence of the Antiquity of Man, with Remarks on Theories of the Origin of Species by Variation* (John Murray: London 1863)[25] den Hauptverdienst Darwins vor allem darin sieht, dass damit die teleologische Ansicht von einem kontinuierlichen Fortschritt in der Natur entbehrlich geworden sei. Für Lyell, Peschel und andere Zeitgenossen, wie z. B. Eduard Suess (1831–1914) und Karl Ernst von Baer (1792–1876), repräsentierten die Theorien Darwins dabei in erster Linie eine innovative naturwissenschaftliche Hypothese und zugleich eine Grundlage für weitere Forschungen, aber keineswegs ein generelles Erklärungsmodell für die Entwicklung der organischen Welt. Für die spätere Generation von Naturwissenschaftlern lieferte allerdings der Darwinsche Ansatz genau dieses Modell, das ihrer Ansicht nach sämtliche Veränderungen in der Natur, ohne den Eingriff eines Schöpfergottes bemühen zu müssen, plausibel erklären konnte.

Die wissenschaftliche Rezeption in Zentraleuropa

Bei der Darwin-Rezeption in Zentraleuropa[26] kann man drei Phasen unterscheiden: In den frühen 1860er Jahren fand er seine ersten Anhänger im engeren Kreis der Naturwissenschaftler, die vor allem das 1859 erschienene Werk *On the Origin of Species* rezipierten. Interessanter Weise befinden sich unter denen, die sich in der ersten Phase der Rezeption mit seinem Werk auseinandersetzten, besonders häufig Geologen, nicht zuletzt, weil diese in ihrer Tätigkeit ja immer wieder mit

---

[25] https://archive.org/details/geologicaleviden00lyelrich (abgerufen am 1. 3. 2017).

[26] Vgl. dazu neuerdings die umfangreiche Darstellung in: Angela Schwarz (Hrsg.), *Streitfall Evolution. Eine Kulturgeschichte* (Böhlau: Wien/Köln/Weimar 2017) worin mehrere Aspekte des Themas von allgemein- und kulturgeschichtlichem Blickwinkel aus beleuchtet werden. Schwerpunkt ist die öffentliche Auseinandersetzung seit dem 19. Jahrhundert. Leider bleibt auch hier wie sonst Zentral- und Osteuropa relativ unterbelichtet.

fossilen Petrefakten konfrontiert wurden. In Frankreich waren es hingegen anfänglich überwiegend Anthropologen, die Darwins Werk als erste rezipierten.[27] In den späten 1860er und frühen 1870er Jahren kam es dann zu einem breiten Durchbruch der Ideen Darwins. Spätestens ab Ende der 1870er Jahre wird Darwins Lehre zum Gegenstand des öffentlichen Diskurses und dann in Form des ›Darwinismus‹ auch als Weltanschauung vereinnahmt. Man kann allerdings davon ausgehen, dass Darwin selbst darauf bestanden hätte, kein Darwinist zu sein – so wie u. a. auch Karl Marx einmal darauf verwies, kein Marxist zu sein.[28]

Für die Verbreitung der Darwinschen Lehre im deutschen Sprachraum spielten die ersten Übersetzungen vor allem von *On the Origin of Species* eine wichtige Rolle. Jede Übersetzung birgt aber in sich das Problem, dass dabei im Zuge der Übertragung von einem sprachlichen Kontext in einen anderen die Inhalte und theoretischen Fundierungen jeweils neu konstruiert werden. Ein Nachteil für eine weitere Akzeptanz der Darwinschen Theorien war in diesem Zusammenhang zunächst, dass die beiden ersten durchaus verdienstvollen Übersetzungen durch den Geologen Heinrich Georg Bronn[29] in ihrer fachwissenschaftlichen Terminologie noch relativ unpräzise waren.[30] Dies sollte sich erst mit der dritten

---

[27] Die amerikanische Wissenschaftshistorikerin Joy Harvey verweist darauf, dass die französischen Anthropologen darin eine biologische Begründung für die Entstehung der menschlichen Gesellschaft und die soziale Evolution erblickten: »Was und wer sich entwickele, ob die natürliche Selektion zum Schaden oder zum Vorteil der menschlichen Gesellschaft wirke, ob der Mensch gegen die natürliche Selektion ansteuern solle – all dies waren Probleme, die die französischen Anthropologen [...] interessierten«. Joy Harvey, Darwin in a French Dress. Translating, Publishing and Supporting Darwin in Nineteenth-Century France, in: Eve-Marie Engels/Thomas F. Glick (eds.), *The Reception of Charles Darwin in Europe* (Continuum: London 2008) 354–374.

[28] MEW 22, 69: »Ich weiß nur dies, dass ich *kein* Marxist bin.« In diesem Kontext wurde der Darwinismus, worauf u. a. Egon Friedell verwiesen hat, »eine dialektische Konstruktion, ja eine Art Religion mit sehr ausgebildeter Mythologie und Dogmatik«. Egon Friedell, *Kulturgeschichte der Neuzeit* (C. H. Beck: München 1960) 1162.

[29] Die erste deutsche Übersetzung durch Bronn erschien in der E. Schweizerbartschen Verlagsbuchhandlung in Stuttgart und erfolgte 1860 auf Basis der zweiten englischen Auflage von *Origin of Species*, während die zweite deutsche Ausgabe von 1863 auf der dritten englischen Auflage beruhte.

[30] Der deutsche Verleger Rudolf Oldenbourg weist in einem an Darwin adressierten Brief auf die Problematik dieser Übersetzung hin: »More serious are the insufficiencies of Mr. Bronn's translation of your ›Origin‹ because they have actually caused misunderstandings and doubts, which could be removed only by those, who were able to recur to the English original.« Für weitere Kritik an der Bronnschen

deutschen Auflage ändern, die auf einer neuen Übersetzung durch den Leipziger Zoologen Julius Victor Carus (1823–1903) beruhte. Als erste Anhänger Darwins[31] bekannten sich im deutschen Sprachraum neben den beiden bereits erwähnten Übersetzern Bronn und Carus der Genfer Zoologe August Christoph Carl Vogt (1817–1895)[32], der Münchener Naturforscher und Geograph Moriz Wagner (1813–1887)[33] sowie der Freiberger Geologe Bernhard von Cotta (1808–1879). Hingegen bejahte der angesehene deutsch-baltische Embryologe Carl Ernst von Baer, einer der maßgeblichen Vorläufer der modernen Evolutionstheorie, zwar den Evolutionsaspekt, verwarf aber Darwins Selektionstheorem und die weitreichenden weltanschaulichen Schlussfolgerungen, die in der Folge aus Darwins Lehre gezogen wurden.[34]

Anders als in Deutschland waren die Ausgangsbedingungen für eine Akzeptanz der Lehre Darwins in dem vom Katholizismus geprägten Milieu der

Übersetzung vgl. die Korrespondenz des deutschen Verlegers Emil Rudolf Suchsland mit Darwin v. 16. März 1866 und 2. April 1866: »Bronn's translation is very incorrect as to language & meaning & that, considering the importance of Darwin's theory …« https://www.darwinproject.ac.uk/letter/?docId=letters/DCP-LETT-5045.xml; query= Suchsland;brand=default;hit.rank=2#hit.rank2 (abgerufen am 1. 3. 2017).

31 Thomas Junker, Zur Rezeption der Darwinschen Theorien bei deutschen Botanikern (1859–1880), in: Eve-Marie Engels (Hrsg.), *Die Rezeption von Evolutionstheorien im 19. Jahrhundert* (Suhrkamp: Frankfurt a. M. 1995) 147–181.

32 Ernst Krause, Artikel: Vogt, Carl, in: *ADB*. Bd. 40 (Duncker & Humblot: Leipzig 1896) 181–189.

33 Moriz Wagners wichtigste Werke standen stark unter dem Eindruck der Lehre von Darwin. Vgl. *Die Darwinsche Theorie und das Migrationsgesetz der Organismen* (Duncker & Humblot: Leipzig 1868); Ders., Ueber den Einfluß der geographischen Isolirung und Colonienbildung auf die morphologischen Veränderungen der Organismen. Ein Beitrag zur Streitfrage des Darwinismus, in: *Sitzungsber. d. Königl. Bayr. Akademie d. Wiss.* 2/1(München 1870) 154–174; *Die Entstehung der Arten durch räumliche Sonderung* (B. Schwabe: Basel 1889).

34 Seine ambivalente Haltung gegenüber dem Darwinismus fasste Baer selbst so zusammen: »Zuvörderst habe ich das ungewöhnliche Glück, dass ich sowohl als Förderer der Darwinschen Lehre, wie auch als Gegner derselben angeführt werde. In der Tat glaube ich für die Begründung derselben einigen Stoff geliefert zu haben, wenn auch die Zeit und Darwin selbst auf das Fundament ein Gebäude aufgeführt haben, dem ich mich fremd fühle.« Vgl. Carl Ernst von Baer, Ueber Darwin's Lehre, in: *Reden und kleinere Aufsätze,* Bd. 2. (St. Petersburg 1876) 239. Allgemein zu Baer siehe Boris Evgenevich Raikov, *Karl Ernst von Baer, 1792–1876: sein Leben und sein Werk* (Barth: Leipzig 1968) und http://www.biologie-seite.de/Biologie/Karl_Ernst_ von_ Baer (abgerufen am 15. 7. 2017).

einstigen Habsburgermonarchie ungleich schwieriger. Einer der ersten Rezensenten von *On the Origin of Species* (1859), hinter dem wir den englischen Schriftsteller Charles Dickens vermuten dürfen, vermerkte demnach mit gewissem Sarkasmus:

> It is well for Mr. Charles Darwin, and a comfort to his friends, that he is living now, instead of having lived in the sixteenth century; it is even well that he is a British subject, and not a native of Austria, Naples, or Rome. Men have been kept for long years in durance, and even put to the rack and the stake, for the commission of offences minor to the publication of ideas less in opposition to the notions held by the powers that be.[35]

Abb. 3: »Die vier Hauptvertreter des Darwinismus«: Darwin, Lamarck, Haeckel, St. Hilaire. In: llustrirtes Familienblatt Die Gartenlaube (1873) (Wikipedia, gemeinfrei)

---

[35] An anonymous review of Charles Darwin's On the Origin of Species, published on 24 November 1859, in: *All the Year Round*, vol. 3 (1860), 293–299, hier 293.

Umso wichtiger erscheint es für den Wissenschaftshistoriker, auf jenen Kreis von Naturwissenschaftlern hinzuweisen, der sich schon sehr früh und auch gegen Widerstände zur Lehre Darwins bekannte. In Österreich waren es vor allem zwei gebürtige Deutsche, der Mediziner und Biologe Gustav Eberhard Jäger (1832–1917)[36] und der Geologe Ferdinand Hochstetter (1829–1884)[37], welche die Darwinschen Theorien frühzeitig rezipierten. Der einflussreiche Geologe Eduard Suess (1831–1914) war hingegen zunächst noch sehr zurückhaltend; wohl gestand er Darwin zu, dass mit *On the Origin of Species* »ein neues, ein weitaus allgemeineres Ringen nach den Grundgesetzen der organischen Natur« begonnen habe, er meinte aber:

> Es wäre wohl zu viel gesagt, wenn man behaupten wollte, dass dieses merkwürdige Buch die Frage, welche es von neuem aufgeworfen, auch zugleich endgiltig entschieden habe, und dass alle die Erfahrungen der neueren Naturforschung bereits hinlänglich abgewogen seien, um uns zu einer rückhaltlosen Annahme der Darwinschen Anschauung zu veranlassen.[38]

Relativ spät, nämlich erst 1871, wurde Charles Darwin auch von der *Kaiserlichen Akademie der Wissenschaften in Wien* zum korrespondierenden Mitglied im Ausland gewählt. Den am 11. Mai 1871 eingebrachten Wahlantrag unterschrieben die drei Geologen Eduard Suess, Franz von Hauer, Ferdinand von Hochstetter, die drei Chemiker Friedrich Rochleder, Anton Schrötter von Kristelli und Josef Loschmid, der Physiker Andreas Freiherr von Ettingshausen, der

---

[36] Gustav Jäger, *Die Darwin*sche *Theorie und ihre Stellung zu Moral und Religion* (Julius Hoffmann: Stuttgart 1869). Jäger, einer der wenigen Darwinisten, der eine Verbindung von moderner Evolutionstheorie mit theistischem Schöpferglauben für möglich hielt, ging 1867 als Professor nach Stuttgart, quittierte allerdings 1884 den Staatsdienst und wirkte dann bis zu seinem Tod im Jahre 1917 als Privatgelehrter. Seine wichtigsten Publikationen finden sich in Darwins Bibliothek.

[37] Ferdinand Ritter von Hochstetter wirkte ab 1853 an der Geologischen Reichsanstalt in Wien. Er habilitierte sich 1856 an der Universität Wien für Petrographie und war 1860–1881 Professor für Mineralogie und Geologie am Polytechnischen Institut in Wien. Er war einer der von Kaiser Franz Joseph bestellten Lehrer des Kronprinzen Rudolf und zählte 1876 zu den Promotoren des neuen Naturhistorischen Museums in Wien. Es ist doch bemerkenswert, dass Jäger, Hochstetter und Suess allesamt Protestanten waren.

[38] Eduard Suess, Hofrat Bronn's Ansichten von der Entwicklung des Thierreiches, in: *Schriften des Vereins zur Verbreitung naturwissenschaftlicher Kenntnisse*, Bd. 1 (Wien 1862) 119.

Mathematiker Adam Freiherr von Burg, der Anatom Karl Langer von Edenberg, und der Meteorologe Karl Jelinek.[39] Es ist immerhin bemerkenswert, dass Darwins Lehre damals wegen der Veröffentlichung von *The Descent of Man* im Mittelpunkt einer Konfrontation mit kirchlichen Autoritäten stand. Schließlich wurde Darwin dann 1875 mit 23 von 39 Stimmen auf Vorschlag der beiden Geologen Suess und Hauer auch noch zum Ehrenmitglied der mathematisch-naturwissenschaftlichen Klasse gewählt.[40] Darwin nahm die Wahl an und bedankte sich in einem mit 26. Juli 1875 datierten Schreiben an den Generalsekretär der Akademie höflich für die Auszeichnung. 1874, ein Jahr zuvor, war Darwin auch in die *American Academy of Arts and Sciences* gewählt worden. Leider sind beide Wahlvorschläge der Wiener Akademie nicht ausführlich dokumentiert, was insofern interessant wäre, als der Anatom Josef Hyrtl, ein Gründungsmitglied der Wiener Akademie, zugleich auch ein entschiedener Gegner der ›materialistischen‹ Weltanschauung war, wie er u. a. in seiner Rektors-Inaugurationsrede von 1864 an der Wiener Universität eloquent ausgeführt hatte.[41] Vor allem der Geologe Ferdinand von Hochstetter, der den Wahlantrag an der Wiener Akademie mitunterzeichnet hatte, trug viel dazu bei, um Darwin in Österreich bekannt zu machen. Hochstetter, der an der österreichischen Novara-Expedition 1857–1859 als Geologe teilgenommen hatte[42], war als erster Direktor des Wiener Naturhistorischen Museums daran nicht unbeteiligt, dass Darwin als einziger damals lebender Wissenschaftler 1876 an der Fassade des Museums auf der der Ringstraße zugewandten Seite über dem letzten Fenster im obersten Stockwerk verewigt wurde. In der etwas später fertiggestellten Kuppelhalle des Museums karikiert hoch oben im Sprengring ein Relief den Unwillen der Menschen, eine »Abstammung vom Affen« zu akzeptieren. Als einer der vom Kaiser bestellten akademischen Erzieher des Kronprinzen Rudolf stellte Hochstetter übrigens auch eine Leseliste für

---

[39] http://www.darwinproject.ac.uk/letter/?docId=letters/DCP-LETT-7792.xml; query= Suess;brand=default;hit.rank=2#L7792_f1 (abgerufen am 1. 3. 2017).

[40] Archiv d. Österreichischen Akademie der Wissenschaften, A 254 ad 7421/71: Protokoll d. außerordentlichen Gesamtsitzung am 26. 5. 1871, 11; Präsidium Nr. 349 v. 13. 5. 1871; Präsidium Nr. 635 v. 27. 6. 1871; A 294 Protokoll d. außerordentlichen Gesamtsitzung am 28. 5. 1875, 18; Präsidium Nr. 815 v. 29. 7. 1875.

[41] Josef Hyrtl, *Die Materialistische Weltanschauung unserer Zeit.* Rede bei dem Antritte der Rectorswürde an der Wiener Universität, am 1. October 1864 (Holzhausen: Wien 1865).

[42] Darwin zitiert in seinem 1871 veröffentlichten Buch *The Descent of Man* mehrfach wissenschaftliche Erkenntnisse, die auf dieser Expedition der kaiserlichen Kriegsmarine gewonnenen wurden.

letzteren zusammen, die neben Darwins Hauptwerken in deutscher Übersetzung auch andere wichtige Autoren im Hinblick auf die Evolutionstheorie wie Wallace, Huxley, Haeckel, Vogt, Brehm, usw. enthielt.[43] Es ist doch sehr erstaunlich, dass ausgerechnet am stockkonservativen Habsburger-Hof in Wien die Evolutionstheorie bei der Ausbildung des Thronfolgers einen so prominenten Platz einnahm, was wohl auf die Einflussnahme der Kaiserin zurückzuführen sein dürfte.[44]

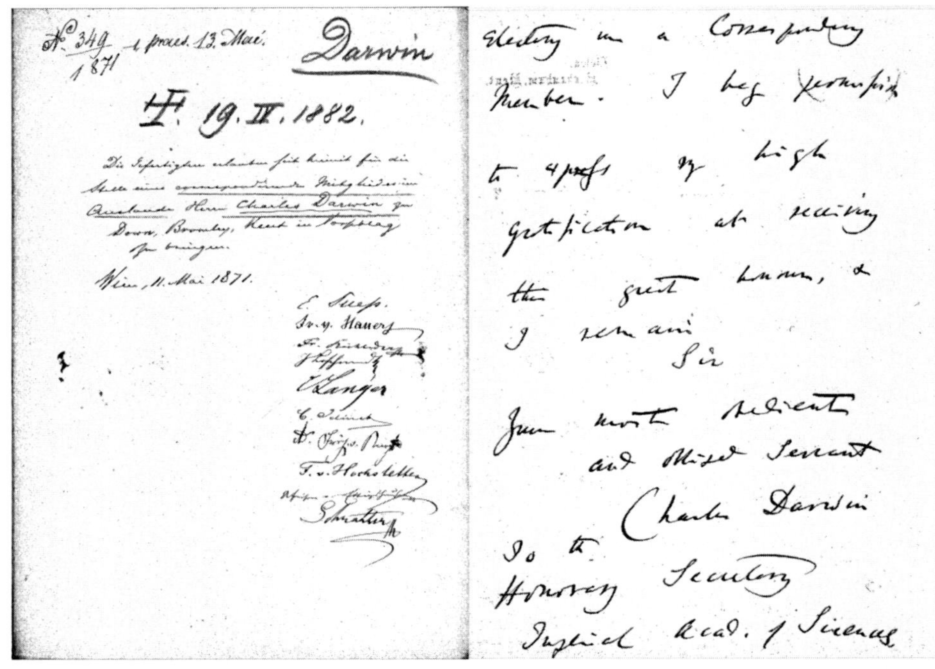

No 349 praes. 13. Mai 1871

Darwin

† 19. IV. 1882.

Die Gefertigten erlauben sich hiermit für die Stelle eines correspondirenden Mitgliedes im Auslande Herrn Charles Darwin zu Down, Bromley, Kent in Vorschlag zu bringen.

Wien, 11. Mai 1871.

E. Suess.
Fr. v. Hauer
Langer
F. v. Hochstetter
Schrötter

Election as a Corresponding Member. I beg permission to express my high gratification at receiving this great honour, & I remain Sir

Your most obedient and obliged Servant

Charles Darwin

To the Honorary Secretary Imperial Acad. of Sciences

Abb. 4: Wahlvorschlag vom 11. 5. 1871 und Dankschreiben Darwins an die Wiener Akademie der Wissenschaften v. 23. 7. 1871 AÖAW, Präs. Nr. 349 u. 635/1871.

Für die Verbreitung der Darwinschen Lehre über den engeren Kreis der Fachwissenschaft hinaus, sorgte der an der Wiener Universität tätige und 1856

[43] Vgl. den Beitrag von Stefanie Jovanovic-Kruspel in diesem Band.

[44] Dies galt im Übrigen auch für das Fach Ökonomie, wo der Begründer der »Österreichischen Schule der Nationalökonomie« Karl Menger die Vorstellungen der liberalen Grenznutzentheorie dem Erzherzog näher brachte. Vgl. Brigitte Hamann, *Rudolf. Kronprinz und Rebell* (Amalthea: Wien 1978).

für vergleichende Zoologie habilitierte Gustav Jäger[45], der bereits am 10. und 15. Dezember 1860 im Festsaal der Kaiserlichen Akademie der Wissenschaften vor einem wissenschaftlich interessierten Laienpublikum für die Auffassungen Darwins eintrat und seinen Vortrag 1862 dann im ersten Band der *Schriften des Vereins für die Verbreitung naturwissenschaftlicher Erkenntnisse*[46] auch veröffentlichte.[47] Eduard Suess war Präsident dieses Vereins. Er betrieb 1871 gemeinsam mit seinem Fachkollegen Franz von Hauer auch die Wahl von Darwin zum korrespondierenden Mitglied im Ausland der Kaiserlichen Akademie der Wissenschaften in Wien. Zur Evolutionstheorie bekannte sich in Österreich auch der Mediziner und Botaniker Anton Josef Kerner von Marilaun (1831–1898), der zunächst seit 1860 eine Professur in Innsbruck bekleidete und dann ab 1878 auf einen Lehrstuhl an der Universität Wien und als Direktor von deren Botanischem Garten berufen wurde. Er gilt als einer der Mitbegründer der Pflanzensoziologie und stand sowohl mit Charles Darwin als auch mit Gregor Mendel in brieflichem Kontakt. Als Anhänger Darwins galten überdies der Zoologe Friedrich Carl

---

[45] Andreas W. Daum, *Wissenschaftspopularisierung im 19. Jahrhundert. Bürgerliche Kultur, naturwissenschaftliche Bildung und die deutsche Öffentlichkeit, 1848–1914* (R. Oldenbourg: München 1998), im Hinblick auf Jäger und Cotta bes. 481 u. 494 f.

[46] Bereits 1855 vereinigte sich aufgrund einer Initiative des Wiener Physikers Josef Grailich ein Kreis junger Naturwissenschaftler zur Veranstaltung populärer Vorträge aus verschiedenen Gebieten der Naturwissenschaften. Diese wurden zunächst in der k. u. k. Geologische Reichsanstalt im Palais Razumovsky in Wien-Landstraße abgehalten. Aufgrund des großen Interesses wurden dann die Veranstaltungen ab 1857 im ehemaligen Festsaal des alten Universitätsgebäudes in der Inneren Stadt abgehalten, das im selben Jahr der Kaiserlichen Akademie der Wissenschaften übergeben worden war. Man entschloss sich sehr bald, dieser Einrichtung die Rechtsform eines Vereins zu geben: Am 15. Jänner 1860 fand unter Teilnahme von 319 Personen die Gründungsversammlung des *Vereins zur Verbreitung naturwissenschaftlicher Kenntnisse* statt, als dessen erster Präsident fungierte der Geologe Eduard Suess. Als Vereinszwecke wurden die regelmäßige Durchführung populärwissenschaftlicher Vorträge zu Themen aus allen Bereichen der Naturwissenschaften sowie deren Drucklegung und möglichst weite Verbreitung festgelegt. Als Vizepräsident des Vereins fungierte der Naturforscher Eduard von Frauenfeld, der als Zoologe ebenfalls an der Novara-Expedition teilgenommen hatte. http://www.univie.ac.at/Verbreitung-naturwiss-Kenntnisse (abgerufen am 31. 7. 2017).

[47] Gustav Jäger, Die Darwinsche Theorie über die Entstehung der Arten, in: *Schriften des Vereins zur Verbreitung naturwissenschaftlicher Kenntnisse*, Bd. 1 (Wien 1862) 81–110. Der Autor handelte sich übrigens durch diesen Vortrag vor der Zoologisch-Botanischen Gesellschaft eine Disziplinaruntersuchung durch die Wiener Universität ein. https://babel.hathitrust.org/cgi/pt?id=uc1.b3360831;view=1up;seq=46 (abgerufen am 1. 3. 2017).

Knauer (1850–1926), ein Spezialist für Amphibien und Reptilien, der ab 1887 als erster Direktor des *Vivariums* im Wiener Prater wirkte[48], der Physiologe Ernst Wilhelm von Brücke (1819–1892), der Psychiater und Neuro-Anatom im Wiener Allgemeinen Krankenhaus Theodor Meynert (1833–1892), dessen Schüler Sigmund Freud (1856–1939), der Philosoph, Physiker und Wegbereiter des Empiriokritizismus Ernst Mach (1838–1916) sowie der Physiker und Entdecker der Gesetze der statistischen Thermodynamik Ludwig Boltzmann (1844–1906).[49]

In Deutschland waren die Bedingungen für eine Akzeptanz der Darwinschen Lehre ungleich günstiger als in der Habsburgermonarchie. Ein wichtiger Vorkämpfer war hier vor allem der Jenaer Biologe und Mediziner Ernst Haeckel, der mit Darwin auf Deutsch korrespondierte und ihm auch zweimal persönlich begegnete. Er leistete für die Verbreitung des Darwinismus im deutschen Sprachraum einen bedeutenden Beitrag. Auf der Basis von zwanzig von zwei Studenten mitgeschriebenen Einzel-Vorlesungen zum Thema Entwicklungstheorie während des Wintersemesters 1867/68 überarbeitete Haeckel diese und publizierte sie schließlich 1868 unter einem etwas langatmigen Titel: *Natürliche Schöpfungsgeschichte. Gemeinverständliche Vorträge über die Entwicklungslehre im Allgemeinen und die von Darwin, Goethe und Lamarck im Besonderen, über die Anwendung derselben auf den Ursprung des Menschen und andere damit zusammenhängende Grundfragen der Naturwissenschaft. Mit Tafeln, Holzschnitten, systematischen und genealogischen Tabellen* (Berlin 1868). Haeckel und seine Schüler, die in dem von ihm 1906 gegründeten *Deutschen Monistenbund* später auch eine eigene intellektuelle Plattform fanden, erblickten in Darwins Evolutionslehre eine Möglichkeit, alle ›Welträtsel‹ ausschließlich mit wissenschaftlichen Methoden zu erklären. Haeckel veröffentlichte in diesem Sinn eine ganz Reihe von Büchern: *Generelle Morphologie der Organismen* (1866), *Natürliche Schöpfungsgeschichte* (1868), *Ueber die Entstehung und den Stammbaum des Menschengeschlechts* (1869), *Anthropogenie oder Entwicklungsgeschichte des Menschen* (1874). Mit seinem in mehrere Sprachen übersetzten Buch *Die Welträthsel. Gemeinverständliche Studien über Monistische Philosophie* (Verlag Emil Strauß: Bonn 1899) gelang Haeckel »der mit Abstand größte populärwissenschaftliche Erfolg der deutschen Buchgeschichte«.[50]

---

[48] https://de.wikipedia.org/wiki/Vivarium_(Prater) (abgerufen am 7. 7. 2017).

[49] https://de.wikipedia.org/wiki/Ludwig_Boltzmann (abgerufen am 7. 7. 2017).

[50] Wolfgang Hogrebe, Grenzen und Grenzüberschreitungen, XIX. Deutscher Kongress für Philosophie 2002, Vorträge und Kolloquien (Akademie-Verlag: Bonn 2004) 216.

Die Universitäten Jena und Leipzig wurden immer mehr zum Zentrum des Darwinismus in Deutschland: Neben Haeckel bekannten sich in Jena vor allem der Anatom und Morphologe Carl Gegenbaur (1826–1903), der wie Darwin 1857 zum Mitglied der Deutschen Akademie der Naturforscher Leopoldina gewählt worden war, sowie der Botaniker Matthias Jakob Schleiden (1804–1881)[51], aber auch dessen Neffe und engerer Fachkollege Ernst Hallier (1831–1904) zur Lehre Darwins.[52] Schleiden hält 1863 gewissermaßen programmatisch fest:

> So wunderlich fremd, ja abenteuerlich auch heute noch Manchem der Gedanke erscheinen mag, dass alle Organismen auf der Erde, Pflanzen wie Thiere, Untergegangene und Lebende, als eine einzige große Familie durch naturgemäße Abstammung untereinander zusammenhängen, so braucht man doch kein großer Prophet zu sein, um voraussagen zu können, dass es nicht mehr lange währen wird, bis dieser Gedanke jedem Naturforscher geläufig und unbestrittenes Eigenthum der Wissenschaft geworden ist. Wenn sich auch gegenwärtig noch manche verständige und viele unverständige Stimmen gegen Darwin erheben, so hat er doch auch schon eine große Anzahl bedeutender Mitkämpfer gewonnen und die endliche Entscheidung kann nicht zweifelhaft sein.[53]

In Leipzig waren es hingegen der Anatom und Pathologe Karl Ernst Bock (1809–1874)[54] und vor allem der Zoologe und Anthropologe Julius Victor Carus (1823–1903), die Darwins Lehre verbreiteten. Carus, seit 1853 Professor für vergleichende Anatomie und Direktor des Zoologischen Instituts an der Leipziger Universität, korrespondierte nicht nur mit Darwin, sondern übersetzte auch

---

[51] Matthias Schleiden begründete 1838/39 gemeinsam mit dem Physiologen Theodor Schwann (1810–1882) die moderne Zelltheorie, wonach sämtliche Lebewesen aus Zellen zusammengesetzt sind.

[52] Vgl. Ernst Hallier, *Darwin's Lehre und die Specification* (Otto Meißner: Hamburg 1865).

[53] Matthias Jacob Schleiden, *Das Alter des Menschengeschlechts, die Entstehung der Arten und die Stellung des Menschen in der Natur* (W. Engelmann: Leipzig 1863) 42.

[54] Bock war Verfasser eines zweibändigen Lehrbuchs der pathologischen Anatomie und Diagnostik und vertrat eine medizinische »Selbstheillehre«. Noch in seinem letzten Artikel mit dem Titel ›Zur Abstammungslehre‹, in: *Die Gartenlaube* (1875), Heft 1, vertrat er die Meinung: »Heil dem Darwinismus, denn er verheißt den Menschen Vervollkommnung!«.

einen Großteil seiner Werke ins Deutsche.[55] Als Anhänger Darwins galt auch der einflussreiche Haeckel-Schüler Richard Wilhelm von Hertwig (1850–1927). Der Zoologe und spätere Direktor des Zoologischen Instituts in München steuerte wichtige Erkenntnisse zur Embryologie und zur Erforschung der Protozoen bei und beschrieb als erster anhand des Seeigels den Prozess der Befruchtung als eine Verschmelzung von Eizelle und Sperma.[56]

Es ist müßig darüber zu spekulieren, ob Darwins Vererbungslehre von der Kenntnis der Mendelschen Vererbungsregeln profitiert hätte.[57] Gregor Mendel, Augustiner-Chorherr und später Abt des Brünner St. Thomas Klosters, hatte 1866 unter dem Titel *Versuche über Pflanzen-Hybriden* seine grundlegenden Versuche mit Erbsenhybriden im vierten Band der *Verhandlungen des naturforschenden Vereines in Brünn* veröffentlicht. Er formulierte darin, was aber von den Zeitgenossen in seiner Bedeutung nicht erkannt wurde, die später nach ihm benannten Regeln der Vererbung. Er legte damit den Grundstein für die Systematisierung der Pflanzenzüchtung und in der Folge auch der Genetik, und es gelang ihm damit nach eigener Aussage »die Lösung einer Frage […], welche für die

---

[55] Carus übersetzte u. a. *Origin of Species, The Expression of the Emotions in Man and Animals* und *The Formation of vegetable Mould.* Diese Übersetzungen werden seitdem oft als Standardübersetzung verwendet. Außerdem übertrug er 1863 auch das Werk von Thomas Henry Huxley *Man's Place in Nature* [dt.: Zeugnisse für die Stellung des Menschen in der Natur] ins Deutsche.

[56] https://de.wikipedia.org/wiki/Richard_von_Hertwig (abgerufen am 1. 3. 2017).

[57] Jonathan C. Howard, Why didn't Darwin discover Mendel's laws? In: *Journal of Biology* , volume 8, article 15 (24 Feb. 2009) verweist darauf, dass die unterschiedliche experimentelle Methodik dafür verantwortlich war, dass Darwin, der zwar selbst Kreuzungsversuche mit Pflanzen und Tieren unternommen hatte, daran gehindert wurde, die Regeln der Vererbung zu erkennen. Der Fokus in der Vorgangsweise war aber unterschiedlich: Darwin wertete in seinen Experimenten Merkmale quantitativer Art aus, während Mendel auf qualitative Merkmale achtete. Nach der allgemeinen Wiederentdeckung der Mendelschen Regeln im frühen zwanzigsten Jahrhundert durch Carl Correns (Deutschland), Hugo de Vries (Holland) und Erich von Tschermak-Seysenegg (Österreich) führten diese beiden unterschiedlichen Sichtweisen zu einer Polarisierung, denn viele Biologen lehnten daraufhin die Darwinsche Sicht der Evolution, die auf winzig kleinen Variationen zwischen Individuen einer Art abstellt, zugunsten von sprunghaften Mutationen ab. Erst mit der modernen Synthesis, die Darwins Evolutionstheorie und Mendels Vererbungsregeln in den 1940er Jahren kombinierte, kam es zur Zusammenführung beider Standpunkte in Form der modernen Genetik. Man erkannte in der Folge, dass Chromosomen die Träger der Vererbung sind, und schließlich die Funktion der DNA als eigentliches Erbmolekül.

Entwicklungs-Geschichte der organischen Formen von nicht zu unterschätzender Bedeutung ist«.[58] Die 47 Seiten umfassende Publikation verwies darauf, dass Variation durch Aufspaltung nach Kreuzungen entstehen kann und dass die einzelnen Merkmale einer Pflanze getrennt vererbt werden. Merkmale und Eigenschaften der Eltern werden als Erbfaktoren nach konstanten Häufigkeitsverhältnissen an die folgenden Generationen weitergegeben. Darwin hätte in Mendels Arbeit eine empirisch-statistische und auf die Merkmale von Erbsenpflanzen gestützte Analyse über die gesetzmäßige Abfolge verschiedener ererbter Eigenschaften über mehrere Generationen gefunden.

Es war keineswegs so, wie oft konstatiert wird, dass Mendels Arbeit in Fachkreisen gänzlich unbekannt geblieben war, denn Mendel hatte immerhin vierzig Sonderdrucke seines Artikels an herausragende zeitgenössische Naturwissenschaftler und auch an gelehrte Gesellschaften versandt. Darunter befanden sich auch die *Royal Society*, die *Linnaean Society* und das *Royal Greenwich Observatory* in England. Darwin war als einer der meist diskutierten Naturwissenschaftler seiner Zeit mit großer Sicherheit unter den Adressaten, wenngleich sich kein Exemplar in seiner Bibliothek gefunden hat. Zu den mit Mendels Studie bedachten Wissenschaftlern zählten u. a. die schon erwähnten Botaniker Matthias Jakob Schleiden, Anton Josef Kerner von Marilaun, und Carl Wilhelm von Nägeli, allesamt Anhänger von Darwins Lehre. Auch der damals erst 24-jährige und später recht prominente deutsch-russische Botaniker Johannes Theodor Schmalhausen zitierte Mendels Arbeit bereits in seiner St. Petersburger Dissertation von 1874.[59]

Gregor Mendel – von dem manche Autoren behaupten, dass er in Opposition zur Darwinschen Evolutionstheorie stand[60], was aber von anderen wiederum

[58] Gregor Mendel, Versuche über Pflanzen-Hybriden. Vorgelegt in den Sitzungen vom 8. Februar und 8. März 1865, in: *Verhandlungen des Naturforschenden Vereines in Brünn,* Nr. 4 (1866), 4.

[59] https://de.wikipedia.org/wiki/Gregor_Mendel. David Galton, Did Darwin read Mendel?, in: *Quarterly Journal of Medicine* 2009/102, 587–589. Zur Diskussion vgl. auch: http://www.weloennig.de/mendel06.htm (beides abgerufen am 26. 7. 2017).

[60] William Bateson, *Mendel's principles of heredity.* (Cambridge U. P.: Cambridge & G. P. Putnam's Sons: New York 1909); L. A. Callender, Gregor Mendel: an opponent of descent with modification. In: *History of Science* 26/1 (1988) 41–75; B. E. Bishop, Mendel's opposition to evolution and to Darwin. In: *Journal of Heredity* 87/3 (1996) 205–213.

verneint wird[61] – verfügte jedenfalls in seiner Brünner Klosterbibliothek über einen Zugang zu Darwins wichtigsten Publikationen, jeweils in deutscher Übersetzung. Darunter befand sich ein Exemplar von *On the Origin of Species* in der Bronnschen Übersetzung von 1863, in dem Mendel handschriftlich zahlreiche Notizen, Unterstreichungen und Ausrufungszeichen angemerkt hatte. Es gibt überdies eine Verbindung zwischen Darwin und Mendel über den deutschen Wissenschaftler Karl Friedrich von Gärtner (1772–1850), der von Darwin häufig zitiert wurde. Es war dies ein in Calw tätiger Arzt und Botaniker, der grundlegende Forschungen über die Sexualität und Hybridisierung der Pflanzen angestellt hatte, die sowohl Darwins Evolutionstheorie als auch Mendels Vererbungslehre beeinflussten. Darwin besaß überdies in seiner privaten Bibliothek im Down House in Beckenham auch ein 1869 erschienenes Buch über Pflanzenhybriden vom Gießener Botaniker Hermann Hoffmann (1819–1891), das ein längeres Exzerpt von Mendels Entdeckungen enthielt. Obwohl Darwin in diesem Buch zahlreiche Anmerkungen gemacht hatte, lässt sich aber keine unmittelbare Beziehung zu Mendel herstellen. Ein Hindernis für eine Rezeption der Mendelschen Regeln durch Darwin mag auch in der deutschen Sprache begründet sein, denn Darwin beherrschte diese nur unzureichend, sowie in der Verwendung einer statistischen Darstellungsform und mathematischen Symbolsprache, die Mendel von seinem akademischen Lehrer Franz Unger gelernt hatte.[62]

Lange Zeit hatte es Darwin vermieden, wahrscheinlich unter dem Einfluss seiner sehr religiös geprägten Frau Emma (geborene Wedgwood), seine Erkenntnisse auch im Hinblick auf die menschliche Spezies anzuwenden und konsequent auch den Menschen in den von seiner Richtung her offenen Prozess der Evolution einzubinden. Erst 1871 erschien sein zweibändiges Werk *The Descent of Man, and Selection in Relation to Sex* [dt.: Die Abstammung des Menschen und die geschlechtliche Zuchtwahl], in dem er festhielt, was mittlerweile auch durch DNA-Vergleiche bestätigt wird, dass der Mensch und andere Primaten (Hominidae) recht eng verwandt sind und offenbar einen gemeinsamen Vorfahren haben, der vor etwa fünf bis sieben Millionen Jahren lebte.[63]

---

[61] Daniel J. Fairbanks/Bryce Rytting, Mendelian controversies: a botanical and historical review; in: *American Journal of Botany* 88/5 (2001) 737–752.

[62] Ariane Dröscher, Gregor Mendel, Franz Unger, Carl Nägeli and the magic of numbers, in: *History of Science* 53 (December 2015) 492–508.

[63] Thomas Geissmann, *Vergleichende Primatologie* (Springer: Berlin 2003); Thomas S. Kemp, *The Origin and Evolution of Mammals* (Oxford U. P.: Oxford 2005); Hanna Engelmeier, *Der Mensch, der Affe. Anthropologie und Darwin-Rezeption in Deutschland*

Abb 5: Darwin im Alter von 62 Jahren,
Zeitschrift »Nature« vom 4. Juni 1871 (Wikipedia, gemeinfrei)

Für Darwin waren nicht zuletzt die Homologien in der embryonalen Entwicklung und das Auftreten von Atavismen ein Beleg dafür, »dass der Mensch mit anderen Säugetieren der gemeinsame Nachkomme eines gleichen Urzeugers ist«.[64] Darwin sprach auch als erster die Vermutung aus, dass die Wiege der

1850–1900 (Böhlau: Wien/Köln/Weimar 2016). Engelmeier merkt u. a. an, dass Darwin darauf hinwies, dass es Affen und Menschen gemeinsam ist, dass sie Empfindungen wie Vergnügen, Freude, Zuneigung, Zorn, Schrecken, Furcht, Trauer und Angst haben.

64 Charles Darwin, *The Descent of Man, and Selection in Relation to Sex* (John Murray: London 1871), vol. II, Chapter XXI, 386 und 389: »Conclusion that man is the co-descendent with other mammals of a common progenitor« und »By considering the embryological structure of man – the homologies which he presents with the lower animals – the rudiments which he retains – and the reversions to which he is liable, we can partly recall in imagination the former condition of our early progenitor; and we can approximately place them in their proper position in the zoological series«.

Menschheit offenkundig in Afrika zu suchen sei, und er betonte – unter Zurückweisung der Annahme einer Differenzierung von Rassen als Subspezies – die Einheit des modernen Menschen als eine einzige Art, weil die Entstehung der verschiedenen Menschenrassen ausschließlich durch sexuelle Selektion zu erklären sei. Mit *The Descent of Man* erfolgte eine wichtige Erweiterung seiner Konzeption, indem er nicht nur eine Sonderstellung des Menschen in der Natur verneinte und die Abstammung des Menschen in einen allgemeinen Zusammenhang mit der biologischen Evolution stellte: Der Mensch ist wie alle anderen Lebewesen ein Produkt der Evolution. Überdies definierte er mit der sexuellen Selektion einen zweiten Selektionsmechanismus, der sich etwa bei dem Mitbegründer der modernen Evolutionstheorie Wallace nicht findet. Während für letzteren die Veränderung der Umwelt und die notwendige Anpassung der Organismen die entscheidenden Faktoren darstellen, ist dies für Darwin die Konkurrenz zwischen den einzelnen Lebewesen und die sexuelle Selektion. In seinen letzten Arbeiten befasste sich Darwin einerseits mit Gefühlsbewegungen und deren Ausdrucksformen bei Mensch und Tier, die er ebenfalls auf das Selektionsprinzip zurückführt[65], andererseits auch mit grundlegenden Fragen der Botanik und Pflanzenphysiologie.[66]

Zur Popularisierung des Darwinismus

Darwin fand, wie bereits ausgeführt, seit den späten 1860er Jahren im deutschsprachigen Raum eine große Resonanz, nicht nur in der Fachwelt, sondern auch in der breiteren naturwissenschaftlich interessierten Öffentlichkeit, wozu eine Vielzahl zeitgleich entstandener gelehrter Gesellschaften, aber auch die Gründung von einschlägigen Museen und Sammlungen sowie populärwissenschaftlichen Journalen beitrugen.[67] Darwins Theorien lieferten daher nicht nur in natur-

---

[65] *On the Expression of the Emotions in Man and Animals* [dt.: Der Ausdruck der Gemütsbewegungen bei dem Menschen und den Tieren] (John Murray: London 1871).

[66] *On the Movements and Habits of Climbing Plants* [Über die Bewegungen der Schlingpflanzen], in: *Journal of the Linnean Society of London*, vol. 9/1865, 1–118; *The Power of Movement in Plants* [dt.: Das Bewegungsvermögen der Pflanzen] (John Murray: London 1880); *Insectivorous Plants* [dt.: Insektenfressende Pflanzen] (John Murray: London 1875).

[67] Alfred Kelly, Th*e Descent of Darwin. The Popularization of Darwinism in Germany, 1860–1914* (North Carolina U. P.: Chapel Hill 1981) 4 ff.

wissenschaftlich gebildeten Kreisen, sondern auch in literarischen Zirkeln Diskussionsstoff. Im Jahr 1870 erschien in der schon erwähnten Wochenschrift *Das Ausland* die erste biografische Skizze über Darwin mit einem Porträt, was die wachsende Popularität des Engländers in Deutschland beweist. Deren Autor, der englischstämmige Entwicklungspsychologe William Thierry Preyer (1841–1897), der dann ab dem Wintersemester 1868 an der Bonner Universität auch regelmäßig Vorlesungen über das Werk Darwins hielt[68], hielt darin fest: »Im neunzehnten Jahrhundert hat kein wissenschaftliches Werk ein so gewaltiges Aufsehen erregt, eine so nachhaltige Wirkung ausgeübt, und eine so gründliche Umwälzung althergebrachter Anschauungen bei Fachleuten wie bei Laien hervorgerufen…«[69]

Es kam dann ab den 1870er Jahren zu einer Popularisierung von Darwins Lehre. Dazu trug auch das in mehrere Sprachen übersetzte und in weiten Kreisen des Bildungsbürgertums gelesene Werk von Alfred Edmund Brehm *Illustrirtes Thierleben* bei, zu dem u. a. auch der österreichische Kronprinz Rudolf einige ornithologische Studien beigesteuert hatte. Die ersten vier Bände waren durch den deutschen Verleger Herrmann Julius Meyer an Darwin mit der Bitte übersandt worden, eine Übersetzung ins Englische zu befürworten. Dies geschah auf Wunsch von Vladimir Onufrievich Kovalevsky (1842–1883), einem in Jena promovierten russischen Brieffreund Darwins und Mitbegründer der evolutionären Paläontologie. Meyer strich 1867 in seinem an Darwin gerichteten Brief die Verdienste Brehms heraus: »If you deem the work worth your examination, it will undoubtedly engage your interest, being the first description of animal life emanating from the principles, the discovery of which we owe to your genius.«[70] Der Philosoph Wilhelm Bölsche (1861–1939), gemeinsam mit Haeckel Mitbegründer des Monistenbundes, trug über die von ihm neu geschaffene Kategorie des wissenschaftlichen Sachbuchs ebenfalls sehr zur Popularisierung des Darwinismus bei. Neben Biographien von Darwin und Haeckel verfasste er ein recht populäres Werk über die Geschichte der Entwicklungstheorie im 19. Jahrhundert und gemeinsam mit fünf anderen Autoren veröffentlichte er 1909 sechs Aufsätze im

---

[68] Darwin Correspondence Project: http://www.darwinproject.ac.uk/entry-6676 (abgerufen am 1. 3. 2017).

[69] William Preyer, Charles Darwin. Eine biographische Skizze, in: *Das Ausland* 43/14 (1870) 313–320, hier 314.

[70] https://www.darwinproject.ac.uk/letter/?docId=letters/DCP-LETT-5590.xml;query=Brehm;brand=default#L5590_f4 (abgerufen am 1. 3. 2017).

Umfang von insgesamt 123 Seiten, die Darwins Bedeutung für die materialistische Philosophie unter- strichen.[71] Zur populären Verbreitung des Darwinismus trugen auch verschiedene Bücher und Artikel bei, die der teilweise unter dem Pseudonym Carus Sterne publizierende Schriftsteller Ernst Ludwig Krause (1839–1903) verfasste. Er gab in Verbindung mit Haeckel auch die beliebte Monatsschrift *Kosmos* heraus, die sich naturwissenschaftlichen Fragen widmete.[72] Erstmals erschienen auch Zusammenstellungen von Schriften, die sich mit Darwin und seiner Theorie befassten: So veröffentlichte der aus dem Baltikum stammende Entomologe Georg Karl Maria von Seidlitz (1840–1917) in den frühen 1870er Jahren eine Vorlesungsreihe zur Abstammungstheorie, der auch ein 38 Seiten umfassendes einschlägiges Literaturverzeichnis vorangestellt wurde.[73] Fast gleichzeitig erschien eine umfangreiche Zusammenstellung der zeitgenössischen Literatur zur Darwinschen Theorie durch den Gießener Zoologen Johann Wilhelm Spengel (1852–1921).[74] Als ein Indiz für die große Wertschätzung Darwins

---

[71] Wilhelm Bölsche/Bruno Wille/Eduard David/Max Apel/Rudolf Penzig/Friedrich Naumann, *Darwin. Seine Bedeutung im Ringen im Ringen um Weltanschauung und Lebenswert* (Buchverlag d. Hilfe GmbH: Berlin-Schöneberg 1909).

[72] Unter anderem verfasste er unter dem Namen Ernst Krause mehrere Werke über die Lehre Darwins: *Erasmus Darwin und seine Stellung in der Geschichte der Descendenz-Theorie.* Mit seinem Lebens- und Charakterbilde von Charles Darwin (Ernst Günthers Verlag: Leipzig 1880); *Die Krone der Schöpfung: Vierzehn Essays über die Stellung des Menschen in der Natur* (Karl Prochaska: Teschen 1884); *Charles Darwin und sein Verhältnis zu Deutschland.* Mit zahlreichen, bisher ungedruckten Briefen Darwins, zwei Porträts, Handschriftprobe usw. in Lichtdruck (Ernst Günthers Verlag: Leipzig 1885); *Plaudereien aus dem Paradiese. Der Naturzustand des Menschen* (Karl Prochaska: Teschen 1886); *Werden und Vergehen. Eine Entwickelungsgeschichte des Naturganzen*, 2 Bde. (Gebrüder Borntraeger: Berlin 1876). Auch gab er auf Basis eigener Übersetzungen *Gesammelte kleinere Schriften von Charles Darwin. Ein Supplement zu seinen größeren Werken* (Ernst Günthers Verlag: Leipzig 1886) heraus. Er war auch Autor einer *Geschichte der biologischen Wissenschaften im 19. Jahrhundert* (F. Schneider: Berlin 1901). In der populären Zeitschrift *Die Gartenlaube* publizierte er unter dem Pseudonym Carus Sterne die folgenden Artikel: Das Aufdämmern einer neuen Weltanschauung (1879), Charles Darwin Eine Charakterskizze (1882), Die allgemeine Weltanschauung in ihrer historischen Entwickelung (1889), Menschliche Erbschaften aus dem Thierreiche (1875), Charles Darwin's neue Beobachtungen über das Bewegungsvermögen der Pflanzen (1881), und schließlich 1882 eine umfassende biographische Würdigung Darwins in drei Monatsheften.

[73] Georg Karl Maria von Seidlitz, D*ie Darwinsche Theorie. Elf Vorlesungen über die Entstehung der Thiere und Pflanzen durch Naturzüchtung* (C. Mattiesen: Dorpat 1871).

[74] Johann Wilhelm Spengel, *Die Darwinsche Theorie: Verzeichniss der über dieselbe in Deutschland, England, Amerika, Frankreich, Italien, Holland, Belgien und den Skandinavischen Reichen erschienenen Schriften und Aufsätze* (Wiegandt & Hempel: Berlin 1872).

in Deutschland darf auch gewertet werden, dass später dessen hundertster Geburtstag im Jahre 1909 entsprechend gefeiert wurde. Unter den prominenten Naturwissenschaftlern, die damals Festreden hielten, waren beispielsweise die bekannten Professoren August Weismann in Freiburg und Richard Hertwig in München.[75]

Darwin fand aber nicht nur Anhänger, sondern auch einflussreiche Gegner in der deutschen Gelehrtenwelt. Dies betraf vor allem das von mancher Seite dem Darwinismus zugeschriebene pseudoreligiöse Deutungsmonopol.[76] Matthias Jacob Schleiden hatte vollkommen recht, wenn er 1869 in diesem Zusammenhang schrieb: »Und es entstand um dieselbe Zeit ein nicht geringer Aufruhr über diese Lehre.«[77] Einer der Hauptgegner der Evolutionstheorie und des Darwinismus im Besonderen war der Botaniker Albert Wigand (1821–1886).[78] Der Direktor des Botanischen Gartens und Pharmazeutischen Instituts in Marburg an der Lahn qualifizierte in seinem dreibändigen Werk *Der Darwinismus und die Naturforschung Newton's und Cuvier's* (1874–1877) und in einer zuletzt 2011 wieder neu aufgelegten Broschüre mit dem Titel *Der Darwinismus. Ein Zeichen der Zeit* (1878) die Lehre Darwins sogar als eine »naturwissenschaftliche und philosophische Verirrung« ab.[79] Der schon erwähnte und mittlerweile in Stuttgart eine Professur bekleidende Gustav Eberhard Jäger, der – als einer der wenigen – Evolutionstheorie und Schöpfungsglauben nicht als zwingenden Gegensatz sah, wandte sich mit seiner auch in Darwins privater Bibliothek vertretenen Schrift *In Sachen Darwin's insbesondere contra Wigand* (Verlag E. Schweizerbart: Stuttgart 1874) gegen diesen zutiefst religiös motivierten Gegner der Evolutionstheorie.

---

[75] August Weismann, *Charles Darwin und sein Lebenswerk*. Festrede gehalten zu Freiburg i. Br. am 12. Februar 1909 (Gustav Fischer: Jena 1909); Richard Hertwig, Zum Gedächtnis des hundertjährigen Geburtstages Charles Darwins. Festrede gehalten im Verein für Naturkunde zu München, in: *Münchner Neueste Nachrichten*, Beilage Nr. 38–40 (1909).

[76] Der Limnologe Otto Zacharias (1846–1916), Direktor der Biologischen Station am Plöner-See in Schleswig-Holstein, hatte sogar ein Werk mit dem Titel *Katechismus des Darwinismus* (Verlagsbuchhandlung J. J. Weber: Leipzig 1892) veröffentlicht.

[77] Matthias Jacob Schleiden, Ueber den Darwinismus und die damit zusammenhängenden Lehren, in: *Unsere Zeit.* Deutsche Revue der Gegenwart. Monatsschrift zum Conversations-Lexikon, N. F. 5/1 (1869) 50.

[78] Ernst Wunschmann, Artikel: Wigand, Albert, in: *ADB*. Bd. 42 (Duncker & Humblot: Leipzig 1897) 445–449.

[79] Albert Wigand, Der Darwinismus. Ein Zeichen der Zeit, in: *Zeitfragen des christlichen Volkslebens*, Bd. 3, Heft 5–6 (Henniger: Heilbronn 1878).

Ganz anders geartet waren die teils kritischen Einwände des deutschen Philosophen Friedrich Nietzsche (1844–1900), der sich ansonsten der Bedeutung Darwins durchaus bewusst war. Er baute seine Kritik auf der letztlich auf Malthus zurückgehenden Vorstellung des *struggle for life* auf und betont den »Willen zur Macht« als das eigentliche Antriebsmoment der Entwicklung:

> Was den berühmten ›Kampf ums Leben‹ betrifft, so scheint er mir einstweilen mehr behauptet als bewiesen. Er kommt vor, aber als Ausnahme; der Gesamt-Aspekt des Lebens ist nicht die Notlage, die Hungerlage, vielmehr der Reichthum, die Üppigkeit, selbst die absurde Verschwendung, – wo gekämpft wird, kämpft man um Macht [...] Man soll nicht Malthus mit der Natur verwechseln. Gesetzt aber, es gibt diesen Kampf – und in der Tat, er kommt vor –, so läuft er leider umgekehrt aus als die Schule Darwin's wünscht, als man vielleicht mit ihr wünschen dürfte: nämlich zu Ungunsten der Starken, der Bevorrechtigten, der glücklichen Ausnahmen. Die Gattungen wachsen nicht in der Vollkommenheit: die Schwachen werden immer wieder über die Starken Herr...[80]

›Verweltanschaulichung‹ der Lehre Darwins

Während Darwin ›Evolution‹ als ein universelles Prinzip in der Natur verstand, versuchte schon Alfred Russel Wallace, seine wissenschaftlichen Erkenntnisse mit dem Glauben an ein höheres Wesen zu vereinen. Der Prozess der Evolution selbst, aber auch höhere Fähigkeiten wie Bewusstseinsbildung, intellektueller Fortschritt, Intelligenz oder die Ausbildung von Moral konnten aus seiner Sicht mit dem Selektionsprinzip nicht hinreichend erklärt werden, sondern setzten das Wirken einer übernatürlichen Macht voraus. Alle derartigen Versuche, den Evolutionsgedanken mit einem Schöpfungsplan zu vereinen und an Stelle des Zufallsprinzips und eines mechanistisch aufgefassten Wirkgefüges von Variabilität und Selektion das Wirken eines höheren Wesens zu setzen, mussten aus der Sicht der konsequenten Anhänger Darwins hingegen als Einfallstor für metaphysische Spekulationen aufgefasst werden. Zum Wegbereiter einer radikalen Zuspitzung

---

[80] Friedrich Nietzsche, *Friedrich Nietzsche Werke in drei Bänden* (Carl Hanser Verlag: München 1954) Bd. 2, 215. Vgl. auch Werner Stegmaier, Darwin, Darwinismus, Nietzsche. Zum Problem der Evolution, in: Christian J. Emden/Helmut Heit/Vanessa Lemm/Claus Zittel/Günter Abel/.Werner Stegmaier (Hrsg), *Nietzsche-Studien. Internationales Jahrbuch für die Nietzsche-Forschung* Bd. 16, H. 1 (1987) 264–287.

eines von Darwin selbst gar nicht intendierten Konflikts zwischen Darwinismus und Religion wurde der schon erwähnte Ernst Haeckel, der einer monistischen Weltanschauung verpflichtet war, in der unter Zurückweisung des traditionellen Offenbarungsglaubens Gott, Kosmos und Natur gleichgesetzt werden.

Gerade an diesen Grundsatzfragen naturwissenschaftlicher Erkenntnis entzündete sich in der Folge ein ›Kampf der Kulturen‹, der in der Öffentlichkeit mit zum Teil auch recht unsachlichen Argumenten ausgetragen wurde. Darwins Schüler und Weggefährte Thomas Henry Huxley (1802–1871)[81] hatte bereits 1863 in seinem Werk *Evidence as to Man's Place in Nature* [dt.: Zeugnisse für die Stellung des Menschen in der Natur] die überaus enge evolutionsgeschichtliche Verwandtschaft des Menschen mit dem Affen festgehalten, was u. a. zu einer legendären Kontroverse mit Vertretern des anglikanischen Episkopats führte. Verschiedene Theologen taten den Darwinismus in der Folge als »Theorie der Affenabstammung« ab, was beweist, dass sie Darwin offenbar gar nicht gelesen hatten, der ja lediglich auf einen gemeinsamen Vorfahren verweist. In einigen Karikaturen wurde Darwin sogar persönlich als *missing link* zum Affen verspottet. Auf der anderen Seite begegneten die Anhänger von Darwins Evolutionstheorie, wie z. B. Huxley, auf den auch der Begriff des *Darwinismus* (1864) zurückgeht, den in der tradierten biblischen Schöpfungsgeschichte verhafteten Theologen mit Hohn und Spott, weil diese – als Reaktion auf die ›Verweltanschaulichung‹ der Evolutionslehre – einen ›Kreationismus‹ sowie die Vorstellung einer Entwicklung nach einem allem zugrundeliegenden teleologischen göttlichen Plan vertraten.

Erst die Popularisierung seiner Theorien machte den wegen seiner angegriffenen Gesundheit recht zurückgezogen auf seinem Landgut Down House in Beckenham in der englischen Grafschaft Kent lebenden Autor[82], der aber in einem regen brieflichen Gedankenaustausch mit anderen Naturwissenschaftlern

[81] Huxley, der mitunter als »Darwin's Bulldog« bezeichnet wurde, löste 1863 mit seinem Essay *Evidence as to Man's Place in Nature* eine nachhaltige Debatte über die Abstammung des Menschen aus und lieferte sich am 30. Juni 1860 mit dem anglikanischen Bischof von Oxford Samuel Wilberforce eine legendäre Auseinandersetzung auf der Jahrestagung der *British Association for the Advancement of Science*. Gemeinsam mit anderen Anhängern der Darwinschen Lehre gründete Huxley 1869 die berühmte Fachzeitschrift *Nature*, die heute noch zu den führenden Publikationsorganen in den Naturwissenschaften zählt.

[82] Darwin lebte hier von 1842 bis zu seinem Tod 1882.

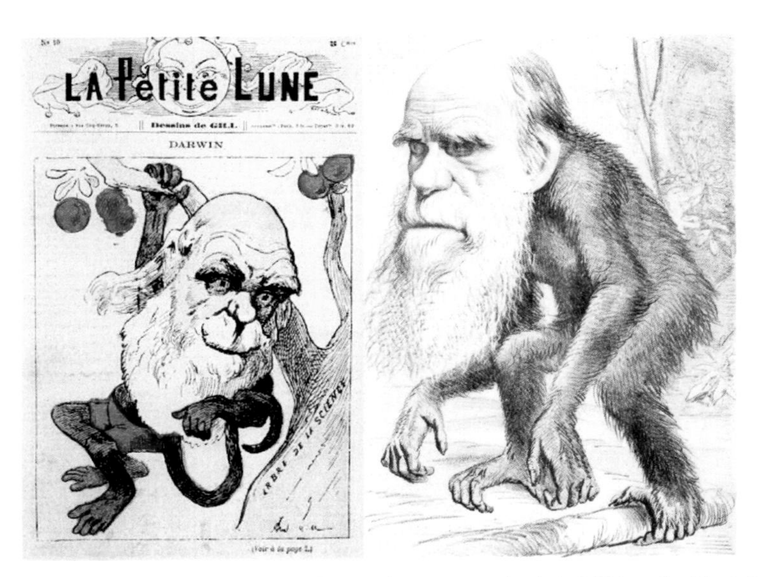

Abb. 6: Der Baum der Wissenschaft. Karikatur von André Gill in: »La Petit Lune« (Nr. 10/1878) und Darwin Karikatur im Magazin »The Hornet« (1871)

stand, auch unter Laien international bekannt. Sie lieferte vor allem auch die Argumente für einen seit den späten 1870er Jahren auf breiter Front geführten ›Kampf der Kulturen‹[83], in dem sich Religion und Naturwissenschaft zunehmend antagonistisch gegenüber standen, sobald die sich aus der Lehre Darwins, insbesondere aus seiner Deszendenztheorie und seiner Annahme, dass die Kräfte des Zufalls und keineswegs ein göttlicher Plan die Evolution vorantreiben, ergebenden revolutionären Konsequenzen für einen teleologisch argumentierenden Schöpfungsbegriff erkannt wurden. Bereits Darwins erster deutscher Übersetzer, Heinrich Georg Bronn, hatte darauf hingewiesen, dass »mit weiterer Hilfe der Darwinschen Theorie eine Natur-Kraft denkbar (ist), welche Organismen-Arten hervorgebracht haben kann [...] Wir sind dann nicht mehr genöthigt, zu persönlichen außerhalb der Natur-Gesetze begründeten Schöpfungs-Akten unsere Zuflucht zu nehmen.«[84] Während man bisher die Meinung vertreten konnte, jede Naturforschung führe letztlich zu einer vertieften Gotteserkenntnis, ergab sich aus

[83] Ich bevorzuge den Begriff ›Kampf der Kulturen‹, weil ›Kulturkampf‹ üblicherweise mit Reichskanzler Bismarcks Konflikt mit der katholischen Kirche unter Pius IX. gleichgesetzt wird.

[84] Bronn, Rezension von 1860, 115 f.

Darwins Erkenntnissen für viele nunmehr ein zentraler Konflikt mit allen religiösen Weltdeutungen.

Im Verein mit dem philosophischen Positivismus wurde der Darwinismus damit ein Schlüsselelement bei der Entstehung der modernen ›wissenschaftlichen Weltanschauung‹.[85] Für den protestantischen Theologen David Friedrich Strauß (1808–1874) zum Beispiel, dessen Werk *Der alte und der neue Glaube* (Verlag Emil Strauß: Bonn 1872) große öffentliche Resonanz fand, lieferte der Darwinismus Argumente gegen die bisherigen kirchlichen Lehrmeinungen über die Schöpfungsgeschichte. Er hielt den Gegnern der Lehre Darwins vor: »Uebrigens ist der Unwille und als dessen Waffe der Spott gegen Darwins Theorie von Seiten der Kirchlichen, der Altgläubigen, der Offenbarungs- und Wundermänner, wohl zu begreifen; sie wissen was sie thun und haben allen Grund und alles Recht, ein ihnen so feindliches Princip auf Leben und Tod zu bekämpfen.«[86] Von Einfluss auf die öffentliche Meinung in intellektuellen Kreisen waren auch die Positionen, die bekannte Professoren der Philosophie wie Ludwig Büchner (1824–1899)[87] und Eduard von Hartmann (1842–1906) im darwinistischen Sinn in der Öffentlichkeit einnahmen.[88] Der Wiener Soziologe Rudolf Goldscheid (1870–1931), der als Begründer des österreichischen Ablegers des Monistenbundes selbstverständlich die Darwinsche Position teilte, brachte den Konflikt auf den Punkt:

> Das ungeheuere Aufsehen, das Darwins Entstehung der Arten machte, läßt sich nur aus Einem heraus voll verstehen: er zog mit einem Male das Allerselbstverständlichste in Frage. Das sind immer die großen Wendepunkte in der Geschichte, wenn urplötzlich etwas

---

[85] Vincent Ziswiler, Vorfeld, Umfeld und Bedeutung von Darwins Werk, in: Walter Buckl/Paul Geyer (Hrg.), *Das 19. Jahrhundert. Aufbruch in die Moderne* (F. Pustet: Regensburg 1996) 137–156, hier 151.

[86] David Friedrich Strauß, *Der alte und der neue Glaube* (Verlag Emil Strauß: Bonn 1872), Kap. III. Abschnitt 54.

[87] Ludwig Büchner, *Sechs Vorlesungen über die Darwinsche Theorie von der Verwandlung der Arten und die erste Entstehung der Organismenwelt, sowie über die Anwendung der Umwandlungstheorie auf den Menschen, das Verhältniss dieser Theorie zur Lehre vom Fortschritt und den Zusammenhang derselben mit der materialistischen Philosophie der Vergangenheit und Gegenwart. In allgemein verständlicher Darstellung* (Leipzig 1868); Franz Staudinger, Büchner, Ludwig, in: *ADB*. Bd. 55 (Duncker & Humblot: Leipzig 1910) 459–461.

[88] Eduard von Hartmann, *Wahrheit und Irrtum im Darwinismus: Eine kritische Darstellung der organischen Entwicklungstheorie* (Carl Duncker: Berlin 1875).

> Selbstverständliches zu wanken beginnt […] In dem ungeheuren Angriff, den Darwin auf den Schöpfungsglauben und die Naturteleologie unternahm, lag für seine Zeitgenossen das Außerordentliche seiner Tat.[89]

Zur allgemeinen Verbreitung des Darwinismus im Bildungsbürgertum trugen nicht zuletzt aber auch populäre Zeitschriften bei, wie die ab 1856 erscheinenden *Westermann's illustrirte deutsche Monatshefte* oder die 1853 gegründete liberale Familienzeitschrift Die Gartenlaube. Beide Zeitschriften unterstützten mit etlichen Beiträgen Darwins Auffassungen, räumten aber auch seinen Gegnern den Platz für Gegendarstellungen ein. Indirekt förderten die Verbreitung der Lehren Darwins aber auch populäre Romanautoren. Dies war schon in England der Fall gewesen, wo seine Ideen in der viktorianischen Literatur einen vielfachen Niederschlag fanden. Die Namen Elizabeth Gaskell, Edmund Gosse, Alfred Tennyson, Thomas Hardy, Charles Dickens und George Eliot sind in diesem Zusammenhang zu erwähnen.[90] Aber im deutschen Sprachraum fanden die Auffassungen Darwins ebenso Resonanz in der zeitgenössischen Literatur, u. a. bei Wilhelm Raabe, Ludwig Anzengruber, Bertha von Suttner[91], und Leopold von Sacher-Masoch.[92] Auch der Volkschriftsteller Karl May war ein überzeugter, zugleich aber auch religiös motivierter Verfechter der Evolutionstheorie und unternahm den Versuch, Schöpfungsglauben und biologische Entwicklungslehre in eine harmonische

---

[89] Rudolf Goldscheid, *Darwin als Lebenselement unserer modernen Kultur* (Hugo Heller & Cie: Wien/Leipzig 1909) 109 S., hier 2 f. Digitalisat unter: https://archive.org/details/b2807032x.

[90] Leo Henkin, *Darwinism in the English Novel, 1860–1910* (Russell & Russell: New York 1963); Gillian Beer, *Darwin's Plots: Evolutionary Narrative in Darwin, George Eliot, and Nineteenth Century Fiction* (Routledge & Kegan Paul: London 1983); George Levine, *Darwin and the Novelists: Patterns of Science in Victorian Fiction* (Harvard U. P.: Cambridge, Mass. 1988).

[91] Brigitte Hamann, *Berta von Suttner. Ein Leben für den Frieden*, 2. Aufl. (Brandstätter: München 1987) 71, 140, 158, 165.

[92] Peter Sprengel, *Darwin in der Poesie. Spuren der Evolutionslehre in der deutschsprachigen Literatur des 19. und 20. Jahrhunderts* (Königshausen & Neumann: Würzburg 1998); Thomas F. Glick/Elinor Shaffer (Ed.), *The Literary and Cultural Reception of Charles Darwin in Europe*, 4 vol. (Bloomsbury: London/New Delhi/New York/Sydney 2014). Vgl. auch den Beitrag von Werner Michler in diesem Band.

Beziehung zu bringen.[93] Dazu ein charakteristisches Zitat aus einem seiner weniger bekannten Bücher:

> Wenn die Darwinsche Entstehungslehre folgende Ahnenreihe des menschlichen Stammbaumes aufstellt […], so liegt darin keineswegs eine Entwürdigung des menschlichen Geschlechtes; die Art und Weise, wie wir geschaffen wurden, ob wir aus einem Erdenkloße entstanden sind oder unser Dasein einer durch die Thierstufen gehenden Entwickelung verdanken, das ist nicht die Hauptsache, sondern die Bedeutung hat auf die Frage zu fallen: W e r uns geschaffen?[94]

Gegen die Auffassungen Darwins formierte sich vor allem der Widerstand kirchlich-dogmatischer Kreise, die anfänglich noch versucht hatten, die neue Lehrmeinung einfach tot zu schweigen. Die katholische Kirche erkannte aber sehr bald die von der modernen Evolutionstheorie ausgehende Gefahr für die tradierte kirchliche Lehre: Papst Pius IX. erklärte sich bereits 1864 in seiner Enzyklika *Quanta Cura* nicht nur gegen die Vorstellungen von Religionsfreiheit und Trennung von Kirche und Staat. In dem beigefügten *Syllabus errorum* wandte er sich explizit auch gegen die als Irrtümer klassifizierten verschiedenen ›-Ismen‹. Darunter fielen der Liberalismus, Sozialismus, Kommunismus, Pantheismus, Naturalismus, und selbstverständlich auch der Darwinismus. Auch sein Nachfolger Pius X. verdammte in seiner 1907 erlassenen Enzyklika *Pascendi dominici gregis* die »Irrtümer des Modernismus«[95], insbesondere aber jene katholischen Theologen, die versuchten, moderne wissenschaftliche Erkenntnisse in ihre Lehre zu integrieren. Vor allem die historisch-kritische Methode in der Geschichtswissenschaft und die Evolutionstheorie in der Naturwissenschaft waren ein besonderes Ziel der päpstlichen Kritik. Die katholische Kirche bezog damit eine eindeutige Opposition gegenüber allen »materialistischen Auffassungen«.[96] Erst mit dem

---

[93] Hermann Wohlgschaft, Karl May und die Evolutionstheorie. Quellen – geistesgeschichtlicher Hintergrund –zeitgenössisches Umfeld, in: *Jahrbuch der Karl May Gesellschaft* (Hansa Verlag: Husum 2003) 189–244; Ders., Die Schöpfung ist noch nicht vollendet. Der Entwicklungsgedanke bei Karl May und Pierre Teilhard de Chardin, ebd., 141–188.

[94] Karl May, *Das Buch der Liebe* (F. L. Münchmeyer: Dresden 1875/76, Reprint im Karl May Verlag: Bamberg 2006) 3. Abt., 119 f.

[95] https://de.wikipedia.org/wiki/Pascendi (abgerufen am 3. 3. 2017).

[96] Dahinter steht die philosophische Grundsatzfrage: Was ist das Ursprüngliche, der

Zweiten Vatikanischen Konzil erfolgte hier 1962/64 – nicht zuletzt aufgrund der viel diskutierten Schriften des Anthropologen und Jesuiten Pierre Teilhard de Chardin (1881–1955) – eine geistige Öffnung.

Ein breites Forum fanden kirchliche Gegner Darwins aber auch in den in bürgerlichen Kreisen viel gelesenen Zeitschriften *Deutscher Hausschatz*[97], *Westermann's illustrierte Monatshefte*[98], und *Daheim*. In ihren Schriften verteidigten sie den traditionellen Schöpfungsglauben, traten für eine Sonderstellung des Menschen in der Schöpfung ein und wandten sich vehement gegen die Auffassung, dass sich die organische Welt nach dem Zufallsprinzip und nicht nach einem göttlichen Plan entwickle. In diesem Zusammenhang ist etwa auf verschiedene Artikel von Hermann Ulrici[99], Victor von Strauß[100], Carl Scheidemacher[101], Friedrich Pfaff[102] und Otto Zöckler[103] zu verweisen, in denen gegen die Evolutionstheorie und Abstammungslehre Stellung bezogen wurde.

Mit der zunehmenden Vereinnahmung der Lehre Darwins als Weltanschauung wird diese nicht nur ein Gegenstand des ›Kampfs der Kulturen‹, son-

---

Geist oder die Natur? Der Idealismus geht von einer Ursprünglichkeit des Geistes, in letzter Instanz also vom göttlichen Plan einer Weltschöpfung aus, der Materialismus sieht hingegen in der Natur das Ursprüngliche.

97 Diese seit 1874 im Regensburger Pustet-Verlag erscheinende Zeitschrift war das populäre Sprachrohr des deutschen Katholizismus.

98 In dieser Zeitschrift finden sich, worauf schon hingewiesen wurde, aber auch zahlreiche Artikel, die Darwins Lehre im positiven Sinne rezipierten.

99 Ludwig Julius Fränkel, Artikel: Ulrici, Hermann, in: *ADB*, Bd. 39 (Duncker & Humblot: Leipzig 1895) 261–269.

100 https://de.wikipedia.org/wiki/Viktor_von_Strau%C3%9F_und_Torney (abgerufen am 1. 3. 2017).

101 Carl Borromäus Scheidemacher, *Das Seelenleben und die Gehirnthätigkeit: gegen die Seelenleugner gerichtete Forschungen, auf Thatsachen begründet* (G. J. Manz: Regensburg 1876).

102 Der Erlanger Geologe Friedrich Pfaff (1825–1886) publizierte *Die Schöpfungsgeschichte mit besonderer Berücksichtigung des biblischen Schöpfungsberichtes* (Heyder & Zimmer: Frankfurt a. M. 1876), in der er die von Darwin aufgezeigten Diskrepanzen zwischen dem biblischen Schöpfungsbericht und naturwissenschaftlichen Befunden zurückwies.

103 Otto Zöckler (1833–1906) war protestantischer Theologe in Greifswald und trat gegen Darwin mit theologischen, aber auch naturwissenschaftlichen Argumenten auf. Vgl. Svenja Meindl, *Otto Zöckler – Ein Theologe des 19. Jahrhunderts im Dialog mit den Naturwissenschaften* (Peter Lang: Frankfurt am Main 2008).

dern auch ein Ausgangspunkt für biologistisch begründete medizinische Interventionen im Sinne der Erbgesundheit, Rassenhygiene und Eugenik.[104] Das Prinzip des *struggle for existence* – so lautet eine Überschrift im dritten Kapitel des *Origin of Species* – wird im Deutschen in die griffige Formel ›Kampf ums Dasein‹ uminterpretiert. Dies geschah, obwohl Darwin selbst schon gegenüber seinem ersten Übersetzer Georg Bronn durchaus Einwände dagegen vorgebracht hatte und eher ›Ringen ums Dasein‹ präferierte. Der ›Sozialdarwinismus‹ fand in der Folge viele Anhänger. Auch in der Zeitschrift *Das Ausland*, dem bevorzugten Diskussionsforum der Darwinisten im deutschen Sprachraum, sollte diese perspektivische Verschiebung einen Niederschlag finden: Von 1871 bis 1881 übernahm der aus Österreich stammende und mit Ernst Haeckel befreundete Friedrich Heller von Hellwald (1842–1892)[105], der in den Kriegen von 1859 und 1866 in der österreichischen Armee als Offizier gedient hatte, die Redaktion dieser Zeitschrift. Er sah im ›Kampf ums Dasein‹ – in Verbindung mit dem im 19. Jahrhundert stark ausgeprägten Fortschrittsglauben – den Antrieb für eine positive Weiterentwicklung des Menschengeschlechts. Hatte sein Vorbild Haeckel noch mit Hilfe des Darwinismus versucht, das Geheimnis des Lebens zu erklären, so wurde Darwinismus für Hellwald zu einer ganz konkreten Handlungsanweisung: Er übertrug in recht radikaler Weise das natürliche Selektionsprinzip auf das Handeln von Individuen und ganzen Völkern. Mehr noch als Haeckel wurde Hellwald damit zu einem Vorreiter des Sozialdarwinismus in allen seinen Facetten, aber auch der später eine so unheilvolle Rolle spielenden Eugenik.

Der ›Sozialdarwinismus‹, eine Verabsolutierung des Selektionsprinzips, in dem biologische Erkenntnisse in recht unkritischer Weise auf menschliche Gesellschaften übertragen werden, vertritt dabei einen biologistischen Determinismus und sieht die im Zuge des Daseinskampfes eintretende Auslese als wichtigstes Element für eine positive Weiterentwicklung der Gesellschaft in sozialer, ökonomischer und moralischer Hinsicht. Der englische Philosoph und Soziologe Herbert Spencer (1820–1903) wandte die Vorstellungen von Evolution und natürlicher Auslese als allgemeine Bewegungsprinzipien erstmals auch auf die Entwicklung der Gesellschaft an: Das Prinzip des *survival oft the fittest*, ein Begriff[106],

---

[104] Vgl. Philippa Levine, *Eugenics: A very short Introduction* (Oxford UP: Oxford 2017).

[105] Viktor Hantzsch, Hellwald, Friedrich, in: *ADB*. Bd. 50 (Duncker & Humblot: Leipzig 1905) 173–181; https://www.deutsche-biographie.de/sfz29522.htm (abgerufen am 1. 3. 2017).

[106] https://de.wikipedia.org/wiki/Survival_of_the_Fittest (abgerufen am 1. 3. 2017).

der von ihm 1864 in die Diskussion eingebracht wurde, trägt demnach am meisten zum sozialen Fortschritt und zur Verbesserung der Lebensbedingungen bei.[107] Positionen des Sozialdarwinismus aber auch des Soziallamarckismus vertraten in Österreich aber auch prominente sozialdemokratische Intellektuelle wie Julius Tandler (1869–1936), Karl Kautsky (1854–1938) und Rudolf Goldscheid (1870–1931).[108] Als einer der ersten kritischen Opponenten gegen den Sozialdarwinismus und das *survival of the fittest* gilt Pjotr Alexejewitsch Kropotkin (1842–1921), der auf Basis einer zwischen 1890 und 1896 im britischen Magazin Nineteenth Century erschienenen Artikelserie das Werk *Mutual Aid: A Factor of Evolution* (Heinemann: London 1902) [dt.: Gegenseitige Hilfe in der Entwicklung (Theodor Thomas: Leipzig 1904)] veröffentlichte. Darin wies er auf das Prinzip der in vielen sozialen Gemeinschaften beobachtbaren Fähigkeit zur gegenseitigen Hilfe und Unterstützung als eine höchst erfolgreiche Strategie im Prozess der Evolution hin. Heute ist es vor allem der Biomathematiker Martin Nowak, der davon ausgeht, dass die natürliche Selektion zum Aufbau »komplexerer Strukturen« auf Kooperation angewiesen ist. Konkurrenz und Kooperation sind beider Maßen zu berücksichtigen. Das bedeutet, dass man zu den bisherigen zwei Hauptsäulen des Darwinismus, nämlich Mutation und Selektion, als dritten Faktor die Kooperation (von Zellen, bis hin zu komplexeren Lebewesen wie Tiere, Menschen) stellen muss.[109]

Eine drastische Zuspitzung erfuhr der Sozialdarwinismus dann in der Eugenik. Die ›Eugenik‹, ein 1883 von Darwins Vetter, dem Anthropologen Francis Galton (1822–1911) geprägter Begriff, wurde im Deutschen (und zwar lange vor dem Nationalsozialismus) auch als ›Erbgesundheitslehre‹ und ›Rassenhygiene‹

---

[107] https://de.wikipedia.org/wiki/Sozialdarwinismus#cite_note-10 (abgerufen am 1. 3. 2017). Spencer gebrauchte die Formulierung *survival of the fittest* erstmals in seiner Publikation *The Principles of Biology* von 1864. Einer Anregung von Alfred Russel Wallace folgend, übernahm dann Darwin den Begriff erstmals 1868 in seinem Buch *The Variation of Animals and Plants under Domestication* und dann ein Jahr darauf in der 5. Auflage seiner *Origin of Species* alternativ zum Begriff *natural selection*: Vgl. dazu Spencer »This survival of the fittest, which I have here sought to express in mechanical terms, is that which Mr Darwin has called ›natural selection‹, or the preservation of favoured races in the struggle for life.« Hier zitiert nach der ersten amerikanischen Ausgabe von *The Principles of Biology* (D. Appleton & Company: New York 1866) vol. 1, 444 f.

[108] Vgl. die Beiträge von Richard Saage und Klaus Taschwer in diesem Band.

[109] How did cooperation evolve? http://www.martinnowak.com (abgerufen 2. 6. 2018).

bezeichnet. Sie geht davon aus, dass ganz im Sinne der ›Zuchtwahl‹ gutes Erbmaterial gefördert werden soll, hingegen schlechte Erbanlagen ausgemerzt werden sollten. Die Vorstellungen der Eugenik fanden vor allem in den Vereinigten Staaten, Deutschland, England, Kanada, Skandinavien, Schweiz, Japan und Russland eine große Anhängerschaft. Sie wurden später allerdings vor allem durch die Rassenpolitik des Nationalsozialismus nachhaltig diskreditiert.[110]

Zusammenfassung und Ausblick

Fassen wir zusammen: Darwins Werke lösten bereits kurz nach ihrer Veröffentlichung eine Vielzahl von Reaktionen aus, die weit über die naturwissenschaftliche Fachwelt hinausgingen. Sie verursachten weitreichende Implikationen nicht nur für Philosophie und Theologie, sondern auch für den Bereich des Politischen und Sozialen. Seine Theorien wurden daher nicht nur in Wissenschaftskreisen, sondern auch in der breiten Öffentlichkeit diskutiert. Der Darwinismus erlebte allerdings um die Wende vom 19. zum 20. Jahrhundert unter den Naturwissenschaftlern eine kritische Phase, die von manchen als *Eclipse of Darwinism* beschrieben wurde; vor allem wurden Zweifel an der ausschließlichen Rolle des geschlechtlichen Selektionsmechanismus für den Fortschritt der Evolution laut. Darwin selbst hatte ja in späteren Jahren eine Annäherung an lamarckistische Evolutionsmechanismen vollzogen, wenn er zugestand, dass gewisse Anpassungen an die Umweltbedingungen womöglich auch vererbt würden.

---

[110] https://de.wikipedia.org/wiki/Eugenik (abgerufen am 26. 7. 2017). Zum aktuellen Forschungsstand über Eugenik in Zentraleuropa: Richard Weikart, *From Darwin to Hitler: evolutionary ethics, eugenics, and racism in Germany* (Palgrave & Macmillan: Basingstoke 2004); Peter Weingart/Jürgen Kroll/Kurt Bayertz, *Rasse, Blut und Gene. Geschichte der Eugenik und Rassenhygiene in Deutschland* (Suhrkamp: Frankfurt am Main 1992); Roman Alexejewitsch Fando, *Die Anfänge der Eugenik in Russland: Kognitive und soziokulturelle Aspekte* (Verlag Logos: Berlin 2014) 50–172. Rainer Mackensen (Hrsg.), *Bevölkerungslehre und Bevölkerungspolitik im »Dritten Reich«* (VS Verlag für Sozialwissenschaften: Wiesbaden 2004); Veronika Hofer/ Thomas Mayer/Gerhard Baader (Hrsg.), *Eugenik in Österreich Biopolitische Strukturen von 1900 bis 1945* (Czernin Verlag: Wien 2007); Marius Turda, *Modernism and Eugenics* (Palgrave Macmillan: Basingstoke 2010); Ders., *Eugenics and Nation in Early Twentieth-Century Hungary* (Palgrave Macmillan: Basingstoke 2014); Ders. (Ed.), *The History of East-Central European Eugenics 1900–1945: Sources and Commentaries* (Bloomsbury: London/New York 2016); Diane B. Paul, Reflections on the Historiography of American Eugenics, in: *Journal of the History of Biology* 49/4 (2016), 641–658.

Einen wichtigen Beitrag zur sich daran anschließenden Diskussion zwischen Neo-Lamarckisten und Neo-Darwinisten leistete in Wien der Professor für Kinderheilkunde an der Wiener Universitätsklinik Max Kassowitz (1842–1913). Er setzte sich seit Mitte der 1890er Jahre verstärkt mit biologischen Fragen auseinander und veröffentlichte insgesamt vier Bände unter dem Titel *Allgemeine Biologie*, wobei er vor allem in dem 1899 erschienen zweiten Band mit dem Titel *Vererbung und Entwicklung* sich sowohl mit Darwins als auch mit Lamarcks Theorien auseinandersetzte. Er bekannte sich zur Evolutionstheorie, stand aber wie auch andere zeitgenössische Naturwissenschaftler dem Prinzip der natürlichen Auslese durch das Wirken des Selektionsmechanismus kritisch gegenüber. Daher versuchte er in insgesamt drei Kapiteln Argumente für die Vererbung erworbener Eigenschaften zusammenzutragen. Kassowitz eröffnete im Wintersemester 1901 an der Wiener Universität mit seinem Vortrag »Über die Krisis des Darwinismus« eine in der Öffentlichkeit vielbeachtete Reihe von Diskussionsveranstaltungen. Auch der ebenfalls an der Wiener Universität lehrende Botaniker Richard von Wettstein betonte in seinem darauf folgenden Vortrag, dass sich die Mehrzahl seiner engeren Fachkollegen mehr der Lehre Lamarcks als derjenigen Darwins zuneigen würde, erblickte darin aber nicht antagonistische, sondern sich ergänzende Konzepte.[111] Die Kritik von Kassowitz richtete sich vor allem gegen den schon erwähnten Freiburger Mediziner und Biologen August Friedrich Leopold Weismann (1834–1914), der ein Anhänger Darwins und als Begründer des sogenannten ›Neodarwinismus‹ zugleich auch ein Weiterentwickler von dessen Lehre war. Im Unterschied zu Lamarck verwies er darauf, dass die beobachtbare Variabilität der Individuen einer Art nicht auf die Vererbung von erworbenen Körpereigenschaften, sondern ausschließlich auf sexuelle Reproduktion durch Befruchtung zurückzuführen ist, wodurch sich die Nachkommen von den Eltern durch zahlreiche Merkmale unterscheiden. Er entwickelte in der Folge die ›Keimplasmatheorie‹, worunter er die Gesamtheit der damals noch unbekannten materiellen Träger der Vererbung verstand, und fand international höchste Anerkennung als einer der wichtigsten Erneuerer der Darwinschen Evolutionstheorie.[112]

---

[111] Vgl. Klaus Taschwer, *Der Fall Paul Kammerer. Das abenteuerliche Leben des umstrittensten Biologen seiner Zeit* (Carl Hanser Verlag: München 2016) 68–70. Vgl. Max Kassowitz, *Allgemeine Biologie*, Bd. 2: *Vererbung und Entwicklung* (Moritz Perles Verlag: Wien 1899) 144–180.

[112] Ernst Gaup, *August Weismann. Sein Leben und sein Werk* (Gustav Fischer: Jena 1917); Frederick B. Churchill, *August Weismann. Development, heredity, and evolution* (Harvard U. P.: Cambridge, Mass. 2015); Klaus-Günther Collatz, Artikel: Weismann, August Friedrich Leopold, in: *Lexikon der Biologie*, Bd. 8 (Herder: Freiburg/Basel/

Während die Vorstellung der Evolution an sich und die gemeinsame Abstammung aller Lebewesen weitgehende Akzeptanz fanden, blieb die des Selektionsmechanismus lange umstritten. Erst die mitunter als ›zweite Darwinsche Revolution‹ bezeichnete *Synthetische Evolutionstheorie* verhalf auch ihr zum Durchbruch. Die klassische Vorstellung von Evolution basiert demnach auf folgenden Prinzipien: Alle Organismen tendieren dazu, sich exponentiell zu vermehren, dem wirken aber verschiedene hemmende Mechanismen entgegen. Die natürliche Auslese sorgt dafür, dass jene Arten von Organismen im Überlebenskampf der Natur die besten Überlebens- und Fortpflanzungschancen haben, die sich am besten an die jeweilige Umwelt anpassen können. Dadurch bilden sich über mehrere Generationen durch den natürlichen Fortpflanzungsmechanismus einer Population neue Merkmale aus. Wenn ›Populationen‹, die als »Fortpflanzungsgemeinschaften von Lebewesen, die zur selben Zeit im selben Raum leben«[113] definiert werden, überdies durch äußere Umstände über längere Zeit hinweg voneinander getrennt sind, kommt es über das Prinzip der Divergenz zur Ausbildung neuer Arten. Dabei vertrat man lange Zeit die Auffassung, dass sich Arten grundsätzlich nicht vermischen, und wenn dies dennoch geschieht, dabei lediglich nicht vermehrungsfähige Hybriden entstehen können.

Der deutsch-amerikanische Biologe Ernst Walter Mayr (1904–2005), einer der Hauptvertreter der späteren *Synthetischen Evolutionstheorie*, hat die grundlegenden Ideen Darwins aus moderner Sicht als Summe von fünf Theoremen folgendermaßen zusammengefasst[114]:

- *Evolution* als solche: Die Natur ist das Produkt langfristiger Veränderungen und ändert sich auch weiterhin; alle Organismen unterliegen einer Veränderung in der Zeit.
- *Gemeinsame Abstammung*: Jede Gruppe von Lebewesen stammt von einem gemeinsamen Vorfahren ab. Alle Organismen gehen auf einen gemeinsamen Ursprung des Lebens zurück.

Wien 1987) 421 f.

[113] http://www.webmic.de/evolutionsbiologisches_glossar.htm (abgerufen am 1. 3. 2017).

[114] Ernst Mayr, … *und Darwin hat doch recht. Charles Darwin, seine Lehre und die moderne Evolutionstheorie* (Piper: München 1951) 58 f.; https://de.wikipedia.org/wiki/Charles_Darwin (abgerufen am 1. 3. 2017).

- *Vervielfachung der Arten*: Die Arten vervielfachen sich, indem sie sich in Tochterspezies aufspalten oder indem sich durch räumliche Separation isolierte Gründerpopulationen zu neuen Arten entwickeln.
- *Gradualismus*: Evolutionärer Wandel findet in Form kleinster Schritte (graduell) statt und nicht durch das plötzliche Entstehen neuer Individuen, die dann eine neue Art darstellen. Es gilt also der Grundsatz: *natura non facit saltus!*
- *Natürliche Selektion*: Evolutionärer Wandel vollzieht sich in jeder Generation durch eine überreiche Produktion an genetischen Variationen. Die relativ wenigen Individuen, die aufgrund ihrer besonders gut angepassten Kombination von vererbbaren Merkmalen überleben, bringen die nachfolgende Generation hervor.

Die ›Moderne Synthese‹ war die Weiterführung von Darwins Konzept der graduellen Evolution als Folge von erblicher Variation und natürlicher Selektion. Der damit erzielte fächerübergreifende Konsens wurde zur Grundlage für die weitere Forschung im evolutionsbiologischen Mainstream. Evolution bedeutet seither aus der Perspektive der traditionellen Evolutionsbiologie eine Änderung der Genfrequenzen in einer Population über die Zeit, d. h. die Häufigkeit, mit der ein bestimmtes Gen in einer Population auftritt. Wobei als wichtigste Faktoren der Veränderung Mutation, Rekombination, Migration, Separation, Gen-Drift zwischen Populationen, und natürliche Selektion wirken.[115] Mittlerweile ist dieser Ansatz der ›Synthetischen Evolutionstheorie‹ durch neue Erkenntnisse erweitert worden: Der molekularen Charakterisierung der Gesamtheit der vererbbaren Informationen einer Zelle im Genom wurde mit der Entdeckung der Funktion, Struktur und Wechselwirkung von Chromosomen, Desoxyribonukleinsäure (DNA) bzw. Ribonukleinsäure (RNA) ein neuer Zugang eröffnet; neue Fachgebiete und Forschungszweige (wie Entwicklungs- und Systembiologie, Genomik und Epigenetik) sind seither entstanden. Genome werden heute in der Systembiologie nur mehr bedingt als isoliert aufgefasst, vielmehr versteht man sie als dynamische Interaktionen zwischen den einzelnen Bausteinen und Kom-

[115] Nur in einer fiktiv angenommenen »idealen Population«, in der keinerlei Evolution stattfindet, ändern sich die Genfrequenzen nach dem sog. Hardy-Weinberg-Gesetz nicht, weil diese Evolutionsfaktoren nicht wirksam sind. https://de.wikipedia.org/wiki/Hardy-Weinberg-Gleichgewicht (abgerufen am 1. 3. 2017).

ponenten eines biologischen Systems. Lebewesen streben in ihrer Überlebensstrategie nicht nur eine Optimierung an ihre jeweilige Umwelt an, sondern sie versuchen zugleich auch diese Rahmenbedingungen prozessual zu verändern. Es werden also Verhalten und Verhältnis aller Elemente in einem ganzheitlich verstandenen lebendigen System untersucht, was heute auch in Form von Computersimulationen dargestellt werden kann. Manche Biologen treten daher auch für eine *erweiterte Synthese* der Evolutionstheorie ein.[116]

Unser Wissensstand vom Ursprung des Universums und des Lebens ist in den letzten Jahren vor allem durch die Erkenntnisse der Astrophysik und der Chemie gewaltig angewachsen: Wir gehen von einem »Urknall« vor etwa 13,8 Milliarden Jahren aus, wobei sich das Universum seither immer weiter ausdehnt.[117] Auf Basis der Teilchenphysik kann heute in einem Teilchenbeschleuniger der Zustand von Materie hergestellt werden, wie er kurz nach dem Urknall geherrscht hatte. Es ist hier nicht der Ort, um auf die weitere Entwicklung des Universums, die heute mit Hilfe der Kosmologie und Teilchenphysik sehr gut beschrieben werden kann, einzugehen. Vor etwa 8,8 Milliarden Jahren entstanden jedenfalls die ersten Spiral-Galaxien aus durch Kernfusion gebildeten Sternen, und vor 4,6 Milliarden Jahren formte sich unser Sonnensystem mit seinem Zentralstern und dessen Planeten. Erstaunlich rasch entstanden dann die Bedingungen für die Entfaltung organischen Lebens auf einem dieser Planeten, nämlich der Erde.[118]

Durch das Zusammenmischen verschiedener anorganischer Substanzen, wie sie vermutlich bereits in der Uratmosphäre und in den Urozeanen unseres Planeten vorhanden waren, gelang es den beiden amerikanischen Chemikern

---

[116] Trey Ideker/Timothy Galitski/Leroy Hood, A new approach to decoding life: Systems Biology, in: *Annual Review of Genomics and Human Genetics* (2001/2) 343–372; Massimo Pigliucci/Gerd Müller, *Evolution – the Extended Synthesis* (MIT Press: Boston 2010). https://de.wikipedia.org/wiki/Erweiterte_Synthese_%28Evolutions theorie%29 (abgerufen am 1. 3. 2017).

[117] Die Frage, weshalb es zu diesem Ereignis des Urknalls kam und wodurch er ausgelöst wurde, können uns die Naturwissenschaften, die legitimer Weise nur die Frage nach dem »Wie?« stellen können, nicht beantworten.

[118] *Wie alles begann. Von Galaxien, Quarks und Kollisionen*, hg. v. Verlag des Naturhistorischen Museums Wien und Institut für Hochenergiephysik der Österr. Akademie d. Wissenschaften (Wien 2017) 2–28.

Stanley Miller und Harold Urey im Jahr 1953 in einem Glaskolben eine »Ursuppe« (*primordial soup*) aus Methan, Wasserstoff, Wasserdampf und Ammoniak zu erzeugen. Als sie diese Mischung elektrischen Entladungen aussetzten, die Blitze simulieren sollten, bildeten sich organische Verbindungen, Lipide, Nukleinsäuren, die Reaktionen ankurbelten, Informationen speicherten und weitergaben, vor allem Aminosäuren, die »Bausteine des Lebens«. Als man später zusätzlich noch Schwefelwasserstoff und Kohlendioxid hinzufügte, entstanden 23 verschiedene Aminosäuren und vier Amine, darunter auch sieben organische Schwefelverbindungen.[119] Man konnte damit die Ursprünge des Lebens und somit den Beginn der organischen Evolution plötzlich plausibel erklären[120]: Seit 3,5 Milliarden gibt es auf der Erde Bakterien, die im Urmeer lebten und ihren Energiebedarf aus dem Sonnenlicht deckten, sich Kohlendioxid aus der Atmosphäre holten und damit Zuckermoleküle bauten. Vor etwa drei Milliarden Jahren gelang es den sog. Cyano-Bakterien, mit Hilfe der oxydativen Fotosynthese das Wasser chemisch aufzuspalten, wodurch Sauerstoff freigesetzt wurde. Ein weiterer wichtiger Schritt war dann vor etwa 2,4 Milliarden Jahren die Endosymbiose von Bakterien, indem eine einfache bakterielle Urzelle *mit* Zellkern (Eukaryot) ein kleineres Proteo- oder Cyanobakterium (prokaryotische Zelle *ohne* Zellkern) aufnahm, woraus in der Folge Zellen mit durch eine Membran abgegrenzten Organellen entstehen konnten. Wenn es sich dabei um ein Proteobakterium handelt, bilden sich tierischen Zellen mit Mitochondrien, wenn es sich um Cyanobakterien handelt, entstehen daraus pflanzliche Zellen mit Mitochondrien und Plastiden (Chloroplasten). Im Zuge dieser Endosymbiose konnten sich komplexere höhere Zellen ausbilden, mit Organellen und einem Zellkern, der Chromosomen enthält, auf denen die Gene aufgefädelt sind: »Die planlose Rekombination dieser Gene wurde zum Turbo der Evolution.«[121]

Dieser neue wissenschaftliche Zugang zur Erklärung der Entstehung des organischen Lebens war zu Darwins Zeiten natürlich noch unvorstellbar; Darwins Theorie beruhte auf Annahmen, die zu seiner Zeit noch nicht beweisbar

---

119 https://de.wikipedia.org/wiki/Miller-Urey-Experiment (abgerufen am 19. 11. 2017).

120 Ich folge hier der zusammenfassenden Darstellung von Karl Sigmund/Martin Nowak, Wie das Gute in die Welt kam, in: *Spectrum. Die Presse* vom 19. 8. 2017, 10.

121 Mit dem Konzept der Endosymbiose erfuhren Darwins Vorstellungen der natürlichen und sexuellen Selektion als treibende Kraft der Evolution und einer gemeinsamen monophyletischen Abstammung aller Lebewesen eine wichtige Ergänzung: Neue Organismen können demnach auch durch symbiotische Ereignisse entstehen. https://de.wikipedia.org/wiki/Endosymbiontentheorie (abgerufen am 19. 11. 2017).

waren. Dennoch ist festzuhalten: Für die meisten Biologen stellt die von Darwin und anderen begründete und seither ständig weiterentwickelte Evolutionstheorie auch heute noch ein verbindendes wissenschaftliches Paradigma dar. Denn sie liefert ein »einheitliches Dach«[122], unter dem sich die verschiedensten lebenswissenschaftlichen Teildisziplinen wiederfinden können.

Die Evolutionstheorie strahlte aber darüber hinaus auch auf andere Disziplinen aus. In diesem Zusammenhang sind z. B. die Evolutionäre Erkenntnistheorie (Rupert Riedl, Donald T. Campbell), die Evolutionsökonomik (Richard R. Nelson, Sidney G. Winter), die Evolutionsökologie (Andrew Cockburn), die Soziobiologie (Edward O. Wilson), die Verhaltensforschung (Konrad Lorenz), die Evolutionäre Ethik (Robert J. Richards, Richard Dawkins, Gerhard Vollmer) und die Entwicklungspsychologie (Jean Piaget) zu erwähnen. In diesem Zusammenhang ist einmal mehr auf einen vielzitierten Satz hinzuweisen, den einer der Mitbegründer der synthetischen Evolutionstheorie, Theodosius Dobzhansky, bereits 1973 in einem Aufsatztitel prägnant formulierte: »Nichts in der Biologie hat einen Sinn, außer im Licht der Evolution.«[123]

---

[122] Eve-Marie Engels, *Charles Darwin* (C. H. Beck: München 2007) 207.

[123] Theodosius Dobzhansky, Nothing in biology makes sense except in the light of evolution, in: *American Biology Teacher* 35 (1973) 125–129. http://www.pbs.org/wgbh/evolution/library/10/2/text_pop/l_102_01.html (abgerufen am 1. 3. 2017).

1 | Die wissenschaftliche Rezeption

Krisis des Darwinismus? Darwin und die Wissenschaften des Wiener Fin de Siècle

Johannes Feichtinger

Worin liegt der formgestaltende Faktor in der Evolution? Liegt er in der natürlichen Zuchtwahl, vollzogen durch den Kampf ums Dasein, oder liegt er in der direkten Anpassung, verbunden mit einer Vererbung von im Leben erworbenen Eigenschaften? Wie und wodurch sich die verschiedenen Arten in der Erdgeschichte verändert haben und neue biologische Formen entstanden sind, war vor allem in den Wissenschaften des Wiener Fin de Siècle Gegenstand wissenschaftlicher Debatten. Dass sich die Arten verändert hatten, stand um 1900 nicht mehr zur Diskussion. So fassten auch die damaligen Wiener Wissenschaftler die Evolutionslehre als unumstößliche Tatsache auf, und sie fand sogar in kirchlichen Kreisen zunehmend Anerkennung, wiewohl hier nicht von einer »sicher bewiesenen Tatsache«, sondern von »einer wohl begründeten Hypothese« die Rede war.[1] Die Deszendenzlehre, so stellte Max Kassowitz, Professor der Kinderheilkunde an der Universität Wien und langjähriger Vorgesetzter Sigmund Freuds, 1901 in seinem Vortrag »Die Krisis des Darwinismus« fest, habe »heute unter den Laien mehr Anhänger [...] als je zuvor.«[2] Auch in wissenschaftlichen Kreisen sei die Evolutionslehre von jener »Krisis des Darwinismus«, die Kassowitz in der

---

[1] Johann Ude, Der Darwinismus, die Ursachen seines Erfolges und seine Aussichten. Zur Erinnerung an den hundertsten Geburtstag Charles Darwins (geboren 12. Februar 1809), in: *Reichspost*, 12. 2. 1909, 1.

[2] Max Kassowitz, Die Krisis des Darwinismus. Vortrag, gehalten am 25. November 1901, in: *Vorträge und Besprechungen über ›Die Krisis des Darwinismus‹* (Wissenschaftliche Beilage zum fünfzehnten Jahresbericht (1902) der Philosophischen Gesellschaft an der Universität zu Wien) (Barth: Leipzig 1902) 5–18.

Vortragsreihe der Philosophischen Gesellschaft an der Universität Wien feststellte, in keiner Weise berührt.

Im Wien der Jahrhundertwende stand nicht die Abstammungslehre auf dem Prüfstand, sondern allein der Darwinismus, d. h. die These von der Allmacht der Selektion, die – so sei vorweggenommen – für die Erklärung des Artenwandels durchwegs als unzureichend aufgefasst wurde. Der allgemeine wissenschaftliche Tenor lautete, dass Darwin und die Darwinisten auf die entscheidende Frage, wie aus einfachen komplexe Formen entstanden seien, d. h. wie sich die kontinuierliche Höherentwicklung der Arten als mechanischer Naturprozess erklären ließe, die Antwort schuldig geblieben seien. Kurz gesagt: Was die Wiener Wissenschaften der Jahrhundertwende bewegte, war die Frage nach dem *Wie* der Vervollkommnung der Arten – durch Darwins Idee der Auslese oder durch Lamarcks Vorstellung einer Anleitung von Seiten der Natur?

Es ist bemerkenswert, dass sich im Wien der Jahrhundertwende nicht nur Biologen, sondern auch Mediziner, Soziologen, Paläontologen, Völkerkundler und Physiker der Lösung dieses Rätsels widmeten. Dabei ist es erstaunlich, dass von ihnen der Schlüssel zur Vervollkommnung der Arten nahezu ausschließlich in der Wirkmacht des Milieus gesucht und gefunden wurde. Theorien, welche die Formenneubildung im Keimplasma begründet sahen, wie die des Freiburger Zoologen August Weismann, stießen weitgehend auf Ablehnung. Zwischen 1870 und 1938 vertraten namhafte Naturwissenschaftler aus Österreich – von Ewald Hering über Richard Wettstein bis Sigmund Freud – vielmehr eine Milieutheorie im Sinne eines lamarckistisch vertieften und erweiterten Darwinismus.[3]

Der Lamarckschen Milieutheorie war u. a. auch Ernst Mach zugeneigt. So wie Freud verehrte Mach den Physiologen und Hirnforscher Ewald Hering, der 1870 in seinem berühmten Vortrag »Über das Gedächtniss als eine Allgemeine Function der organisirten Materie«, gehalten anlässlich der Feierlichen Sitzung

---

[3] Zum lamarckistischen Kontext im Werk Sigmund Freuds vgl. Eliza Slavet, *Racial Fever. Freud and the Jewish Question* (Fordham University Press: New York 2009) 72–78; darin das Kapitel »Freuds ›Suspiciously Bolshevik Lamarckism‹, 78–85; Johannes Feichtinger, *Wissenschaft als reflexives Projekt. Von Bolzano über Freud zu Kelsen: Österreichische Wissenschaftsgeschichte 1848–1938* (Transcript: Bielefeld 2010), darin das Kapitel »War Freud ein Psycho-Lamarckist?«, 447–454; vgl. weiters Thomas Barth, *Wer Freud Ideen gab. Eine systematische Untersuchung* (Waxmann: Münster u. a. 2013); zu Hering vgl. Feichtinger, *Wissenschaft als reflexives Projekt,* 515 f.

der Kaiserlichen Akademie der Wissenschaften im Jahr 1870, Gedächtnis und Vererbung gleichgesetzt hatte und ganz entschieden für die »Forterbung erworbener Eigenschaften«[4] aufgetreten war:

> Wir sind auf Grund zahlreicher Thatsachen zu der Annahme berechtigt, daß auch solche Eigenschaften eines Organismus sich auf seine Nachkommen übertragen können, welche er selbst nicht ererbt, sondern erst unter den besonderen Verhältnissen, unter denen er lebte, sich angeeignet hat, und daß infolge dessen jedes organische Wesen dem Keime, der sich von ihm trennt, ein kleines Erbe mitgibt, welches im individuellen Leben des mütterlichen Organismus erworben und hinzugelegt wurde zum großen Erbgute des ganzen Geschlechtes.[5]

Ernst Mach griff in seinen Schriften immer wieder auf diese Rede zurück. Er hatte Lamarcks Lehre 1854 als Gymnasiast durch seinen »verehrten Lehrer F. X. Wessely« kennengelernt[6] und schätzte an ihr die Vorstellung des sich durch Vererbung »erhaltenden Gedächtnisses«.[7] Mach bezeichnete Herings Rede als »eine der schönsten und aufklärendsten Ausführungen im Sinne einer psychologisch-physiologischen Anwendung der Entwicklungslehre«.[8] In seiner letzten, posthum erschienenen Arbeit schrieb Mach 1916:

> Indessen hat wohl A. Weismann Unrecht, wenn er die ›Vererbung erworbener Eigenschaften‹ bestreitet und eine neue Keimplasmatheorie aufstellt. Nach dieser sind die Vorgänge der Entwicklung und Deszendenz Vorgänge, die ganz unabhängig von den Ein-

---

[4] Ewald Hering, Über das Gedächtniss als eine Allgemeine Function der organisirten Materie. Vortrag gehalten in der Feierlichen Sitzung der Kaiserlichen Akademie der Wissenschaften am 30. Mai 1870, in: *Almanach der Kaiserlichen Akademie der Wissenschaften* 20 (1870) 253–278, hier: 269.

[5] Ebd., 268 f.

[6] Ernst Mach, Die Leitgedanken meiner naturwissenschaftlichen Erkenntnislehre und ihre Aufnahme durch die Zeitgenossen, in: ders., *Die Leitgedanken meiner naturwissenschaftlichen Erkenntnislehre und ihre Aufnahme durch die Zeitgenossen. Sinnliche Elemente und naturwissenschaftliche Begriffe. Zwei Aufsätze* (Barth: Leipzig 1919) 3–18, hier: 3.

[7] Ernst Mach, Einige vergleichende tier- und menschenpsychologische Skizzen, in: *Naturwissenschaftliche Wochenschrift* 15/17 (23. 4. 1916) 241–246, hier: 241.

[8] Ernst Mach, *Beiträge zur Analyse der Empfindungen* (Fischer: Jena 1886) 34.

> flüssen auf die Entwicklung des Individuums sind, womit der einheitliche Gesichtspunkt der Entwicklungslehre aufgehoben ist. Ich bin vielmehr mit Hering der Ansicht, daß durch diesen Zug die Harmonie der ganzen Entwicklungslehre gestört wird und eine solche Annahme das ›Absägen des Astes bedeutet, auf dem man sitzt‹.[9]

In diesem Beitrag sollen die folgenden Überlegungen weiter ausgeführt werden: Mittlerweile steht außer Zweifel, dass vor allem von Wissenschaftlern, »die überwiegend im sozialdemokratischen, linken bzw. linksliberalen Milieu angesiedelt« waren, häufig lamarckistische Positionen vertreten wurden.[10] Zu zeigen wird sein, dass der Kreis der Anhänger eines lamarckistisch vertieften Darwinismus in den Wissenschaften allerdings viel größer war; er umfasste Wissenschaftler verschiedener politischer Richtungen, progressive und konservative, linke, liberale und klerikale. Demnach ist es kaum verwunderlich, aber doch bemerkenswert, dass im Wien des Fin de Siècle der Sozialdarwinismus im Feld der Wissenschaften nur wenige Unterstützer fand.[11] Vielmehr wurde hier nicht nur die »Selektionshypothese mit dem Kampf ums Dasein als Motor des Fortschritts« heftig angezweifelt, sondern auch die damit verbundenen »letzten Konsequenzen auf Gebieten des Geistes- und Seelenlebens […], welche [so der Wiener Pflanzenphysiologe Julius von Wiesner im Darwin-Jahr 1909] selbstverständlich mit schweren Irrtümern behaftet« seien.[12] Zugleich wurde jedoch im Wien der Jahr-

---

[9] Mach, Einige vergleichende tier- und menschenpsychologische Skizzen, 241.

[10] Vgl. Peter Schwarz, *Julius Tandler. Zwischen Humanismus und Eugenik* (Steinbauer: Wien 2017) 160; Georg Witrisal, *Der ›Sozialamarckismus‹ Rudolf Goldscheids. Ein milieutheoretischer Denker zwischen humanitärem Engagement und Sozialdarwinismus*, DA Universität Graz (Graz 2004); Veronika Hofer, Rudolf Goldscheid, Paul Kammerer und die Biologen des Prater-Vivariums in der liberalen Volksbildung der Wiener Moderne, in: Mitchell G. Ash/Christian H. Stifter (Hrsg.), *Wissenschaft, Politik und Öffentlichkeit. Von der Wiener Moderne bis zur Gegenwart* (WUV: Wien 2002) 149–184.

[11] Vgl. Hans-Günter Zmarzlik, Österreichische Sozialdarwinisten. Ein Beitrag zur Brutalisierung des politischen Denkens im späten 19. Jahrhundert, in: *Der Donauraum* 19 (1974) 147–163. Zmarzlik nennt Friedrich von Hellwald (1842–1892), Ludwig Gumplowicz (1838–1909), Gustav Ratzenhofer (1842–1904); allgemein zu Österreich vgl. Uwe Puschner, Sozialdarwinismus als wissenschaftliches Konzept und politisches Programm, in: Gangolf Hübinger (Hrsg.), *Europäische Wissenschaftskulturen und politische Ordnungen in der Moderne (1890–1970)* (Oldenbourg: München 2014) 99–122.

[12] Julius von Wiesner, Die Licht- und Schattenseiten des Darwinismus (1909), in: ders.,

hundertwende ein wissenschaftlicher Soziallamarckismus etabliert, der zum einen die Vervollkommnung des Menschen zu erklären versprach, zum anderen aber auch rassenhygienischen Initiativen in Österreich den Weg ebnete. Diese ambivalenten Entwicklungen sind im Hinterkopf zu behalten, wenn von Darwinismus und Wiener Jahrhundertwende die Rede ist.

Darwin-Feiern 1909 in Wien: Die Evolutionstheorie wird groß gefeiert, der Darwinismus heftig kritisiert

Anlässlich der 100. Wiederkehr des Geburtstages von Darwin fanden in Wien zwischen 10. und 13. Februar 1909 sieben Gedenkfeiern mit Reden statt. Die Feiern der Zoologisch-Botanischen Gesellschaft, der Soziologischen Gesellschaft, der Philosophischen Gesellschaft und des Naturwissenschaftlichen Vereins wurden an der Universität abgehalten, die letzten beiden sogar zeitgleich. Festredner waren der Botaniker Richard Wettstein, der Soziologe Rudolf Goldscheid, der Zoologe Berthold Hatschek und der Paläobiologe Othenio Abel. Außerhalb der Universität beehrte der Münchner Rassenhygieniker Alfred Ploetz den Wiener Arbeiter-Abstinentenbund anlässlich seiner Darwin-Gedenkfeier mit dem Referat »Darwinismus und Rassenhygiene«. In Wien-Margareten sprach der Botaniker und Journalist Ernst Moriz Kronfeld im Rahmen der Darwin-Feier des Wiener Volksbildungsvereines im neuen Volksbildungsbau, und im Hörsaal der Ersten anatomischen Lehrkanzel hielt der Leiter der Biologischen Versuchsanstalt Hans Przibram für die Vereinigung Wiener Mediziner den Vortrag »Über Darwin«.

Am 12. Februar 1909 widmeten die großen österreichischen Tageszeitungen wie die *Neue Freie Presse*, die *Reichspost*, die *Arbeiter-Zeitung* Charles Darwin ausführliche, mehr oder weniger kritische Würdigungen. Auch dessen Beziehungen zu Österreich wurden in Erinnerung gerufen. Die *Neue Freie Presse* erinnerte daran, dass Darwin Ehrenmitglied von drei Wiener Gesellschaften, nämlich der Zoologisch-Botanischen Gesellschaft (seit 1867), der Anthropologischen Gesellschaft (1872) und der Akademie der Wissenschaften (1875[13]), war. Darwin habe

---

Natur – Geist – Technik. Ausgewählte Reden, Vorträge und Essays (Engelmann: Leipzig 1910) 358–384, hier: 382.

[13] Darwin war bereits 1871 zum korrespondierenden Mitglied im Ausland, dann 1875 zum Ehrenmitglied der math.-nat. Klasse gewählt worden.

Österreich nie besucht, auch seien in seiner Korrespondenz nur fünf österreichische Gelehrte erwähnt: Anton Kerner von Marilaun, Karl von Scherzer, die Geologen Edmund von Mojsisovics und Melchior Neumayr sowie der damals noch lebende Julius von Wiesner.[14]

Darwin war im Wien der Jahrhundertwende sichtlich populär. Um zu zeigen, wie Darwin auf Seiten der Wissenschaften im Jahr 1909 gesehen und angeeignet wurde, werden im Folgenden die wichtigsten Gedenkreden kurz analysiert. Das auffälligste Merkmal der anlässlich der Wiener Darwin-Feiern gehaltenen Reden liegt darin, dass am ›Darwinismus‹ heftig Kritik geübt wurde. Der Tenor lautete, dass Darwin vom Darwinismus zum Selektionstheoretiker reduziert worden sei, obwohl Darwin den reizbedingten Anpassungsprozessen im Laufe der Erdgeschichte, d. h. gerichteter Variabilität, in seiner Evolutionslehre einen angemessenen Stellenwert eingeräumt habe.

In seinem bekannten Vortrag »Darwin als Lebenselement unserer modernen Kultur«, gehalten am 13. Februar 1909 im Hörsaal 33 der Juridischen Fakultät der Universität Wien und danach in erweiterter Form publiziert[15], stellte Rudolf Goldscheid vor der Soziologischen Gesellschaft folgendes klar: Wir stehen heute nicht »vor einer Krisis des Darwinismus selber, der sich vielmehr eben zu seinem allergrößten Triumphzug anschickt«, sondern »vor allem vor einer Krisis des Weismannismus im Darwinismus.« Denn: »die Darwinsche Lehre in Weismannscher Auslegung [habe] geradezu die Umkehrung derselben bedeutet«, da sie durch »die Voranstellung der Konstanz der Vererbung, durch ihren Hinweis auf die ausschließliche Determinationskraft der inneren Tendenzen die weitestgehende Einschränkung des Variabilitätsprinzips darstellt, in dessen Betonung eben die Großtat Darwins lag.«[16]

Bemerkenswert ist in diesem Zusammenhang mehrerlei: Goldscheid stellte nicht die teleologiefreie Erklärung der Entstehung der Arten als »zweifellos das größte Verdienst Darwins« vor, sondern »daß er uns auch am Organischen die große Variationsfähigkeit unseres Seins zeigte.«[17] »Darwin [so Goldscheid]

---

[14] o. A., Darwins 100. Geburtstag, in: *Neue Freie Presse*, 12. 2. 1909, 12.

[15] Rudolf Goldscheid, *Darwin als Lebenselement unserer modernen Kultur* (Heller: Wien/Leipzig 1909).

[16] Ebd., 46.

[17] Ebd., 44.

war der erste, welcher die Variabilität als die Grundeigenschaft des Organischen gelehrt hat. Er wurde dadurch geradezu der Philosoph der Variabilität.«[18] Wenn Darwin als erster »die Welt als ein unaufhörliches Werden« und nicht als ein »Bewahren« zeigte und »die Auslese gleichsam durch das Milieu als Züchter« erfolgte, d. h. zwischen Milieu und Individuum eine Wechselwirkung bestand,[19] so ergab sich für Goldscheid der zwingende Schluss, dass ein Umwandlungsprozess viel rascher durch die »Umgestaltung des Milieus«[20] als durch Selektion erreicht werden konnte. »So sehen wir: der reine unmodifizierte Selektionsgedanke übertragen auf die planmäßig gestaltbare Gesellschaftsentwicklung ist nicht nur sittlich und nicht nur biologisch, sondern auch ökonomisch, entwicklungsökonomisch als unbedingter Nonsens zu verwerfen.«[21] Die »Höherentwicklung des Menschen« sei auf einfacherem Wege – durch Anpassung – zu erreichen:

> Und beim Menschengeschlecht da ist es geradezu die aktive Anpassung des Milieus an unsere inneren Entfaltungstendenzen, und nicht mehr die passive Anpassung unseres Organismus an die uns umgebende Natur, welche nicht nur den Gang der Entwicklung, sondern auch die natürliche Zuchtwahl ganz wesentlich bestimmt.[22]

Die Variabilität wurde nicht nur von Goldscheid, sondern auch von anderen Gedenkrednern als die zentrale Innovation Darwins vorgestellt; sie wurde mit der Vorstellung von reizbedingten Anpassungsprozessen in Verbindung gebracht und war auf das erklärte Ziel der wissenschaftlichen Begründung der Höherentwicklung der Arten gerichtet. In dieser Zielsetzung trafen einander Soziallamarckisten wie Rudolf Goldscheid und Sozialdarwinisten wie der Münchner Rassenhygieniker Alfred Ploetz. Dieser sprach in seiner Wiener Darwin-Rede von »Variations-Verbesserung«[23] als Grundlage für die erhofften Steuerungsmöglichkeiten in Vererbungsvorgängen.

---

[18] Ebd., 18.

[19] Ebd., 44 f.

[20] Ebd., 45.

[21] Ebd., 70.

[22] Ebd., 33.

[23] Alfred Ploetz, Darwinismus und Rassenhygiene, in: *Der Abstinent. Organ des Arbeiter-Abstinentenbundes in Oesterreich.* 2 Teile. Teil I: 8/3 (1. 3. 1909) 1–4; Teil II: 8/4 (1. 4. 1909) 1–3, hier: Teil I, 2.

Von der Annahme einer Höherentwicklung der Arten waren auch die Wiener Biologen der Jahrhundertwende überzeugt; ihnen lag zunächst das Ziel vor Augen, sie nicht herbeizuführen, sondern zu erklären: »Wenn wir sehen«, so der Botaniker Richard Wettstein im Jahr 1909, »daß fortgesetzte Neubildung von Arten mit einer Steigerung der Organisationshöhe verbunden ist, dann muß jenem Artbildungsvorgange besondere Bedeutung zukommen [...], mit dem von selbst eine Erhöhung der Organisation verbunden ist«.[24]

So wie Goldscheid hob auch Richard Wettstein in seiner Festrede am 12. Februar 1909 im großen Festsaal der Universität Wien hervor,[25] dass der »wesentlichste Punkt« in Darwins Theorie zur »Erklärung des Phänomens der Formenneubildung die Aufklärung der Variabilität der Organismen« sei.[26] In der »Konstatierung der Veränderlichkeit der Organismen« erkannte Wettstein die Voraussetzung Darwins, um »den Vorgang der Artneubildung zu erklären.«[27] »Und um diesen Punkt dreht sich darum in erster Linie die Diskussion der letzten Jahrzehnte«,[28] so Wettstein in seiner Rede. »Über das Wesen der Variabilität gehen nun in neuerer Zeit die Ansichten der Autoren weit auseinander, und je nach ihrer Stellungnahme wechselt auch ihre Stellung zum Darwinismus.«[29] Wettstein verlieh seiner kritischen Stellung zum Darwinismus frei Ausdruck: »Immer größer wird die Zahl der Forscher, welche zugeben, daß der Darwinismus in seiner ursprünglichen Fassung uns nicht mehr genügt. [...] Der Darwinismus ist auch heute noch eine wohlbegründete Lehre; er bedarf aber der Vertiefung nach verschiedenen Richtungen und er bedarf einer Ergänzung.«[30]

Die notwendige *Vertiefung* des Darwinismus sah Wettstein in der Anerkennung der wesentlichsten Annahme des Lamarckismus, nämlich der Idee funktioneller Anpassung und deren Erhaltung durch Vererbung. Die notwendige *Ergänzung* bezog sich auf die Erklärung der Steigerung der Organisationshöhe.

---

[24] Richard Wettstein, Festrede anlässlich der Darwin-Feier am 12. Februar 1909, in: *Verhandlungen der kaiserlich-königlichen zoologisch-botanischen Gesellschaft in Wien* 59 (1909) 85–101, hier: 99.

[25] Ebd.

[26] Ebd., 93.

[27] Ebd., 88 f.

[28] Ebd., 93.

[29] Ebd., 96.

[30] Ebd., 91 f.

Für Wettstein lag »in dem lamarckistischen Prinzipe, in dem Einfluß der direkten Bewirkung, der Schlüssel zur Lösung dieses großen biologischen Rätsels«. Die Herausforderung bestand nunmehr darin, »jenen Artbildungsmodus festzustellen, mit dem von selbst eine Erhöhung der Organisation verbunden ist«, »der nicht richtungslos vor sich geht, der die Erwerbung neuer Eigentümlichkeiten mit der Erhaltung vorhandener verbindet.«[31]

Abb. 1: Richard Wettstein (1863–1931)
Archiv der Universität Wien, Bildarchiv Signatur: 106.I.129

Wettstein, der wohl einlussreichste Wissenschaftler Wiens jener Zeit, hatte in zahlreichen Vorträgen und Veröffentlichungen, sei es vor der Gesellschaft deutscher Naturforscher und Ärzte oder sei es in der Feierlichen Gesamtsitzung der Kaiserlichen Akademie der Wissenschaften, den Standpunkt vertreten, »dass es überhaupt nicht möglich ist, alle Vorgänge der Formneubildung auf dieselbe Art zu erklären, dass lamarckistische und darwinistische Anschauungen sich nicht ausschliessen, sondern neben einander ihre Berechtigung haben.«[32]

---

[31] Ebd., 98 f.

[32] R[ichard] v. Wettstein, *Der Neo-Lamarckismus* (Gesellschaft deutscher Naturforscher und Ärzte. Verhandlungen 1902. Allgemeiner Teil) (Vogel: Leipzig 1902) 5; weiters: ders., *Der Neo-Lamarckismus und seine Beziehungen zum Darwinismus. Vortrag gehalten in der allgemeinen Sitzung der 74. Versammlung deutscher Naturforscher und Ärzte in Karlsbad am 26. Sept. 1902 mit Anmerkungen und Zusätzen herausgegeben* (Fischer: Jena 1903); ders., *Über directe Anpassung. Vortrag gehalten in der Feierlichen Sitzung*

Der Zoologie-Professor Berthold Hatschek ging in seinem Vortrag »Darwins 100. Geburtstag«,[33] gehalten anlässlich der Darwin-Gedenkfeier der Philosophischen Gesellschaft im Kleinen Festsaal der Universität Wien, mit dem Sozialdarwinismus und der Rassenhygiene ins Gericht: Hatschek betont darin den »unerschütterlichen Hauptgedanken der Entwicklung«[34], dessen nachhaltige Wirkung auf die Wissenschaften nicht ausbleiben konnte; jedoch bemerkte er, dass »die letzten philosophischen Schlüsse aus der Entwicklungslehre [...] eben weder bei Philosophen noch bei Naturforschern gezogen« worden seien; vielmehr sei »die Menge der voreiligen und unrichtigen Schlußfolgerungen, die aus dem Darwinismus gezogen wurden, [nirgends] zahlreicher als auf dem Gebiete der Ethik und Soziologie.«[35] Sie verkannten »völlig den überwältigend großen konservativen Zug, der gerade der Entwicklungslehre eigen ist«, nämlich dass »Abänderung nur unendlich langsam und nur unter gewissen Bedingungen erfolgt«. Hatscheks offene Kritik bezog sich auf »eine große Zahl von leidenschaftlichen Theoretikern«: »Da werden den neuen Göttern des ›Kampfes und der Auslese‹ Altäre gebaut, auf welchen erbarmungslose Priester Hekatomben zu opfern bereit sind. Geopfert werden die Ideale der Menschlichkeit, der Liebe, der Ehe, der Familie, der Elternliebe, Kindesliebe, der Poesie und Kunst, der Kultur und der Gesittung. Gewünscht wird ein unerbittlicher Kampf der Rassen, der Millionen dahinmordet und ausmerzt; an Stelle von Staat, Gesellschaft und Familie wird der große gleichmachende Menschenzuchtstall gesetzt; [...] Und alles das einem angeblichen Rassenideal zu Liebe, das aus Tod und Vernichtung aller ›Unerwünsch-

---

der Kaiserlichen Akademie der Wissenschaften am 28. Mai 1902 (k. k. Hof- u. Staatsdruckerei: Wien 1902); ders., Die Stellung der modernen Botanik zum Darwinismus. Vortrag, gehalten am 20. Jänner 1902, in: *Vorträge und Besprechungen über ›Die Krisis des Darwinismus‹*. Wissenschaftliche Beilage zum fünfzehnten Jahresbericht (1902) der Philosophischen Gesellschaft an der Universität zu Wien (Barth: Leipzig 1902) 21–38.

33 Berthold Hatschek, Darwins 100. Geburtstag. Gedenkvortrag, gehalten am 10. Februar 1909, in: *Wissenschaftliche Beilage zum zweiundzwanzigsten Jahresbericht (1909) der Philosophischen Gesellschaft an der Universität zu Wien* (Barth: Leipzig 1910) 71–82. Der Vortrag wurde am 12. Februar 1909, Darwins 100. Geburtstag, unter dem gleichen Titel im Morgenblatt der *Neuen Freien Presse* abgedruckt, vgl. *Neue Freie Presse*, 12. 2. 1909, 1–3. Das Neue Wiener Tagblatt hatte am Tag davor über Hatscheks Vortrag ausführlich berichtet, vgl. *Neues Wiener Tagblatt*, 11. 2. 1909, 8–9.

34 Hatschek, Darwins 100. Geburtstag, 79.

35 Ebd., 79.

ten‹ emporblühen soll, und dessen möglichst rasche und schrankenlose Heranzüchtung als das einzige Sittengesetz erscheint.«[36] Hatschek weiter: »Nicht das Übermenschentum, das die Götter übergöttert, wäre das Resultat jener theoretisch konstruierten Züchtung, sondern die ödeste Gleichmacherei, die Verwicklung des Herdenmenschen.«[37] Hatschek hatte zuvor in seiner Rede betont, dass die Tragweite des Selektionsprinzips sowie »seine ausschließliche und alleinige Geltung allen anderen Anpassungsprinzipien gegenüber weit überschätzt worden« sei und die »Individualauslese« nicht ausreichte, um »die stammesgeschichtlichen Abänderungen des Organismus« zu erklären. Vielmehr anerkannte auch er »im Sinne Lamarcks die Betätigung als das schöpferische Prinzip im Organismus [...], die Betätigung, die überall Abänderung schafft und sie im Verlaufe der Generationen von Stufe zu Stufe führt.«[38] Weiter führte Hatschek aus: »Uns will die Arbeit als die eigentliche schöpferische Tat erscheinen, in jeder Bildung, in jeder Gestaltung täglich sich erneuernd und stetig fortschreitend von Tag zu Tag. [...] Das ist ja der tiefste Inhalt der Entwicklungslehre, daß nicht die Schöpfungstat einmal war und vorüber ist, sondern daß wir mitten darinnen sind in ihr, der fortschaffenden Natur, die Schöpfer ist und Geschöpf zugleich.«[39]

Am selben Tag hielt Alfred Ploetz im Saal des Verbandes der Genossenschaftskrankenkassen in Wien-Mariahilf vor dem Arbeiter-Abstinentenbund seine Rede »Darwinismus und Rassenhygiene«.[40] Darin erhob Ploetz jene Forderungen, die sich aus der Anwendung der darwinistischen Entwicklungstheorie auf den Menschen, für Gesellschaft, Staat und Moral ergaben und die Hatschek eine halbe Stunde früher an der Universität als hypertroph verworfen hatte, nämlich das Setzen von Maßnahmen zur Erhaltung und Vervollkommnung der Rasse im Sinne der Rassenhygiene. Ploetz benannte in seiner Rede den unleugbaren Konflikt zwischen den einander widersprechenden Forderungen der Stärkung der Rasse entweder durch Solidarität mit den Schwachen oder durch »Ausmerzung der Minderwertigen«. »Einen Ausweg aus diesem Dilemma« biete nur eines, so Ploetz in seiner Rede: »Keine minderwertigen Varianten mehr erzeugen; dann braucht man sie auch nicht wieder auszumerzen. [...] Der Ausweg liegt also in

[36] Ebd., 80.

[37] Ebd., 81.

[38] Ebd., 75.

[39] Ebd., 76.

[40] Ploetz, Darwinismus und Rassenhygiene.

der Beeinflussung der Vererbung und Variation.«[41] Ploetz empfahl den anwesenden Arbeiter-Abstinentenbündlern zunächst Eheverbote, »um die Minderwertigen von der Fortpflanzung und damit von der Vererbung ihrer Schwächen auszuschließen.«[42] »Variations-Verbesserungen« ließen sich Ploetz zufolge aber auch durch die Verhinderung der »Vermischung von Angehörigen zu weit auseinanderstehende Rassen, so z. B. von Negern und Weißen« erzielen sowie durch Abstinenz, d. h. der damit verhinderten »keimverderbenden Wirkung des Alkohols«.[43] Ploetz nahm ausgehend von Darwins Selektionstheorie und seinem rassenpflegerischen Anliegen seine Wiener Darwin-Gedenkrede zum Anlass, die Arbeiter-Abstinentenbündler darin zu bestärken, durch ihren »Kampf gegen die Trinksitten« eine der »biologischen Garantien« für die Durchsetzung der humanitären und sozialen Forderungen« zu schaffen.[44]

Darwin und die Biologie in Österreich bis um 1909

Richard Wettstein rief in seiner Gedenkrede 1909 den Einfluss in Erinnerung, den Darwin im letzten halben Jahrhundert auf die naturwissenschaftliche, d. h. v. a. zoologische und botanische Forschung in Österreich ausgeübt hatte: »Entsprechend der Pflege, welche um die Mitte des vorigen Jahrhunderts hier in Österreich die zoologische und botanische Systematik fand, war hier der Boden für die Aufnahme der Darwinschen Anschauungen im Vorhinein ein günstiger.«[45] Da die Systematiker das Augenmerk auf die Verwandtschaft der Organismen gerichtet hätten, seien hier Oskar Schmidt (1823–1886) und Gustav Jäger (1832–1917), der eine ab 1859 Zoologie-Professor in Graz, der andere Privatdozent für Zoologie an der Universität Wien, »sofort« für Darwin in Forschung und Lehre eingetreten.[46] In der Sitzung der k. k. zoologisch-botanischen Gesellschaft am

---

[41] Ebd., II. 1 f.

[42] Ebd., 2.

[43] Ebd.

[44] Ebd., 3. Im Bericht über Ploetz' Vortrag in der *Arbeiter-Zeitung* heißt es, dass der Kampf gegen die Trinksitten vor allem deshalb von Bedeutung sei, weil er »die biologischen Garantien« schaffen helfe zur dauerhaften Errichtung der »biologischen und demokratischen Systeme«, in: *Arbeiter-Zeitung*, 12. 2. 1909, 6.

[45] Wettstein, Festrede, 99.

[46] Ebd., 100. Zur Darwin-Rezeption in Zentraleuropa vgl. Herbert Matis in diesem Buch; zuletzt vgl. auch Franz Graf-Stuhlhofer, Darwinismus-Rezeption bei Österreichs Biologen, in: Michael Benedikt/Reinhold Knoll/Josef Rupitz (Hrsg.), *Verdrängter Humanismus. Verzögerte Aufklärung. Band 3: Bildung und Einbildung.*

5. Dezember 1860 hatte der Ornithologe August von Pelzeln (1825–1891) *Bemerkungen gegen Darwin's Theorie vom Ursprung der Spezies* vorgelesen,[47] worauf sich Gustav Jäger auf das Entschiedenste für Darwins Lehre ausgesprochen und angekündigt hatte, diesen Gegenstand näher zu erörtern.[48] In der öffentlichen Ankündigung von Jaegers Vortrag »Über Darwins Schöpfungstheorie« wurde ein wesentlicher Grund der Auseinandersetzung publik gemacht: »Bekanntlich hat Herr Dr. Jäger schon vor einigen Tagen in Angelegenheit dieser Lehre eine Lanze gegen Herrn von Petzelen (sic!) gebrochen, welcher die Darwin'sche Theorie für ein den religiösen Lehren gefährliches System erklärte.«[49] Mit dem Vortrag »Über Darwins Schöpfungstheorie«[50], gehalten am 10. und 17. Dezember 1860 im Rahmen der populären Montagsvorträge im Gebäude der Kaiserlichen Akademie der Wissenschaften,[51] gewann Jäger die interessierte Wiener Öffentlichkeit für Darwin. Die beiden populären Vorträge wurden später in der *Wiener Zeitung* abgedruckt.[52]

Vom verfehlten Bürgerlichen zum Liberalismus. Philosophie in Österreich (1820–1880) (Editura Tridade: Klausen-Leopoldsdorf/Ludwigsburg/Klausenburg 1995) 797–807. Zum Wandel in der zoologischen Forschung in Österreich vgl. Gerd B. Müller/ Hans Nemeschkal, Zoologie im Hauch der Moderne: Vom Typus zum offenen System, in: Karl Anton Fröschl/Gerd B. Müller/Thomas Olechowski/Brigitta Schmidt-Lauber (Hrsg.), *Reflexive Innensichten aus der Universität. Disziplinengeschichten zwischen Wissenschaft, Gesellschaft und Politik* (650 Jahre Universität Wien – Aufbruch ins neue Jahrhundert 4) (V&R: Göttingen 2015) 355–369. Zu Schmidt vgl. Karl Acham, Vorbemerkung, in: ders., *Naturwissenschaft, Medizin und Technik aus Graz. Entdeckungen und Erfindungen aus fünf Jahrhunderten: vom »Mysterium cosmographicum« bis zur direkten Hirn-Computer-Kommunikation* (Böhlau: Wien/Köln/ Weimar 2007) 361–364, 361 f.

[47] August von Pelzeln, *Bemerkungen gegen Darwin's Theorie vom Ursprung der Spezies* (Pichler: Wien 1861).

[48] Vgl. *Verhandlungen der kaiserlich-königlichen zoologisch-botanischen Gesellschaft in Wien* 10 (1860) 98.

[49] *Die Presse*, 10. 12. 1860, 1.

[50] Jaegers Vortrag an zwei Abenden wurde bereits am 11. November 1860 im Rahmen der populären Montags-Vorlesungen im Gebäude der Akademie der Wissenschaften angekündigt, vgl. *Die Presse*, 11. 11. 1960, 4.

[51] Aufgegangen im Verein zur Verbreitung naturwissenschaftlicher Kenntnisse mit dessen Bewilligung 1861, geleitet durch den Präsidenten Eduard Suess.

[52] Gustav Jäger, Die Darwin'sche Theorie über die Entstehung der Arten, in: *Wiener Zeitung*, 6. 4. 1861, 1.233–1.234; Gustav Jäger, Die Darwin'sche Theorie über die Entstehung der Arten I, in: *Wiener Zeitung*, 6. 4. 1861, 1.233–1.234; ders., Die Darwin'sche Theorie über die Entstehung der Arten II, in: *Wiener Zeitung*, 7. 4. 1861, 1.247–1.248; ders., Die Darwin'sche Theorie über die Entstehung der Arten. Zwei

Mit der Berufung von Carl Claus (1835–1899) als Professor nach Wien und Franz Eilhard Schulze (1840–1921) nach Graz 1873 habe, so Wettstein, »jene ganz auf deszendenztheoretischem Standpunkte stehende Richtung der Zoologie in Österreich Eingang« gefunden.[53] Allerdings hatte schon Claus die Selektionslehre als unzureichend für die Erklärung der Entstehung der Arten beurteilt:

> Freilich müssen wir eingestehen, dass die Züchtungslehre Darwin's [...] doch weit davon entfernt ist, die letzten Ursachen und den physikalischen Zusammenhang für die Erscheinungen der Anpassung und Vererbung aufzudecken, da sie nicht die Gründe nachzuweisen vermag, weshalb diese oder jene Variation als nothwendig bestimmte Folge veränderter Lebens- und Ernährungsbedingungen auftreten muss, und wie sich die mannigfachen und wunderbaren Erscheinungen der Vererbung als Functionen der organischen Materie ergeben.[54]

Claus zufolge war die Wirkung der Selektion auf die Funktion eines »Regulators« beschränkt, »durch welchen alles Nachtheilige eliminirt, das Nützliche gesteigert und erhalten wird.« Die notwendige Ergänzung sah Claus demnach in der »aus directer Anpassung entspringenden Zweckmäßigkeit«, die er auf die Vererbung der im individuellen Leben erworbenen Eigenschaften zurückführte.[55]

In der Botanik, so Wettstein, habe sich die Abstammungslehre viel später bemerkbar gemacht. Der Botaniker Anton Kerner von Marilaun, der für Wettstein bedauerlicherweise die »Wendung«[56] von einer lamarckistischen Position zum Darwinisten vollzogen hatte, war ein entschiedener Befürworter der Selek-

---

Vorträge, gehalten am 10. und 15. (sic!) Dezember 1860, in: *Schriften des Vereines zur Verbreitung naturwissenschaftlicher Kenntnisse in Wien* 1 (1860/61) 81–110.

53 Wettstein, Festrede 100.

54 Carl Claus, *Lehrbuch der Zoologie*. Fünfte umgearbeitete und vermehrte Auflage (Elwert: Marburg 1891) 145.

55 Ebd., 213; vgl. ders., *Lamarck als Begründer der Descendenzlehre. Vortrag gehalten im Wissenschaftlichen Club in Wien am 2. Jänner 1888* (Hölder: Wien 1888); ders., *Ueber die Werthschätzung der natürlichen Zuchtwahl als Erklärungsprinzip. Vortrag gehalten im Wissenschaftlichen Club am 5. und 9. April 1888* (Hölder: Wien 1888) 8–12, hier: 21.

56 Richard von Wettstein, Einleitende Worte der Erinnerung an A. Kerner von Marilaun, in: E. M. Kronfeld, *Anton Kerner von Marilaun. Leben und Arbeit eines deutschen Naturforschers* (Tauchnitz: Leipzig 1908) XI–XX, hier: XV.

tionstheorie, sah allerdings auch den Hauptfaktor der Selektion in der Variabilität, deren Ursache er auf Bastardisierung (Kreuzung bzw. Vermischung) zurückführte. Kerners Schwiegersohn Wettstein rief 1909 dessen »deszendenztheoretische Anschauung« in Erinnerung, die zur Begründung seiner Vermischungslehre führte, aber in seiner Lehrtätigkeit und seinen Arbeiten nicht klar zutage getreten sei. Wettstein betonte, dass »erst in jüngster Zeit sich die Botanik in Österreich der deszendenztheoretischen Probleme bemächtigt« habe, »gerade hier erfreulicherweise in induktiver Weise Förderung erfahren.«[57] Wettstein selbst war ein entschiedener Förderer der von Hans Przibram 1901 mitbegründeten und geleiteten Biologischen Versuchsanstalt in Wien (BVA) gewesen. Deren »specielle Aufgabe« bestand darin, so Wettstein 1902 in der *Neuen Freien Presse*, »das deszendenztheoretische Problem [...] in seinem Wesen klar[zu]stellen.« Ziel war es, »die Fragen nach den Ursachen der Formveränderungen, welche die Voraussetzungen jeder Formneubildung sind, nach der Art der Beeinflussung von Organismen durch die Außenwelt, und viele andere Fragen von fundamentaler Wichtigkeit [...] nach Präcisirung der allgemeinen Gesichtspunkte auf Grund eines umfangreichen experimentellen Programmes zu beantworten.[58] In der BVA wurden zunächst vor allem im Bereich der Botanik, der Pflanzenphysiologie und der Zoologie Experimente durchgeführt.

1910 legte der Leiter und Zoologe Hans Przibram schließlich »eine Zusammenfassung der durch Versuche ermittelten Gesetzmäßigkeiten tierischer Art-Bildung« vor,[59] die er an der Biologischen Versuchsanstalt unternommen

---

[57] Wettstein, Festrede, 100.

[58] Richard Wettstein, Oesterreichische biologische Stationen, in: *Neue Freie Presse*, 21. 8. 1902, 14–15, hier: 14. Zur BVA vgl. Johannes Feichtinger, The Biologische Versuchsanstalt in Historical Context, in: Gerd B. Müller (ed.), *Vivarium. Experimental, Quantitative, and Theoretical Biology at Vienna's Biologische Versuchsanstalt* (MIT Press Vienna Series in Theoretical Biology) (MIT Press: Cambridge, MA 2017) 53–73; ders., Klaus Taschwer, Stefan Sienell, Heidemarie Uhl (Hrsg.), *Experimentalbiologie im Wiener Prater. Zur Geschichte der Biologischen Versuchsanstalt 1902 bis 1945*. Mit einem Geleitwort von Anton Zeilinger (Verlag der Österreichischen Akademie der Wissenschaften: Wien 2016); Wolfgang L. Reiter, Zerstört und Vergessen. Die Biologische Versuchsanstalt und ihre Wissenschaftler/innen, in: *Österreichische Zeitschrift für Geschichtswissenschaften* 10/4 (1999) 585–614.

[59] Hans Przibram, *Experimentalzoologie. Eine Zusammenfassung der durch Versuche ermittelten Gesetzmäßigkeiten tierischer Formen und Verrichtungen*. Band 3: Phylogenese. Eine Zusammenfassung der durch Versuche ermittelten Gesetzmäßigkeiten tierischer Art-Bildung (Arteigenheit, Artübertragung, Artwandlung) (Deuticke: Leipzig/Wien 1910).

hatte. Ziel war es gewesen, Aufschluss zu gewinnen über die »Wege, auf denen sich die Artwandlung vollzieht«.[60] Er zog folgende Schlüsse; nämlich, dass *erstens* »Selektionsprozesse allein […] nicht im Stande [sind], eine erbliche Steigerung eines Charakters über das Maß der bestausgerüsteten Linie hinaus hervorzurufen oder gar neue Charaktere entstehen zu lassen«;[61] dass *zweitens* »die Hauptfrage« daher dahingeht, »ob den äußeren Faktoren nicht ein weit größerer Anteil an der Umbildung zufällt, namentlich welche Wege die Vererbung neu erworbener Eigenschaften einschlägt«;[62] und dass *drittens* »die Merkmale der Arten […] nicht unveränderlich [sind] und Veränderungen […] auf die Nachkommen übertragen werden [können].«[63] »Welche Wege die Vererbung erworbener Eigenschaften einschlägt«, war für Przibram zu diesem Zeitpunkt noch unklar;[64] klar war ihm aber, dass »die Rolle der äußeren Faktoren anzuerkennen« sei, so dass er ihnen »nicht bloß selektive Macht zusprechen« konnte.[65]

Auch die Botaniker Richard Wettstein und Julius Wiesner sowie die Zoologen Karl Grobben und Berthold Hatschek, die von Anfang an im wissenschaftlichen Board der BVA vertreten waren, betrachteten die Selektionslehre als unzureichend für die Erklärung der Höherentwicklung der Arten. So definierte Wettstein »die Stellung der modernen Botanik zum Darwinismus« im Jahr der Eröffnung der Biologischen Versuchsanstalt 1902 ähnlich: »In Bezug auf die Bedeutung der Abstammungslehre, der Descendenztheorie, welche so oft vom Darwinismus nicht scharf genug unterschieden wird, sind heute alle naturwissenschaftlich denkenden Botaniker einig.« Zwar könne »die an richtungslose Variationen anknüpfende Wirkung der Selection […] die Mannigfaltigkeit und ›zweckmäßige‹ Gestaltung der Organismenwelt verständlich machen, nicht aber den unleugbaren ›Fortschritt‹ in der Organisation, in der sich eine fortwährende Zunahme der Complication derselben äußert«.[66] In der von Karl Grobben umgearbeiteten

---

[60] Ebd., 211.

[61] Ebd., 220.

[62] Ebd., 240 f.

[63] Ebd., 211.

[64] Ebd., 240 f.

[65] Ebd., 245.

[66] Richard von Wettstein, Die Stellung der modernen Botanik zum Darwinismus, in: *Vorträge und Besprechungen über ›Die Krisis des Darwinismus‹* (Wissenschaftliche Beilage zum fünfzehnten Jahresbericht (1902) der Philosophischen Gesellschaft an der Universität zu Wien) (Barth: Leipzig 1902) 19–32, hier: 22 f.

Auflage des Zoologielehrbuchs von Carl Claus wird der Standpunkt vertreten, »daß die Züchtungslehre Darwins [...] doch weit davon entfernt ist, die letzten Ursachen der zahlreichen Anpassungen aufzudecken.«[67]

Auch der Zoologe Hatschek teilte den Standpunkt von Przibram, Wettstein und Grobben weitgehend, indem er auch »insbesondere dem Princip der directen Veränderung der Art durch die erbliche Wirkung der functionellen Anpassung eine grosse, ja überwiegende Bedeutung« zuschrieb.[68] So stellte er 1902 im Rahmen der Vortragsreihe »Krisis des Darwinismus« fest: »Manche Zweckmässigkeiten können nur durch Selection, andere nur durch erbliche functionelle Anpassung zu Stande gekommen sein.«[69] Unbestreitbar war für Hatschek, dass es zur Veränderung der Art *eines* Umstandes bedurfte: anpassungsbedingter »multipler zweckmäßiger Abänderungen aller Theile innerhalb des Organismus [...] und die daraus folgende Erblichkeit der functionellen Abänderungen.«[70]

Julius Wiesner hatte schon 1889 die »scharfsinnigen Untersuchungen Darwin's über die Entstehung der Arten [..., die] die [...] Lehre von der Unveränderlichkeit der Arten vollständig beseitigt« hätten, gewürdigt.[71] Bezüglich der Frage, »ob die Darwin'sche Theorie ausreicht, um die Transformation der lebenden Wesen zu erklären«, stellte er aber unmissverständlich fest: »So muss wohl sofort einbekannt werden, dass in dieser Beziehung der Darwinismus weit überschätzt wurde.« Denn: »Durch die Zuchtwahl kann nichts entstehen«.[72] Im Darwin-Jahr 1909 zog Wiesner schließlich in seinem Artikel »Die Licht- und Schattenseiten des Darwinismus« in der *Österreichischen Rundschau* folgenden Schluss: »Die Selektionslehre ist als gescheitert zu betrachten, und der Kampf ums Dasein hat sich nicht als jene Macht erwiesen, welche, wie Darwin nachweisen wollte,

---

[67] Karl Grobben, *Lehrbuch der Zoologie*, begründet von C. Claus. Dritte, umgearbeitete Auflage (Elwert: Marburg 1917) 33.

[68] Berthold Hatschek, Bericht, in: *Vorträge und Besprechungen über ›Die Krisis des Darwinismus‹* (Wissenschaftliche Beilage zum fünfzehnten Jahresbericht (1902) der Philosophischen Gesellschaft an der Universität zu Wien) (Barth: Leipzig 1902) 35–38, hier: 35.

[69] Ebd., 36.

[70] Ebd., 38.

[71] Julius Wiesner, *Elemente der wissenschaftlichen Botanik*. Band 3: Biologie der Pflanzen (Hölder: Wien 1889) 194.

[72] Ebd., 197.

die stufenweise Entwicklung der Organismen durch Auslese bewirkt.«[73] Denn: Der Kampf ums Dasein »versagt […] vollständig als Ursache des Aufstieges der Organismen zu höheren Formen.«[74]

Progressive und regressive Milieutheorie in den Wissenschaften des Wiener Fin de Siècle

Wiesners Darwinismus-Kritik gab Anlass, dass der Paläobiologe Othenio Abel in seinem Festvortrag am 10. Februar 1909 im Naturwissenschaftlichen Verein an der Universität Wien Wiesner zu einem jener »Evolutionsgegner« stempelte, die mit der Selektionslehre »die Deszendenzlehre überhaupt zu fällen« versuchten.[75] Abel war ein Anhänger der Selektionslehre, zugleich aber auch ein dezidierter Vertreter der Milieutheorie, allerdings einer von besonderer Art.

Zieht man die bisher vorgestellten Positionen in Betracht, so lässt sich sagen, dass sich in den ersten Jahrzehnten des 20. Jahrhunderts in Wien zwei unterschiedliche Richtungen einer Milieutheorie herausbildeten, eine progressive und eine regressive. Abel lässt sich zu den Vertretern der regressiven, Goldscheid und der Zoologe Paul Kammerer zur progressiven Richtung zählen. Beide Richtungen gestanden dem Milieu formbildende Funktion zu. So wie Wettstein vertrat auch Abel den Standpunkt, dass »die Selektion […] nie imstande [sei], neue Formen zu schaffen«. Abel zufolge trug »sie nur in eminentem Maße durch die Ausmerzung ungeeigneter Individuen zur Erhaltung der Art bei.«[76] Zugleich war für ihn aber Folgendes klar: »Neues kann nur durch die fortschreitende Anpassung der Individuen an ihre Umwelt und die Übertragung dieser Reaktionen auf die nächsten Generationen auf dem Wege der Vererbung geschaffen werden.«[77] Sonach betrachtete er »die Umgestaltung der Organismen […] als das Ergebnis

---

[73] Wiesner, Die Licht- und Schattenseiten des Darwinismus 382.

[74] Ebd., 367.

[75] Othenio Abel, Charles Darwin. Festvortrag, gehalten anläßlich der Feier der hundertjährigen Wiederkehr von Darwins Geburtstag am 10. Februar 1909, in: *Mitteilungen des Naturwissenschaftlichen Vereines an der Universität Wien* 7/4 (1909) 129–148.

[76] Othenio Abel, Das biologische Trägheitsgesetz. Eröffnungsrede auf der Versammlung in Budapest, 27. Sept. 1928, in: *Paläontologische Zeitschrift* 11 (1929) 7–17, hier: 16; vgl. ders., Das biologische Trägheitsgesetz, in: *Biologia Generalis* 4 (1928) 1–102.

[77] Abel, Das biologische Trägheitsgesetz (1929) 16.

von im Laufe vieler Generationen individuell erworbenen und auf die Nachkommen vererbten Reaktionen auf die Umweltreize«, die er als »Anpassungen« bezeichnete.[78] Während der Botaniker Wettstein und der Soziologe Goldscheid in der »directen Anpassung« das zentrale Moment in der Höherentwicklung der Arten erblickten, trug sie für Abel, der die fossile Tierwelt im Auge hatte, den »Keim des Untergangs« der Arten in sich.[79]

In seinen Schriften über das »Biologische Trägheitsgesetz« argumentierte Abel wie folgt: Anpassungsprozesse an optimale Lebensbedingungen können sowohl Fortschritt als auch Niedergang bewirken. Der Eintritt optimaler Lebensbedingungen ermöglichte »rapide Individuenvermehrung« und »große Variabilität«; da aber von dem einmal eingeschlagenen Anpassungsweg nicht abgewichen würde, würde der »Kampf ums Dasein« abgeschwächt. So überlebten nicht nur die starken, sondern auch die schwachen Individuen. Das Überleben der »schwachen, defekten und degenerierten Individuen [...] und ihre ansteigende Zahl arbeitet in immer mehr sich steigerndem Maße an der Verschlechterung der Art, bis deren Reaktionsfähigkeit auf die Umweltreize so herabgemindert ist, daß eine ganz unbedeutende Schwankung der Umweltsfaktoren die degenerierte Art zum Aussterben bringen muss.«[80]

Abel griff mit seinem »biologischen Trägheitsgesetz« offenkundig auf eine Beobachtung zurück, die der bedeutende Wiener Paläontologe Melchior Neumayr schon 1875 veröffentlicht hatte. Neumayr hatte anhand seiner Untersuchungen über die Weichtiere in den Gesteinsschichten Slavoniens gezeigt, »dass auch ohne die fortgesetzte Einwirkung äußerer, die Abänderung bedingender Einflüsse grosse Zähigkeit in der Festhaltung der Varietätsrichtung auftritt.«[81] Hatte Neumayr noch betont, dass sich »für eine bedeutende Wirkung der Zuchtwahl [...] kein Anhaltspunkt oder Wahrscheinlichkeitsgrund anführen« ließe,[82] so anerkannte Abel die Macht der natürlichen Selektion, durch die die »fehlgeschlagenen Anpassungen« eliminiert werden konnten.[83]

---

[78] Ders., *Paläobiologie und Stammesgeschichte* (Fischer: Jena 1929) 402.

[79] Ebd., 403.

[80] Ebd.

[81] M. Neumayr/C.M. Paul, *Die Congerien- und Paludinenschichten Slavoniens und deren Faunen. Ein Beitrag zur Descendenz-Theorie* (Hölder: Wien 1875) 103.

[82] Ebd., 102.

[83] Abel, Das biologische Trägheitsgesetz 11.

In den milieutheoretischen Auffassungen von Goldscheid und Abel sind zwei diametral unterschiedliche soziallamarckistische Vorstellungswelten vorgebildet: zum einen die durch bewusste Umweltgestaltung, aktive und passive Anpassung erreichbare Höherentwicklung; zum anderen die Vorstellung, dass Arten aufgrund der Anpassung an optimale Umweltbedingungen degenerieren. Abels »biologisches Trägheitsgesetz« zwingt zur Annahme, dass Anpassungsvorgänge fehlschlagen können und Unterschiede trotz Assimilation nicht verschwinden. Diese folgenreiche Annahme taucht in rassistischer Spielart wieder auf.

So betonte auch der namhafte Wiener Ethnologe Pater Wilhelm Schmidt »die Bedeutung der Umwelt für die Entstehung der Rassen«. Die »Auslese«, so Schmidt in seinem Werk *Rasse und Volk* (1927/1935), »übt [...] nur eine regelnde, nicht schöpferische Funktion aus.«[84] Um die These des »zu Tage getretenen Wandels von Erbelementen durch Umwelteinflüsse« zu bewähren, berief sich Schmidt u. a. auf den führenden Anthropologen Eugen Fischer.[85] Schmidt war kein Sozialdarwinist, allerdings ein Antisemit.[86] Schmidt vertrat die Auffassung von der »Rasseverschiedenheit«[87], die sich in der »Judenfrage« besonders artikulierte. Er begründete rassische Unterschiede aber nicht biologisch, sondern seelisch, geistig und kulturell. Die Vorstellung einer »vergröberten Populäranthropologie« bezüglich der »primären Blutbedingtheit geistiger Anlagen« war für Schmidt ebenso unannehmbar wie für den Wiener Prähistoriker Oswald Menghin.[88] Mit diesem stimmte Schmidt in einem überein: »Es muss zugegeben werden«, so der Wiener Prähistoriker in seinem Aufsatz »Geist und Blut«, »daß der Geist das Blut bezwingen kann.«[89] Schmidt zufolge konnte auch die Seele »die physische Rasse« verändern.[90] Der Schluss, der daraus gezogen wurde, liegt

84 Wilhelm Schmidt, *Rasse und Volk. Ihre allgemeine Bedeutung. Ihre Geltung im deutschen Raum.* Zweite, völlig umgearbeitete Auflage (Pustet: Salzburg/Leipzig 1935) 29.

85 Ebd., 31.

86 Vgl. Wilhelm Schmidt, Zur Judenfrage, in: *Schönere Zukunft* 9/17, 21. 1. 1934, 408–409, hier: 409; Feichtinger, *Wissenschaft als reflexives Projekt* 457–468.

87 Schmidt, Zur Judenfrage, 409.

88 Vgl. Oswald Menghin, *Geist und Blut. Grundsätzliches um Rasse, Sprache, Kultur und Volkstum* (Schroll: Wien 1934) 49 bzw. 148–172, und ders., Geist und Blut. Zur Rassenfrage, in: *Schönere Zukunft* 9/24, 11. 3. 1934, 595–597, hier: 596.

89 Menghin, Geist und Blut. Zur Rassenfrage, 596; ders., *Geist und Blut. Grundsätzliches um Rasse, Sprache, Kultur und Volkstum*, vgl. besonders seine antisemitischen Ausführungen im Kapitel »Die wissenschaftlichen Grundlagen der Judenfrage«, 148–172.

90 Wilhelm Schmidt, Blut – Rasse – Volk, in: Clemens Holzmeister (Hrsg.), *Kirche im*

auf der Hand: die Rasse sei ein »unsicheres, labiles Element«, die Seele konstant und stabil.[91] Schmidt berief sich dabei auf führende Anthropologen seiner Zeit, die »Anschauungen über die Rasse [...] noch in einem Fluß begriffen und sogar lamarckistische Anpassung und die Vererbung »umweltbedingter Mutationen« in Erwägung zogen.[92] Schmidt stützte sich auf den Lamarckismus, um eine katholische Rasselehre zu begründen, die darauf aufbaute, dass die anthropologische Kategorie der Rasse vergänglich, wandelbar und daher unzulänglich war, rassische Differenzen zu definieren. Dafür verblieb nur das Seelisch-Geistige, das eine scharfe Unterscheidung zwischen christlich(-deutschem) und jüdischem Wesen erlaubte und nicht aufgegeben werden durfte. Zwar konnte die anthropologische Rassenlehre aufgrund umweltbedingter Veränderungen und deren Vererbung Unterschiede nicht zuverlässig begründen, allerdings verminderte das Gesetz seelisch-geistiger Trägheit die Gefahr, dass Rasseverschiedenheiten aufgelöst und damit der deutsche Volkscharakter verwässert wurde. Mit dieser soziallamarckistischen Argumentation wurde der Rassismus im biologischen Sinne zwar delegitimiert, als solcher aber nicht aufgegeben, sondern nur anders begründet.

Schon im ausgehenden 19. Jahrhundert hatte der in Graz lehrende Soziologe Ludwig Gumplowicz »die Eintheilung der Menschheit in Rassen und Stämme« in seiner Schrift *Rassenkampf* (1883) als »Willkühr und subjektives Scheinen und Meinen« entwertet: »nirgends ein fester Boden, nirgends ein sicherer Anhaltspunkt und auch nirgends ein positives Resultat«.[93] Gumplowicz lehnte den biologischen Rassebegriff dezidiert ab. Er war kein darwinistischer Soziologe, aber ein überzeugter Anhänger Darwins: »Das große unvergängliche Verdienst Darwin's ist nachgewiesen zu haben, daß viele Umwandlungen und Abänderungen in den Typen der Organismen durch die Mittel der Anpassung und Vererbung, durch natürliche Zuchtwahl im Kampfe ums Dasein auf langsamem Wege erfolgte.«[94] Zugleich betonte Gumplowicz aber, dass Darwin nirgends behauptete, »daß alle Verschiedenheiten der Arten nothwendigerweise nur durch diese Mittel

---

Kampf, hrsg. im Auftrage der Katholischen Aktion, Hauptstelle Kunst und Wissenschaft (Seelsorger-Verlag: Innsbruck/Wien 1936) 43–81.

[91] Wilhelm Schmidt, Rasse und Weltanschauung (Original 1935), in: ders., *Wege der Kulturen. Gesammelte Aufsätze*, hrsg. vom Anthropos-Institut (Anthropos-Verlag: St. Augustin/Bonn 1964) 269–284, hier: 274.

[92] Schmidt, *Rasse und Volk*, 32 f.

[93] Ludwig Gumplowicz, *Der Rassenkampf. Sociologische Untersuchungen* (Wagner: Innsbruck 1883) 187.

[94] Ebd., 75.

erfolgen.« Vielmehr habe er »z. Beispiel Momente individueller durch die verschiedensten Einflüsse der umgebenden Natur u. dgl. bewirkter Verschiedenheiten der Urorganismen auf die Verschiedenheiten der von ihnen abstammenden Arten keineswegs« ausgeschlossen. Erst Haeckel habe sich vermessen, »für das ganze Thierreich, für alle Menschenrassen der Erde einen einzigen Stammbaum zu construieren, die Unmöglichkeit einer primären Verschiedenheit der Arten und Gattungen zu folgern und einen ›Monophyletismus im weiteren Sinne zu construiren‹, welcher der Lehre Darwin's absolut fremd war – und dem Geiste der Descendenzlehre immer fremd bleiben wird.«[95]

Von Georg Lucács bis William Johnston wurde Gumplowicz als ein Sozialdarwinist eingestuft,[96] obwohl Gottfried Salomon, der Herausgeber der Werke von Gumplowicz, dezidiert festgestellt hatte: »Er hat nichts mit dem eigentlichen Sozialdarwinismus zu tun.«[97] Dem führenden Soziologen Gumplowicz war der Selektionismus der Naturforscher fremd. Er kritisierte sie als »entschieden sozialblind«[98], da sie nicht begriffen, dass sich der »Kampf ums Dasein« zwischen den sozialen Gruppen und nicht als »Auslese der besseren Individuen« abspielte.[99] Die Vorstellung der Sozialdarwinisten, »daß in diesem Kampfe ums Dasein unter den Menschen die Besten, oder auch nur die Angepasstesten siegen

---

[95] Ebd., 75 f.

[96] Vgl. Georg Lukács, *Die Zerstörung der Vernunft.* Band 3: Irrationalismus und Soziologie (Luchterhand: Darmstadt/Neuwied 1974) 128, und William M. Johnston, *The Austrian Mind. An Intellectual and Social History 1848–1938* (University of California Press: Berkeley/Los Angeles/London 1972); in deutscher Übersetzung: ders., *Österreichische Kultur- und Geistesgeschichte. Gesellschaft und Ideen im Donauraum 1848 bis 1938* (Forschungen zur Geschichte des Donauraums 1) (Böhlau: Wien/Graz/Köln 1974), hier verwendete Ausgaben Wien/Köln/Weimar [3]1992, im Besonderen das Kapitel »Sozialdarwinisten untergraben die Leibnizsche Tradition: Ludwig Gumplowicz: Vom Aufwiegler zum Hobbesianer, 324–327.

[97] Vgl. Gottfried Salomon, Vorwort des Herausgebers, in: Ludwig Gumplowicz, *Geschichte der Staatstheorien*, hrsg. von Gottfried Salomon (Wagner: Innsbruck 1926) XXVI; dazu vor allem Peter Stachel, Die Anfänge der österreichischen Soziologie als Ausdruck der Multikulturalität Zentraleuropas, in: Karl Acham (Hrsg.), *Geschichte der österreichischen Humanwissenschaften.* Band 3.1: Menschliches Verhalten und gesellschaftliche Institutionen (Passagen: Wien 2001) 509–546, hier: 524 f.

[98] Ludwig Gumplowicz, *Geschichte der Staatstheorien* (Wagner: Innsbruck 1905) 438.

[99] Ders., Darwinismus und Sociologie, in: *Die Zeit* 6/70 (1. 2. 1896) 68; vgl. dazu ausführlich Peter Stachel, Die Zeit und die Anfänge der Sozialwissenschaften in Zentraleuropa, in: Lucie Merhautová/Kurt Ifkovits (Hrsg.), *Die Zeit a Moderna/Die Zeit und die Moderne (1894–1904)* (Masarykův Ústav a Archiv: Praha/Prag 2013) 194–205.

und überleben«, wies er heftig zurück. Denn die Erfahrung zeigte ihm, »daß es nicht immer die Schwächsten und auch nicht die Schlechtesten sind, die im Kampfe ums Dasein unterliegen. Der Triumph des Bösen und Gemeinschädlichen ist gar zu alltäglich.«[100]

Daher ließ er keinen Zweifel daran, dass, »wie das viele darwinistische Sociologen darzuthun versuchten, die natürliche Auslese im Kampf ums Dasein« nicht den »Fortschritt der Menschheit, die Besserung und Veredelung derselben zur Folge haben« kann.[101] Vielmehr konnte die auf den Menschen angewandte Selektionstheorie nur eine Folge haben: »Dann wäre ja der gerühmte Fortschritt durch natürliche Auslese im Kampf ums Dasein gleichbedeutend mit dem Niedergange all' und jeder Moral.«[102] Gumplowicz erkannte in der direkten Anpassung ein Grundprinzip der Evolution, sah aber keinen Sinn darin, die Darwinsche Selektionslehre auf den Menschen bzw. die soziale Gruppe anzuwenden:

> Wenn die in jenen Gebieten der Naturwissenschaft ganz willkührlich gebildeten formalen Begriffe auf den Menschen nicht passen, so folgt doch daraus nur, dass man für denselben andere formale Begriffe statuiren muss – aber nicht, dass der Mensch und die Menschheit die Thatsachen ihrer Existenz der Consequenz jener formalen Begriffe opfern, dass sich diese Thatsachen jenen formalen Begriffen anpassen sollen.[103]

Zusammenfassung

Zusammenfassend lässt sich sagen, dass sich in Wien um 1900 die Evolutionslehre in den Wissenschaften völlig durchgesetzt hatte. Stein des Anstoßes war jedoch die darwinistische Vorstellung von der Allmacht der Selektion. Die Wiener Biologen erachteten sie als unzureichend, um die Höherentwicklung der Arten zu erklären. In diesem Sinn vertieften sie den Darwinismus durch die wesentlichste Annahme des Lamarckismus, die Idee der funktionalen Anpassung und der Vererbung im Leben erworbener Eigenschaften. Unter diesem Vorzeichen fand der Sozialdarwinismus unter den österreichischen Wissenschaftlern wenig

---

[100] Gumplowicz, Darwinismus und Sociologie, 69.

[101] Ebd., 68.

[102] Ebd.

[103] Vgl. Ludwig Gumplowicz, *Rechtsstaat und Socialismus* (Wagner: Innsbruck 1881) 67.

Unterstützer. Allerdings übertrugen auch Vertreter des lamarckistisch vertieften Darwinismus die Idee der Vererbung erworbener Eigenschaften auf die Sozialwelt. Der Soziallamarckismus äußerte sich auf zwei verschiedene Arten, die mit unterschiedlichen politischen Ausrichtungen korrelierten: Die eine Form sah einen Weg der Verbesserung des Menschen durch optimierte Anpassung. Diese Form der Begünstigung des Passenden unter Anleitung der Natur war für den Rassismus schwer verwertbar. Verwertbarkeit besaß hingegen die zweite Form des lamarckistisch vertiefen Darwinismus, der zufolge optimale Anpassungsvorgänge aufgrund biologischer Trägheit zur Verschlechterung der Art führten. Damit ließ sich rassistisches Gedankengut bestens begründen. Wird die Trägheit seelisch-geistig definiert, so wird zwar die Biologie aus dem Rassismus verbannt, der Rassismus selbst aber nicht beseitigt, sondern nur soziallamarckistisch begründet. So in Wien um 1900 und danach.

»Indifferentismus (ist) der Haupthemmschuh des Fortschrittes«.

Relationen zwischen Franz Unger, Charles Darwin und Eduard Suess sowie die Lektüren von Darwins »Origin« im Wien der 1860er und 1870er Jahre

Marianne Klemun

Franz von Hauer, stellvertretender Direktor der k. k. Geologischen Reichsanstalt in Wien, schmökert abends gerne gemeinsam mit seiner Gemahlin Louise in einem erbaulichen Buch.[1] Die Lektüre bildet im November 1860[2] Darwins Buch *On the Origin of Species* (1859)[3], besonders aktuell in der unmittelbar brandneu erschienenen ersten deutschen Übersetzung[4], und das in Abwechslung mit Goethes *Wilhelm Meister* und dem Bericht über die erste globusumspannende österreichische Novara-Expedition (1857–1859).

Bildungsroman, Reiseliteratur und ein umfassender Entwurf über die Entwicklung des Lebens erfuhren gleichwertiges Interesse und holten Hauer und

---

[1] Das geht aus den bisher noch unveröffentlichten Tagebüchern Franz Hauers aus den 1860er Jahren hervor. Siehe dazu: Bibliothek und Archiv der Geologischen Bundesanstalt, A 00077-TB, Hauer. Diese Wintertagebücher Franz von Hauers (1822–1899) aus den 1860er Jahren werden derzeit in einem Projekt von der Autorin gemeinsam mit Karl Kadletz ediert. Für die Erlaubnis der Bearbeitung bedanke ich mich bei Mag. Thomas Hofmann, Geologische Bundesanstalt, Wien.

[2] Erstmals findet sich ein Eintrag am 26. November 1860 (Hauer, TB): »In der Stadt mit Louise Einkäufe gemacht. Nachmittag u. Abend viel in Darwin ›über die Entstehung der Spezies‹ gelesen«.

[3] Charles Darwin, *On the Origin of Species by Means of Natural Selection, or the Preservation of Favoured Races in the Struggle of Life* (John Murray: London 1859).

[4] Charles Darwin, *Die Entstehung der Arten im Thier- und Pflanzen-Reich durch natürliche Züchtung, oder, Erhaltung der vollkommneten Rassen im Kampfe um's Daseyn,* übersetzt von H. G. Bronn (Schweizerbart: Stuttgart 1860). Diese Übersetzung folgte der zweiten Auflage des englischen Werkes.

seine Frau mitunter aus den Niederungen des Alltages heraus. Goethe-Verehrung, der Stolz auf die erste gelungene *österreichische* wissenschaftliche Weltumsegelung, ferner der hohe Bekanntheitsgrad des Reisenden Charles Darwin[5] infolge von dessen Teilnahme an der Fahrt der HMS Beagle in den Jahren 1831–1837[6], all das induzierte eine uneingeschränkt positive Erwartungshaltung sowie einen ganzheitlichen Genuss der besonderen Art.[7]

Keine Aufregung, keine Empörung – oder doch? Bekanntlich machte Darwins *On the Origin of Species* bei seinen Zeitgenossen keineswegs nur einen erhabenen Eindruck. Das Buch tangierte neben unterschiedlichen Wissensfeldern besonders auch »Weltanschauungsfragen«[8]. Es regte zum Widerspruch an, denn es wurde im deutschsprachigen Raum und in der österreichischen Presse auch als »Schöpfungstheorie«[9] kolportiert. Stellte Hauers Aufgeschlossenheit, die sich aufgrund seiner Tagebuchaufzeichnungen eindeutig belegen lässt, im Wien der 1860er und 1870er Jahre eine Ausnahme dar? Wenn nicht, wie einheitlich fielen die Positionen innerhalb des Hauerschen Umfeldes bei Fachkollegen aus (wie etwa auch bei Franz Unger und Eduard Suess)? An welchen Punkten schieden sich allenfalls die Geister?

---

5 Hier ist nicht Platz auf diese umfangreiche Reiseliteratur aus der Feder Darwins einzugehen. Einer der Berichte wurde auch ins Deutsche übersetzt. Siehe: Charles Darwin, *Naturwissenschaftliche Reise*, übersetzt von Ernst Dieffenbach (Friedrich Vieweg: Braunschweig 1844).

6 Diesen Eindruck kann man sehr schön anhand der Einträge in der Zeitschriftenliteratur nachvollziehen. Siehe *Anno* Zeitschriften Online, für den Zeitraum von 1839 bis 1859, also vor Erscheinen der Evolutionstheorie 1859: mehr als 200 Einträge bezüglich Darwins Reisewerk.

7 Nicht alle Bücher, die Hauer las, wurden in seinem Tagebuch genannt, aber einige wenige wie eben *The Origin* besonders hervorgehoben.

8 Unger verwendet diesen von Kant eingeführten Begriff, der bei Romantikern bald ein Modewort geworden war und nach Grimm einen Terminus darstellte, »unter dem der Begriff der subjektiven Weltansicht ins Bewusstsein gehoben wurde.« Siehe: Jacob und Wilhelm Grimm, *Deutsches Wörterbuch* (Hierzel Verlag: Leipzig 1853 ff.), hier Band 28, Spalte 1530–1541. Siehe Franz Unger, Die Steiermark zur Zeit der Braunkohlenbildung, in: Franz Unger und [Eduard] Oscar Schmidt (Hrsg.), *Das Alter der Menschheit und das Paradies. Zwei Vorträge* (Wilhelm Braumüller: Wien 1866) 42.

9 Unter dem Schlagwort »Schöpfungstheorie« wurde Darwins Buch in der Presse thematisiert. Siehe dazu etwa: *Die Presse*, 12. Dezember 1860.

Jedenfalls kann von einem katholischen Österreich als einem Darwins Theorie ablehnenden geschlossenen Block keineswegs die Rede sein. Für dieses Negativbild der Habsburgermonarchie hielt lange Charles Dickens' vielbeachtete Aussage als einer der ersten Rezensenten von *On the Origin of Species* her. Er hatte nämlich Darwin dafür beglückwünscht, in einer toleranteren Zeit als im 16. Jahrhundert zu leben und nicht in »Austria, Naples, or Rome«.[10] Hingegen ist eine fast durchwegs frühe und wohlwollende Beschäftigung mit Darwins Theorien im Wien der 1860er Jahre zu konstatieren. Das ist auch nicht verwunderlich. Denn die Lektüre von Darwins *On the Origin* war für Hauers Wiener Kollegen aus vielen Gründen ein wissenschaftliches Muss. Besonders für die fortschrittaffinen liberalen Naturforscher[11], die als ehemalige 48er[12] und viel mehr noch als Paläontologen eine beachtliches Kollektiv bildeten, welches ohnehin durch die Fachliteratur eines Leopold von Buch, Heinrich Georg Bronn wie auch Franz Unger bereits mit der Vorstellung einer durchgängig fortschreitenden Entwicklung infolge von Autogenese der Arten konfrontiert war. Fragen nach den Ursachen organischer Variabilität standen schon eine Weile zur Lösung an. Charles Lyells bereits 1831 publizierte Überlegung, dass eine Art, falls sie sich auf Kosten einer anderen profilieren könne, diese auch verdränge[13], trieben Erdwissenschaftler um, zumal sie nach einer Erklärung des plötzlichen historischen Aussterbens ganzer Tiergruppen suchten und George Cuviers Katastrophismus schließlich beiseiteschoben.

Mit dem letzten Beispiel ist allerdings inhaltlich nur ein Bruchteil dessen angesprochen, was in Darwins *Origin of Species* von 1859/1860 bereits

---

[10] George Levine, *Darwin and the Novelists: Patterns of Science in Victorian Fiction* (Chicago U. P.: Chicago/London 1988) 128. Das volle Zitat findet sich im Beitrag von Herbert Matis in diesem Band.

[11] Die Aktivitäten, die Franz von Hauer setzte, lassen sich als liberal einschätzen. Dies differenziert zu analysieren, bleibt der Studie über Hauer und sein Tagebuch vorbehalten.

[12] Aufschlussreich dazu sind die Briefe, die Hauer während seiner Reise im Jahr 1848 verfasste. Siehe dazu: Walther E. Petrascheck/Günther Hamann, Franz von Hauer. Reiseberichte über eine mit Moriz Hörnes im Sommer 1848 unternommene Reise nach Deutschland, Frankreich, England und der Schweiz mit einer Subvention d. Akad. d. Wissenschaften zwecks Studien über geologische Landesaufnahmen, in: *Veröffentlichungen der Kommission für Geschichte der Mathematik, Naturwissenschaften und Medizin,* Heft 43, Verlag der Österreichischen Akademie der Wissenschaften: Wien 1985).

[13] Charles Lyell, *Principles of Geology, Beeing an Attempt to Explain the Former Changes of the Earth's Surface by References to the Causes now in Operation* (John Murray: London 1830–1833) vol. 1–3.

Vorgedachtes, Bekanntes und besonders auch neu Gefasstes entweder wieder- oder neu aufgefunden, identifiziert, missverstanden und interpretiert werden konnte. Als Lesefrucht wurden in der Folge oft nur Partikel dessen selektiert und in den eigenen Horizont integriert, verdaut bzw. adaptiert. Deshalb wird in dieser Studie der oft leichtfertig gebrauchte Begriff *Rezeption* vermieden, auch deshalb, da er bereits vielfach in der Sekundärliteratur bespielt wurde.[14] *Kampf ums Dasein,* Artkonzepte, *Mannigfaltigkeit* und Variabilität, geographische Verbreitung der Organismen, natürliche Auswahl und Selektion (»Wahl der Lebensweise«[15]), Reproduktion und *Zuchtwahl*, Stammbäume und Zufall, Entwicklung und Anpassung – das sind Entitäten, mit denen sich die Zeitgenossen herumschlugen. Divergente Anschlussstellen taten sich je nach Vorwissen und Schwerpunkten bei der Lektüre auf. Allenfalls wirkten die fachlich bedingten »Verwurzelungen«[16] bzw. die »Denkkollektive« mit ihren »Denkstilen«[17]. Zusammen allerdings begründeten sie die sofort nach dem Erscheinen erfolgte intensive Auseinandersetzung der Zeitgenossen und nicht eine heute im Wissenschaftsjournalismus gerne kolportierte pauschale Ablehnung[18] von »Darwins Ansichten«[19] in Wien.

---

[14] Zur Rezeption des Werkes siehe besonders verdienstvoll: Eve-Marie Engels/Thomas F. Glick (Hrsg.), *The Reception of Charles Darwin in Europe* (Continuum: London 2008) und Eve-Marie Engels (Hrsg.), *Die Rezeption von Evolutionstheorien im 19. Jahrhundert* (Suhrkamp: Frankfurt a. M. 1995).

[15] »Wahl der Lebensweise« war der Begriff für »natural selection« in der deutschen Übersetzung Darwins.

[16] Darunter verstehe ich sowohl die *wissenschaftlichen Community* einerseits als auch die geographisch-lokal bedingte Wissenskultur andererseits. Siehe dazu: David N. Livingstone, *Putting Science in its Place. Geographies of Scientific Knowledge* (Chicago U. P.: Chicago/London 2003) und David N. Livingstone, The Geography of Darwinism, in: *Interdisciplinary Science Review* 31, Issue 1 (2006) 32–41.

[17] Siehe Ludwik Fleck, *Entstehung und Entwicklung einer wissenschaftlichen Tatsache. Einführung in Lehre vom Denkstil und Denkkollektiv* (Suhrkamp: Frankfurt a. M. [1935] 1980).

[18] Siehe dazu Klaus Taschwer, Die Aktualität der alten Darwin-Debatten, in: *Der Standard*, 8. 11. 2017. Dem entgegengesetzt sieht Michler in seiner bahnbrechenden Studie die erstaunlich frühe positive Rezeption in Österreich: Werner Michler, *Darwinismus und Literatur: Naturwissenschaftliche und literarische Intelligenz in Österreich, 1859–1994* (Böhlau Verlag: Wien 1999).

[19] Anonymus [Hauer], Wissenschaftliches Leben in Wien, in: *Das Vaterland*, 1. Jg., Nr. 85, 8. 12. 1860, 1. Der Artikel berichtet über Sitzungen der Geographischen und der Zoologisch-botanischen Gesellschaft. In letzterer äußerte sich Heinrich von Pelzeln negativ über Darwins Werk, was Franz Hauer gänzlich ablehnte.

Meine Studie interessiert sich sowohl für die epistemische als auch die wissenspolitisch-öffentliche Funktion unterschiedlicher gewichtiger Stimmen – nicht nur ihrer Lautstärken, sondern der unterschiedlichen Tonarten wegen. So widmeten sich diese beispielsweise entweder der Gültigkeit etwa eines Aspekts innerhalb des doch disparaten Darwinschen Ganzen oder schnürten es zu einem kohärenten Paket argumentativ zusammen, um die zwei Enden des weiten Spektrums anzudeuten. Inmitten dessen standen Zuschreibungen wie *Schöpfungstheorie* und *natürliche Zuchtwahl* (Selektion), die – wie noch zu erläutern sein wird – die Beschäftigung mit Darwins Theorie in Wien ebenfalls prägten. Und es geht auch um die Frage, ob sich für jene Gruppe von Geowissenschaftlern, die sich in Wien mit Darwins neuestem Werk unmittelbar nach dessen Erscheinen in den 1860er und 1870er Jahren auseinandersetzten, gemeinsame inhaltliche Anschlussstellen identifizieren lassen. Als Denkkollektiv wäre diese Gemeinschaft – um Ludwik Fleck zu folgen – als ein historisch »kontingentes Setting«[20] zu verstehen, in dem gesellschaftlich relevante Wissensbestände einem epistemisch fundierten Argumentationsstrang folgten. Die öffentlichen Debatten werden hier ebenfalls einbezogen. Denn in der Geschichtsschreibung der letzten Jahrzehnte wurde die großstädtische Presse als entscheidende Quelle für Prozesse der Wissensverbreitung angesehen.[21] Sie gibt auch Hinweise über unterschiedliche fern der *wissenschaftlichen Communitys* bestehende Leserschichten, die in Städten wie Wien auch die Adressaten dieser wissenschaftlichen Veranstaltungen bildeten.

Die Metropole war in den ausgehenden 1860er Jahren ein außerordentliches Sammelbecken der Naturforschung geworden. Nicht nur die hohe Dichte an neugegründeten aktiven Vereinen (die k. k. Zoologisch-botanische Gesellschaft, der Verein zur Verbreitung naturwissenschaftlicher Kenntnisse und die k. k. Geographische Gesellschaft), auch die seit der Mitte des Jahrhunderts neben dem Hofmuseum neu etablierten Einrichtungen – wie die k. k. Geologische

---

[20] Siehe Fleck, *Entstehung und Entwicklung.*

[21] Vgl. dazu u. a. Andreas Daum, *Wissenschaftspopularisierung im 19. Jahrhundert: Bürgerliche Kultur, naturwissenschaftliche Bildung und die deutsche Öffentlichkeit, 1848–1914* (Oldenbourg: München 1998); Bernard Lightman (Hg.), *Victorian Popularisers of Science: Designing Nature for New Audiences* (Chicago U. P.: Chicago/London 2007); James A. Secord, *Victorian Sensation: The Extraordinary Publication, Reception and Secret Authorship of Vestiges of the Natural History of Creation*, (Chicago U. P.: Chicago/London 2000); ders., Visions of Science: *Books and Readers at the Dawn of the Victorian Age* (Oxford U. P.: Oxford 2014).

Reichsanstalt und die k. k. Akademie der Wissenschaften – bündelten unterschiedliche aktive Kräfte. Eine unvergleichlich hohe Konzentration an Erdwissenschaftlern, besonders auch an Paläontologen, manifestierte sich in den sich zum Teil überschneidenden Foren.

Auch epistemisch wandelte sich der Trend innerhalb der Erdwissenschaften: Hatte die Mineralogie traditionell als Dach für alle Erdwissenschaften gegolten und sich im Gefolge des nachhaltig in Freiberg, Graz und Wien wirkenden Friedrich Mohs (1773–1839) auf die äußere Beschreibung von Gesteinen und Mineralien konzentriert,[22] so bildete die Paläontologie nun neben der Stratigraphie eine wichtige Brücke zu einer mehr und mehr gefestigten und deutenden Geologie. Die zuvor das Dach aller Erdwissenschaften subsumierende Mineralogie verengte sich auf die Mineralanalyse, die von den Professoren Franz Xaver Zippe (1791–1863) und dem Leiter der Geologischen Reichsanstalt Wilhelm Haidinger (1795–1871) prominent vertreten wurde, während die Geologie das historische Moment inhaltlich privilegierte. Für stratigraphische Fragen spielte die Paläontologie bezüglich der Definition von Leitfossilien quasi das Zünglein an der Waage.

Zwei äußerst produktive Wissenschaftspersönlichkeiten aus diesem Zusammenhang brillierten durch außerordentliche Aktivitäten, nämlich Franz Unger (1800–1870)[23] und Eduard Suess (1830–1914)[24]. Wohl zwei unterschiedlichen Generationen angehörig, sind ihnen dieselben Charakteristika eigen: Es gelang

---

[22] Siehe dazu mehr: Marianne Klemun, Spaces and Places: an Historical Overview of the Development of Geology in Austria (Habsburg Monarchy) in the Eighteenth and Nineteenth Centuries, in: Wolf Mayer/Rene M. Clary et al. (Hrsg.), *History of Geoscience: Celebrating 50 Years of INHIGEO,* Geological Society, Special Publications, 442 (Geological Society London: London 2017) 263–270 und dies., »Die Gestalt der Buchstaben, nicht das Lesen wurde gelehrt«. Friedrich Mohs' »naturhistorische Methode« und der mineralogische Unterricht in Wien, in: *ÖGW* (2004) 43–60.

[23] Zu Franz Unger: Marianne Klemun (Hrsg.), *Einheit und Vielfalt. Franz Ungers (1800–1870) Konzepte der Naturforschung im internationalen Kontext* (V&R unipress: Göttingen 2016).

[24] Die Konzentration auf die zwei Figuren, Franz Unger und Eduard Suess, wurde mir übrigens dankenswerterweise vom Organisator bei seiner Einladung zum Symposium vorgeschlagen. Zu Eduard Suess: vgl. Johannes Seidl (Hrsg.), *Eduard Suess und die Entwicklung der Erdwissenschaften zwischen Biedermeier und Sezession* (V&R unipress: Göttingen 2009). Das Thema der Darwin-Rezeption bei Eduard Suess wird in diesem Band allerdings nicht thematisiert.

beiden der ersehnte Sprung von einem Museumsjob zu einer prominenten Professur an der Universität Wien, die jeweils am Anfang einer Fachetablierung stand. Im Falle Ungers war es die *Physiologie und Anatomie der Pflanzen* (1849), bei Suess zunächst das Extraordinariat für Paläontologie (1857) und danach jenes der Geologie (1862). Für beide Forscherpersönlichkeiten bildete die Paläontologie ein wichtiges Standbein ihrer »Selbstformung«[25] als Erdwissenschaftler. Beide hatten die vorübergehende Erfahrung einer politisch begründeten Inhaftierung in ihrem Lebenslauf zu verbuchen, die sich bei Unger im Metternichschen Regime und bei Suess im Zuge der 1848er Bewegung ereignete. Beide pflegten auch einen eigenwillig gewandten Stil bei der sprachlichen Gestaltung ihrer wissenschaftlichen Texte. Ihre Forschungsansätze waren äußerst vielseitig und sie dominierten alsbald wegen ihrer innovativen Ansätze die Wissenschaftslandschaft der Stadt.

Abb. 1 und 2: Franz Unger und Eduard Suess, Lithographien von Josef Kriehuber um 1859 (Wikipedia gemeinfrei)

Unger und Suess waren somit sowohl Männer des Katheders, der Feder als auch der öffentlichen Foren und Medien. Dabei walteten sie nicht nur wissenschaftsintern dominant, sondern wirkten stets auch ganz gezielt als liberal-

---

[25] Ich folge hier dem durch Biagioli geprägten Begriff. Siehe Mario Biagioli, *Galileo Courtier: The Practice of Science in the Culture of Absolutism* (Chicago U. P.: Chicago/ London 1993) 14.

fortschrittsgläubig in eine breitere Öffentlichkeit. Unger realisierte dies – bereits 50-jährig – mit seiner in der Presse publizierten kurzweiligen, leicht lesbaren *Einführung in die Geschichte der Pflanzenwelt* (1852)[26], Suess als Dreißigjähriger mit seinem Engagement als einflussreicher Mitbegründer des *Vereines zur Verbreitung naturwissenschaftlicher Kenntnisse* (1860)[27] und seiner Zuwendung zu Fragen der angewandten Geologie der Stadt Wien. Deshalb bieten sich beide Persönlichkeiten für eine fokussierte Analyse an, die das Innen und das Außen der Wissenschaft nicht von vornherein trennt, sondern gesellschaftliche Implikationen als gemeinsamen Aspekt von Positionen verstehen will.

Franz Unger steht zudem repräsentativ für eine Generation von »deutschsprachigen« Naturforschern, die vor Darwin von einer Veränderung der Arten in langen Zeiträumen ausgingen.[28] In der älteren Historiographie wurden deren Urheber meist nur dann ins Treffen geführt, wenn dem Narrativ der »Darwin-Industrie«[29] mit seiner Ausblendung der Vorgeschichten klingende Namen entgegengehalten werden sollten.[30] Um in der »Stunde Null« zu beginnen, ist der Rückgriff auf Franz Ungers »entwicklungsgeschichtliche«[31] (evolutionistische) Ansätze in der Zeit vor Darwin unerlässlich. Franz Unger ist jedoch keineswegs als

---

26 Franz Unger, *Versuch einer Geschichte der Pflanzenwelt* (Wilhelm Braumüller: Wien 1852) und Franz Unger, *Botanische Briefe* (Carl Gerold & Sohn: Wien 1852). Das Letztere erschien auch vorab als Fortsetzungsgeschichte in der Presse: Siehe z. B. [Franz Unger], Botanische Briefe VIII. Gestaltung der Pflanze. Grundorgane, in: *Beilage zum Morgenblatte der Wiener Zeitung* Nr. 57, 19. Juli 1851, 12 f.

27 Hier werden nur diese zwei Aktivitäten aus vielen möglichen genannt, da sie einen Bezug zur Deszendenztheorie und zu Darwin gewähren.

28 Staffan Müller-Wille, Evolutionstheorien vor Darwin, in: Philipp Sarasin und Marianne Sommer (Hrsg.), *Evolution. Ein interdisziplinäres Handbuch* (Metzler: Stuttgart und Weimar 2010) 65–78 und Marianne Klemun, Evolutionskonzepte im Wandel. Debatten in der Zeit vor Darwin, in: Angela Schwarz (Hrsg.), *Streitfall Evolution* (Böhlau Verlag: Wien, Köln, Weimar 2017) 32–45.

29 Der Begriff geht auf Lenoir zurück. Siehe: Timothy Lenoir, Essay Review. The Darwinian Industry, in: *Journal of the History of Biology* 20/1 (1987) 115–130.

30 Diese Kritik findet sich besonders bei: Nicolaas Rupke, Darwin's Choice, in: Denis R. Alexander und Ronald L. Numbers (Hrsg.), *Biology and Ideology from Descartes to Dawkins* (Chicago U. P.: Chicago/London 2014) 139–164 und Peter J. Bowler, *Darwin Deleted: Imagining a World without Darwin* (Chicago U. P.: Chicago/London 2013) bes. 142.

31 Unger wie auch Darwin vermieden den Begriff Evolution, da er zu diesem Zeitpunkt noch als traditioneller Begriff entweder präformistisch als Auswickeln einer Art und als strikt mechanistischer Prozess verstanden werden konnte. Der Terminus Evolution mit

direkter Vorläufer Darwins zu bezeichnen, sondern als einer unter vielen Protagonisten der prädarwinistischen Epoche.[32] Allfällige Relationen zu analysieren, ergibt ein komplexeres Bild der inhaltlichen Interferenzen, die über die Entwicklungs-(Evolutions)theorie hinaus epistemische Zusammenhänge in den Blick nimmt. So wird meine Studie dem Vorwurf des »Indifferentismus«[33] nicht unterliegen, jener Verwarnung, die der österreichische Darwin-Anhänger Gustav Jäger anlässlich seiner ersten affirmativen Vorträge in Wien über *The Origin* im Dezember 1860 den Kritikern Darwins als Warnung entgegenschleuderte und der auch das Motto meines Beitrages bilden soll.

Relationen zwischen Franz Unger und Charles Darwin

Franz Unger und Charles Darwin begegneten einander weder persönlich, noch kommunizierten sie direkt miteinander. Dennoch sind wissenschaftliche Relationen auszumachen. Was kann man darunter verstehen? Von einer *relatio*[34] *rationis* spricht man, so im »Philosophische[n] Wörterbuch« Walter Bruggers[35] nachzulesen, wenn Objekte hinsichtlich eines konstruierten Merkmals in Beziehung gesetzt werden; von *relatio in natura*, wenn sich Subjekte oder Objekte tatsächlich aufeinander beziehen. Für den ersten Fall lässt sich bezüglich Franz Unger anmerken, dass er infolge seiner bereits 1852 publizierten knapp ausformulierten Deszendenzaussage[36] in der österreichischen Historiographie in direkte Bezie-

---

seinem neuen Begriffsinhalt wurde von Spencer eingeführt. Siehe dazu: Peter J. Bowler, 8. Evolution, in: Philipp Sarasin/Marianne Sommer (Hrsg.), *Evolution. Ein interdisziplinäres Handbuch* (Verlag J. B. Metzler: Stuttgart/Weimar 2010) 18–20.

[32] Sander Gliboff, H. G. Bronn, *Ernst Haeckel, and the Origins of German Darwinism. A Study of Translation and Transformation* (The MIT Press: Cambridge, MA/London 2008).

[33] Gustav Jäger, Die Darwin'sche Theorie über die Entstehung der Arten. Zwei Vorträge gehalten am 10. u. 15. Decbr.[!]1860, in: *Schriften des Vereines zur Verbreitung naturwissenschaftlicher Kenntnisse* 1 (1862) 81–110.

[34] Auch den Begriff Relation verdanke ich der Vorlage der Organisatoren des Symposiums.

[35] Siehe Walter Brugger, *Philosophisches Wörterbuch*, 16. Aufl. (Herder: Freiburg/Basel/Wien 1981) 48 f.

[36] Franz Unger, *Versuch einer Geschichte der Pflanzenwelt* (Wilhelm Braumüller: Wien 1852) bes. 336–339. Siehe dazu besonders: Sander Gliboff, Franz Unger and Developing Concepts of *Entwicklung*, in: Marianne Klemun (Hrsg.), *Einheit und Vielfalt. Franz Ungers (1800–1870) Konzepte der Naturforschung im internationalen*

hung zu Darwin gesetzt wurde. Musealisierend wurde Unger oft sogar »als österreichischer Darwin«[37] bezeichnet. Das scheint deshalb problematisch, weil durch Rückprojektion die später anerkannten Meriten Darwins auf den zeitlich früher wirkenden Botaniker und Paläontologen übertragen wurden. Bleiben wir deshalb im Zeithorizont!

Welche inhaltlichen Interferenzen ergaben sich zwischen den Arbeiten Ungers und Darwins in deren Wirkungszeit? Lange vor dem Erscheinen vom *Origin* existierte bereits ein vager Konnex, allerdings auf biologisch unterschiedlichen Feldern. Unger war in der englischen Fachliteratur bereits in den späten 40er Jahren durchaus als Autorität rezipiert worden, so etwa von dem vergleichend arbeitenden Zoologen Richard Owen bezüglich der *Urzeugung* oder auch von dem Botaniker John Lindley[38]. Umgekehrt wurden Charles Darwins Reisewerke, lange bevor *On the Origin of Species* herauskam, von vielen Zeitgenossen besonders wegen der außereuropäischen Befunde geschätzt. Auf einzelne während der Weltumsegelung mit HMS Beagle gewonnene pflanzengeographische Beobachtungen Darwins bezog sich Unger gleich mehrmals in seinem Lehrbuch, den »Botanische[n] Briefen«[39] (1852).

Für Unger spielten Darwins frühe Arbeiten eine bedeutende Rolle, hingegen stieß Darwin auf Ungers Publikationen sowie auf dessen Deszendenzgedanken (*Entwicklungs-Geschichte*) erst acht Jahre nach dessen Veröffentlichung, und das nicht einmal durch direkte Lektüre. Das erfolgte auf Anregung von Heinrich Georg Bronn während der Zeit, als dieser *On the Origin of Species* (1859) ins Deutsche übersetzte. Der wohl aktivste Paläontologe Deutschlands hatte sich für diese schwierige Aufgabe Darwin angetragen. Bei dieser Gelegenheit bat Darwin Bronn ausdrücklich um eine Ergänzung für die deutsche Ausgabe bezüglich allfälliger von ihm übersehener und im deutschsprachigen Raum entstandener Ideen: »Therefore I do not know whether any Germans have advocated similar

---

Kontext (V&R unipress: Göttingen 2016) 93–104.

[37] Dies besonders während der in der Althanstraße am Biologiezentrum veranstalteten Ausstellung des Jahres 1999. Als »Vorläufer« der Theorie Darwins bezeichnete ihn: Constantin von Wurzbach, Unger Franz, in: *Biographisches Lexicon des Kaiserthums Oesterreich*, 49. Bd. (k. k. Hof- und Staatsdruckerei: Wien 1884) 44–61, bes. hier 60; und im Museum Joanneum Graz gibt es den Hinweis auf den »steirischen Darwin«.

[38] John Lindley, *The Vegetable Kingdom; or, the Structure, Classification, and Uses of Plants* (Brandbury & Evans: London 1853).

[39] Franz Unger, *Botanische Briefe* (Carl Gerold & Sohn: Wien 1852) 139.

views with me; If they have would you do me the favour to insert a footnote to them in the Preface?«[40]

Unger wurde somit erst in der zweiten von Murray herausgegebenen englischen Ausgabe 1860 und auch nur in einer Fußnote, jedoch an zentraler Stelle im Vorwort mit der relevanten Aussage verknüpft, that »species undergo development and modification«[41]. Auch in der von Julius Victor Carus bearbeiteten und von Darwin autorisierten zweiten deutschen Ausgabe (die auf der dritten englischen Ausgabe basierte) wurde dieser Bezug auf Unger beibehalten, wobei Darwin erneut – wenn auch nur mittels Sekundärzitat – Ungers Leistung respektvoll gerecht wurde:

> Nach einigen Citaten in Bronns ›Untersuchungen über die Entwickelungsgesetze‹ (S. 79 u. a.) scheint es, als habe der berühmte Botaniker und Paläontologe Unger im Jahre 1852 die Meinung ausgesprochen, dass Arten sich entwickeln und abändern.[42]

In diesem Fall handelt es sich um eine *relatio in natura*, weil sich die Objekte der Aussage tatsächlich aufeinander bezogen, auch wenn sie nur durch Dritte vermittelt erfolgt war. Darwin hatte das Buch danach auch bewusst auf seine Leseliste gesetzt.[43] Es ist anzunehmen, dass Darwin Ungers Werke tatsächlich nicht wirklich ausführlich studierte, denn er gab in einem an Charles Lyell gerichteten Brief bezüglich der ersten Rezension seines von Bronn übersetzten *Origin of Species* doch zu: »I have never tried such confoundedly hard German: nor does

[40] Brief von Darwin an Bronn, 14. 2. [1860], DAR 143 DCP-LETT 2698, Darwin Correspondence Project, Online, https://www.darwinproject.ac.uk/letter/DCP-LETT_2698 (aufgerufen Oktober 2017).

[41] Charles Darwin, *On the Origin of Species by Means of Natural Selection, or the Preservation of Favoured Races in the Struggle of Life* (John Murray: London 1860³) XVIII.

[42] Charles Darwin, *Über die Entstehung der Arten durch natürliche Zuchtwahl oder die Erhaltung der begünstigten Rassen im Kampfe um's Dasein*, übersetzt von Bronn, berichtigt von Carus. (= Charles Darwin's gesammelte Werke, 2. Bd.) (E. Schweizerbart'sche Verlagshandlung: Stuttgart 1876) 9.

[43] Darwin unterschied zwischen einer Liste »To be read« und einer »Books read«. Interessanterweise unterlief ihm ein Schreibfehler: »Versuch einer Gesichte [!] der Pflanzenwelt«. Siehe Darwin-online.org.uk/. CUL-DAR 128, fol. 181.

it seem worth the labour.«[44] Außerdem könnte man einwenden, dass Ungers Gedanke zur Deszendenz im Jahre 1852 auch nicht ausführlich begründet worden war.

Ungers auf einem breiten Spektrum an biologischen Themen fußende Meriten fanden auch in England ihre Anerkennung. Der in Kew Gardens wirkende Botaniker Joseph Dalton Hooker hatte einige Arbeiten Franz Ungers bereits 1854 in einem Brief an Darwin erwähnt.[45] Er hatte sich auf eine durch Ungers Studien der fossilen Flora als nötig erachtete Revision von Roderick Murchisons prominenten Arbeiten zur Geologie des Silurs in Deutschland bezogen. Dennoch wurden diese Publikationen Ungers von Darwin erst nach 1860 auf seine Leseliste gestellt. Erst jetzt hatte Darwin erkannt, dass er diesen Arbeiten allenfalls auch mehr Aufmerksamkeit schenken könnte.

Charles Lyell konfrontierte Darwin 1865 mit Ungers äußerst kreativer Atlantis-Konzeption.[46] In dieser hatte Unger bei seiner umfassenden Bearbeitung der Miozänflora nach einer Erklärung gesucht, nachdem er auf gemeinsame Charakteristika der fossilen Arten mit den rezenten Beispielen Nordamerikas gestoßen war. So kam für ihn eine Brücke zwischen der alten und der neuen Welt in geologischen Epochen in Betracht, die er als klassisch gebildeter und als literaturaffiner Naturforscher in Analogie zu Platon als *Atlantis* bezeichnete. Die These umriss, dass sich in geologischen Vorzeiten das atlantische Festland bis nach Amerika ausgedehnt habe.[47] Von dem kongenialen Phyto-Paläontologen

---

[44] Brief von Darwin an Charles Lyell, 18. [und 19. Februar 1860], Darwin Correspondence Project, Online, https://www.darwinproject.ac.uk/letter/DCP-LETT-2703 (abgerufen im Oktober 2017).

[45] Brief von J. D. Hooker an Darwin, 13. November 1854, Darwin Correspondence Project, Online, https://www.darwinproject.ac.uk/letter/DCP-LETT-1621 (abgerufen im Oktober 2017).

Darwins großes Interesse für die Botanik wird in einem eigenen Band thematisiert, Unger darin auch nicht erwähnt: Siehe: Jürg Stöcklin und Ekkehard Höxtermann (Hrsg.), *Darwin und die Botanik. Beiträge eines Symposiums der Schweizerischen Botanischen Gesellschaft und Basler Botanischen Gesellschaft zum Darwin-Jahr 2009* (Basilisken-Presse im Verlag Natur & Text: Rangsdorf 2009).

[46] Brief von Charles Lyell an Darwin, 16. Jänner 1865, Darwin Correspondence Project, Online, https://www.darwinproject.ac.uk/letter/DCP-LETT-1629 (abgerufen im Oktober 2017).

[47] Franz Unger, Die versunkene Insel Atlantis, in: *Zwei Vorträge gehalten im Ständehaus im Winter 1860.* (Braumüller: Wien 1860) 1–31.

und Professor der Botanik an der Vorgängerinstitution der heutigen ETH Zürich Oswald Heer (1809–1883), mit dem Unger in engem brieflichem Austausch stand[48], wurde die These weiter ausgebaut. Sie zielte darauf ab, den amerikanischen Charakter der fossilen europäischen Flora zu explizieren.

Der vorübergehend zwischen 1857 bis 1862 am Hofmuseum in Wien tätige, in Tübingen ausgebildete Paläontologe und dann nach Homburg zurückgekehrte Darwin-Anhänger Friedrich Rolle empfahl in Erinnerung an seine Wiener Zeit 1868 Darwin[49] ausdrücklich die Lektüre von Ungers »Streifzüge[n]« (1857).[50] Unger hatte darin erstmals die Ursprungsorte von Wildformen der Nutzpflanzen global bestimmt, was Darwin bezüglich seines großen Interesses für historisch-natürliche Zuchtphänomene und als Erklärung der natürlichen Auslese wohl auch interessieren musste. Nur nebenbei sei erwähnt, dass 70 Jahre später der russische Genforscher Nikolai Ivanov (Iwanowitsch) Vavilov[51] (Wawilow) (1887–1943) erneut – sofern man die zwei Karten der weltweiten Pflanzenverortung der beiden Wissenschaftler vergleicht – auf räumlich ähnliche Ergebnisse wie Unger kam.[52] Allerdings basierte Vavilovs Argumentation auf einer völlig anderen, neuen diskursiven Formation, den Genzentren.

Es gab genug Stimmen in London und solche, die nach London reichten, die Darwin, der stets auf eine komplette Berücksichtigung von den aus allen Richtungen der Erde stammenden Befunden geachtet hatte, auf Ansätze des kreativ arbeitenden Unger verwiesen, aber zu einer brieflichen Kontaktaufnahme

---

48 Die Briefe Heers befinden sich in Graz am Institut für Pflanzenphysiologie.

49 Friedrich Rolle an Darwin, 28. Mai 1868, Darwin Correspondence Project, Online, https://www.darwinproject.ac.uk/letter/DCP-LETT-6213 (abgerufen Oktober 2017).

50 Franz Unger, Botanische Streifzüge auf dem Gebiete der Culturgeschichte, in: *Sitzungsberichte der kaiserlichen Akademie der Wissenschaften, math.-naturw. Classe*, XXIII, 159–254, Bd. (1857), auch in Kommission von Karl Gerold selbständig erschienen, 1–98.

51 Ich bleibe bei dem auf Deutsch geschriebenen Namen, da er auch in die Artbezeichnung Eingang fand mit dem Kürzel: »VAVILOV«.

52 Siehe auch: Marianne Klemun, Anthropologie und Botanik: Ursprünge der Kulturpflanzen und Muster ihrer weltweiten Verteilung. Franz Ungers »bromatorische Linie« (1857) zwischen Humboldts Pflanzengeographie und den Vavilov'schen Genzentren (1926), in: *Physische Anthropologie – Biologie des Menschen* (= Verhandlungen zur Geschichte und Theorie der Biologie Bd. 13, 2007) 71–96.

und schon gar zu einem direkten postalischen Gedankenaustausch zwischen beiden sollte es, alleine schon wegen der Sprachbarrieren Darwins, dennoch nicht kommen.

Ungers Evolutionsgedanken im Kontext und im Kreuzfeuer eines konservativen Kirchenpredigers in Wien

Franz Ungers Vorstellungen von der Geschichte der Pflanzenwelt und Mechanismen des Wandels der Arten blieben während seines aktiven Lebens nicht einer Auffassung verhaftet, er hatte sie dynamisch entwickelt und laufend verbessert. Als er 50-jährig schließlich im Zuge der Reformen von Minister Thun und Exner 1849 aus Graz als neuer Professor der Botanik an die Wiener Universität berufen wurde, hatte er bereits unzählige originelle Monographien in seinem Gepäck sowie unterschiedliche Subfelder der Biologie wie die Zelltheorie, die Pflanzengeographie sowie Physiologie der Pflanzen bereichert und auch die Ökologie der Pflanzen[53] begründet. Von der weltweiten Verbreitung (Geographie) der Pflanzen war Unger auf eine Dimension gekommen, die er wie die Erde bei einem Gärtner nicht mehr loswerden sollte, die Historizität, die Geschichtlichkeit. Diese sollte nicht nur als Grundzug des Menschlichen, vielmehr auch als einer der Natur eingeschriebenen Dimension Gewicht für ihn bekommen. Bereits in seiner *Chloris Protogea* (1840), einem paläontologischen Werk zur fossilen Flora, hatte er ausgehend vom embryologischen Ansatz noch den Bezug zur Katastrophentheorie George Cuviers hergestellt, um den Wandel der fossilen Pflanzen durch die geologischen Zeiten zu deuten. Analog einem Embryo folge die Pflanzengenese einer präformierten idealen Entwicklung, die aus inneren Kräften, dem von Blumenbach formulierten Bildungstrieb, stattfinde.[54] Jedoch wurden die Katastrophentheorie und der Bezug auf die Embryologie alsbald im letzten Band des Werkes 1847 durch ein sukzessives Modell, nicht aber ein evolutionäres ersetzt.[55] Äußere Bedingungen und eine strahlenförmige Ausbreitung waren Teil

---

[53] Siehe dazu: Anton Drescher, Franz Ungers Beiträge zur Ökologie, in: Marianne Klemun (Hrsg), *Einheit und Vielfalt. Franz Ungers (1800–1870) Konzepte der Naturforschung im internationalen Kontext* (V&R unipress: Göttingen 2016) 141–175.

[54] Sander Gliboff, Evolution, Revolution, and Reform in Vienna. Franz Unger's Ideas on Descent and their Post-1848 Reception, in: *Journal of the History of Biology* 31/2 (1998) 179–209, hier 188.

[55] Franz Unger, *Chloris protogaea. Beiträge zur Flora der Vorwelt* (Engelmann: Leipzig 1847).

Vgl. besonders dazu mehr bei: Sander Gliboff, Franz Unger and the developing

der Vorstellung. Unwillkürlich könnte man an die spätere berühmt gewordene Illustration Darwins, an den Stammbaum, (es handelt sich dabei allerdings nur um eine *relatio rationis*) denken. Unger war jedoch dem klassischen Konzept der *Vervollkommnung* verhaftet und lehnte einen »zufälligen Ablauf«[56] (wie es später für Darwins Theorie zentral war) dezidiert ab. Schließlich, in den *Botanischen Briefen* (1852), sprach sich Unger, wie schon erwähnt, kurz und prägnant für die Deszendenztheorie aus. Ungers Entfaltung seines Entwicklungsgedankens stellt wohl selbst ein Paradestück evolutionärer Forschungsgenese dar.

Mit der Professur (ab 1849/50) verband Unger eine visionäre Vorstellung des Faches Botanik im Sinne einer expliziten Verwissenschaftlichung und einer neuen Ausrichtung bezüglich des studentischen Wissenserwerbs. Das Mikroskopieren, die Physiologie und Anatomie der Pflanzen und nicht zuletzt besonders den historischen Aspekt in der Botanik erstmals zu privilegieren, das waren die alsbald umgesetzten neuen Anliegen, die er auch in Zeitungsartikeln vermittelte. Er grenzte sich von den bisherigen Praktiken der Botaniker strikt ab und rebellierte gegen deren veraltete Form der reinen Taxonomie. Seine *Botanische[n] Briefe[n]* (1852), die ihn sowohl als Experten einer für Wien völlig neuen, nicht mehr nur beschreibenden und auch klassifizierenden Botanik als auch als Visionär des Entwicklungsdenkens (Evolutionsdenkens) auswiesen, publizierte er bereits vorab vor der Drucklegung in Buchform sogar als Fortsetzungsgeschichten[57] in der staatlichen *Wiener Zeitung*. Er wollte bewusst über den engen Kreis von Gelehrten und Studenten hinaus Gehör finden. Damit stellte er sich einem breiteren Wiener Publikum vor. Wie die Visitenkarte eines Professors machten die Zeitungsbeiträge seine innovative Auffassung der neuen Forschungshaltung publik. Die Texte unterschieden nicht zwischen den Zeitungslesern und den angehenden Akademikern als unterschiedlichen Adressaten. Unger popularisierte somit nicht. Er veröffentlichte denselben zuerst in der Zeitung in Portionen, in Briefe aufgeteilten Text, wortwörtlich ident sodann auch als Lehrwerk in Buchform. Der für ihn charakteristisch-ausschweifend

---

Concepts of *Entwicklung*, in: Marianne Klemun (Hrsg.), *Einheit und Vielfalt. Franz Ungers (1800–1870) Konzepte der Naturforschung im internationalen Kontext* (V&R unipress: Göttingen 2016) 93–104.

[56] Franz Unger, *Chloris protogaea. Beiträge zur Flora der Vorwelt* (Engelmann: Leipzig 1847) Vorrede VII.

[57] So zum Beispiel: [Unger Franz], Botanische Briefe, Nr. 5, in: *Wiener Zeitung, Beilage zum Morgenblatte*, Nr. 50, 25. 6. 1851, 13.

romantische Stil sollte einen unwiderstehlichen Zauber auf seine Studenten und besonders auf seine Leserinnen ausüben. So wissen wir auch aus dem Tagebuch Hauers, dass auch seine Brüder aus Interesse die Vorlesungen besuchten.[58]

Eine weitere Innovation, nämlich verschiedene Stadien der Erdgeschichte nicht mehr durch einzelne Spezies in Museum nur abstrakt zu dokumentieren, sondern erstmals wie Szenen auf der Bühne eines Theaters als Sukzession von klimatisch-vegetativen Landschaftserscheinungen von geologischen Zeitaltern visuell zu inszenieren, erregte ebenfalls großes öffentliches Interesse: Diese Bilder in seiner Publikation »Urwelt«[59] (1851/1857), die er gemeinsam mit dem steirischen Künstler Josef Kuwasseg entworfen hatte und die sodann in Stichen umgesetzt wurden, knüpften an bestehende Sehgewohnheiten an, besonders an Darstellungen der englischen Landschaftsgärten bzw. die Landschaftsmalerei.[60] Damit eignete sich die Serie von Visualisierungen der Erdgeschichts-Etappen[61] ganz besonders, eine allmählich vollzogene Veränderung der Organismen der Erde nicht nur für Insider,[62] sondern auch für ein interessiertes Publikum nachvollziehbar zu machen.

Ungers Strahlkraft evozierte aktuell im Jahre 1852 einen kritischen Artikel in der kirchennahen Presse, der unter dem Titel »Theologische Botanik«[63] aufhorchen ließ. Ungers immer wieder assoziativ und inhaltlich expliziter Bezug auf

---

[58] Bibliothek und Archiv der Geologischen Bundesanstalt, A 00077-TB, Hauer. Tagebuch, 19. 2. 1861.

[59] Franz Unger, *Die Urwelt in ihren verschiedenen Bildungsperioden. Sechszehn landschaftliche Darstellungen mit erläuterndem Texte* (Weigel: Leipzig ^{2}1859).

[60] Marianne Klemun, Franz Unger and Sebastian Brunner on Evolution and the Visualization of Earth History; a Debate between Liberal and Conservative Catholics, in: *Geology and Religion. A History of Harmony and Hostility* (= Geological Society, London, Special Publications 2009) 259–267.

[61] Vgl. dazu Martin J. S. Rudwick, *Scenes from Deep Time: Early Pictorial Representations of the Prehistoric World* (Chicago University Press: Chicago/London 1992) 132.

[62] Eine spannende theoretische Überlegung zu dem Begriff, allerdings weiter gefasst, findet sich bei: Martin Rudwick, Insiders and Outsiders: INHIGEO seen from the Sidelines, in: Wolf Mayer, Rene M. Clary et al. (Hrsg.), *History of Geoscience: Celebrating 50 Years of INHIGEO* (= Geological Society Special Publications Nr. 442), (The Geological Society London: London 2017) 55–62.

[63] Anonymus, Theologische Botanik, in: *Der österreichische Zuschauer. Zeitschrift für Kunst, Wissenschaft und Literatur*, 19. Juni 1852, 7–9, hier 7. Der Artikel stammte aus der *Wiener Kirchenzeitung*, der Redakteur war Sebastian Brunner. Siehe auch: *Wiener Kirchenzeitung* Nr. 69, Dienstag, 8. Juni 1852, 1–3.

die Schöpfung entlockte einem scharfen Kritiker die brennende Frage: »Soll die Theologie auf sämmtliche andere Wissenschaften Rücksicht nehmen? Gewiß – in so fern [!] die anderen Wissenschaften auch auf die Theologie Rücksicht nehmen!« Unger wurde als das ernstgenommen, was er propagierte, als Wissenschaftler. Er wurde an seinen öffentlich verkündeten eigenen Ansprüchen gemessen, die deshalb als nicht angebracht erschienen, weil seine Darstellungen mit pantheistischen »Weltgeist-Gedanken« gespickt seien, so der Vorwurf. Sowohl der mit einem »Haleluja«[64] versehene Schlusssatz in Ungers Werk als auch die Illustration, welche ein einer Pflanze entsprießendes Kind darstellte, regten den Kritiker zu dieser Paraphrase an.

Die naturphilosophisch-theologisch anmutende Ausrichtung des »blumenreichen Professors«[65] entfachte die Gegenprovokation. Unger selbst empfand keinen Gegensatz, sondern Harmonie zwischen seinem in seiner Studentenzeit angeeigneten und weiter gepflogenen »romantischen Denkstil«[66] und seiner überaus seriös betriebenen Suche nach Abstraktionen und nach »Gesetzen der Natur«[67] – eine Ambiguität jedoch, die selbst seine engen Wissenschaftsfreunde bei ihm ebenfalls konstatierten.[68]

Nur wenige Jahre später, ab 1855, kam es erneut zur Kritik an Ungers Unterricht. Denn Unger repräsentierte das Idealbild eines neuen Habitus des Universitätsprofessors im Sinne eines neuen forschungsangebundenen innovativen Lehrens. Sebastian Brunner, Prediger an der Universitätskirche (Jesuitenkirche), dem die 1849 zügig umgesetzte Thunsche Universitätsreform mit dem Verlust des theologischen Primats trotz der forcierten katholischen Ausrichtung ein Dorn im Auge war, bot Unger eine ideale Angriffsfläche, die gesamte universitäre Neugestaltung mehrfach personalisiert zu diskreditieren. Er warf Unger in der katholischen *Wiener Kirchenzeitung* jenen Materialismus vor, der sich in Deutschland um die Agitation Karl Vogts als »Materialismusstreit« kristallisiert hatte. Fern

---

[64] Ebd.

[65] Ebd.

[66] Vgl. dazu Marianne Klemun, Franz Unger (1800–1870): multiperspektivische wissenschaftshistorische Annäherungen, in: Klemun, (Hrsg.), *Einheit und Vielfalt* (2016) 15–92, hier: 45.

[67] Siehe dazu Ariane Dröscher, »Lassen Sie mich die Pflanzenzelle als geschäftigen Spagiriker betrachten«: Franz Ungers Beiträge zur Zellbiologie seiner Zeit, in: Klemun (Hrsg.), *Einheit und Vielfalt* (2016) 177–202, hier: 186.

[68] Siehe dazu: Klemun, Franz Unger (1800–1870): multiperspektive Annäherungen, 45.

diesen Debatten jedoch wusste Unger sich mittels der liberalen Presse (in der *Augsburger Allgemeinen Zeitung*) gehörig zu verteidigen.

Die Attacke Sebastian Brunners brachte beiden Parteien letztlich enorme Publizität, besonders der Ungerschen Naturforschung selbst. Denn rund vierhundert Studenten waren für Ungers Seite in einer Unterschriftenaktion mobilisiert worden. Und Unger drohte der *Wiener Kirchenzeitung*, gerichtlich vorzugehen.[69] Seine Vorsprache beim Minister Thun lief keineswegs für ihn so beängstigend ab,[70] wie es seine Freunde später, im Zuge der Nachrufe im Jahre 1870 nach Ungers Tod, in Parallele zu Galilei darstellen wollten, nämlich als erzwungene Abschwörung seiner Thesen[71], zu einer Zeit, als diese Episode im Lichte der Debatte über Darwins Konzept neue Aktualität erlangte. Unger hatte sich jedenfalls als gläubiger Katholik bekennen müssen, wie es die durch Thun erzielte katholische Ausrichtung der Universität vorgesehen hatte. Freilich war dieser Akt auch für ihn als Tiefgläubigen einschneidend bzw. irritierend, jedoch sollte er ihn keineswegs einschüchtern.

Der öffentliche Skandal um Ungers Naturgeschichte hatte auf einer anderen Ebene seine Ursache als ausschließlich auf jener des Ringens um *reine* Erkenntnis in der Naturwissenschaft. Unger war seinerseits dem ›romantischen Denkstil‹ treu geblieben und umjubelte immer wieder schwärmerisch seine Objekte der Forschung als Wunder der Schöpfung. Zwar war der Begriff doppeldeutig, stand sowohl für Entstehung als auch für Gottes Schöpfung, dennoch wurde Ungers Konnotation eindeutig auch auf die Religion beziehbar. Unger rief religiöse Deutungsassoziationen auf und berührte Sprachgewohnheiten seiner Leserschaft. Ich habe an anderer Stelle argumentiert, dass es Ungers besondere Darstellungsgabe war, die solch positive Rezeptionen evozierte.[72] Unger verstand es nämlich bestens, seine Erkenntnisse mittels geschickt eingesetzter neuer Darstellungstechniken verständlich zu gestalten und damit zu überzeugen. Dazu zählten die neue Wege aufweisenden Visualisierungen und eben auch Metaphern,

---

[69] Ein handschriftlicher Entwurf einer Eingabe Ungers befindet sich im Nachlass: Universitätsbibliothek Basel, NL 257/II.

[70] Siehe dazu: Klemun, Franz Unger and Sebastian Brunner (2009) 259–267.

[71] »Dass er eine Art Erklärung abgeben musste, er glaube an einen Gott«. Diese Darstellung kam auch im Nachruf in der Presse zur Sprache: Vgl. *Die Presse*, Nr. 45, 15. 2. 1870, 23.

[72] Siehe dazu: Klemun, Franz Unger and Sebastian Brunner (2009) 259–267.

die katholisch geprägten Denkmustern entstammten. Letztlich trugen diese Strategien zum Erfolg seiner Wissenschaft bei. Er konnte massenhaft Menschen für seine Forschung interessieren.

Nicht zwei Blöcke, die Kirche und die Wissenschaft, waren sich gegenübergestanden, sondern zwei Akteure, die, jeweils zugespitzt, zwei unterschiedliche Positionen innerhalb ihrer vielgestaltigen Lager verteidigten, Unger eine Variante der katholisch-liberalen Weltsicht, Brunner die katholisch-fundamentalistisch-klerikale. Beide profitierten auf ihre Weise davon. Der öffentliche Skandal des Jahres 1856 allerdings blieb sicher unvergessen und wirkte sich nur wenige Jahre später, 1860, – wie noch zu erläutern sein wird – auf einen vorsichtigeren, von theologischen bzw. religiösen Fragen Abstand nehmenden Umgang mit Darwins Ansichten aus.

Öffentliche Debatten über Darwins *Origin* im Wien der 1860er Jahre

Unmittelbar nach dem Erscheinen von Darwins *Origin* (1860, in deutscher Übersetzung) fand im Rahmen der k. k. Zoologisch-botanischen Gesellschaft am 5. Dezember 1860 in Wien die erste Debatte über die neue Publikation Darwins statt. Vereine, die Geselligkeit mit dem Prinzip der Öffentlichkeit verknüpften, waren zentrale Arenen, in denen neues Wissen produziert, ausgetauscht, diskutiert, konsumiert und vor allem verbreitet wurde. Geographen, Paläontologen, Botaniker, Zoologen und Erdwissenschaftler trafen sich in diesen Foren, in denen eine disziplinäre Aufteilung in Subsysteme der Naturwissenschaften noch keine Rolle spielte. Dass es ausgerechnet der offene Artbegriff Darwins war, der durch den Kustoden des Hofmuseums August Pelzel von Pelzeln (1825–1891) initiiert an den Pranger kam, scheint kein Zufall, in einer Stadt, wo in den höfischen Sammlungen mit ihrem klassischen feststehenden Artbegriff an dieser taxonomischen Aneignung von Natur aus pragmatischen Gründen festgehalten wurde. So hatte auch der Professor für Zoologie Rudolf Kner (1810–1869) sich ebenfalls in seiner Arbeit über die geographische Verbreitung der Fische an die Artkonstanz geklammert.[73] Der kreative Botaniker Anton Kerner (1831–1898)

---

[73] Rudolf Kner, Über die geographische Verbreitung der Süßwasserfische Österreichs, in: *Oesterreichische Revue* 2 (1863) 254–259. Siehe dazu auch: L. Salvini-Plawen/M. Svojtka, Fische, Petrefakten und Gedichte: Rudolf Kner (1810–1869) – ein Streifzug durch sein Leben und Werk, in: *Denisia* 24 (2008) 64.

sollte nur wenige Jahre später und gerade als Professor der Botanik an die Innsbrucker Universität berufen, dies bereits mit Humor als problematische Differenz zwischen »guten« und »schlechten« Arten paraphrasieren.[74] Unter schlechten Arten würden nach Kerner Varietäten fungieren, die sich nicht an die von den Botanikern fixierten strengen Grenzen hielten, die sich infolge des »Anschmiegens« an Umweltbedingungen veränderten. Das alte Dogma der Artbeständigkeit sollte, ähnlich der Position Darwins, aufgegeben und die Grenzen als fließend betrachtet werden. Pelzel von Pelzeln, aus geadeltem bürgerlichem Beamten-Milieu Wiens stammend, Enkel von Caroline Pichler, der berühmten Salonière, ließ sich auch vom »religiösen Standpunkt«[75] leiten, wie die Presse zu konstatieren wusste. Gustav Jäger, Privatdozent für Zoologie und Betreiber des privat geführten Zoologischen Gartens im Prater, opponierte spontan bereits während der Sitzung entschieden gegen Pelzels Kritik an Darwins Werk.

Der Verriss Darwins durch den Ornithologen August Pelzel von Pelzeln sollte, so Franz Hauers mit seinen Kollegen geteiltes Anliegen, nicht im öffentlichen Raum unkommentiert stehen bleiben. Hauer verstand sich als Multifunktionär vieler Vereine und Einrichtungen sowie als Agitator, der sich für die Verständigung unter den Naturforschern und für ihren guten Ruf in der Öffentlichkeit einsetzte, was sein Tagebuch nachdrücklich belegt. Der engere Kreis um ihn war nicht zu übersehen: Zu ihm zählten die beiden paläontologisch arbeitenden Kustoden am Hof-Mineralienkabinett Moriz Hörnes (1815–1868) und Eduard Suess (1830–1914), die Kollegen an der k. k. Geologischen Reichsanstalt, Direktor Wilhelm Haidinger (1795–1871) und Karl Foetterle (1823–1876), ferner der Professor für Geologie und Mineralogie am Polytechnikum Ferdinand Hochstetter (1829–1884)[76], und Professor Carl Ferdinand Peters (1825–1881), sowie der Privatier und Geologe Ami Boué (1794–1881) wie auch der Professor für Bergrecht

---

[74] Siehe: Anton Kerner, *Gute und schlechte Arten* (Wagnersche Universitätsbuchhandlung: Innsbruck 1866). Dieses Buch wurde als Statement für Darwin gelesen, wobei Kerner nicht direkt auf Darwin eingeht. Kerners *Schutzmittel der Blüthen gegen unberufene Gäste*, 1876 erschienen, wurde bereits 1878 von William Ogle ins Englische übersetzt und von Darwin geschätzt. Siehe dazu Darwin an William Ogle, 27. Nov. 1878, Darwin Correspondence Project, Online, https://www.darwinproject.ac.uk/letter/DCP-LETT_11768F (abgerufen im Oktober 2017).
Kerner entwickelte sich später noch zu einem Darwin-Anhänger und Darwin bezog einige Schriften. Siehe dazu: Vier Briefe Darwins an Anton Kerner (1869–1876), Archiv der Universität Wien UAW, Autographen Sammlung 151.273, 131.33.

[75] Anonymus, Wiener Nachrichten 6. Dez., in: *Die Presse*, 7. 12. 1860, 3.

[76] Hochstetter war nach der Novara-Expedition 1860 zum Professor für Geologie und

Otto von Hingenau (1818–1872). Sie alle beschäftigten sich in unterschiedlicher Intensität professionell mit Geologie und Paläontologie. Diese einzigartige Konzentration in diesen Wissensfeldern wie auch deren enge Kooperation war in keiner anderen Stadt Europas so deutlich ausgeprägt anzutreffen. Dabei von einem Denkkollektiv auszugehen, ist naheliegend.

Da er sich ohnehin regelmäßig des Feuilletons bediente, ging Hauer in seiner fast allwöchentlich, allerdings anonym erscheinenden Kolumne »Wissenschaftliches Leben in Wien«[77] berichtend auch auf diese erste öffentlich stattgefundene Diskussion über Darwins Ansichten ein. Dass Hauer diese anonymen Artikel verfasste und nicht ein Redakteur als Urheber zu identifizieren wäre, geht aus seinem Tagebuch eindeutig hervor. Hauer hatte seine regelmäßig an die Presse geheim übermittelten Berichte in dieser privat gebliebenen Aufzeichnung akribisch memoriert. Es war ihm ein großes Anliegen, die k. k. Geologische Reichsanstalt gemeinsam mit Aktivitäten anderer naturwissenschaftlicher Einrichtungen ins positivste öffentliche Licht zu stellen.

Die Präsenz der Naturforschung in den Medien hatte ihre Tradition seit 1849. Sie ging nicht auf einen entwickelten Wissenschaftsjournalismus zurück, sondern eher auf die Einsicht der Protagonisten, dass die öffentliche Darstellung der Naturforschung als Teil des allgemeinen Fortschritts von den Wissenschaftlern selbst in die Hände genommen werden musste.[78] Aber nicht alle seiner Kollegen wussten davon, dass Franz Hauer seine journalistische Ader hier auslebte.

Als Sprachrohr seines Kreises würdigte er in seiner anonym erschienenen Kolumne Darwins *Origin of Species* als »epochemachende Arbeit eines Meisters seines Faches«, eines »langebewährten Forschers«. Er lehnte jegliche Kritik durch einen dem Autor Darwin nicht ebenbürtigen Neueinsteiger – wie es Pelzel darstellte, der noch keine Publikation vorzuweisen hatte – prinzipiell ab. Es galt nicht, den Inhalt von Darwins Einsichten zu kolportieren, Darwin im Detail zu

---

Mineralogie am Polytechnikum in Wien ernannt worden.

[77] Anonymus [Franz Hauer], Wissenschaftliches Leben in Wien, in: *Das Vaterland*, 1. Jg., Nr. 85, 8. Dezember 1860, 1. Der Artikel berichtet über Sitzungen der k. k. Geographischen Gesellschaft und der k. k. Zoologisch-botanischen Gesellschaft. In letzterer äußerte sich August von Pelzeln negativ über Darwins Werk, eine Kritik an Darwin, die Hauer in seiner anonymen Besprechung gänzlich ablehnte.

[78] Zu diesem Aspekt ist ein eigenes Buch in Zusammenhang mit der Edition des Tagebuchs von Hauer in Vorbereitung.

lernen bzw. zu lehren, sondern den Status der »exacten Naturwissenschaft« und ihren Unterschied zum »positiven Glauben«[79] öffentlich zu untermauern. Deren Grenzen zu überschreiten, schien den gemeinsamen Überzeugungen über deren »epistemischen Tugenden«[80] nicht mehr opportun zu sein. Hauers strikte Unterscheidung zwischen den seriösen Playern und Außenseitern im Rahmen der hierarchisch stratifizierten Wiener *Scientific Community* diente der eigenen Statusaufwertung inmitten der bunten akademischen Welt von Interessierten in Wien. Nicht zwischen innen und außen, den Wissenschaftlern und Dilettanten, wurde differenziert, zumal Letztere mit offenen Armen in den Vereinen aufgenommen wurden, sondern im Binnenraum der Experten, zwischen denen, die den epistemischen Tugenden stärker verpflichtet waren, und jenen, die diesen Tugendkatalog nicht beherrschten. Sich dem Fortschrittsglauben generell zu unterwerfen und exakte Gesetze zu entwickeln, galt ebenfalls als Kern dieser Tugenden. Ferner plädierte Hauer für einen berechtigten Skeptizismus. Deshalb schränkte er auch ein, dass nicht alle »Ansichten Darwins« bereits bewiesen seien, eine Position, die viele wie auch Franz Unger und Eduard Suess mit ihm teilten.

Während für Franz Unger diese Grenzen zwischen exaktem Wissen und Religionsanschauung infolge seines romantischen Denkstils nicht existiert hatten, sein Glaube zudem integraler Teil nicht nur seiner wissenschaftlichen Konzepte, vielmehr auch seiner metaphysischen Rhetorik war, wurde diese Demarkationslinie für die nächste Generation, repräsentiert durch Franz Hauer und Eduard Suess wie auch deren Kollegen, eine Selbstverständlichkeit, über die sie keine Worte mehr in ihren Arbeiten zu verlieren hatten. Es galt allerdings, öffentlich für diese Freiheit der Wissenschaft generell zu kämpfen, wofür Darwins Buch eine glänzende Gelegenheit bot. Darin waren sich Eduard Suess und Franz Hauer einig, ihre Wege jedoch waren verschieden.

Franz Unger blieb bei seiner bereits eingeführten spezifischen Gangart. Ungers Freund, der Grazer Zoologe und in Jena habilitierte Oskar Schmidt (1823–1886), der durch seine Grazer Rektoratsrede 1865 für die Freiheit der Naturwissenschaft im Zusammenhang mit der Darwinschen Abstammungslehre eintrat, die deren Verfechter Gustav Jäger als ohnehin Altbekanntes dargestellt

---

[79] Ebd.

[80] Zum Begriff siehe: Lorraine Daston und Peter Galison, *Objektivität* (Suhrkamp: Frankfurt a. M. 2007).

hatte[81], erzeugte bei den Grazer Theologen großes Befremden. In seinem Vortrag über »Die Steiermark zur Zeit der Braunkohlebildung«[82], die sogar im Rittersaale des Ständehauses ihre Bühne fand, bezog sich Unger erneut, nun bereits als Emeritus, auf ein ununterbrochenes Fortgestalten der Natur, die er als fortschreitende Ausführung von Gottes Schöpfungsakt explizierte. Seine plastische Schilderung mündete erneut in einer verbalen Zuhilfenahme von geistlichen Metaphern für seine Wissensdarbietung. Naturkunde bezeichnete er als »Lehren der Priester«, womit er indirekt die Naturforscher als bessere Priester interpretierte, und die alte Vorstellung eines unveränderten Ganzen der Natur entspreche nicht der »Weisheit des Schöpfers«.

Unger wurde nicht müde indirekt zu unterstreichen, dass die Naturforschung im Dienste des Glaubens wirke. In seinem Rückblick auf die bisherige Forschung lobte er die Tatsache, dass sich die Naturwissenschaften auf die »Entwicklungs-Geschichte« (später Evolution genannt), auf ein »Terrain, [wagte], welches bisher wie von einer chinesischen Mauer umschlungen und von Drachen behütet als völlig unangreifbar und unannehmbar galt.«[83] Die Entstehung neuer Arten hätte eine Herausforderung bedeutet, bei der zwar manch »Ungläubiger über diese Zumutung an den Schöpfer den Kopf [schüttelte] und [er] wollte nichts von diesen wiederholten verbesserten Auflagen der Natur wissen.«[84] Unger konstatierte darin eine neue »Weltanschauung«[85]:

> Die organische Schöpfung konnte nimmermehr als das Produkt theilweisen Eingriffs in den Schöpfungsplan erkannt werden [...]. Ein Organismus mit Entwicklungsfähigkeit begabt, ist der Allmacht und Weisheit des Schöpfers für den Erfolg hinreichend und

[81] Gustav Jäger, Die Darwin'sche Theorie über die Entstehung der Arten. Zwei Vorträge gehalten am 10. u. 15. Decbr. [!] 1860, in: *Schriften des Vereines zur Verbreitung naturwissenschaftlicher Kenntnisse* 1 (1862) 81–110.

[82] Franz Unger, Die Steiermark zur Zeit der Braunkohlenbildung, in: Franz Unger und [Eduard] Oscar Schmidt (Hrsg.), *Das Alter der Menschheit und das Paradies. Zwei Vorträge* (Wilhelm Braumüller: Wien 1866).

[83] Ebd., 40.

[84] Ebd., 42.

[85] Zur Erklärung des Begriffes siehe FN 8.

> stellt ihn wahrhaft in seiner ganzen Grösse dar. Nicht Versuche seiner Macht sollten in der Schöpfung angestellt, die Einheit des Gedankens in ihrem vollen Glanze erscheinen.[86]

Unger offerierte erneut eine Mixtur von Gottesbezügen, Naturverweisen und wissenschaftlichen Entitäten. Abermals hatte er seiner Absicht, nicht gegen den Glauben zu agieren, ihn einzubeziehen, Ausdruck gegeben. Weitaus zurückhaltender als sein Freund Schmidt, der sich eingehend mit Hinweisen beschäftigte, die Darwins Entwicklungstheorie besonders auf der Ebene der Morphologie unterstützten, kommentierte Unger nun auch Darwin und zog sich dabei überraschend verhalten auf sein professionelles Feld der Botanik zurück:

> Bis hierher durch die neueren Forschungen angekommen, war es nun ein unabweisbares Problem geworden, die Abstammung der organischen Arten voneinander auf natürliche Weise zu erklären. D a r w i n, ein Mann mit ausgebreiteten Kenntnissen, namentlich im Felde der Zoologie, mit einer reichen auf einer Weltreise erworbenen Erfahrung ausgerüstet, hat nun den Versuch gemacht, der Lösung dieses Problems nahe zu kommen. [...] Wenn ich auch als Botaniker nicht für die Unfehlbarkeit derselben einstehen möchte, geht doch mit Sicherheit daraus hervor, dass sie einer Entwicklung und Klärung fähig ist – alles, was man von einer guten Hypothese verlangen kann.[87]

Darwins Theorie den Status der Hypothese zuzusprechen, dieser Gestus beruhte auf einer epistemischen Tugend, welche auch für die Gruppe um Franz Hauer und Eduard Suess verbindlich war. Sie implizierte die grundsätzliche Aufgeschlossenheit für offene Fragen, deren Herausforderung man annehmen sollte und wollte.

Seine urweltlichen Bilder, die in der letzten Station mit dem Auftreten des Menschen in der Entwicklungsgeschichte der Natur gipfelten, verwarf Unger nun, zumal er seine Vorstellungen inzwischen offensichtlich weiterentwickelt hatte: »Würde ich jenes Blatt jetzt zu concipiren versuchen, so würde viel von dem angeborgten Schimmer jenes idealen Zustandes verloren gehen.«[88] Meinte

---

[86] Unger, Die Steiermark, 44.

[87] Ebd., 44.

[88] Ebd., 64.

er mit dem idealen Zustand die Teleologie, die er aufgeben wollte, um sich damit an Darwins Konzept noch weiter anzunähern? Die Vermutung ist naheliegend. Unger hatte sich stets nicht gescheut, seine Ansichten zu revidieren. Sein Qualitätsmerkmal, die permanente *Vervollkommnung* seiner Zugänge, artikulierte sich auch in diesem Beispiel. Ideal paradiesisch erschien ihm vom Standpunkt der Geologie jedenfalls die Braunkohlenzeit der Steiermark. Beide Vorträge der zwei Autoren wurden unter dem Titel Das *Alter der Menschheit und das Paradies* publiziert und sollten alsbald in Darwins Bibliothek landen, gereichten sie doch als Beleg der frühen Befürworter Darwins.[89]

Ungers und Schmidts heftiges Urteil über die grundsätzlich feindliche Haltung der Kirche gegenüber der Naturforschung führte zu Austritten einiger Klerikaler aus dem *Naturwissenschaftliche[n] Verein für Steiermark*, Massenbeitritte jedoch kompensierten den Verlust um das Vielfache. Gleich 109 Neueintritte ließen sich sofort nachweisen, was eine exponentielle Zunahme an Mitgliedern, besonders auch Frauen, wie nie zuvor darstellte.[90] Unter den in der Presse genannten waren viele Protestanten und Beamte unterschiedlichster Ebenen. Dieser Befund unterstreicht mein Argument, dass auch hier, wie bereits in Wien im Falle der Konfrontation zwischen Brunner und Unger, die öffentliche Zuspitzung der Debatte beiden Seiten nützte, sowohl den konservativen Theologen als auch den fortschrittaffinen Naturforschern. Sie verschaffte beiden Popularität. Letztlich jedoch diente sie der Wissenschaft weitaus stärker, als sie ihr schadete. Eduard Suess, der 1862 England besucht hatte, erinnerte sich in seiner Autobiographie an ein Gespräch mit Thomas Henry Huxley (1825–1895), jenem Manne, der für Darwin in den Ring der öffentlichen Diskussion mit Bischof Samuel Wilberforce getreten war, und deshalb auch den Spitznamen als *Darwin's Bulldog* trug:

> ›Sehen Sie‹, sagte mir damals Huxley, ›Darwins neue Lehre wäre langsam und in kleinen Schritten durch die gelehrten Kreise mit den Jahren in das Publikum gelangt. Die Opposition des Bischofs von

---

[89] Siehe Darwin-online.org.uk/. CUL-DAR 128, fol. 181.

[90] Anonymus, Grazer- und Provinzialnachrichten. 17. Juni 1769, in: *Tagespost*, 29. 7. 1969. Mehr zur Mitgliederentwicklung des Vereines: Anton Drescher, Splitter aus 150 Jahren Geschichte des Naturwissenschaftlichen Vereines für Steiermark, in: *Mitteilungen des Naturwissenschaftlichen Vereines für Steiermark* 143 (2014) 48–88, bes. 55 und 63.

Oxford hat ihr die Aufmerksamkeit zugewendet und sofort den glänzenden Triumphzug bereitet«.[91]

Eduard Suess und Charles Darwin: eine respektvolle Beziehung

Eduard Suess, zum Zeitpunkt des Erscheinens von *Origin of Species* gerade einmal dreißig Jahre alt und seit 1857 als Extraordinarius der Paläontologie sowie gleichzeitig als Kustos der kaiserlichen Sammlung (dem Vorläufer des heutigen Naturhistorischen Museums) tätig, ließ sich von Darwins Theorie sofort begeistern.

An Eigenwilligkeiten hatte es in diesem Forscherleben bezüglich der Karriere nicht gefehlt: Ohne ein Studium abgeschlossen zu haben, wurde Suess auf seinen Wunsch, nach fünf Jahren Tätigkeit am Hof-Mineralien-Kabinett, 1857 habilitiert. Bereits im Jahre 1854 hatte ihn die gemeinsame Feldforschung mit Franz Hauer in die Schweiz und zur *Schweizer Naturforscherversammlung* geführt.[92] Dem Basler Professor Peter Merian wird er später zu versichern wissen,[93] dass die Erfahrung einer Parallelisierung der geologischen Schichten zwischen den Ostalpen und den Westalpen zu einem der frühen Wendepunkte seines Lebens zählte, der ihn von der Paläontologie zur Geologie führte. Bis zum Jahre 1860 hatte der junge Paläontologe bereits 25 kleinere Arbeiten verfasst, die sein Expertentum bezüglich der Brachiopoden-Forschung artikulierten.[94] Dabei arbeitete er zunächst eher klassifikatorisch, sodann auch ökologisch. Seine Leitfossilien zog er alsbald zur Bestimmung neuer Schichten heran (wie der Kössener, Schramberger und Gosauer). Als Spezialist für Armfüßer, die auf Grund ihrer Merkmalskombinationen

---

[91] Eduard Sueß [sic], *Erinnerungen* (S. Hiezel: Leipzig 1916) 141.

[92] Mehr zu dieser Verbindung, die auch den Brückenschlag von der Paläontologie zur Geologie herstellte: Siehe Marianne Klemun, »Da bekommen wir auf einmal wieder zwei Etagen mehr! Wohin soll das noch führen!« Geologische Wissenskommunikation zwischen Wien und Zürich: Arnold Escher von der Linths Einfluss auf Eduard Suess' alpines Deckenkonzept, diskutiert anhand seiner Ego-Dokumente (1854–1856) und seiner Autobiografie, in: *Eduard Suess* (V&R, Vienna University Press: Wien 2009) 295–318.

[93] Abschrift eines Briefes an Peter Merian im Besitz von Prof. Kühn, der an Prof. Hamann überging. Siehe: Wien-Bibliothek im Rathaus, Handschriften und Nachlässe, Nachlass Günther Hamann, Archivbox 17, 4.112.13.

[94] Die Auflistung der Arbeiten findet sich bei: Helmuth Zapfe, Eduard Suess zum 50. Todestag, in: *Annalen des Naturhistorischen Museums Wien.* Geologie und Paläontologie 67 (1964) 169–173, hier 170–173.

eine ausgezeichnete Gruppe zur Identifizierung von Leitfossilien bildete, ließen sich schlüssige Einblicke in die Stratigraphie gewinnen. In diesem Bereich war es unerlässlich, über den lokalen Horizont hinauszuschauen, was die Kontakte zu den Schweizer Geologen Escher von der Linth und Peter Merian auch verbürgten.

Wie Unger blieb auch Eduard Suess nicht lebenslang nur an ein Spezialgebiet gebunden. Er sollte sich alsbald auch mit der Landfauna und der angewandten Geologie Wiens auseinandersetzen,[95] bis er schließlich die Alpen als Ganzes bearbeiten sollte.[96] Und endlich in seinem mehrfach aufgelegten und in unterschiedliche Sprachen übersetzten Alterswerk sollte er den Globus tektonisch in den Blick nehmen.[97] Suess sukzessive Ausweitung des Horizonts machte ihn im letzten Drittel seines Lebens zu einem international herausragenden Repräsentanten seines Faches. Die von ihm eingeführten Begriffe, wie Tethys und Gondwana Land,[98] sind noch heute Teil des Fachjargons.

Kommen wir zurück zur Mikroperspektive der 1860er Jahre: Es war Eduard Suess, der dem Darwin-Anhänger Gustav E. Jäger (1832–1917) sofort nach der in der ›k. k. Zoologisch-botanischen Gesellschaft‹ stattgefundenen Diskussion bereits am 10. und 15. Dezember 1860 eine Plattform für dessen ausführlichen Vortrag innerhalb des von ihm präsidierten *Vereines zur Verbreitung naturwissenschaftlicher Kenntnisse* bot. Denn der harschen Kritik eines Pezeln sollte sofort eine positive Resonanz entgegengehalten werden. Die Vorträge wurden danach auch sogleich in der vereinseigenen Zeitschrift publiziert.[99] Der Protestant Gustav Jäger, der sein Doktorat in Tübingen erworben hatte, hatte sich kurz zuvor am 27. Mai 1859 für *Vergleichende Anatomie der Tiere* an der Universität Wien

[95] Eduard Suess, *Der Boden der Stadt Wien nach seiner Bildungsweise, Beschaffenheit und seinen Beziehungen zum bürgerlichen Leben* (Braumüller: Wien 1862).

[96] Eduard Suess, *Die Entstehung der Alpen* (Braumüller: Wien 1875).

[97] Eduard Suess, *Das Antlitz der Erde*, 1. Bd. (Tempsky und Freytag: Prag/Wien/Leipzig 1888).

[98] Thomas Hofmann/Günter Blöschl/Lois Lammerhuber/Werner E. Piller/A. M. Celâl Şengör (Eds.), *The Face of The Earth. The Legacy of Eduard Suess* (Edition Lammerhuber: Wien 2014) 66 f.

[99] Gustav Jäger, Die Darwin'sche Theorie über die Entstehung der Arten. Zwei Vorträge gehalten am 10. u. 15. Decbr. [!]1860, in: *Schriften des Vereines zur Verbreitung naturwissenschaftlicher Kenntnisse* 1 (1862) 81–110.

habilitiert. Später war er Mitbegründer und Leiter des 1863 eröffneten *Thiergartens am Schüttel* im Wiener Pratergelände und erhielt sodann 1869 eine Professur für Zoologie in Stuttgart.[100]

Diese Einführung Jägers stieß mit etwa 300 Personen auf ein außerordentlich großes Auditorium. Der ›Verein zur Verbreitung naturwissenschaftlicher Kenntnisse‹ hatte seine offizielle Existenz mit Statuten erst im März des gleichen Jahres erhalten. Informell hatte er bereits Jahre zuvor existiert. Als loses Diskussionsforum junger Akademiker, initiiert vom Kustoden und Junghabilitierten Josef Grailich (1829–1859), wirkte er als Magnet für die jüngere Generation an Naturforschern, aber auch besonders an Mittelschullehrern.[101] Für die Vorträge hatte die ›k. k. Geologische Reichsanstalt‹ ihre Räume im Palais Rasumofsky zur Verfügung gestellt, bis schließlich ab 1857 des großen Ansturms wegen sogar der große Festsaal der Kaiserlichen Akademie der Wissenschaft in Wien seine Tore dafür öffnete. Der Kreis um Hauer war somit auch eingebunden gewesen, wiewohl Direktor Haidinger die Initiative als Konkurrenz zu anderen Vereinen einschätzte.

Was selektierte nun Jäger in seiner Leseanleitung von Darwins Theorie? Er griff die zuvor in informellen Diskussionen aufgetauchten Einwände gegen Darwin auf und wirkte ihnen entgegen. Bezweifelt wurde das Problem des »Zurückschlagen[s] der Kunstpflanze in die natürliche Speciesform«[102], also die *natürliche Zuchtwahl* (Selektion), und die Frage von deren Grenzen.

Einen besonderen Wert sah Jäger in der Darwinschen Theorie für die Paläontologie und Geologie wie auch für die Morphologie gegeben. Inhaltlich war das Argument angesichts der starken Wiener Gruppe an Erdwissenschaftlern nicht ungeschickt positioniert. Jäger verglich den Stand der Naturgeschichte vor Darwin mit jenem vor dem Auftreten Galileis, da bis dahin noch immer willkürlich ver-

---

[100] Siehe dazu: Salvini-Plawen/M. Svojtka, Fische, Petrefakten, 91.

[101] Eine gesellschaftliche Gliederung der 319 Mitglieder findet sich in Band 1: Karl Hornstein, Vorläufiger Rechenschafts-Bericht, in: *Schriften des Vereines zur Verbreitung naturwissenschaftlicher Kenntnisse* 1 (1862), 15–20, hier 18: Der Verein umfasste »3 Geistliche, 117 Beamte, 64 Professoren und Lehrer, 6 Militär, 8 Künstler, 35 Studierende, 41 Fabrikanten, Kaufleute etc., 40 Private«.

[102] Jäger, Darwin'sche Theorie, 91.

bundene Tatsachen und keine Gesetze existiert hätten. Darwins Entwicklungsgesetze, die auf die fortwährende Abänderung der Nachkommenschaft zielten, beurteilte Jäger als nicht neu, aber durch Darwin jedenfalls ausführlich begründet:

> Diese Sätze sind nicht Darwins' ausschliessliches Eigenthum, sie sind im Gegentheil viel älter als er. Sein Verdienst um die Wissenschaft besteht nicht darin, sie aufgestellt, sondern darin, sie ausgeführt zu haben.[103]

Jägers überschwänglich positive Diskussion von Darwins Buch mündete in der Aussage, die an die Kritiker Darwins gerichtet war: Darwins Ansichten seien noch intensiver zu studieren, da »der Indifferentismus der Haupthemmschuh des Fortschrittes«[104] sei.

Gustav Jäger hatte somit die Aufgabe übernommen, Darwins Buch in der Wiener Öffentlichkeit im Detail und wohlwollend vorzustellen. Doch war diese Aktivität bei der Obrigkeit schon im Vorfeld nicht willkommen gewesen. Joseph Alexander Helfert (1820–1910), seit 1848 als k. k. Unterstaatssekretär im Unterrichtsministerium tätig, zitierte Eduard Suess, den erst kürzlich habilitierten Paläontologen und Präsidenten dieses neuen Vereines zu sich, um sein Unbehagen bezüglich der angekündigten Vortragsreihe zu äußern. Suess empörte sich ob dieser Intervention und Hauer, der stets nur geheime Gespräche für sein Gedächtnis protokollierte, notierte diese für ihn offensichtlich nicht unwichtige Episode in sein Tagebuch:

> Früh in das Hof Min[eralien] Cab[inet][105] [Zu Hörnes]. Der alte Dr Jäger; es wird viel über des jungen Jäger´s Vortrag gesprochen. Helfert hatte Suess und ihn zu sich beschieden u. ihnen gerathen, die Montags-Vorlesungen[106] mehr auf practische Dinge zu beschränken.

---

[103] Ebd., 87.

[104] Ebd., 110.

[105] Das war die Arbeitsstelle von Eduard Suess.

[106] Gemeint sind die Vorträge des Vereines. Der 1860 erfolgten Gründung des *Verein[es] zur Verbreitung naturwissenschaftlicher Kenntnisse* sind seit 1855 genau 90 Vorträge vorangegangen, die besonders auf Josef Grailichs Initiative organisiert worden waren. Die konstituierende Sitzung des Vereines fand am 15. Jänner 1860 statt, am 4. März war die Genehmigung durch den Kaiser erfolgt, am 15. April wurden die eingereichten Statuten akzeptiert. Ab 1862 erschien ein vereinseigenes Periodikum, in dem die Vorträge publiziert wurden. Der erste Präsident des nun offiziell angemeldeten

> Suess erwiederte [sic!], man könne nicht gerade die Dinge ausschließen, welche das größte Interesse erregen; und er meint nun mir gegenüber, man dürfe Jäger nicht fallen lassen, und erhitzt sich sehr über den Gegenstand. Ich tadle entschieden, daß man den Gegenstand durch die Ankündigung, es werde über Darwin´s Schöpfungstheorie[107] vorgetragen werden, in ein falsches Licht gebracht habe. Man müße Conflikte zu vermeiden, nicht heraufzubeschwören suchen.[108]

Eduard Suess hatte die Fäden im Hintergrund gezogen. Er setzte nicht nur die Auseinandersetzung mit Darwin auf die Tagesordnung des von ihm maßgeblich bestimmten Vereines, sondern wollte auch Jäger und damit auch Darwin den Rücken stärken.

Suess‘ Engagement für eine innovative Naturforschung ging keine Kompromisse ein. Gegen die Bezeichnung *Schöpfungstheorie* hatte er persönlich nichts einzuwenden, weil sie als Zugpferd in der Öffentlichkeit ihre Wirkung zeitigte. Der mögliche Bezug zur Bibel, was Hauer als »falsches Licht« adressiert hatte, konnte somit, so Suess, lediglich als Lockvogel dienen, Interesse zu wecken. Diese Episode ist in der Autobiographie von Eduard Suess nicht unähnlich wiedergegeben, doch enthält sie eine interessante Nuance, die deshalb hier auch ausführlich zitiert wird:

> Im Herbst 1860, als der Verein ganz jung war, begann eben Darwins Lehre sich auszubreiten. Gustav Jäger (später als der Wolljäger bekannt) beschäftigte sich mit der Errichtung eines Tiergartens im Prater und kündigte im Vereine einen Vortrag über Darwin an. Ich wurde in das Unterrichtsministerium zu Baron Helfert, dem damaligen Unterstaatssekretär beschieden. Es wurde mir vorgehalten, der Verein möge sich doch die Frage stellen, ob es nicht zweckmäßiger wäre, das Publikum über nützliche Dinge zu unterrichten, z. B. über Spiegel- und Stahlfabrikation. Ich erwiderte, daß Vermutungen und Hypothesen nur als solche geboten werden sollen, daß jedoch für die Auffassung der lebenden Natur maßgebende Tatsa-

Vereines, dessen Vorträge stets am Montag stattfanden, war Eduard Suess.

[107] So lautete der Titel von Jägers Vortrag.

[108] Bibliothek u. Archiv der Geologischen Bundesanstalt, A 00077-TB, Hauer, 12. 12. 1860.

> chen auf die Dauer nicht verschwiegen werden könnten. Die Tatsachen würden ja doch aufrecht bleiben. Damit war die Sache erledigt und der Vortrag wurde gehalten.[109]

Vermutung und Hypothese auseinanderzuhalten, das gehörte, so Suess (und vielleicht auch der späteren Erfahrung geschuldet, zumal die Aussage ja in der erst in der letzten Phase des Lebens entstandenen Autobiographie formuliert wurde), zum essentiellen Teil seines Selbstverständnisses als Wissenschaftler. Darwins Ansichten rückte er in diesem Zusammenhang ganz einfach auf die Ebene von Tatsachen. Er legte im wissenspolitischen Konnex keine Zweifel an Darwins Theorie an den Tag. Das stand allerdings im eklatanten Unterschied zu seinen wissenschaftlichen Arbeiten, in denen er die Hypothesen Darwins erst einer weiteren Prüfung unterzogen wissen wollte. Suess spielte zwei verschiedene Rollen, eine im Konnex der öffentlichen Wissen(schaft)spolitik und eine in der *academia*. Zum einen schien er sich für Darwins Werk als Gesamtentwurf positiv einzusetzen, zum anderen in der wissenschaftlichen Debatte dennoch an Einzelheiten seine Kritik zu üben. Die zwei *settings* erforderten zwei verschiedene Umgangsweisen mit Darwins Theorie.

Wir sehen daraus, dass eine simple Unterscheidung zwischen einer Gegnerschaft oder Befürwortung in diesem Fall nicht weiterführt. Erinnern wir uns an dieser Stelle an Ungers Vorgangsweise, die jener eines Suess nicht unähnlich war: Unger hatte die zwei Sphären, jene der wissenschaftlichen Welt und jene der politischen Öffentlichkeit, inhaltlich zwar nicht unterschiedlich bespielt, im Falle Darwins zog er sich jedoch in seinen Studien auf seine professionelle Rolle als Botaniker vorsichtig zurück, das allerdings bei expliziter gleichzeitiger Bewunderung für Darwins‘ Werk.

Suess‘ Kritik an Darwins Theorie in seinen wissenschaftlichen Arbeiten konzentrierte sich im Jahre 1860 auf die Frage der Züchtung, die für die Variabilität Pate gestanden hatte, die Suess als wissenschaftlichen Beweis nicht anerkennen wollte.

> Es wäre wohl zu viel gesagt, wenn man behaupten wollte, dass dieses merkwürdige[110] Buch die Frage, welche es von neuem aufgeworfen, auch zugleich endgültig entschieden habe, und dass alle die

---

[109] Eduard Sueß [sic], *Erinnerungen* (S. Hiezel: Leipzig 1916) 124.

[110] Mit *merkwürdig* wurde im damaligen Sprachverständnis beachtenswert gemeint.

> Erfahrungen der neueren Naturforschung bereits hinlänglich bewogen seien, um uns zu einer rückhaltlosen Annahme der D a r w i n'schen [Sperrung durch den Autor] Anschauung zu veranlassen. Es lässt sich im Gegentheile behaupten, dass der directe Beweis durch Züchtung, den Hr. D a r w i n für seine Ansicht zu geben versucht hat, sehr mangelhaft sei. Aber es lässt sich auch nicht läugnen, dass eine grosse Anzahl von Thatsachen, welche sich z. B. auf den Character der Inselbevölkerungen, auf das Vorkommen rudimentärer Organe, und besonders auf die Vergangenheit des Thierreiches beziehen, vom Cuvier'schen Standpunkte aus ganz und ganz unerklärlich bleibt, während sie hier eine ziemlich einfache Deutung findet. Manche dieser Punkte werden hier zur Sprache kommen. Mag nun die eine oder andere Anschauungsweise der Wahrheit näher kommen, so steht doch fest, dass die Fülle der neuerdings für die Variabilität der Species beigebrachten Erfahrungen, um einen neuen geistigen Kampf heraufzurufen, aus dem ohne Zweifel neue Wahrheiten hervorgehen werden, bedeutend genug, um die edle Begeisterung begreiflich zu machen, mit der sich ein immer grösserer Kreis von Naturforschern diesen neuen Ansichten hingibt, – bedeutend genug endlich, um nicht übergangen zu werden, in diesem Kreise von Vorträgen, dessen Aufgabe es ist, die wichtigsten unter den neuen Fortschritten der Naturwissenschaften zu besprechen.[111]

In Summe fand der Vortrag Jägers großes positives Aufsehen, selbst die Zeitung *Die Presse* bezog sich darauf: »Gestern Abends hielt im Akademiegebäude Dr. Gustav Jaeger eine Vorlesung ›Ueber Darwin's Schöpfungstheorie‹, eine der bedeutendsten Doctrinen im Gebiete der Naturwissenschaften.«[112] Darwins Evolutionstheorie wurde in der Öffentlichkeit als allgemein gültiges Naturgesetz verstanden, gemessen an jenem Anspruch, den die Biologen und Geologen mehr und mehr auch für sich geltend machen wollten. Hauer hingegen zog sich auf die Position zurück, dass die Bezugnahme auf die *Schöpfungstheorie* den

---

[111] Eduard Suess, Hofrath Bronn's Ansichten von der Entwicklung des Thierreiches, in: *Schriften des Vereines zur Verbreitung naturwissenschaftlicher Kenntnisse* 1 (1861) 113–148, hier: 119 f.

[112] Vgl. [Anonymus], Wiener Nachrichten, in: *Die Presse*, 12. 12. 1860, 13. Jg., Nr. 319, 4.

einzigen problematischen Punkt in der öffentlichen Debatte mit Helfert ausmachte. In der Tat war die Veranstaltung in allen Zeitungen als Vortrag über die »Schöpfungstheorie«[113] beworben worden, während Jäger selbst in dem Vortrag den Bezug vermied. Die Vermutung ist naheliegend, dass Ungers nur wenige Jahre zurückliegender Konflikt mit dem fundamentalistisch gesinnten Prediger zur Vorsicht mahnte. Die Abgrenzung zwischen Theologie und Wissenschaft sollte unangetastet bleiben. So notierte Hauer, einige Tage nach Jägers Vortrag, in sein Tagebuch:

> Hingenau erzählt, daß Helfert ganz wohl weiß, daß er sich nicht werde behaupten können; er hat denselben wegen der Suess-Jägerschen Geschichte (Darwin, Schöpfungstheorie) interpellirt, Helfert meint, es sei ihm nicht eingefallen, die Sache zu verbieten, er habe nur im Interesse der Vorlesungen selbst gerathen, Conflicte zu vermeiden.[114]

Die Quelle belegt sehr eindringlich, dass der Kreis um Hauer in die Debatte um den öffentlichen Umgang mit Darwin involviert war und durch seine Stärke für Darwin Druck auf die Öffentlichkeit ausüben konnte. Die Obrigkeit pochte nur zaghaft auf Sensibilität gegenüber den katholischen Kräften. Nun war es ebenfalls eine den Erdwissenschaftlern nahestehende Persönlichkeit, Otto von Hingenau (1818–1872), Jurist und ausgebildeter Montanist, der als Professor für Bergrecht an der Universität Wien wirkte, der im Ministerium darauf angesprochen wurde. Die Thematik von Jägers Vortrag tauchte immer wieder mit dem Bezug zur *Schöpfungstheorie* auf. Diese konnte in unterschiedlicher Weise interpretiert werden, im Sinne der Bibel oder auch nur im Bedeutungsgehalt von Entstehung, oder Erschaffen. Die Deutung konnte somit dem Auditorium überlassen werden.

Hauers Aufzeichnungen zufolge bildete während der ersten Phase der Auseinandersetzung mit Darwins Theorien der religiöse Zusammenhang das Zünglein an der Waage:

---

[113] *Die Presse*, 11. 11. 1860, 4.

[114] Bibliothek und Archiv der Geologischen Bundesanstalt, A 00077-TB, Hauer; Tagebuch, 20. 12. 1860.

> Gespräch mit Suess über Helfert u. Miklosich[115] und die alte Jäger´sche Schöpfungs-Vortrag-Geschichte. Er findet das Benehmen Helferts dabei schändlich, ich vertheidige letzteren u. sage, Letzterer habe eben so Ursache gehabt, sich zu beklagen, daß man die ›Lüge‹, Helfert habe die Abhaltung der Vorlesung verboten, in die Zeitungen gegeben habe, u. s. w.[116]

Die Presse stand auf der Seite der Naturforschung, da sie von den Beteiligten (wie Hauer und Suess) selbst informiert worden war. Die Beifallsbezeugung für das Darwinsche Konzept hatte sich durchgesetzt, jedoch schien im Detail auch für Eduard Suess ein Aspekt dieses Ansatzes nicht zufriedenstellend gelöst zu sein. Er betraf die fossilen Serien, die Darwin wegen der fehlenden Belege bewusst auf Befundlücken bei der bestehenden Kenntnis zurückgeführt hatte. Zwischenformen seien, so Darwin, bisher noch nicht aufgefunden worden. Dieses Lückenargument konnte Suess nicht akzeptieren. In seiner 1863 erschienenen Studie *Über die Verschiedenheit und die Aufeinanderfolge der tertiären Landfaunen in der Niederung von Wien*[117] nahm er es zum Anlass, Umweltgründe zwar wichtig zu nehmen, aber zu betonen, dass weder für sie noch für die natürliche Selektion, so Suess, gesicherte »Anhaltspunkte« gefunden worden seien. Suess artikulierte seine Zweifel, ungeachtet dessen, dass sein Kollege am Museum, Moriz Hörnes (1815–1868), bereits Jahre zuvor im Rahmen seiner Mollusken-Forschung, das Wiener Becken betreffend, die morphologische Veränderung der Muschel *Cancellaria cancellata* über mehrere geologischen Epochen hinweg nachweisen hatte können.[118] Der Einwand von Eduard Suess, dass die Perioden, in

---

[115] Franz Xaver Ritter von Miklosich (auch Franc Miklošič) (1813–1891) war ein österreichischer Philologe und als Professor an der Universität Begründer der Slawistik in Wien.

[116] Bibliothek und Archiv der Geologischen Bundesanstalt, A 00077-TB, Hauer; Tagebuch, 9. 2. 1861.

[117] Eduard Suess, Über die Verschiedenheit und die Aufeinanderfolge der tertiären Landfaunen in der Niederung von Wien, in: *Sitzungsberichte der kaiserlichen Akademie der Wissenschaften Wien*, math.-nat. Kl. 47 (1863) 306–331.

[118] Moriz Hörnes, Die fossilen Mollusken des Tertiär-Beckens von Wien, in: *Jahrbuch der k. k. Geologischen Reichsanstalt* 7 (1856) 188–192.

denen neue Arten sich entwickeln, zu kurz gedacht werden, interessierte Darwin[119], der auf diese Studie durch den ehemaligen Direktor des Botanischen Gartens zu Saharanpur (Indien), Hugh Falconer (1808–1865), aufmerksam gemacht worden war.[120]

Wir sehen, dass Suess beide Enden des Spektrums der eingangs schon erwähnten Strategie und der positiven Auseinandersetzung mit Darwins Werk bediente: Er schätze Darwins Werk als einzigartigen Entwurf im Ganzen, setze sich jedoch auch mit einem Detail dessen kritisch auseinander: Denn für einen exakten Beweis ließen sich die fossilen Befunde nicht heranziehen. Laut Suess seien in seinem Untersuchungsfeld nicht einzelne Arten durch andere ersetzt worden, sondern ganze Gesellschaften verschwunden.[121] Abschließend in dieser Arbeit über die Säugetierfaunen lenkte er doch im Sinne Darwins ein, wenn er betonte: »Andererseits kann ebenso nicht geleugnet werden, dass der Gesammtcharakter jeder neuen auftretenden Landfauna jenem der nächstvorhergehenden verwandt ist.«[122] Und sein Resümee endete dann doch mit der gebotenen Skepsis:

> Ob die ›natürliche Auswahl‹ für unsere Zeit zum Behufe der Anbequemung an die neuen Verhältnisse wirksam wurde, bis die neue feste Form gefunden war, oder welche Kräfte überhaupt hiebei ins Spiel kamen, darüber zu urtheilen, sehe ich noch keinen Anhaltspunkt.[123]

Neben Unger, der in seiner Vorlesung *Geschichte der Pflanzenwelt* die Deszendenztheorie vortrug, war es besonders Gustav Jaeger, der erstmals im Sommersemester 1860 Darwins Ideen auch in den Hörsälen verbreitete, als er *Vergleichende Entwicklungsgeschichte* an der Universität lehrte. Rudolf Kners Vorlesung *Über Darwinismus und dessen Konsequenzen* wurde im Sommersemester 1868

---

[119] Charles Darwin to Hugh Falconer, 25/26. 8. 1863, Darwin Correspondence Project, Online, https://www.darwinproject.ac.uk/letter/DCP-LETT-4277 (abgerufen im Oktober 2017).

[120] Siehe dazu Hugh Falconer to Charles Darwin, 24. 8. 1863 und 29. 8. 1863, Darwin Correspondence Project, Online, https://www.darwinproject.ac.uk/letter/DCP-LETT-4284 (abgerufen im Oktober 2017).

[121] Suess, Über Verschiedenheiten (1863) 326.

[122] Ebd., 327.

[123] Ebd., 329.

angeboten.[124] Wie Suess setzt sich auch Kner mit Darwins *Origin* kritisch auseinander, musste aber in Bezug auf die Fischgruppe der Ganoiden anmerken, dass ein Wandel mit Verdrängung der Vorläufer nicht nachweisbar war.[125] Erneut war es die Selektion, die auf den Prüfstand kam.

Es waren Fragen der räumlichen Größenordnung und der translokalen universellen Gültigkeit, die bei Suess' Skepsis ihre eigene Regie führten. Allerdings sprach er diesen Einwand erst im Rückblick in seiner Abschiedsvorlesung des Jahres 1901 an – nach 88 Semestern Unterricht und nachdem sich in Wien erneut neue Diskussionen ereignet hatten:

> Nachdem D a r w i n s Buch erschienen war, erfolgte ein grosser und allgemeiner Umschwung der Ansichten auf dem ganzen Gebiete der Biologie. In der That hat sich ausser den grossen Entdeckungen von K o p e r n i k u s und G a l i l e i kein zweites Beispiel eines so tiefen Einflusses auf die allgemeinen Anschauungen des Naturforschers anführen. Er ist nicht der erste gewesen, der die Einheit des Lebens begriff und aussprach. Dass er aber im Stande war, strengere Beweise zu bringen und die Wendung der Geister zu erzielen, bildet seinen unsterblichen Ruhm.
>
> Auf dem Gebiete der Paläontologie vollzog sich diese Wendung allerdings nicht in so einfacher und, wenigstens bei uns, nicht in einer den besonderen Ansichten D a r w i n ' s so ganz und gar entsprechenden Weise, als man sich das vorzustellen pflegt. D a r w i n stützte seine Meinung von der Variabilität der Species vor Allem[!] auf Zuchtwahl und verwandte Erscheinungen. Aber die Paläontologie lehrt Anderes. Sie lehrt, dass die Terminologie für die einzelnen, durch ihre Fossilreste bezeichneten Abtheilungen der geschichteten Gebirge Anwendung findet über den ganzen Erdball. Es müssen daher von Zeit zu Zeit irgendwelche allgemeine, den ganzen Planeten umfassende Veränderungen der äusseren physischen Verhältnisse eingetreten sein. Man sieht auch nicht eine stetige und ununterbrochene Abänderung der organischen Wesen, wie

---

[124] Siehe dazu: Salvini-Plawen/M. Svojtka, Fische, Petrefakten, 90.

[125] Rudolf Kner, Betrachtungen über die Ganoiden, als natürliche Ordnung, in: *Sitzungsberichte der kaiserlichen Akademie der Wissenschaften Wien* 54 (1866) 1. Abt., 519–536.

> sie etwa aus einer stetigen Einwirkung der Zuchtwahl hervorgehen mochte. Es sind im Gegentheile ganze Gruppen von Thierformen, welche erscheinen und verschwinden.
>
> D a r w i n suchte diesen Umstand durch Lücken unserer Kenntniss [!] zu erklären, aber heute sieht man deutlich, dass diese angeblichen Lücken eine viel zu grosse horizontale Erstreckung besitzen.[126]

Wie schon fast 50 Jahre zuvor, hatte Suess auch im Rückblick auf sein Universitätsleben die »Richtigkeit des Darwin'schen Grundgedankens, nämlich der Einheit des Lebens«[127] bewundert und bestätigt. Und Suess nahm seine ehemalige Skepsis gegenüber der *natürlichen Zuchtwahl* (Selektion) ein wenig zurück, wenn er 1902 meinte:

> Die stratigraphische Geologie und die Paläontologie weisen darauf hin, dass die Entwicklung des organischen Lebens wahrscheinlich niemals völlig unterbrochen worden ist, dass sie sich aber nicht in gleichförmiger Weise vollzogen hat. Es sind Störungen eingetreten. Die natürliche Zuchtwahl besteht, aber sie tritt in die zweite Linie. Einzelne ganz alte Typen wie Hatteria (Sphenodon[128])...[129]

Dabei erwähnte er auch in seinem Rückblick auf seine Tätigkeit als Universitätsprofessor Melchior Neumayr (1845–1890), seinen Schwiegersohn und ab 1872 als Leiter des Instituts für Paläontologie an der Universität Wien amtierenden Forscher, dessen Werk über Mollusken von Darwin sehr gelobt worden war. Beide, Neumayr und Darwin, standen ab 1877 in brieflichen Austausch.[130]

---

[126] Eduard Suess [nach Stenogr. von Beck], Abschieds-Vorlesung des Professor Eduard Suess bei seinem Rücktritte von dem Lehramte am 13. Juli 1901, in: *Beiträge zur Geologie und Paläontologie Österreichs-Ungarns und des Orients* (1902) 1–2, hier 1 f.

[127] Suess, Abschieds-Vorlesung, 3.

[128] Gemeint sind die Brückenechsen, die heute als lebendige Fossilien angesehen werden.

[129] Suess, Abschieds-Vorlesung, 3.

[130] Zu diesem Briefwechsel mehr: Matthias Svojtka/Johannes Seidl/Michael Coster-Heller, Frühe Evolutionsgedanken in der Paläontologie. Materialien zur Korrespondenz zwischen Charles Robert Darwin und Melchior Neumayr, in: *Jahrbuch der Geologischen Bundesanstalt* 149 (2009) 357–374.

Denn schließlich hatte Neumayr den Umwelteinfluss bei den Mollusken nachgewiesen, was Darwin sehr zu schätzen wusste.

Suess' briefliche Kontakte zu Darwin waren weit weniger intensiv als die seines Schwiegersohnes. Er hatte 1871 ein Zeichen gesetzt und Darwin als Mitglied der Kaiserlichen Akademie der Wissenschaften in Wien vorgeschlagen. Die Wahl war am 26. Mai 1871 erfolgt und Suess kam der Akademie zuvor[131], indem er Darwin persönlich davon informierte.[132] In diesem Zusammenhang hatte sich ein direkter, aber nur vorübergehender brieflicher Kontakt zwischen Darwin und Suess ergeben, als sich Darwin bei Suess für die hohe Ehre bedankte.[133] Da Darwin von der französischen Akademie der Wissenschaften in Paris ebenfalls im Jahre 1870 nominiert, aber nicht gewählt worden war, zeigte er sich über die große Ehre doch sehr erfreut:

> I thank you most sincerely for the kindness which has led you to inform me of the great and wholly unexpected honour which the Imperial Academy has conferred on me (subject to the proper form) of electing me a Foreign Honorary Member. After the contempt shown by the Paris Institute, for all that I have tried to do in science, it certainly is highly gratifying that your great Academy should thus favourably notice my work.[134]

Inzwischen hatte sich Suess in der Zeit nach 1871 von den ausschließlich auf Paläontologie konzentrierten Arbeiten abgewandt. Besonders fruchtvoll für seine alsbald formulierte Erdbebenüberlegungen[135] waren allerdings Darwins Beobachtungen, die dieser Jahrzehnte zuvor beim großen Beben in Chile gemacht

---

[131] Dieser Brief wurde am 1. Juli abgeschickt, siehe dazu Darwin Correspondence Project, Online, https://www.darwinproject.ac.uk/letter/ (Kommentar dazu) (abgerufen im Oktober 2017).

[132] Dieser Brief ist nicht erhalten.

[133] Charles Darwin an Eduard Suess, 1. Juni 1871, Darwin Correspondence Project, Online, https://www.darwinproject.ac.uk/letter/DCP-LETT-7792 (abgerufen im Oktober 2017).

[134] Charles Darwin an Eduard Suess, 1. Juni 1871, Darwin Correspondence Project, Online, https://www.darwinproject.ac.uk/letter/DCP-LETT-7792 (abgerufen im Oktober 2017).

[135] Eduard Suess, Das Erdbeben Nieder-Österreichs, in: *Denkschriften der k.k. Akademie der Wissenschaften in Wien*, math.-naturw. Kl. 33 (1873) 61–98.

hatte:[136] Darwin hatte festgestellt, dass zeitgleich mit den Beben mehrere Vulkane entlang der Kordilleren tätig waren. Diese Erkenntnis einer Herdkomponente legte Suess 1873 auf Verwerfungen fest.[137]

Ein mit Darwins Theorie verbundener und heute zum Schlagwort gewordener Begriff, der »Kampf ums Dasein« hatte in der ersten Zeit der Auseinandersetzung mit Darwin in Wien bei den Zeitgenossen noch kaum eine Rolle gespielt. Suess jedoch bezog sich auf ihn, und das bereits in seiner Studie *Der Boden der Stadt Wien* (1862)[138]. Wien hatte seine Bevölkerungszahl von 432.000 im Jahre 1857 bis 1900 sukzessive verdreifacht. Suess machte sich in dieser Studie seinem städtischen Lebensraum mit seinem Wissen dienstbar und sah die dramatische Bevölkerungszunahme bereits voraus. Ob er sich dabei von Thomas Robert Malthus inspirieren ließ oder von Darwin, der sich auf Malthus berufen hatte, muss dahingestellt bleiben. Jedenfalls nutzte Suess den Begriff »Kampf ums Dasein«[139] und übertrug ihn auf zwei Klassen von Migranten, welche sich gemeinsam gegen die physischen Bedingungen der Stadt durchgesetzt hatten. Er transponierte den biologischen Begriff auf die ihm über Jahrzehnte so wichtige Stadtpolitik.

Resümee

Lange vor Darwins *Origin of Species* hatte Franz Unger ab 1852 seinen jüngeren Kollegen und Studenten nicht nur inhaltlich die Deszendenztheorie nahegelegt, sondern durch den Konflikt mit dem Prediger Sebastian Brunner diese auch medial vorbereitet. Die Distanz zur Theologie wurde in der Folge sensibel gewahrt und die Bezeichnung *Schöpfungstheorie* nur vorübergehend genutzt, sodann jedoch gemieden.

Die Auseinandersetzung mit Darwin im Wien der 1860er Jahre ließ sich in dem Spannungsbogen von Befürwortung und Skepsis positionieren, sie basierte gleichzeitig auf generellem Zuspruch der Theorie als Ganzem und Kritik

---

[136] Siehe dazu: Jürgen Strehlau, Darwins Erdbebentheorie (1838/43) – ein Vorläufer der tektonischen Theorie von Eduard Sueß[!] (1873/74), in: *Berichte der Geologischen Bundesanstalt* 45 (2009) 38–40 (Abstract).

[137] Eduard Suess, *Das Antlitz der Erde,* Bd.1 (Tempsky & G. Freytag: Prag und Leipzig 1885).

[138] Suess, *Der Boden.*

[139] Suess, *Der Boden*, 315.

in unterschiedlichsten Detailfragen. Dabei war es vor allem der Aspekt der *natürlichen Züchtung* (Selektion), für den sichere Belege gesucht wurden und der die Skepsis befruchtete. Darwin bedeutete für die in Wien wirkenden Naturforscher und besonders für die Erdwissenschaftler eine große Herausforderung, der sie sich gerne und sogleich stellten. Verbunden hatte alle genannten Personen, wie etwa Franz Hauer, Moriz Hörnes, Franz Unger, Ferdinand Hochstetter, Gustav Jäger, Rudolf Kner und Eduard Suess als *Denkkollektiv* der Bezug auf die Vision einer *exakten Naturwissenschaft*, die sich im Festmachen an Details artikulierte. Jägers Warnung, dass der »Indifferentismus der Hauptemmschuh des Fortschrittes« sei, wirkte wie ein hängendes Damoklesschwert über allen Arbeiten. Von hier aus lässt sich ein Bogen bis zu Karl Popper spannen.

Die Darwin-Rezeption in Deutschland im 19. Jahrhundert

Eve-Marie Engels

»I am most anxious that the great & intellectual German people should know something about my book.«

(Ch. Darwin an H. G. Bronn, 4. Februar 1860)[1]

»The support which I receive from Germany is my chief ground for hoping that our views will ultimately prevail.«

(Ch. Darwin an W. T. Preyer, 31. März 1868)[2]

»Es entstand eine geistige Bewegung ...«[3]

Darwin schätzte die deutschen Wissenschaftler und diese schätzten ihn. Wie Ernst Krause in seiner Monografie *Charles Darwin und sein Verhältnis zu Deutschland* (1885) ausführt, zollte Darwin den Arbeiten deutscher Forscher die höchste Anerkennung.[4] Diese Hochschätzung beruhte auf Gegenseitigkeit. Es ist wiederholt hervorgehoben worden, dass Darwins Werk über die Entstehung der Arten vor allem in Deutschland eine besonders breite und intensive Diskussion erfuhr und sein Einfluss hier entsprechend groß war.[5] Deutschland war eine Hochburg

---

Frau M.A. Judith Zinsmaier danke ich herzlich für ihre sorgfältige Unterstützung bei den Recherchen zur Korrespondenz zwischen Charles Darwin und Ernst Haeckel.

1 Charles Darwin, Brief an Heinrich Georg Bronn, 4. Februar 1860, in: Frederick Burkhardt/Duncan M. Porter/Janet Browne/Marsha Richmond (Eds.), *The Correspondence of Charles Darwin,* Vol. 8 [1860] (Cambridge U. P.: Cambridge 1993) 70.

2 Charles Darwin, Brief an William Thierry Preyer, 31. März 1868, in: Burkhardt et al. (Eds.), *Correspondence,* Vol. 16, I [1868] (Cambridge U. P.: Cambridge 2008) 349.

3 Oscar Hertwig, Zur Erinnerung an Charles Darwin, in: *Deutsche Medizinische Wochenschrift* 35/6 (1909) 233–235.

4 Ernst Krause, *Charles Darwin und sein Verhältnis zu Deutschland* (Ernst Günthers Verlag: Leipzig 1885) 208. Der Biologe und Schriftsteller Ernst Krause publizierte auch unter dem Pseudonym Carus Sterne.

5 So z. B. Oscar Hertwig, Darwins Einfluß auf die deutsche Biologie, in: *Internationale Wochenschrift für Wissenschaft, Kunst und Technik* 3/31, 31. Juli 1909, 953–958; Walther

der Darwin-Rezeption im 19. Jahrhundert. In seiner Autobiografie von 1876 kann Darwin darauf hinweisen, dass in Deutschland »jährlich oder jedes zweite Jahr ein Katalog oder eine Bibliographie über ›Darwinismus‹« erscheint.[6] Anlässlich der 100. Wiederkehr seines Geburtstages am 12. Februar 1909 gab es eine Vielzahl von Feiern zu Ehren Darwins. Walther May berichtet in seinem informativen Überblicksartikel, dass »»sich an den Darwinfeierlichkeiten des Jahres 1909 alle Kulturvölker und alle geistig interessierten Kreise des Volkes« beteiligten.[7] Eine in der Zeitschrift *Monismus* veröffentlichte Liste der Darwin-Feiern zähle »»nicht weniger als 68 Städte auf, in denen sich die Verehrer des englischen Forschers zusammenfanden, um die hundertste Wiederkehr seines Geburtstages und das fünfzigjährige Jubiläum des Erscheinens seines Hauptwerkes festlich zu begehen.«[8] 1859 war Darwins epochemachendes Werk *On the Origin of Species by Means of Natural Selection, or the Preservation of Favoured Races in the Struggle for Life* erschienen, das die Grundlagen der Biologie revolutionierte. Deutschland stach durch die hohe Anzahl und Vielfalt seiner Darwin-Feiern hervor: »Ganz besonders zahlreich waren die Feiern in Deutschland, wo in den grössern Städten sogar mehrere Veranstaltungen stattfanden.«[9] Nicht nur in den Naturwissenschaften und deren Gesellschaften stand Darwin in hohem Ansehen, sondern auch »Freidenker-, Arbeiter-, Lehrer- und Studentenvereine, freireligiöse Gemeinden und Freimaurerlogen, der deutsche Monistenbund, der Goethebund, die Deutsche Gesellschaft für ethische Kultur und andere Vereinigungen wetteiferten miteinander, das Andenken des grossen Gelehrten zu erneuern, und so verschieden die Motive und Gesichtspunkte dabei waren, der Gesamteindruck war der, dass Darwin auch im 20. Jahrhundert noch eine Macht bedeutet.«[10]

May, Die Darwin-Jubiläums-Literatur 1908–1910, in: *Zoologisches Zentralblatt* 17/9/10 (1910) 257–276; William M. Montgomery, Germany, in: Thomas F. Glick (Eds.), *The Comparative Reception of Darwinism* (University of Chicago Press: Chicago, London 1988) 81–116; Alfred Kelly, *The Descent of Darwin: The Popularization of Darwinism in Germany*, 1860–1914. (University of North Carolina Press: Chapel Hill 1981).

[6] Charles Darwin, *Mein Leben*, Vollständige Ausgabe der ›Autobiographie‹, von seiner Enkelin Nora Barlow, mit einem Vorwort von Ernst Mayr. Aus dem Engl. übersetzt von Christa Krüger (Insel Verlag: Frankfurt a. M. & Leipzig 2008) 132 f. (1. Aufl. 1993).

[7] Walther May, Die Darwin-Jubiläums-Literatur 1908–1910, 262.

[8] May, Ebd.

[9] May, Ebd.

[10] May, Ebd.

Diese Liste zeigt, dass Darwin auf die unterschiedlichsten gesellschaftlichen und beruflichen Gruppen wie ein Magnet wirkte. Daher kann der aus der Schweiz stammende Botaniker Arnold Dodel-Port 1883 nach Darwins Tod in einem Nekrolog schreiben, »daß alle namhaften Vertreter der vielfarbigen Tagespresse in dem Urteil einig gingen: In Darwin hat die Wissenschaft unseres Jahrhunderts ihren bedeutendsten Pfadfinder verloren.«[11]

Ein Blick in das europäische Ausland zeigt den Einfluss Deutschlands auf die Darwin-Rezeption in zahlreichen anderen Ländern.[12] Dabei genoss Darwin nach dem Erscheinen von *Origin of Species* in Deutschland nicht nur eine größere Akzeptanz als in seinem Heimatland England, sondern darüber hinaus auch die aktive Unterstützung zahlreicher Wissenschaftler. Dies hing auch damit zusammen, dass die naturwissenschaftliche Tradition in Deutschland von der Religion unabhängiger war als in England. Dort gab es eine lange Tradition der »Natural Theology«, der Physikotheologie, deren Ziel es war, Gottes Allmacht, Weisheit und Güte in seiner Schöpfung durch deren minutiöse Erforschung aufzuspüren und damit Gott zu beweisen. Nicht umsonst ließ David Hume, der sich im 18. Jahrhundert kritisch mit der Physikotheologie auseinandersetzte, sein Werk *Dialogues Concerning Natural Religion* (1779) aus Furcht vor einem Sturm allgemeiner Entrüstung von seinem Neffen posthum veröffentlichen. Der erwartete Sturm blieb jedoch aus.

Wie in Darwins Heimat England Thomas Henry Huxley als »Darwin's Bulldog« galt, so kam diese Rolle in Deutschland Ernst Haeckel zu. Er war einer der eifrigsten Verfechter von Darwins Theorie und eine wichtige Triebkraft ihrer Verbreitung. Haeckel verkündigte sie temperamentvoll und mit großer Emphase, für den feinsinnigen Darwin manchmal zu laut, wie wir später noch sehen werden.

In Deutschland gab es zahlreiche weitere renommierte Befürworter von Darwins Neuansatz, mit denen Darwin einen regen Austausch pflegte. Im Rahmen des an der University of Cambridge angesiedelten *Darwin Correspondence Project* sind bisher 25 Bände erschienen, die Darwins Briefwechsel bis zum Jahr 1877 erfassen. Sie verdeutlichen auf eindrucksvolle Weise das Netzwerk der

---

[11] Arnold Dodel-Port, Charles Robert Darwin, sein Leben, seine Werke und sein Erfolg, in: *Die Neue Zeit. Wochenschrift der Deutschen Sozialdemokratie* 1 (1883) 105–119, hier 105. Im Original ist dieser Passus gesperrt gedruckt.

[12] Eve-Marie Engels/Thomas F. Glick (Eds.), *The Reception of Charles Darwin in Europe*, 2 Vols (Continuum: London & New York 2008).

wechselseitigen Unterstützung zwischen Darwin und seinen Zeitgenossen. Für den Zeitraum bis zu Darwins Todesjahr 1882 sind noch weitere Bände zu erwarten.

Im Folgenden werde ich die Hauptgründe für diese lebhafte und vielseitige Darwin-Rezeption in Deutschland im 19. Jahrhundert ausführen, wobei einzelne der genannten Phänomene durchaus auch für andere Länder gelten mögen.[13]

Erstens gab es in Deutschland schon vor dem Erscheinen von Charles Darwins *Origin of Species* eine Bereitschaft zu evolutionärem Denken. Darwin selbst erwähnt in seiner »Historischen Skizze der Fortschritte in den Ansichten über den Ursprung der Arten (bis zum Erscheinen der ersten Auflage dieses Werkes)«, die er ab der 3. Auflage hinzufügt und in der 4. Auflage erweitert, zahlreiche Vorläufer des Evolutionsgedankens im englischen Sprachraum, in Deutschland und in Frankreich.[14] *Zweitens* gab es in Deutschland traditionellerweise ein starkes Interesse an Naturphilosophie, häufig in enger Verbindung mit den aufblühenden Naturwissenschaften. Prominente Beispiele hierfür sind Lorenz Oken, Johann Wolfgang von Goethe, Friedrich Wilhelm Joseph Schelling und Jakob Friedrich Fries, die von verschiedenen Disziplinen und philosophischen Voraussetzungen ausgingen und eine Vielfalt naturphilosophischer Konzeptionen repräsentierten. Viele erhofften sich daher von Darwins Lehre einen neuen, einheitsstiftenden Rahmen. Das zunehmende Interesse an einem naturwissenschaftlichen Verständnis des Lebendigen führte *drittens* dazu, den Anschluss an andere Naturwissenschaften zu suchen. Hierfür war Darwins Theorie bestens geeignet, da sie mit zahlreichen anderen Disziplinen systematisch vernetzt war und ohne bestimmte Vorannahmen aus anderen Naturwissenschaften, wie Lyells revolutionärer Geologie, nicht auskam. Darwins Ansatz ist aber auch in philosophischer Hinsicht sehr voraussetzungsvoll und reich an Implikationen, so dass sich von

---

[13] Ausführlicher hierzu siehe Eve-Marie Engels, Darwin, der »bedeutendste Pfadfinder« der Wissenschaft des 19. Jahrhunderts, in: Stefanie Samida (Hrsg.), *Inszenierte Wissenschaft. Zur Popularisierung von Wissen im 19. Jahrhundert* (transkript Verlag: Bielefeld 2011) 213–243, hier 213–216.

[14] Zum Evolutionsdenken vor Darwin siehe William M. Montgomery, *Germany*, in: Thomas F. Glick (Ed.), *The Comparative Reception of Darwinism*. With a new Preface. (University of Chicago Press: Chicago & London 1988) 81–116; Thomas Junker/ Uwe Hoßfeld, *Die Entdeckung der Evolution. Eine revolutionäre Theorie und ihre Geschichte* (Wissenschaftliche Buchgesellschaft: Darmstadt 2. durchgesehene und korrigierte Auflage 2009).

hier aus auch Vernetzungen mit den Geisteswissenschaften, vor allem der Philosophie, ergaben.[15] *Viertens* gab es in Philosophie und Naturwissenschaften Vertreter einer dezidiert materialistischen Naturauffassung, wie Carl Vogt und Ludwig Büchner, welche die Möglichkeit einer nicht-teleologischen Erklärung der Zweckmäßigkeit in der Natur besonders begrüßten. Allerdings bedeutet dies nicht, dass Darwin in der Rezeption nur materialistisch gedeutet wurde, wie z. B. Gustav Jaeger und Rudolf Schmid durch ihre Schriften verdeutlichen.[16] Und *fünftens* ist Darwins Popularität im Rahmen einer breiten Strömung der Popularisierung naturwissenschaftlichen Wissens im 19. Jahrhundert zu verstehen. Vom Einblick in die Mechanismen der Natur erhoffte man sich zugleich die Möglichkeit ihrer Beherrschung und damit die Befreiung von blinden, undurchschaubaren Mächten.

Aus den oben genannten Gründen wurden Darwins Theorie seitens der Rezipienten zahlreiche *Leitfunktionen* in naturwissenschaftlichen und außernaturwissenschaftlichen Kontexten zugeschrieben. In naturwissenschaftlichen Kontexten sollte Darwins Theorie *methodologische*, d. h. *wissenschaftstheoretische* und *wissenschaftliche* Leitfunktionen erfüllen. Sie bot ein *vereinheitlichendes Prinzip* an, hatte eine *größere Erklärungskraft* als andere Erklärungsversuche – insbesondere auch als die Lehre vom *intelligent design* – und erwies ihre *Konsistenz* mit anderen naturwissenschaftlichen Erklärungen. Damit hatte sie auch einen *interdisziplinären Einfluss*. Darwins Theorie löste die Initiierung neuer Forschungsprogramme aus, ein Prozess, der bis heute anhält. Auch in außernaturwissenschaftlichen Kontexten wurden dieser Theorie eine Vielfalt von Leitfunktionen in Theorie und Praxis zugeschrieben. Sie sollte der naturwissenschaftlichen Fundierung von Ethik, Politik und Sozialem dienen und damit deren *Verobjektivierung* ermöglichen, zur Bereitstellung *fortschrittsfördernder Rezepte* für die Entwicklung einer humanen Gesellschaft, zum Entwurf von *Zukunftsvisionen utopischer Qualität*, zur *Legitimierung* bereits existierender philosophischer Ansätze oder bestimmter schon bevorzugter anthropologischer Konzeptionen und zu vielem mehr dienen.

---

[15] Zu den philosophischen Hintergründen und Aspekten von Darwins Theorie siehe Eve-Marie Engels, *Charles Darwin* (C. H. Beck: München 2007). Siehe auch Eve-Marie Engels, Darwin's Philosophical Revolution: Evolutionary Naturalism and First Reactions to his Theory, in: Engels/Glick (Eds.), *Reception of Charles Darwin*, Vol. I, 23–53.

[16] Gustav Jaeger, *Die Darwin'sche Theorie und ihre Stellung zu Moral und Religion* (Julius Hoffmann: Stuttgart 1869); Rudolf Schmid, *Die Darwin'schen Theorien und ihre Stellung zur Philosophie, Religion und Moral* (Paul Moser: Stuttgart 1876).

Rezeption ist stets auch *Konstruktion* eines Textes oder einer Theorie. Dies lässt sich am Beispiel der Darwin-Rezeption besonders gut demonstrieren. Hier zeigt sich der konstitutive Einfluss, den die Rezeption auf die *Herausbildung* und das *Verständnis* einer neuen wissenschaftlichen Theorie haben kann. Durch die Rezeption wird ein bestimmtes Verständnis bzw. werden Verständnisse dieser Theorie mit konstituiert. Diese unterschiedlichen Konstruktionen sind einerseits abhängig von *Merkmalen der Theorie*, andererseits von *Bedingungen der Rezipienten.* Zu den *Merkmalen der Darwinschen Theorie* gehören deren Neuheit, ihre Komplexität, die von Darwin verwendeten Metaphern und die Unvollständigkeit der Theorie in dem Sinne, dass zu Darwins Zeit viele theoretische und praktische Kenntnisse und Bestandteile noch nicht verfügbar waren. Zu den *Bedingungen der Rezipienten* gehörten die Vielfalt der verschiedenen natur- und geisteswissenschaftlichen Blickwinkel auf die Theorie und die Erwartungen an diese. Ein bisher nicht genügend berücksichtigter Faktor sind *Übersetzungen*, durch welche auch Bedeutungen produziert und transportiert werden können, die vom Autor nicht beabsichtigt waren und die in anderen Ländern und Sprachgemeinschaften ihre Wirksamkeit und Dynamik entfalten.[17]

Im Folgenden werden zunächst Darwins allgemeine Abstammungstheorie, seine evolutionäre Anthropologie und seine Ethik vorgestellt. Anschließend werden die ersten in Deutschland erfolgten Reaktionen auf Darwins *Origin of Species* präsentiert und diskutiert. Dies sind Heinrich Georg Bronns Rezension und seine Übersetzung von Darwins *Origin of Species*, Oskar Ferdinand Peschels Rezension sowie weitere erste Besprechungen. Anschließend wird die Verwandtschaft des Menschen mit anderen Tieren in ihrer ethischen Relevanz anhand von unterschiedlichen Positionen ausgewählter Vertreter von Darwins Theorie auch mit einem kurzen Blick in das 20. Jahrhundert beleuchtet. Es folgt die Vorstellung von Ernst Haeckels Entwicklungslehre und seiner hierarchischen Anthropologie, welche bei manchen zeitgenössischen Wissenschaftlern den Weg zur Rassenhygiene bahnt. Abschließend wird ein kurzes Fazit gezogen.

Darwins Abstammungstheorie

Während seiner Weltreise auf dem Vermessungsschiff HMS Beagle macht Darwin Entdeckungen, die für ihn die Entstehung der Arten zu einem Rätsel werden

---

[17] Eve-Marie Engels/Thomas F. Glick, Editors' Introduction, in: Engels/Glick (Eds.), *Reception of Charles Darwin*, Vol. 1, 11–22.

lassen[18]. Wie die meisten seiner Zeitgenossen hat er bis dahin den biblischen Schöpfungsbericht wörtlich genommen und ist von der absichtlichen Erschaffung jeder einzelnen Tier- und Pflanzenart und des Menschen durch Gott ausgegangen. Während der Reise und verstärkt danach beginnt sich in Darwin allmählich ein theoretischer Gestaltwandel zu vollziehen. Er kann sich nicht mehr mit dem biblischen Schöpfungsbericht und dessen wörtlicher Auslegung begnügen, weil damit zu viele Phänomene unerklärbar bleiben, die er während seiner Reise erfahren und beobachten konnte. Wissenschaftsphilosophische Fragen und solche der Übereinstimmung von überliefertem Gottesbild und der Empirie drängen sich in den Vordergrund und werden unabweisbar. So entsteht für Darwin ein neuer Forschungsgegenstand: das Problem der Entstehung von Arten. Er entwickelt das ehrgeizige Ziel, die »Gesetze des Lebens« zu entdecken und diese an die Stelle des biblischen Schöpfungsberichts treten zu lassen. Dabei stützt er sich auch auf zeitgenössische Philosophen und Wissenschaftstheoretiker wie John Herschel und William Whewell. Bereits in seinen *Notizbüchern*[19] sieht Darwin den Vorteil der Entdeckung von Naturgesetzen in ihren Erklärungs-, Voraussage- und Systematisierungsmöglichkeiten. In seinem Werk gelang es Darwin, eine naturwissenschaftliche Theorie der Entstehung der Arten zu konzipieren und vorzustellen, die nicht nur zahlreiche Zeitgenossen überzeugte, sondern sich auch in ihrer wesentlichen Struktur bis heute erhalten hat. Bevor ich in die Details der Rezeption gehe, sei das Grundgerüst der Theorie vorgestellt:[20]

Die erste Auflage von Darwins *On the Origin of Species by Means of Natural Selection, or the Preservation of Favoured Races in the Struggle for Life*, die am 24. November 1859 in London bei dem Verleger John Murray in einer Höhe von 1.250 Exemplaren erschien, war nach Darwins Angaben in seiner Autobiografie bereits am ersten Tag ausverkauft.[21] Die zweite Auflage von 3.000 Exemplaren

---

[18] Zum Folgenden siehe Engels, Darwin, der »bedeutendste Pfadfinder«, hier 218–221.

[19] Paul H. Barrett/Peter J. Gautrey/Sandra Herbert/David Kohn/Sydney Smith (Eds.), *Charles Darwin's Notebooks, 1836–1844* (British Museum (Natural History) Cornell U. P.: Ithaca & New York 1987).

[20] Als ausführlichere Darstellung von Darwins Abstammungstheorie, Wissenschaftstheorie, Anthropologie und Ethik siehe Eve-Marie Engels, *Charles Darwin* (Beck: München 2007).

[21] Darwin, *Mein Leben*, 132. Zur Reaktion der Buchhändler auf Darwins *Origin of Species* vgl. Ronald W. Clark, *Charles Darwin* (S. Fischer: Frankfurt a. M. 1985) 148. Aus dem Engl. übers. v. Joachim A. Frank.

erschien wenige Wochen später Anfang 1860 und war ebenfalls bald ausverkauft. In seiner Autobiografie von 1876 kann Darwin darauf hinweisen, dass dieses Werk »von Anfang an ein großer Erfolg« war: »Zweifellos ist es die wichtigste Arbeit meines Lebens.« Dabei hebt Darwin auch die besondere Rolle Deutschlands in der Rezeption hervor, wo »jährlich oder jedes zweite Jahr ein Katalog oder eine Bibliographie über ›Darwinismus‹«[22] erscheine. Darwins *Origin of Species* erschien ins sechs Auflagen. Bis zum Jahr 1876 wurden in England 16.000 Exemplare verkauft und das Buch »in fast alle europäischen Sprachen übersetzt, sogar ins Spanische, Böhmische, Polnische und Russische.«[23] Darwins Werk wurde charakterisiert als »the book that shook the world«.[24]

Darwin bezeichnet seine Theorie als »theory of descent with modification through variation and natural selection« [dt.: Abstammungstheorie mit Abänderung durch Variation und natürliche Selektion]. Er geht von der Beobachtung aus, dass es zwischen den Organismen einer Art immer ›individuelle Unterschiede‹ oder ›Varianten‹ gibt und damit auch unterschiedlich gute Anpassungen an ihre jeweiligen Umweltbedingungen. Diejenigen Individuen, welche im Hinblick auf die jeweiligen Überlebenserfordernisse besser an ihre Umwelt angepasst sind als ihre Artgenossen, haben größere Überlebenschancen als diese und können sich daher durchschnittlich erfolgreicher vermehren, d. h. es findet eine *natürliche Selektion* der besser Angepassten statt. Auf diese Weise werden ihre für das Überleben vorteilhaften Eigenschaften über Generationen hinweg weiter vererbt und verändern sich allmählich zunehmend gegenüber den Merkmalen der Stammart. Die natürliche Selektion bewirkt also nicht nur ein Aussterben von Arten, sondern führt auch konstruktiv zur Entstehung neuer Arten. Darwin konzipiert die natürliche Selektion in Analogie zur Pflanzen- und Tierzucht. Während hier jedoch der menschliche Züchter bestimmte Individuen mit erwünschten Eigenschaften auswählt und diese gezielt zur Vermehrung bringt, sind es nach Darwin in der freien Natur die je spezifischen, überlebensrelevanten Herausforderungen, mit denen die Organismen einer Art unter ihren jeweiligen Lebensbedingungen konfrontiert werden. Dies bezeichnet er als »struggle for life«

---

[22] Darwin, *Mein Leben*, 132 f.

[23] Ebd.; zu den Übersetzungen siehe Eve-Marie Engels/Thomas F. Glick (Eds.), *The Reception of Charles Darwin in Europe*, Vol. I (Continuum: London, New York 2008) XXVI–LXXII.

[24] Ernst Mayr, Introduction, Charles Darwin, *On the Origin of Species*, (John Murray: London 1859) A Facsimile of the First Edition bei Harvard U. P., Cambridge, Mass.& London 1964) VII.

oder auch »struggle for existence« und lässt sich dabei durch Malthus' Bevölkerungsgesetz inspirieren. Knappe Ressourcen, die bei Malthus ausschlaggebend sind, können nach Darwin eine von vielen Äußerungsweisen dieses *struggle for existence*, des Ringens um die Existenz, sein, es sind jedoch nicht die einzigen. Darwin fasst unter diesen Begriff sämtliche Bewährungsproben, denen Organismen während ihres Lebens ausgesetzt sind und die einen Einfluss auf ihr Überleben und ihren Fortpflanzungserfolg haben können. Dabei können die kleinsten Unterschiede, Varianten, zwischen den Lebewesen einer Art bzw. Population, d. h. ein »Körnchen in der Waagschale«, (»a grain in the balance«[25]), für Überleben und Fortpflanzungserfolg ausschlaggebend sein.

Darwins Ausdruck *struggle for existence* wurde vielfach missverstanden und dabei auf die Bedeutung eines schonungslosen Kampfes aller mit allen eingeengt. Er weist jedoch von Anfang an auf das weite Bedeutungsspektrum des Begriffs hin, der je nach Lebenskontext die Konkurrenz zwischen Individuen derselben Art oder zwischen Individuen unterschiedlicher Arten, das Ringen um die Existenz eines Lebewesens mit den Umweltbedingungen (Trockenheit, Dürre, Kälte, Nässe usw.), das Hinterlassen von Nachkommenschaft und die Abhängigkeit der Lebewesen untereinander bedeuten kann.[26] Der Begriff *struggle for existence* ist also *situationsspezifisch* auszulegen. Es gibt demnach unterschiedliche Bewältigungsstrategien des Ringens um die Existenz, zu denen *Konkurrenz* ebenso wie *Kooperation* gehören. Der Aspekt der wechselseitigen Hilfe im Kampf ums Dasein wurde in der russischen Darwin-Rezeption besonders hervorgehoben.[27] Begriffe wie *struggle for life* und *war of nature* wurden nicht von Darwin geprägt, sondern waren bereits geläufig, als er sein Buch verfasste. Relevant ist weiterhin, dass aus einer Art im Laufe langer Zeiträume mehrere Arten entstehen können, weil die Lebewesen einer Spezies durch ihre Anpassung an verschiedene Stellen im Naturhaushalt eine Merkmalsdivergenz entwickeln. Die Galápagos-Inseln Südamerikas, die Darwin auf seiner Weltreise kennen lernte, boten hierfür exemplarische Voraussetzungen.

---

[25] Charles Darwin, *On the Origin of Species by Means of Natural Selection, or the Preservation of Favoured Races in the Struggle for Life* (John Murray: London 1859) 467.

[26] Darwin, *Origin of Species*, 62 f.

[27] Daniel P. Todes, *The Struggle for Existence in Russian Evolutionary Thought* (Oxford U. P.: Oxford 1989); ders. Darwins malthusische Metapher und russische Evolutionsvorstellungen, in: Eve-Marie Engels (Hrsg.), *Charles Darwin und seine Wirkung* (Suhrkamp: Frankfurt a. M.2009) 203–230.

Die Entstehung von Arten und Anpassungen ist nach Darwin somit das Ergebnis eines komplexen Zusammenspiels von externen Lebensbedingungen und der internen Struktur von Organismen und ist Naturgesetzen und Voraussetzungen unterschiedlicher Art (Variation, Gesetz der natürlichen Selektion, Vererbungs- und Variationsgesetze usw.) unterworfen. Obwohl Darwin die Variations- und Vererbungsgesetze[28] noch nicht kannte und hierüber aus heutiger Sicht teilweise falsche Vorstellungen hatte, ist die *Struktur seiner Theorie* mit ihren Bestandteilen der Variation, natürlichen Selektion und Vererbung nach wie vor gültig.

Mit dieser Theorie verabschiedete sich Darwin von den damals noch geläufigen Vorstellungen einer speziellen Schöpfung jeder einzelnen Art und der Konstanz der Arten. Nach seiner Theorie entstehen *neue Arten* durch einen *Wandel*, d. h. durch die *Transformation bereits existierender Arten*. Damit führte er nicht nur in der Biologie, sondern auch für andere Disziplinen eine *Revolution in den Grundlagen des Denkens* über bestimmte Fragen herbei. Ein dynamisches Naturbild löste das statische Bild von der lebendigen Natur ab, das bereits vor Darwin insbesondere durch den Anstoß von Lamarck in Auflösung begriffen war. Darwins Revolution war aber noch viel weitreichender und tiefgehender: Ihr Kern betraf die *philosophischen Voraussetzungen der Wissenschaften vom Lebendigen*: Zur biologischen Erklärung der Entstehung neuer Arten und der Zweckmäßigkeit in der lebendigen Natur bedarf es nach Darwin nicht der Annahme einer intelligenten Erstursache, eines planenden Schöpfergottes oder intelligenten Designers. Hierfür reichen blinde Naturgesetze und Umweltbedingungen aus. Darwin verbindet mit seiner Theorie jedoch nicht die Zielsetzung, letzte metaphysische Fragen zu klären oder gar die Nichtexistenz Gottes zu beweisen. Hierzu ist der Mensch mit seiner fehlbaren Vernunft nach Darwin gar nicht in der Lage. In seiner Autobiografie bezeichnet er sich als Agnostiker, der einen Denkweg vom naiven kindlichen Glauben an Gott über den Atheismus zum Agnostizismus vollzog.[29]

Zusammengefasst beinhaltet Darwins komplexe Theorie der Entstehung neuer Arten folgende Elemente: individuelle Variation der Merkmale von Organismen, natürliche Selektion im *struggle for life*, Vererbung, Gradualismus, Ab-

---

[28] Charles Darwin, *Die Entstehung der Arten* (Reclam: Stuttgart 2007, nach der 6. engl. Aufl. von 1872) 188.

[29] Darwin, *Mein Leben*, 94.

stammung der Arten von anderen Arten durch Transformation und Vervielfältigung der Arten. Wegen ihrer zahlreichen Bestandteile wurde auch manchmal der Plural verwendet und von Darwins »Theorien« gesprochen.

Eine besonders wichtige Implikation dieser revolutionären Theorie ist die veränderte Stellung des Menschen in der Natur. Der Mensch stammt von anderen Tieren ab und ist als Spezies und Individuum ungeachtet seiner Besonderheit als Kulturwesen in den Evolutionsprozess eingebettet, in die Naturgeschichte integriert. Bereits in der 1. Auflage von *Origin of Species* deutet Darwin dies gegen Ende seines Werkes an:

> In the distant future I see open fields for far more important researches. Psychology will be based on a new foundation, that of the necessary acquirement of each mental power and capacity by gradation. Light will be thrown on the origin of man and his history.[30]

Darwins evolutionäre Anthropologie und seine Ethik

Obwohl es Darwin unter den Nägeln brannte, ein Buch über die Abstammung des Menschen zu schreiben, weil der Mensch »the highest & most interesting problem for the naturalist« sei, zog er es zunächst vor, das ganze Thema auszuklammern, da es mit sehr vielen Vorurteilen verbunden sei, wie er 1857 an Alfred Russel Wallace schreibt[31]. Zu diesem Zeitpunkt hatte er bereits etwa zwanzig Jahre lang an *Origin of Species* gearbeitet. Nachdem sein Werk jedoch zwischen 1859 und 1861 in drei englischen und einer amerikanischen Auflage sowie in Übersetzungen erschienen war und andere renommierte Wissenschaftler bereits ab 1863 auf der Grundlage von Darwins Theorie Schriften über die evolutionäre Entstehung des Menschen veröffentlicht hatten, zerstreuten sich Darwins Befürchtungen, und er ließ seine Werke *Descent of Man* (1871) und *On the Expression of the Emotions in Man and Animals* (1872) folgen. In der Einleitung von *Descent of Man* kann er auf viele angesehene Wissenschaftler verweisen, die bereits auf das hohe Alter des Menschen als Spezies verwiesen hatten, wie Charles

[30] Darwin, *Origin of Species*, 488.

[31] Charles Darwin, Brief an Alfred Russel Wallace, 22. Dezember 1857, in: Frederick Burkhardt et al. (Eds.), *Correspondence of Charles Darwin* Vol. 6 [1856–1857] (1990) 514–515, hier 515.

Lyell und Sir John Lubbock.[32] Auch führt er zahlreiche Zeitgenossen an, die seine Theorie bereits akzeptiert und vor dem Erscheinen von *Descent of Man* auf den Menschen angewandt hatten. Als prominente Vorkämpfer in England und Deutschland nennt er Alfred Russel Wallace, Thomas Henry Huxley, Carl Vogt, Sir John Lubbock, Friedrich Rolle, Ludwig Büchner, Ernst Haeckel und den nach Südamerika ausgewanderten Fritz Müller. In diesem Sinne lässt sich hier von einer *wechselseitigen Rezeption* sprechen, die für beide Seiten nützlich und ertragreich war. Auch der Botaniker und Zelltheoretiker Matthias Jacob Schleiden und der Zoologe und Mediziner Gustav Jaeger[33] sind hier zu erwähnen. Auf Schleiden

---

[32] Charles Lyell, *The Geological Evidences of the Antiquity of Man with Remarks on Theories of the Origin of Species by Variation* (John Murray: London 1863); John Lubbock, *Pre-Historic Times as Illustrated by Ancient Remains and the Manners and Customs of Modern Savages* (Williams & Norgate: London/Edinburgh, 2nd edition 1869).

[33] Carl Vogt, *Vorlesungen über den Menschen, seine Stellung in der Schöpfung und in der Geschichte der Erde* (J. Ricker'sche Buchhandlung: Gießen 1863); Matthias Jacob Schleiden, *Das Alter des Menschengeschlechts, die Entstehung der Arten und die Stellung des Menschen in der Natur. Drei Vorträge für gebildete Laien* (Verlag von Wilhelm Engelmann: Leipzig: 1863); Friedrich Rolle, *Der Mensch, seine Abstammung und Gesittung im Lichte der Darwin'schen Lehre von der Art-Entstehung und auf Grundlage der neuern geologischen Entdeckungen dargestellt* (Joh. Christ. Hermann'sche Verlagsbuchhandlung. F. G. Suchsland: Frankfurt am Main 1866); Ernst Haeckel, *Natürliche Schöpfungsgeschichte. Gemeinverständliche wissenschaftliche Vorträge über die Entwickelungslehre im Allgemeinen und diejenige von Darwin, Goethe und Lamarck im Besonderen, über die Anwendung derselben auf den Ursprung des Menschen und andere damit zusammenhängende Grundfragen der Naturwissenschaft* (Verlag von Georg Reimer: Berlin 1868); Ludwig Büchner, *Die Stellung des Menschen in der Natur in Vergangenheit, Gegenwart und Zukunft. Oder: Woher kommen wir? Wer sind wir? Wohin gehen wir? Allgemein verständlicher Text mit zahlreichen wissenschaftlichen Erläuterungen und Anmerkungen* (Verlag von Theodor Thomas: Leipzig 1869); Gustav Jaeger, *Die Darwin'sche Theorie und ihre Stellung zu Moral und Religion* (Julius Hoffmann: Stuttgart 1869); Thomas Henry Huxley, *Evidence as to Man's Place in Nature* (Williams and Norgate: London, Edinburgh 1863); Alfred Russel Wallace, The Origin of Human Races and the Antiquity of Man deduced from the theory of »Natural Selection«, in: *Journal of the Anthropological Society of London.* 2 (1864) 158–170, Discussion 170–187. Wallace ist auch noch aus anderen Gründen erwähnenswert. Unabhängig von Darwin entwickelte er die gleiche Abstammungstheorie wie dieser und sandte Darwin 1858 vor dessen Veröffentlichung von *Origin of Species* sein handschriftliches Manuskript, was Darwin in tiefe Betrübnis versetzte. Zur eleganten Lösung des Problems auf Vorschlag von Darwins Freunden Lyell und Hooker siehe Eve-Marie Engels, *Charles Darwin* (Beck: München 2007) Kap. III.2, 87–91. Fritz Müller, *Für Darwin* (Wilhelm Engelmann: Leipzig 1864). *Facts and Arguments for Darwin.* Translated by William Sweetland Dallas (John Murray: London 1869).

werde ich später noch zurückkommen. Gustav Jaeger unterstützte Darwins Theorie und ihre Verbreitung von Beginn an durch seine Publikationen und Vorträge, wie bereits 1860 auf der XIII. Versammlung der Ornithologischen Gesellschaft zu Stuttgart und im selben Jahr in Wien im Verein zur Verbreitung naturwissenschaftlicher Kenntnisse.[34] Ganz besonders aber hebt Darwin gleich zu Beginn von *Descent of Man* die Leistung von Ernst »Häckel« hervor.

> This last naturalist, besides his great work *Generelle Morphologie* (1866), has recently (1868, with a second edit. in 1870) published his *Natürliche Schöpfungsgeschichte*, in which he fully discusses the genealogy of man. If this work had appeared before my essay had been written, I should probably never have completed it.[35]

Darwins Annahme einer Verwandtschaft von Tieren und Menschen lässt sich bereits in seinen frühen Notizbüchern aus den dreißiger Jahren nachweisen, als er 1837 mit Notizen zum Artenwandel (»transmutation of species«)[36] und 1838 mit philosophischen Untersuchungen (»metaphysical enquiries«) begann, die auch den evolutionären Zusammenhang des Menschen mit anderen Tieren zum Gegenstand hatten. Die posthum erschienenen Notizbücher ermöglichen uns einen Einblick in die *Theoriewerkstatt* des jungen Darwin. Hier legt er den Grundstein für seine *evolutionäre Anthropologie* und vertritt bereits die Idee einer evolutionären Kontinuität, eines verwandtschaftlichen Zusammenhangs zwischen dem Menschen und anderen Tieren. Darüber hinaus übt er Kritik an menschlicher Arroganz und an der *Anthropozentrik*, die den tierlichen Ursprung des Menschen ausblendet. Hier seien nur einige Beispiele genannt:

---

[34] Siehe hierzu die Literatur in Eve-Marie Engels, Charles Darwin in der deutschen Zeitschriftenliteratur des 19. Jahrhunderts. Ein Forschungsbericht, in: Rainer Brömer/Uwe Hoßfeld/Nicolaas Rupke (Hrsg.), *Evolutionsbiologie von Darwin bis heute* (Berlin: VWB – Verlag für Wissenschaft und Bildung 2000) 19–57, hier 26; Siehe den Brief von Friedrich Rolle an Charles Darwin vom 26. Januar 1863, in dem Rolle Charles Darwin auch über Jaegers Engagement für die Verbreitung von Darwins Theorie informiert. In: Burkhardt et al. (Eds.), *Correspondence*, Vol. 11 [1863] (Cambridge U. P.: Cambridge1999) 86–87.

[35] Charles Darwin, *The Descent of Man, and Selection in Relation to Sex*, 1877 [1st. ed. 1871] Part 1, *The Works of Charles Darwin*, Vol. 21, ed. by Paul H. Barrett/Richard B. Freeman/Peter Gautrey (Pickering: London 1989) 4 f.

[36] Diese Angabe ist Darwins *Journal* unter der Jahresangabe 1837 zu entnehmen. Sir Gavin de Beer (Ed.), Charles Darwin, Journal, in: *Bulletin of the British Museum (Natural History)*. Historical Series Vol. 2/1959–1963, (Trustees of the British Museum [Natural History]: London 1969) 3–21, hier 7.

> Es ist absurd zu sagen, dass ein Tier höher als ein anderes steht.– *Wir* betrachten jene, bei denen die {Gehirnstrukturen, die intellektuellen Fähigkeiten}, am weitesten entwickelt sind, als die höchsten. – Eine Biene würde dies zweifellos tun, wenn die Instinkte am weitesten entwickelt wären. B 74.
>
> In seiner Arroganz hält sich der Mensch für ein großes Werk, das es würdig ist, durch Gottes Wirken hervorgebracht worden zu sein. Bescheidener, und wie ich glaube zutreffender ist die Annahme, dass er *aus Tieren* erschaffen wurde. C 196 f.
>
> Unsere Abstammung ist also der Ursprung unserer bösen Leidenschaften!! – Der Teufel in Gestalt des Pavians ist unser Großvater! M 123.
>
> Der Ursprung des Menschen ist nun bewiesen. – Die Metaphysik muss aufblühen. – Wer den Pavian verstünde, würde mehr zur Metaphysik beitragen als Locke. M 84e.
>
> Platon […] sagt im Phaidon, dass unsere »*notwendigen Ideen*« aus der Präexistenz der Seele entstehen und nicht aus Erfahrung ableitbar sind. – Lies ›Affen‹ statt ›Präexistenz‹. M 128[37]

In *Descent of Man* kennzeichnet Darwin den Menschen als »das dominanteste Tier, das jemals auf dieser Erde erschienen ist.«[38] Ein entscheidender Schritt auf dem Weg zur Menschwerdung war die Entwicklung des aufrechten Ganges, der *Bipedie*, und die damit einhergehenden weiteren körperlichen Veränderungen mit einem Zuwachs an Kompetenzen. Die vorderen Affenhände wurden von der Funktion der Fortbewegung befreit, das Tastgefühl verfeinerte sich, ein gezielterer Umgang mit Objekten wurde möglich. Die Evolution des Gehirns, der

---

[37] Übersetzungen von Eve-Marie Engels; Die Buchstaben B, C und M am Ende der Zitate beziehen sich auf die von Darwin vorgenommene Kennzeichnung seiner Notizbücher in Paul H. Barrett/Peter J. Gautrey/Sandra Herbert/David Kohn/Sydney Smith (Eds.), *Charles Darwin's Notebooks, 1836–1844*, British Museum [Natural History] & Cornell U. P.: Ithaca & New York 1987) 189, 300, 550, 553, 539, 551. In Darwins Notebook B74 stehen die Begriffe »cerebral structure« und »intellectual faculties« in der Klammer übereinander.

[38] Charles Darwin, *The Descent of Man, and Selection in Relation to Sex*, Vol. 1, Part 1, The Works of Charles Darwin, Vol. 21, Eds. Paul H. Barrett & R. B. Freeman, Pickering: London 1989, 52. Übersetzungen von Eve-Marie Engels. Die Seitenangaben beziehen sich auf die Seitenzahlen am unteren Rand der Bücher.

Sprechorgane und ihrer Funktionen beeinflussten sich wechselseitig bei der Menschwerdung. Auf der Herausbildung gesteigerter kognitiver Fähigkeiten in Verbindung mit sozialen Kompetenzen lag ein besonderer Selektionsdruck. So groß der Unterschied zwischen dem Menschen und anderen Tieren hinsichtlich ihrer geistigen Fähigkeiten auch sein mag, so ist er nach Darwin jedoch nur ein gradueller, kein wesentlicher Unterschied (»difference of degree and not of kind«[39]).

Darwin widmet sich in *Descent of Man* auch dem »Ursprung des moralischen Sinns oder Gewissens« (moral sense or conscience) aus der Perspektive der Naturgeschichte und möchte wissen, inwieweit das Studium der Tiere Licht auf »eine der höchsten psychischen Fähigkeiten des Menschen« wirft.[40] Er greift sowohl Grundannahmen der englisch-schottischen Moralphilosophie (Hume, Smith, Mackintosh, Bain) als auch der kantischen Tradition auf und integriert sie in seine Abstammungstheorie. Setzten die Ethiker noch den *moral sense* beim Menschen als gegeben voraus, fragt Darwin nach seinen evolutionären Wurzeln in der Naturgeschichte des Menschen, die uns mit anderen Tieren verbindet. Diese verfügen über gut ausgeprägte soziale Instinkte, deren Fundament das Mitgefühl (*sympathy*) ist. Ihre Entstehung erklärt Darwin selektionstheoretisch mit ihrer Funktion für die Erhaltung der Gruppe. Während der Evolution des Menschen vom Urmenschen bis heute hat sich eine Instinktreduktion vollzogen. Zwar wurzelt unser moralischer Sinn im »Instinkt der Sympathie«, doch erschöpft er sich nicht darin, sondern stellt ein qualitativ neues Vermögen dar. Moral besteht für Darwin im bewussten Urteilen und Handeln nach verallgemeinerbaren Normen (Kants Kategorischer Imperativ, Goldene Regel u. a.). Die von ihm betonte evolutionäre Kontinuität von Tieren und Menschen beinhaltet für ihn somit keine Nivellierung ihrer Unterschiede. Der Mensch ist für ihn das einzige moralfähige Tier und hat Menschenwürde. Doch hält Darwin es für wahrscheinlich, dass jedes mit ausgeprägten sozialen Instinkten ausgestattete Tier bei entsprechender geistiger Entwicklung unweigerlich einen moralischen Sinn entwickeln würde.[41] Moralfähigkeit setzt nach Darwin neben der *sympathy* auch *Selbstbewusstsein*, *Reflexionsfähigkeit*, *Sprache* und die *Fähigkeit der Bewertung* von Absichten und Handlungen nach *ethischen Maßstäben* voraus, »freie Intelligenz« und »freien Willen«.[42] Diese Vermögen sowie Erziehung, Religion, Gesetz und öffentliche Meinung münden in das komplexe

[39] Ebd., 130.

[40] Darwin, *Descent of Man*, 102.

[41] Ebd.

[42] Darwin, *Descent of Man*, 71 f.

Gebilde des moralischen Sinns. Da unser moralischer Sinn nach Darwin somit nicht allein aus der biogenetischen Evolution des Menschen hervorgeht, sondern auch Kultur voraussetzt, können wir Moral im Sinne Darwins als ein »kulturgeschichtliches Phänomen mit naturgeschichtlichen Wurzeln«[43] charakterisieren.

Darwin geht von einem *moralischen Fortschritt* in der Evolution und Kulturgeschichte des Menschen aus. Dieser besteht in einer sukzessiven Erweiterung und Verfeinerung des moralischen Sinns. Dabei werden die *instinktiven Dispositionen* des sogenannten primitiven Menschen, Wohlwollen und soziales Handeln auf Mitglieder des eigenen Sozialverbandes zu beschränken, überwunden und Angehörige anderer Rassen, Hilflose, Kranke, Schwache und schließlich Tiere in das soziale Verhalten einbezogen.[44] Dies setzt voraus, dass die ursprünglich nur auf das Wohl der eigenen Gemeinschaft ausgerichteten sozialen Instinkte ihre volle Wirksamkeit einbüßen und menschliches Handeln in stärkerem Maße unter die Kontrolle *intellektueller Fähigkeiten* gestellt wird. Moralität setzt nach Darwin somit Freiheit voraus. Haben wir einmal den Zustand der Kultur oder Zivilisation erreicht, können wir nach Darwin die Schwachen und Hilflosen nicht mehr vernachlässigen, ohne dass der edelste Teil unserer Natur, das Mitgefühl, verfallen würde.[45] Obgleich moralischer Fortschritt, wie er sich unter den Bedingungen der Zivilisation unter anderem in der Unterstützung Kranker und Schwacher ausweist, nach Darwin biologisch negative Konsequenzen für die menschliche Spezies haben kann, dürfen wir aus ethischen Erwägungen heraus den Hilfsbedürftigen unsere Unterstützung nicht vorenthalten.

Der Höhepunkt der Humanität ist erreicht, wenn sich unser moralisches Handeln nicht nur auf Menschen erstreckt, sondern auch auf die anderen Lebewesen. Die »uneigennützige Liebe zu allen Lebewesen« hält Darwin für die »edelste Eigenschaft des Menschen«, und in seiner optimistischen Vision einer ferneren Zukunft geht er vom Triumph der Tugend aus[46].

Darwins *The Expression of the Emotions in Man and Animals*[47] dient dem weiteren Nachweis der Verwandtschaft von Tieren und Menschen. Zudem zeigt

---

[43] Eve-Marie Engels, *Charles Darwin* (C. H. Beck: München 2007) Kap. V. 8, 203.

[44] Darwin, *Descent of Man*, 129.

[45] Ebd., 139.

[46] Darwin, *Descent of Man*, 130.

[47] Charles Darwin, *The Expression of the Emotions in Man and Animals*. With an

Darwin hier kulturübergreifende, universale Ausdrucksweisen des Menschen auf, die seine Annahme der *Einheit der menschlichen Spezies* (Monogenie) unterstützen. Darwin war ein Gegner von Rassismus und Sklaverei.[48]

Diese Haltung spiegelt die große Bedeutung wider, welche Darwin dem moralischen Sinn und seiner Rolle für den moralischen Fortschritt beimisst. Ohne dessen Kultivierung ist eine soziale Gemeinschaft, in der sich Individuen wechselseitig unterstützen, nicht möglich. Die beabsichtigte Vernachlässigung der Kranken und Schwachen aus Gründen der Art- oder Rasseerhaltung ginge nach Darwin mit einer Verrohung des Menschen, einer Zersetzung (»deterioration«) unseres Mitgefühls und damit einer Schwächung unseres moralischen Sinnes einher, den Darwin für den edelsten Teil unserer Natur hält. Darwin plädiert somit für den Schutz der körperlich und geistig Kranken und Schwachen, obwohl er in diesen zivilisatorischen Maßnahmen zugleich die Gefahr der Degeneration des Menschen erblickt, falls sich die Kranken und Schwachen vermehren. Daher hält er es für wünschenswert, wenn die an Körper und Geist Schwachen sich des Heiratens enthielten, »obgleich man dies mehr hoffen als erwarten« könne.[49] Äußerungen wie diese, welche bei Darwin noch an anderen Stellen zu finden sind, ließen sich leicht für ideologische und politische Zwecke nutzbar machen. Darwin war jedoch kein Sozialdarwinist. Seine moralischen und ethischen Wertungen wurzeln in seiner Einbettung in bestimmte Traditionen und seiner Orientierung an Konzeptionen philosophischer Ethik. Nach Darwin hat sich *moralischer* und *kultureller Fortschritt* unter den Bedingungen der Zivilisation weitgehend von der Wirkungsweise der natürlichen Selektion abgekoppelt und vollzieht sich nun auf andere Weise. So trügen große Gesetzgeber, Religionsstifter, Philosophen und wissenschaftliche Entdecker durch ihre Werke mehr zum Fortschritt der Menschheit bei als durch die Hervorbringung einer zahlreichen

---

Introduction, Afterword and Commentaries by Paul Ekman (Harper Collins Publishers: London 1999 Paperback) 1st ed. London 1872.

[48] Dies geht auch aus seinen Reiseberichten hervor, in denen er die Sklaverei in Brasilien, deren Augenzeuge er während seiner Beagle-Reise wurde, nachdrücklich anprangert und tiefes Mitleid und Solidarität für die Sklaven empfindet. Siehe hierzu Charles Darwin, *Reise eines Naturforschers um die Welt.* Ausgewählt und mit einer Einleitung von Julia Voss (Insel Verlag: Frankfurt am Main und Leipzig 2008) 267 ff. Aufklärung und Humanität waren in der Darwin-Familie bereits seit langem verwurzelt. Siehe hierzu Eve-Marie Engels, *Charles Darwin* (C. H. Beck: München 2007) Kap. I.1.

[49] Ebd.

Nachkommenschaft.[50] Moralischer Fortschritt vollziehe sich eher auf dem bereits zuvor beschriebenen Wege des sozialen Lernens, durch Überlegung, Erfahrung und Religion.

Erste Reaktionen auf Darwins *Origin of Species* in Deutschland

Darwins Werk zog sehr schnell die allgemeine Aufmerksamkeit auf sich und fand in zahlreichen Disziplinen und Kontexten Beachtung.[51] Dies bedeutet jedoch nicht, dass seine Ideen bzw. das, was dafür gehalten wurde, auch allgemein akzeptiert wurden. Die Rezeption zeigt eine große Variationsbreite der Sichtweisen von Darwins Werk, die manchmal diametral entgegengesetzt sind.[52] In einer Hinsicht gab es jedoch einen Konsensus. Dies ist die Anerkennung der großen Bedeutung und ungeheuren Herausforderung von Darwins Theorie für die Natur- und Geisteswissenschaften sowie für unser Welt- und Menschenbild.

Etwa zwei Monate nach dem Erscheinen von Darwins *Origin of Species* wurden Anfang 1860 in Deutschland fast zeitgleich zwei Rezensionen dieses Werkes veröffentlicht. Der renommierte Paläontologie und Zoologe Heinrich Georg Bronn, Ordinarius an der Universität Heidelberg, Autor bedeutender Bücher und Preisträger der Französischen Akademie der Wissenschaften, publizierte seine Besprechung in der von ihm gemeinsam mit Karl Cäsar von Leonhard herausgegebenen Zeitschrift *Neues Jahrbuch für Mineralogie, Geognosie, Geologie und Petrefaktenkunde.*[53] Bronn ist auch der erste deutsche Übersetzer von

---

[50] Ebd., 141 f.

[51] Als Überblicksdarstellungen siehe Eve-Marie Engels (Hrsg.), *Die Rezeption von Evolutionstheorien im 19. Jahrhundert* (Suhrkamp: Frankfurt a. M. 1995) und darin auch den Artikel ›Biologische Ideen von Evolution im 19. Jahrhundert und ihre Leitfunktionen‹, 13–66; dies., ›Charles Darwin in der deutschen Zeitschriftenliteratur des 19. Jahrhunderts – Ein Forschungsbericht‹, in: Rainer Brömer/Uwe Hoßfeld/Nicolaas Rupke (Hrsg.), *Evolutionsbiologie von Darwin bis heute* (VWB-Verlag für Wissenschaft und Bildung: Berlin 2000) 19–57.

[52] Zu den Gründen für die Variationsbreite der Darwin-Rezeption siehe Eve-Marie Engels, Darwins Popularität im Deutschland des 19. Jahrhunderts: Die Herausbildung der Biologie als Leitwissenschaft, in: Achim Barsch/Peter Hejl (Hrsg.), *Menschenbilder. Zur Pluralisierung der Vorstellung von der menschlichen Natur (1850–1914)* (Suhrkamp: Frankfurt a. M. 2000) 91–145.

[53] Heinrich Georg Bronn, Rezension von Ch. Darwin: On the Origin of Species by means of Natural Selection, or the preservation of favoured races in the struggle for life (502 pp. 8^0, London 1959) in: *Neues Jahrbuch für Mineralogie, Geognosie, Geologie*

Darwins *Origin of Species.* Der andere Rezensent war der Geograf und Schriftsteller Oskar Ferdinand Peschel, der noch vor Bronns Übersetzung eine zweiteilige Besprechung verfasste, deren erster Teil fast zeitgleich mit Bronns Rezension erschien. Peschel veröffentlichte sie anonym in der Zeitschrift *Das Ausland*, deren Herausgeber er bis 1871 war, bevor er als Ordinarius auf den neu eingerichteten Lehrstuhl für Geografie an die Universität Leipzig berufen wurde. Im ersten Teil der Rezension wird »die Darwin'sche Theorie« vorgestellt. Im zweiten Teil, der in der darauf folgenden Nummer der Zeitschrift erschien, werden die Einwände gegen die Theorie vorgestellt und diskutiert.

Heinrich Georg Bronns Rezension und seine Übersetzung

Bronn hatte sich selbst bereits seit langem mit dem Problem einer wissenschaftlichen Erklärung der Entstehung von Arten befasst, war jedoch Anhänger der herrschenden Lehrmeinung von der Konstanz der Arten geblieben. Darwin hatte 1846 sehr sorgfältig den zweiten Band von dessen *Handbuch einer Geschichte der Natur* (1841) gelesen, wie aus seinen zahlreichen Anmerkungen und Kommentaren hervorgeht.[54] Bronns Rezension ist nicht zuletzt auf Grund ihrer eigentümlichen Ambivalenz interessant. Einerseits gesteht er zu, dass der Grundgedanke von Darwins Schrift die wissenschaftliche Welt noch mehr bewegen könne als Charles Lyells *Principles of Geology*, die hier in gewisser Weise ihre Fortsetzung fänden, andererseits weist er auf das wissenschaftstheoretische Problem hin, dass weder unwiderlegbare Beweise noch Gegenbeweise erbracht werden könnten, da für einen positiven Beweis vielleicht Jahrhunderte lange systematische Experimente erforderlich wären.[55] Bronns Rezension zeigt auch, dass er die grundlegende und revolutionäre neue Einsicht von Darwins Theorie zunächst verkennt und sie daher unterschätzt, indem er annimmt, dass sie schon von Lamarck, Geoffroy St. Hilaire und anderen aufgestellt wurde, während Darwins Besonderheit neben dessen »Scharfsinn« lediglich in seinem Kenntnisvorsprung gesehen wird, welchen er dem

---

und Petrefakten-Kunde (1860) 112–116. Zu Bronn siehe Thomas Junker, Heinrich Georg Bronn und die Entstehung der Arten, in: *Sudhoffs Archiv* 75/2 (1991) 180–208.

[54] Darwins Randnotizen zu diesem Werk sind aufgearbeitet in Mario Di Gregorio with the assistance of N. W. Gill, *Charles Darwin's Marginalia,* Vol. I (Garland Publishing, Inc.: New York & London 1990) Spalten 76–90. Das Werk von Di Gregorio und McGill ermöglicht den Einblick in die von Darwin rezipierten Werke und Darwins Randnotizen.

[55] Bronn, Rezension, 113 f.

Stand der Wissenschaft seiner Zeit verdanke.[56] Diese Fehlinterpretation mag auch mit Bronns Missverständnis von Darwins zentralem Begriff »natural selection« zusammenhängen, den er irrtümlicherweise als »Wahl der Lebens-weise« [sic] übersetzt.[57]

Bronns Haupteinwand gegen Darwins Theorie ist aber ihr Verzicht auf die Erklärung des Ursprungs ersten Lebens auf Erden. Darwins Buch endet mit der an die biblische Schöpfungsgeschichte anspielenden Formulierung, dass das Leben mit seinen Kräften einigen wenigen oder einer Form eingehaucht worden sei.[58] Ab der zweiten Auflage, die Bronns Übersetzung zugrunde liegt, fügt Darwin allerdings den Schöpfer hinzu:

> Es ist wahrlich eine grossartige Ansicht, dass der Schöpfer den Keim alles Lebens, das uns umgibt, nur wenigen oder nur einer einzigen Form eingehaucht habe, und dass, während dieser Planet den strengen Gesetzen der Schwerkraft folgend sich im Kreise schwingt, aus so einfachem Anfang sich eine endlose Reihe immer schönerer und vollkommener Wesen entwickelt hat und noch fort entwickelt.[59]

Wie aus Darwins Brief an seinen Freund Joseph Hooker hervorgeht, geschieht dies jedoch nur zur Beschwichtigung der Öffentlichkeit. Darwin will damit zum Ausdruck bringen, dass die Entstehung des Lebens auf der Erde durch einen uns völlig unbekannten Prozess erfolge. Gegenwärtig sei gar nicht an die Erklärbarkeit des Ursprungs des Lebens zu denken, ebenso wenig wie an die des Ursprungs der Materie.[60]

---

[56] Ebd., 115.

[57] Ebd., 112.

[58] Darwin, *Origin of Species*, 490.

[59] Charles Darwin, *Über die Entstehung der Arten im Thier- und Pflanzen-Reich durch natürliche Züchtung, oder Erhaltung der vervollkommneten Rassen im Kampfe um's Daseyn. Nach der zweiten Auflage mit einer geschichtlichen Vorrede und andern Zusätzen des Verfassers für diese deutsche Ausgabe aus dem Englischen übersetzt und mit Anmerkungen versehen von Dr. H. G. Bronn.* (E. Schweizerbart'sche Verlagshandlung und Druckerei: Stuttgart 1860) 494. Reprint dieser ersten deutschen Ausgabe von 1860 herausgegeben und mit einer Einleitung versehen von Thomas Junker (Wissenschaftliche Buchgesellschaft: Darmstadt 2008).

[60] Charles Darwin, Brief an Joseph Hooker, 29. März 1863, in: Frederick Burkhardt et al. (Eds.), *Correspondence,* Vol. 11 [1863], hier 278.

Ein seine Rezension abschließender Einwand Bronns betrifft die von Darwin in Anspruch genommene Möglichkeit der Erklärung »so weise berechneter« Organismen »wie ein[en] Schmetterling, eine Schlange oder ein Pferd usw.« durch eine blinde Naturkraft.[61] Wie lässt sich die überall anzutreffende Zweckmäßigkeit der Organismen ohne eine zwecksetzende Instanz erklären? Ungeachtet dieser Einwände war Darwin erfreut, als er von Heinrich Georg Bronn erfuhr, dass dieser den Stuttgarter Verleger Schweitzerbart zur Veröffentlichung einer Übersetzung von Darwins *Origin of Species* angeregt hatte.[62]

Bronns Übersetzung hatte weit über die Grenzen Deutschlands hinaus einen großen Einfluss, da sie in einigen europäischen Ländern das erste oder zumindest das wichtigste Medium war, Darwins Theorie kennenzulernen.[63] Englisch war damals im Unterschied zu heute noch keine Weltsprache, so dass Darwin in zahlreichen Ländern nicht im Original rezipiert werden konnte. Zu den Ländern, in denen Bronns Übersetzung gelesen wurde, gehörten Böhmen und Mähren, Kroatien, Dänemark, Norwegen, Estland, Litauen, Polen und zahlreiche andere.[64] Insofern kann man hier von einer *zweifachen Rezeption* sprechen: Eine Übersetzung ist immer eine Form der Rezeption, da die Übersetzung auch eine Deutung des jeweiligen Textes beinhaltet, und die Leser der Übersetzung haben diese in die Begriffe ihrer jeweiligen Landessprache zu übertragen. Dieser zweifache Vermittlungsprozess gibt Gelegenheit zu vielfältigen Missverständnissen und Fehldeutungen. Am Beispiel von Darwins erstem deutschen Übersetzer Heinrich Georg Bronn kann die schwierige Aufgabe des Übersetzers vorgestellt werden, aber auch mögliche Eigenwilligkeiten und Konstruktionen Bronns im Umgang mit dem Ursprungstext. Zugunsten Bronns ist dabei zu berücksichtigen, dass der Verleger Schweizerbart diesem für seine Übersetzung nur maximal vier

---

[61] Bronn, Rezension, 116.

[62] Dieser Brief von Bronn an Darwin wurde nicht gefunden. Siehe in: Frederick Burkhardt et al. (Eds.), *Correspondence of Charles Darwin,* Vol. 8 [1860] (1993) 70, FN 2.

[63] Zu den folgenden Ausführungen siehe Engels, Darwin, der »bedeutendste Pfadfinder« (s. FN 13).

[64] Eve-Marie Engels/Thomas F. Glick, Editors' Introduction, in: Eve-Marie Engels/Thomas F. Glick (Eds.), *The Reception of Charles Darwin in Europe*, 2 Vols. (Continuum: London & New York 2008) 1–22.

Monate Zeit ließ, da er ein großes Interesse an einer möglichst schnellen Veröffentlichung der deutschen Übersetzung hatte.[65] Einige besonders auffallende Aspekte seien hier kommentiert:

Der Titel von Darwins Werk lautet *On the Origin of Species by Means of Natural Selection, or the Preservation of Favoured Races in the Struggle for Life*. Bronn übersetzte ihn wie folgt: »Über die Entstehung der Arten im Thier- und Pflanzen-Reich durch natürliche Züchtung, oder Erhaltung der vervollkommneten Rassen im Kampfe um's Daseyn«.[66].

Bronn ergänzt Darwins offenen Titel »Origin of Species« in seiner Übersetzung zu »Entstehung der Arten im Thier- und Pflanzen-Reich«. Dadurch kann der Eindruck entstehen, dass der Mensch nicht eingeschlossen ist, da mit Tieren in der Regel nichtmenschliche Tiere gemeint sind. Beabsichtigte Bronn damit, die Assoziation seiner Leser dahingehend zu steuern, den Menschen als möglichen Anwendungsgegenstand von Darwins Theorie nicht in den Blick zu nehmen? Ich werde auf dieses Thema noch zurückkommen.

Bronn übersetzt »favoured races« mit »vervollkommnete Rassen« statt mit »begünstigte Rassen«, wodurch sich die Annahme aufdrängt, dass der Evolution eine Tendenz zur Perfektionierung innewohnt. 1860 veröffentlichte ein anonymer Autor in der Zeitschrift *Literarisches Centralblatt für Deutschland* eine Rezension von Darwins *Origin*, die auf Bronns Übersetzung Bezug nimmt. Der Autor würdigt Darwins besondere Leistung, bemängelt allerdings Bronns Übersetzung, da sie »in Einzelheiten Einiges zu wünschen« lasse, und er verweist auf den Titel und die Übersetzung des Begriffs »favoured« mit »vervollkommnet«, wodurch

---

[65] Siehe Thomas Junker in seiner Einleitung zu dem von ihm herausgegebenen Nachdruck von Bronns Übersetzung.

[66] In seiner ausgewogenen, sehr lesenswerten Einleitung zu dem von ihm herausgegebenen Nachdruck der ersten deutschen Ausgabe würdigt Junker die außerordentliche Leistung, die Bronn als erster Übersetzer von Darwins *Origin* ungeachtet einzelner Schwächen vollbracht hat; siehe auch Thomas Junker, Heinrich Georg Bronn und die *Entstehung der Arten*, in: *Sudhoffs Archiv* 75/2 (1991) 180–208; Dirk Backenköhler/Thomas Junker, ›Vermittler dieses allgemeinen geistigen Handels‹: Charles Darwins deutsche Verleger und Übersetzer bis 1882, in: Armin Geuss/Thomas Junker/Hans-Jörg Rheinberger/Christa Riedl-Dorn/Michael Weingarten (Hrsg.), *Repräsentationsformen in den biologischen Wissenschaften*. Beiträge zur 5. Jahrestagung der DGGTB in Tübingen 1996 und zur 7. Jahrestagung in Neuburg a. d. Donau 1998 (VWB-Verlag für Wissenschaft und Bildung: Berlin 1999) 249–279.

die Stelle »eine wesentlich andere Bedeutung als im Original« erhalte, »eine vom Verfasser schwerlich beabsichtigte«.[67] Jedoch räumt er ein, dass der Stil des Originals »ohnehin nicht der klarste«[68] sei.

Der Ausdruck »vervollkommnet« beinhaltet andere Konnotationen als der später vom Übersetzer J. Victor Carus bevorzugte Begriff »begünstigt«.[69] Damit kann dem Anspruch eines normativen Biologismus Vorschub geleistet werden, wonach sich der Mensch an den Mechanismen der Selektion in Ethik, Politik und Sozialwissenschaften als Handlungsprinzipien zu orientieren habe, wie dies später im Sozialdarwinismus postuliert wurde.[70] Dies lag jedoch sicherlich nicht in Bronns Absicht.

Der Begriff »struggle for existence« wurde meist mit »Kampf ums Daseyn« oder »Kampf ums Dasein« übersetzt, wie wir heute sagen. Dieser Ausdruck suggeriert jedoch viel martialischere Implikationen als Darwin generell damit bezweckte. Im Buch übersetzt Bronn »struggle for existence« manchmal mit »Ringen um Existenz« und »Ringen um das Daseyn«, was neutraler und treffender ist und im Einklang mit Darwins eigener Erläuterung der Metapher steht. Der Begriff »Kampf«, verbunden mit einem normativen Biologismus, hatte einen großen Einfluss auf die Darwin-Rezeption und äußerte sich in der Praxis teilweise in verheerenden Konsequenzen (siehe den Abschnitt »Der Weg in die Rassenhygiene«).

Abschließend ist eine besonders spektakuläre Abweichung der Übersetzung vom Original zu nennen[71]. Gegen Ende von *Origin of Species* schreibt Darwin in einem kurzen Abschnitt: »In the distant future I see open fields for far

---

[67] Anonymos, Rezension, Spalte 614.

[68] Ebd.

[69] Sander Gliboff kommt in seiner Studie zu einer weniger kritischen Einschätzung als der von mir vertretenen. Vgl. Sander Gliboff, *H. G. Bronn, Ernst Haeckel, and the Origins of German Darwinism. A Study in Translation and Transformation* (MIT Press: Cambridge, Mass. & London 2008).

[70] Einen differenzierten Überblick über die verschiedenen Varianten des Sozialdarwinismus gibt Kurt Bayertz, Sozialdarwinismus in Deutschland 1860–1900, in: Eve-Marie Engels (Hrsg.), *Charles Darwin und seine Wirkung* (Suhrkamp: Frankfurt a. M. 2009) 178–202; als längere Fassung siehe Kurt Bayertz, Darwinismus als Politik. Zur Genese des Sozialdarwinismus 1860–1900, in: *Stapfia* 56, zugleich Katalog des OÖ. Landesmuseums, Neue Folge 131 (1998) 229–288.

[71] Siehe auch Eve-Marie Engels, *Erkenntnis als Anpassung? Eine Studie zur Evolutionären Erkenntnistheorie* (Suhrkamp: Frankfurt 1989) 79 f.; Dirk Backenköhler/

more important researches. Psychology will be based on a new foundation, that of the necessary acquirement of each mental power and capacity by gradation. Light will be thrown on the origin of man and his history.«[72] Bronn übersetzt »Psychologie« mit »Physiologie« und klammert den Satz »Light will be thrown on the origin of man and his history« aus. Wie lässt sich dies erklären? Eine derart große Änderung könnte Bronns Bedenken gegen den Einschluss des Menschen und dessen Psyche in Darwins Theorie signalisieren. Vielleicht hat er diesen Satz deshalb weggelassen und den Titel von Darwins *Origin of Species* durch »im Thier- und Pflanzen-Reich« erweitert.

Schon unter Darwins Zeitgenossen bemerkten zahlreiche Autoren, dass Bronns Übersetzung Anlass zu Missverständnissen gäbe und wiesen auf ihre Mängel hin[73]. Der Wissenschaftshistoriker Thomas Junker würdigt in der Einleitung zu seiner Neuherausgabe von Bronns Übersetzung jedoch zu Recht die außergewöhnliche Leistung, die Bronn damit vollbracht hat. In relativ kurzer Zeit, innerhalb von etwa nur vier Monaten, hatte er ein kompliziertes Buch zu übersetzen und ermöglichte damit die Bekanntmachung von Darwins Werk in Deutschland und in allen Ländern, in denen diese Übersetzung gelesen wurde. Auf Grund des hohen Innovationsgrades von Darwins *Origin* mit seiner revolutionär neuen Sichtweise der Entstehung von Arten und der metaphorischen Sprache war Bronns Aufgabe anspruchsvoll und schwierig.[74]

Bronn fügte seiner Übersetzung ein eigenes 15. Kapitel »Schlusswort des Übersetzers« hinzu.[75] Er lässt keinerlei Zweifel an der Hochachtung vor Darwins

---

Thomas Junker, ›Vermittler dieses allgemeinen geistigen Handels‹: Darwins deutsche Verleger und Übersetzer bis 1882, in: Armin Geuss u. a. (Hrsg.), *Repräsentationsformen in den biologischen Wissenschaften* (1999) 249–279, hier 257; Sander Gliboff, *H. G. Bronn, Ernst Haeckel, and the Origins of German Darwinism. A Study in Translation and Transformation* (MIT Press: Cambridge, Mass. & London 2008) 124 f.

[72] Charles Darwin, *On the Origin of Species by Means of Natural Selection, or the Preservation of Favoured Races in the Struggle for Life* (John Murray: London 1859) A Facsimile of the First Edition (Harvard U. P.: Cambridge, Mass. & London 1964, 488.

[73] Backenköhler/Junker, ›Vermittler dieses allgemeinen geistigen Handels‹ (1999) 249–279.

[74] Siehe auch Thomas Junker, Heinrich Georg Bronn und die ›Entstehung der Arten‹, in: *Sudhoffs Archiv* 75/2 (1991) 180–208.

[75] Heinrich Georg Bronn, Schlusswort des Übersetzers, in: Charles Darwin, *Über die Entstehung der Arten im Thier- und Pflanzenreich durch natürliche Züchtung, oder Erhaltung der vervollkommneten Rassen im Kampfe um's Dasein*. Nach der zweiten Auflage mit einer geschichtlichen Vorrede und andern Zusätzen des Verfassers für

wissenschaftlicher Leistung und ihrem Innovationsgrad. Bronn selbst rang seit längerem mit dem Problem der Entstehung der Arten, ohne jedoch die traditionelle Auffassung ihrer Konstanz aufzugeben. Dabei ist er hin und her gerissen. Mit seinem *wissenschaftsphilosophischen* Anspruch steht er als »nüchterner Naturforscher« voll auf Darwins Seite, der die Artentstehung auf Naturgesetze zurückführt, und er sympathisiert daher mit Darwins Theorie. Andererseits sieht er dabei zwei schwerwiegende Probleme: Der erste und erheblichste Einwand gegen Darwins Theorie ist das Fehlen externer Einflüsse oder interner Kräfte, eines Bildungstriebes, der die Variationen in die gleiche Richtung lenkt und sie auf ihrem Pfad hält. Wie kann Ordnung entstehen statt »Formen-Gewirre«, wenn wir, wie Darwin es tut, »*Zufall*« voraussetzen? Doch dürfe man »darin noch kein unbedingtes Hinderniss für diese Theorie erblicken.«[76]Der zweite wesentliche Einwand betrifft das bereits erwähnte Unvermögen, auf naturwissenschaftliche Weise den Ursprung des Lebens erklären zu können, da wir eine *generatio aequivoca* oder Urzeugung bisher nicht anerkannt haben. Nach Bronn müssen wir daher notgedrungen vorläufig noch von einer mit naturwissenschaftlichen Prinzipien im Widerspruch stehenden Schöpferkraft ausgehen. Jedoch lässt Bronn keinen Zweifel an seinem Respekt vor Darwins wissenschaftsphilosophischer Leistung, wie aus seinem Schlusswort zur Übersetzung und aus einem Brief an Darwin vom März 1862 hervorgeht. Trotz aller »Einreden« gegen Darwins Theorie hebt er ihre integrative und systematisierende Leistung und ihre Erklärungskraft hervor:

> Es ist vielleicht das befruchtete Ei, woraus sich die Wahrheit allmählich entwickeln wird; es ist vielleicht die Puppe, aus der sich das längst gesuchte Natur-Gesetz entfalten wird [...] Die Möglichkeit nach dieser Theorie alle Erscheinungen in der organischen Natur durch einen *einzigen Gedanken* zu verbinden, aus einem *einzigen Gesichtspunkt* zu betrachten, aus einer *einzigen Ursache* abzuleiten, eine Menge bisher vereinzelt gestandener Thatsachen den übrigen auf's innigste anzuschliessen und als nothwendige Ergänzungen derselben darzulegen, die meisten Probleme auf's Schlagendste zu erklären [...] geben ihr einen Stempel der Wahrheit und berechtigen zur Erwartung auch

diese deutsche Ausgabe aus dem Englischen übersetzt und mit Anmerkungen versehen von Dr. H. G. Bronn. Reprint der ersten deutschen Ausgabe Stuttgart 1860. Herausgegeben und mit einer Einleitung versehen von Thomas Junker (Wissenschaftliche Buchgesellschaft: Darmstadt 2008) 495–520.

[76] Bronn, Schlusswort des Übersetzers, 513.

> die für diese Theorie noch vorhandenen grossen Schwierigkeiten endlich zu überwinden.[77]

Streng popperianisch ist Bronn davon überzeugt, dass die Wahrheit »aus dem Widerstreite der Meinungen« hervorgehen werde.[78]

In einem vom Verlag der Übersetzung beigefügten *Prospectus* würdigt er die »Art und Weise, wie Darwin seine in alle Richtungen wohl erwogene Aufgabe durchführt«, als »ein Muster von naturphilosophischer Behandlung«[79], indem Darwin nicht nur sich selbst die Schwierigkeiten seiner Theorie eingesteht, sondern auch seine Leser darauf hinweist. Bronn erweist Darwin seine höchste Anerkennung, indem er »mit voller Überzeugung« ausspricht, »dass seit Lyells *Principles of Geology* (deren Fortsetzung es gleichsam bildet) kein Werk erschienen ist, das, was immer der endliche Erfolg der Theorie an sich seyn möge, eine solche Umgestaltung der gesammten naturhistorischen Wissenschaft erwarten liess, wie das gegenwärtige. Wir können mit voller Überzeugung sagen, dass der Botaniker, der Zoologe, der Paläontologe, der Physiologe, der Geologe und der Philosoph, der sich nicht mit den in diesem Buche niedergelegten Thatsachen und neuen Gesichtspunkten vertraut gemacht hat, wenigstens in so ferne nicht mehr auf der Höhe seiner Wissenschaft stehe, als er eine Reihe der wesentlichsten Ausgangspunkte ihrer weiteren Entwickelung nicht kennt.«[80]

Bronn hebt hier die Relevanz von Darwins Theorie sogar für außerbiologische Naturwissenschaften und für die Geisteswissenschaften hervor. Wer diese Theorie nicht kenne, verpasse wesentliche Entwicklungen seines eigenen Faches.

---

77 Bronn, Schlusswort des Übersetzers, 518. Hervorhebung von E.-M. E.

78 Bronn, Schlusswort des Übersetzers, 520.

79 Heinrich Georg Bronn, *Prospectus von Charles Darwin, über die Entstehung der Arten im Thier- und Pflanzen-Reich durch natürliche Züchtung, oder Erhaltung der vervollkommneten Rassen im Kampfe um's Daseyn.* Nach der zweiten Auflage mit einer geschichtlichen Vorrede und andern Zusätzen des Verfassers für diese deutsche Ausgabe aus dem Englischen übersetzt und mit Anmerkungen versehen von Dr. H. G. Bronn. (1860), 4 Seiten, hier 3. Auf dieses Zitat verweist auch Ludwig Büchner in seinem Beitrag »Eine neue Schöpfungstheorie«, in: *Stimmen der Zeit. Monatsschrift für Politik und Literatur* Dezember. 2. Hälfte (1860) 356–360, hier 358 f. Ich danke Dirk Backenköhler für eine Kopie des Prospectus.

80 Bronn, Prospectus, 4.

Vor allem Bronns Schlusswort hat einen großen Einfluss auf die Rezeption ausgeübt. Zahlreiche Darwin-Rezipienten beziehen sich auf die Erklärungskraft der Darwinschen Theorie, die Möglichkeit, empirische Phänomene aus verschiedenen Bereichen der Biologie und benachbarter Wissenschaften in einen konsistenten Zusammenhang zu bringen, und führen die wissenschaftstheoretischen Vorteile dieser Theorie gegenüber ihren Konkurrenten an. Die Idee der Einheit unseres Wissens taucht als Motiv in vielen Veröffentlichungen auf. Im Folgenden wird anhand ausgewählter Beispiele ein Einblick in diese Rezeption gegeben.

Oscar Ferdinand Peschels Rezension und weitere Reaktionen

Etwa zeitgleich mit Bronns Rezension erschien am 29. Januar 1860 noch vor der Publikation seiner ersten deutschen Übersetzung von Darwins *Origin of Species* in der Zeitschrift *Das Ausland* der erste Teil einer zweiteiligen Rezension mit dem Titel »Eine neue Lehre über die Schöpfungsgeschichte der organischen Welt«, in welchem »die Darwin'sche Theorie« vorgestellt wird. Im zweiten Teil, der in der darauf folgenden Nummer der Zeitschrift erschien, werden die Einwände gegen die Theorie vorgestellt und diskutiert. Der anonyme Autor ist der Geograph und Schriftsteller Oscar Ferdinand Peschel, der bis 1871 der Herausgeber der Zeitschrift war, als er als Ordinarius auf den neu eingerichteten Lehrstuhl für Geografie an die Universität Leipzig berufen wurde. Peschel räumte den aufstrebenden Naturwissenschaften (Geologie, Zoologie, Botanik, Physik, Chemie u. a.) in seiner Zeitschrift einen breiten Diskussionsraum ein. So gehörte *Das Ausland* auch zu den ersten Zeitschriften, welche die Aufmerksamkeit auf Darwins Theorie lenkten. In den darauf folgenden Jahren erwies sich *Das Ausland* als eines der wichtigsten Diskussionsforen. Hier wurden neue Ergebnisse der Evolutionsforschung präsentiert, Darwins Werke besprochen und die Kontroversen um die Darwinsche Theorie ausgetragen. Das wöchentliche Erscheinen der Zeitschrift sicherte den Lesern die Möglichkeit einer kontinuierlichen Auseinandersetzung mit Themen, deren Relevanz weit über den Bereich der Naturwissenschaften im engeren Sinne hinausging und naturphilosophische, anthropologische, ethische, religiöse, weltanschauliche, politische und andere brennende Fragestellungen betrafen. Peschels Rezension basierte auf der ersten englischen Auflage von Darwins *Origin* von 1859. Darwins Ausgangsproblem und seine Argumentationslinie wird informativ und objektiv in einem generell positiven, wohlwollenden Ton dargestellt. Der Autor schließt mit den Worten:

> Dieß ist die neue und großartige Theorie Darwins. Sie scheint auf den ersten Anblick geradezu überwältigend und unendlich verführerisch. Sie wird sich jedoch schwer beweisen lassen, weil dazu eben eine fortgesetzte Beobachtung durch Jahrtausende nöthig wäre. Sie läßt sich auch nicht völlig widerlegen, weil dazu Hunderttausende von Jahren gehören würden. Es gibt aber innere Schwierigkeiten und Einwände gegen die Lehre, die uns das nächstemal beschäftigen werden.[81]

Wie Bronn, so sieht auch Peschel das wissenschaftstheoretische Hauptproblem in den für die Experimente notwendigen langen Zeiträumen, die Versuche einer Bestätigung oder Widerlegung der Theorie unmöglich machen.

Im zweiten Teil seiner Rezension stellt Peschel die Einwände gegen Darwins Theorie vor, indem er Darwins Argumentation in *Origin* folgt. Darwin formulierte seit den ersten Entwürfen seiner Theorie und dann in allen sechs Auflagen von *Origin* selbst akribisch Einwände gegen seine Theorie und setzte sich damit auseinander. Auch arbeitete er in seine verschiedenen Auflagen die jeweils neu erschienenen Einwände seiner Kritiker ein und diskutierte sie sorgfältig. Trotz vieler offener Fragen endet Peschels Rezension enthusiastisch, indem er auf die Möglichkeit der epochemachenden Bedeutung Darwins hinweist:

> In den kritischen Berichten der englischen Blätter herrscht bisher nur die Eine Stimme, daß Darwins Buch wahrscheinlich eine so ungeheure Umwälzung in den naturgeschichtlichen Wissenschaften zur Folge haben werde, wie Sir Charles Lyells Auftreten für die Geologie hatte. Ganz merkwürdig ist es auch daß der Zoolog Wallace von den Philippinen eine Arbeit eingeschickt hat, die mit Darwins Anschauungen strict übereinstimmt, obgleich beide Gelehrte unabhängig von einander zu ihren Sätzen gelangt sind. Vielleicht wird man denn auch bald von einem *Darwin'schen Naturgesetz* reden, wie man es in Bezug auf die Lehrsätze Newtons, Keplers u. a. gethan hat.[82]

---

[81] Oscar Ferdinand Peschel [anonym], Eine neue Lehre über die Schöpfungsgeschichte der organischen Welt, in: *Das Ausland*, 1. Die Darwin'sche Theorie. 33/5 (1860) 97–101, hier 101.

[82] Oscar Ferdinand Peschel [anonym], Eine neue Lehre über die Schöpfungsgeschichte der *organischen* Welt, in: *Das Ausland*, 2. Die Einwände gegen die Darwin'sche Theorie. 33/6 (1860) 135–140, hier 140.

Peschel veröffentlichte bereits 1860 einen weiteren Artikel in *Das Ausland*, der den Titel »Ueber das Alter des Menschengeschlechtes« trug. Obwohl Darwin selbst die Anwendung seiner Theorie auf den Menschen gegen Ende seines Werkes nur kurz thematisiert hatte und *Descent of Man* erst zwölf Jahre später, im Jahre 1871, erschien, stand dieses Thema seit den 1860er Jahren im Mittelpunkt zahlreicher Publikationen. Peschel spricht das entscheidende Thema, die Abstammung des Menschen von Affen bzw. affenähnlichen Vorfahren, an:

> Im Hintergrund dieser Lehre [Darwins Theorie] lag für uns die Bescherung daß wir von den Simiä, auf Deutsch von den Affen, oder vielmehr daß die Affen und wir von einem gemeinschaftlichen Ahnherrn abstammen, und erstere nur unsre minder talentvollen und mißrathenen Brüder sind.[83]

Die Beziehung zwischen Mensch und Affe wurde in mehreren Artikeln in *Das Ausland* diskutiert. »Nach der Darwinschen Lehre müßte in der geologischen Vorzeit ein Geschöpf auf Erden gewandelt seyn, welches die Mitte hielt zwischen der Organisation der niedrigsten Menschenrace und der höchsten Affenart.«[84] Hier wird noch ganz selbstverständlich der heute umstrittene Begriff der Menschenrasse verwendet, und es wird von einer unterschiedlichen Wertigkeit von »Menschenracen« ausgegangen. Diese Annahme wird hier vor Darwins *Descent of Man* und unabhängig davon gemacht.

Das Ausland und andere deutsche Zeitschriften waren eine wichtige Publikationsquelle, durch welche Länder, in denen Deutsch gesprochen oder gelesen wurde, mit Darwins Theorie bekannt gemacht wurden. In Estland, wo Baltendeutsche Schlüsselfunktionen in Politik und Wirtschaft einnahmen, waren die *Baltische Wochenschrift* und die *Baltische Monatsschrift* eine bedeutende Quelle zur

---

[83] Oscar Ferdinand Peschel, Ueber das Alter des Menschengeschlechtes, in: *Das Ausland*, 33/46 (1860) 1.095–1.098, hier 1.095. Zur evolutionären Anthropologie im 19. Jahrhundert siehe Dirk Backenköhler, Auf Spuren zur Abstammung des Menschen – Eine kleine Reise in die Geschichte der Anthropologie zu Brennpunkten anthropologischer Debatten vor und kurz nach der Publikation von Darwins Evolutionstheorie, in: Eve-Marie Engels/Oliver Betz/Heinz-R. Köhler/Thomas Potthast (Hrsg.), *Charles Darwin und seine Bedeutung für die Wissenschaften* (attempto Verlag: Tübingen 2009) 181–201.

[84] Anonymos, Mensch und Affe, in: *Das Ausland*. 26/22 (1863) 521–523.

Verbreitung von Darwins Theorie und ihrer möglichen Anwendungen. Die einheimischen Wissenschaftler bezogen ihre Informationen über Darwins Theorie hauptsächlich aus diesen Zeitschriften.[85] Der erste Teil von Peschels Rezension »Eine neue Lehre über die Schöpfungsgeschichte der organischen Welt« wurde ins Schwedische übersetzt und 1861 in der Zeitung *Wasabladet* veröffentlicht. Da Schwedisch damals die akademische Amtssprache in Finnland war, konnte der Artikel auch dort gelesen werden.[86] Die ersten Publikationen über Darwins Theorie erreichten Schweden und Finnland also via Oscar Peschels deutscher Rezension und ihrer Übersetzung.

Bereits 1860 erschienen in zahlreichen weiteren Zeitschriften Artikel, in denen die Bedeutung von Darwins neuer Theorie für die Wissenschaften vom Lebendigen und ihre Methodologie, für die Klassifikation der Organismen, für die Konsequenzen der bisherigen Annahme einer Stufenordnung der Natur, für anthropologische und naturphilosophische Fragen und zahlreiche weitere brennende Themen diskutiert wurden. Auch gab Darwins Werk den Anstoß zu zahlreichen Monografien, in denen seine Theorie vor seiner eigenen Publikation von *Descent of Man* auf den Menschen angewandt wurde.[87]

In seinem akademischen Vortrag an der Universität Freiburg im Breisgau am 8. Juli 1868 »Über die Berechtigung der Darwin'schen Theorie« setzt sich August Weismann kritisch mit den Einwänden gegen Darwins Theorie auseinander und stellt dabei deren besondere Leistung heraus. Bemerkenswert ist Weismanns Differenziertheit der Argumentation im wissenschaftshistorischen und -theoretischen Bereich. Das heute als sicher begründet geltende Weltsystem des Kopernikus sei »auch nur eine Hypothese«[88], die jedoch sowohl auf Grund ihrer

---

[85] Ken Kalling, Erki Tammiksaar, Descent versus Extinction: The Reception of Darwinism in Estonia, in: Eve-Marie Engels/Thomas F. Glick (Eds.), *The Reception of Charles Darwin in Europe*, 2 Vols., Vol. 1 (Continuum: London & New York 2008) 217–229, hier 220.

[86] Anto Leikola, Darwinism in Finland, in: Eve-Marie Engels/Thomas F. Glick (Eds.), *The Reception of Charles Darwin in Europe*, 2 Vols., Vol. 1 (Continuum: London, New York 2008) 135–145, hier 138.

[87] s. FN 33.

[88] August Weismann, *Über die Berechtigung der Darwin'schen Theorie.* Ein akademischer Vortrag gehalten am 8. Juli 1868 in der Aula der Universität zu Freiburg im Breisgau (Verlag von Wilhelm Engelmann: Leipzig 1868), 6. Siehe auch August Weismann, *Vorträge über Descendenztheorie* Bd. 1 (Verlag von Gustav Fischer: Jena 1902).

größeren Erklärungskraft als auch wegen ihrer Widerspruchsfreiheit in Bezug auf die Vielfalt der empirischen Phänomene die geozentrische Hypothese ablösen konnte. Dasselbe gelte nun für die Transmutationshypothese gegenüber der alten Schöpfungshypothese. Anhand von empirischen Beispielen zeigt Weismann die Überlegenheit der Erklärungskraft von Darwins Theorie gegenüber der Schöpfungshypothese auf. Die Ergebnisse der Vergleichenden Anatomie, Embryologie, der Erforschung der Ontogenese, der Paläontologie usw. lassen sich nach Weismann mit Hilfe der Abstammungstheorie konsistent erklären, während die Schöpfungshypothese dies nicht leiste. Aber lassen sich auch Phänomene aufzeigen, mit denen Darwins Transmutationshypothese im Widerspruch steht und damit widerlegt wird? Dies wäre der Fall, wenn sich keine Übergangsformen zwischen verwandten Spezies und den großen Gruppen des Tierreichs finden ließen. Doch auch hier gibt es bereits zahlreiche empirische Funde, die für Darwins Theorie sprechen.

Der Physiologe und Physiker Hermann von Helmholtz hebt in seiner Eröffnungsrede für die Naturforscherversammlung in Innsbruck 1869 hervor, dass Darwins Theorie »einen wesentlich neuen schöpferischen Gedanken« enthält. Sie zeige, »wie Zweckmäßigkeit der Bildung in den Organismen auch ohne alle Einmischung von Intelligenz durch das blinde Walten eines Naturgesetzes entstehen kann.« Durch die Annahme einer »wirklichen Blutsverwandtschaft« der verschiedenartigen Organismen, »den Zusammenhang einer grossen Entwickelung«, werden »räthselhafte Wunderlichkeiten«[89] aufgelöst. Alfred Dove bringt 1871 in seinem Artikel »Was macht Darwin populär?« im 1. Jahrgang der Zeitschrift *Im neuen Reich* einen weiteren Aspekt der Rezeption von Darwins Theorie ins Spiel, auf dem »das Geheimnis ihres Erfolges« vornehmlich beruhe, obwohl sie nicht experimentell beweisbar sei. Naturwissenschaftliche Hypothesen finden nach Dove über die Einzeldisziplin hinaus, in der sie aufgestellt werden, »eine zweite Art der Beglaubigung«, nämlich die »Analogie« oder »Harmonie«, d. h. die Konsistenz mit anderen Erkenntnisbereichen und mit der »gesamten Weltauffassung des Zeitalters«, in welchem sie entstehen. Darwins Lehre sei sofort bei ihrer Publikation allgemein populär gewesen, weil sie »eine notwendige Ergänzung unserer

---

[89] Hermann von Helmholtz, Über das Ziel und die Fortschritte der Naturwissenschaft. Eröffnungsrede für die Naturforscherversammlung zu Innsbruck, 1869, in: Hermann von Helmholtz, *Das Denken in der Naturwissenschaft* (Wissenschaftliche Buchgesellschaft: Darmstadt 1968) 31–61, hier 51–54.

Weltanschauung« darstellte und damit einem »vielseitig vorhandenen Bedürfnisse« entsprach. Wir waren, »wenn der Ausdruck erlaubt ist, längst Darwinisten auf so manchem anderen Gebiete«. Diese »Symmetrie und Konsequenz« habe uns Darwin mit seiner Theorie geboten.[90]

Die Verwandtschaft des Menschen mit anderen Tieren und ihre ethische Relevanz

Ein weiteres, auch in ethischer Hinsicht besonders relevantes Thema ist die Betrachtung der Mensch-Tier-Beziehung in der Darwin-Rezeption.[91]

Wir bereits erwähnt, ist nach Darwin der Höhepunkt der Humanität erreicht, wenn sich unser moralisches Handeln nicht nur auf Menschen erstreckt, sondern auch auf die anderen Lebewesen, und er hält die »uneigennützige Liebe zu allen Lebewesen« für die »edelste Eigenschaft des Menschen«[92]. In der Rezeption stellt sich die Mensch-Tier-Beziehung unterschiedlich dar, und es gibt eine Spannbreite von Deutungen. Trotz der Annahme einer realen Verwandtschaft aller Lebewesen einschließlich des Menschen behält die Metapher von der *scala naturae* in Abhängigkeit von den eigenen Tier- und Menschenbildern der Rezipienten und ihren Zielen ihre hierarchische Prägung bei. Die Verwandtschaft wird zur Abwertung von Menschen, zur Aufwertung von Tieren oder zur Verfestigung der Kluft zwischen Tier und Mensch anhand ausgewählter Merkmale genutzt. Darwins Theorie fordert somit eine erneute Reflexion über die *Kriterien* für eine Hierarchisierung der Arten im neuen Paradigma der Evolution heraus. Wer an der *scala naturae* festhält, muss die Stufen und deren Kriterien neu definieren,

---

[90] Alfred Dove: Was macht Darwin populär? In: Günter Altner (Hrsg.), *Der Darwinismus. Die Geschichte einer Theorie* (Wissenschaftliche Buchgesellschaft: Darmstadt 1981) 446–453, hier 449. Der Artikel erschien ursprünglich in der Zeitschrift *Im neuen Reich* 1/2 (1871) 1–6 und in *Das Ausland* 44/1871, 813–815. Als ausführlicheren Einblick in die Zeitschriftenliteratur über Darwin im 19. Jahrhundert siehe Eve-Marie Engels, Charles Darwin in der deutschen Zeitschriftenliteratur des 19. Jahrhunderts –Ein Forschungsbericht, in: Rainer Brömer/Uwe Hoßfeld/Nicolaas Rupke (Hrsg.), *Evolutionsbiologie von Darwin bis heute* (VWB – Verlag für Wissenschaft und Bildung: Berlin 2000) 19–57.

[91] Die folgenden Ausführungen sind eine gekürzte und leicht veränderte Fassung meines Artikels »Darwin/Darwinismus« in: Arianna Ferrari/Klaus Petrus (Hrsg.), *Lexikon der Mensch-Tier-Beziehungen* (transcript Verlag: Bielefeld 2015) 69–73.

[92] Darwin, *The Descent of Man, and Selection in Relation to Sex*, Vol. 1, Part 1, 130.

denn alle heute noch lebenden Arten sind durch ihre Organisation auf überlebensfähige Weise an ihre Umweltbedingungen angepasst. Auch Darwin verwendet die Metapher von der »aufsteigenden Stufenleiter der Natur«, weist jedoch auf die Problematik der Verwendung der Begriffe »höher« und »niedriger« hin und hält von Baers Kriterium, den Differenzierungsgrad der Teile eines Lebewesens und ihre Spezialisierung für verschiedene Funktionen, für den besten Maßstab.[93] Der Naturphilosoph Jürgen Bona Meyer wendet sich bereits 1860 auf der Versammlung Deutscher Naturforscher und Ärzte in Königsberg in seinem scharfsinnigen Vortrag »Ueber die Stufen der Vollkommenheit unter den organischen Wesen« gegen die verbreitete und selbstverständliche Annahme einer Stufenordnung der Natur mit dem Menschen als Maßstab der Perfektion. »Jedes Thier hat den ihm eigenthümlichen Grad von Vollkommenheit; sollte es daher vielleicht überhaupt unpassend sein, ein Geschöpf vollkommener zu nennen als ein anderes?«[94] Jürgen Bona Meyer kommt zu dem »kritischen Nachweis, dass eine solche Darstellung zur Zeit unmöglich« ist.[95] Objektive Grade der Vollkommenheit lassen sich nicht bestimmen und gegeneinander ausspielen.

Darwins Mitstreiter Thomas Henry Huxley veröffentlicht bereits 1863 *Evidence as to Man's Place in Nature*. In der Kontroverse mit Richard Owen um die Frage der Einordnung des Menschen in die zoologische Systematik will Huxley zeigen, dass der Mensch mit den Affen in ein und dieselbe Ordnung, die der Primaten, gehört, wie Carl von Linné bereits annahm. Für Huxley sind »die strukturellen Unterschiede, die den Menschen von Gorilla und Schimpanse scheiden, nicht so groß wie jene, die den Gorilla von den niederen Affen trennen.«[96] Der Unterschied zwischen den Gehirnen von Schimpanse und Mensch sei fast bedeutungslos, wenn man ihn mit dem zwischen Schimpanse und Lemur

---

[93] Charles Darwin, *Die Entstehung der Arten* (Reclam: Stuttgart 2007, nach der 6. engl. Aufl. von 1872) 175 f.

[94] Jürgen Bona Meyer, Ueber die Stufen der Vollkommenheit unter den organischen Wesen, in: *Amtlicher Bericht über die fünf und dreissigste Versammlung Deutscher Naturforscher und Ärzte in Königsberg in Preussen* im September 1860. (H. Hartung'sche Buchdruckerei: Königsberg 1861) 43–49, hier 46.

[95] Jürgen Bona Meyer, Ueber die Stufen der Vollkommenheit unter den organischen Wesen, hier 49.

[96] Thomas Henry Huxley, *Evidence as to Man's Place in Nature* (Williams & Norgate: London & Edinburgh 1863) 103, übers. von Eve-Marie Engels.

vergleiche.[97] Die Furcht vor einer Degradierung des Menschen durch die Abstammung von Tieren weist Huxley als unbegründet zurück, denn zwischen ihnen bestehe eine »ungeheure Kluft«. Trotz dieser Abstammung sei der Mensch »keins von ihnen« (»whether *from* them or not, he is assuredly not *of* them«)[98]. Als einziges Lebewesen besitze er Würde. Die Trennungslinie sei die verbale Sprache als Bedingung der Möglichkeit von Traditionsbildung und Kultur. Anders als Darwin, der eine Kontinuität zwischen dem moralischen Sinn des Menschen und den sozialen Instinkten der Tiere annimmt, betont Huxley den Bruch. Mit den Worten von Frans de Waal ausgedrückt, glauben Huxley und seine Nachfolger »an eine kulturell aufgesetzte, künstliche Moralität [...], der von der Natur keine helfende Hand gereicht wird.«[99] In der russischen Darwin-Rezeption (Kropotkin u. a.) steht demgegenüber der Aspekt der wechselseitigen Hilfe bei Tieren und Menschen im Vordergrund.[100]

Carl Vogt, von Widersachern auch »Affenvogt« genannt, deutet das verkleinerte Gehirn mikrozephaler Menschen als Rückschlag (Atavismus) auf das Hirn einer ausgestorbenen Affenart, welche die Stammform des Menschen war, und er bezeichnet Mikrozephale daher als »Affen-Menschen«[101]. Vogts *Vorlesungen über den Menschen*[102] und die Schriften von Friedrich Rolle, Ludwig Büchner, Wilhelm Bölsche u. a. erreichen auch im Ausland eine breite Leserschaft. Ludwig Büchner betrachtet den Vorzug des Menschen vor dem Tier als relativen, nicht als absoluten. Das geistige oder Seelenleben der Tiere sei bisher durch »unsre Schreibtisch-Philosophen« unterschätzt oder falsch gedeutet worden. Das Tier sei »in geistiger, wie in moralischer und künstlerischer Beziehung weit höher zu stellen [...], als man bisher annahm«[103]. Der Unterschied zwischen Tieren und

---

[97] Ebd., 102, übers. von Eve-Marie Engels.

[98] Ebd., 110, übers. von Eve-Marie Engels.

[99] Frans de Waal, *Primaten und Philosophen. Wie die Evolution die Moral hervorbrachte* (Deutscher Taschenbuch Verlag, München 2008) 35.

[100] Daniel P. Todes, *Darwin without Malthus. The Struggle for Existence in Russian Evolutionary Thought* (Oxford U. P.: Oxford 1989); ders. Darwins malthusische Metapher und russische Evolutionsvorstellungen, in: Eve-Marie Engels (Hrsg.), *Charles Darwin und seine Wirkung* (Suhrkamp: Frankfurt a. M. 2009) 203–230.

[101] Carl Vogt, Ueber die Mikrocephalen oder Affen-Menschen, in: *Archiv für Anthropologie* II,(1867) 129–284.

[102] Carl Vogt, *Vorlesungen über den Menschen, seine Stellung in der Schöpfung und in der Geschichte der Erde* (J. Ricker'sche Buchhandlung: Gießen 1863).

[103] Ludwig Büchner, *Die Stellung des Menschen in der Natur in Vergangenheit, Gegenwart*

dem Menschen ist für Rolle nur graduell, »nur ein *stufenweiser.*«[104] Schleiden nimmt dagegen einen radikaleren Unterschied zwischen Mensch und Tier an. Während nach ihm auch Tiere durchaus kognitive Fähigkeiten, »geistiges Wesen«, haben, verfüge der Mensch darüber hinaus über die Fähigkeit, »sich seiner geistigen Natur selbst bewußt zu werden.«[105] Die körperliche Abstammung des Menschen vom Affen beinhaltet für Schleiden daher »keine Entwürdigung des Menschen [...], denn jene *F ä h i g k e i t* des Selbstbewußtseins bildet eine unendliche Kluft, über die keine Dressur, keine Erziehung den Affen hinausheben kann und welche bleibt, wenn die Fähigkeit auch bei Einzelnen noch so wenig entwickelt ist, und auf den niedersten Stufen sich bis zur Verwechslung an die Stufe der Thierheit anzuschließen scheint.«[106]

Wilhelm Wundt rezipiert Darwin bereits 1863 in seinen *Vorlesungen über die Menschen- und Thierseele.* Obwohl zur Bestätigung von Darwins junger Theorie nach Wundt noch mehr empirische Fakten insbesondere auch aus der Geologie beizubringen sind, bezweifelt er kaum, »daß Darwin's Hypothese ihre vollständige Begründung einst finden wird.«[107] Dabei geht er davon aus, dass sich mit Hilfe des Prinzips der natürlichen Selektion nicht nur die Entwicklung physischer, sondern auch psychischer Phänomene aufhellen lässt. Die Gesetze der Variation und der Vererbung individueller Besonderheiten werden sich nach Wundt auch auf geistigem und psychischem Gebiet nachweisen lassen, da Physisches und Geistig-Psychisches parallel verliefen.[108] Darwin regte bis heute eine breite vergleichende Forschung über die psychischen und kognitiven Fähigkeiten von Tieren und Menschen an.

---

und Zukunft. Oder: Woher kommen wir? Wer sind wir? Wohin gehen wir? Allgemein verständlicher Text mit zahlreichen wissenschaftlichen Erläuterungen und Anmerkungen (Verlag von Theodor Thomas: Leipzig 1869) 206.

[104] Friedrich Rolle, *Der Mensch, seine Abstammung und Gesittung im Lichte der Darwin'schen Lehre von der Art-Entstehung und auf Grundlage der neuern geologischen Entdeckungen dargestellt* (Joh. Christ. Hermann' sche Verlagsbuchhandlung. F. G. Suchsland: Frankfurt am Main 1866) 201.

[105] Matthias Jacob Schleiden, *Das Alter des Menschengeschlechts, die Entstehung der Arten und die Stellung des Menschen in der Natur. Drei Vorträge für gebildete Laien* (Verlag von Wilhelm Engelmann: Leipzig 1863) 61 f.

[106] Ebd., 62.

[107] Wilhelm Wundt, *Vorlesungen über die Menschen- und Thierseele* (Leopold Voß: Leipzig 1863, Nachdruck Deutscher Verlag der Wissenschaften GmbH: Berlin 1990) Bd. 2, 355.

[108] Ebd.

Die evolutionäre Verwandtschaft zwischen dem Menschen und allen Lebewesen regte auch unter expliziter Berufung auf Darwin zu tierethischen Reflexionen an. Nach Georg von Gizycki, dem Mitbegründer der ›Deutschen Gesellschaft für ethische Kultur‹ und Herausgeber der gleichnamigen Zeitschrift, ist die »Ausdehnung der Humanität über die Grenzen der Menschheit hinaus bis auf Wohl und Wehe unserer ›erstgeborenen Brüder‹ [...] die nächste Consequenz der Entwicklungslehre auf moralischem Gebiet«[109], wobei er sich explizit auf Darwin beruft. Unter dem Eindruck von Darwins Revolution, seiner »Umwälzung« formuliert der protestantische Pfarrer Fritz Jahr im 20. Jahrhundert eine über Kants kategorischen Imperativ hinausgehende ethische Forderung. Während Kant nur den Menschen als Selbstzweck anerkennt, schließt Fritz Jahr in seinen Imperativ alle Lebewesen als Schutzgüter ein, die um ihrer selbst willen anzuerkennen sind. Der »bio=ethische Imperativ«[110] bzw. die »bio=ethische Forderung« lautet: »Achte jedes Lebewesen grundsätzlich als einen Selbstzweck, und behandle es nach Möglichkeit als solchen!«[111]. Auch der Philosoph Hans Jonas verbindet mit Darwins Theorie bioethische Konsequenzen:

> So untergrub der Evolutionismus den Bau Descartes‘ wirksamer, als jede metaphysische Kritik es fertiggebracht hatte. In der lauten Entrüstung über den Schimpf, den die Lehre von der tierischen Abstammung der metaphysischen Würde des Menschen angetan habe, wurde übersehen, daß nach dem gleichen Prinzip dem Gesamtreich des Lebens etwas von seiner Würde zurückgegeben wurde. Ist der Mensch mit den Tieren verwandt, dann sind auch die Tiere mit dem Menschen verwandt und in Graden Träger jener Innerlichkeit, deren sich der Mensch, der vorgeschrittenste ihrer Gattung, in sich

---

[109] Georg von Gizycki, *Philosophische Consequenzen der Lamarck-Darwin'schen Entwicklungstheorie. Ein Versuch* (C. F. Winter'sche Verlagshandlung: Leipzig & Heidelberg 1876) 41.

[110] Fritz Jahr, Wissenschaft vom Leben und Sittenlehre, (Alte Erkenntnisse in neuem Gewande.) in: *Die Mittelschule. Zeitschrift für das gesamte mittlere Schulwesen* 40 (1926) 604–605, hier 605.

[111] Fritz Jahr, Bio – Ethik. Eine Umschau über die ethischen Beziehungen des Menschen zu Tier und Pflanze, in: *Kosmos. Handweiser für Naturfreunde und Zentralblatt für das naturwissenschaftliche Bildungs- und Sammelwesen* 24/1 (1927) 2–4, hier 4. Im Original gesperrt gedruckt.

> selbst bewußt ist. [...] Und es stellt sich heraus, daß der Darwinismus [...] ein von Grund auf dialektisches Ereignis war.[112]

Auch die Tierethiker Peter Singer und Tom Regan, die auf der Grundlage unterschiedlicher ethischer Positionen einen strengen Tierschutz vertreten, gehen unter Berufung auf Darwins Annahme eines graduellen, aber nicht wesentlichen Unterschiedes zwischen Tieren und Menschen von der Relevanz der Darwinschen Theorie für die Tierethik aus.[113]

Ernst Haeckels Entwicklungslehre und seine hierarchische Anthropologie

In seiner Natürlichen Schöpfungsgeschichte von 1868 schreibt Ernst Haeckel: »›Entwickelung‹ heißt von jetzt an das Zauberwort, durch das wir alle uns umgebenden Räthsel lösen, oder wenigstens auf den Weg ihrer Lösung gelangen können.«[114]

Darwin erwähnt Ernst Haeckel am 17. März 1863 in einem Brief an seinen Freund und Kollegen Charles Lyell, indem er schreibt: »A first-rate German naturalist (I now forgot name!!) who has lately published grand folio has spoken out to the utmost extent on the *Origin*«.[115] Gemeint ist Haeckels Monographie *Die Radiolarien* von 1862, in der dieser enthusiastisch auf »die grossartigen Theorieen« [sic] aufmerksam macht, die Charles Darwin vor kurzem entwickelt habe

---

[112] Hans Jonas, *Das Prinzip Leben* (Suhrkamp: Frankfurt am Main 1994) 100 f. Erstveröffentlichung in *Organismus und Freiheit* (Vandenhoeck & Ruprecht: Göttingen 1973) 84 f.

[113] Tom Regan, *The Case for Animal Rights* (University of California Press: Berkeley, Los Angeles 2004; 1983[1]). Peter Singer, *Praktische Ethik* (Reclam: Stuttgart 3. rev. u. erw. Aufl. 2013).

[114] Ernst Haeckel, *Natürliche Schöpfungsgeschichte. Gemeinverständliche wissenschaftliche Vorträge über die Entwickelungslehre im Allgemeinen und diejenige von Darwin, Goethe und Lamarck im Besonderen, über die Anwendung derselben auf den Ursprung des Menschen und andere damit zusammenhängende Grundfragen der Naturwissenschaft* (Verlag von Georg Reimer: Berlin 1868) IV.

[115] Der Briefwechsel zwischen Darwin und seinen Korrespondenten aus aller Welt wird im Darwin Correspondence Project der Cambridge University Library und am Department for the History and Philosophy of Science der Cambridge University herausgegeben. Zur hier zitierten Korrespondenz Darwins siehe Frederick Burkhardt/Duncan M. Porter/Sheila Ann Dean/Jonathan R. Topham/Sarah Wilmot (Eds.), *The Correspondence of Charles Darwin*, Vol. 11, 1863 (Cambridge U. P.: Cambridge 1999) 244.

»und mit denen für die systematische, organische Naturforschung eine neue Epoche begonnen« habe.[116]

Haeckel hatte Darwins revolutionäres Werk 1860 in der Übersetzung von Heinrich Georg Bronn gelesen. Wie er in seinen *Radiolarien* kommentiert, hat Darwins Theorie »schon jetzt das unsterbliche Verdienst, in die ganze Verwandtschaftslehre der Organismen *Sinn und Verstand* hinein gebracht zu haben.«[117] Ab Dezember 1863 entwickelte sich zwischen Haeckel und Darwin eine rege Korrespondenz, aus der hervorgeht, dass Haeckel Darwin nun auch persönlich ein Exemplar seiner *Radiolarien* zukommen ließ.

Darwin und Haeckel profitierten voneinander. Haeckel nutzte Darwins berühmten Neuansatz, weil ihn dessen wissenschaftliche Erklärung der Entstehung der Arten begeisterte, wie aus seinem Brief an Darwin von 1864 hervorgeht: »Von allen Büchern, die ich jemals gelesen habe, hat kein einziges auch nur annähernd einen so mächtigen und nachhaltigen Eindruck in mir hervorgebracht, als Ihre Theorie über die Entstehung der Arten.«[118] Vor allem hoffte Haeckel von Anfang an, mit Darwins Theorie zugleich eine *Weltanschauung* und ein *Gesellschafts-* und *Kulturprogramm* etablieren zu können. Haeckel bediente sich dieser Theorie, um seine eigenen Vorstellungen von Evolution und deren Anwendung auf die Gesellschaft zu popularisieren und durchzusetzen. Darwin profitierte von Haeckels Enthusiasmus für die Verbreitung der Abstammungstheorie. Allerdings musste er Haeckels kühne Übertreibungen in Kauf nehmen, da dieser selbstbestimmt seinen eigenen Weg ging.

Wie Haeckel Darwin in seinem Brief vom 9. Juli 1864 schrieb, zog er in Jena mit seinen Vorlesungen über Darwins Entwicklungstheorie nicht nur Studierende der Naturwissenschaften und der Medizin an, sondern auch Philosophen, Historiker, »ja selbst von Theologen« wurden sie besucht. Unter den meisten älteren Naturforschern, zu denen viele Autoritäten ersten Ranges gehörten, gebe es immer noch eifrige Gegner dieser Theorie, während unter den jüngeren

---

[116] Ernst Haeckel, *Die Radiolarien. (Rhizopoda Radiaria.) Eine Monographie* (Verlag von Georg Reimer: Berlin 1862) 231 f.

[117] Ebd., 232; Hervorhebung von E.-M. Engels. Darwin hatte Haeckels *Radiolarien* möglicherweise schon 1863 kennen gelernt, als er Thomas Henry Huxley in London besuchte, der bereits im Oktober 1862 ein Exemplar erhalten hatte.

[118] Ernst Haeckel, Brief an Charles Darwin, 9. Juli 1864, in: Frederick Burkhardt et al. (Eds.), *Correspondence of Charles Darwin*, Vol. 12, 1864 (2001) 265.

Naturforschern die Zahl der »aufrichtigen und begeisterten Anhänger von Tage zu Tage« wachse.[119] Haeckels emphatische Vermittlung von Darwins Theorie erweckte offensichtlich die Neugier der jüngeren Naturforscher und wirkte ansteckend. Haeckel war zuversichtlich, dass Darwin in Deutschland mehr aufrichtige Anhänger finden werde als in seinem Heimatland England.

> Die Macht des Clerus und der religiösen Dogmen und die Herrschaft der socialen Vorurtheile ist in den gebildeten Classen Deutschlands nur noch gering; wie ich auch aus der grossen und lebhaften Theilnahme schliesse, die Ihre Lehre hier meistens bei den gebildeten Laien findet.[120]

Für die Historiker eröffne sich mit Darwins Deszendenztheorie »eine neue Welt, da sie in der Anwendung der Desendenz-Theorie [sic] auf den Menschen (wie sie Huxley und Vogt so glücklich versucht haben) [...] den Weg finden, die Geschichte des Menschengeschlechts in die Naturgeschichte einzureihen.«[121]

Wie bereits ausgeführt, gehörten Huxley und Vogt[122] sowie weitere renommierte Wissenschaftler mit ihren Publikationen zu den Vorreitern der Anwendung von Darwins Theorie auf den Menschen, noch bevor Darwin sein Werk *Descent of Man* 1871 veröffentlichte. Dennoch war Darwin ihnen zeitlich weit voraus, da er den Menschen bereits 1838 in seinen metaphysischen Notizbüchern als intendierten Anwendungsgegenstand in seine entstehende Theorie eingeschlossen hatte.

In Darwins *Origin of Species* fand Haeckel »mit einem Male die harmonische Lösung aller der fundamentalen Probleme, nach deren Erklärung ich beständig gestrebt hatte, seitdem ich die Natur in ihrem wahren Wesen kennen gelernt hatte.«[123] Er schätzte dabei auch – ohne diesen Begriff zu nennen – die

---

[119] Ebd., 266.

[120] Ebd.

[121] Ebd.

[122] Thomas Henry Huxley, *Evidence as to Man's Place in Nature* (Williams & Norgate: London & Edinburgh 1863, Nachdruck Cambridge U. P.: Cambridge 2009); Carl Vogt, *Vorlesungen über den Menschen, seine Stellung in der Schöpfung und in der Geschichte der Erde*, 2 Bände (Ricker'sche Buchhandlung: Gießen 1863); s. auch Anm. 33.

[123] Ernst Haeckel, Brief an Charles Darwin, 9. Juli 1864, in: Frederick Burkhardt et al. (Eds.), *Correspondence of Charles Darwin*, Vol. 12, 1864 (Cambridge U. P.: Cambridge 2001) 265.

wissenschaftstheoretische Leistung von Darwins Theorie, weil das »Princip der gemeinsamen Abstammung [...] Licht und Verständniss in die am meisten verwickelten Puncte bringt und die schwierigsten Räthsel löst.«[124]

Haeckel motivierte seine Schüler zur Anwendung der Darwinschen Theorie auf verschiedene Organismengruppen und auf andere Disziplinen, wie etwa die Sprachwissenschaften. Als er Darwin mitteilte, dass er »für den systematischen Theil« der von ihm geplanten *Monographie der Kalkschwämme* nun von allen Seiten britisches Probenmaterial erbitte, ließ Darwin sofort seine Kontakte spielen und wandte sich an verschiedene Forscher mit der Bitte, Haeckel zu unterstützen. »I feel bound to do anything Häckel asks me«, schreibt er in seinem Brief vom 9. Juli 1869 an Huxley.[125] Hierbei spielte nicht nur Darwins Eigeninteresse an der Verbreitung seiner neuen Abstammungstheorie eine Rolle. Seine Äußerung war auch Ausdruck seiner starken Sympathie für den fünfundzwanzig Jahre jüngeren Haeckel, der mit so viel Begeisterung die Abstammungstheorie unterstützte und propagierte. Haeckel war im Erscheinungsjahr seiner *Radiolarien*[126] erst 28 Jahre alt. Allerdings schoss er in Darwins Augen manchmal über das Ziel hinaus, wenn er, wie später in seiner *Natürlichen Schöpfungsgeschichte*, enthusiastisch und kühn genealogische Stammbäume entwarf und Konklusionen zog, die den viel vorsichtigeren Darwin erzittern ließen, wie dieser an Haeckel schrieb: »Your boldness however sometimes makes me tremble, but as Huxley remarks some one must be bold enough to make a beginning in drawing up tables of descent.«[127]

Auch missfiel Darwin die Schärfe von Haeckels Kritik in seiner *Generellen Morphologie* (1866) an einigen Positionen, durch die Haeckel mehr Schaden als Nutzen anrichten könnte, worüber Darwin mit seinem Übersetzer, dem Zoologen und Anthropologen Julius Viktor Carus und Huxley korrespondierte. Andererseits bringt er jedoch auch sein Wohlwollen gegenüber Haeckel zum Ausdruck. So schreibt er an Fritz Müller:

---

[124] Ernst Haeckel, Brief an Charles Darwin, 26. Oktober 1864, ebd., 380.

[125] Darwin an Thomas Henry Huxley, 9. Juli 1869, in: Frederick Burkhardt et al. (Eds.), *Correspondence of Charles Darwin*, Vol. 17, 1869 (2009) 312.

[126] Ernst Haeckel, *Die Radiolarien (Rhizopoda Radiaria)* (Georg Reimer: Berlin 1862).

[127] Charles Darwin, Brief an Ernst Haeckel, 19. November 1868, in: Frederick Burkhardt et al. (Eds.), *Correspondence of Charles Darwin*, Vol. 16, Part II, 1868 (2008) 850.

> He seems to me a singularly clear thinker with great power of methodological arrangement, but I have not met with much that seems actually new. I have, however, no right to judge. I liked the man so much that I do hope his book will be very successful.[128]

Anhand der Darwin-Haeckel-Korrespondenz lassen sich sehr gut die Bedingungen und Mechanismen der Rezeption und Durchsetzung einer Theorie zeigen. Haeckel informierte Darwin regelmäßig über den Stand des Darwinismus in Deutschland und darüber, welche Akzeptanz seine Theorie hier gewonnen hatte. Auch August Schleicher und Carl Gegenbaur versicherten Darwin via Haeckel ihrer vorzüglichsten Hochachtung. Darwin freute sich über die Unterstützung seiner Theorie durch deutsche Wissenschaftler und setzte für ihre Durchsetzung große Hoffnungen in Deutschland, auch weil er diese Zustimmung in seinem Heimatland nur in eingeschränktem Maße erfuhr. So schreibt er an Preyer:

> I am delighted to hear that you uphold the doctrine of the Modification of Species, and defend my views. The support which I receive from Germany is my chief ground for hoping that our views will ultimately prevail. To the present day I am continually abused or treated with contempt by writers of my own country; but the younger naturalists are almost all on my side, and sooner or later the public must follow those who make the subject their special study. The abuse and contempt of ignorant writers hurts me very little …[129]

In einem Brief an Darwin kann Haeckel im Februar 1862 Jena als den »Centralheerd des deutschen Darwinismus« bezeichnen.[130] Nach Ernst Krause fand Darwin »an den Fortschritten seiner Lehre in Deutschland und an den Nachrichten, die er von dort empfing, seine beste Tröstung und Ermutigung«.[131]

---

[128] Charles Darwin, Brief an Fritz Müller, 25. März 1867, in: Frederick Burkhardt et al. (Eds.), *Correspondence of Charles Darwin*, Vol. 17, 1869 (2009) 173–174.

[129] Darwin an Preyer, 31. März 1868, in: Frederick Burkhardt et al. (Eds.), *Correspondence of Charles Darwin*, Vol. 16, Part I, January – June 1868 (2008) 349. Das Zitat schließt im Original mit drei Punkten.

[130] Ernst Haeckel, Brief an Charles Darwin, vor dem 6. Februar 1868, in: Frederick Burkhardt et al. (Eds.), *Correspondence of Charles Darwin*, Vol. 16, Part I, January–June 1868 (2008) 72.

[131] Ernst Krause, *Charles Darwin und sein Verhältnis zu Deutschland* (Ernst Günthers Verlag: Leipzig 1885) hier 163.

Für Haeckel ist Darwins Theorie von Anfang an nicht nur ein naturwissenschaftliches Programm, sondern auch eine »die ganze Weltanschauung modificirende Erkenntniss«[132], wie er im September 1863 in seiner berühmten programmatischen Rede *Ueber die Entwickelungstheorie Darwin's* auf der 38. Versammlung deutscher Naturforscher und Ärzte in Stettin enthusiastisch formuliert. Haeckel verbindet mit Darwins Theorie die Idee der *Vervollkommnung der Arten* und des *Fortschritts* in Natur, menschlicher Gesellschaft und Kultur. »Nur dem Fortschritte gehört die Zukunft.«[133] Nach Haeckel bilden »alle Geschöpfe, welche jetzt leben und welche jemals gelebt haben, zusammen ein einziges grosses Ganzes [...] einen einzigen uralten, weitverzweigten Lebensbaum, dessen sämmtliche Theile bis in die feinsten Verzweigungen hinein nirgends isolirt, nirgends durch scharfe Lücken getrennt, sondern überall durch Zwischenglieder und Uebergänge unmittelbar verbunden sind.«[134] Den Begriff der »Verwandtschaft« verwendet Haeckel hier nicht bildlich, sondern es handelt sich für ihn hierbei um eine »wirkliche *Bluts-Verwandtschaft*«[135].

In seinem Werk *Natürliche Schöpfungsgeschichte* würdigt er den Umsturz der »*anthropocentrischen Weltanschauung*« durch Darwins Selektionstheorie und vergleicht diesen mit dem Umsturz der »*geocentrischen Weltanschauung*« durch Kopernikus. »Entwickelung heißt von jetzt an das Zauberwort.«[136]

In einer Bildtafel der »Familiengruppe der Katarrhinen« veranschaulicht er neben dem Titelblatt seine Vorstellung von Menschen und Affen. Haeckel bezeichnet die verschiedenen Ethnien der Menschen als »Arten oder Rassen des Menschengeschlechts«. Auf dem Titelblatt sind zwölf Köpfe im Profil dargestellt, die in vier Reihen mit jeweils drei Abbildungen angeordnet sind, angefangen vom »höchsten Menschen« bis zum »niedersten Affen«.

---

[132] Ernst Haeckel, Ueber die Entwickelungstheorie Darwin's, in: *Amtlicher Bericht über die acht und dreissigste Versammlung Deutscher Naturforscher und Ärzte in Stettin im September 1863*. Herausgegeben von den Geschäftsführern derselben Dr. C. A. Dohrn und Dr. Behm. (F. Hessenland's Buchdruckerei: Stettin 1864) 17–30, hier 17.

[133] Ebd., 28.

[134] Ebd.

[135] Ebd.

[136] Haeckel, *Natürliche Schöpfungsgeschichte*, IV.

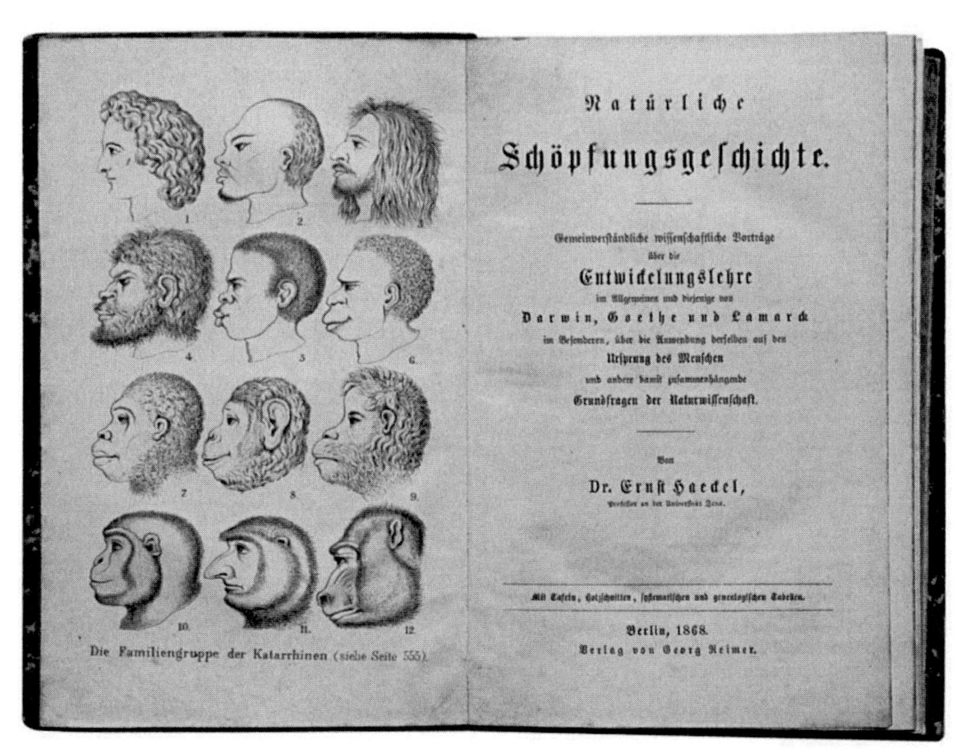

Fig. 1. Indogermane (Mann), Vertreter der kaukasischen Menschenart (Homo iranus). Fig. 2. Chinese (Mann), Vertreter der mongolischen Menschenart (Homo turanus). Fig. 3. Feuerländer oder Fuegier (Mann), Vertreter der amerikanischen Menschenart (Homo americanus). Fig. 4. Australneger oder Alfuru (Mann) Vertreter der neuholländischen Menschenart (homo alfurus),
Fig. 5. Afroneger (Weib), Vertreter der mittelafrikanischen Menschenart (homo afer). Fig. 6. Tasmanier oder Bandiemensänder (Weib), Vertreter der Papuneger oder Negritos (Homo papua). Fig. 7. Gorilla (Weib) von Westafrika (Gorilla engena oder Pongo gorilla). Fig. 8. Schimpanse (Weib) von Westafrika (Engeco troglodytes oder Pongo troglodytes). Fig. 9. Orang (Mann) von Borneo (Satyrus orang oder Pithecus satyrus). Fig. 10. Gibbon (Mann) von Hinterindien (Hylobates lar oder Hylobates longimanus). Fig. 11. Nasenaffe (Mann) von Borneo (Nasalis larvatus oder Semnopithecus nasicus). Fig. 12. Mandril=Pavian (Mann) von Guinea (Cynocephalus mormon oder Papio mormon). Hinter den einzelnen Mitgliedern der Familiengruppe der Catarrhini sind bei Haeckel hierzu die Seitenzahlen seines Werkes angegeben. htts://upload.wikimedia.org/wikipedia/commons/2/26/Ernst_Haeckel__Nat%C3%BCrliche_Sch%C3%B6pfungsgeschichte%2C_1868.jpg

Das Titelbild dient zur anschaulichen Erläuterung der höchst wichtigen Thatsache, daß in Bezug auf die Schädelbildung und Physiognomie des Gesichts (ebenso wie in jeder anderen Beziehung) die Unterschiede zwischen den niedersten Menschen und den höchsten Affen geringer sind, als die Unterschiede zwischen den niedersten und den höchsten Menschen, und als die Unterschiede zwischen den niedersten und den höchsten Affen derselben Familie.[137]

Danach stehen sich der Tasmanier (»Homo papua«) als »niederster Mensch« und der Gorilla als »höchster Affe« am nächsten, viel näher als der Tasmanier und der Indogermane sowie als der Gorilla und der Mandrill. Im Unterschied zur heutigen Klassifikation, nach der alle menschlichen Ethnien zu einer und derselben menschlichen Spezies gehören, spricht Haeckel noch von »Menschen=Arten«.

Solche Illustrationen und Erläuterungen unter Verwendung hierarchischer Beschreibungen können durch eine vermeintlich naturwissenschaftliche Fundierung eurozentrischen und rassistischen Vorurteilen Vorschub leisten.

Haeckel übt auch heftige Kritik an der modernen Medizin, die es ermöglicht, dass Kranke überleben, sich vermehren und damit ihre Gebrechen an die Nachkommen vererben. Hierfür kreiert er den Begriff der »medizinischen Züchtung«, die »künstlich« sei und in die falsche Richtung gehe, da die Individuen der nächsten Generation »von ihren Eltern mit dem schleichenden Erbübel angesteckt« würden.[138] In Bezug auf Kranke und Schwache empfiehlt Haeckel die Ergreifung rücksichtsloser Maßnahmen und verweist auf ein »ausgezeichnetes Beispiel von künstlicher Züchtung der Menschen im großen Maßstabe«, die Spartaner. Dort mussten auf gesetzlicher Grundlage »die neugeborenen Kinder einer sorgfältigen Musterung und Auslese unterworfen« werden, »nur die vollkommen gesunden und kräftigen Kinder durften am Leben bleiben, und sie allein gelangten später zur Fortpflanzung.«[139].

Ein ebenso zentrales Element von Haeckels Welt- und Wissenschaftsbild ist seine Idee, alles aus einer einzigen Ursache ableiten und aus einem einzigen Gesichtspunkt betrachten zu können, der *Monismus*. Angeregt wurde Haeckel dabei durch Bronns Nachwort zu seiner Übersetzung von Darwins *Origin of Species*, die Haeckel bereits in seinen *Radiolarien* zitiert. Es war diese Möglichkeit

---

[137] Ebd.

[138] Ernst Haeckel, *Natürliche Schöpfungsgeschichte*. Erster Teil. Gemeinverständliche Werke Bd. 1, Hrsg. Heinrich Schmidt (Kröner: Leipzig & Henschel: Berlin 1924) 177 f.

[139] Ebd., 177.

einer *einheitlichen Erklärung* der Phänomene des Lebendigen, ihre Ableitung aus *einer natürlichen Ursache* und ihre *systematisierende Kraft*, die Haeckel faszinierte und ihn im Entwurf seines *Monismus* und *Progressionismus* bestärkte, obwohl Bronn selbst die Evolution des Menschen aus Darwins Theorie ausklammern wollte. So beendet Haeckel seine autobiografische Skizze mit den Worten: »In der definitiven Begründung dieser monistischen Naturphilosophie findet Haeckel das Hauptverdienst der durch Darwin reformierten Entwickelungstheorie.«[140]

Vergleichen wir abschließend Darwin und Haeckel miteinander, so ist ungeachtet der Sympathie beider füreinander ein großer Unterschied zwischen ihren Positionen feststellbar. Darwin ist kein Monist, und wie aus seiner *Abstammung des Menschen* hervorgeht, hält Darwin durch Religion und Philosophie vermittelte traditionelle Werte hoch. Den moralischen Sinn des Menschen hält er für den edelsten Teil der menschlichen Natur, den es zu kultivieren gelte. Den Fortschritt der Tugend erblickt Darwin in einem sich immer weiter ausdehnenden Kreis des Wohlwollens und der Humanität im Laufe der Menschheitsgeschichte, der auch die Kranken, Armen und die Tiere einschließt.

Dagegen lässt Haeckel den Kampf ums Dasein nicht im weiten metaphorischen Sinne Darwins gelten, sondern im wörtlichen Sinne als Kampf Aller gegen Alle. Darwins Lob auf Haeckels *Natürliche Schöpfungsgeschichte* am Anfang von *Descent of Man* überrascht daher und legt die Frage nahe, ob dies als typisch Darwinscher Ausdruck der Höflichkeit zu deuten ist bzw. strategisch gemeint ist.

Obwohl Haeckel auch als »deutscher Darwin«[141] und in Analogie zu Huxley, der »Darwin's Bulldog« genannt wurde, als »Darwins deutsche Bulldogge« bezeichnet wurde, gab es bedeutende Unterschiede zwischen Haeckel und Darwin. Darwin verstand seine Theorie nicht als Weltanschauung, sondern als eine Erklärung und Beschreibung der Naturgeschichte aller Lebewesen sowie – in Grenzen – der menschlichen Kulturgeschichte. Dabei nahm er Wertungen vor, die auf traditionellen, meist christlichen Moralvorstellungen beruhten. Im Unterschied dazu vertrat Haeckel einen Monismus, eine Weltanschauung, die für

[140] Ernst Haeckel, Eine autobiographische Skizze, in: *Das freie Wort* 19 (1920) 270–284, hier 284.

[141] Anonymos, Darwinismus, Häckelismus, Naturwissenschaften. Eine literarische Umschau, in: *Wissenschaftliche Beilage der Leipziger Zeitung* 69, 27. August (1876) 425–429.

ihn eine quasi religiöse Funktion ausübte und die Grundlage seiner monistischen Ethik bildete. Bereits die Titel seiner Werke, wie *Natürliche Schöpfungsgeschichte*, *Die Welträthsel* oder *Die Lebenswunder*[142], deuten darauf hin, dass Haeckels Ziel nicht die Verbreitung von Wissen auf streng geistes- sozial- und naturwissenschaftlicher Basis war, sondern die Propagierung einer neuen Weltanschauung als Quasireligion. Dabei hatte er auch Idealvorstellungen vom Menschen, die ihn zum Verfechter einer erbarmungslosen Rassenhygiene machten.

In Deutschland gab es unabhängig von der Haeckel-Rezeption eine breite Darwin-Rezeption. Allerdings hatte Darwin im 19. Jahrhundert gegenüber Haeckel einen großen Nachteil. Dies war seine englische Muttersprache. Im Unterschied zur heutigen Zeit war nicht Englisch die Weltsprache, sondern Deutsch. Daher wurden Darwins Schriften in vielen europäischen Ländern nicht im Original gelesen, sondern zunächst einmal in der deutschen Übersetzung von Heinrich Georg Bronn. Was man unter Darwinismus oder Darwin'scher Theorie verstand, war häufig das Bild, das Darwins deutsche Rezipienten, unter denen Ernst Haeckel eine dominante Rolle spielte, in ihren populärwissenschaftlichen Schriften von der Evolution zeichneten. Und Darwin selbst hatte größte Mühe, Haeckels Bücher zu lesen und war für ihre Übersetzung auf seine Kinder angewiesen. Vielleicht war dies auch ein Grund für Darwins Wohlwollen gegenüber Haeckel.

1869 veröffentlichte Preyer einen populären Vortrag mit dem Titel *Der Kampf um das Dasein*, in dem er schreibt, dass wir »von früher Kindheit an alle gewohnt« seien, »die Harmonie in der Natur rückhaltlos zu bewundern.« Schule und Kirche lehrten uns, »die Natur zeige uns ein vollendetes Bild der Eintracht«[143]: »In Wahrheit herrscht in der belebten Natur sichtbar unsichtbar ein Kampf aller gegen alle, ein Kampf aller um alles, ein Kampf um das, was die erste Grundbedingung eines jeden Wesens ausmacht, ein Kampf um das Dasein.«[144]

In ausdrücklicher Abgrenzung von Darwin kann Preyer den »Kampfe um das Dasein […] ähnlich wie Haeckel (Generelle Morphol. II. S. 239) nicht in dem weiten metaphorischen Sinne Darwins gelten lassen […]. Es ist nicht ein Kampf

---

[142] Ernst Haeckel, *Die Welträtsel. Gemeinverständliche Studien über Monistische Philosophie* (Verlag von Emil Strauß: Bonn 1899); *Die Lebenswunder. Gemeinverständliche Studien über Biologische Philosophie* (Alfred Kröner: Stuttgart 1904).

[143] Wilhelm Thierry Preyer, *Der Kampf um das Dasein. Ein populärer Vortrag* (Eduard Weber's Buchhandlung: Bonn 1869) 5.

[144] Ebd., 7.

der Individuen gegen Individuen und ausserdem der Individuen gegen äussere Agentien, einschließlich des Erfolges der Fertilität (*Origin etc.* S. 65, 66), sondern es ist ganz allein ein Wettkampf aller lebenden Wesen untereinander. [...] Der Ausdruck Kampf um das Dasein ist kein glücklicher und ich habe ihn nur seiner grossen Popularität willen beibehalten.«[145]

Da man nach Preyer den Kampf um das Dasein auf den Wettbewerb der Organismen untereinander beschränken muss, ist für ihn hier das korrekte Wort das der »C o n c u r r e n z«[146]. Eine besondere Leistung Darwins sieht er auch auf philosophisch-wissenschaftstheoretischem Gebiet, da die »Teleologie im alten Sinne – das Walten der *causae finales* – durch Darwin für alle Zukunft beseitigt ist.«[147] Von einer »inneren Teleologie« könne man aber sehr wohl sprechen, »sofern jeder Organismus durch seine Organisation darauf gerichtet ist, möglichst angenehm zu leben«[148]. Preyer weist jedoch die Möglichkeit einer universalen Anwendung der Darwinschen Theorie zurück. Obwohl der Mensch von anderen Tieren abstamme, ließen sich »nicht alle menschlichen Einrichtungen und Anschauungen durch natürliche Züchtung« erklären[149]. Insbesondere die Moralgesetze verlieren nach Preyer »nichts von ihrer unerklärten Macht« und lassen sich nicht »durch den Darwinismus allein begreiflich machen«. Gleichwohl kann der Versuch einer Entstehungsgeschichte der Moral nach Preyer aus Darwins Theorie nützliche Anregungen beziehen.[150]

Selbst um die Jahrhundertwende und danach, als bereits das Lied vom »Sterbelager des Darwinismus« angestimmt wurde und in zahlreichen Artikeln die »Krise« des Darwinismus, sein »Bankerott« und »Ende« diskutiert wurden[151], büßten die Diskussionen um Darwin und den Darwinismus nichts von ihrer Ak-

---

[145] Ebd., 42.

[146] Ebd.

[147] Ebd., 46.

[148] Ebd.

[149] Ebd., 48.

[150] Ebd.

[151] Eberhard Dennert verfasste Artikelserien zum Thema »Vom Sterbelager des Darwinismus«, die in verschiedenen, vor allem kirchlichen Zeitschriften wie *Blätter aus der Arbeit der freien kirchlich-sozialen Konferenz* (1900) und *Die Reformation* (1902) erschienen.

tualität ein, sondern erlebten vielmehr unter dem Eindruck der angespannten innen- und außenpolitischen Lage, der Erschütterung kirchlicher Autorität und der Verunsicherung bezüglich der Existenz allgemeinverbindlicher Werte einen neuen Aufschwung.

Der Weg in die Rassenhygiene

Im Jahr 1900 wurde ein von Friedrich Alfred Krupp mit 30.000 Mark dotiertes und von Ernst Haeckel, Johannes Conrad und Eberhard Fraas unterzeichnetes Preisausschreiben mit der Frage »Was lernen wir aus den Prinzipien der Descendenztheorie in Beziehung auf die innerpolitische Entwickelung und Gesetzgebung der Staaten?«[152] veröffentlicht. Zu nennen sind weiterhin die von dem Arzt Ludwig Woltmann, einem der Preisträger dieses Preisausschreibens, und dem Schriftsteller Hans K. E. Buhmann begründete und 1902 zum ersten Mal erschienene *Politisch-anthropologische Revue*, einer *Monatsschrift für das soziale und geistige Leben der Völker*, welche seit 1911 unter neuer Leitung den Untertitel *Monatsschrift für praktische Politik, für politische Bildung und Erziehung auf biologischer Grundlage* trug, die Gründung des Deutschen Monistenbundes im Jahre 1906 und seines Publikationsorgans *Blätter des Deutschen Monistenbundes* (1. Jg. 1906), das im April 1908 in *Der Monismus. Zeitschrift für einheitliche Weltanschauung und Kulturpolitik (Blätter des Deutschen Monistenbundes)* umgewandelt und ab 1912 durch *Das monistische Jahrhundert. Zeitschrift für wissenschaftliche Weltanschauung und Kulturpolitik* abgelöst wurde, dem weitere Publikationsorgane folgten. Auch die Feiern sowie die Flut von Publikationen im Jahre 1909 anlässlich der hundertsten Wiederkehr von Darwins Geburtstag bedürfen besonderer Erwähnung.

Die *Politisch-anthropologische Revue* beginnt mit einer Einführung zum Verhältnis von Naturwissenschaft und Politik und definiert ihre Zielsetzung und Aufgabe als »folgerichtige Anwendung der natürlichen Entwickelungslehre im weitesten Sinne des Wortes auf die organische, soziale und geistige Entwickelung der Völker.«[153] Damit verfolgt sie ein »theoretisches«, ein »historisches« und ein »praktisches« Ziel. Letzteres besteht darin, »die

---

[152] Heinrich Ernst Ziegler, Einleitung zu dem Sammelwerke Natur und Staat, Beiträge zur naturwissenschaftlichen Gesellschaftslehre, in: Heinrich Ernst Ziegler/Johannes Conrad/Ernst Haeckel (Hrsg.), *Natur und Staat. Beiträge zur naturwissenschaftlichen Gesellschaftslehre* (Gustav Fischer: Jena 1903) 1–24.

[153] Im Original ist diese Passage gesperrt gedruckt.

gesunden organischen Erhaltungs- und Entwickelungsbedingungen der menschlichen Gattung und Gesellschaft festzustellen und vom Standpunkt der gewonnenen Erkenntnisse aus die Fragen der sozialen und Rassen-Hygiene, der Rechts- und Staatsverfassung, der Sozialpolitik und Schulreform, sowie die Triebkräfte und Ziele der nationalen und Parteikämpfe der Gegenwart in Bezug auf ihre kriegerischen, wirtschaftlichen, staatlichen und geistigen Ergebnisse zu beleuchten.«[154]

Das Hauptinteresse der Herausgeber an der Evolutionstheorie liegt weniger im Bereich der Naturwissenschaften als in dem der Politik. Denn schon bei der Explikation der *theoretischen* Zielsetzungen ihrer Zeitschrift messen sie der Frage der »Vervollkommnung und Entartung, sowohl bei Pflanzen und Tieren, als besonders beim Menschen« eine zentrale Bedeutung bei. Sie wollen »die Nicht-Fachgelehrten und die weiteren Kreise des wissenschaftlich interessierten Publikums [...] über die Ursachen und Gesetze der organischen Veränderung, Anpassung, Vererbung, Auslese, Vervollkommnung und Entartung, sowohl bei Pflanzen und Tieren, als besonders beim Menschen« orientieren.[155]

Es gab weitere Zeitschriften, die sich Themen im Umkreis der darwinschen Theorie und des Darwinismus auf unterschiedlichen Ebenen und mit verschiedenen Zielsetzungen näherten. Dazu gehören neben anderen vor allem *Das Ausland*, *Die Zukunft*, *Die Deutsche Rundschau* und die *Gartenlaube*.

In der Darwin-Rezeption entwickelte der Ausdruck »Kampf ums Dasein« eine Eigendynamik und wurde auf geradezu *inflationäre Weise* verwendet, wobei Darwin selbst bezeichnenderweise meist nicht erwähnt wurde. Unzählige Male fällt dieser Ausdruck auch in nichtbiologischen Kontexten, wie der Sprachwissenschaft und der Astronomie, aber auch im politischen und sozialen Bereich, wo er zum Allerweltswort wird. Die 1894 gegründete Zeitschrift *Die Zukunft* und die *Politisch-anthropologische Revue* bieten hierfür reichhaltige Belege. In der *Politisch-anthropologischen Revue* entfaltet der Ausdruck eine gefährliche Suggestivkraft, die weit entfernt von Darwins ursprünglichem theoretischen Anliegen

---

[154] Ludwig Woltmann/Hans K. E. Buhmann, Naturwissenschaft und Politik. Zur Einführung, in: *Politisch-anthropologische Revue. Monatsschrift für das soziale und geistige Leben der Völker* I/1 (1902) 1–2.

[155] Ebd., 1.

ist. Dasselbe gilt für den Begriff der »natürlichen Auslese«. Da das Selektionstheorem, das bei Darwin untrennbar mit der Vorstellung des *struggle for existence* verknüpft ist, im 19. Jahrhundert gerade als der umstrittenste Bestandteil der komplexen Darwinschen Theorie betrachtet wurde, legt die inflationäre Verwendung dieses Begriffs die Vermutung nahe, dass in bestimmten Kontexten gerade auf diese *Suggestivkraft* gesetzt wurde. Johann Gustav Vogt bemerkt treffend: »Der Kampf ums Dasein ist zu einem Schlagwort geworden, wie in solch allumfassender Bedeutung die Menschheit kein zweites je zuvor gekannt hat. [...] Der Kampf ums Dasein ist zum Gespenst geworden, das in allen Köpfen spukt, das überhaupt nicht mehr zu beschwören ist.«[156]

Ein systematisches Studium der *Politisch-anthropologischen Revue* und anderer Zeitschriften verdeutlicht, dass Vogts Ausführungen keineswegs übertrieben sind. Viele Autoren beklagen den Verlust der natürlichen Auslese bei den Kulturvölkern und äußern in diesem Zusammenhang ihre Angst vor *Degeneration.*[157] Faktoren, die ihres Erachtens hierbei eine Rolle spielen, sind Besitzverhältnisse, soziale Institutionen und die Fortschritte der Medizin und Hygiene. Stellvertretend für weitere Autoren seien die Mediziner Alfred Ploetz und Wilhelm Schallmayer[158] sowie der Philosoph und Germanist Alexander Tille[159] genannt. Sie beklagen, dass die natürliche Selektion unter den Bedingungen der Kultur und Zivilisation ihre volle Wirksamkeit eingebüßt habe. Tille heißt in seinem Artikel mit dem bezeichnenden Titel »Ostlondon als Nationalheilstatt« jede Gelegenheit willkommen, bei der die natürliche Selektion ihre volle Kraft entfalten kann:

---

[156] Johann Gustav Vogt, Malthus und der Kampf ums Dasein, in: *Politisch Anthropologische Revue* 9 (1911) 553–570, hier 553 und 555.

[157] Zum Begriff der Degeneration siehe Eve-Marie Engels, Darwins Popularität im Deutschland des 19. Jahrhunderts: Die Herausbildung der Biologie als Leitwissenschaft, in: Achim Barsch/Peter Hejl (Hrsg.), *Menschenbilder. Zur Pluralisierung der Vorstellung von der menschlichen Natur (1850–1914),* (Suhrkamp: Frankfurt a. M. 2000) FN 19, 123–125.

[158] Alfred Ploetz, *Grundlinien einer Rassenhygiene* (S. Fischer: Berlin 1895); Wilhelm Schallmayer, *Vererbung und Auslese im Lebenslauf der Völker. Eine staatswissenschaftliche Studie auf Grund der neueren Biologie* (Gustav Fischer: Jena 1903).

[159] Alexander Tille, Ostlondon als Nationalheilstatt, in: *Die Zukunft* 5 (1893) 258–273; ders., Charles Darwin und die Ethik, in: *Die Zukunft* 8 (1894) 302–313, Nachdruck in Kurt Bayertz (Hrsg.), *Evolution und Ethik* (Reclam: Stuttgart 1993) 49–66; Alexander Tille, *Von Darwin bis Nietzsche. Ein Buch Entwicklungsethik* (C. G. Naumann: Leipzig 1895).

> Mit unerbittlicher Strenge scheidet die Natur die zum Thier und unter das Thier herabgesunkenen Menschen aus den Reihen der anderen aus. Mit unerbittlicher Strenge sucht sie [...] die Sünden der Väter an den Kindern heim bis ins dritte Glied, – dem vierten spart sie die Existenz. Und das ist wieder milde von ihr [...] Der Auswurf des Vereinigten Königreichs sammelt sich in diesen East Ends, arbeitscheues, alkohollüsternes Gesindel.[160]

Autoren wie Alexander Tille und der Münchner Arzt Wilhelm Schallmayer üben Kritik an Darwins Festhalten an der »christlich-humanistisch-demokratische[n] Ethik«[161] In seinem Beitrag »Charles Darwin und die Ethik« kritisiert Tille Charles Darwin, weil dieser sich »darauf beschränkt« habe, die Entstehung der heute gepriesenen Tugenden des Mitleids, der Nächstenliebe, der Aufrichtigkeit zu verfolgen« und deren Herausbildung im Laufe der Menschheitsgeschichte positiv zu bewerten[162]. Schallmayer, der im Preisausschreiben von 1900 mit dem ersten Preis ausgezeichnet wurde[163], wendet gegen Darwin und andere namhafte Vertreter der Evolutionstheorie wie Wallace, Huxley, Balfour ein:

> Ch. Darwin hat die schweren Störungen, welche die natürliche Auslese durch unsere Kulturzustände erleidet, natürlich sehr wohl erkannt und sich privatim ziemlich düster über deren Folgen ausgesprochen. Aber zu der Forderung, diese Verhältnisse zweckmäßig zu ändern, hat er sich nicht mehr aufgerafft. Auch Wallace, Huxley, Balfour und andere erkennen wohl das Uebel, verabscheuen aber jeden Gedanken an eine sozial kontrollierte geschlechtliche Auslese und hoffen zum Teil auf recht fragliche Gegenwirkungen in der Zukunft.[164]

---

[160] Tille, Ostlondon als Nationalheilstatt, 268–273, hier 273.

[161] Alexander Tille, Charles Darwin und die Ethik, in: Kurt Bayertz (Hrsg.), *Evolution und Ethik*, 56.

[162] Tille, Charles Darwin und die Ethik, 63.

[163] Heinrich Ernst Ziegler, Einleitung zu dem Sammelwerke *Natur und Staat, Beiträge zur naturwissenschaftlichen Gesellschaftslehre*, in: Heinrich Ernst Ziegler in Verbindung mit Johannes Conrad und Ernst Haeckel (Hrsg:), Erster Teil von *Natur und Staat*, Beiträge zur naturwissenschaftlichen Gesellschaftslehre. Eine Sammlung von Preisschriften (Gustav Fischer: Jena 1908–1913) 1–24.

[164] Wilhelm Schallmayer, Natürliche und geschlechtliche Auslese bei wilden und bei hochkultivierten Völkern, in: *Politisch-Anthropologische Revue* 1 (1902/03) 245–272, hier 271f.

Der Begriff »Sozialdarwinismus« ist daher eine Fehlprägung[165], weil Darwin diese nach ihm benannte Position nicht vertreten hat. Vertreter der Rassenhygiene lehnten seine humanitäre Ethik vielmehr ab.

Die Vorstellungen über die Bedeutung der Medizin für die Menschheit gingen im 19. Jahrhundert weit auseinander. Sie wurden vor allem unter dem Stichwort »*Hygiene*« diskutiert. In der zweiten Hälfte des 19. Jahrhunderts entwickelte sich die Hygiene auch durch die Erfolge auf dem Gebiet der Mikrobiologie (Bakteriologie, usw.) zu einem medizinischen Fach, und es wurden Institute und Lehrstühle für Hygiene gegründet. 1878 wurde für Max von Pettenkofer der erste Lehrstuhl für Hygiene eingerichtet. Ein zentrales Diskussionsthema war die bereits oben erwähnte Frage, ob die medizinische Versorgung des *Individuums* auf Kosten der Gesundheit von *Rasse* bzw. *Menschheit* erfolge. Hans Buchner, der Nachfolger Max von Pettenkofers in München, setzt sich kritisch mit der These von der Degeneration der heutigen Kulturmenschheit durch die Medizin auseinander und weist diese Annahme mit dem Argument zurück, dass diejenigen Krankheiten, welche die hohe Sterblichkeit früherer Zeiten bewirkten und auch heute noch die häufigste Todesursache unter den Krankheiten seien, die *Infektionskrankheiten* seien. Von ihnen blieben jedoch auch die gesunden und kräftigen Individuen nicht verschont. Auch »größte Kraft und Gesundheit« biete keinen Schutz gegen Infektionskrankheiten, die häufig die Konstitution der Individuen dauerhaft untergraben, welche ihre Krankheit überstanden haben. Buchner zieht daraus den Schluss, »daß die grausame Auslese durch Krankheiten niemals als ein zweckentsprechendes Mittel für die Weiterentwickelung der Menschheit gelten kann. Wenn sie auch manche schwächliche Elemente beseitigen mag, so ist dieser Nutzen doch andererseits mit so schweren und schmerzlichen Opfern verbunden, daß das Gesamtresultat im höchsten Grade zweifelhaft erscheint.«[166]

---

[165] Zur Spannbreite der politischen Interpretationen des Darwinismus siehe die Publikation von Kurt Bayertz, die einen sehr informativen Überblick über die verschiedenen Positionen bietet: Kurt Bayertz, Darwinismus als Politik. Zur Genese des Sozialdarwinismus in Deutschland 1860–1900, in: Erna Aescht/Gerhard Aubrecht/Erika Krauße/Franz Speta (Red.), *Welträtsel und Lebenswunder. Ernst Haeckel – Werk, Wirkung und Folgen*. Stapfia 56, zugleich Kataloge des OÖ. Landesmuseums, Neue Folge 131 (Druckerei Gutenberg: Linz 1998) 229–288.

[166] Hans Buchner, Darwinismus und Hygiene, in: *Westermann's Illustrierte Deutsche Monatshefte* 76 (1894) 312–322, hier 316.

Auch der Wiener Mediziner Max Gruber, der später Ordinarius am hygienischen Institut in Graz, danach Leiter des hygienischen Instituts in Wien wurde und schließlich die Nachfolge Buchners in München antrat, lehnt die These von der Degeneration durch die moderne Medizin ab. Statt einer allgemeinen Degeneration der modernen Kulturvölker könne man höchstwahrscheinlich »sogar eine körperliche Verbesserung« konstatieren.[167] Darüber hinaus hält er die mit der Degenerationsthese vorausgesetzte »scharfe Scheidung von Minderwertigen und Vollwertigen« für »völlig unwissenschaftlich«:

> Die ersteren werden kaltblütig dem Tode geweiht, die letzteren gepriesen. Solche scharfe Scheidung gibt es aber nirgends in der Organismenwelt. Es gibt keinen Normalmenschen. Jeder von uns ist zu jeder Stunde seines Lebens in dem einen oder anderen Stücke abnormal, ja geradezu krank [...]. Eine unendliche Zahl von Uebergängen leitet vom Degenerierten, Siechen bis zu dem Vollkraftmenschen, den wir für normal halten, und auch für das kräftigste und widerstandsfähigste Individuum gibt es eine maximale Dosis der einzelnen Schädlichkeiten, gegen welche seine Widerstandsfähigkeit nicht mehr ausreicht.[168]

Abschließend kommt Gruber zu dem Ergebnis, dass die Hygiene »nicht nur dem Individuum«, sondern auch »der Rasse, der menschlichen Spezies im ganzen« nütze.[169]

Nach Alexander Koch-Hesse nimmt die Hygiene einen besonderen Stellenwert ein, einer recht verstandenen Hygiene spricht er sogar die Rolle einer »*medizinischen Ethik*« zu:

> Was die Moral in der Philosophie, ist die H y g i e n e in der Medizin. Hygiene wie Moral sind keine Einzelwissenschaften, [...] sie stellen

---

[167] Max Gruber, Führt die Hygiene zu einer Entartung der Rasse? In: *Münchener Medizinische Wochenschrift* 50/40 (1903) 1.781–1.785, hier 1.782.

[168] Gruber, Hygiene, 1.783.

[169] Gruber, Hygiene, 1.785. Gruber wurde später Vorsitzender der Münchner Ortsgruppe der von Alfred Ploetz gegründeten *Gesellschaft für Rassenhygiene*. Auch Buchner schloss sich aus Sorge um das Wohl zukünftiger Generationen eugenischen Vorstellungen an. Hierzu Paul Weindling, *Health, race and German politics between national unification and Nazism*, 1870–1945 (Cambridge U. P.: Cambridge 1989, Reprint 1991) 172.

> vielmehr Sammelbecken dar, in die aus allen Spezialfächern die reichen Ströme des Wissens zu fließen haben, damit das praktische Leben aus ihnen mit vollen Eimern schöpfen kann. Man nennt sie ›n o r m a t i v e Wissenschaften‹; aber richtiger noch würde man sie ›Sammlungen wissenschaftlich begründeter Normen‹ heißen. Denn Moralisten und Hygieniker als solche sind überhaupt keine eigentlichen Wissenschaftler, keine Forscher [...] Prediger und Propheten sind sie oder sollen sie sein, die die vielen Ergebnisse stiller Forschung hinaustragen auf den Markt des Lebens und hier fruchtbar werden lassen« [...] Entspricht nun die Hygiene, wie sie heute auf so vielen Universitäten gelehrt wird, diesen Anforderungen? Ist sie eine ›medizinische Ethik‹?[170]

Inspiriert durch Alfred Grotjahns Idee der *sozialen Hygiene* fordert Koch-Hesse hier die *Ergänzung* der hauptsächlich bakteriologisch ausgerichteten Hygiene um die Berücksichtigung sozialer Faktoren, welcher jedoch wiederum eine *biologische* oder auch *anthropologische Hygiene* zur Seite gestellt werden solle.

Die Beziehungen zwischen *Individualhygiene*, *Sozialhygiene* und *Rassenhygiene*[171] waren zentrale Themen, die hier im Kontext des Darwinismus diskutiert wurden. Darwin hatte durch seine Schriften, insbesondere aber durch seine Terminologie dazu angeregt, auf den Selektionsmechanismus in Überlegungen zur Gestaltung der menschlichen Gesellschaft und der Verbesserung des Menschen zu reflektieren.

---

[170] Alexander Koch-Hesse, Soziale und anthropologische Ideen in der Hygiene, in: *Politisch-Anthropologische Revue* 1 (1902/03) 869–872, hier 869 f.

[171] Der von Ploetz eingeführte und in Deutschland bevorzugt verwendete Begriff der Rassenhygiene ist eine andere Bezeichnung für *Eugenik*. Der Begriff »Eugenik« (*eugenics*) wurde 1883 von Francis Galton in Anlehnung an griech. εὐγενής zur Bezeichnung der »Science of improving Stock« geprägt, »which, especially in the case of man, takes cognisance of all influences that tend in however remote a degree to give to the more suitable races or strains of blood a better chance of prevailing speedily over the less suitable than they otherwise would have had.« Francis Galton, *Inquiries into Human Faculty and its Development* (Macmillan: London 1883) 25. Von der »*positiven Eugenik*« als Programmen zur *Verbesserung* des menschlichen Erbguts wird die »*negative Eugenik*« unterschieden, bei der die Verhinderung der Weitergabe unerwünschten Erbguts im Vordergrund steht, wobei die Grenzen zwischen beiden fließend sein können.

Das Verhältnis von Individual- und Rassenhygiene spielte im Werk von Alfred Ploetz, der den Begriff »*Rassenhygiene*« prägte, eine zentrale Rolle. Einschlägig sind sein Artikel »Ableitung der Rassenhygiene und ihrer Beziehungen zur Ethik« (1895) und seine Monographie *Die Tüchtigkeit unsrer Rasse und der Schutz der Schwachen. Ein Versuch über Rassenhygiene und ihr Verhältnis zu den humanen Idealen, besonders zum Socialismus* (1895).[172] Den Begriff ›Rasse‹ verwendet Ploetz »als Bezeichnung einer durch Generationen lebenden Gesammtheit von Menschen in Hinblick auf ihre körperlichen und geistigen Eigenschaften«[173] und hebt dann die arische Rasse hervor, »die abgesehen von einigen kleineren, wie der jüdischen, die höchstwahrscheinlich ohnehin ihrer Mehrheit nach arisch ist, die Culturrasse par excellence darstellt, die zu fördern gleichbedeutend mit der Förderung der allgemeinen Menschheit ist.«[174] Ploetz sieht einen Konflikt zwischen dem Wohl der Rasse und dem der Individuen, da Maßnahmen, die das Leben des Individuums erhalten, nicht unbedingt von Vorteil für die Rasse seien. Wie der Untertitel seiner Monographie bereits andeutet, erhebt Ploetz den Anspruch, seine Überlegungen in den Dienst humaner Ideale zu stellen. Was ist damit gemeint? Ploetz' Ziel ist die Vermeidung eines direkten Kampfes der Individuen untereinander und der »Ausjäte« der dauernd Schwachen, die er für grausam und inhuman hält. Natürliche, künstliche und sexuelle Selektion, soweit diese nicht auf freiwilliger Basis beruhen, beinhalten nach Ploetz aber eine Beeinträchtigung oder Schädigung der betreffenden Individuen und sind nicht vereinbar mit unseren sozialen Tugenden und humanitären Idealen, welche zur Erhaltung der Gesellschaft notwendig sind. Ploetz schlägt daher vor, den angesprochenen Konflikt zu lösen, indem die »Ausjäte« von der Ebene des Individuums auf »die nächst niedrige Organisationsstufe der Zellen, hier der Keimzellen«, verlegt wird.[175] Dazu bedürfe es einer genaueren Erforschung der *Variationsgesetze* und ihrer gezielten Anwendung zur Verbesserung des Nachwuchses. Auf diese Weise könne den derzeit lebenden, dauernd schwachen und kranken Individuen

---

[172] Alfred Ploetz, *Die Tüchtigkeit unsrer Rasse und der Schutz der Schwachen. Ein Versuch über Rassenhygiene und ihr Verhältnis zu den humanen Idealen, besonders zum Socialismus* (S. Fischer: Berlin 1895); Alfred Ploetz, Ableitung einer Rassenhygiene und ihrer Beziehungen zur Ethik, in: *Vierteljahrsschrift für wissenschaftliche Philosophie* 19 (1895) 368–377.

[173] Ploetz, *Tüchtigkeit unsrer Rasse*, 2.

[174] Ebd., 5.

[175] Ploetz, Ableitung einer Rassenhygiene, 375.

Schutz und Fürsorge zuteilwerden, gleichzeitig aber durch die Keimselektion die Neuentstehung von Individuen mit Erbkrankheiten verhindert werden.

Doch auch gegen Ploetz ist kritisch einzuwenden, dass selbst die Verlagerung der Selektion von der Ebene bereits lebender Individuen auf die der Keimzellen eine Entscheidung über den Lebenswert derjenigen Individuen beinhaltet, die von einem als Norm festgesetzten Menschenbild abweichen. Hier sei noch einmal an Max Grubers Bedenken erinnert: »Solche scharfe Scheidung gibt es aber nirgends in der Organismenwelt. Es gibt keinen Normalmenschen. Jeder von uns ist zu jeder Stunde seines Lebens in dem einen oder anderen Stücke abnormal, ja geradezu krank«[176].

Zum Abschluss

Wie ausführlich dargestellt wurde, gehörten zu dem von Darwin intendierten Anwendungsbereich seiner Theorie nicht nur die Entstehung von Pflanzen- und Tierarten, sondern auch die des Menschen einschließlich seiner kognitiven und sozialen Fähigkeiten. Dies ermutigte Darwins Zeitgenossen, seine Theorie auf alle möglichen humanwissenschaftlichen Disziplinen anzuwenden bzw. auf ihre Anwendbarkeit in diesen Disziplinen hin zu untersuchen. Obwohl sich Darwin explizit von jeder Form teleologischer und theologischer Naturmetaphysik distanzierte, gab es eine Vielfalt von Versuchen, seine Theorie zur Grundlage von Ansätzen einer normativen Ethik und Sozialpolitik unterschiedlichster Ausrichtung zu machen.

Der Haeckel-Schüler und spätere Haeckel-Kritiker Oskar Hertwig, Verfasser der überaus lesenswerten Schrift *Zur Abwehr des ethischen, des sozialen, des politischen Darwinismus*, kommt darin jedoch zu dem Ergebnis, Darwin selbst sei »freilich zu keiner Zeit seines Lebens ebensowenig wie Wallace, der Mitbegründer der Selektionstheorie, geneigt gewesen, eine Anwendung seiner Naturgesetze auf die Entwicklung der Menschheit predigen zu wollen.«[177] Die Charakterisierung Ernst Haeckels als »deutscher Darwin« ist auch aus diesem Grund unangebracht.

---

[176] Gruber, Hygiene 1.783.

[177] Oscar Hertwig, *Zur Abwehr des ethischen, sozialen, des politischen Darwinismus* (Gustav Fischer: Jena, 1918, 2. Aufl. 1921) 3.

Die Rezeption von Darwin im tschechischen biologischen Diskurs des 19. und frühen 20. Jahrhunderts[1]

Tomáš Hermann

Die folgende Übersicht bezieht sich auf die Rezeption des Darwinismus in der tschechischen Biologie und Philosophie im Zeitraum seit seinem Entstehen bis zum Anfang des 20. Jahrhunderts. Thematisiert werden jene Vertreter der tschechischen Wissenschaft, die insbesondere nach der Trennung der Karl-Ferdinands-Universität in Prag in einen deutschen und tschechischen Teil im Jahre 1882 in tschechischsprachigen Institutionen gewirkt haben und daher die Hauptträger der sich allmählich emanzipierenden sprachlich spezifizierten Wissenschaftskultur im Sinne nationaler Identitätsbildung waren. Dabei ist es aber wichtig zu betonen, dass die bedeutendsten Ergebnisse ihres fachlichen Wirkens auf der internationalen Ebene in diesem Zeitraum vor allem in deutscher Sprache publiziert wurden. Es bleibt weiter zu betonen, dass die wissenschaftliche Tätigkeit deutschsprachiger Institutionen, die zudem auf eine natürliche Komponente der Kommunikation und Mobilität nicht nur im Rahmen der Habsburgermonarchie mit ihrem Zentrum in Wien, sondern auch über ihre Grenzen hinaus im ganzen mitteleuropäischen deutschsprachigen Raum Bezug nehmen konnte, einen wichtigen Beitrag zur Entwicklung der Wissenschaft in den Böhmischen Ländern leistete. Dieser bedeutende, jedoch im Kontext der gesamten deutschen Wissenschaft regionale Aspekt wird im Folgenden nicht behandelt (auf einige Repräsentanten dieses Aspektes wird aber in anderen Beiträgen des vorliegenden Werkes Bezug genommen). Es ist aber umso wichtiger daran zu erinnern, dass

[1] Der Beitrag entstand dank der Unterstützung der *Grantová agentura České republiky* im Rahmen des Projektes GA 16-03442S.

die Ausformungen der tschechischen Wissenschaft und deren Entwicklungslinien im 19. Jahrhundert notwendiger Weise in diesem breiteren Kontext, in dessen Rahmen sie sich allmählich emanzipiert haben und ohne den sie nicht begriffen werden können, gesehen werden müssen. Das tschechisch-deutsche Zusammenleben wurde nicht nur von gegenseitiger Rivalität und ständig wachsendem Nationalismus geprägt, sondern insbesondere in der Wissenschaft auch und vor allem durch Kooperation, Kommunikation und wechselseitige kreative Beeinflussung bestimmt.[2]

Auch im vorliegenden thematischen Zusammenhang bleibt daher zu betonen, dass die ersten Manifestationen einer tschechischen Rezeption des Darwinismus vornehmlich von Ähnlichkeiten und Parallelen zu den ideologischen und geistigen Bedingungen im Bereich der gesamten Habsburgermonarchie getragen wurde. Sowohl für die tschechische als auch für die deutsche Wissenschaft gilt in gleichem Maße, dass der Darwinismus eine präzedenzlose neue Lehre darstellte, die aus dem in England unterschiedlichen akademischen Umfeld hervorgegangen ist und nicht nur zu weitreichenden Konsequenzen im Rahmen der Biologie, sondern darüber hinaus auch zu solchen aus ideologischer und weltanschaulicher Sicht geführt hat.

Durchsetzung und Annahme des darwinistischen Gedankengutes in der tschechischen Wissenschaft erfolgten daher in vielfältigen Formen und waren von unterschiedlichen Motivationen begleitet. Deren Spezifika sind vor allem durch die individuellen Charaktereigenschaften der einzelnen wissenschaftlichen Persönlichkeiten bestimmt, die je nach fachlichem Schwerpunkt und individuellen Tendenzen in der Entwicklung von thematischen Forschungslinien auf unterschiedliche Weise auf die entstandenen Herausforderungen reagiert haben.

---

[2] Dieser Beitrag beruht insbesondere auf zwei älteren auf Englisch publizierten Artikeln des Autors, in welchen diese Problematik ausführlicher, d.h. gemeinsam mit dem deutschsprachigen Anteil, behandelt wird, vgl.: Tomáš Hermann/Michal Šimůnek, Between Science and Ideology: The Reception of Darwin and Darwinism in the Czech Lands, 1859–1959, in: Eve-Marie Engels/Thomas F. Glick (Hrsg.), *The Reception of Charles Darwin in Europe, Vol. I* (Continuum: London/New York 2008) 199–216; Tomáš Hermann/Michal Šimůnek, Discussion of Evolution between Neo-Lamarckism and Neo-Darwinism in the Czech Lands, 1900–1915, in: *Teorie vědy/Theory of Science* 32/3 (2010) 283–300.

Deshalb erfolgt eine Fokussierung auf jene ausgewählten Schlüsselpersonen, die unterschiedliche Motivationen oder Typologien der Rezeption der Darwinschen Lehre entweder in der Generationsfolge oder in der gedanklichen, ideologischen oder methodologischen Orientierung repräsentieren. Es handelt sich natürlich nur um eine Auswahl der typischen Forscher mit der Intention, in den kurzen Charakteristiken auf das Wesentliche einzugehen. Immer verbergen sich aber hinter ihnen sowohl weitere Persönlichkeiten, die in einer ausführlicheren Skizze genannt werden könnten, als auch eine tiefere theoretische Problematik, die weitere Debatten und Polemiken und nicht zuletzt auch oft dynamische Entwicklungen und Veränderungen induziert haben.

Die Wirkung des Darwinismus als eine breite, öffentlichkeitswirksame und teils kämpferische bis revolutionäre Bewegung, deren Folge die Durchsetzung einer neuen Weltanschauung war (dies war vor allem in den deutschsprachigen und westlichen Ländern der Fall), wurde in den böhmischen Ländern von Anfang an durch die Autorität des Staatsapparates der Habsburgermonarchie und der mit diesem verbundenen katholischen Kirche und somit durch die dadurch auferlegten einschränkenden Bedingungen beeinträchtigt. Zeitgemäß hat dies der Anthropologe und politische Liberale Eduard Grégr (1827–1907) in einer zutreffenden journalistischen Verkürzung kommentiert: »Den Namen Darwin auszusprechen ist bei uns ein Hochverrat!«[3]. Dennoch wurde der Darwinismus seit der Mitte der 1860er-Jahre ein Bestandteil des Gedankengutes in der tschechischen Biologie und in der tschechischen Gesellschaft und trug zum Beispiel zu einer Orientierung des Denkens von vornehmlich liberalen Schichten der Bevölkerung unter Berücksichtigung der Ergebnisse der neuzeitlichen Wissenschaft bei. Gleichzeitig bewirkte dieser Vorgang auch die inhärente – d. h. nicht immer vollkommen explizit manifeste – Herausbildung einer Opposition gegen die offiziell unterstützte klerikale Ideologie.[4]

Evolutionistisches Denken in einem weiteren Sinne und in der vordarwinistischen Zeit hatte schon früher bei einigen tschechischen Forschern durch den

---

[3] Vgl. Jiří Gabriel, Recepce darwinovského evolucionismu v české přírodovědě a filosofii [dt.: Rezeption des darwinistischen Evolutionismus in der tschechischen Wissenschaft und Philosophie], in: *Antologie z dějin českého a slovenského filozofického myšlení 1848–1948* [dt.: Anthologie der Geschichte des tschechischen und slowakischen philosophischen Denkens 1848–1948] (Svoboda: Praha 1989) 97–106, hier: 98.

[4] Vgl. z. B. Božena Matoušková, The Beginnings of Darwinism in Bohemia, in: *Folia Biologica* 5/2 (1959), 169–185.

Einfluss der älteren romantischen naturphilosophischen Tradition einen gewissen Platz im biologischen Denken. Darwins Lehre hat sich deshalb eher als eine besondere und praktisch orientierte Forschungsdoktrin in Verbindung mit dem proklamierten »Empirismus« durchgesetzt. Der erste Widerhall kam aus dem Umfeld um den weltberühmten Physiologen Jan Evangelista Purkyně (1787–1869). Purkyně selbst hatte einen Evolutionismus mit naturphilosophischem Charakter vertreten und stand Darwin kritisch gegenüber. Lobend hatte er sich aber über seine Konzeption der organischen Entwicklung aufgrund der unzählbaren Veränderungen zum Beispiel in den Anmerkungen zu *Všeobecná fyziologie* (Allgemeine Physiologie, ein nicht publiziertes Manuskript, das für universitäre Vorlesungen gedient hat) oder in seinen letzten Lebensjahren in der politologischen Schrift *Austria polyglotta* (1867) geäußert, indem er versucht hat, den Darwinschen »Kampf ums Leben« auf die Auslegung des Ursprungs und der Entwicklung der Nationen zu applizieren, was eine immer mehr verbreitete Metapher eines sozialen Darwinismus war.

Darwins Hauptwerk wurde jedoch im Umkreis einiger Schüler von Purkyně, zu denen auch der oben genannte Eduard Grégr gehörte, sehr positiv aufgenommen. Purkyňes Asisstent, der Zoologe und Paläontologe Antonín Frič (1832–1913) hatte bereits im Jahre 1860 in Oxford an der ersten bekannten kämpferisch gestimmten Versammlung für Darwin (d. h. der öffentlichen Debatte zwischen Thomas Huxley und Samuel Wilberforce) persönlich teilgenommen. Obwohl ihm von der Polizei verboten wurde, über dieses Ereignis öffentlich auf dem Boden des Nationalmuseums in Prag zu referieren, wurde unter der jungen wissenschaftlichen Generation bald über Darwin gesprochen. Eine der ersten enzyklopädischen Verarbeitungen, auch im europäischen Kontext, erfolgte – obwohl ungenau – unter dem Stichwort »Darwin, Karel« aus dem Jahre 1861 im ersten tschechischen enzyklopädischen Werk *Riegerův naučný slovník* [dt.: Riegers Tschechisches Konversationslexikon]. Der Autor des Stichwortes war der liberal-konservative Journalist und Publizist Jakub Malý (1811–1885), Mitarbeiter der Redaktion von Purkyňes naturwissenschaftlicher Zeitschrift *Živa.* Ein Jahr später wurde eine wissenschaftliche Diskussion aus dem Purkyně-Umkreis publiziert, und zwar zwischen Ladislav Josef Čelakovský (siehe unten) und dem Geologen und Paläontologen August Emanuel von Reuss (1811–1873), der ein Zyklus von Popularisierungsvorträgen tschechischer Dozenten zum Thema der Darwinschen Theorie folgte.[5] Auf der Ebene der universitären Wissenschaft ging

[5] August E. Reuss hielt im deutschen naturwissenschaftlichen Verein *Lotos* in Prag den

es zuerst um die Eingliederung und Unterordnung des Darwinschen Gedankengutes – insbesondere der zentralen Doktrinen »natürliche Auswahl« und »Kampf ums Leben« – in die älteren und immer noch einflussreichen Konzeptionen der Naturphilosophie oder der rationellen Morphologie in der Biologie, oder des Herbartianismus in der Philosophie.[6]

Abb. 1: Ladislav Josef Čelakovský. In: Humoristické listy, 1880, Gemeinfrei, https://commons.wikimedia.org/w/index.php?curid=5728778

Der wichtigste Theoretiker der Evolution, der in der ersten Generation systematisch versuchte, sich mit der Darwinschen Lehre auseinanderzusetzen, war Ladislav Josef Čelakovský (1834–1902), der erste Professor für Botanik an der tschechischen Karl-Ferdinands-Universität in Prag. Er knüpfte jedoch an die

ersten wissenschaftlichen Vortrag über Darwins Theorie, die er unter dem Einfluss der Tradition Cuviers und des paläontologischen Belegmaterials ablehnte. Im Gegensatz dazu sprach sich L. Čelakovský in seinem Vortrag im Naturwissenschaftlichen Kollegium des Nationalmuseums am 23. 4. 1863 für Darwin aus. Vgl. Jan Janko/Soňa Štrbáňová, *Věda doby Purkyňovy* [dt.: Wissenschaft im Purkyne-Zeitalter] (Academia: Praha 1988) 175.

6 Zum tschechischen Herbartianismus Ivo Tretera, *J. F. Herbart a jeho stoupenci na pražské univerzitě* [dt.: J. F. Herbart und seine Anhänger an der Prager Universität] (Archiv der Karls-Universität: Praha 1989).

idealistische Morphologie der Pflanzen an (vor allem in Referenz zu Alexander Braun), deren typologische Morphologie er schrittweise an eine evolutionistische Basis heranführte und sie zu einer Theorie von geschlechtlicher und ungeschlechtlicher Abwechslung von Pflanzengenerationen entwickelte. Seine Rezeption von Darwin war jedoch kritisch – er wollte sich nicht mit der Argumentation des Zufalls, der Wahrscheinlichkeit und Statistik abfinden und hat diese durch zehn spezielle Evolutionsgesetze ersetzt. Nur das letzte davon enthielt den Mechanismus der natürlichen Selektion. Das rationelle Evolutionsmodell von Čelakovský stellt zwar ein Erbe der rationalistischen Morphologie dar (zusammen mit Karl Nägeli), trotzdem gilt Čelakovský als der systematischste Propagator des Darwinismus in den 1860er-Jahren. Seine Evolutionstheorie veröffentlichte er in verschiedenen Texten seit 1869 und dann unter dem Titel *Gespräche über die Darwin'sche Theorie und Entwicklung von Pflanzen* (1895).[7]

Gleichzeitig erfolgte eine Rezeption der Darwinschen Lehre durch die tschechischen philosophischen Anhänger des Herbartianismus.[8] Insbesondere Josef Durdík (1837–1902), Professor der Philosophie und Ästhetik, der Darwin zu den fünf wichtigsten Namen der Wissenschaft im 19. Jahrhundert zählt, beschäftigte sich intensiv mit dem Darwinismus. Seit den 1870er-Jahren förderte er die Darwinsche Lehre durch zahlreiche Studien und durch Vorlesungen an der Universität. Als einziger Tscheche besuchte er Darwin im Jahre 1875 persönlich in seinem Haus in Down und schrieb einen interessanten Bericht über seinen Besuch.[9] In seinem Hauptwerk *Darwin und Kant* ordnete er den Darwinschen Evolutionismus als wissenschaftliche Theorie der theoretischen Philosophie von Immanuel Kant unter und stellte ihn in den Gesamtkontext von Kants Kausalität und Zweckmäßigkeit. Kants Trennung von Sein und Sollen ermöglicht Durdík

---

7 Ladislav Čelakovský, *Rozpravy o Darwinově theorii a o vývoji rostlinstva* [dt.: Gespräche über die Darwin´sche Theorie und Entwicklung von Pflanzen] (F. Bačkovský: Praha 1895).

8 Die Lehre des Philosophen, Psychologen und Pädagogen J. F. Herbart (1776−1841) wurde im österrreichischen Schulwesen absichtlich gegen den zu revolutionären Hegelianismus propagiert. Der Herbartismus war eine Universitätsphilosophie mit einer Neigung zu den Naturwissenschaften, zur wissenschaftlicher Psychologie, Ethik und vor allem Ästhetik. Siehe z. B. Ivo Tretera (vgl. FN 6) und auch Karel Stibral, *Darwin a estetika: Ke kontextu estetických názorů Charlese Darwina* [dt.: Darwin und Ästhetik. Zum Kontext der ästhetischen Ansichten von Charles Darwin] (Pavel Mervart: Červený Kostelec 2006).

9 Josef Durdík, Návštěva u Darwina [dt.: Ein Besuch bei Darwin], in: *Osvěta* 6/10 (1876) 717–727.

eine Trennung der Sphäre der Wissenschaft von der Sphäre der Ethik und Religion. Im Unterschied zu anderen Vertretern des Herbartismus und zu politisch orientierten Publizisten hatte Durdík Bedenken bei der Anwendung des Darwinschen Gedankengutes im Bereich der Ethik und Ästhetik sowie in der Gesellschaft an sich. Er verstand die Darwinsche Lehre ganz modern als die einzige positive Theorie über die Entstehung von Pflanzenarten und Tierarten, die sich weiter entwickeln und in einigen Punkten korrigieren wird, deren Hauptgedanke der Evolution jedoch nie mehr bestritten werden wird.[10]

Aus einer bloßen biologischen Theorie am Ende des 19. Jahrhunderts entwickelte Ernst Haeckel eine umfassende monistische Weltanschauung, indem er eine ältere morphologische Tradition mit Darwin verband und in Folge auf dem Kontinent als der wichtigste Unterstützer und Systematiker des ›klassischen Darwinismus‹ betrachtet wurde. Eine positive Reaktion auf den Monismus findet sich vor allem bei dem Arzt Josef Adolf Bulova (1840–1903).[11] Er war Kompilator und begeisterter Befürworter der Lehren von Darwin und Haeckel. Seine allgemeine Theorie über die Entwicklung des Lebens führte er allmählich in eine pantheistische monistische Religion inklusive »monistische Konfession« über.[12] Bul'ova und sein monistischer Zirkel haben in den tschechischen Ländern den ersten Versuch unternommen, aus dem Darwinismus die Basis einer ganz neuen Weltanschauung zu entwickeln. Bulova übersetzte als erster längere Abschnitte beider Hauptwerke von Darwin ins Tschechische.[13] Der Lehrer Jan Mrazík (1848–1923) publizierte am Ende der 1880er-Jahre einige kleinere von ihm ins Tschechische übersetzte Texte von Darwin in den Zeitschriften *Pedagogium* und *Pedagogické rozhledy* [dt.: Pädagogische Perspektiven], die er 1888 gegründet hatte.[14]

---

[10] Josef Durdík, *Darwin und Kant: Ein Versuch über das Verhältnis des Darwinismus zur Philosophie* (Jednota Filosofická: Praha 1906). Durdík veröffentlichte dieses Buch jedoch aus unbekannten Gründen nicht zu Lebzeiten und es wurde erst im Jahre 1906 aus seinem Nachlass herausgegeben.

[11] Siehe auch den Text von Lenka Ovčáčková in diesem Buch.

[12] Vgl. Jan A. Bulova, *Die Einheitslehre (Monismus) als Religion* (Hoffmann: Stuttgart 1897).

[13] Jan A. Bulova, *Výklad života a zákonů přírodních: Tresť ze spisů Darwinových a Haeckelových* [dt.: Auslegung des Lebens: Aus den Schriften von Darwin und Haeckel] (E. Grégr: Praha 1879, 2. Auflage E. Stivín: Praha 1904).

[14] Später hat er auch die klassische Schrift der Rassentheorie ins Tschechische übersetzt; Houston Stewart Chamberlain, *Základy devatenáctého století, I–II* [dt.: Grundlagen des 19. Jahrhunderts] (A. Hajn: Praha 1910).

Die wichtigsten Repräsentanten einer entsprechenden biologischen Diskussion am Anfang der 20. Jahrhunderts waren einige herausragende Wissenschaftler verschiedener Forschungsrichtungen und deren Anhänger oder berühmte Schüler. Den Bereich der Botanik vertrat vor allem Josef Velenovský (1858–1949), ein Schüler von Čelakovský. Er war ein bedeutender Systematiker im Bereich der vergleichenden Pflanzenmorphologie und betonte im Gegensatz zur evolutionistischen Interpretation unterschiedliche Prinzipien (z. B. das sogenannte Prinzip der organischen Harmonie). Er war ein Vitalist und seine Sympathie für Spiritismus und Okkultismus inspirierte seine dem Evolutionismus folgenden Schüler zu einer Hinwendung zu modischen Versionen des sogenannten Psycho-Lamarckismus mit Betonung der inneren Vitalkraft des Organismus.

Zu den wichtigsten Persönlichkeiten unter den Schülern von Velenovský gehörte Karel Domin (1882–1953), Professor der systematischen Botanik und ein weltberühmter Vertreter der Phytogeographie, Ethnobotanik, Taxonomie und Morphologie. In Kew Gardens (England) verarbeitete und analysierte er Material aus West- und Nordwest-Australien. Auf experimenteller Ebene hatte er mit N. H. Nilsson in Schweden an einer Methode der Veredelung von Kulturpflanzen gearbeitet und unter der Führung von Hugo de Vries in Amsterdam Versuche mit Mutationen durchgeführt, die er später in Prag fortsetzte. Die Ergebnisse seiner experimentellen Forschungen beschrieb er in der populären kompilierenden Monographie *Úvod k novějším theoriím vývojovým* [dt.: Einführung in die neueren Entwicklungstheorien] (1909), deren Hauptziel es war, die Mutationstheorie vorzustellen und seine eigene »Theorie der zweckmäßigen Mutationen« zu beschreiben.[15] Domin vertritt in seiner Arbeit eindeutig den Lamarckschen Standpunkt und modifiziert – wie es üblich war – in diesem Sinne das Bild des Werkes von Lamarck als Gestalter der Evolutionstheorie. Domin lehnte sich an eine Reihe von Vitalisten an, wie z. B. Pauly, Francé, Wettstein, Henslow oder Velenovský.[16]

---

[15] Karel Domin, *Úvod k novějším theoriím vývojovým* [dt.: Einführung in die neueren Entwicklungstheorien] (Dědictví Komenského: Praha 1909).

[16] Domins Arbeiten zeigen auch einen problematischen Aspekt der damaligen wissenschaftlichen Beiträge auf, da sich einige Autoren wegen beschränkter Möglichkeiten einer fachkundigen Kritik wesentlich radikalere und selbstbewusstere Stellungnahmen auf Tschechisch erlaubten als es in ihren ähnlichen Publikationen im Ausland üblich war. Oft wurden Texte auch übermäßig kompiliert, was in der tschechischen Umgebung üblicherweise mit der Volksbildung in Verbindung gebracht wurde. Domin wurde einmal sogar als Plagiator beschuldigt, als er allzu wortwörtlich Texte von J. P. Lotsy übernommen hatte.

Eine ähnliche Linie Lehrer–Schüler und Vitalismus–Neolamarckismus wie bei den Botanikern bestand auch bei den Physiologen an der Medizinischen Fakultät der Karl-Ferdinands-Universität in Prag. Die Koryphäe in diesem Bereich war der Professor der Physiologie František Mareš (1857–1942), der Philosophie und Medizin in Prag (u. a. als Hörer von Ernst Mach, der medizinische Physik lehrte), in Leipzig (bei Karl Ludwig), in Berlin (bei Emil du Bois-Reymond) und in Utrecht studiert hatte. Im Bereich der experimentellen Physiologie wurde er durch Untersuchungen des Energie-Stoffwechsels bei Lebewesen und durch das Studium des Nervensystems und der physiologischen Psychologie berühmt. Theoretisch vertrat er einen Vitalismus und Intuitionismus in Opposition zum mechanischen Materialismus. Sein philosophisches Hauptwerk *Idealismus a realismus v přírodní vědě* [dt.: Idealismus und Realismus in der Naturwissenschaft] (1901) erregte in der tschechischen Philosophie einen langjährigen Streit über die Auslegung von Immanuel Kant – in der Erkenntnis *à priori* fand er eine noetische Unterstützung gegen einen naiven Realismus. Seine Auslegung war jedoch biologisch-vitalistisch, wodurch er bis zu einem gewissen Grade die Methoden der evolutionären Erkenntnistheorie antizipierte. Im Rahmen des Streites zwischen *Vitalismus* und *Mechanizismus* spielte jedoch die Darwinsche Lehre nur die Rolle einer unterstützenden Hypothese, die nach Kant als eine regulative Idee ausgelegt wurde. In seinem Kapitel über den Streit um Darwin betonte Mareš den Misserfolg einer mechanistischen Auslegung von Adaptation und widmete seine Aufmerksamkeit dem Problem der »primären Lebenseigenschaften«, die der Darwinismus gemäß der vitalistischen Auslegung von Mareš nicht erklären kann.[17]

Die spiritualistischen und religiösen Tendenzen von Mareš und Velenovský verbunden mit systematischer wissenschaftlicher Arbeit fanden bei ähnlich denkenden tschechischen Philosophen und Schriftstellern breite Resonanz (dies erinnert an den kulturellen Einfluss von Ernst Haeckel in Deutschland). Der wichtigste Schüler von Mareš war der Physiologe Edward Babák (1873–1926). Er knüpfte an die experimentellen Arbeiten von Mareš an und beschäftigte sich mit Funktionen der Atembewegungen, Wärmeregulation und Ontogenese.[18] Sein Beitrag zur tschechischen Debatte über Evolutionismus war eine bedeutende

---

[17] František Mareš, *Idealism a realism v přírodní vědě* [dt.: Idealismus und Realismus in der Naturwissenschaft] (F. Řivnáč: Praha 1901).

[18] Er war z. B. Autor von weitgehenden Auslegungen in dem berühmten *Handbuch der vergleichenden Physiologie* von Winterstein (1911). Nach 1918 beteiligte er sich stark an der Entwicklung der Hochschulen in Brno, vor allem der dortigen medizinischen Fakultät und der Hochschule für Veterinärmedizin.

Monographie mit dem Titel *O teorii vývojové* [dt.: Über die Entwicklungstheorie] (1904).[19] In dieser Monographie bietet er in Form einer theoretisch-biologischen Studie eine kohärente Beschreibung des Ursprungs und der Entwicklung des Evolutionsgedankens. Überwiegend handelt es sich um eine komparative Sammlung von Informationen über die Auslegung des Evolutionsgedankens: nach Einführung des Begriffes der Evolutionstheorie und seiner Beziehung zur Systematik folgen Kapitel, die Argumente für die Evolutionstheorie in der komparativen Anatomie, Embryologie, Paläontologie, Zoogeographie und in der allgemeinen Morphologie und Physiologie resümieren. Danach folgt eine Studie über aktuelle Probleme bei der Forschung zur Variabilität und zwei Kapitel über den Ursprung des Menschen und des Lebens. In diesen beiden Kapiteln deutet Babák an, dass die Tragweite der dort behandelten Themen die eigentliche Evolutionstheorie übersteigt. Die zusammenhängende theoretische Diskussion weist darauf hin, dass Babák die Lamarcksche Konzeption der vererbten Adaptabilität befürwortet, jedoch einige Fragen offen lässt, die weiterer Forschung bedürfen.

Die Arbeit von Babák stellt eigentlich die Vollendung der Diskussion dar, die seit 1901 auf den Seiten der wichtigen naturwissenschaftlichen Zeitschrift *Živa* von Mareš und dem Chemiker Bohumil Raýman initiiert worden war. Die an der Diskussion beteiligten Biologen äußerten sich in Bezug auf eine gewisse Unabhängigkeit der modernen tschechischen Biologie von den konservativen Stellungnahmen des noch immer einflussreichen Klerikalismus, der in den niedrigeren Stufen des Schulsystems dominierte. In der brennenden Frage der Religion überwogen Verweise auf die Anschauung des Entomologen und Jesuiten Erich Wasmann (1859−1931) mit der Tendenz, den Menschen als Organismus in den Komplex der Evolution zu integrieren. Die Frage der Geisteseigenschaften blieb als ein Thema außerhalb der Biologie offen (Theorie der Orthogenese).

Einige tschechische Zoologen standen dem Neodarwinismus von August Weismann (1834–1914) sehr nahe. Begründet wurde diese Strömung durch den Professor der komparativen Anatomie, Embryologie und Zoologie an der tschechischen Karl-Ferdinands-Universität, František Vejdovský (1849–1939). Vejdovský war neben Jan Evangelista Purkyně wahrscheinlich der wichtigste

[19] Edward Babák, *O theorii vývojové: Přehled myšlení o vývoji* [dt.: Über die Entwicklungstheorie. Übersicht des Denkens über Entwicklung] (Příroda a škola: Brno 1904). Vergleich auch: Edward Babák, *O významu Darwinově* [dt.: Über Bedeutung von Darwin] (Promberger: Olomouc 1909).

tschechische Biologe des 19. Jahrhunderts. Er wurde weltweit durch Entdeckungen im Bereich der Zytologie berühmt, und zwar durch Studien über Reifung, Furchung und Teilung der Eizellen, und er entdeckte das ›Zentrosom‹ in den Tierzellen. Vejdovský verstand den Darwinismus nicht als eine große Theorie, sondern eher als einen natürlichen Bestandteil des empirischen Ansatzes in der modernen Biologie. Sein Lehrbuch *Zoologie všeobecná i soustavná* [dt.: Allgemeine und systematische Zoologie] (1898)[20], das mehreren Generationen von Studierenden als wichtigste Informationsquelle diente, endet mit einer Skizze der »Grundlage der Entwicklungstheorie«. Die Struktur des Kapitels antizipiert den Ansatz von Babák (Grundlage der Theorie, komparative Belege in einzelnen Bereichen, Diskussion über Stellungnahmen von Lamarck und Darwin, aktuelle Möglichkeiten), endet jedoch mit einer vorsichtigen Hinwendung zu neodarwinistischen Lösungen, denn laut Vejdovský bestehe das Gewicht des Neodarwinismus in der einfachen Erklärung von Wiederholung bei Vererbung und der Erklärung von vielen Anpassungen, was kein anderer Erklärungsansatz (auch nicht der von Lamarck) anbieten könne.[21]

Der Hauptverdienst von Vejdovský besteht darin, dass er in seinem Labor mehrere Generationen von Biologen erzogen hat, von denen viele später an der Spitze ihres Forschungsgebietes standen. Seine Schüler führte er von der lokalen Problematik des Faches bis zu den aktuellen experimentellen Problemen auf der internationalen Ebene. Im Einklang mit der allgemeinen Entwicklung waren die Vertreter der »Vejdovský Schule« durch die Verbindung von experimenteller Arbeit mit theoretischen Fragen geprägt.[22] Ein großes Interesse galt zudem der damals gerade im Entstehen begriffenen Genetik. Im Rahmen der Diskussion über Evolutionismus können vor allem einige Schüler Vejdovskýs erwähnt werden: Alois Mrázek, Emanuel Rádl oder Bohumil Němec. Jeder von ihnen griff auf eine andere Weise in die Entwicklung der biologischen Wissenschaften und des biologischen Denkens ein. Ich werde mich hauptsächlich auf die ersten beiden konzentrieren.

---

[20] František Vejdovský, *Zoologie všeobecná i soustavná* [dt.: Allgemeine und systematische Zoologie] (Otto: Praha 1898).

[21] Vgl. Ebd., 503.

[22] Zu der Schule von Vejdovský siehe vor allem Jan Janko, *Vznik experimentální biologie v Čechách, 1882–1918* [dt.: Entstehung der experimentellen Biologie in Böhmen, 1882–1918] (Academia: Praha 1982).

Der Professor der Zoologie an der tschechischen Karl-Ferdinands-Universität Alois Mrázek (1868–1923) widmete sich unter der Führung von Vejdovský vielen Themen der allgemeinen und experimentellen Zoologie und veröffentlichte wichtige Texte über Zytologie als sein Mitautor. Seit 1900 hielt er Vorträge über Probleme der Vererbung und der Evolutionstheorien.[23] Die Ergebnisse fasste er als seinen Beitrag zur aktuellen Diskussion in der Arbeit *O nauce vývojové* [dt.: Über die Entwicklungslehre] (1907) zusammen.[24] In diesem Werk beschäftigt er sich nicht mehr mit der Sammlung von Belegen zugunsten der Evolution; die Evolution versteht er vielmehr als eine bewiesene Tatsache. Die Arbeit widmet sich der damaligen sogenannten Krise oder dem Verfall des Darwinismus. Die Krise legt er als wichtig und produktiv aus, da der Ansatz einer Rekonstruktion der historischen Entwicklung von Organismen auf Grundlage von phylogenetischen Bäumen, der im klassischen Darwinismus dominierte, unter dem Druck neuer experimenteller Forschungen zu Variabilität und Vererbung aufgegeben werden müsse. Mrázek schreibt über die Entstehung von Evolutionstheorien und die aktuellen theoretischen Konzeptionen sowie über Methoden und Experimente (Ontogenese, Mutationstheorie, usw.). Lamarck ist für ihn nur eine historische Person, während die Darwinsche Theorie eine wichtige Umwandlung der Biologie in eine *historische* Wissenschaft verursacht hat – der Kern dieser Umwandlung bleibt bestehen und die aktuelle experimentelle Arbeit stellt ein Korrektiv der historischen Einseitigkeit dar. Mrázek war der erste, der in diesem Zusammenhang auch über die damals aktuelle Wiederentdeckung der Forschungen von Mendel berichtete und erkannte, dass deren Weiterentwicklung und Interpretation die zukünftige Gestalt der Evolutionstheorie bestimmen werde. Obwohl die Einwände der durch Lamarck inspirierten Evolutionisten von Mrázek zusammengefasst und gedeutet werden, befürwortet er (vielleicht im Zusammenhang mit Vejdovský) die neodarwinistischen Lösungen.

Das Werk von Emanuel Rádl (1873–1942) über die Geschichte der biologischen Theorien kann zweifellos als ein Höhepunkt (aber zugleich auch eine neue Form) der gesamten diesbezüglichen Diskussion im tschechischen biologischen wie auch philosophischen Denken am Anfang des Jahrhunderts gesehen

---

[23] Mrázek berichtete wahrscheinlich als erster im Curriculum der Universität über Mendels Gesetze in seiner zoologischen Vorlesung im Sommersemester 1901 mit dem Titel *O dědičnosti* (Über Vererbung).

[24] Alois Mrázek: *O nauce vývojové (theorii descendenční)* [dt.: Über die Entwicklungslehre] (J. Otto: Praha 1907).

werden. Gleichzeitig wurde dadurch das Problem der Evolutionstheorie auf ein anderes Gebiet, nämlich das des neu formulierten Forschungsbereiches der Biologiegeschichte, übertragen.

Rádl begann seine Arbeit bei Vejdovský mit anatomischen und experimentellen Forschungen über Sinnesorgane, vor allem über das Sehen bei niedrigeren Organismen. Eine Serie von Untersuchungen schloss er mit einer Arbeit auf dem damals progressiven Gebiet der Sinnesreaktionen (Taxien und Tropismen) ab:[25] Rádl belegt hier, dass Licht einen der Gravitation gleichwertigen Einfluss auf das Orientierungsvermögen von Organismen hat. Von Anfang an beschäftigte er sich auch mit Fragen der Philosophie und Geschichte der Wissenschaft. Dieses Interesse kulminierte im Jahre 1905 mit der ersten Variante des grundlegenden Werkes *Geschichte der biologischen Theorien* (1905, 1909, 1913).[26] Im Kontext des damals entstehenden Konzeptes der »allgemeinen Biologie« wandte sich Rádl der historischen Forschung zu biologischen Problemstellungen auf direkte Weise, somit nicht in Form einer Übersicht von Vorläufern der gegenwärtigen Biologie, sondern als einem autonomen Forschungsgebiet zu. Er wurde zu einem der Urheber der Biologiegeschichte als selbständiger Disziplin.[27] Das Hauptthema des ersten Bandes seines Werkes bildet der Streit zwischen physiologischen und morphologischen wie auch mechanistischen und vitalistischen Ansätzen seit der Renaissance bis zum Beginn des 19. Jahrhunderts. Von besonderer Bedeutung war dann der zweite umfassende Band über die biologischen Theorien des 19. Jahrhunderts, der gleichzeitig auf Tschechisch und auf Deutsch

---

[25] Emanuel Rádl, *Untersuchungen über den Phototropismus der Tiere* (Engelmann: Leipzig 1903).

[26] Emanuel Rádl, *Geschichte der biologischen Theorien*, I. Teil. Seit dem Ende des siebzehnten Jahrhunderts (Engelmann, Leipzig 1905); *Geschichte der biologischen Theorien*, II. Teil. *Geschichte der Entwicklungstheorien in der Biologie des XIX. Jahrhunderts* (Engelmann: Leipzig 1909); *Geschichte der biologischen Theorien in der Neuzeit*, I. Teil. Zweite gänzlich umgearbeitete Auflage (Engelmann, Leipzig/Berlin 1913). Eine vollständige Ausgabe und einen Vergleich aller Varianten bietet erst die neue kommentierte tschechische Übersetzung: Emanuel Rádl, *Dějiny biologických teorií novověku*, I–II [dt.: Geschichte der biologischen Theorien in der Neuzeit] (Academia: Praha 2006).

[27] Mehr Informationen sind in einem Sammelband zu finden, der Rádl als Biologen und Historiker der Biologie vorstellt: Tomáš Hermann/Anton Markoš (Hrsg.), *Emanuel Rádl – vědec a filosof / Emanuel Rádl – Scientist and Philosopher* (Oikoymenh: Praha 2005) 75–194.

veröffentlicht wurde (1909). Den Kern dieses Buches stellt eine Analyse des klassischen Darwinismus und des wissenschaftlichen und kulturellen Einflusses des Darwinismus auf die europäische Rationalität und Kultur der zweiten Hälfte des 19. Jahrhunderts dar. Es handelt sich dabei um die erste systematische Reflexion des Darwinschen Werkes aus dieser Perspektive.

Abb. 2: Emanuel Rádl (1873–1942), http://www.phil.muni.cz/fil/scf/komplet/radl.html

Rádls Werk hat verschiedene Ebenen, von denen zwei hervorgehoben werden sollen. Einerseits wird der Einfluss von Lamarck als Gestalter der Evolutionstheorie im modernen Sinne bestritten. Dies war zu dieser Zeit eine ziemlich ungewöhnliche Stellungnahme, die in energischer Oppostion zu allen damaligen Modewellen des Neolamarckismus stand. Andererseits hat Rádl den verkannten Einfluss von Georges Cuvier rehabilitiert, dessen diachrone und synchrone strukturelle Ansätze den Boden für ein evolutionsgerichtetes Denken in verschiedenen Epochen vorbereitet haben.

Die epochale Wichtigkeit des Darwinschen Werkes wurde von Rádl in Frage gestellt, indem er die aktuelle Krise und den Verfall des Darwinismus in Betracht zog. Diese Stellungnahme stand den Thesen von Hans Driesch sehr nahe. Er bezieht sich auf die bestehenden Vorteile der Erkenntnisse der älteren morphologischen Tradition aus der Zeit vor Darwin und auch auf die damals aktuelle experimentelle biologische Arbeit, die sich von einer bloßen phylogenetischen Rekonstruktion unterschied und die Evolution nur als eine unterstützende Hypothese nutzte (ähnlich wie sein Kollege und Freund Mrázek). Nicht nur die Entwicklungsmechanik, sondern auch der Neodarwinismus von Weismann, die Theorie der Mutation und die Wiederentdeckung von Mendel sowie viele weitere Ereignisse der damaligen Zeit betrachtete Rádl aus der Perspektive des »Verfalls« des Darwinismus als eine neue Rationalisierung des ursprünglichen evolutionistisch-geschichtlichen Szenarios, die einen Angriff auf das traditionelle Verständnis einer europäischen wissenschaftlichen Rationalität darstellte.

Rádls Werk, das reich an radikalen Stellungnahmen ist, hatte einen großen Einfluss auf die europäische themenbezogene Diskussion an sich, insbesondere auf die Entstehung des Forschungsbereiches der Biologiegeschichte und darüber hinaus auch auf viele Philosophen seiner Generation (z. B. Ernst Cassirer, Max Scheler, Georges Canguilhem und viele andere). Die gekürzte Übersetzung seines Werkes ins Englische, die erst mit der Zeitperiode von Darwin beginnt, erfolgte auf Anregung von Julian Huxley und stimulierte viele Anreize in der spezifischen Diskussion in England,[28] und die parallel dazu produzierte vollständige spanische Übersetzung initiierte die Entwicklung der Biologiegeschichte in hispanischen Regionen der Erde.[29] Zur Zeit seiner Entstehung wurde das Werk von Rádl eher der vitalistischen Linie zugeordnet. Rádl war dann noch in der Lage, den ersten Band umzuarbeiten und zu erweitern (1913). In der neuen Ausgabe betont er das subjektive Element des Erkenntnisprozesses in der Geschichte der Wissenschaft in noch stärkerem Ausmaß.[30] Der erste Weltkrieg bewirkte in Folge, dass auch Rádl ein öffentlich engagiertes Philosophieverständnis unterstützte. Gleichzeitig wurde im tschechischen Milieu die kritische Arbeit von Rádl oft als destruktiv

---

[28] Emanuel Rádl, *The History of Biological Theories* (Oxford University Press: Oxford/London 1930).

[29] Emanuel Rádl, *Historia de las teorías biológicas*, I.–II (Revista de Occidente: Madrid 1931).

[30] Ein vollkommenes Konzept der Geschichte der Darwinschen Biologie fasste Rádl in dem ersten Kapitel eines Bandes zusammen, der im Rahmen der bedeutenden enzyklopädischen Serie *Die Kultur der Gegenwart* von Paul Hinnenberg herausgegeben wurde; Emanuel Rádl, Zur Geschichte der Biologie von Linné bis Darwin, in: Carl Chun/Wilhelm Johannsen (Hrsg.), *Allgemeine Biologie* (B. G. Teubner: Leipzig/Berlin 1915) 1–29. Rádl wurde auch Mitglied des ersten Redaktionsrates der von Georges Sartor herausgegebenen Zeitschrift für Geschichte der Wissenschaft *Isis* (1913).

für eine positive Forschung verstanden, wodurch seine Position innerhalb der Biologie an der Universität negativ beeinflusst wurde.[31]

Das Werk von Rádl stellt allerdings einen international anerkannten und wirklich originellen Höhepunkt des tschechischen biologischen Denkens vor dem ersten Weltkrieg dar, der eng mit der Problematik und Rezeption des Darwinismus und Evolutionismus zusammenhängt. In der kulturellen Variabilität des Prager Milieus und in den vielen intellektuellen Einflüssen, die sich hier verbunden und verflochten haben, können jene Anregungen gesehen werden, die zur Entstehung von vielen originellen kulturgeschichtlichen Ansätzen einer innovativen Diskussion auch im Themenfeld der Biologie geführt haben. Im ersten Jahrzehnt des 20. Jahrhunderts kam es somit zu einem ersten Höhepunkt einer von Offenheit und Diskussionsbereitschaft getragenen tschechischen Rezeption des Evolutionismus. Zu dieser Zeit überwogen Tendenzen zur Einschränkung der prioritären Bedeutung der natürlichen Selektion. Der traditionelle Streit zwischen Mechanismus und Vitalismus verlagerte sich auf das Gebiet einer Diskussion zwischen Neolamarckismus und Neodarwinismus in ihren verschiedensten Formen und Vorstellungen mit besonderem Augenmerk auf deren Anwendung und resultierende Auswirkungen. Die Evolutionslehre wurde am Anfang des 20. Jahrhundert in der tschechischen Biologie allgemein als eine selbstverständliche Tatsache akzeptiert. Die Interpretation und Analyse der Mechanismen wurde jedoch eher bedachtsam und reserviert von einer nahen Zukunft in Zusammenhang mit weiterführenden Forschungen zu Mutationen, Variabilität und Vererbung erwartet.

---

[31] In diesem Zusammenhang kam es auch zu einem Streit mit Karel Domin (s. oben), der in demselben Jahr des Erscheinens von Rádls zweitem Band der *Geschichte der biologischen Theorien* (1909) seine Arbeit über die *neueren Entwicklungstheorien* herausgegeben und Rádl der unzulässigen Kompilation aus seinem Werk beschuldigt hatte.

The Reception of Darwinism in Croatia, 1859–1920

Josip Balabanić

This paper is the result of a critical study of various articles, discussions, books, and other written documents related to the appearance of Darwinism in Croatia in the period from 1859 to 1920. This overview employs a chronological approach, monitoring the reception of Darwinism in a country of the Pannonian and Mediterranean area that culturally belongs to Central Europe.

Generally, the reception of Darwinism gave a strong scientific impetus and affected a more favourable climate for the development of modern natural science disciplines in Croatia. But it has to be mentioned as well that during the observed phases of Darwin's reception in Croatia there also existed a permanent opposition against Darwinism, which came from conservative Catholic authors with theological background. It should be mentioned that there was also a relatively large number of theologically educated people (e. g. Antun Kržan, Josip Juraj Strossmayer, Antun Bauer, Josip Torbar, Natko Nodilo) who had accepted or had been prepared to accept the so-called ›moderate evolutionism‹, which was proposed by St. George Jackson Mivart, Alfred Russell Wallace and Erich Wasmann. This article notes the prominent publications of individual scholars who signed their contributions in full as well as anonymous publications, or those only initialed or unsigned. In this context the polemic between the editor of the weekly *Katolički list* [Catholic newspaper], Antun Bauer, and the natural scientist Bogoslav Šulek deserves closer attention.

Introduction: General social and cultural conditions in the Croatian lands around 1859

At the time of the publication of Darwin's *On the Origin of Species* (1859), Croatian lands – namely Croatia in a narrow sense, Dalmatia and Slavonia – were a constituent part of the Habsburg Monarchy. The period of Alexander von Bach's Neoabsolutism (1849–1860) was marked by a systematic suppresion of all »dangerous« liberal ideas that were considered to be a threat to the institutional fundamentals of the Monarchy and also the Church. Both had attempted to protect their common interests by means of a Concordat (dated 18th August 1855), signed by Pope Pius IX and by Emperor Frances-Joseph I. The Church and the Government wanted to unite their power in order to stop the penetration and spread of liberalism and other ideas of so-called ›modernism‹. This Papal document was very oppressive, featuring several articles that prescribed strict control over both the written and the spoken word, especially in the area of education and upbringing.[1] The formulations were rather general, so »everything that opposed religion and morals« was banished – not only anarchistic, democratic, socialistic and similar ideas but also everything that belonged to science and culture when someone argued that it was »against religion and morals«. In those years, bishops in the Habsburg Empire issued a circular pastoral letter to their worshippers, warning them about the dangers arising from all theories that questioned the existing social and religious order. Zagreb's archbishop Juraj Haulik was one of the signatories of this document.[2]

An overview of various publications in the period 1860–1870 demonstrates that neither Darwin nor his theory were dicussed or even mentioned in Croatia during that time. At first glance, one might think that this could be adequately explained by the above mentioned political situation. Nevertheless, at that time the Czech lands experienced a similar political situation, but Darwin obviously was read there, at least in Heinrich Georg Bronn's German translation of *On the Origin of Species*. In the same period,

---

1 Published in Croatian in: *Zemaljsko-Vladin list za kraljevine Hrvatsku i Slavoniju* [Landes-Regierungs-Blatt für die Königreiche Kroatien und Slavonien], I. razdiel, komad XXXII (10. XII. 1855). *Carski Patent o proglašenju konkordata* [The Emperor's Patent on Proclamation of the Concordate], 433–434; the Concordate's text, 435–450.

2 Cf. Archivium Archipiscopale in Zagreb (Nadbiskupski arhiv u Zagrebu), in: Juraj Haulik: *Acta personalia*, scat. XIII (IIID, vol. II).

František Ladislav Rieger's and Jakub Malý's Czech encyclopedia *Slovník naučný* [Learning Dictionary] (1860–1874) already featured a separate entry on Charles Darwin.[3] Therefore, in addition to the common socio-political problems mentioned above, that could have hampered the acceptance of Darwinism in Croatia, other causes should be sought, especially in a comparison of the Czech lands and Croatia. It appears that the main issue, at least when it comes to Croatia, was the weaker development of Croatia's scientific community. More precisely, in the observed period during the1860s, science in a modern sense was still at its very beginnings in Croatia: Secondary schools and higher education still were based on modest medieval structures and modern universities or modern educated natural scientists did not exist. On the other hand, the Czech lands had a strong university tradition and disposed of a renowned Academy of Sciences in Prague since 1784, fostering some of the modern branches of the natural sciences, and it also had the pioneering experimental physiologist Jan Purkyně and his circle.

During that period, Croatia established its own ›Academy of Sciences and Arts‹ (1866) and a modern university system (1874). The ›Zagreb National Museum‹ [Narodni Muzej] founded by the Croatian Parliament in 1846, was confirmed by the Royal Court not earlier than 1866, featuring natural science departments and employing only a few traditionally-educated natural scientists. The lack of basic scientific literature was a permanent problem. Nevertheless, the change began during the late 1860s and in the 1870s with the return of several modern-educated natural scientists after having studied abroad. Their research contributed decisively to the development of science and had a strong impact especially on natural sciences. Starting from the 1870s, after the Concordat was dissolved in 1870 by Emperor Francis Joseph I, they played an important role for the advancement of science and the introduction of Darwinism as well.

Different phases in the reception of Darwin in Croatia

1st phase 1859–1869: Darwin's »covert presence« in Croatia

During the first ten years after the publication of *On the Origin of Species* neither Charles Darwin nor his theories were discussed in the Croatian public. The only

---

[3] Cf. B. Matouškova, The Beginnings of Darwinism in Bohemia, in: *Folia biologica* 5 (1959), 169–185.

exception, a brief discussion dating from 1864 between two prominent natural scientists – the geographer and zoologist Josip Torbar and zoologist Živko Vukasović – demonstrates that both were already familiar with Darwin's concepts. The debate revolved around the issue whether humans also belong to the zoological classification scheme, or not. A similar question would never have been asked some 15 years earlier. A common handbook for the higher classes of grammar school, published under the title *Naravopisje* [Natural History] in Zagreb 1850, uses a completely Linnaean approach, classifying ›man‹ among mammals, bipeds (Bipeda) and two-handed creatures (Bimana). And it also includes a classification in which monkeys belong to the same group as human beings. In contrast, zoologist Živko Vukasović in 1864 submitted a paper for the first issue of the scientific magazine *Književnik* [The Writer] entitled *Čovjek i životinja* [The Man and the Animal][4], mentioning similarities between the bodies of animals and men, pointing out not only general differences but also the more particular ones among chimpanzees, other monkeys, and men. He proposes that man should belong to a separate regnum because of his intellectual abilities.

One of the editors of *Književnik*, Josip Torbar[5], a Catholic priest, zoologist and geographer, recognised some specific human characteristics in his editorial note[6], but pointed out that ›man‹ when his »life (is) based on mere animal functions falls under the same laws that govern the rest of the animal world, so he certainly should belong to the same system, too«. None mentioned Darwin in this context, but the sensitivity related to the issue whether ›man‹ belongs to the zoological classification can be observed as a reaction to Darwin's ideas that were already known by Croatian experts and within the scientific community. Darwin and his theories were heard of, but not written about just yet. This is further corroborated by the fact that only two years later (namely 1865), the same Živko Vukasović writes in the second issue of the same magazine that »there were people who insisted on linking the origin of man to monkeys«[7]. But we also have a direct testimony for the knowledge of Darwin in Croatia: The young zoologist

---

[4] Živko Vukasović, Čovjek i životinja [Man and Animal], in: *Književnik* [The Writer] 1 (1864) 227–235.

[5] Cf. Josip Balabanić, Josip Torbar, in: *Österreichisches Biographisches Lexikon* (ÖBL) 1815–1950, Bd. 14 (Lfg. 66, 2015) 406 f.

[6] Cf. Vukasović, Čovjek, 234.

[7] Živko Vukasović, Dosadašnji napredak u prirodopisu [Progress in Natural History up to now], in: *Književnik* 2 (1865) 114–121; 274–81;489–505. Especially 120.

Spiridion Brusina from Zagreb National Museum wrote to Charles Darwin who responded on May 8th, 1869 (Figure 1).

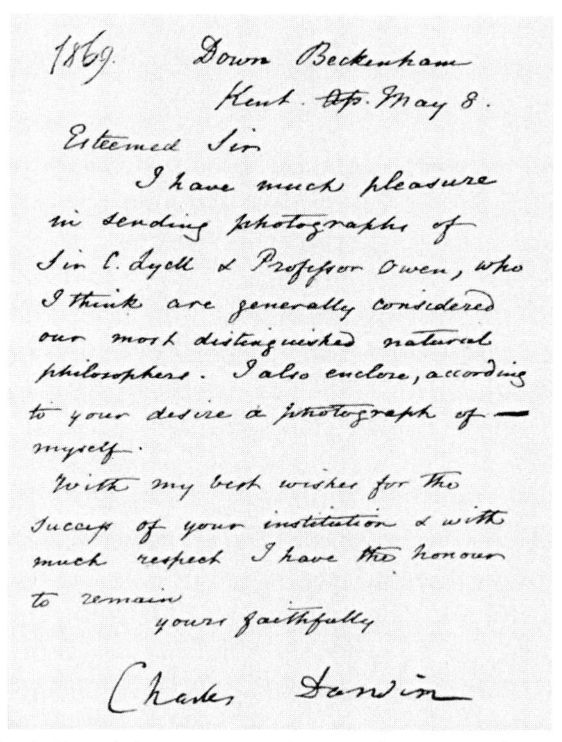

1869. Down Beckenham
Kent. ~~Ap.~~ May 8.

Esteemed Sir

I have much pleasure in sending photographs of Sir C. Lyell & Professor Owen, who I think are generally considered our most distinguished natural philosophers. I also enclose, according to your desire a photograph of — myself.

With my best wishes for the success of your institution & with much respect I have the honour to remain

yours faithfully

Charles Darwin

Fig. 1: Darwin's response to Brusina from May 8th, 1869

2nd Phase (1869–1900): The reception of Darwinism as a general theory of evolution and variation

The 1860s were accompanied by significant social and political changes in Croatia. The Croatian Parliament adopted a proposal to establish a Croatian Academy of Sciences and Arts in Zagreb in 1861, which was confirmed by the Emperor in 1866. In the same document the National Museum, that had been established in 1846 by a decision of the Croatian Parliament, was acknowleged as the ›Landesmuseum‹ (from 1878 on named ›Croatian National Museum‹). A generation of younger modern-educated natural scientists returned to Croatia from their studies abroad at the end of the 1860s and the middle of the 1870s and started working in natural sciences departments of the Zagreb Museum –

zoologist and palaeontologist Spiridion Brusina (in 1868) after studying in Vienna, geologist Gjuro Pilar after earning a PhD in geology at Brussels University, mineralogist Mijo Kišpatić (during the mid–1870s) also after having studied in Vienna, Dragutin (Karl) Gorjanović-Kramberger (at the end of the 1870s) after earning a PhD in geology and palaeontology in Tübingen. All of these scholars lectured at the newly established Zagreb University after 1874.

The phase of Darwin's latent presence ended in 1869. It is worth noticing that a traditionally educated natural scientist of the older generation, the botanist and geologist Ljudevit Farkaš Vukotinović, a member of the newly founded Academy of Sciences and Arts in Zagreb, was the first to speak about Darwin in that year. Vukotinović's Academy lecture dealt with the issue of classification of hawkweed (*Hieracium*) and was published in the Academy's journal *Rad* [Monographs].[8] Dissatisfied by the old Linnaean practice of separately observing just some characters, namely sexual features to determine plant classification, he proposed a physiographic system taking into account the entire habitus of a plant and carefully observing each individual plant: »The reality is not the species, but the individual organism«. In this account change constantly occurs in individuals, shifting the accent from the ideal category – the species – to the variability of the individual. At that very point in his lecture, Vukotinović mentioned that Charles Darwin appeared »recently«, saying: »Since his ingenious theory had awakened a great interest in the scientific world, it is worthwhile describing it in more detail« (p. 3). It is important to remark that while briefly explaining Darwin's theory, Vukotinović actually points out the fact that the survival of any life form (species) depends on the capability of at least some of its descendants to survive under changeable environmental circumstances. In that way, the »usefulness« of each change is demonstrated: »The use of each change depends on the quality of external life conditions« (p. 4). The result of the survival of just some individuals is a constant adaptation of life forms to external circumstances, while within the classification scheme »the natural system could not be presented other than in the form of the tree of life«.

---

[8] Ljudevit Farkaš Vukotinović, Pokus monografije runjikah (hieraciorum) po sustavu fiziografičnom .[Attempt of a Monograph of the Hawkweeds (hieraciorum) according to a physiographic System], in: *Rad* [Monographs] Jug. akad. znan. i umj. 7 (1869) 1–83.

Although Vukotinović's text contained all the elements of Darwinism – variability, selection, struggle for life, conflict of individuals with the conditions of changeable environment, inheriting certain morphological or physiological advantages – he rejected Darwin's theories, claiming that they were only hypotheses that could not be proven but could be objected to in many respects. He understood the notion of species idealistically and essentialistically. His main objection to Darwinism boiled down to the assertion that order and harmony in living nature could not be ascribed to a mere coincidence, but must be a result of the »necessity of laws« and of the growth towards perfection. He believed, of course, that man is the culmination of nature's development. Vukotinović found Darwinism unacceptable primarily because it stressed the absolute contingency of natural processes.

Fig. 2: Ljudevit Farkaš Vukotinović (Wikipedia, gemeinfrei)

Vukotinović addressed the constant developmental changes in his next academic debate, which was dedicated to the creation and its duration.[9] He did not reject the category ›Species‹ here either, describing *species* as the sameness or identity of certain important inner and outer characteristics. This can be established by »realistic experiments« or by real experience. In his opinion, a physiographic approach has to be taken in the classification of species. A taxonomist has always to take into account the »inner organism«, meaning the inner anatomic and physiological characteristics. Individuals which are more similar with regard to the above mentioned criteria belong to the same species, which also serves as a proof of their mutual connection (p. 128 f.). He specifically stated that nature still *keeps creating*, meaning that the evolutionary process did not come to an end. He included the fact of common origin and descent as important presumptions in connection with the creation of natural systems in the classification of plants.

Vukotinović did not return to the topic until 1875, when he spoke about natural selection in an academic debate »On the Changeability of Plants and the Creation of new Species«.[10] He vehemently rejected the idea that this could be a mere mechanism. Nevertheless, he spoke even more passionately about Darwin's attempt to explain evolution in a plausible manner, claiming that: »His work *On the Origin of Species* is accepted by most scholars as the foundation of all nature-related considerations«. Vukotinović now felt the need to elaborate Darwinism as the theory of natural selection. He first spoke about artificial selection, saying that man may use selection to obtain the wanted forms, based on the fact that the offsprings are different from each other. He also said that, according to Darwin, »nature itself« does such a thing. More precisely, the »individuals characterised by better features overpower the weaker ones in the struggle for life, using their vital force to pass them to their offspring« (p. 4). Vukotinović believed that such a principle could not be applied to plants which are more passive, therefore in that case selection and the struggle for life could not be of such importance. He also criticized Darwin's idea of unlimited variability and concluded: »In addition, I cannot accept Darwin's theory, because if selection, the struggle for survival, and evolution of the organisms existed in the way that

[9] Vukotinović, Tvorba i njezino trajanje [Creation and its Duration], in: *Rad* 11 (1870) 125–145.

[10] Vukotinović, O promjenljivosti bilinah i postanju novih vrstih [On the Changeability of Plants and the Formation of new Species], in: *Rad* 33 (1875) 1–37.

is proposed by Darwin, more prominent results should be exposed in history than those which are observable now: I believe, thus, that the theory should be well rounded / limited / and reduced to what can be proved«. He pointed out that while there is abundant literature on the subject and some of Darwin's principles cannot be »disproved in their importance«, the theory itself would go through numerous changes. Due to all of the above, he concluded that he cannot »recognise Darwin's theory«. Nevertheless, I believe that Vukotinović's essentialist philosophy here served as the main obstacle to doing so.

Finally, in an academic debate dating from 1877[11], Vukotinović still expressed some critical objections in respect to the principle of natural selection. But at last he accepted it; this conviction was based on his observations as an experienced flora researcher and was also supported by latest palaeontological evidence. With regard to variability, he stressed the potential of »the inner organism« (today we would call it the »genetic potential«), in which he saw not only the possibility but also the imminence of variability. So he did not see more reasons why evolution should not occur across the boundaries of species (p. 52). In his opinion, all of evolution stems directly from the inner potential of an organism, while to a great extent, it is indirectly shaped by external conditions: »Generally, I believe that each organic creature holds potential developmental strength that can be described as latent, i. e. that lies within, seemingly dead, manifesting itself outdoor when corresponding circumstances influence it, whether external or immediate, i. e. internal ones« (p. 53 f.). He concluded: »This underlying principle is based on the primordial grounds that nature has at its disposal, based on some grounds elusive to us«. What is that supposed to mean? The statement obviously alludes to some teleological plan or the Creator's intention.

In the same debate, Vukotinović considered the older transmutation theory which also takes into account sudden changes. He stressed that the very possibility of creation of something new has to be initiated by reproductive cells. Later on, he discussed the theory of *heterogene Zeugung* [heterogeneous fertilisation] by Albrecht von Kölliker. (p. 57) He was convinced that the emergence of new systematic categories would be caused by sudden changes in the reproductive cells. In the end, Vukotinović's comments on Darwin's theory

---

[11] Vukotinović, Prirodoslovne theorije i darwinisam [Natural History Theories and Darwinism] in: *Rad* 41 (1877) 49–104.

significantly underline the principle of descent. But he also rejected Darwin's notions on the »sum of the smallest gradual variations«. (p. 72) From his point of view, selection mechanism meant nothing else than the creation principle in evolution. He argued that natural selection cannot be reputiated: »Because, if that main principle was denied, there would be no boundaries which an individual would have to cross in its offspring, there would be no marked direction in the development of organisms, the variations would multiply by an infinite number …«. (p. 76)

We can conclude that Vukotinović constantly focused on the »inner side« of an organism, ascribing the main role to great changes in heredity. In other words, changeability and variability have a material basis: »If the principle of inner development […] is the force that yields, creates and produces, it has to rely on the matter, because an individual could not be created in another manner, an individual that takes bodily forms and gets a real life for which it needs physical organs, i. e. the apparatus or a mechanism, which is what Darwinism stated…« (p. 84). He argued further: »Darwin could be interpreted more clearly, some of his theories could be modified, but his main principles should be left untouched …« (p. 90). In the end, Vukotinović accepted Darwinism in a truly unique manner: In a philosophical sense, he remained still an essentialist who perceived nature as the realisation of an inherent idea or intention. In this way he is a representatve of a teleological approach. As a natural scientist, however, he accepted the mechanism of variability and selection, and as a philosopher he followed a mechanistic approach that is not identical with the mechanicism of metaphysical materialism.[12]

---

[12] It seems that it is possible to have mechanistic explanations within a teleological concept of nature. Mechanism can be a part of natural processes that occur as a result of natural forces and laws, as well as other causes (causae secundae). The particles, the so-called natural forces and laws, as well as matter itself, would have a certain degree of autonomy or freedom. Thus, some can fit in the mechanism within the general teleology as the implementation of the plan, the basis or the idea of some Mind; more precisely the mechanism of natural selection, having in mind that the mechanical process is also a part of some general plan. It seems that Vukotinović could be understood in that sense. Obviously, in theistic evolution the purposeful structural or functional results, i. e. the appearance of the adjustments of organs or entire organisms, might have some coincidences within the process of their creation, i. e. this aspect of their development might be mechanical, while in the end the result could be a part of the Creator's masterplan. Thus, even if the »chance« of the natural selection mechanism should be accepted, it does not mean that the Great Selector is not the Creator himself! Anyway, the selection is conducted in the interaction

As it seems, Vukotinović's writing had no widespread acceptance, at least not directly. His above mentioned lectures were published in the Zagreb Academy's magazine *Rad*, which did not reach a wider public. Nevertheless, we can suppose with great certainty that the first lecture of academician Vukotinović made him the first one who spoke about Darwin in closed scientific circles (1869).

The rejection of Darwin's theory challenged a young 25 years old zoologist, Spiridion Brusina, later an employee of the National Museum in Zagreb, and motivated him to take sides with Darwin and Darwinism in public. On December 16th 1870, Spiridion Brusina (1845–1908), who had finished a part of his studies at the University of Vienna, gave a lecture at the *Gospojinsko družtvo* [Society of Zagreb Ladies]. He had probably heard about Darwin in the gymnasium which he had attended in his native town Zadar. What were his thoughts about Charles Darwin? He probably best displayed his impressions when he wrote to Darwin in the beginning of 1869, even before Vukotinović's presentation at the Academy of Sciences, asking Darwin to send him a photo for use in founding a *Society of Croatian Natural Scientists* which he planned to establish. Darwin replied to him on May 8th 1869, sending him his photo and wishing luck to the future Society (see above, Figure 1).

Brusina also held a first public lecture on Darwin and his theory, titled *Nešto o Darwinovoj teoriji* [Something about Darwin's theory]. It was published immediately afterwards, at the beginning of 1870, in the widely-read Zagreb weekly *Vienac*[13], and thus became accessible to a wider public. It is understood that reactions immediately followed because Brusina positioned Darwin's theory in his lecture into a wider context within the history of the Earth. He quotes Darwin's *Origin of Species*, saying that all life on Earth developed over hundreds of thousands or even millions of years from a single primordial specimen. As far as the appearance of man was the result of the evolution, he added that Darwin had announced a following book about the origin of humans (*Descent of Man*) for the following year. He pointed out that Darwin's theory was based on convincing proofs and that human beings should not be ashamed by their

between the quality of the genetic ground and the environmental conditions.

[13] The lecture, entitled »Nešto o Darwinovoj teoriji« [Something on Darwin's Theory], was published in two volumes of the journal, in: *Vienac*, 2 (1870), no. 52, 827–831; then in no. 53, 842–844.

allegedly low origin. On the contrary, man has to be proud because, according to Darwin, he is the most perfect creature on Earth.

A forceful reaction soon ensued in Zagreb's *Katolički list*[14] [Catholic newspaper]. The author pointed out that Darwin's theory »explains the world without God«. He also wanted to decrease the substantial value of this new theories by claiming that there had already been some similar theories in natural science before. Furthermore, he declared that Darwin's theory undermines the foundations of religion, morals, culture, and social life.[15]

The second public lecture by Brusina soon followed, on March 24th 1871, and was titled *O starosti čovječjeg roda* [On the Age of Mankind].[16] Brusina opened with a very optimistic view of the future of humanity, claiming that better knowledge about the origin of life and man will cause great improvements in biology and anthropology. Obviously under Haeckel's influence and based on the new awareness of man's place in the world, a new philosophy would be born, not based on metaphysical speculations but on »real grounds of comparative zoology«. Of course, *Katolički list*[17] stepped forward once more, not with an article but with a brief piece of news about Brusina's lecture, written dismissively and obviously underrating the young lecturer.

Another equally fierce assault arrived from Zadar and was printed in the weekly *La Dalmazia Cattolica*[18]. The text employed irony and sarcasm and the anonymus author refered to Zadar-born Brusina as »the 32 year old Moleschott« (Brusina was only 25 at the time), who believed that he had discovered a new era in the history of human development while it was actually an era of returning to the savageness of four-legged long-eared predecessors. From that moment on, the same newspaper continued carefully to protect its readers from the danger of

---

[14] Cvjetko Gruber, Darwinova teorija prema nauku i zakonu vjere [Darwin's theory in relation to doctrine and law of the faith], in: *Katolički list* [Catholic Newspaper], 22, no. 6, pp. 40–44.

[15] The same author will write similarly in the same newapaper in1879: Njekoliko riječi o Darwinovoj i kršćanskoj borbi za obstanak [A bit on Darwinian and Christian struggle for survival], in: *Katolički list*, 30, no. 30, 238–239, no. 31, 244–245.

[16] Spiridion Brusina, O starosti čovječjeg roda [On the Age of Mankind], in: *Vienac*, 3, no. 14, 217–235.

[17] Rubrika: Viestnik-Zagreb [Tidings-Zagreb], in: *Katolički list* 12, no. 15.

[18] Anonimus, C'è, in: *La Dalmazia cattolica*, 1871, 2, no. 21.

Darwinism: In the following year 1872, *La Dalmazia Cattolica* printed a two-part lecture of a prominent French opponent to Darwinism, Armand de Quatrefages.[19] In the same year, the first anti-Darwinistic book was printed in Zagreb in two volumes. The first volume was published in 1872 and the second in 1873. A Zagreb Catholic priest, Juraj Žerjavić, signed the books as author.[20] Nevertheless, it was soon proven that this publication had actually been plagiarised. The author tried to reprint a series of articles from Roman journal *La Civiltà Cattolica* as his own, while he authored only the notes in which he attacked Croatian Darwinists (Brusina, Kišpatić), not shying away from using very insulting phrases.

Fig. 3: Spiridion Brusina (Wikipedia, gemeinfrei)

In this manner Darwinism entered the Croatian public sphere. There is evidence that some other respectable contemporary scholars, i. e. Josip

[19] Ibid. no. 42, 353–356; no. 44, 368–371.

[20] Juraj Žerjavić, *Čovjek-majmun i Darwinova teorija* [Ape-man and Darwin's Theory], (First part Zagreb 1872; second part 1873).

Kalasancije Schlosser and Aleksandar Praunsperger[21], had also knowledge of Darwinism and accepted it in the 1870s. The new intellectual atmosphere is very well described in an article signed by Josip Janda, a professor at Zagreb's Gymnasium, which was published in the school's official annual report of 1872.[22] The author aknowledges the appearance of Darwin's theory as a logical consequence of the new positivistic climate that was predominant in nineteenth-century natural science. He demonstrated his acceptance of the new theory, claiming that Charles Darwin with his theory had opened a new era. He tried to focuse on the essence of Darwin's theory following the main arguments from a debate on *Darwin und Darwinismus* of Viennese professor K. B. Heller. Nevertheless, Janda's article had no significant impact, probably because it was published only in a gymnasium report that was not accessible to the general public. Another article, published in Zagreb's *Vienac*[23], saw much more reaction. The author, who signed only with his initials M. K., must have been Mijo Kišpatić (1851–1926), who studied natural science, mathematics and physics at the University of Vienna at that time.[24] Kišpatić, a young man aged only 21, clearly exhibited the spirit that was already dominant at the Faculty of Philosophy of the University of Vienna. He began his discussion on the origin of man by claiming that a mechanical evolution of the world is an evident fact. This will lead to an answer to the question of the origin of life, and once we get an answer to this question, we will comprehend our purpose, and adjust all our social relations and the view of life in accordance with it. He zealously claimed that Darwin's ideas are more than just hypotheses and that life is created »out of itself«, spontaneously, even today. He mentions as a proof Huxley's *Bathybius Haeckelii* – a substance that was believed to be a form of primordial matter, a source of all organic life. And he actually perceived the regularity of the development and formation of man with the view of a vulgar materialism. He pointed out that no Chinese Great Wall should be built between man and monkey, adding that animals thought as well and that the difference in their ability to think was

---

[21] Cf. Spiridion Brusina, Zoologija i Hrvati [Zoology and Croats]. in: *Rad* 75, 1885, 80, 86–245; l. c. 215.

[22] Josip Janda, Darwin i darvinizam, in: Izvjestje o kr. višoj gimnaziji u Zagrebu koncem šk [Zagreb High Gymnasium's Report at the End of School-Year] 1871/2 (Zagreb 1872) 3–18.

[23] M. K. Čovječje porieklo [Descent of Man], in: *Vienac* 3/39 (Zagreb 1872) 624–627.

[24] Vanda Kochansky-Devidé, in: *Prilozi povijesti geoloških istraživanja u Hrvatskoj* [Addenda to the history of geological explorations in Croatia], 29, III Mijo Kišpatić (Zagreb 1976) 349–362, l. cit. 350.

attrituable to the lesser development of the animal brain. All of these debates offended Catholic traditionalists, especially the already above mentioned Juraj Žerjavić.[25]

Those who are well-acquainted with the life and work of the Croatian polyhistor and natural scientist Bogoslav Šulek (1816–1895) might be surprised by the fact that he could not be connected with Darwinism sooner than 1875, of course in the role of a public supporter of Darwin's theories. But when it came to natural sciences, Šulek was primarily interested in botany, and it was a common view in contemporaneous writings that Darwin's theories could be applied only to zoology. Indeed, four years after the publication of Darwin's *Descent of Man* (1871), when Darwin applied his theory to the origin of man as well, Šulek wrote his *Najstariji tragovi čovjeka* [The oldest Traces of Man].[26] He pleaded for the theory of evolution, pointing out that according to new scientific chronologies, the Quaternary itself lasted for more than 85.000 years, and that man appeared maybe even sooner, namely in the Miocene. Therefore, he disproved the accepted traditional belief of the Bible-based timeline of several thousands of years. In a second debate, published to mark the fiftieth anniversary of the beginning of the ›Illyrian Movement‹ (1835–1885), Šulek attempted to present Charles Darwin as the culmination of human endeavours to comprehend the origin of man.[27] He pointed out that the opponents of Darwinism in Croatia underestimate Darwin and his theory as something based on phantasy and unproven claims on the one hand, saying on the other hand that evolutionary theory was not new, since natural philosophy and even some traditional Christian authors had already offered similar ideas. Šulek argued that this is only partially correct, but he wrote also that Darwinism is a novelty because of its consistent empirical and mechanist approach to nature as well as to the origin of man. For him Darwin's theory marked the zenith of the development-theory and he defended Darwinism as *the* theory of natural selection. He summarised as follows: »The comprehensive conclusions that arise from it (Darwinism) tear deeply through existing scientific thought as well as religious beliefs. The world is most surprised by the fact that Darwinism is applied to man as well.« And he

---

[25] Cf. Žerjavić, *Čovjek-majmun* 1873, 114.

[26] Bogoslav Šulek, Najstariji tragovi čovjeka [The oldest Traces of Man], in: *Rad* 33 (1875) 128–207.

[27] Šulek, Predteče Darwina [Darwin's Forerunners], in: *Rad* 72 (1885) 173–236; *Rad* 75, 1–78.

concluded: »But if the teaching could be applied to other organisms, it most certainly could be applied to man, similarly to all other laws of nature«. Šulek was a member of the new Academy of Sciences and Arts, he openly supported Darwinism, and his opinions were published in the Academy's official scientific magazine *Rad*. Three years later, he published a comprehensive discussion, entitled *Područje materijalizma* [The Area of Materialism][28], in the same magazine, which caused a fierce debate with the Catholic priest and editor of *Katolički list* [Catholic newspaper] Antun Bauer, which will be discussed in detail below.

Until the end of the 1870s, the entire pro-Darwin literature in Croatia consisted of lectures, academic discussions, scientific papers, and a few newspaper articles. Books were mostly published by opponents of Darwinism. As we have seen, the first one was written by Juraj Žerjavić. Three new books appeared at the end of the decade: two of them written by supporters of Darwin, namely Hugo Gerbers and Giuseppe Fabbrovich, and a third book, divided into two volumes, by the priest Antun Kržan, a very sober-minded critic of Darwin's theory who based his beliefs on neo-Thomistic scholastical considerations.

Hugo Gerbers' book *Die Entstehung und Entwicklung des Lebens auf unserer Erde* (Zagreb 1878) attempted to present Darwin's theory in a popular manner on more than 300 pages, expressing Gerber's materialistic views. But the book[29] had no wider impact, not only because most Croats were not able to read German. A similar thing happened 1881 in Zadar when Giuseppe Fabbrovich, a young man just over 20 years old, published his small book (not more than 144 pages) *Darwinismo e materialismo* [Darwinism and Materialism]. He strongly advocates for his materialistic and atheistic beliefs and argues that in the modern world science should replace religion. One has to take into account the intellectual atmosphere in Dalmatia's capital during those years, wich might be best characterised by several articles in Zadar's periodical *La Dalmazia Cattolica*. These articles, written in the 1880s, included a series of polemical but unsigned

---

[28] Šulek, Područje materijalizma [The Area of Materman'sialism], in: *Rad* 92 (1888) 1–72.

[29] Hugo Gerbers, *Die Entstehung und Etwicklung des Lebens auf unserer Erde. Volkverständliche Darstellung der Entwicklungslehre als Grundlage einer einheitlicher Weltanschauung* (Albrecht & Fiedler: Agram 1878). Gerbers was 33 then, working as a typographer who had retreated to a more peaceful Zagreb after being questioned by the police in Vienna at the end of 1870s because of his radical socialist ideas; writing about himself in *Agramer Presse* (no. 113, 29 May 1877), he said that in his free time he wrote »scientific papers«.

texts, which attempted to warn of misconceptions and the dangers of (vulgar) materialism. Of course they denied the possibility of an »accidental« creation of life out of inanimate material. Instead they referred to the existence of God the Creator and underlined the perception of eternal life after death. They vehemently defended their teleological approach to creation and condemned the inclusion of man into a common zoological classification scheme. They also denied the relationship of man with other primates, pointing out the importance of man's unique spiritual capabilities, will, senses, sensibility, and consciousness.

But Fabbrovich's book is an indicator of the liberal spirit that had penetrated the Gymnasium of Zadar. One of its intellectual stimulators was Sperato (Natko) Nodilo (1834–1912), professor of history, geography and Croatian and Greek languages. While the official school report contains only scarce and withholding remarks on Darwin and Darwinism[30], Nodilo wrote an article that was published in the Gymnasium's Programme for the year 1871/72, where he spoke about the descendant of mankind and gave a brief overview of the two opposite viewpoints on the origin of man. He differentiated between the traditional one, relying on the Bible text and saying that man was created by God »in his own image«, and the contrasting viewpoint of contemporary natural scientists who were convinced to have discovered the origins of life as well as the principles of its development. Nodilo obviously supports evolutionary theory, but he interprets the flexibility of organisms in a Lamarckian manner. He points out »the struggle for survival« (p. 4) that can be constantly observed in nature: »Those who are less fed, less fertile, (and) weaker do not make it through the struggle, while the stronger ones survive«. Races and new species appear in time by slow accumulation of advantages. This is reflected in the gradation in the living world's organisation, up to mammals, monkeys, and humans. Men and monkeys have been developed from the same root as two separate branches in the tree of life. A creative force is immanent to nature, and all spiritualised nature is the one and only life, »lasting and magnificent in its eternal fertility, although broken into billions of ancillary and short lives«. In a footnote on page 5, Nodilo refers to French and Italian translations of Darwin's work. Nevertheless, he also points out that the opponents of evolution claim that the unchanged types of species stubbornly persist throughout time (p. 6). And he admits that accidental natural selection

---

[30] Sperato Nodilo, Storia primitiva dell'uomo (sulla base degli studi più recenti) [Primordial Studies of Man, based on recent Studies], in: *Programma dell' I. R. Ginnasio completo di Zara per il anno scol. 1871/72*, 3–60.

would have been incomprehensible if it were not governed by some intrinsic will, that is leading towards a certain goal. Fossil remains are scarce and there are no half-monkeys and half-men among them. At the time he wrote this article, Nodilo was about age forty, he obviously had been reading Darwin, but there is no reason why he should be considered a Darwinist; eventually he can be reclaimed as a supporter of so-called ›moderate evolutionism‹ (*evolutionismus mitigatus*).

Darwin died in 1882, and his death reverberated in Croatia as well. Thus the weekly Vienac published a feuilleton about the life and work of the great scientist, signed with the initials V. H.[31] The initials obviously hide Velimir Hržić, who worked as an assistant of professor G. Pilar at Zagreb's National museum.[32] The author revealed that he is a zealous supporter of Darwin's theory. He wrote about Darwin with great respect, speaking about Darwinism concisely and with a sense of what is important. He pointed out that Darwin laid the foundations for the building of the modern understanding of the world. While others had already described the changeability of the living world, Darwin was the first one to explain »why and how species changed«. The author briefly presented proofs that support the idea of evolution and, in the year of Darwin's death, he concluded that »a couple of decades […] were worth more for the development of natural sciences, especially in biology, than thousands of past years«. Considering the origin of humans, he left no doubt that man »stems from some of the lower animals« by listing several main items of evidence from the fields of anatomy and embryology.

During the observed period, another book appeared dealing with the issue of Darwinism and the origin of man. It was based on a viewpoint opposite to Darwinism but much more detailed in comparison to all other similar criticisms of Darwin and his theories, thus resulting in greater impact. It consisted of two volumes and featured a series of articles authored by Antun Kržan (1836–1888), professor of fundamental dogmatics at the Faculty of Theology of the University of Zagreb. He was the author of a series of articles in Zagreb's *Katolički list* from 1874 to 1877, later republished in his book *Postanak čovjeka* [Origin of Man].[33]

---

[31] V. H., Charles Robert Darwin, in: *Vienac* 14 (1882) br. 20 pp. 315–319; no. 21 pp. 330–332; no. 22, 344–346.

[32] Cf. Vanda Kochansky-Devidé, op. cit.

[33] Full title: Antun Kržan, *Postanak čovjeka po posljedcih mudroslovnih i naravoslovnih znanosti* [On the Origin of Man in the Light of the References of Philosophy and

Kržan's criticism of Darwinism revolves around the understanding of change in nature and the issue of the composition of man. His entire endeavour had the purpose of showing that an accidental movement of material particles could not have caused the appearance of even the simplest form of life, not to mention human beings.

From Kržan's point of view, Darwinism was a consistently naturalistic approach that did not take into consideration the teleology of natural processes and ignored the spiritual substance of man's intellect, mind, and soul. He argued that the principle of natural selection is not enough to explain the phenomena of life and mankind. Kržan observed and analysed the human mind in depth, i. e. human's capabilities like reasoning, free will, feelings, sympathy for others, esthetical perceptions, ethical conduct, and moral actions by observing all the phenomena and comparing them to animals. He concludes that »natural selection is a fact« that should be taken into account, but which is not enough to explain the origin of species, especially not the origin of man. The background of Kržan's thoughts is based in Aristotelian-Thomistic metaphysics, presenting matter as unmoving and prone to chaos. The »laws of nature« come »from the outside«, as a substance separated from natural objects, while in the modern understanding, natural science is not a conglomerate of »essences« concretised in matter but a system of relations in which »natural laws« are the immanent characteristics of natural objects themselves. Thus, Kržan could not have reached a conclusion other than that Darwinism actually implies atheism.[34] To Kržan, the world is incomprehensible without a finalist conception. And with respect to the soul, man could not have appeared in a way proposed by Darwinism. He rates Darwinism as a scientific theory fairly explaining some facts in nature, but abused by the materialistically oriented monist philosophy. In his view the major flaw of Darwinism is the fact that it must fail to understand the role of the divine Creator in all natural processes.

Could Antun Kržan be considered at least a supporter of so-called moderate evolutionism? We saw that he seriously considered the entire theory of evolution, that he recognised the importance of natural selection, but that he was by no means aware of the absolute coincidence in natural processes. In other words, as a philosopher he did not support Darwinism, if evolution is understood

Natural History] vol. I, 1874, vol. II 1877.

[34] Ibid., 1877, 47.

as a pure mechanicism or when the principle of selection leads to a radical antifinalism. Thus, we can deduce that he acknowledged evolution if it is undergirded by a teleological background of natural processes. In that sense, he could be considered a moderate evolutionist.

At the same time, Bishop Josip Juraj Strossmayer made similar observations related to Darwin and his theories: He did not write articles and books on the matter, but he did reply to the »challenge« of the young natural scientist Spiridion Brusina. The latter wanted to publish the already mentioned voluminous discussion *O fosilnim mekušcima* [On fossil molluscs] also in German to mark the opening of the new University in Zagreb in 1874. So he wrote a letter to Bishop Strossmayer to ask for his permission[35] to dedicate this work to him. He wrote that his work was dealing with the history of the evolution of life on Earth based on the acceptance of Darwin's theory, but that there is nothing in it that might be written in any serious scientific paper. Strossmayer responded in a brief letter, saying:

> I shall gladly and with gratitude accept the dedication you proposed. I truly hold that Darwin's opinion on the origin of man is an immense misconception that could not be justified by any scientific reason and I would never accept the dedication of a work that would defend this misconception. But, I am also aware that Darwin's theory holds many things true and plausible, which could be applied to numerous things and occurrences in nature. Due to that reason, I accept your proposal. I respect you and remain your friend. Bishop Strossmayer.[36]

One can see that bishop Strossmayer spoke about Darwin's theory in a generally positive manner, having in mind the impetus it would give to the advancement of science. But he also disapproved Darwinism when it was applied to the evolution of man. The argument was the outstanding position of man in the likeness of God and the argument that spiritual soul could not have been

---

[35] Spiridion Brusina, *Fossile Binnen-Mollusken aus Dalmatien, Kroatien und Slavonien nebst einem Anhange.* Deutsche vermehrte Ausgabe der kroatischen in *Rad* (28/1874) erschienenen Abhandlung, Agram 1874.

[36] On Josip Juraj Strossmayer cf. Josip Balabanić, Strossmayer, Josephus Georgius, in: *ÖBL* 1815–1950, Bd. 13 (Lfg. 62, 2010) 425.

evolved from an animal background. Thus, we may conclude that Strossmayer was a moderate evolutionist.

Regarding the book's dedication to Strossmayer, it is interesting that Brusina sent a copy of his book on fossil molluscs (1874) to Ernst Haeckel, with whom he had occasionally exchanged letters. Haeckel thanked him and responded on February 1st 1875, writing that he was especially pleased by Brusina's considering of palaeontological issues in the light of descendance theory. Haeckel also enjoyed the fact that Brusina's book was dedicated to the »truly admired« bischop Strossmayer, because this would be helpful for the acceptance of Darwinism in Croatia.

More thorough attempts by Croatian natural scientists to employ Darwin's selection theory as a working hypothesis and inspiration for palaeontological research happened in the following years: Spiridion Brusina belonged to a group of younger Croatian scientists who had immediately accepted Darwinism as theory of evolution and did not dwell on its theoretical issues. In the mature period of his palaeomalacological research, he was extremely inspired by Darwin's transmutation theory. So he saw his first and main task in enlarging the collections of Zagreb National Museum's natural sciences department as evidence of evolution. He highly appreciated Charles Darwin and recognised the value of his theory as well as its far-reaching implications for the development of science. He also established the Society of Croatian Natural Scientists in 1885, which had been planned already before in 1869. However, he did not tackle the theoretical issues of Darwinism, although, as he wrote, he had one opportunity to make his own contribution, but Wilhelm Roux was quicker to publish than he.[37] Nevertheless, Brusina specifically linked his intensive and internationally acclaimed palaeontological study of the *Tertiary limnocardia*, *congeria*, *valenciennesia* with Darwinism. He believed that his findings confirmed that »descendancy is not a theory, but a fact, undisputedly proven by biology and palaeontology«.[38] He was also well-informed about the recent malacofauna, so

---

[37] Brusina said that he had noticed probably in the end of 1870 that not even all grape berries were equally developed and he came to the idea that there is struggle and selection on a subtle level even among parts of one organism. But, while he was collecting evidence, Wilhelm Roux's book was published: *Der Kampf der Teile im Organismus* (Wilhelm Engelmann: Leipzig 1881). Cfr . Spiridion Brusina, Zoologija i Hrvati. in: *Rad*, 801(Zagreb 1885) 86–245; l. c. 213–214.

[38] Cf. Vanda Kochansky-Devidé, o.c, II. Spiridion Brusina, in: *Geološki vjesnik* 28

he could engage in detailed comparative analyses and reach conclusions about a common foundation and descendancy-based identification of specific taxa. But living in Zagreb, the main obstacle he encountered was the lack of relevant literature, so he had difficulty with rounding up the results of his research.

In this context it is impossible to omit one issue that has not yet been fully resolved. The history of science recognises Neumayer's phylogenetic sequence of ›Slavonian vivipara‹ (Paludina), published in *Die Congerien- und Paludinen-Schichten Slavonien und deren Faunen* (1875)[39]. The fact is, that Brusina wrote a discussion in Croatian in 1874[40], while he simultaneously published a more extended version in German.[41] He presented in it practically the same phylogenetic sequence of extincted *Paludina* that was published in 1875 by Melchior Neumayer and Carl Maria Paul. In Brusina's publication[42], translated from German to Croatian, we read:

> Furthermore, the *Vivipara* genus provides us with a reliable evidence on the changeability of species. If we observe a specimen of *V. Neumayri* and compare it to *V. stricturata* (forms belonging to the most distanced horizons, *author's remark*), already at the first glance each of the forms appears distinct and it would be unnatural to place the forms within a single species. Nevertheless, if we consider an entire sequence of intermediary forms, namely *V. Fuchsi, leiostraca, eburnea, Brusinae, spuria, Sadleri, bifarcinata*, we will realize that the final forms are very different while, on the other hand, more intermediary forms can connect so well that an exact boundary cannot be established among them.

(1975) 365–385; l. c. 369.

[39] Melchior Neumayer/Carl Maria Paul, Die Congerien- und Paludinen-Schichten Slavoniens und deren Faunen. Ein Beitrag zur Descendenz-Theorie, in: *Abhandlungen der k. k. geologischen Reichsanstalt,* Nr. VII (Wien 1875).

[40] Spiridion Brusina, Prilozi paleontologiji hrvatskoj ili kopnene i slatkovodne terciarne izkopine Dalmacije, Hrvatske i Slavonije [Contributions to Croatian Paleontology or on the terrestrial and fresh-water Tertiary Excavations in Dalmatia, Croatia and Slavonia], in: *Rad* 28 (1874) 1–109.

[41] Spiridion Brusina, Fossile Binnen-Mollusken aus Dalmatien, Kroatien und Slavonien nebst einem Anhange. Deutsche vermehrte Ausgabe der kroatischen in: *Rad* 28 (1874) erschienenen Abhandlung (Agram 1874).

[42] Brusina, Fossile Binnen-Mollusken, 20.

Thus, there is no doubt that, speaking about the gastropods of genus *Vivipara,* Brusina correctly noticed the gradual changeability of their build depending on changing environmental conditions and mostly listing those forms as Neumayer did later on. In that sequence, the smooth form of the lowest grade is so different than the ribbed-warty form of the highest grade, so that they can hardly be classified within the same genus. But to prevent possible misunderstandings, we should note that Brusina himself is realistic and very conciliatory when he explained that he had sent his specimens and theoretical hypotheses on sequences to Neumayer, because he did not have enough certainty due to lack of literature, and that Neumayer and Paul mentioned and praised his research in their monograph.[43]

Brusina and Neumayer had exchanged letters, so that issue was one of the subjects of their exchange of thoughts, all before their works were published. Namely, Brusina himself added to the quoted text: »Dies hat auch Dr. Neumayer in einem am mich gerichteten Schreiben zugestanden, und ich kann ihm nach eigener Erfahrung hierin nur beipflichten«.[44] Unfortunately, we did not find Neumayer's letter among the numerous letters comprising Brusina's written heritage. In that way, we can only guess that he was the one who presented the idea to Neumayer and that Neumayer generally agreed and studied it more thoroughly, so he and Paul presented Brusina's findings within their extensive book.

Dragutin (Karl) Gorjanović-Kramberger is the second great Croatian natural scientist whose work is inspired by the idea of evolution. This fact juxtaposes him with the above mentioned palaeomalacologist Spiridion Brusina; like Brusina, he, too, did not deal with theoretical issues related to variation and natural selection. Only in one popular article he tried to find an alignment between the Biblical description of the creation in six *days* and the geological *epochs* and qualified this as a parable. Gorjanović-Kramberger initiated a series of research on phylogenetic relations dealing with mammals, fossil fish[45], reptiles[46],

---

[43] Spiridion Brusina, Glavna skupština Hrv. Naravoslovnog družtva 15. ožujka 1891. Govor predsjednika. In: *Glasnik Hrv. narav. družtva* [Herald of the Croatian Natural History Society] 5 (for 1890), 1891, I–XXIX, this on XIII.

[44] Brusina, Fossile Binnen-Mollusken, XX.

[45] Karl Gorjanović-Kramberger, Die jungtertiäre Fischfauna Croatiens, I. Teil, in: *Beiträge zur Paläontologie Oesterreich-Ungarns und des Orients* (2/1882) 86–135. Idem, II. Teil: ibidem (3/1884) 65–86.

[46] Dragutin Gorjanović-Kramberger, Aigialosaurus, novi gušter krednih škriljeva otoka

and snails[47]. He researched their development by comparing similarities between extinct and recent species, and differentiated between intermediary forms, collective types, true developmental trees (phyla), etc.[48]

Gorjanović-Krambergers implicit acceptance of Darwinism as a theory of unlimited *variability* and *selection* is clearly supported by his palaeontological studies on snails of genus *Valenciennesia*, which he systematically studied from 1901 to 1923. He observed the evolution of the so-called syphonal canal, which is not present in the oldest specimens belonging to *Valenciennesia* genus, but became more frequent among younger representatives of this species. As he wrote: »Man kann also im Allgemeinen sagen: dass die geologisch älteren Vertreter der Gattung Valenciennesia keine Siphonalrinne besassen (wenigstens zum grossen Theile nicht) und dass sich diese bei den geologisch jüngeren Arten mehr und mehr entwickelte«.[49] Using meticulous comparisons of shells of different Pliocene gastropods, he proved that specimens from upper layers like *Valenciennesia* had a completely developed syphonal canal, while in lower-layers *Unduloteca* had no canal at all. He refered to environmental changes over time, such as the increase of mud quantity when gastropods had to develop longer canals in order to reach fresh water (oxygen, food). Variability and selection were the driving forces to make an adaptation possible, otherwise the creatures became extinct. This was an example for the transmutation from one species to another, in which Gorjanović-Krambergers phylogenetic approach to palaeontological material is evident. In 1923, he presented his findings summarily in Croatian and German, with somewhat modified titles.[50]

Hvara s obzirom na opisane jur lacertide Komena i Hvara [Aigialosaurus, a new lizard of the Cretacean slates of Hvar island in relation to so far described lacertides from Komen and Hvar], in: *Rad* 109 (1892) 96–123.

[47] Karl Gorjanović-Kramberger, Über die Gattung *Valenciennesia* und einige unterpontische Limneen. Ein Beitrag zur Entwicklungsgeschichte der Gattung Valenciennesia und ihr Verhältnis zur Gattung Limnaea, in: *Beiträge zur Paläoontologie* 13 (3/1901) 121–144.

[48] Idem.

[49] Idem.

[50] Dragutin Gorjanović-Kramberger, Die Valenciennesiiden und einige andere Limneiden der pontische Stufe des unteren Pliocäns in ihrer stratigraphischen und genetischen Bedeutung, in: *Glasnik HND* 35 (Zagreb 1923) 87–114; Idem, Über die Bedeutung der Valencienesiiden in stratigraphischer und genetischer Hinsicht, in: *Paläontologische Zeitschrift* 5, Heft 3 (1923) 339–34.

Fig. 4: Dragutin Gorjanović-Kramberger (Wikipedia, gemeinfrei)

Of course, Gorjanović-Kramberger also used the same substantiated and meticulous approach when he was studying smallest anatomical and morphological details in connection with osteological and cultural remains of the Krapina *Neanderthal man* in 1899. He always strived to understand the causes of evolutionary changes and was among the first to use x-rays for morphological and anatomical research.[51] His very comprehensive studies about his findings related to the Neanderthal excavations in Krapina represented the culmination of his palaeontological work.[52]

We do not want to deliver a detailed description of his works, because he had left a voluminous literary heritage, even written in German. We can only give a brief overview of his relation to Darwin's theory of evolution. His research was

---

[51]Cf. Jakov Radovčić, *Dragutin Gorjanović-Kramberger i počeci suvremene paleoantropologije* [Dragutin Gorjanović Kramberger and the beginnings of contemporary paleoanthropology], Školska knjiga, Zagreb 1988.

[52] The most important works of Dragutin (Karl) Gorjanović-Kramberger related to Krapina's excavations are written in German: Der Paläolitische Mensch und seine Zeitgenossen aus dem Diluvium von Krapina in Kroatien, in: *Mitteilungen der anthropologische Gesellschaft in Wien*, I/31 (1901) 164–197; II, ibid., 32 (1902) 189–2016; III, ibid., 34 (1904) 187–199; IV, ibid. 35 (1905) 197–229. In Croatian and Latin: Život i kultura diluvijalnog čovjeka iz Krapine u Hrvatskoj [Life and Culture of Homo diluvialis of Krapina in Croatia], in: *Djela Jugosl. akademije znanosti i umjetnosti*, Zagreb 23 (1913) 1–54.

infused with the idea of evolution of the living world. Similarly to Brusina, he used any opportunity to thoughtfully defend Darwin and his theories. Thus, in a popular public lecture given in 1905, which was reported by an unsigned reporter in *Narodne novine*,[53] Gorjanović said that the Bible crowns the creation by the appearance of man, and that the evolutionary theory also finds man at the top of the development of animal world. So, there was no discord between the Bible and the evolutionism. He also cited the case of myrmecologist Jesuit Erich Wasmann, who sided with evolution, while still being a good priest. His ideas did not harm religion »nor could they harm it because the Holy Scripture did not say that the species, artificial notions, were an unchangeable factor«. He thought that the Biblical description of the origin of space is actually a popular representation of the Kant-Laplace theory, and that the order of appearance of animals, first in the water, then on land and finally in the air »is no more but what they call the theory of evolution«.

Writing their criticisms of Darwin's theories, some theologically-educated authors like Gruber, Kržan, Turčić, Bauer et alii expressed their theistic Christian finalist views and used traditional theological ideas of Thomist or neo-Thomist ontology for their interpretation of natural processes and the creation of human beings. Various articles in newspapers as well as books show that this controversy was the result of different worldviews concerning theism and atheism, i. e. metaphysical spiritualism or metaphysical materialism. In the end, this was a conflict regarding the issue of the Absolute, whether the Spirit or the Matter is primary. In line with this point, when it comes to the possible development of mankind throughout evolution, the deductions related to the etiology of ethical principles and the issue of practical ethics or morals follow, i. e. revolving around their autonomy: Can it be observed as something that is dependent only on the nature of man (absolute autonomy), or are the ethics and morals by their nature directed towards a supernatural source, namely the Creator or God (heteronomy of morals).

Of course, alongside the two extremes and their strict polarisation, some theologists and natural scientists in Croatia (e. g. Gorjanović-Kramberger) belong to a more moderate stream that was open to a conditional acknowledgement of the scientific value of Darwinism. This was what I have called *moderate*

---

[53] Anonymus, Predavanje o krapinskom čovjeku [Lecture on prehistoric Man from Krapina], in: *Narodne novine* 71/241 (1905) 3.

evolutionism (evolutionismus mitigatus). Briefly put, moderate evolutionists were metaphysical essentialists: with respect to matter, their absolute was the Spirit (in that respect, they follow Plato, Augustine, etc.); with respect to the formation of human beings, they were neo-Thomists who regarded man as a being constructed from two incomplete substances – the physical body and the spiritual soul. In that respect, they follow Aristotle conditionally speaking, actually they follow Thomas Aquinas. Of course, the teleology of natural processes is unquestionable and immanent for them.

We have already mentioned Catholic Bishop Josip Juraj Strossmayer and professor of dogmatic theology Antun Kržan as moderate evolutionists. Kržan opposed Darwin's mechanistic and positivistic concept of natural processes in the living world because it excludes the role of a divine Creator. The fact is, that Kržan had done his best not to intertwine strictly theological questions with his criticism while discussing the evolution of man, but purportedly remained within the framework of philosophy, psychology and natural sciences. Of course, it was impossible for him not to become entangled with matters that Darwin also could not avoid discussing in his book *Descent of Man*, namely that notions of spirit appeared with the development of the human imagination out of curiosity: Even the intellectual gift of a primitive man, still believing in magic forces, will lead to the belief in one or more gods. Kržan points out that Haeckel's Monism rests on Darwinism when treating the material world as the Absolute. As a theologist, Kržan was a fierce opponent of the deistic approach to the world, and he criticised Darwinism for not establishing a clear enough place for the Creator.[54] He could not accept natural selection as an anti-finalism, because teleology is a constitutive element of all natural occurrences. He argued that the appearance of man *only* through the development from an animal was not conceivable. However, he acknowledged that natural selection is a fact, and that its acceptance will lead to great improvements in zoology and botany.[55] But for him blind accident or randomness died not provide order: Nothing in nature happens in a pure mechanical manner »of itself«, »completely accidentally«, »in a completely mechanical way«. It is not the way how »the entire organic world« developed, including man. Although Kržan never openly aligned with moderate

[54] Antun Kržan, *Postanak čovjeka po posljedcih mudroslovnih i naravoslovnih znanosti* [Origin of Man according to Conclusions from Philosophy and Natural History Sciences] vol. II (1877) 47.

[55] Idem (1876) 23.

evolutionism either, he was open to a theistic interpretation similar to ›moderate evolutionism‹. Thus, when he was appointed the president of the Zagreb University in 1877, he stated that Darwin's principles were »facts in nature« that showed how organisms changed and were perfected to some extent.[56] Philosophically, he favoured so-called Augustinian »evolutionism«, adding a historical, temporal dimension to it. In the beginning, God would create only some beings »who have the force of the cause and through their intermediating, the world would have been created and still keeps evolving.[57] As Vale Vouk already noticed,[58] Kržan actually drew near to Darwinism and therefore he could conditionally be listed as a moderate evolutionist.

An interesting example of these controversies can be found in the so-called Šulek-Bauer debate, in which the ultimate viewpoints of then vulgar materialism in Germany (Vogt, Moleschott, Büchner) found their supporter in natural scientist and polyhistor Bogoslav Šulek, while the traditional scholastic approach found its representative in theologist and philosopher Antun Bauer, the editor of *Katolički list* and later on Archbishop of Zagreb. The debate was occasioned by an article on materialism. More precisely, the Zagreb Academy of Sciences and Arts published an extensive anniversary issue of its magazine Rad in 1885, marking the fifty years anniversary of the beginning of the ›Illyrian movement‹. This year, the natural scientists Spiridion Brusina and Bogoslav Šulek, both members of the Academy and inspired by liberal ideas, published some of their papers in the annual journal *Glasnik* [The Herald] of the ›Croatian Natural History Society‹, just founded in 1885 by Croatian naturalists and chaired by Brusina. Their »realistic«, actually positivistic views provoked the then editor of *Katolički list* Antun Bauer[59], who scolded them that by being philosophical realists they overestimated the power of human capabilities and obviously were denying any value that »was not

---

[56] Idem (1877) 200 f.; 232.

[57] Idem, 88.

[58] Vale Vouk, Darvinizam u Hrvatskoj in: M. Prenant, *Darwin. Njegov život i djelo,* Pogovor [Darwinism in Croatia, Epilogue, Translation from French of M. Prenant's book *Charles Darwin*], (Zagreb 1947) 119–150.

[59] Concretely, Bauer's reaction was particularly against the articles of Brusina, Zoologija i Hrvati [Zoology and Croats], in: *Rad* 80 (1885) 186–245; and Bogoslav Šulek, Predteče Darwina [Darwin's Forerunners], in: *Ibidem* 72 (1885) 173–236; 75 (1885) 1–78. Antun Bauer's articles appeared under the title: Dva naša akademika realista [Two of our academicians Realists] in: *Katolički list* 37 [Catholic Newspaper] (1886) 42/329–331, 43/336–339, 44/345–348.

present in visible nature«. He wrote that the empiricists globally, as well as Šulek, shouted that they were only interested in facts and progress, but have completely forgotten the shady side of progress like environmental pollution or the production of more and more lethal weapons. And his fellow-campaigner Antun Kržan predicted that »If the world is to last for some century or so, perhaps a hero would be born who will invent a masterpiece of mechanical art that would turn the entire world into nothing by only one blast«.[60] Bauer vehemently criticises Šulek's writings on the origin of religion, saying that by glorifying the fight for survival the realists ruined the foundations of morals and undermined the life force of peoples.[61]

Nevertheless, the type of predominantly ideological confrontations, or those that rested on worldviews, reached its peak in the two years (1888 and 1890) lasting debate between Antun Bauer and Bogoslav Šulek. Bauer was provoked by Šulek's discussion in *Područje materijalizma* [The Area of Materialism]. Bauer was 32 at the time, while Šulek was 72. Šulek and Brusina both were prominent Croatian natural scientists who expressed their views quite often intertwined with positivism, scientism and progressivism. Šulek was a prominent polyhistor, linguist, botanist, and of a modern, i. e. liberal mind-set. Antun Bauer was a philosophically and theologically well-formed cleric, a doctor from Vienna, and an expert on the philosophy of neo-Thomism and later on Wundt's philosophy as well. With respect to science, he accepted only scientific truths, i. e. claims that were scientifically proven or provable. While Šulek and Brusina felt the need and duty to disseminate modern scientific knowledge, Bauer tried to preserve the Croatian people (in his point of view) from all ostensible misconceptions of the new age, especially from the temptations of materialism and atheism.

The debate between Bauer and Šulek (1888–1890) began after Šulek had published the abovementioned discussion in Academy's *Rad* [Monographs] under the title *Područje materijalizma*. Bauer reacted by several articles in *Katolički list* authored by himself[62]. Šulek responded in a brochure[63], and after another reply by

---

[60] Cf. Antun Kržan, *Postanak čovjeka po posljedcih mudroslovnih i naravoslovnih znanosti* [Origin of Man according to conclusions from philosophy and natural history sciences], vol. II (1877) 47.

[61] Idem (1876), p. 23.

[62] Antun Bauer, Područje materijalizma [The Area of Materialism], in: *Katolički list* 40 (Zagreb 1889).

[63] Bogoslav Šulek, *Antikritika rasprave o području materijalizma* [Anticriticism on the Discussion about the Area of Materialism] (brochure Zagreb 1889).

Bauer, he wrote his response[64], just to let Bauer end the debate with a brochure.[65] The title itself speaks of the tone that was present throughout the reply, which was arrogant and complaining of insinuations where there were no arguments. But, what was »the area of materialism« to Šulek and why and how Bauer found himself provoked so much as to initiate a fierce debate?

This paper provides no room for a more detailed analysis of the principles of materialism, in which »legal area« one should or should not move, what can the materialists say on ethics; all those issues were touched on by Bogoslav Šulek in his discussion *Područje materijalizma* [The Area of Materialism], which listed some famous theoreticians without any restraints, which vice versa provoked Bauer. Thus, Šulek did not clearly state whether he was a materialist or not, because it was not enough just to say what the prominent propagators of materialism thought about it. He concluded that even if he was not a materialist, he must be a sensualist who thinks that everything in the world is just matter and natural forces, that miracles are impossible and that no one governs the world. All that leads to anthropological materialism, which claims that man is an accidental product of matter, as are the spirit and the soul, so that man ends up the same as any other animal.

As a philosopher, Antun Bauer (1856–1937) placed the focus of his debate on the fact that Šulek had closely linked Darwin's theories to materialism, so that »the principle of development« would be materialistic as well. He commented especially on Šulek's statements related to the origin of the first life forms, with the remark that all disagreements here boil down to the conflict between *materialism and dualism*.[66] ›Dualism‹ represented here the anthropological dualism of substances in the constitution of man as an union of physical body and spiritual soul. It is important to notice this point, because it clarifies why Bauer's work sometimes shows openness towards some forms of moderate evolutionism, only if provided with evidence that the transformation had actually happened. For the time being, he stated there were not any of such tranformations. Only conditionally, if the Creator is not excluded, if »the out-of-

---

[64] Antun Bauer, *Bogoslav Šulek filozofije doktor etc. kao filozof i polemik* [Šulek philosophy doctor etc. as Philosopher and Polemicist] (brochure Zagreb 1890).

[65] Bogoslav Šulek, *Drugotnica Antunu Baueru* [Second Reply to Antun Bauer], (brochure Zagreb 1890).

[66] Bauer, op. cit. 1889, no. 10, 70.

matter absolute cause« is not excluded, and if the evidence for such evolution were provided, one might accept that man has evolved from some monkey-like animal.[67] This fundamental debate features the existing conflict between the traditional scholastic and the new empiric and positivistic way of thinking.

Another priest and natural scientist, Josip Torbar[68] (1824–1900), thought similarly to Bauer, although he was older. He was also a member of the Zagreb Academy of Sciences and Art, who was primarily interested in zoology, astronomy and geography. As a natural scientist who was also trained in theology and philosophy, he could not give up the ideas of teleology and finalism either. Intellectually, he passed through a development similar to that of his friend Ljudevit Farkaš Vukotinović, starting with the acceptance of Cuvier's catastrophism, Augustine's neo-Platonic concept of God's creation of all creatures at the very beginning (›potentialiter‹, ›virtualiter‹, ›per rationes quasi seminales‹). So he would accept evolution only in accordance with the conception of an immanent teleology in all natural processes. We are not surprised that he saw the culmination of natural evolution in the appearance of man. Therefore he divided the history of the earth into two eras, namely the *geological* and the *historical* era.[69] Mentioning Darwin, he pointed to a number of »primary species« from which everything could have been created, influenced by external factors but always guided by the wise plan of a divine Creator. After this, he did not tackle the whole issue again for more than twenty years. Then, in the celebratory speech after being appointed President of the Academy, he spoke once more on the subject of evolution, but with an accent on the theology of natural processes.[70] He believed that there is no reason to eliminate metaphysics from natural sciences and he condemned some sciences that only serve to spread materialism, »not serving at all healthy objective science, which was intended for greater, more divine ideas«.[71]

---

[67]Idem, op. cit. 1889, no. 9, 70.

[68] About J. Torbar cf. Josip Balabanić, Torbar, Josip, in: *ÖBL* 1815–1950, Bd. 14 (Lfg. 66, 2015), 406 f.

[69] Josip Torbar, Vrsti životinja već u historičko doba izumrlih i uzroci s kojih životinjskih vrsti nestaje [Animal Species already extinct in historical Epoche and why animal Species disappear], in: *Rad* 12 (Zagreb 1870) 87–117.

[70] Idem, Svečano slovo predsjednika J. Torbara [Solemn Speech of the Academy's President J. Torbar], in: *Ljetopis JAZU* za god. 1891, vol. 7 (Zagreb 1892) 73–82.

[71] Cf. Josip Balabanić: *Darvinizam u Hrvatskoj. Fenomen darvinizma u hrvatskoj prirodnoj znanosti i društvu do kraja Prvoga svjetskog rata* (Jugoslavenska akademija znanosti i

In nature Josip Torbar found sufficient evidence for the existence of a »teleological law« and also for the concomitant existence of an intended purpose: All natural phenomena, such as the structure of flowers, pollination, fertilisation, everything has its purpose and is not the result of a »blind accident«. Everything in nature is the expression of a higher Intelligence.[72] In his Presidential speech of 1897 he also addressed the fight for survival, the role of sexual reproduction, the variability of offspring, and the importance of natural selection, but he saw all of that as leading to the fulfillment of purposes set in advance, with a finality innate to the world.[73] Evolution is a process of perfection that finally resulted in the appearance of man. Similarly to Vukotinović, he traveled the path from catastrophism to a creationistic form of evolutionism, but obviously – unlike Vukotinović – he did not consider natural selection to be or have a *mechanism*. Therefore, Josip Torbar could be also added to the list of Croation moderate evolutionists.

3rd phase (1900 to 1920): The Eclipse of Darwinism

According to written traces that can be followed in relation to the reverberations of Darwinism in Croatian public life at the end of the nineteenth century, one may conclude that anti-Darwinists became more active then natural scientists. While anti-Darwinists still kept stressing the dangers for religion and morals that stem from Darwin's theories, the latter mentioned Darwin only occasionally, parenthetically and with the accent exclusively on the eliminatory function of natural selection which is not enough to explain how new types of organisation, new phyla, etc. could have appeared in the history of life. In this phase of fierce ideological conflicts among materialists and spiritualists, Darwin's theories are frequently used for ideological purposes, to spread materialism, atheism, socialism, etc. During the first two decades of the twentieth century, Ernst Haeckel's Monism had a strong influence on Croatian science.[74] In 1900, an

umjetnosti, Posebna izdanja knj. IX, 1983). [Darwinism in Croatia. The Phenomenon of Darwinism in Croatian Natural Science and Society up to 1918]; here 83–88].

72 Idem, Svečana besjeda predsjednika [Solemn Speech of Academy's President], n. dj. p. 52.

73 Svečana besjeda predsjednika Josipa Torbara, za godinu 1898 [Solemn Speech of President Josip Torbar], ibid, vol. 13, 47–64.

74 About Haeckel's monism cf Niels R. Holt, Ernst Haeckel's Monistic Religion, in: *Journal of the History of Ideas* April–June 1971, 32 (265–280; speciatim 267–268).

anonymous author signed as J. Hr. critically wrote about Ernst Haeckel's book *Die Welträtsel* in Zagreb's *Vienac*. The author was obviously Eastern-Catholic priest Jovan Hranilović.[75] He based his review on a brochure by Anton Michelitsch, a professor of philosophy and apologetics at the university of Graz. Of course, Hranilović condemned Haeckel, who had attempted to mock theological convictions about God, Christianity, Creation, and so on. In the same year, the magazine *Svjetlo* [Light], published in Karlovac since 1884, featured a more detailed article under the title *Kaekelizam i darwinizam* [Haeckelism and Darwinism], also signed by initials, here I. K.[76] The author was probably biologist Ivan Krmpotić (1875–1944), who researched microflora and microfauna of Zagreb's surroundings and of the Plitvice Lakes. In this case, the author stood under the influence of Haeckel's book. He praised Darwinism, which is the only possibility to »use nature's way to explain the organic occurrences in nature«. At the end of 1901, a professor of Gospić Gymnasium, natural scientist Luka Trgovčević (1875–1944), held a public lecture on Darwin and Darwinism, which was also reported in the local newspaper *Hrvat* (no. 5, 1901). Unlike Krmpotić, he practically equated Darwin's theory with Lamarckism. An anonymous author wrote in 1902 in *Novo sunce* [New Sun] magazine that spiritistic teachings about reincarnation and transmigration of the souls ought to go along with Darwin's theories.[77]

The first two decades of the twentieth century were not only marked by the culmination of the crisis of Darwinism (Eclipse of Darwinism), but also by the appearance of Social Darwinism, by the renaissance of Lamarckism (in the form of neo-Lamarckism), and by the revival of vitalism. But there were also stronger attempts by Catholic clerics to strengthen their struggle against atheism, liberalism, secularism, socialism, materialism, and naturalism. Several magazines, brochures and newspaper articles were published for that purpose. A review of Krk's Bishop Josip Mahnič in the journal *Hrvatska straža* [Croatian Sentinel], established in 1902, was among the most prominent: Programmatically, the goal was to defend religion and the Croat population against the dangers of modern

---

[75] J. Hr. (Jovan Hranilović?), Iz germanskog svijeta. Njemačka [From German World, Germany], in: *Vienac* 1900, 32, no. 22, p. 352.

[76] I. K. (Ivan Krmpotić?), Haekelizam i darvinizam [Haeckelism and Darwinism], in: *Svjetlo*, slobodni, neodvisni i nepolitični list (Karlovac-Zagreb 1908) 25, no. 26: 6–8; 27, no. 28: 4–5; no. 29: 5–6; no. 30: 7–8.

[77] Anonymous, Krapinski čovjek i njegova duša [Krapina Man and his Soul], in: *Novo sunce*, no. 11: 85–86.

times and to strenghten »morals and healthy politics«. Evolutionism, i. e. Darwinism, also appeared among these afflictions. Thus in 1904, an unsigned author published a longer article titled *Novi moral evolucionizma* [New Morals of Evolutionism], in which he warned against atheism and modern paganism, and accused evolutionism of tearing down moral principles and »the ancient glorious temple of Christian mind«. Of course, Darwin was the main support for the origin of such evolutionism. Worst of all, Darwin's theory was being transferred to the area of economy and society as well. In that area, Darwin's principle of ruthless fight for survival says that »only the ›better‹ part of mankind is to be developed further – of course, at the expense of the weaker, i. e. the poorer part«. That is the principle to be applied to the further development of mankind[78], which the author uses to cast accusations on the tendencies of so-called Social Darwinism.

In the same year, 1904, the same magazine also featured an article *Evolucionizam obara temelje znanosti* [Evolutionism tears down the Foundations of Science], signed with the initials M. H.[79] It was probably written by the same anonymous author, who now signed by using his initials. He distinguished between Darwinism in a strict sense, which is simply a scientific biological theory, and Darwinism in a wider sense that is spread under the name of a materialistic worldview. But according to Darwin himself, Darwinism in a strict sense was not an atheistic theory. It was made into one by Ernst Haeckel, so Darwinism now became Haeckel's evolutionistic Monism. Nevertheless, the author mentioned also a third possible meaning of the term Darwinism, when he refered to the idea of a moderate evolutionism that was supported in Germany at the time by a Jesuit, the prominent myrmecologist Erich Wasmann: »Nevertheless, not even the real ›Darwin's Darwinism‹ – unless it denied the creation of the soul – was against Christian faith« (p. 154).

At that time, the opponents of Darwinism often attacked the German Darwinist Ernst Haeckel. Thus, in the same issue of the above-mentioned magazine *Hrvatska straža* [Croatian Sentinel] an author who signed as Dr. E.I.L[80]

---

[78] Anonymous, Hrvatska straža [Croatian sentinel] »Novi moral evolucionizma« [New Moral of Evolutionism], 1904, no. 4, pp. 640–852. This is on p. 647.

[79] M.H., Hrvatska straža, 1904, no.2, pp. 151–162; 297–305.

[80] E.I.L., Dr., ibidem, Biogenetski zakon [Biogenetic Law], 1904, no. 11, 30–40, pp. 163–169.

wrote that Haeckel had not discovered anything that was not already known. In in this context he refered to Lorenz Oken (1833), Albrecht Meckel, Charles Darwin (1859), and Ferdinand von Mueller (1864). Due to the lack of palaeontological evidence and the problems encountered by Darwin's principles, Haeckel had attempted but failed to find »a solid foundation of Darwinism« by comparing the similarity of embryos. During the further discussion, the anonymous author tried to prove that a »general biogenetic law« does not exist, and that the similarity in the developmental phases is not a proof for it. Moreover, modern German zoologists Carl Friedrich Claus and Albert von Kölliker had already demonstrated that even the closest relatives showed different developmental paths.

In the first decade of the twentieth century, another subject, namely the «Origin of the first Life on Earth«, occupied the minds of Croatian natural scientists. In 1906 the above mentioned *Hrvatska straža* featured an article, signed by Kamilo D., that raised the question »The Death and the Life of Nature – one and the same?«[81]. The author was probably Kamilo Dočkal, a Biblicist from the Zagreb Faculty of Theology, whose convictions were based on *vitalism*, meaning that a life force (vis vitalis), which is identical with the *soul*, is the foundation of life, but had a foundation of neither physical nor chemical nature. Thus he maintained an essential difference between organic and inorganic matter. According to Aristotle's *entelechia* it is an ontological formal foundation, the cause of forming the first living matter. Several years later, mineralogist Fran Tućan (1878–1954) wrote in the magazine of the ›Society of Croatian Authors‹ *Savremenik* [Contemporary] about the appearance of life in a popular-educational manner, but starting from a mechanicistic viewpoint.[82] Kamilo Dočkal's return to a form of Aristotelian vitalism is proof of the awakening tendencies of neo-vitalism, especially in Germany, being simultaneously a sign that Darwinism was truly in a deep crisis in Croatia as well. The circle of neo-vitalists gathered around *Hrvatska straža* [Croatian Sentinel], a journal that was printed in Krk in the years 1903–1910. They published a series of articles in those years, warning about the

[81] Kamilo D(očkal), Mrtva i živa priroda – jedno te isto, in: *Hrvatska straža* 4, 1906, 135–149.

[82] Fran Tućan, Život i smrt u carstvu ruda [Life and Death in the Kingdom of Minerals], in: *Savremenik* 6, no. 1, (1911) 51–56.
Kamilo D., in: *Hrvatska straža* [Croatian Sentinel] 4, Krk 1906, 135–149.

misuse of evolutionary theory by materialists.[83] Against other misapplications of Darwinism, the respected biologist Ivan Gjaja later compiled some more arguments in his review of Oscar Hertwig's book *Zur Abwehr des ethischen, des sozialen und des politischen Darwinismus* (Jena 1918).[84]

It is interesting to see that Croatian natural scientists neither mentioned Darwin nor Darwinism in their works during the years from 1900 to 1920. This can be observed in the case of a former Haeckel student and now zoology professor at the Zagreb Faculty of Philosophy, Lazar Car (1860–1942). At first he did not renounce Darwin's influence on the natural sciences, but rather stressed Darwin's great contribution to the development of life sciences. And he underlined Darwin's influence on law, medicine, history and philosophy, and his essential role for the entire understanding of the world as well. But a few years later, when speaking about life's adaptations, he finally sided with a special form of neo-Lamarckism, i. e. the psycho-biological stream of Edward D. Cope (1840–1897) and others.[85] These neo-Lamarckists stressed Lamarck's principle of active adaptations, and they believed that the experiences and gains that an organism has made in its lifetime could be passed down to its descendents. According to these psycho-biological Lamarckists, spiritual processes would precede and cause mechanical processes. Therefore, Car agreed with Wilhelm Roux that some adaptations cannot be explained by natural selection. (p. 159) But he did not find Roux' principle of functional adaptation sufficient. Car also did not accept Eduard Pflüger's presumption of an inner coordinator in teleological mechanics; more precisely, he did not accept that those are the nerves. For how can plants be explained if that is the case? He was more inclined

---

[83] Ante Alfirević, Pojavi razuma kod životinja [Appearances of reason in animals], in: *Hrvatska straža* 4, pp. 149–168 (1906); Marko Alaupović, Čovječje dostojanstvo u kršćanstvu i kod krivih filozofija [Human dignity in Christianity and in false philosophies], ibidem, (1906), pp. 30–53; Josip Marić, Naturalizam ima krivo učeći da se duševni život čovjeka razlikuje od duševnog života životinja samo u stupnju a ne u vrsti [Naturalism teaches falsely that psychic life of animals differs from one in humans but in degree], in: *Kršćanska škola* 4 (13), (1910), no. 11–12, pp. 161–169; Andrija Živković, Principi darvinizma i descendence [Principles of Life and Descendance], in: *Luč* 3, no. 2, 85–90 (1908).

[84] Ivan Gjaja, Prilikom pojave jedne nove knjige [On the Occasion of a new Book], in: *Književni Jug* [The Literal South], 1, 1918, No 2, vol. 3, 105–108.

[85] Lazar Car, Lamarckova zoološka filozofija [Lamarck's Philosophie Zoologique], in: *Glasnik HND* [Herald of the Croatian Natural History Society] 21, 2. pol., (1909) 34–54.

to accept another of Pflüger's ideas on the existence of general teleological mechanics in nature, the progress of processes in the direction of its entirety. This had been noticed in the development of embryos. Although he expressed his inclination for neo-vitalist ideas (Hans Driesch, August von Pauly, Gustav von Bunge), Car does not accept neovitalism, but he was convinced that »a non-mechanic and a non-spatial psychic factor needs to be put into the living world« (p. 31).

In addition, there was Jovan Hadži (1884–1972), a young experimental zoologist who worked in Zagreb during those years. He noted a deep crisis of Darwinism which had put too much weight on the importance of natural selection, but he did not side with neo-vitalism.[86] The centenary of Lamarck's *Philosophie Zoologique* (1809) provided the occasion to look back on the importance of Lamarck in the history of biology.[87] Although Lamarck was not acquainted with the notion of natural selection (p. 46), he had proposed his own theory of descent by tracing back higher forms to lower forms of life, and he was also the ›inventor‹ of the famous ›Tree of Life‹. Lamarck had also discovered the consequences of use and non-use of organs, the relations between their function and their construction. Although Hadži did not specifically renounce either the principle of selection or the principle of active adaptation to the environment, he thought that Lamarck interpreted the general progressive development of life better than Darwin. (p. 47) Although his initial intention was to demonstrate the importance of Lamarck, he practically turned out to be a neo-Lamarckist and became indirectly another witness for the decline of Darwinism. Thus, Croatian natural scientists in this period did not question Darwinism as a general theory of evolution, but they practically did not speak about Darwinism as a natural selection theory.

In another article, Jovan Hadži refered to the importance of skeleton-remains for the »reconstruction« of evolution. He wrote that the bones of the diluvial man from Krapina show tripartite characteristics: a) those of *homo primigenius species* (classic Neanderthal man), b) those that appear as well in diluvial as in recent man, and c) those that appear only in recent man, but are

---

[86] Lazar Car, O uzroku smrti [Why death], in: *Hrvatsko kolo* 3 (1907) 169–191.

[87] Jovan Hadži, Lamarckova zoološka filozofija [Lamarck's Philosophie Zoologique], in: *Glasnik HND* [Herald of the Croatian Natural History Society] 21, 2. pol., (1909) 34–54.

visible in diluvial man at its beginnings. Hadži wrote: »The famous phylogenetic genealogy of a horse, the most perfect example of paleozoology, could probably be constructed from teeth«.[88] In the same volume of *Glasnik,* Hadži reported about professor Wettstein's lecture which he had attended some time ago in Vienna, entitled *Filogenija angiosperma*, witnessing to the lively connection of Zagreb and Vienna. In 1912 he wrote once more about Lamarck as the founder of the conception of the «Genealogical Tree«.[89]

In 1912 the entomologist at the Zagreb National Museum, August Langhoffer, wrote that in »the golden age« of Darwinism protective coloration in animals was respected as an excellent example for the survival of the fittest. But nowadays, when so many attack the theory of selection, it has come another extreme, and researchers do not want to hear a single word about it, they become ›modern‹ by tearing down everything«.[90]

Conclusions

Immediately after Darwin's *On the Origin of Species* appeared (1859), his theories became the subject of interest in various countries. After the 1860s Darwinism entered Croatian science as a theory of evolution (evolutionism), as a working hypothesis and a permanent inspiration in biological research, without deeper theoretical discussions on the mechanism of natural selection, competition, or the factors of evolution. Ljudevit Farkaš Vukotinović was an exception in that respect, because he completely accepted Darwinism after a critical analysis in his discussion *Prirodoslovne theorije i Darwinisam* [Natural History Theories and Darwinism] of 1877, accepting even natural selection as a mechanism, but paradoxically not giving up the conception of teleology. Darwin's evolutionary theory became the subject of research in Croatia only to some extent, but it was a working hypothesis of prominent natural scientists of that period, as well as the subject of harsh confrontations between different worldviews in various newspapers, articles, and books. Evolutionism obviously became a controversial

---

[88] Jovan Hadži, Filogenetsko značenje zubi krapinskog čovjeka [Phylogenetic Importance of Teeth in Neanderthals], *Glasnik HND* 20, 202–206. This 204.

[89] Jovan Hadži, Lamarck, Der Begründer der Lehre vom Stammbaum, in: *Zoologischer Anzeiger* 37, no 2, 54–59.

[90] August Langhoffer, Zaštitna boja u životinja [Protecting Colors at Animals], in: *Nastavni vjesnik* 10 (1912) 762–767.

subject for philosophers and theologists as well. Factually, for Croatian natural sciences in general and for biological and paleontological sciences in particular, Darwinism marked a turning point in a methodological and thematic sense. Even in the period when Darwinism went through a serious crisis (Eclipse of Darwinism) in the late nineteenth century and in the first two decades of the twentieth century, it was a real turning point.

Thematically, Darwinism gave a strong impetus not only for studying palaeontology (Spiridion Brusina, Dragutin Gorjanović-Kramberger), palaeoanthropology (Dragutin Gorjanović-Kramberger), domestic flora (Antun Heinz, Miroslav Hirtz, Lulji Adamović), and fauna (Spiridion Brusina, Luka Trgovčević, etc.). A favourable intellectual climate for the development of modern natural science was created, so that prominent names begun to appear in the life sciences since the beginning of the 1920s, such as Zdravko Lorković, Alojz Tavčar, Milislav Demerec, Stjepan Horvatić, Ivo Horvat, Ante Ercegović, and others. Their work would yield noteworthy results in the upcoming decades in the areas of zoological systematics, genetics, geobotanics, floristics – renowned even outside Croatia, but an account of this work exceeds the timeframe of this paper.

A relatively large number of followers of theistic evolutionism, known in the documents of the Catholic Church as *evolutionismus mitigatus*, could be also found in Croatia. We have pointed out the names of its proponents: Antun Kržan, Antun Bauer, Josip Torbar, Josip Juraj Strossmayer. This paper does not consider the impact of Darwin's theories on pedagogy, legal theory, political thought, aesthetics, and literature. The reception of Darwinism starting from the 1920s onward is outside the frame of this paper. Generally, huge advances in the areas of cytological, physiological, biogeographical and palaeontological research, as well as the rapid development of population genetics laid the groundwork for the so-called New Evolutionary Synthesis. Even in Croatia, biosystematic, floristic and vegetationist research (Ivo Horvat, Stjepan Horvatić, Ante Ercegović and others) as well as genetic and biosystematic research (Zdravko Lorković, Alojz Tavčar, Milislav Demerec) began to flourish since the 1950s. Especially Lorković's entomological findings were remarkable and were even internationally noticed, as was the work of Milislav Demerec on mutations and possible mechanisms of hereditary transmission; Demerec ended up in a professorship at Cold Spring Harbour Laboratory in the United States. Prominent biologists in Croatia finally accepted neo-Darwinism as the theory of natural selection, dealing very seriously with the fundamental issue of speciation.

2 | Die weltanschauliche Rezeption und der Kulturkampf

Die Ordnung der Welt und ihre Bedrohung durch den Zufall. Die Theorie Darwins im Urteil deutscher Philosophieprofessoren des 19. Jahrhunderts

Kurt Bayertz

Es ist hinlänglich bekannt, dass die Theorie Darwins in den Jahrzehnten nach ihrer Veröffentlichung im deutschsprachigen Raum nicht nur in biologischen Fachkreisen, sondern auch in anderen wissenschaftlichen Disziplinen und darüber hinaus in der breiteren Öffentlichkeit intensiv rezipiert wurde.[1] Die Reaktionen reichten von der empörten Zurückweisung aus religiösen Gründen bis zu der These, dass auf ihrer Basis die Lösung aller Welträtsel möglich geworden sei. Dieses breite Spektrum unterschiedlicher Reaktionen ist in der Forschung vergleichsweise gut untersucht worden.[2] Unübersehbar ist allerdings, dass dabei den besonders dezidierten Varianten der Reaktion (um nicht zu sagen: ihren Extremen) besondere Aufmerksamkeit zuteil wurde. Das gilt nicht zuletzt für die politischen Extreme, zu denen natürlich vor allem der aggressive und zu weiten Teilen antihumanistische Sozialdarwinismus gehört.[3] Das weniger spektakuläre ›Mittelfeld‹ der Rezeption hat demgegenüber geringere Beachtung gefunden. Gemeint sind damit die Reaktionen, die durch die beiden folgenden Merkmale gekennzeichnet sind:

---

1 Um nur zwei Titel zu nennen: Alfred Kelly, *The Descent of Darwin. The Popularization of Darwinism in Germany, 1860–1914* (North Carolina U. P.: Chapel Hill 1981) und Andreas Daum, *Wissenschaftspopularisierung im 19. Jahrhundert. Bürgerliche Kultur, naturwissenschaftliche Bildung und die deutsche Öffentlichkeit, 1848–1914* (R. Oldenbourg: München 1998).

2 Eve-Marie Engels (Hrsg.), *Die Rezeption von Evolutionstheorien im 19. Jahrhundert* (Suhrkamp: Frankfurt am Main 1995). Kurt Bayertz, Myriam Gerhard und Walter Jaeschke (Hrsg.), *Weltanschauung, Philosophie und Naturwissenschaft im 19. Jahrhundert*, Bd. 2: Der Darwinismus-Streit (Felix Meiner: Hamburg 2007).

3 Kurt Bayertz, *Darwinismus als Politik. Zur Genese des Sozialdarwinismus in Deutschland 1860–1900*, in: Stapfia Bd. 56 (Kataloge des Oberösterreichischen Landesmuseums) Neue Folge Nr. 131 (1998) 229–288.

- Darwins Theorie wird nicht ausschließlich, nicht einmal primär als ein fachlicher Beitrag zur Naturwissenschaft aufgefasst, sondern als eine Herausforderung des allgemeinen Weltbildes, die sehr ernst genommen wird, ohne dass notwendigerweise irgendwelche *direkte* Anwendungen (z. B. politischer Natur) aus ihr abgeleitet werden; es geht eher um das, was man die ›Tiefenstruktur‹ des Weltbildes nennen könnte.

- Die Theorie Darwins wird nicht in Bausch und Bogen abgelehnt, man identifiziert sich aber auch nicht einfach mit ihr; stattdessen bemüht man sich um eine differenzierte Beurteilung, in der zwischen akzeptablen, fraglichen und inakzeptablen Elementen der Theorie unterschieden wird.

In dieses Mittelfeld gehört die Rezeption, die Darwins Theorie in der akademischen Philosophie in Deutschland gefunden hat. Tatsächlich war die Auseinandersetzung deutscher Universitätsphilosophen[4] mit Darwin und seiner Theorie breiter und intensiver als man vermuten könnte. Ohne Anspruch auf Vollständigkeit seien exemplarisch folgende Namen genannt: Adolf Trendelenburg[5], Gustav Theodor Fechner[6], Friedrich Theodor Vischer[7], Eduard Zeller[8], Hermann Lotze[9], Friedrich Albert Lange[10], Jürgen Bona Meyer[11] und Otto

---

4 In einem Gesamtbild der philosophischen Darwin-Rezeption wären auch akademische Außenseiter wie Ludwig Büchner, Friedrich Nietzsche oder Eduard v. Hartmann zu berücksichtigen. Zumindest im Hinblick auf die beiden Erstgenannten ist ihre Auseinandersetzung mit Darwin allerdings schon gut erforscht.

5 Adolf Trendelenburg, *Logische Untersuchungen*, 2. Bd., 3. verm. Aufl. (S. Hirzel: Leipzig 1870) 79–93.

6 Gustav Theodor Fechner, *Einige Ideen zur Schöpfungs- und Entwickelungsgeschichte der Organismen* (Breitkopf & Härtel: Leipzig 1873).

7 Friedrich Theodor Vischer, Kritik meiner Aesthetik, in: *Kritische Gänge*, Neue Folge, 6. Heft (Cotta: Stuttgart 1873) 130 f.

8 Eduard Zeller, Ueber die griechischen Vorgänger Darwin's, in: *Vorträge und Abhandlungen geschichtlichen Inhalts* (Fues's: Leipzig 1865) 37–51.

9 Hermann Lotze, *Mikrokosmus. Ideen zur Naturgeschichte und Geschichte der Menschheit,* 2. Bd. (S. Hirzel: Leipzig 1878).

10 Friedrich Albert Lange, *Geschichte des Materialismus und Kritik seiner Bedeutung in der Gegenwart*, 2. Aufl. 2. Buch (J. Baedecker: Iserlohn 1875) 240–284; auch in: Kurt Bayertz/Myriam Gerhard/Walter Jaeschke (Hrsg.), *Der Darwinismus-Streit* (Felix Meiner: Hamburg 2012) 286–348.

11 Jürgen Bona Meyer, Der Darwinismus, in: *Preußische Jahrbücher*, Bd. 17 (1866) 272–302 u. 404–453.

Liebmann[12]. Es versteht sich, dass die Ansichten dieser Autoren über die Theorie Darwins ebenso wenig einheitlich waren wie ihre Urteile über andere Autoren oder andere Sachfragen; gleichwohl aber treffen die beiden genannten Kriterien auf die meisten von ihnen zu. Diese philosophische Rezeption ist, soweit ich sehe, bisher noch nicht eingehend untersucht worden. Das kann an dieser Stelle nicht nachgeholt werden; zumindest einige Facetten dieser Rezeption möchte ich aber im Folgenden skizzieren.

Dabei werde ich einem Autor besondere Aufmerksamkeit widmen: dem Göttinger Philosophen Hermann Lotze. Grund dafür ist zum einen die Prominenz dieses Autors, der heute zwar nur noch Insidern bekannt ist, im 19. Jahrhundert (und auch darüber hinaus) aber sehr einflussreich war[13]; zum anderen die Tatsache, dass seine Auseinandersetzung mit Darwin für die genannte Gruppe durchaus typisch war; und drittens der bemerkenswerte Umstand, dass diese Auseinandersetzung mit Darwin bei ihm in gewissem Sinne bereits *vor* der Veröffentlichung von Darwins *Origin of Species* (1859) begann.

Eine Antizipation?

Im Jahre 1856 veröffentliche Lotze den ersten Band seines *Mikrokosmus. Ideen zur Naturgeschichte und Geschichte der Menschheit*; in den folgenden Jahren sollten diesem ersten Band zwei weitere Bände folgen. Bis zum Ende des Jahrhunderts wurde Lotzes *Versuch einer Anthropologie* mehrfach wieder aufgelegt und machte seinen Autor weit über Fachkreise und weit über Deutschland hinaus berühmt.[14]

Von besonderem Interesse für den vorliegenden Zusammenhang ist die 1878 erschienene dritte Auflage des zweiten Bandes, die Lotze weitgehend unverändert gelassen, aber um eine knapp zweiseitige Passage erweitert hatte. Er sei, so heißt es dort, »von wohlwollender Seite« gedrängt worden, in der Neuauflage endlich auf eine Theorie zu sprechen zu kommen, die in der Zwischenzeit erhebliches

---

[12] Otto Liebmann, Platonismus und Darwinismus, in: *Zur Analysis der Wirklichkeit*, 4. Aufl. (J. Trübner: Straßburg 1911) 317–361.

[13] Nach Herbert Schnädelbach, *Philosophie in Deutschland 1831–1933* (Suhrkamp: Frankfurt a. M. 1983) 206 war Lotze »eine Schlüsselfigur der Philosophiegeschichte des 19. Jahrhunderts«.

[14] Davon zeugt, um nur ein Beispiel anzuführen, die 1889 verfasste Dissertation von George Santayana, *Lotze's System of Philosophy* (Neudruck: Indiana U. P.: Bloomington 1971).

Aufsehen erregt habe: Nämlich auf die Theorie Darwins. Einen gewichtigen sachlichen Grund für eine Auseinandersetzung mit dieser Theorie gebe es eigentlich nicht; denn zu dem, was Darwin über die Vielzahl der von ihm zusammengetragenen Tatsachen hinausgehend »als Theorie« vertreten habe, sei von ihm – von Lotze – in der 1858 erschienenen ersten Auflage seines Buches alles Wichtige bereits gesagt worden. Er wisse auch zwanzig Jahre später nicht, was er seinen damaligen Ausführungen hinzufügen könne, in denen er »einige Zeit vor dem Erscheinen des Darwin'schen Werkes die Entstehung zweckmäßiger Bildungen aus dem Chaos durch dieselben Mittel« dargelegt habe, »die seitdem als Variation und Sichtung der entstandenen Variationen durch den Streit um das Dasein zu Gegenständen der Tagesfragen geworden« seien.[15]

Abb. 1: Hermann Lotze, 1817–1881 (Wikipedia gemeinfrei).

Wir halten inne! War Lotze verwegen genug, einen Prioritätsanspruch gegenüber Darwin erheben? Er hat, um das vorwegzunehmen, einen solchen Anspruch *nicht* erhoben. Aber er hat doch (zumindest implizit) bestritten, dass wir Darwin eine neue Theorie zu verdanken haben. Darwin habe zwar, so räumt er großmütig ein, »eine große Anzahl höchst anziehender mehr oder minder sicher

[15] Lotze, *Mikrokosmus*, 137. Weitere Zitate aus diesem Werk werden im Haupttext durch die jeweilige Band- und Seitenzahl in Klammern nachgewiesen.

gestellter Thatsachen« aufgeführt, »für welche die neuere Forschung nach Darwins Vorgange mit Recht dankbare Aufmerksamkeit verlangt und findet« (II, 137). Ungeachtet dieser empirischen Verdienste könne Darwin für sein Werk »als Theorie« allerdings keine Originalität beanspruchen.

Bevor ich auf diese erstaunliche Bewertung und ihre Hintergründe zurückkomme, möchte ich darauf hinweisen, dass sie nicht ganz untypisch für die Rezeption Darwins unter deutschen Philosophen des 19. Jahrhunderts war, in der oft zwischen den von Darwin beigebrachten empirischen Befunden einerseits und seiner Theorie andererseits unterschieden wurde. Seine Verdienste auf dem ersten Feld werden dann eingeräumt, seine Leistung auf dem theoretischen Feld hingegen zurückhaltend, wenn nicht negativ beurteilt. So charakterisierte etwa Adolf Trendelenburg (bezeichnenderweise ebenfalls in einer nachträglich hinzugefügten längeren Anmerkung zu einem bereits vorher veröffentlichten Buch) Darwins *Origin* als ein »Buch lichtvoller Empirie«, das »in Deutschland seine metaphysischen Consequenzen trieb«.[16] Auch von ihm wird Darwin als ein Empiriker gewürdigt, dessen Befunde in Deutschland (gemeint, wenn auch nicht genannt, war offenbar vor allem Ernst Haeckel) allerdings zu metaphysischen Zwecken ausgeschlachtet würden. Denn der »deutsche Darwinismus«, so Trendelenburg weiter, sei »seit Spinoza der vordringlichste Angriff auf den Zweck«[17], aber er sei der gefährlichere, »weil statt der abstrakten Allgemeinheit, die Spinoza aussprach, heute die volle und ganze Arbeit der Naturwissenschaften, die Arbeit in dem fast unübersehlichen Gebiete des Concreten aufgeboten wurde, um den Satz wahr zu machen.«[18] Wenn auch mit anderen Akzenten, finden wir hier Lotzes Unterscheidung zwischen dem Empiriker Darwin (dem Beifall gezollt wird) auf der einen Seite und den daraus abgeleiteten theoretischen, philosophischen, metaphysischen Konsequenzen auf der anderen Seite (die abgelehnt werden). Die Tendenz bestand also darin, Darwin *theoretisch* oder besser: *philosophisch* zu marginalisieren.

Die Wurzeln dieser Tendenz liegen zunächst in einem *clash of scientific cultures*. Darwin trat in einer empiristisch geprägten wissenschaftlichen Kultur auf und musste sich mit seiner Theorie in ihr behaupten. Dies ließ es ihm geraten sein, in seiner Autobiographie von 1876 von den »echten Baconschen Grundsätzen« zu sprechen, von denen er nach der Rückkehr von der Weltreise auf der

---

[16] Trendelenburg, *Logische Untersuchungen*, II, 79.

[17] Ebd.

[18] Ebd., II 79 f.

Beagle in seiner Forschung ausgegangen sei: Er habe »ohne irgendeine Theorie Tatsachen in großem Maßstab« gesammelt.[19] Das war eine Stilisierung, die die philosophischen Voraussetzungen und Implikationen, die seine Theorie sehr wohl hatte, in den Hintergrund treten lassen und hinter den ›reinen Fakten‹ verbergen sollte. Demgegenüber operierten Lotze und Trendelenburg in einer akademischen Kultur, die das Gegenteil nahelegte: Fakten waren hier zwar nicht verboten, galten gegenüber den Zusammenhängen, in die sie eingebettet waren, aber doch eher als zweitrangig: Was zählte, war die Systematik von Theorien. Diese wissenschaftskulturelle Differenz zwischen den Nationen wurde dadurch verschärft, dass die Beteiligten unterschiedlichen Disziplinen angehörten: Darwin war Biologe, Lotze und Trendelenburg waren Philosophen. Es liegt auf der Hand, dass sich daraus verschiedene, ja divergierende Perspektiven auf die Welt und die Beurteilungskriterien für Theorien ergaben. Wenn Philosophen wie Lotze oder Trendelenburg sich mit der Theorie Darwins befassten, so ging es ihnen weniger um biologische Fachfragen als um darüber hinausgehende *philosophisch-weltanschauliche* Probleme, die Darwin zwar nicht vollkommen übersehen hatte, deren Lösung aber nicht zu seinen theoretischen Zielen gehörte.

Eine verallgemeinerte Selektionstheorie

Diesen philosophisch-weltanschaulichen Problemen kommen wir auf die Spur, wenn wir den zweiten Band des *Mikrokosmus* aufschlagen und dessen zweites Kapitel konsultieren. Es trägt die Überschrift »Die Natur aus dem Chaos« und diskutiert die Frage, ob die Entstehung von Komplexität und Ordnung auf rein ›mechanischem‹ Wege erklärt werden kann. Der ›mechanische‹ Weg, der hier vorgestellt wird, ist ein Weg, der sich allein auf diejenigen Ursachen stützt, die in der Aristotelischen Tradition als ›Wirkursachen‹ charakterisiert wurden. Die Frage, um die es ging, lautete also: Kann die Komplexität und die Ordnung in der Natur ohne Rückgriff auf teleologische Prinzipien und stattdessen allein auf der Basis dessen verstanden und erklärt werden, was wir heute unter ›kausalen Mechanismen‹ verstehen?

---

[19] Charles Darwin, Erinnerungen an die Entwicklung meines Geistes und Charakters, in: Siegfried Schmidt (Hrsg.), *Charles Darwin – ein Leben. Autobiographie, Briefe, Dokumente* (dtv: München 1982) 92.

In diesem zweiten Kapitel des zweiten Bandes knüpft Lotze an die atomistische Philosophie an, die in der Antike[20] von Demokrit, Lukrez und Epikur entwickelt und in der Neuzeit von Autoren wie Thomas Hobbes, Robert Boyle oder Paul Henri Thiry d'Holbach neu aufgegriffen und weiterentwickelt worden war. Er gibt, ohne auf einzelne Autoren detailliert einzugehen, eine großzügige und freie Darstellung dieser atomistischen Naturauffassung, die davon ausgeht, dass die Welt in ihren Anfängen einem Chaos geglichen hatte, in dem sich die Atome oder Elemente ziellos bewegen und dabei gelegentlich miteinander kollidieren. Aus diesen Kollisionen gehen dann zufällige Verbindungen zwischen den Atomen hervor, die sich anreichern und die für uns wahrnehmbaren makroskopischen Objekte bilden.

Unter atomistischen Voraussetzungen, so Lotze, ist davon auszugehen, dass jede mögliche Kombination zwischen den Elementen gleichermaßen wahrscheinlich sei. Doch obwohl die unterschiedlichsten Verbindungen zwischen ihnen entstehen können, werden ihre weiteren Schicksale doch sehr verschieden sein. Denn viele von ihnen werden aufgrund ihrer inneren Unstimmigkeit rasch wieder verschwinden, während andere, deren innerer Ausbau mit den mechanischen Gesetzen kompatibel ist, fortexistieren. Wenn aber, wie Lotze sagt, »zu einer Aussonderung weniger Fälle aus dem unendlichen Reiche der Möglichkeiten keine andere Zensur, Kritik und Auswahl nötig ist als die, welche der mechanische Zusammenhang der Dinge ohnehin von selbst ausüben muß« (II, 27), so kann man eine schrittweise Entwicklung der Welt von zunächst sehr unvollkommenen zu immer besseren Wesen annehmen, ohne dafür irgendeine Art der Teleologie oder der Providenz voraussetzen zu müssen. »Die Wirklichkeit aber enthält aus der unendlichen Anzahl der Elementenverbindungen, welche ein vernunftloses Chaos liefern konnte, nicht eine Auswahl, welche eine berechnende Absicht getroffen hätte, sondern die kleinere Summe jener Gebilde, die der mechanische Naturlauf selbst in dem unermesslichen Wechsel seiner Ereignisse prüfte und als in sich zweckmäßige zur Erhaltung fähige Ganze von der zerstiebenden Spreu des Verkehrten schied, das er unparteiisch auch entstehen, aber ebenso unparteiisch auch wieder zugrunde gehen ließ.« (II, 29)

---

[20] Auch Zeller bringt die Theorie Darwins in dem oben (FN 8) erwähnten Aufsatz mit der Philosophie der griechischen Antike in Verbindung, erwähnt dabei allerdings auch einige Differenzen.

Die ›mechanische‹ Naturdeutung beruht also, kurz zusammengefasst, auf den folgenden fünf Annahmen:

- Vorausgesetzt, die Welt besteht aus Atomen, die zunächst separat voneinander existieren, sich dann aber aufgrund irgendwelcher Mechanismen miteinander verbinden;
- vorausgesetzt weiter, dass jede mögliche Verbindung von Atomen gleich wahrscheinlich ist;
- so wird man annehmen müssen, dass eine Fülle verschiedener Atomverbindungen entsteht; dass über genügend lange Zeiträume hinweg *alle möglichen* Verbindungen realisiert werden.
- Diese werden zwar gleichermaßen möglich, aber nicht gleichermaßen stabil und existenzfähig sein; viele, ja die meisten der Verbindungen werden daher wieder verschwinden, sodass
- am Ende nur die zweckmäßigen und vernünftigen Verbindungen übrig bleiben.

Man kann dieses Argument als eine Art verallgemeinerte Selektionstheorie auffassen: Als eine *Selektions*theorie insofern hier ein zweistufiger Prozess der zufälligen Entstehung von Varianten postuliert wird, unter denen die geeigneten dann nachträglich ausgewählt werden; als eine *verallgemeinerte* Selektionstheorie insofern es hier nicht schon um Organismen geht, sondern um die Kombination von Atomen oder Elementen, aus denen zunächst die anorganische Welt und erst im Anschluss daran oder darauf aufbauend die Welt der Organismen entsteht. Was Lotze referiert, ist also keine speziell biologische, sondern eine allgemeine Selektionstheorie, zu der sich die Theorie Darwins wie eine spezielle Anwendung verhält.

Vor diesem Hintergrund wird nun besser verständlich, wie Lotze zu der Ansicht gekommen war, dass wir Darwin zwar neue Tatsachen, aber keine neue Theorie verdanken. Wenn die im *Mikrokosmus* gegebene Darstellung richtig ist, dann stellt sich Darwins Theorie als ein neuer biologischer Trieb an einem uralten philosophischen Theoriebaum dar. Bei diesem Baum handelt es sich um eine ›mechanische‹ Naturauffassung, die sich ganz auf die Wirkursachen beschränkt und keinerlei teleologische Prinzipien in Anspruch nimmt. Und da diese Naturauffassung ihre konsequenteste Ausprägung im ›Atomismus‹ hatte, kann Darwins

Theorie als eine Art biologischer Atomismus betrachtet werden: als eine Theorie, die dem mechanisch-atomischen Grundgedanken nichts prinzipiell Neues hinzufügt, ihn aber mit neuen Tatsachen unterfüttert. Besser verständlich wird damit auch, warum Lotze keinerlei Prioritätsanspruch im Hinblick auf Darwins Theorie erhoben hat und erheben konnte. Selbst wenn man in den Ausführungen des *Mikrokosmus* eine Vorwegnahme der Darwinschen Selektionstheorie sehen könnte (dazu gleich mehr), würde die Priorität dafür nicht Lotze zuzuschreiben sein, sondern den Philosophen der Antike. Die Ausführungen des zweiten Kapitels des zweiten Bandes des *Mikrokosmus* waren ja keine Erfindung Lotzes, sondern ein Referat der mehr als zwei Jahrtausende alten Grundideen des Atomismus.

Kritik der symbolischen Naturdeutung

Damit soll nicht gesagt sein, dass Lotze sich auf die Darstellung altehrwürdiger philosophiegeschichtlicher Positionen beschränkt hätte. Zum einen sind die Überlegungen, die er unter der Überschrift »Die Natur aus dem Chaos« darlegt, nicht sein letztes Wort zur Sache; darauf werde ich noch ausführlicher zurückkommen. Zum anderen stellt er an anderen Stellen seines Buches deutlich originellere Überlegungen an, die vor allem das zentrale Thema seines Buches betreffen: den Menschen und seine Stellung in der Welt. Erinnern wir uns an den Untertitel des *Mikrokosmus*, der ja *Ideen zur Naturgeschichte und Geschichte der Menschheit* ankündigt, d. h. eine umfassende anthropologische Theorie. Nun hatte die Mensch-Tier-Differenz in der anthropologischen Theoriebildung seit jeher besonders große Aufmerksamkeit gefunden und in diesem Zusammenhang hatte der aufrechte Gang des Menschen großes Interesse auf sich gezogen; er wurde meist als ein Humanprivileg und als ein körperliches Anzeichen für die Sonderstellung des Menschen unter den Tieren angesehen.[21] Lotzes Überlegungen zu diesem Thema lohnen eine nähere Betrachtung vor allem deshalb, weil sie sich (a) scharf von bestimmten älteren Deutungen abgrenzen und sich damit zugleich (b) dem Erklärungstypus nähern, der auch von Darwin für beliebige organische Merkmale, den aufrechten Gang eingeschlossen, in Anspruch genommen wurde.

In den negativen Passagen seines Buches wendet sich Lotze gegen die verschiedenen Varianten »einer symbolischen Deutung der Naturformen«, die in der Antike, später auch bei christlichen Autoren angeführt worden waren und die

---

[21] Vgl. dazu ausführlich: Kurt Bayertz, *Der aufrechte Gang. Eine Geschichte des anthropologischen Denkens* (C.H. Beck: München 2012) 234 ff.

sich auch bei Lotzes älteren Zeitgenossen noch einiger Beliebtheit erfreuten. Das Charakteristikum dieser Deutung besteht darin, dass Naturphänomene oder -formen allgemein, die aufrechte Stellung im Besonderen, als ein symbolischer Ausdruck von Intentionen aufgefasst werden, die der Welt und ihren Teilen zugrunde liegen. Demgegenüber will Lotze nicht zugestehen, »daß es der Natur vor allem auf Repräsentation ankomme. Wo sie ein Geschöpf zu einer großen Bestimmung beruft, ist es nicht ihr erstes, ihm eine äußerliche Form als Siegel dieses Berufes aufzudrücken, sondern ihre weit ernstere Mitgift besteht darin, daß sie ihm alle praktischen Mittel zur Geltendmachung dieses Berufes und zur Behauptung seines Ranges zu Gebote stellt. Sie gibt ihm zuerst die Macht etwas zu sein, nicht zuerst die Form, etwas zu scheinen, und sie verläßt sich darauf, daß am Ende der wirkliche Besitz und Gebrauch der Macht auch immer die ausdrucksvollste Art ist, sich ihren Schein zu sichern. Es kam daher wenig unmittelbar darauf an, daß der Mensch zum Symbol seiner Herrschaft seinen Leib aufrichte, eine Stellung, die ihm die Fettgänse des Polarmeeres mit nutzloser Feierlichkeit kopieren; es lag mehr daran, daß diese Stellung allein ihm die Möglichkeit zu jenen Handlungen gab, durch welche er in Wirklichkeit diese Herrschaft über alle anderen Geschlechter ausübt.« (II, 95) Zum einen wird (auf der empirischen Ebene) der unter dem Namen »Fettgans« auftretende Pinguin, von Lotze als polarer Kronzeuge gegen das Humanprivileg des Aufrechtseins eingesetzt, zum anderen fungiert (auf der theoretischen Ebene) die Opposition zwischen den Begriffen »Macht« und »Symbol« als ein Hebel, der die symbolische Naturdeutung aus ihrer metaphysischen Befestigung herausbrechen soll.

Lotzes Haupteinwand besagt, dass die symbolische Interpretation des aufrechten Ganges gratis ist. Man kann sich leicht klarmachen, »daß es ja kaum irgend eine erdenkliche Körperform würde geben können, die sich nicht mit gleichem Tiefsinn befriedigend würde deuten lassen. Geht der Mensch aufrecht, so ist es bedeutsam, daß er nur mit den Füßen die Erde berührt, das Haupt zum Himmel hebt; daß er nun doch nicht fliegt, ist auch bedeutsam, denn er bezeugt dadurch seinen steten Zusammenhang mit der Erde, seiner Mutter; ginge er nun auf vier Füßen wie die Giraffe, so wäre es noch bedeutsamer, denn dann wendete er der Mutter Erde, wie es Recht ist, nur sein irdisches Teil, den Leib, zu, während das Haupt, Niederes verachtend, zur Höhe strebte. Jetzt, da der Mensch seine Brust breit gewölbt den Stürmen entgegenkehrt, wie bedeutsam ist dieser erwartende Trotz! Hätte er aber das vorstrebende Brustbein des Vogels, so wäre das wiederum bedeutsam, denn nun schiene erst recht sein Mut dem Strome der Dinge entgegenzustreben; wäre endlich seine Brust vertieft und ausgehöhlt, wie gemütvoll symbolisierte dann diese Form die Sehnsucht, die Welt in die Tiefe des eigenen Herzens aufzunehmen! Zu diesem Spiel der Sentimentalität und eines fruchtlosen Witzes führt zuletzt immer die Neigung zu unmittelbarer Deutung von Naturformen, deren Ausprägung als solcher, oder deswegen, weil sie etwa an sich feste Erscheinungsweisen einer Idee wären, gewiß nie zu den Absichten der Natur gehört.« (II, 96) Symbolische Deutungen, heißt das, werden der Natur nicht entnommen, sondern auf sie projiziert. Obwohl Lotze das kosmologische Denken fortsetzen und auf die Höhe seiner Zeit heben will, distanziert er sich mit seiner Ablehnung symbolischer Deutungen von einem seiner grundlegenden Charakteristika. Der Kosmos soll ja eine *sinnhafte* Ordnung sein, in der die ontologischen Strukturen zugleich Bedeutung haben. Der Mensch *ist* ein Mikrokosmos und seine Gestalt ein Symbol dafür. Gehört die Natur aber nicht zu den Dingen, die nach Art eines Textes oder Bildes einen semantischen Gehalt haben, kann auch der aufrechte Gang nichts ›bedeuten‹.

Er kann aber eine *Funktion* oder *Wirkung* haben. Darauf spielt Lotze mit dem Begriff »Macht« an. Wenn die Natur, so hatte er anthropomorphisierend gesagt, ein Geschöpf zu einer Bestimmung berufe, so zeichne sie es nicht durch eine symbolische Gestalt aus, sondern stelle ihm »alle praktischen Mittel« zur Verfügung, die es benötige, diese Berufung zu erfüllen. Als ein solches Mittel müsse auch die aufrechte Haltung verstanden werden. Sie befreie die Hände, ermögliche ihre Ausbildung zu einem universellen Werkzeug und mache den Weg zur technischen Herrschaft über die Welt frei. »Daß die Natur ihm diese Werkzeuge des Schaffens zu dem mannigfaltigsten Gebrauche frei ließ und sie nicht zu dem einförmigen Geschäfte der Stützung des Körpers verbrauchte, darin beruht die wahre und große Bedeutung der aufrechten Stellung, in welcher man zu allen Zeiten das Übergewicht der menschlichen Bildung über alle verwandten tierischen gefunden hat.« (II, 86) Der aufrechte Gang ist also nicht der symbolische Ausdruck, sondern die faktische Ermöglichungsbedingung der menschlichen Sonderstellung.

Ähnlichkeiten und Differenzen

Es ist leicht erkennbar, dass die von Lotze entwickelten Überlegungen eine Reihe von Berührungspunkten und Übereinstimmungen mit der Theorie Darwins aufweisen. Drei solcher Übereinstimmungen möchte ich hervorheben. Ins Auge sticht *zunächst* die Selbstverständlichkeit, mit der Lotze von der Geschichtlichkeit der Natur ausgeht und ihre Entwicklung hervorhebt. Wenn es sich dabei für ihn nicht um ein Skandalon handelte, so ist natürlich zu bedenken, dass Lotze als Philosoph in der Tradition von Kant, Herder, Schelling und Hegel stand, für welche die historische Dimension des Weltgeschehens ein Faktum war, das keiner besonderen Rechtfertigung bedurfte; und zumindest für einige von ihnen war auch die Geschichtlichkeit der Natur eine keineswegs abwegige Annahme. Im philosophischen Denken Deutschlands war also der Boden für ein durchgängig historisches Weltbild längst bereitet, als Lotze in den 1850er Jahren seinen *Mikrokosmus* entwarf.

Eine *zweite* Konvergenz haben wir bereits kennengelernt, als wir Lotzes Überlegungen zum aufrechten Gang referiert haben. Es ist ja, gerade wenn wir die Geschichte der Deutungen dieses Merkmals betrachten, durchaus bemerkenswert, mit welcher Bestimmtheit Lotze alle Ansätze einer symbolischen Erklärung abwehrt. Für ihn kommt nur eine ›mechanische‹ Erklärung in Frage: eine Erklärung also, die auf den handfesten kausal wirksamen Vorteilen beruht, die mit diesem Merkmal verbunden sind. Genau das ist ja auch die Pointe der evolutionären Deutung dieses Merkmals, wie Darwin sie später in seinem Buch *The Descent of Man* von 1871 gegeben hat.[22] Natürlich waren Darwins Ausführungen sehr viel empirischer, sehr viel detaillierter und sehr viel biologischer als es bei Lotze der Fall war; aber ungeachtet dessen bedienen sich beide desselben ›mechanischen‹ Erklärungs*typs*.

Schließlich ist *drittens* nicht zu übersehen, dass Lotze in seiner allgemeinen kosmologischen Skizze ebenso wie in seinen anthropologischen Überlegungen der *Kontingenz* einen größeren Platz einräumt als es in älteren (aber auch einigen zeitgenössischen) Theorien der Fall gewesen war:

> Wollen wir den unmittelbaren, noch durch keine Schulansicht umgestalteten Eindruck der Natur aussprechen, so können wir nur sagen, daß vieles zwar zweckmäßig in sich übereinstimmt, ohne dass sein Dasein überhaupt eine besondere Bedeutung zu besitzen scheint, und dass umgekehrt nicht alles, was uns als mögliches Ziel einer zwecksetzenden Absicht erscheinen könnte, verwirklicht ist. Und dies ist das Verhalten, welches wir ganz natürlich erwarten können, wenn wir die Welt aus einem absichtlosen Chaos entsprun-

[22] Charles Darwin, *Die Abstammung des Menschen* (Alfred Kröner: Stuttgart 1982) 54–74.

> gen denken, aus dem stets nur das Mögliche und in sich zweckmäßige, unter diesem aber das Bedeutungslose ebenso gern und ungehindert wie das Sinnvollste entstehen wird. (II, 31)

Es wird sich allerdings noch zeigen, dass Lotze in diesem Punkt weniger konsequent war, als weite Passagen des Buches es nahezulegen scheinen, und dass er in diesem Punkt auch nicht so weit ging wie Darwin.

Das sind bemerkenswerte Konvergenzen, die wir zwar ernst nehmen sollten, die es aber nicht rechtfertigen, Lotze nun *doch* als eine Art Vorläufer Darwins anzusehen. Denn *erstens* ist leicht erkennbar, dass zwei der drei Konvergenzen keine unmittelbaren Bestandteile der Darwinschen Theorie betreffen, sondern bestimmte ihrer Hintergrundvoraussetzungen. Lediglich die These von der Geschichtlichkeit der (belebten) Natur ist eine These, die Darwin explizit vertreten hat; die anderen beiden Punkte wurden von ihm gar nicht explizit thematisiert. Diese Hintergrundvoraussetzungen waren die Frucht einer langen allgemeinen Entwicklung, deren Einfluss nicht lokal oder national begrenzt blieb. Einem Philosophen wie Lotze kann ein besonderes Gespür für solche allgemeine Entwicklungen des Denkens zugeschrieben werden; und es kann daher nicht überraschen, dass er schon früh auf ihrer Basis zu denken imstande war. Analoges gilt für Darwin, der sich, wie wir oben sahen, bisweilen als ein ›harmloser‹ Empiriker in der Baconschen Tradition stilisiert und dadurch nahegelegt hat, er habe seine Theorie durch reine Beobachtung gewonnen. Die wissenschaftsgeschichtliche Forschung lässt keine Zweifel daran zu, dass dieses (Selbst-)Bild nicht den Tatsachen entspricht. Zum einen stand Darwin, wie jeder andere Wissenschaftler auch, nicht außerhalb der weltanschaulich-philosophischen Unterströmungen seiner Zeit; und zum anderen hat er sich eingehend mit der Wissenschaftstheorie seiner Zeit befasst und seine Theoriebildung an ihr orientiert. Wie Lotzes *Mikrokosmus* ist auch Darwins *Origin* nicht vom Himmel gefallen, sondern in intellektuellen Kontexten entstanden, die sich seit Langem angebahnt hatten und die nicht völlig unabhängig voneinander waren. Die Ähnlichkeiten zwischen beiden Theorien sind also nicht mit Kategorien von ›Antizipation‹ oder ›Vorläuferschaft‹ zu fassen, sondern aus den intellektuellen Unterströmungen zu erklären, die das Denken *beider* Autoren beeinflusst haben.

Zweitens ist darauf aufmerksam zu machen, dass sich die Ähnlichkeiten zwischen der Darwinschen Theorie und der von Lotze beschriebenen ›mechanischen Auffassung‹ der Natur bei näherer Betrachtung als begrenzter erweisen als sie *prima vista* erscheinen mögen. Ohne an dieser Stelle eine eingehendere Analyse vorlegen zu können, möchte ich auf zwei leicht erkennbare Differenzen hinweisen. Einmal ist festzuhalten, dass der Begriff »Aussonderung« (II, 27) bei Lotze etwas anderes meint als ›Selektion‹ bei Darwin. Bei Lotze ergibt sich die Aussonderung aus der *inneren* Unstimmigkeit der Atom- oder Elementkombinationen. Manche dieser Kombinationen bringen Elemente miteinander in Kontakt, die nicht recht zueinander passen und daher nicht stabil sind. Auch Darwin muss voraussetzen, dass die Organismen eine innere ›Stimmigkeit‹ aufweisen; Varianten, die diese Eigenschaft nicht aufweisen, werden auch bei ihm ›ausgesondert‹. Als der entscheidende Selektionsfaktor fungiert in seiner Theorie aber die Anpassung an die *äußeren* Umweltbedingungen. Der Selektionsdruck entsteht in der Beziehung der Organismen zu ihrer Umgebung und der Notwendigkeit, unter den daraus erwachsenden Bedingungen zu überleben und Nachkommen zu hinterlassen.

Hinzu kommt zum anderen, dass die innere Stabilität der Elementkombinationen bei Lotze das Sprungbrett für ihre *Vervollkommnung* bildet. Eine bestimmte ›gelungene‹ Kombination kann sich schrittweise anreichern und vervollkommnen, bis irgendwann ein komplexes Wesen aus ihr geworden ist:

> Es ist eine denkbare Annahme dass dem jetzt vorhandenen Inbegriff der Geschöpfe unvollkommenere Versuche der Natur vorausgegangen sind, in der Tat widersprechende ungeheuerliche Bildungen, die ohne zu eigener Fortdauer befähigt zu sein, doch nach ihrem Untergange die Elemente in einer für bessere Erzeugnisse vorbereiteten Verknüpfung zurückließen. (II, 28)

Dabei bleibt systematisch unklar, was wir warum als »(un)vollkommen« oder »besser« anzusehen haben; welche Kriterien also ausschlaggebend dafür sind, dass eine Veränderung als eine »Vervollkommnung« (so auch II, 35 u. 38) zu bewerten ist. Bei Darwin ist die Evolution der Organismen demgegenüber nicht mit einer Tendenz zur Vervollkommnung verbunden; es geht vielmehr um die Anpassung der Organismen an ihre Umweltbedingungen, um ihre *fitness*, die heute in der Zahl der Nachkommen gemessen wird. Sofern sich überhaupt irgendwelche Anklänge an biologische Evolutionstheorien in der Darstellung Lotzes finden lassen, so weisen sie in diesem Punkte nicht in die Richtung Darwins, sondern eher in die Richtung von Jean-Baptiste Lamarck, der einen schrittweisen

›Fortschritt‹ der Organismen über die Generationenfolge postuliert hatte. Darwin hat sich von dieser Annahme bekanntlich strikt distanziert.[23]

Versöhnung und Vervollkommnung

Mit dem Thema ›Vervollkommnung‹ sind wir bei dem philosophisch oder weltanschaulich entscheidenden Punkt angelangt. Die von Lotze 1858 ausführlich dargestellte und in dem Zusatz von 1876 (scheinbar) bekräftigte Möglichkeit einer Erklärung von Ordnung durch Zufall ist nämlich durchaus nicht sein letztes Wort. Erinnern wir uns zunächst daran, dass der *Mikrokosmus* als ein weit ausholendes philosophisches Werk konzipiert war, mit dem sein Verfasser das Ziel verfolgte, eine Gesamtdeutung des Menschen und seiner Stellung in der Welt zu präsentieren, die einerseits die Resultate der zeitgenössischen (Natur)Wissenschaften systematisch verarbeiten sollte, ohne dabei andererseits in das zu verfallen, was Lotze als »Materialismus« bezeichnete und kritisierte: einen reduktionistischen Naturalismus. Die wissenschaftliche Perspektive auf die Welt und den Menschen sollte durch eine »höhere Ansicht der Dinge« (I, v) ergänzt und komplettiert werden, sodass der alte Zwist zwischen »den Bedürfnissen des Gemüthes und den Ergebnissen menschlicher Wissenschaft« (I, v) geschlichtet werde. Im Rahmen eines solchen Projekts der Versöhnung von Weltauffassungen, die gemeinhin als konkurrierend oder ausschließend angesehen wurden (und noch immer werden), steht Lotze nicht mehr die Möglichkeit offen, es bei der Rückführung von Ordnung auf Zufall bewenden zu lassen. Denn für die gegenläufige »höhere« Ansicht der Welt und des Menschen würde kein Raum bleiben, wenn die Erklärung von Ordnung durch ein Spiel »mechanischer« Prozesse ohne Einschränkung das letzte Wort hätte.

Auch die Darwin betreffende nachträgliche Hinzufügung spiegelt dieses Bemühen um eine Versöhnung wider. Denn nachdem Lotze die Denkmöglichkeit einer »Entstehung zweckmäßiger Bildungen aus dem Chaos« noch einmal bekräftigte, leitet er überraschend zu der These über, dass eine darauf fußende Theorie das kosmogonische Schauspiel nicht zureichender erklären würde, »als jener sich selbst bescheidende Glaube, für welchen die Entstehung der lebendigen Geschlechter nur aus dem unmittelbaren Schöpferwillen Gottes begreiflich

[23] Vgl. den Brief an Joseph Dalton Hooker vom 11. Januar 1844. Deutsch in: Siegfried Schmidt (Hrsg.), *Charles Darwin – ein Leben,* a.a.O. 127–128.

scheint« (II, 138). Und er fährt mit einem etwas orakelhaften Hinweis auf »manche« ursprünglichen Anhänger Darwins fort, die sich nach aufrichtigem Nachdenken eines Anderen und Besseren besonnen und zu der Annahme einer Art von richtunggebender Kraft durchgerungen hätten:

> Von denen nun, die Anfangs diesen Weg der Erklärung aus dem Zufall mit Zuversicht betraten, sind manche durch aufrichtiges Nachdenken zu veränderten Ansichten gekommen; im Innern der Dinge wenigstens und als eins durch sie alle hindurchwirkend glauben sie ein Prinzip der Auswahl des Vernünftigen und ein immanentes Streben nach Zweckmäßigkeit annehmen zu müssen. (II, 138)

Lotze verrät uns nicht, an wen er hier denkt; es ist nicht sonderlich wichtig, die konkreten Person(en) zu identifizieren, auf die seine Beschreibung zutrifft. Denn richtig ist in jedem Fall, dass es etliche Autoren gab, die sich mit der natürlichen Selektion als *einzigem* Erklärungsprinzip nicht abfinden konnten oder wollten. Und es verdient hervorgehoben zu werden, (a) dass dies nicht nur für Philosophen oder Theologen, sondern auch für prominente Biologen galt[24]; und (b), dass dies nicht nur auf die Diskussion in deutschsprachigen Raum zutrifft, sondern ebenso auf die Darwin-Rezeption in anderen europäischen Ländern.[25]

Ich habe bereits darauf hingewiesen, dass hier auch der Stein des Anstoßes für die von mir erwähnten deutschen Philosophieprofessoren lag. Viele von ihnen waren bereit, die natürliche Selektion als *ein* Prinzip der Evolution hinzunehmen, mochten sich aber nicht mit der »Allmacht der Naturzüchtung«[26] abfinden. Als ein Hilfsprinzip, als eine Wirkursache, die auf der Basis oder im Rahmen einer letztlich teleologischen Gesamterklärung ihren Platz hatte, war die natürliche Selektion für sie akzeptabel; nicht aber als ein Mechanismus, der die gesamte

---

[24] Darunter z. B. Theodor Eimer, *Die Entstehung der Arten auf Grund von Vererben erworbener Eigenschaften nach den Gesetzen organischen Wachsens. Ein Beitrag, zur einheitlichen Auffassung der Lebewelt*, 3 Bde. (Gustav Fischer: Jena 1888 und Wilhelm Engelmann: Leipzig 1897 u. 1901), sowie Oscar Hertwig, *Das Werden der Organismen. Zur Widerlegung von Darwin's Zufallstheorie durch das Gesetz in der Entwicklung* (Gustav Fischer: Jena 1916).

[25] Vgl. die inzwischen klassische Studie von Peter J. Bowler, *The Non-Darwinian Revolution. Reinterpreting a Historical Myth* (Johns Hopkins U. P.: Baltimore/London 1988).

[26] So der markante Titel einer Schrift von August Weismann, *Die Allmacht der Naturzüchtung. Eine Erwiderung an Herbert Spencer* (Gustav Fischer: Jena 1893).

Erklärungslast tragen sollte. Genau darauf lief auch Lotzes Restbedenken gegenüber Darwin hinaus: Eine Auswahl der besten Elementkombinationen findet zwar statt, unverzichtbar bleibt aber die Annahme eines hinter dieser Auswahl operierenden und sie lenkenden teleologischen Prinzips. Schon in der ersten Auflage seines Buches hatte er in seine ausführliche Darstellung der atomistischen Lehre schrittweise nichtkausale Prinzipien einfließen lassen, die »einen Zug innerlicher Zweckmäßigkeit« (II, 36) mit sich bringen und eine »Vervollkommnung der innern Zustände« (II, 38) bewirken:

> Ungebrochen wird daher die strenge Notwendigkeit des Mechanismus noch immer über die Bildung der Dinge herrschen, nur dass sie nicht ausschließlich an äußere Zustände andere äußere Zustände knüpft, sondern an jedem Punkt ihres Verlaufes in das innere der Elemente hinabsteigt und den vernünftigen [sic !] Regungen, die sich dort entwickeln, einen gesetzlich abgemessenen Einfluß auf die Gestaltung der weitern Zukunft zugesteht. (II, 38 f.)

Es gibt also eine *hinter* den kausalen Gesetzen wirkende Vernunft, die den ›mechanischen‹ Prozessen eine Richtung gibt und damit eine fortschreitende Vervollkommnung bewirkt. Lotze überlässt der ›mechanischen‹ Naturerklärung also beinahe das gesamt Feld; aber eben doch nur *beinahe*, denn auf eine zumindest diskrete Hintergrundsteuerung durch ein teleologisches und vernünftiges Prinzip glaubt er nicht verzichten zu können.

Mit seinem Insistieren auf einem solchen Prinzip war Lotze nicht allein. Auch der Aristoteliker Trendelenburg verteidigte die Zweckmäßigkeit der Natur und glaubte sich durch Darwins Betonung der Anpassung darin noch bestärkt sehen zu können:

> Der Begriff der Anpassung führt auf den Zweck; es liegt in ihm nur ein anderer Name für den bildenden Zweck. Durch die Anpassung wird in der Theorie ein Mittel gewonnen, das den Begriff des Zweckes stillschweigend voraussetzt. Ein Werkzeug, wie der Bohrer, wird in seinem Bau der menschlichen Hand, ein Augenglas der Einrichtung des Auges angepasst. Die Hand soll das Werkzeug führen und in ihm sein Vermögen erhöhen, das Auge soll ein schärferes oder grösseres Bild sehen. Der Zweck liegt in dieser Anpassung offen vor.[27]

---

[27] Trendelenburg, *Logische Untersuchungen*, II, 88.

Es ist leicht erkennbar, dass hier der Effekt mit der Ursache verwechselt wird; dass aus der ex-post Tatsache, dass die Organismen zweckmäßig organisiert sind, auf die ex-ante Wirksamkeit eines »bildenden Zweckes« geschlossen wird. Nicht weit entfernt davon ist Vischers Auffassung nach der von ›Entwicklung‹ nur auf der Basis des Zweckbegriffs gesprochen werden kann; und nach der Darwins Theorie folglich keine Theorie der ›Entwicklung‹ sein kann:

> Wird die Ansicht Darwins auf alles Werden von Arten im Pflanzen- und Thierreich ausgedehnt, so ist der Begriff der Entwicklung und inneren Zweckmäßigkeit aufgehoben. Denn durch Anpassung, Zuchtwahl und Kampf um's Dasein entsteht Zweckmäßiges nur hintennach; die Vorstellung ist im Grunde mechanisch, es werden nach ihr nur durch eine Art Reibung Formen hervorgebracht, die sich, nachdem sie da sind, als zweckmäßig erweisen. Von Entwicklung kann man nur dann sprechen, wenn man die Natur als unbewußte Künstlerin betrachtet, welcher ein Bild dessen, was entstehen soll, irgendwie vorschwebt, ehe es entsteht.[28]

Der Begriff ›Entwicklung‹ wird hier in seiner älteren, wörtlichen Bedeutung gefasst: als die Aus-Wickelung eines von Beginn an angelegten inneren Keims. Eine solche ›Entwicklung‹ verläuft dann natürlich auf einer schienenähnlichen Bahn, die auf ein vorgegebenes Ziel gerichtet ist und keine Abzweigungen kennt; sie ist keine offene Evolution.

Harmonie und Zufall

Welche Gründe werden für dieses Festhalten an einer teleologisch grundierten Weltauffassung angeführt? Es wäre zu kurz gegriffen, dieses Festhalten *allein* auf weltanschaulichen oder theologischen Dogmatismus zurückzuführen. Für eine Skepsis gegenüber der Selektion als einziger und letzter Erklärung gab es auch sachliche Gründe. Wie jede andere neue Theorie stand auch die Darwins zunächst vor großen Schwierigkeiten; sie wies empfindliche Lücken auf, die erst später ausgefüllt werden konnten. Diese Schwierigkeiten wurden wahrgenommen und von den hier relevanten Autoren (ohne Häme) diskutiert.[29] Wichtiger

---

[28] Friedrich Theodor Vischer, Der alte und der neue Glaube. Ein Bekenntnis von D. F. Strauß, in: *Kritische Gänge*, Neue Folge, 6. Heft (Cotta: Stuttgart 1873) 218 f.

[29] So z. B. von Meyer, *Der Darwinismus*, passim.

als diese wissenschaftstheoretischen Probleme sind für unseren Zusammenhang aber zwei weltanschaulich-philosophische Bedenken, die bei den zitierten Autoren eine zentrale Rolle spielten. Sie besagen, kurz zusammengefasst, dass die von Darwin vorgebrachte Erklärung wesentlich auf dem *Zufall* beruht; dass der Zufall aber nicht hinreicht, um die *Ordnungs*zustände zu erklären, die die Natur faktisch zeigt.

Beginnen wir mit dem zweiten Punkt. Die Idee einer Ordnung der Natur, einer sinnvoll strukturierten Welt überhaupt, ist in der europäischen (wahrscheinlich auch in der außereuropäischen) Geschichte außerordentlich einflussreich gewesen; sie reicht bis weit in die antike Philosophie zurück und wurde unter dem Vorzeichen der christlichen Theologie prinzipiell bekräftigt.[30] Bemerkenswerterweise ist sie auch unter den Bedingungen der Neuzeit zunächst beibehalten und nur sehr allmählich und sehr vorsichtig in Frage gestellt worden. Obwohl es im 19. Jahrhundert eine Reihe von Theoretikern gab, die von dieser Idee nichts mehr wissen wollten und sie lächerlich zu machen versuchten, hatte sie ihren Einfluss keineswegs ganz verloren. Auf die eine oder andere Weise haben auch die von mir angeführten deutschen Philosophen an ihr festgehalten. So lässt uns Lotze wissen, dass »jedes unbefangene Gemüt« sich gegen die Idee einer chaotischen Natur auflehne: »Will doch niemand mit diesem Namen die bloße Anhäufung unbestimmt vieler, aus unbekannten Quellen beziehungslos zusammengeflossener und durch unberechenbare Zufälle in Bewegung versetzter Stoffe bezeichnen, in deren blinder Gärung nur die unbrechbare Gewalt allgemeiner Gesetze mit unvermeidlicher, aber unabsichtlicher Regelmäßigkeit widerschiene.« (II, 2) Es mutet seltsam an, dass hier ein bestimmtes Bild der Natur deswegen abgewiesen wird, weil niemand es will; als ob sich die Struktur der Welt nach unseren Wünschen zu richten habe. Abgesehen von dieser Seltsamkeit des Arguments ist auch die These erstaunlich, für die argumentiert wird: Es wird nämlich nicht nur behauptet, dass die Welt kein Chaos ist, sondern dass sie »ein Organismus, ein Haushalt größten Stils« (II, 16) sei. Es wird also ein sehr starker Begriff von Ordnung zugrunde gelegt. Einen solchen starken Begriff von Ordnung finden wir auch bei anderen Autoren. Bei Trendelenburg ist von »idealer Harmonie« die Rede und von »der Vernunft in der Weltordnung«;[31] und Vischer spricht von der »Harmonie des Weltalls«.[32] Die Schönheit der Natur gewinnt in diesem

---

[30] Vgl. dazu Bayertz, *Der aufrechte Gang*, passim.

[31] Trendelenburg, *Logische Untersuchungen*, II, 89 u. 92.

[32] Vischer, *Kritik meiner Aesthetik*, 48.

Zusammenhang das Gewicht eines schlagenden Arguments gegen den biologischen ›Utilitarismus‹ Darwins: Sie lasse sich nicht auf irgendeinen Nutzen im Kampf ums Dasein reduzieren und müsse daher als Resultat des Wirkens eines ideellen Prinzips in der Natur angesehen werden.[33]

In Darwins Bild der Natur hatten Schönheit und Harmonie durchaus ihren Platz. Im *Origin* gebraucht er mehrfach Formulierungen wie die von »the beautiful and harmonious diversity of nature«,[34] in denen seine tiefe Prägung durch die dem Harmonie- und Ordnungsdenken alles andere als abholde ›Physikotheologie‹, insbesondere durch die Lektüre William Paleys, zum Ausdruck kommt.[35] Die Tendenz seiner Theorie ging aber in eine andere Richtung und es ist unübersehbar, dass seine Rezipienten (darunter auch die zitierten deutschen Philosophen) dies deutlicher artikulierten als Darwin selbst. Was auch immer er selbst intendiert haben mag: Mit seiner Theorie hat er dazu beigetragen, die Idee einer sinnvoll geordneten und harmonischen Welt in die Defensive zu drängen, in der sie sich heute befindet.

Im 19. Jahrhundert war der Kampf zwischen Ordnung und Kontingenz noch in vollem Gange. Je emphatischer der Ordnungsbegriff war, den die deutschen Philosophieprofessoren in der Natur realisiert sahen, desto weniger leuchtete ihnen die Vorstellung ein, dass sie das Produkt des Zufalls sein könnte:

> Aber nie wird es doch befriedigen, für jede bedeutsame Harmonie und Schönheit des Wirklichen die Erklärung wiederholt zu hören, auch sie erzeuge sich mit blinder Notwendigkeit als ein unvermeidliches Ergebnis, wenn einmal diese und keine andern bedingenden Vorereignisse, diese und keine andere Verknüpfung der Elemente voranging. Freut sich die mechanische Naturwissenschaft der Sicherheit, mit welcher sie jeder Lage der Dinge, möge der Zufall sie fügen, wie er wolle, ihre nächsten notwendigen Konsequenzen zu ziehen vermag, so können wir doch nicht glauben, das ganze Wesen der Natur in diesen allgemeinen Gesetzen zu finden, die eines Zufalls

---

[33] Vgl. Trendelenburg, *Logische Untersuchungen*, II, 88 f.

[34] Charles Darwin, *On the Origin of Species* A Facsimile of the First Edition with an Introduction by Ernst Mayr (Harvard U. P.: Cambridge, Mass./London 1964) 169.

[35] Darwin, Erinnerungen an die Entwicklung meines Geistes und Charakters, in: Siegfried Schmidt (Hrsg.), *Charles Darwin – ein Leben*, 47, vgl. aber auch 69.

> bedürfen, um einen Gegenstand ihrer Anwendung, und erst durch diesen eine bestimmte Gestalt ihres Erfolges zu gewinnen. (II, 3 f.)

Abermals wird hier die These bemüht, dass eine Weltauffassung nicht wahr sein, dass sie zumindest nicht die letzte und tiefste Wahrheit sein könne, wenn sie nicht »befriedigt«. Der Wissenschaft gesteht Lotze eine solche Weltauffassung als legitim zu, nicht aber der Philosophie; ihre Aufgabe bestehe (wie oben zitiert) darin, eine »höhere Ansicht der Dinge« darzulegen und die Resultate der Wissenschaft mit den »Bedürfnissen des Gemüthes« zu versöhnen.

Neben der Ordnung, der Harmonie und der Schönheit, ist es der Mensch mit seinen geistigen Fähigkeiten, den man nicht als Produkt des Zufalls anzusehen bereit war. Bei Trendelenburg ist die Weigerung unter Berufung auf Leibniz klar ausgesprochen:

> Leibniz, der den Menschen noch nicht durch das Affengeschlecht zur Monere zurückführte, der bei dem erst geschaffenen Menschen als dem ewigen Keim des Menschengeschlechts stehen blieb, that einmal eine Aeusserung, die dahin geht, dass Gott in Adam die Weltgeschichte dachte und wollte. Nach Leibnizens Gedanken liegt in dem ersten Menschen der Plan der Vorsehung. Leibniz, dem sich der Begriff des Zweckes und die Macht in der Reihe der wirkenden Ursachen harmonisch stimmte, würde heute, wenn er die aufgefundene Verkettung für richtig hielte, den Gedanken, den er von Adam fasste, erweiternd und die Geschichte der Menschen in die Geschichte des Lebendigen in allen Formen seines vielgestaltigen Daseins ausdehnend, vor der Monere stehen geblieben sein und in ihr einen grössern Plan lesen und bewundern. Einen Zufall, eine Begünstigung durch den Zufall würde er nicht zugeben, auch den Zufall nicht in der Beschränkung, in welcher es keinen Zufall in der Nothwendigkeit der wirkenden Ursachen giebt, sondern nur einen Zufall als Unvorhergehenes, gemessen an einem beliebigen Zweck.[36]

Der Mensch, so zeigt sich hier, wird als ein integraler Bestandteil der großen Ordnung der Natur angesehen, die durch den Zufall nicht erklärt werden kann. Sein Auftreten in der Natur ist nicht das Ergebnis besonderer historischer Umstände, die prinzipiell auch ausgeblieben sein könnten; sein Auftreten ist

---

[36] Trendelenburg, *Logische Untersuchungen*, II, 89 f.

vielmehr in dem ersten Keim des Lebens (in den ›Moneren‹) bereits angelegt gewesen. Die Evolution ist nichts als die Aus-Wickelung dieses Keims.

Schlussbemerkung

Ich kann die philosophische Debatte, die im 19. Jahrhundert um Darwins Theorie im deutschsprachigen Raum geführt wurde, an dieser Stelle nicht weiter verfolgen. Es sollte klar geworden sein, dass sie einerseits auf einem vergleichsweise sachorientierten und differenzierten Niveau geführt wurde, obwohl sie sich andererseits auf einen Problemkomplex bezog, der die ›Tiefenstruktur‹ unseres Weltbildes berührt: Die Frage nach der Ordnung der Welt und der Rolle, die der Zufall in ihr einnimmt. Es liegt auf der Hand, dass dieser Problemkomplex auch ethische, religiöse, ästhetische und politische Implikationen hat. Einmal mehr war es Lotze, der dies (in seinen ein wenig salbungsvollen Formulierungen) zum Ausdruck brachte: »Die Ansicht, welche wir von dem Schauplatz unsers Daseins fassen werden, wird unvermeidlich auch die Färbung der Überzeugungen mit bestimmen, die wir über den Sinn und die Ziele unsers Daseins uns bilden möchten.« (II, 3) Darin liegt die über den engeren Bereich der Metaphysik hinausreichende weltanschauliche Relevanz der im Zusammenhang mit Darwin diskutierten Fragen.

Diese Relevanz wird auch daran erkennbar, dass sich die Auseinandersetzungen über diese Fragen nicht auf das 19. Jahrhundert beschränken, sondern in ähnlicher Weise bereits lange vorher thematisch waren und es noch heute sind. So waren die in diesem Beitrag skizzierten Bedenken gegen den Zufall als strukturbildendes Prinzip bereits zwei Jahrtausende zuvor gegen den antiken Atomismus vorgebracht worden. Prominent in diesem Zusammenhang ist ein Argument, das Cicero einen der Protagonisten seiner Schrift *De natura deorum* gegen die Lehre Epikurs vortragen lässt:

> Muß ich mich hier nicht wundern, dass jemand die Überzeugung vertritt, bestimmte feste, unteilbare Atome bewegten sich durch ihre Schwerkraft und unser herrlich ausgestattetes Weltall entstehe durch den zufälligen Zusammenprall dieser Körper? Wenn jemand das für möglich hält, verstehe ich nicht, wieso er nicht gleichfalls denkt, es könnten sich – wenn man die zahllosen Formen der 21 Buchstaben, seien sie golden oder sonst wie, irgendwo zusammenwürfe – aus diesen auf die Erde geschütteten Buchstaben die

> Annalen des Ennius ergeben, so dass man sie hintereinander lesen könnte. Vermutlich vermag jedoch nicht einmal bei einem einzigen Vers der Zufall so viel zustande zu bringen.[37]

Wir sehen, dass Lotze nicht nur Darwins Theorie nicht antizipiert hat; auch seine Einwände gegen sie waren keineswegs neu.

Und auch anderthalb Jahrhunderte *nach* Darwin sind die Bedenken gegen seine Theorie keineswegs verstummt. Dabei ist nicht primär an die religiös motivierten Vorbehalte gegen die Evolution zu denken, wie sie in den USA und in islamisch geprägten Ländern geäußert werden; auch vollkommen säkulare Denker wie der Philosoph Thomas Nagel halten die von ihm als ›materialistisch‹ (von Lotze als ›mechanisch‹) charakterisierte Naturauffassung für unzureichend und unbefriedigend. Eine befriedigende Naturauffassung müsse zwei Adäquatheitsbedingungen erfüllen: Es sei erstens davon auszugehen, »dass bestimmte Dinge so bemerkenswert sind, dass sie als nichtzufällig erklärt werden müssen, wenn wir auf ein echtes Verständnis der Welt hinauswollen. Zweitens das Ideal, eine zusammenhängende Ordnung der Natur zu entdecken, die alles auf der Grundlage einer Reihe gemeinsamer Elemente und Prinzipien eint ...«[38] Beide Adäquatheitsbedingungen werden nach Nagel weder von der Theorie Darwins, noch von verwandten ›materialistischen‹ naturwissenschaftlichen Theorien erfüllt. Nagel hält daher ein grundsätzlich anderes Naturverständnis für erforderlich:

> Ein wesentlicher Grundzug eines solchen Verständnisses bestünde darin, das Auftreten von Leben, Bewusstsein, Vernunft und Wissen weder als zufällige Nebenfolgen der physikalischen Gesetzmäßigkeit der Natur noch als das Ergebnis eines intendierten Eingreifens von außen in die Natur zu erklären, sondern als eine erwartbare, wenn nicht gar zwangsläufige Konsequenz der Ordnung, welche die natürliche Welt von Innen beherrscht.[39]

Das entspricht ziemlich genau dem, was die deutschen Universitätsphilosophen des 19. Jahrhunderts vertreten haben.

---

[37] Marcus Tullius Cicero, *De natura deorum* [Über das Wesen der Götter], (Reclam: Stuttgart 1995) II, 93.

[38] Thomas Nagel, *Geist und Kosmos. Warum die materialistische neodarwinistische Konzeption der Natur so gut wie sicher falsch ist* (Suhrkamp: Berlin 2013) 17.

[39] Ibid. 53 f.

Darwin in der österreichischen Literatur, 1859–1914

Werner Michler

Seit einigen Jahren interessiert sich die deutschsprachige Gegenwartsliteratur in besonderer Weise (wieder) für Tiere, für Darwin, für die Naturgeschichte und für Anthropologisches. So gibt es eine Art Renaissance der klassischen Naturgeschichte im Sinne von Linné oder Buffon, die zur Restauration des Tiergedichts (bei Jan Wagner, *Regentonnenvariationen*, 2014, bei Yoko Tawada oder Lutz Seiler) oder der Tiererzählung (bei Ann Cotten, *Florida-Räume,* 2010) geführt hat; sie steht manchmal in Opposition zu darwinistisch-selektionistischen Szenarien, etwa bei Christoph Ransmayr (*Die letzte Welt*, 1988; *Morbus Kitahara*, 1995).[1] Auch die evolutionistische Dystopie hat wieder Vertreter (Dietmar Dath, *Die Abschaffung der Arten*, 2008). Teresa Präauers Roman *Oh Schimmi* (2016) – der sich, unter anderem, der literarischen Vorläuferschaft von Franz Kafkas *Ein Bericht für eine Akademie* (1917) versichert – zeigt eine Figur auf ihr evolutionistisches Substrat reduziert, besser, regrediert; der äffische Jimmy/Schimmi – »[i]ch bin hoch entwickelt und gebildet, *yeah*«[2] – setzt auf Geld, Gewalt und Sex, im Fernseher laufen Tierfilme, eine ganze Käferfamilie landet dort in einem Vogelschnabel: »Die Käfermutter kennt kein Zurück, tapfer krabbelt sie voran, denn unbarmherzig ist die Natur, und schon sind auch dem allerkleinsten Käferchen die vordersten Beinchen abgezwackt. Beute ist Auslese. Unbarmherzig, aber

---

[1] Vgl. Werner Michler, Zur Gegenwart der Naturgeschichte. Literarische Konfigurationen, in: *Épistémocritique* XV (2015): *Littérature et savoirs dans l'espace germanophone,* http://epistemocritique.org/zur-gegenwart-der-naturgeschichte-literarische-konfigurationen/.

[2] Teresa Präauer, *Oh Schimmi. Roman* (Wallstein: Göttingen ²2016) 43.

nicht böse.«[3] Anderen Wesen wird ebenso ihr evolutionäres Schicksal in Aussicht gestellt: »Das werdet ihr nicht überleben. Woher ich das weiß? Aus dem Biologieunterricht, ihr Arten, ihr Gattungen. Anpassungsfähig, und dennoch bald ausgestorben«[4], hilft eben nichts. Das Mädchen aus dem Nagelstudio hingegen hält Schimmi unter seinem Bett gefangen, Privatsender machen im Bildschirm Zuchtwahlangebote, die Schimmi zum Schrecken seiner Umwelt auch privat realisiert. Neben aller rasanten Komik zeigt ein unbefangener Blick, dass der Text nicht einfach mit Entsetzen Scherz treibt, sondern sämtliche Szenarien ins Absurde entwickelt, die das darwinistische Paradigma bilden: Evolution, Selektion, sexuelle Selektion.

Der Roman nimmt damit parodistisch (oder doch eher karikierend, also verstärkend) Angebote auf, die gut 150 Jahre früher entwickelt worden sind. Dass der Anschluss immer noch problemlos möglich ist, mag schlicht an der Triftigkeit der Evolutionstheorie liegen, die, je später, je mehr, in der einen oder anderen Gestalt das Denken über Natur und die Natursubstrate der Kultur bestimmt. Es mag aber auch daran liegen, dass die Domäne der Literatur gerade jene Elemente sind, die der Darwinismus – in seiner Gestalt im 19. Jahrhundert jedenfalls – zur Diskussion stellte: eine große, sehr große Erzählung, das Narrativ der Entwicklung; und im Kampf ums Dasein ein suggestives dramatisches Szenario, das mit der sexuellen Selektion über einen außerordentlich anschließbaren und attraktiven Spezialfall verfügte, den die Epoche als den ›Kampf ums Weib‹ schon kannte, bevor sie ihn in der Evolutionstheorie wiederfand.[5] In Literatur und Kunst weitet sich in solchen Szenen hinter der Fassade der Zivilisation der Blick in Urwelten, die Charaktere beginnen, Protagonisten von Naturszenen zu werden und phylogenetisch sehr alte Programme auszuagieren; so etwa in Leopold v. Sacher-Masochs Novelle *Venus im Pelz* (1869). Severin von Kusiemskis Passion, sich einer dominanten Frau als Sklave auszuliefern, kommt an eine Grenze, als sich ein Dritter, der »Grieche«, als Geliebter seiner Herrin einstellt und Severins kunstverliebte Phantasie sich unvermutet einer Naturszene gegenübersieht, einem Szenario der sexuellen Zuchtwahl:

---

[3] Ebd., 41.

[4] Ebd., 131.

[5] Die generischen Verflechtungen der Darwinschen Evolution sind nach wie vor am besten bei Gillian Beer erfasst: *Darwin's Plots. Evolutionary Narrative in Darwin, George Eliot and Nineteenth Century Fiction* (ARK: London u. a. 1985).

> Während ich [Severin] ihr den Pelz umgebe, steht er mit gekreuzten Armen neben ihr. Sie aber stützt, als ich ihr auf meinen Knien liegend die Pelzschuhe anziehe, die Hand leicht auf seine Schulter und fragt: »Wie war das mit der Löwin?« »Wenn der Löwe, den sie gewählt, mit dem sie lebt, von einem anderen angegriffen wird«, erzählte der Grieche, »legt sich die Löwin ruhig nieder und sieht dem Kampfe zu, und wenn ihr Gatte unterliegt, sie hilft ihm nicht – sie sieht ihn gleichgültig unter den Klauen des Gegners in seinem Blute enden und folgt dem Sieger, dem Stärkeren, das ist die Natur des Weibes.« Meine Löwin sah mich in diesem Augenblicke rasch und seltsam an. Mich schauerte es, ich weiß nicht warum, und das rote Frühlicht tauchte mich und sie und ihn in Blut.[6]

Literatur und (Natur-)Wissenschaft

War das Thema »Literatur und (Natur-)Wissenschaft« bis in die 1990er Jahre bestenfalls im Sektor »Kulturgeschichte« oder als Frage von »Wechselbeziehungen« verhandelt worden, hat sich in den seither etablierten Kulturwissenschaften, unter »Wissen«, »Wissensgeschichte« und »Poetologien des Wissens« eine schwunghafte Konjunktur ereignet, die ganze Fachbereiche und Teildisziplinen lange beschäftigt hat[7]; eine der Schlüsseldisziplinen in diesem Transfer, die professionelle Wissenschaftsgeschichtsforschung, dürfte diesem Aufschwung allerdings bestenfalls distanziert gegenübergestanden sein. Methodisch war dieser Neuansatz als Foucaultsche Archäologie organisiert, zentriert um den Begriff eines kulturellen

---

[6] Leopold v. Sacher-Masoch, *Venus im Pelz*. Mit einer Studie über den Masochismus v. Gilles Deleuze. (Insel-TB: Frankfurt a. M. 1980), hier 118. Sacher-Masochs komplexe Novelle hat – anders als das restliche Oeuvre – einige kritische Aufmerksamkeit auf sich gezogen, im darwinistischen Kontext zuletzt Nicholas Saul, »… das normale Weib gehört der Zukunft«: Evolutionism and the New Woman in Leopold von Sacher-Masoch, Frieda von Bülow and Lou Andreas-Salomé, in: *German Life and Letters* 67 (2014) 555–573 u. Hanna Engelmeier, *Der Mensch, der Affe. Anthropologie und Darwin-Rezeption in Deutschland 1850–1900* (Böhlau: Köln/Weimar/Wien 2016) 153–161.

[7] Zur »Wissenspoetologie« Joseph Vogl: Einleitung, in: J. V. (Hrsg.), *Poetologien des Wissens um 1800* (Fink: München 1999) 7–16. Zu den *Animal Studies* in der Literaturwissenschaft vgl. etwa das Themenheft *Cultural and Literary Animal Studies* des *Journal of Literary Theory* 9/2 (2015). Den Forschungsstand zum Zeitpunkt der Hochkonjunktur von »Wissen« sollte resümieren: Roland Borgards u.a. (Hrsg.), *Literatur und Wissen. Ein interdisziplinäres Handbuch* (Metzler: Stuttgart 2013); die Themen Darwin und Evolution sind hier allerdings ungenügend repräsentiert.

›historischen Apriori‹ von Denken und Wissen. Nicht dass die Literatur wissenschaftliches Wissen aufnimmt (wenn sie es tut), stand im Vordergrund des Interesses, sondern dass und wie sie es (mit-)produziert, dass und wie sie die Gegenstände des Wissens erst denk- und sichtbar macht. Interessanterweise hat die Erforschung des Darwinismus als eines historischen Phänomens – im Unterschied etwa zur Geschichte der Vererbung – von dieser Neukonzeption nur wenig profitiert.[8] Das mag damit zu tun haben, dass der Ansatz – und die damit einhergehende Statusveränderung von Literatur – mit einer robusten Vernachlässigung aller Akteure und Institutionen, des diskursiven Kontextes und der Strategien und der *agency* der Beteiligten einherging und diese Dimensionen beim Darwin-Paradigma schwer auszublenden sind; und es mag auch damit zu tun haben, dass die sprach- und sozialkritische Ideologiekritik am Darwinismus schon eine lange Tradition hat und, wenn sie Darwins Theorie etwa als Reflex des Kapitalismus gelesen hat, es sich, ebenfalls in langer Tradition, zu leicht gemacht hat. Einer nicht-

[8] An neueren Übersichten über das Thema sind zu nennen: Monika Ritzer, Darwin und der Darwinismus in der deutschsprachigen Literatur des 19. Jahrhunderts, in: Kurt Bayertz/Myriam Gerhard/Walter Jaeschke (Hrsg.), *Weltanschauung, Literatur und Philosophie im 19. Jahrhundert, Bd. 2: Der Darwinismus-Streit* (Meiner: Hamburg 2007) 154–185; Peter Sprengel, Fantasies of the Origin and Dreams of Breeding: Darwinism in German and Austrian Literature around 1900, in: *Monatshefte für deutschsprachige Literatur und Kultur* 102/4 (2010) 458–478; Philipp Ajouri, Darwinism in German-Speaking Literature (1859–c. 1890); Nicholas Saul, Darwin in German Literary Culture 1890–1914, in: Thomas F. Glick/Elinor Shaffer (Hrsg.), *The Literary and Cultural Reception of Charles Darwin in Europe* (Bloomsbury: London 2014) I, 17–45 und 46–77. Was die deutschsprachige Literatur Österreichs vor 1918 betrifft, dürfte sich die Forschung, von sehr wenigen kleineren Arbeiten zu einzelnen Autoren und Autorinnen abgesehen, weitgehend auf Werner Michler, *Darwinismus und Literatur. Naturwissenschaftliche und literarische Intelligenz in Österreich, 1859–1914* (Böhlau: Wien, Köln, Weimar 1999) verlassen. Neben einer wissenschafts- und kulturgeschichtlichen Hinführung widmet sich diese Monographie ausführlich Texten von Leopold v. Sacher-Masoch, Minna und Karl Kautsky, Ludwig Anzengruber, Peter Rosegger, Franz Kranewitter und Franz Nabl; Leopold v. Andrian, Richard Beer-Hofmann, Theodor Herzl und Peter Altenberg; Marie Eugenie delle Grazie und Bertha v. Suttner; methodisch werden die Texte diskurs- und institutionenhistorisch breit kontextualisiert, mit Vignetten zur österreichischen Darwin-Rezeption in Politik und Weltanschauung (Liberalismus, Sozialismus, Zionismus, Feminismus, Pazifismus, Monismus), Bildungs- und Militärwesen sowie der Geschichte der Sexualität (»Masochismus«, Homosexualität). »Darwinismus« wird hier als »sich agonal herstellender Komplex von Vorentscheidungen, Ideologemen und Diskursen verschiedener Provenienz« verstanden, »der erst als Produkt gesellschaftlicher Verhandlungen für die Zeitgenossen den ›Darwinismus‹ ausmachte.« (10) Der vorliegende Aufsatz versucht, diese und darauf aufbauende Arbeiten pointierend zu resümieren.

reduktionistischen Konzeption der Beziehungen von Wissenschaft und Literatur stellt sich gleichwohl die Aufgabe, beide Geschichten, die der Literatur und die der Wissenschaft, in ihrer relativen Autonomie zu verfolgen, in Beziehung zu setzen und sie in ihren Bezügen zur politischen, zur Kultur- und Sozialgeschichte darzustellen. Als methodologische Option bietet sich hier die Adressierung jenes sozialen Mediums an, an dem beide, Wissenschaft und Literatur, partizipieren – die öffentliche Sphäre der Bildung und der publizistischen Medien, des öffentlichen Diskurses, der gegenüber Wissenschaft, Literatur und die Künste mitunter freiwillig auf einen Teil ihrer Autonomie verzichten, um dafür andere Gewinne zu lukrieren: Unterstützung in Durchsetzungskonflikten von umkämpften Paradigmen; materielle und immaterielle Ressourcen, mithin Kapitalien (im Sinne von Pierre Bourdieu) aller Sorten: soziale, kulturelle, ökonomische und symbolische. Der Darwinismus zeigt sich in bestimmten Konstellationen gerade deshalb als mächtiger Transformator, als diskursives Umspannwerk kultureller Energien, weil er mit elementaren, maximal anschließbaren und in mehreren kulturellen Feldern benützten narrativen und dramatischen Szenarien umgeht. Im Unterschied zu anderen wissenschaftlichen Theorien profitierte der Darwinismus – jedenfalls in der Phase seiner Plausibilisierung und Durchsetzung – selbst von gesellschaftlichen Konfliktlagen, machte sie übersichtlich und befestigte sie wieder als Positionen.

Auch die Aufgabe von Autonomie kann in einer solchen Konstellation Gewinn bringen. Sacher-Masoch, um diesen Fall wieder aufzunehmen, hat schon Ende der 1860er Jahre die Literatur an der Seite der Naturwissenschaften und seine Novellistik als Teil einer darwinistischen Anthropologie gesehen:

> Aber jeder bedeutende Schriftsteller wird auch einen neuen eigenthümlichen Inhalt und daher neue Ideen und neue sittliche Anschauungen und Gesetze in seinen Werken zu Tage fördern. [...] In dem Maße wie unsere Erkenntniß wächst, verändert sich unsere Moral. [...] Es ist die sittliche Aufgabe der Poesie wie der Wissenschaft Kenntnisse und Wahrheiten zu verbreiten, theils indem sie die von der Wissenschaft aufgespeicherten, für die Massen todten Goldbarren ausmünzt, theils indem sie selbst der Entdeckung neuer Wahrheiten nachgeht im Menschenleben und vor Allem im Menschenherzen. Die Poesie soll eine bilderreiche »Naturgeschichte des Menschen« sein, wo sie dies nicht ist, wo sie abstracte

Phantome oder ideale Phantasiegebilde bietet, erfüllt sie ihre sittliche Aufgabe nicht.[9]

Literatur, insbesondere die Novelle als fiktionale Fallgeschichte, fungiert hier als anthropologische »Experimentalanordnung, die im ästhetischen Selbstverhältnis die Distanz zwischen Natur und Kultur messen soll«[10], im Interesse naturwissenschaftlicher Aufklärung. Ironischerweise ist Sacher-Masoch dann selbst zum »Fall« der Sexualpathologie Richard Krafft-Ebings geworden, der 1890 den Begriff des Masochismus unter Berufung auf *Venus im Pelz* und andere Texte des Autors einführte.[11]

Schon von 1848 her lässt sich bei so unterschiedlichen Charakteren wie Moritz Hartmann, Friedrich Hebbel und Adalbert Stifter (der ein Exemplar der ersten Übersetzung von *Origin of Species* besessen hat[12]) eine Verschiebung des politischen Impulses auf Naturwissenschaft beobachten, auf Geologie, Paläontologie, Anthropologie und Biologie. Naturforschung war für die literarischen Intellektuellen im ›Nachmärz‹ eine plausible Option auf verschiedenen literarischen Ebenen.[13]

---

[9] Leopold v. Sacher-Masoch, *Ueber den Werth der Kritik. Erfahrungen und Bemerkungen* (Günther: Leipzig 1873) 26 f., 30 f. Vgl. im interkulturellen Kontext Daniel Schümann, Darwin's Migration to the East: Literary Responses to Darwinism in Multiethnic Galicia (Sacher-Masoch, Franko, Parandowski), in: Elinor Shaffer/Thomas Glick (Hrsg.), *The Literary and Cultural Reception of Charles Darwin in Europe*, Bd. 3 (Bloomsbury: London 2014) 319–337.

[10] Michler, *Darwinismus,* 159; vgl. Michael Gamper, Narrative Evolutionsexperimente: Das Wissen der Literatur aus dem Nicht-Wissen der Wissenschaften, in: Michael Gamper/Martina Wernli/Jörg Zimmer (Hrsg.), *»Wir sind Experimente: wollen wir es auch sein!«. Experiment und Literatur II 1790–1890* (Wallstein: Göttingen 2010) 325–350.

[11] Richard v. Krafft-Ebing, *Neue Forschungen auf dem Gebiet der Psychopathologia sexualis* (Enke: Stuttgart 1890). Der in Graz lehrende Krafft-Ebing beruft sich ebenso wie Sacher-Masoch auf Schopenhauer und Darwin: Krafft-Ebing, *Psychopathologia sexualis. Eine klinisch-forensische Studie* (Enke: Stuttgart 1886) III f., 2. Zur Frage Darwin/Schopenhauer vgl. u.a. Peter Sprengel, Darwin oder Schopenhauer? Fortschrittspessimismus und Pessimismus-Kritik in der österreichischen Literatur (Anzengruber, Kürnberger, Sacher-Masoch, Hamerling), in: Klaus Amann/Hubert Lengauer/Karl Wagner (Hrsg.), *Literarisches Leben in Österreich 1848–1890* (Böhlau: Wien, Köln, Weimar 2000) 60–93.

[12] Erwin Streitfeld, Aus Adalbert Stifters Bibliothek. Nach den Bücher- und Handschriftenverzeichnissen in den Verlassenschaftsakten von Adalbert und Amalie Stifter, in: *Jahrbuch der Raabe-Gesellschaft* 1977, 103–148, hier 136.

[13] Werner Michler, Vulkanische Idyllen. Die Fortschreibung der Revolution mit den

Der deutsche Realismus setzte tendenziell auf Innenwendung und Autonomiezentrierung und nahm die Wissenschaften, nach einem Wort Friedrich Spielhagens, als ›furchtbare Konkurrenz‹ wahr; der dominante österreichische Sozialrealismus der zweiten Jahrhunderthälfte setzte hingegen auf eine Allianz mit den Wissenschaften, die sich dann bis wenigstens zum Ersten Weltkrieg in unterschiedlichen, auch widersprüchlichen und gegensätzlichen Realisierungen bewährte.

Darwinismus als kulturell expansive Philosophie der Modernisierung

In einem weitgehend vergessenen Roman Bertha von Suttners, von dem nur mehr der Titel erinnert wird: *Die Waffen nieder!* (1889), bleibt, nicht lange nach der verlorenen Schlacht von Solferino im Jahr 1859, ein Buch auf einem Kaffeetisch liegen und wird Gegenstand der Konversation zwischen der späteren Friedensaktivistin Martha und ihrem konservativen Vater:

> Dann, um abzulenken, zeigte ich auf ein Bücherpaket, das heute aus Wien eingetroffen war. »Schau her: Der Buchhändler schickt uns verschiedene Sachen zur Ansicht. Darunter ein eben erschienenes Werk eines englischen Naturforschers, eines gewissen Darwin: ›The Origin of Species‹ – und er macht uns aufmerksam, daß dies besonders interessant sei und geeignet, epochemachend zu wirken.
>
> Er soll mich auslassen, der gute Mann. Wer soll sich in einer so wichtigen Zeit, wie die gegenwärtige, für derlei Lappalien interessieren? Was kann denn in einem Buch über Tier- und Pflanzenarten Epochemachendes für uns Menschen enthalten sein? Ja, die Konföderation der italienischen Staaten, die Hegemonie Österreichs im deutschen Bunde. Das sind weittragende Dinge; *die* werden noch lange in der Geschichte bestehen, wenn von diesem englischen Buch kein Mensch mehr etwas wissen wird. Merk dir das.« Ich habe es mir gemerkt.[14]

Mitteln der Naturwissenschaft bei Moritz Hartmann und Adalbert Stifter, in: Primus-Heinz Kucher/Hubert Lengauer (Hrsg.), *Bewegung im Reich der Immobilität: Die Revolution von 1848–49 in Mitteleuropa* (Böhlau: Wien/Köln/Weimar 2001) 472–495.

[14] Bertha v. Suttner, *Die Waffen nieder! Eine Lebensgeschichte*, hrsg. u. m. einem Nachw. v. S. u. H. Bock (Verlag der Nation: Berlin 1990) 43.

Weit gefehlt, so der Roman – der Sprecher hat unrecht, man weiß es, Österreich hat gerade den Krieg gegen Sardinien und Frankreich verloren, die Lombardei ist ebenfalls dahin und binnen kurzem wird auch die Idee der Hegemonie innerhalb »Deutschlands« hinfällig sein. Suttners Roman bewahrt die kulturelle Erinnerung an eine Konjunktion, die durchaus realhistorisch situierbar ist. »Solferino« bezeichnet das Ende der postrevolutionär befestigten Hegemonie der traditionellen Mächte von und in Kirche, Militär und Staat; der Prestigeverlust führte zu ihrer raschen Erosion. Der Zusammenfall dieser spezifischen Entwicklung mit der Publikation der Evolutionstheorie führte zu einer besonders raschen, haltbaren und interdiskursiv hoch anschließbaren Konstellation, die den liberalen Darwinismus in Österreich bestimmen sollte. Für die sechziger und siebziger Jahre lässt sich die These wagen, dass der Darwinismus einer der Ecksteine des österreichischen Liberalismus war; und insbesondere seiner Kultur, mit ihrer Sprache, ihrem Symbolismus, ihrem semiotischen System mit dem Arsenal von sprachlichen und anderen Bildern und Kollektivsymbolen (Jürgen Link), eher Habitus und Kultur als politisches Programm. Darwin wurde im Gegenzug als hoch plausible, interdisziplinär und interdiskursiv anschlussfähige sowie kulturell expansive Philosophie der Modernisierung installiert, wovon wieder die Naturwissenschaften im Ganzen profitierten, nicht zuletzt durch Dotationen und Investitionen. Die kulturelle Plausibilität des Darwinismus wurde in den sechziger Jahren performativ in einer Reihe von dramatischen Konflikten hergestellt, von Inszenierungen; die kulturelle Plausibilität war wieder Voraussetzung für seinen institutionellen Erfolg. Mehrfach versuchte die liberale österreichische Unterrichtsverwaltung etwa, Ernst Haeckel nach Wien zu berufen, gerade weil er als Weltanschauungskämpfer, wie das damals hieß, laut und aktiv war, und man erwartete sich Unterstützung in den ideologischen Durchsetzungskonflikten der Liberalen.

Es ist nicht der Ort, diese Szenen zu rekapitulieren, aber schon sehr früh, Ende 1860, fällt im Zusammenhang einer populären Vorlesung im neugegründeten Verein zur Verbreitung naturwissenschaftlicher Kenntnisse, der sich selbst als Avantgarde verstand, der Name Darwins. Der hier zutage tretende Konflikt zwischen dem jungen Zoologen Gustav Jäger und August v. Pelzeln war nur der erste in einer ganzen Reihe oft auch theatralisch ausgetragener Demonstrationen zwischen Alt und Neu, Fortschritt und Beharrung und anderem mehr. Der Konflikt ist nicht ein Hindernis, sondern das Medium darwinistischer Propaganda, wie sich an den Auftritten ›gefährlicher‹ ausländischer Stars wie Carl Vogt und Ernst Haeckel in Österreich zeigen lässt. (Nicht von ungefähr parallelisierte Sigmund Freud den kulturellen Etablierungskonflikt der Psychoanalyse mit dem Widerstand gegen den Darwinismus und beförderte damit gleich zwei Legenden.) Die österreichische Literatur begleitet alle diese Prozesse ebenso, wie sie sie moderiert und auch die Mittel zu ihrer Konturierung als kulturelle Tatsachen bereitstellt. Literatur, Öffentlichkeit und Wissenschaft stehen hierbei in einem Verhältnis wechselseitiger freiwilliger Instrumentalisierung.

Suttners pazifistischer Roman erinnert die Einführung des Darwinismus als Epochenereignis, jedoch im Medium des Buches; das Vertrauen auf Bücher und Ideen ist ein Leitmotiv nicht nur der Liberalen der Epoche, sondern auch des pazifistischen Romans selbst. Mit Darwin wird hier nicht, wie man meinen könnte, der Krieg naturalisiert und legitimiert, sondern im Gegenteil wird für seine Verzichtbarkeit gearbeitet, er erscheint angesichts einer von der Naturwissenschaft garantierten Höherentwicklung als Atavismus. Auch die Sozialdemokratie hat lange an diesem liberalen Syndrom teil, setzt aber die Akzente anders. »Die Trennung der Wissenschaft in Geistes- und Naturwissenschaften, von denen jede ganz unabhängig sein soll von der andern, habe ich stets abgelehnt«[15], so Karl Kautsky, später der wichtigste Theoretiker der Zweiten Internationale. Kautsky entwickelte im Klima des liberalen Darwinismus im Österreich der siebziger Jahre sein Konzept der »sozialen Triebe«: Gegen *Darwinismus und Socialdemokratie*[16], eine programmatische Rede des Zoologen Oscar Erich Schmidt (eine von mehreren Distanzierungen von der Sozialdemokratie im Kontext von Sozialistengesetz und »innerer Reichsgündung« in Deutschland) setzte der junge Kautsky auf Ideologiekritik aus dem Geist der Naturwissenschaft: »die göttliche Autorität, mit welcher man alle sozialen Ungerechtigkeiten zu rechtfertigen versuchte«, sei obsolet und mit Darwins Entwicklungsprinzip könne nicht mehr »alles Bestehende mit dem falschen Schimmer eines ehrwürdigen Alters« umgeben werden.[17] Aus den Bemerkungen Darwins zum Ursprung der Moral aus den sozialen Instinkten in *The Descent of Man* (1871) leitete Kautsky, lange vor Pjotr Kropotkins Bestseller über die *Gegenseitige Hilfe in der Tier- und Menschenwelt* (1902), eine historische Theorie der »sozialen Triebe« ab. Die Neue Zeit, das bedeutendste sozialdemokratische Theorieorgan, wird von ihrem Redakteur Kautsky mit *Die sozialen Triebe in der Tier-*

---

[15] Karl Kautsky, *Erinnerungen und Erörterungen*, hrsg. v. Benedikt Kautsky (Mouton & Co.: s'Gravenhage 1960) 365.

[16] Oscar Erich Schmidt, *Darwinismus und Socialdemokratie. Ein Vortrag, gehalten bei der 51. Versammlung deutscher Naturforscher & Aerzte in Cassel* (Strauß: Bonn 1878).

[17] Karl Kautsky, Darwinismus und Sozialismus, in: *Der Sozialist. Zentral-Organ der sozialdemokratischen Arbeiterpartei Oesterreichs* (Wien) 24. 4. u. 27. 4. 1879.

und Menschenwelt eröffnet: im »anziehende[n] Bild der Vergangenheit« des Naturmenschen habe man »de[n] Spiegel einer besseren Zukunft«[18] vor sich. »Gesellschaft« ist die »vornehmste, ja fast einzige Waffe im Kampfe um's Dasein«.[19] Kautskys Mutter, die Tendenzschriftstellerin Minna Kautsky, setzt das Konzept der sozialen Triebe in den sozialdemokratischen Parteiorganen in literarische Szenen gelebter Solidarität um, angesichts von Naturkatastrophen werden auf einer kreatürlichen Ebene Klassen- und Meinungsgegensätze durchkreuzt: »Ein Sinn und ein Gedanke beherrschte sie«, heißt es von den verfeindeten Gruppen in Minna Kautskys Roman *Die Alten und die Neuen* (1885) nach einem Bergsturz, »*ein Gefühl* erregte ihre Nerven und zwang sie zu gemeinsamem Handeln. Hier offenbarte sich wieder der Urinstinkt der Menschheit, das natürliche Gesez, das als Bewußtsein der Gattung auftritt. Und dieses große soziale Gefühl der Zusammengehörigkeit aller, der *Solidarität*, trat auch hier, diesem allgemeinen Schmerz gegenüber, in sein erhaltendes, erhebendes und ewiges Recht.«[20] An anderer Stelle heißt es, der Mensch sei, »nun einmal so gemacht, daß die Leiden anderer ihn miterschüttern, seine Nervenzellen affizieren, so daß die Wohlfahrt aller, die Gleichheit, die Brüderlichkeit ganz und gar seinem wahren, seinem innersten Wesen entsprechen.«[21]

Die Bücher, die die Entwicklung von Suttners Protagonistin Martha prägen, finden sich auch bei den Geisteskämpfern der modernen Weltanschauung in Minna Kautskys Roman. Eine historische Begebenheit verarbeitend, die Inhaftierung des »Bauernphilosophen« Konrad Deubler (den Kautsky kennengelernt hatte) im Nachmärz wegen unerlaubten Bücherbesitzes, lässt der Tendenzroman eine Gräfin und den Jesuiten Cölestin den Bücherschrank des jungen Salzarbeiters Georg Hofer durchsuchen; sie finden dort Goethe, Lessing, Schiller, Börne, Lassalles *Arbeiterlesebuch* und schließlich Darwins *Entstehung der Arten*:

> ›Darwin,‹ murmelte er [Cölestin], und seine Augen überflogen die Zeilen, die wie glühende Lettern ihm entgegenbrannten.
>
> Darwin! hier ist der Schlüssel zu allem. Das ist das neue Evangelium, das sie uns entfremdet, das alles untergräbt, was bisher als

---

[18] Karl Kautsky, Die sozialen Triebe in der Tierwelt, in: *Die Neue Zeit* 1 (1883) S. 20–27 u. 67–73; Die sozialen Triebe in der Menschenwelt, ebd., 2 (1884) 13–19, 49–59 u. 118–125, hier 125.

[19] Karl Kautsky, Die sozialen Triebe in der Tierwelt, 27.

[20] Minna Kautsky, *Die Alten und die Neuen. Roman* (Reißner: Leipzig 1885) Bd. 2, 148.

[21] Minna Kautsky, *Der Pariser Garten und anderes* (Singer: Berlin 1913) 241.

> Offenbarung die Welt erklärt und uns in ihr. – Ihre Vorstellungen sind nicht die meinen, hat sie [Elsa] gesagt; sie hat Recht, es sind total veränderte. Sie haben eine andere Poesie, einen andern Idealismus, eine andere Begeisterung – sie entgöttern alles und sezen an deren Stelle ein unerbittliches Naturgesez, die Notwendigkeit. Es ist ein furchtbares, ein äzendes Gift in alledem, das weiter frißt, weiter, weiter![22]

Phasen der Darwin-Rezeption in Österreich

Wollte man einzelne Phasen der Darwin-Rezeption in Österreich unterscheiden, ließe sich eine erste Phase vom Ende der fünfziger Jahre bis zu Ende der sechziger Jahre ansetzen, die den liberalen Darwinismus als Fortschrittsideologie inauguriert; die zweite Phase umfasste die späten sechziger und die siebziger Jahre, den Hochliberalismus und die frühe Sozialdemokratie; die dritte umfasste die achtziger und neunziger Jahre, in denen es zu einer Polarisierung kommt, einerseits zur Konsolidierung der Sozialdemokratie, die den liberalen Impuls weiterführt, andererseits zu einer pessimistischen Abdunkelung der Motive, in denen sich langsam die konfliktuellen und selektionistischen Aspekte in den Vordergrund schieben. In den neunziger Jahren formiert sich aber dann auch – meist in Nähe zur Sozialdemokratie – die »Spätaufklärung« (Friedrich Stadler) mit ihrer Vereins-Infrastruktur: Fabier, Volksbildner, Feministinnen, Lebensreformer, Pazifisten, defensive Nationalisten wie die Zionisten; der Darwinismus, häufig in der Form des Soziallamarckismus, spielte hier seine Rolle auch als soziales Bindemittel. Im volksbildnerischen Verein »Wiener Volksheim« etwa finden sich – ungeachtet im Einzelnen divergierender politischer Optionen – die Schriftsteller Ferdinand v. Saar, Marie v. Ebner-Eschenbach und Marie Eugenie delle Grazie, die Naturwissenschaftler Eduard Suess, Julius Tandler und Richard v. Wettstein, die sozialdemokratischen Politiker Engelbert Pernerstorfer und Karl Seitz, die Feministin Rosa Mayreder, der Fabier Ludo Moritz Hartmann[23]; zur Vereinsinfrastruktur gehörten der Wiener Frauenclub, die Ethische Gesellschaft, der Monistenbund, die Friedensgesellschaften, die Freidenker, und der Verein zur Abwehr des Antisemitismus. Eine besonders wichtige Rolle spielen hier wie überall in der österreichischen Darwin-Bewegung die Frauen

---

[22] Minna Kautsky, *Die Alten und die Neuen*, Bd. 1, 189.

[23] Zum »Volksheim« bzw. der Volkshochschule Ottakring vgl. Christian H. Stifter, Die Wiener Volkshochschulbewegung in den Jahren 1887–1938: Anspruch und Wirklichkeit, in: Mitchell G. Ash/Christian H. Stifter (Hrsg.), *Wissenschaft, Politik und Öffentlichkeit. Von der Wiener Moderne bis zur Gegenwart* (WUV: Wien 2002) 95–116.

bzw. Autorinnen: Kautsky, Suttner, delle Grazie, aber auch Mayreder, Grete Meisel-Hess und Irma von Troll-Borostyáni. Was den Zionismus betrifft, sind nicht nur Theodor Herzl und Max Nordau selbstverständlich Evolutionisten, sondern auch ein Dichter wie Richard Beer-Hofmann.

An einem Autor wie Ludwig Anzengruber lässt sich aber auch die langsame Eintrübung des Darwinismus als Fortschrittsideologie bemerken, die Evolution tritt in den Hintergrund, der Selektionsaspekt wird dominanter. Um 1880 lässt sich ja in mehreren Feldern eine Krise des progressiven Liberalismus konstatieren. In den *Kreuzelschreibern* (1872) hat der Steinklopferhanns noch seine »extraige Offenbarung«[24]:

> Mitm Traurigsein richt mer nix! Die Welt is a lustige Welt! *Geheimnisvoll.* Ich weiß's, daß's a lustige Welt is! Freilich, ös wißts 's nit; eng is noch ausm großen Buch vorglesen wordn, da hab ich schon mein extraige Offenbarung ghabt! … So still war's dort und so warm in der Sonn z' liegn – vorn die grün Wiesen, die blauen Berg – […] und wie d' Sunn und d' Stern hrunter- und hraufkämmen – da wird mir auf einmal so verwogen, als wär ich von freien Stucken entstanden, und inwendig so wohl, als wär 's hell Sonnenlicht von vorhin in mein Körper verbliebn … und da kommt's über mich, wie wann eins zu einm andern redt: Es kann dir nix gschehn! Selbst die größt Marter zählt nimmer, wann vorbei is! Ob d' jetzt gleich sechs Schuh tief da unterm Rasen liegest oder ob d' das vor dir noch viel tausendmal siehst – es kann dir nix gschehn! – Du ghörst zu dem alln, und dös alls ghört zu dir! Es kann dir nix gschehn! – Und dös war so lustig, daß ich's all andern rundherum zugjauchzt hab: Es kann dir nix gschehn! – Jujuju! – Da war ich's erstmal lustig und bin's a seither bliebn und möcht, 's sollt a kein andrer traurig sein und mir mein lustig Welt verderbn![25]

---

[24] Zur Geschichte der Berufungen auf diese Stelle bei Freud, Wittgenstein und anderen vgl. Anton Unterkirchner, »Es kann dir nix gschehn«. Notizen zu einem Spruch aus Anzengrubers »Kreuzelschreibern«, in: *Mitteilungen aus dem Brenner-Archiv* 24–25 (2005–2006) 73–79.

[25] Ludwig Anzengruber: *Sämtliche Werke*, unter Mitwirkung v. Karl Anzengruber hrsg. v. Rudolf Latzke u. Otto Rommel, krit. durchges. Gesamtausg. in 15 Bdn. Schroll: Wien 1920–1922, Bd. IV, 73.

Im Bauernroman *Der Sternsteinhof* (1885), ein »Gesellschaftsroman« der Gründerzeit (Karlheinz Rossbacher)[26] oder auch ein anthropologischer Wirtschaftsroman, steht die Selektion im Vordergrund: Anzengruber habe, so der finnische Philosoph und Feuerbach-Forscher Wilhelm Bolin, Anzengruber freundschaftlich verbunden, »für seine Erzählung einen Standpunkt gewählt, der den heutigen Anschauungen über Welt und Leben in genauester Weise entspricht. Kein Anderer ist es, als der durch das Losungswort vom Kampfe ums Dasein gekennzeichnete. Aber weil seine Gestalten von unverkennbarer Naturtreue und die Beziehungen zwischen ihnen auch genau so gehalten und entwickelt sind, wird man gerade durch die Wahrhaftigkeit der Darstellung unwiderstehlich gefesselt.«[27]

Vor dem Ersten Weltkrieg bezieht dann – gerade unter Berufung auf den ›Kampf ums Dasein‹ – in einer für österreichische literarische Intellektuelle noch ungewohnten Rechtswendung der exzentrische Expressionist Robert Müller in der *Apologie des Krieges* eine robuste Gegenposition zum darwinistisch grundierten Pazifismus der Bertha v. Suttner, sein Roman *Tropen* von 1916 ist eine durchgängige mörderische Parodie aller spätliberalen literarischen evolutionistischen Gewissheiten.[28] Suttners darwinistisch grundiertem Pazifismus – den auch ein anderer Friedensaktivist und Nobelpreisträger teilt, Alfred H. Fried – steht schon länger ein selektionistisch orientierter Darwinismus gegenüber, der die Diskurse in der Institution der k. u. k. Armee beherrscht; Suttners »Gegenspieler«, der Generalstabschef Franz Conrad von Hötzendorf, war ebenso »Darwinist« wie sie, wenn er auch gegenteilige Folgerungen zog. In Franz Kafkas *Die Verwandlung* (1915) und *Ein Bericht für eine Akademie* (1917) benützen Protagonisten in ausweglosen Situationen die Narrative der Evolution als Fluchtlinien: im Fall des Handlungsreisenden Gregor Samsa – mit Sicherheit auf Sacher-Masoch und Severins Dienernamen Gregor (*Venus im Pelz*) anspielend[29] – vom Menschen

---

[26] Karlheinz Rossbacher, *Literatur und Liberalismus. Zur Kultur der Ringstraßenzeit in Wien* (Jugend u. Volk, Edition Wien: Wien 1992), hier 302.

[27] Wilhelm Bolin, Anzengruber's neuer Dorfroman, in: *Die Gegenwart. Wochenschrift für Literatur, Kunst und öffentliches Leben* (Berlin) Bd. 29 (1886), Nr. 10, 154 f., hier 154.

[28] Dazu Michler, Darwinismus, Literatur und Politik: Robert Müllers Interventionen, in: Peter Wiesinger (Hrsg.), *Akten des X. Internationalen Germanistenkongresses Wien 2000.* »Zeitenwende – Die Germanistik auf dem Weg vom 20. ins 21. Jahrhundert«, Bd. 6 (Lang: Frankfurt/M. u. a. 2002) 361–366; ders., Vanguards on the Literary Field: Robert Müller's War, in: *Austrian Studies* 21 (2013) 9–23.

[29] Vgl. Stefan Willer, »Imitation of Similar Beings«: Social Mimesis as an Argument in

zurück zum Ungeziefer, im Fall des gefangenen Rotpeter vom Affen zum Menschen, nach vorne in die Evolution, der letzte Ausweg, wenn man sich auf hoher See in einer Kiste wiederfindet, um in Hagenbecks Hamburger Zoounternehmen verschifft zu werden – da wird man noch besser sein eigener Unternehmer und organisiert sich die Launen der Natur selbst.

Darwin und die Autoren des »Jungen Wien«

Die Autoren des Jungen Wien teilen die darwinistischen Denkvoraussetzungen ihrer Epoche, nehmen aber nicht die selektionistische Wendung mit einer pessimistisch-deterministisch gefassten Vererbungsthematik, wie sie den Naturalismus charakterisiert (nach Anzengruber etwa Franz Kranewitter und andere), sie setzen die Elemente des Darwin'schen Paradigmas anders zusammen – und tatsächlich sind es die spezifischen Fügungen der einzelnen Elemente des Darwin-Repertoires und die Gewichtungen der einzelnen Faktoren und Motive, die die diskursiven Positionierungen ausmachen. Leopold v. Andrian, Arthur Schnitzler, Richard Beer-Hofmann, Hugo v. Hofmannsthal sind mit großer Selbstverständlichkeit an Darwin, Haeckel und anderen interessiert, lesen ihre Schriften – die Leserschaft von *The Expression of the Emotions in Man and Animals* [*Der Ausdruck der Gemüthsbewegungen bei dem Menschen und den Thieren*][30] reicht in der österreichischen Literatur von Ebner-Eschenbach bis Hofmannsthal. Leopold v. Andrian rezipiert im *Garten der Erkenntnis* (1895) zeitnah die Froschlaich-Versuche der Entwicklungsmechaniker und imaginiert sich selbst als eines der Versuchstiere.

Von Bedeutung wird für die Literatur der Jahrhundertwende, zusammen mit der Idee einer Geschichte der Natur, vor allem die Vorstellung von einem kulturellen Gedächtnis, das die Individuen zu einem historisch gesättigten Kollektiv zusammenbindet. Mithin sind es die Sinn- und Plot-Angebote eines defensiven, kulturzentrierten Lamarckismus, die hier im Rahmen der Darwin-Rezeption produktiv werden. Hofmannsthal beschreibt im sog. *Ariadne*-Brief von 1912

Evolutionary Theory around 1900, in: *Hist. Phil. Life Sci.*, 31 (2009) 201–214; klassisch Gerhard Neumann, Der Blick des Anderen. Zum Motiv des Hundes und des Affen in der Literatur [1987], in: G. N.: *Kafka-Lektüren* (de Gruyter: Berlin, Boston 2013) 287–327.

[30] Zu den ästhetischen Verhandlungen von Darwins *Expression of Emotions* vgl. die sehr interessante neuere Studie Hugh Ridley, *Darwin Becomes Art. Aesthetic Vision in the Wake of Darwin: 1870–1920* (Rodopi: Amsterdam, New York 2014) 165–208.

die Pole seines Werks als ›Verwandlung‹ und ›Treue‹, ›Vergessen‹ und ›Erinnern‹, zwei – oder nur einer – »jener abgrundtiefen Widersprüche, über denen das Dasein aufgebaut ist.«[31] Der Darwinismus (und Lamarckismus) der Jahrhundertwende kombiniert beide Elemente kohärent und im hellen Tageslicht ›exakter‹ Wissenschaft: Metamorphose: Artwechsel, Evolution; und die Bewahrungsinstanz des somatischen Gedächtnisses. In Hofmannsthals Frühwerk der 1890er Jahre ging es um die Frage der Ich-Identität über den Augenblick hinaus, ob man dann mehr sei als ›ein Spiel von jedem Druck der Luft‹ (nach Goethes *Faust I*). Die Ich-Problematik ist gewiss die Münze, in der das Problem gehandelt wird; liest man aber im zitierten Brief, dass »Verwandlung«, Metamorphose, »das Leben des Lebens« sei, zeigt sich ein Zug, der sich in eine poetische Evolutionslehre einfügen lässt. Mit Freud, dessen Werk er schon früh rezipiert, teilt Hofmannsthal die Gewissheiten des »biogenetischen Grundgesetzes« (*sensu* Haeckel), dass das Individuum die Geschichte der Ahnenreihe zu rekapitulieren hat und dass Geschichte somatisch präsent ist; dies naheliegender Weise im »Blut«, als in einem nicht bloß metaphorischen Träger eines leiblichen Gedächtnisses. Die »Väter«, heißt es einmal, in umgekehrter Formulierung, »entsannen sich des Enkels und durchzogen mich«. Überblickt man Hofmannsthals verstreute Äußerungen zum Darwinismus, so zeichnet sich eine Position ab, die den Selektionsaspekt der Theorie deutlich zurücknimmt und stattdessen solidarische Strebungen in der Tierwelt, die sozialen Triebe sowie die monistische All-Einheit des Lebendigen fokussiert. Es geht also in diesen Texten darum, sich in ein Verhältnis zum Sozialen, zur Natur und zur Geschichte zu setzen: »Wir sind von einem Fleisch mit allem was je war, mit Alexander, mit Tamerlan, mit den verschwundenen Rieseneidechsen und Riesenvögeln, mit allen Göttern und dem Wunderbaren der menschlichen Geschlechter […].«[32]

Ästhetisch werden solche Erkenntnisse in der Erzählstruktur der Epiphanie gestaltet. Richard Beer-Hofmanns Protagonisten Paul kommt in der Erzählung *Der Tod Georgs* von 1900 am Ende eine solche epiphane Erkenntnis zu, zugleich ein unzerstörbares Fundament seiner eigenen Existenz, das mit seiner

---

[31] Hugo v. Hofmannsthal, *Gesammelte Werke in Einzelbänden*, hrsg. v. Bernd Schoeller, Bd. 5 (Fischer: Frankfurt/M. 1979) 297.

[32] Hugo v. Hofmannsthal, E vita Alexandri magni (1895), in: Ders., *Sämtliche Werke. Kritische Ausgabe,* veranst. v. Freien Deutschen Hochstift, hrsg. v. Rudolf Hirsch u.a., Bd. 18: Dramen 16. Fragmente aus dem Nachlaß, hrsg. v. Ellen Ritter (Fischer: Frankfurt am Main 1987) 1214, hier 14.

kreatürlichen innig verbunden ist, sein »Blut«, von seinen Vorfahren vererbt, und es heißt hier ganz eindeutig:

> Denn *was* einer auch lebte, er spann nur am nichtreißenden Faden des großen Lebens, der – von andern kommend, zu andern – flüchtig durch seine Hände glitt, ein Spinner und, wie sein Leben sich mit hineinverflocht, Gespinst zugleich für die nach ihm. [...] Schauer, die wir nicht begriffen, rührten an uns; unserem Blut aus Geschicken der Vorfahren vererbt, waren sie von längst verendeten Stürmen die letzte Welle an entfernten Küsten [...].[33]

Pauls neu gefundene *jüdische* Identität – wiederentdeckbar, weil im »Blut« immer präsent gewesen – korrespondiert mit den kulturzionistischen identitären Sympathien seines Autors Beer-Hofmann. Der Text operiert mit einer Leitmotivtechnik, die der Fülle der kontingenten Impressionen entgegensteht und die Kohärenz des Textes verbürgt; am Ende ergibt sich ein identitäres Gefüge, das die motivischen Eisenfeilspäne zur Kohärenz eines neuen Lebenstextes ordnet. Das hat allerdings ästhetische Folgen: Der erzähltechnisch intern fokussierte Text lässt den Erzähler gleichsam als zunächst blinden Deuter und Detektiv der Indizien dieser Stimme des Blutes durch seinen Text gehen, bis diese Stimme am Ende vernehmbar geworden ist. Die Möglichkeit, sie zu vernehmen, beruht auf den Denkmitteln des biogenetischen Grundgesetzes. Die »Stimme des Blutes« ist bei Beer-Hofmann keine verblasste Metapher, sondern ein semiotisch-biologisches Konstrukt: Die personale Erzählhaltung präsentiert die ›Lösung‹ als aus dem Metapherninventar der Figur selbst hervorgegangene, weil immer schon die ›Stimme des Blutes‹ gesprochen hat. Die Integration biologischer Diskurselemente in Literatur hat ästhetisch zwar tendenziell restabilisierende Folgen, führt eher zur Restitution als zur Auflösung narrativer Strukturen; doch ist bemerkenswert, dass Beer-Hofmanns literarisch gefundenes und literarisch entwickeltes Szenario des jüdischen Körpergedächtnisses Sigmund Freuds offen lamarckistischem *Mann Moses* um gute dreißig Jahre vorausgeht. Es handelt sich also hier um literarische Experimentalanordnungen, die das *Ich*, dem, anders als im Naturalismus, keine identitär belastbare Determination durch ein Milieu gegönnt ist, narrativ so zurichten, dass die Protagonisten von einem ›inneren Außen‹ her ihren Generationenketten eingeschrieben werden können. Sie sollen instandgesetzt

---

[33] Richard Beer-Hofmann, *Der Tod Georgs*, Nachw. v. Hartmut Scheible (Reclam: Stuttgart 1980) 109.

werden, die Schrift ihrer Engramme zu lesen, ihr Milieu von innen heraus zu haben, das sie immer schon gehabt haben werden und das *sie* hat. Im Rahmen einer Erzähltechnik, die Epiphanie-Erlebnisse zur Arrondierung von Biographien haltloser jüngerer Männer benützt, werden Ich-Krisen zur Herbeiführung von Epiphanien inszeniert, mehr der Umweg zur Identität als der Ausdruck ihrer Störung. In Hofmannsthals *Andreas*-Roman (1907–1927, Hauptarbeitsphase um 1912), von dem wenig Text, aber sehr viele Paralipomena überliefert sind, kommt dann die Abfolge Heteronomie – Epiphanie – Identität zunächst an ein Ende. Das Problem des Textes, der intensiv zeitgenössische Schizophreniestudien (Morton Prince, *The Dissociation of a Personality*, 1906) benützt, besteht darin, ›Getrenntes‹ zu ›vereinigen‹; der junge Baron Ferschengelder torkelt im 18. Jahrhundert durch eine Welt, in der ihm allerlei Charaktere begegnen, nur keiner, der ihm nicht die eigene Haltlosigkeit widerspiegelte. Der Text versucht mit einer Epiphanie abzuschließen, einer monistischen Vision, die allerdings in diesem Fall aber auch gar nichts klären kann; der Text treibt weiter, bis er sich in einen immer stärker esoterisch gefärbten österreichischen Geschichts- und Generationenroman hinein verliert; der ›Malteser‹ Sacramozo, ein Rosenkreuzer, wird zur Schlüsselfigur, die Vergangenheit und Gegenwart regieren und aus der zerfahrenen Geschichte des Andreas Ferschengelder doch noch einen Bildungsroman machen soll. Mit Magie hat Hofmannsthal sich schon früh das poetische schöpferische Vermögen erklärt; Magie vereinigt naturwissenschaftlich-zeitgenössische Elemente mit Denkmotiven der Frühen Neuzeit, vor allem des Paracelsus; an anderer Stelle spricht er von Balzac als Synthese von Novalis und Naturalismus, von »Swedenborg und Goethe oder Lamarck«[34], nach Haeckel beruhte die Entwicklungslehre auf Goethe-Lamarck-Darwin. Die letzte Notiz zum *Andreas* lautet: »Roman. Müsste ein Compendium sein. Philosophie der Politik – bis in ihre feinsten Verästelungen in die Biologie.«[35]

›Verweltanschaulichung‹ des Darwinismus

Eine besondere Sphäre zwischen Literatur, Kultur und Öffentlichkeit bildet das, was im und seit dem 19. Jahrhundert »Weltanschauung« heißt. Die Naturwissen-

---

[34] Hugo v. Hofmannsthal, *Gesammelte Werke in Einzelbänden*, hrsg. v. Bernd Schoeller, Bd. 8 (Fischer: Frankfurt/M. 1979) 395.

[35] Hugo v. Hofmannsthal, *Andreas*, in: ders., *Sämtliche Werke*, Bd. 30: Roman. Biographie, hrsg. v. Manfred Pape (Fischer: Frankfurt am Main 1982) 5–218, hier 218.

schaft und hier wieder besonders der Darwinismus sind die wichtigsten Katalysatoren bei der Herausbildung einer Reihe von Popularphilosophien, die auf mehreren Ebenen – konzeptuell, künstlerisch, organisatorisch – die Erosion der traditionellen Sinnangebote der Religionen kompensieren, in deutlicher oder weniger deutlicher Konkurrenz zu ihnen. Mit einer Miniatur zu einer besonders prononcierten Form von »Weltanschauung«, dem evolutionistischen Monismus, kann ich die Potenziale und Probleme dieser neuen, säkularen oder parareligiösen Sinnstiftungsagenturen vielleicht abschließend andeuten. Österreich war auch hier ein Treibhaus und Laboratorium dieser Prozesse, was mit der besonderen Konstellation von Staat und Kultur im 19. Jahrhundert zu tun hat: Die hegemoniale Position des Katholizismus macht Konflikte übersichtlich, die Nationalisierung und die dynamischen, aber regional ungleichen ökonomischen Entwicklungsprozesse führten zu einer Reihe von Ungleichzeitigkeiten und Polarisierungen. Parteien und Kirchen reagieren auf den Prozess der Weltanschauungsbildung und seiner kulturellen Formen und haben zugleich daran teil.

Am 21. Februar 1908 erscheint in der sozialdemokratischen *Salzburger Wacht* ein Beitrag der aus Mähren stammenden Dichterin Marie Eugenie delle Grazie mit dem Titel *Die Persönlichkeit Ernst Haeckels*; der Text hält eine von mehreren persönlichen Begegnungen mit dem Gelehrten fest, ein bis in die Morgenstunden dauerndes freundschaftliches Streitgespräch im Jahre 1896 mit einem katholischen Theologen über die letzten Dinge, bis aus ›dem ehrlichen Kampf‹ menschliches Verstehen wird. In einem tausendseitigen »modernen Epos« *Robespierre* (1894) hatte delle Grazie die alternative, die »natürliche« Schöpfungsgeschichte Ernst Haeckels als Narrativ der Moderne propagiert. In einem Roman *Heilige und Menschen* (1909), einem prototypischen Vertreter von Weltanschauungsliteratur im engeren Sinn, hatte sie den Gelehrten selbst auftreten lassen, mit Motiven aus Sigmund Freud und Goethe. Die Konversionsform, das persönliche Erlebnis, die Eingliederung in eine historische Kontinuität gehört zum monistischen Repertoire. In der Festschrift für Ernst Haeckel (1914) findet sich nicht nur ein weiterer Beitrag der Dichterin[36], eine ganze Reihe von Autoren, Gelehrten, Literaten und Laien schildern hier Bildungserlebnisse, die in Biographien eingreifen; ein Wiener Monist, der Unternehmer Friedrich Glatz, bekennt etwa:

[36] Marie Eugenie delle Grazie, Ernst Haeckel der Mensch, in: Heinrich Schmidt (Hrsg.), *Was wir Ernst Haeckel verdanken. Ein Buch der Verehrung und Dankbarkeit* (Unesma: Leipzig 1914) Bd. 2, 309–316.

> Als ich mich das erstemal durch die Welträtsel durcharbeitete, war ich von einem ganz neuen Glücksgefühl beseelt. Ein seit langen Jahren gehegtes Verlangen war durch dieses Werk erfüllt. [...] Ganz allmählich und ohne daß ich mir seiner Nachwirkung gleich bewußt geworden wäre, begann ich bei Diskussionen, bei irgendwelcher Lektüre, bei Urteilsbildungen und Entschlüssen im Alltag die Dinge nicht mehr für sich allein, sondern immer mehr und mehr in ihren großen Zusammenhängen zu betrachten. Ich war auf dem Wege zum Monismus! [...] Mein Wissen hatte sich zur Bildung entfaltet![37]

In Salzburg, um bei diesem Beispiel zu bleiben, in katholischem Kernland, hatte sich vergleichsweise früh eine liberale Vereinsinfrastruktur gebildet, der bestehende Freidenkerverein benennt sich noch vor der Gründung des Monistenbundes in Jena (1906) in »Ernst Haeckel-Gemeinde« um und hält eine Deubler-Feier ab (14. Juni 1904). Die lokalen Vereine finden rasch zueinander, die Propaganda einer wissenschaftlichen Weltanschauung findet schnell über sonst durchaus offene Gräben.[38] Das deutschliberal ausgerichtete *Salzburger Volksblatt*, rückt dem auf der Durchreise nach Italien befindlichen berühmten Gelehrten – der die Redaktion besucht! – ein rührendes Huldigungssonett ins Blatt.[39] Es handelt sich, beiseite gesagt, um jene Welt, in der auch der Positivismus zur »Lebensform« (Friedrich Stadler[40]) werden kann. Idealtypisch findet sich in der Darwin-Rezeption zusammen, was Weltanschauung ausmacht: ein Phänomen, das mit Ansprüchen der Wissenschaft gegenüber traditionellen Bildungsmächten sowie mit Hegemonieansprüchen der Wissenschaft über die Lebenswelt zu tun hat und zur organisatorischen Stabilisierung neigt;[41] das stark affektive Dimensionen zeigt und auf die Verkörperung in charismatischen Gestalten setzt sowie auf Be-

---

[37] Friedrich Glatz: Was hat Ernst Haeckel dem schon religiös Aufgeklärten gebracht?, in: Heinrich Schmidt (Hrsg.), *Was wir Ernst Haeckel verdanken. Ein Buch der Verehrung und Dankbarkeit* (Unesma: Leipzig 1914) Bd. 2, 61–67, hier 64 und 66.

[38] Vgl. Anon., Gegen den Klerikalismus, in: *Salzburger Wacht*, 27. 2. 1908, hier 3.

[39] Anonymos, Exzellenz Professor Ernst Haeckel in Salzburg, in: *Salzburger Volksblatt*, 26. 8. 1910, hier 3.

[40] Vgl. Friedrich Stadler, *Positivismus als Lebensform. Zur Wirkungsgeschichte von Ernst Mach in Österreich-Ungarn 1895–1918*, Diss. Universität Salzburg, 1981.

[41] Horst Thomé, Weltanschauungsliteratur. Vorüberlegungen zu Funktion und Texttyp, in: Lutz Danneberg/Friedrich Vollhardt (Hrsg.), *Wissen in Literatur im 19. Jahrhundert* (Niemeyer: Tübingen 2002) 338–380.

kenntnis (Konfession) und das Konversionserlebnis, und das eine enge Beziehung zu den Künsten und zur Literatur hat. Weltanschauungen wirken als Medium der Organisation von Hegemoniekonflikten, als Bindemittel neuer Formen von Gemeinschaften, die von ihrer Konkurrenz zu anderen leben, sie erzeugen neue säkulare Sprecherpositionen für Intellektuelle (»Priester«) und neue Formen säkularer Anhängerschaft (»Gläubige«). Bei der Einführung des Darwinismus ging es um die Stiftung einer Gegenerzählung, einer Gegenkultur zur traditionellen, deren ideologische Schutzmacht in diesem Fall die katholische Kirche ist. Irenische Positionen und Vermittlungsversuche, die es in den sechziger Jahren auf katholischer Seite noch gab und um die Jahrhundertwende wieder gab, sind auf diese Weise planmäßig diskreditiert worden – von beiden Seiten. Vielleicht hat der Darwinismus insbesondere in Österreich zu einer Art zweiten Konfessionalisierung beigetragen – im Katholizismus, aber auch in der Befestigung der ›Wissenschaftskirche‹ (Ernst Mach).

Vielleicht ist der etwas abgelegte Begriff der Weltanschauung, der in die Selbstbeschreibung der Epoche gehört, brauchbar, um ein Syndrom, ein charakteristisches Bündel von Einstellungen, Optiken, Ideologien, Affekten, Institutionen; Narrativen und Performativen sowie Text- und Bildgattungen bezeichnen zu können. Der Monismus als evolutionistische Weltanschauung ist vielleicht nur die expliziteste Ausformung: er ersetzt schon früh die jüdisch-christliche durch eine natürliche Schöpfungsgeschichte, organisiert öffentliche Vorlesungen als säkulare Messen und arbeitet systematisch an der Ausgestaltung zum kohärenten »Weltbild«. »Weltanschauung« ist damit nicht nur eine kognitive Kategorie; Literatur und die Künste haben hier ein weites Feld, insofern literarische Texte ja überhaupt Weltentwürfe sind. Hier rücken dann Wissenschaft und Literatur ganz aneinander, gehen gewissermaßen auf Tuchfühlung; ob dann allerdings noch zum beiderseitigen Vorteil, sei dahingestellt.

Die Darwinsche Evolutionstheorie im Spiegel sozialdemokratischer Rezeption in Deutschland und Österreich vor 1933/34

Richard Saage

Einleitung[1]

Eines der Themen, die in der Sozialdemokratischen Partei Deutschlands (SPD) und der Sozialdemokratischen Arbeiterpartei (SDAP) in Österreich vor dem Ersten Weltkrieg und in der Zwischenkriegszeit am intensivsten diskutiert wurden, ging aus der Frage hervor, wie sich die damals größten und am besten organisierten Arbeiterbewegungen der Welt gegenüber der Herausforderung der Deszendenztheorie[2] positionieren sollten, die Charles Robert Darwin[3] in seinen Werken

---

[1] Diesem Aufsatz liegt zugrunde: Richard Saage, *Zwischen Darwin und Marx. Zur Rezeption der Evolutionstheorie in der deutschen und der österreichischen Sozialdemokratie vor 1933/34* (Böhlau: Wien 2012). Kurt-Otto Bayertz habe ich für konstruktive Anmerkungen und wertvolle Literaturhinweise zu danken.

[2] Vgl. Eve-Marie Engels (Hrsg.), *Die Rezeption der Evolutionstheorien im 19 Jahrhundert* (Suhrkamp: Frankfurt a. M. 1995); Kurt Bayertz/Myriam Gerhard/Walter Jaeschke (Hrsg.), *Der Darwinismus-Streit* (Meiner: Hamburg 2007); Thomas Junker/Uwe Hoßfeld, *Die Entdeckung der Evolution. Eine revolutionäre Theorie und ihre Geschichte* (Wissenschaftliche Buchgesellschaft: Darmstadt 2009).

[3] Aus der kaum noch zu übersehenden Fülle an monografischen Arbeiten zu Darwin ragt im deutschsprachigen Bereich hervor: Eve-Marie Engels, *Charles Darwin* (C. H. Beck: München 2007).

Die Entstehung der Arten (1859)[4] und *Die Abstammung des Menschen* (1871)[5] konzipierte. Nicht zufällig widmete sich die sozialdemokratische Theoriezeitschrift *Die Neue Zeit* von ihren ersten bis zu ihren letzten Nummern, aber auch das austromarxistische Theorie-Organ *Der Kampf* ausführlich diesem Problem. Worin liegen die Ursachen der Relevanz dieses Theoriemusters für das sozialdemokratische Selbstverständnis vor 1933/34, das in seiner Programmatik eher marxistisch ausgerichtet war? Warum konnten biologische Entwicklungsfragen für Arbeiterparteien wie die SPD und die SDAP eine so überragende Bedeutung erlangen? Und was sagt diese Rezeption über das Verhältnis von naturwissenschaftlicher Weltsicht und Politik aus?

Mit diesen Fragen ist aber zugleich auch über die Eingrenzung meiner Themenstellung entschieden: Dem ihm zugrunde liegende Erkenntnisinteresse geht es nicht primär um einen Beitrag zur Wissenschaftsgeschichte der Darwinschen Evolutionstheorie im engeren Sinne.[6] In den Fokus ist vielmehr die Tatsache gerückt, dass der Darwinsche Ansatz von Anfang an die Möglichkeit bot, zur »Komponente einer Ideologie umfunktioniert zu werden«.[7] Insbesondere das Werk Herbert Spencers ist ein glänzender Beleg für die These Karl Poppers, dass große wissenschaftliche Revolutionen immer auch zu stützenden Elementen einer Ideologie mutieren können. Andererseits zeigt Darwins Rekurs auf den Malthusianismus, dass auch ideologische Motive den wissenschaftlichen Forschungsprozess inspirieren können. Dennoch bin ich nicht der Meinung, dass dadurch die Differenzen zwischen einer Ideologie und einer naturwissenschaftlichen Theorie fließend sind. Deren Umfunktionierung zur Stabilisierung einer Ideologie bedeutet keineswegs, dass sie selbst zur Ideologie geworden ist: Im Gegensatz zu jener ist der naturwissenschaftliche Ansatz im Sinne Poppers offen für Falsifikationen durch das empirisch ausgerichtete Experiment.[8]

---

[4] Charles Darwin, *Die Entstehung der Arten durch natürliche Zuchtwahl*. Übersetzung von Carl W. Neumann (Reclam: Stuttgart 1963).

[5] Charles Darwin, *Die Abstammung des Menschen*. Mit einer Einführung von Christian Vogel. Übersetzt von Heinrich Schmidt (Reclam: Stuttgart 2002).

[6] Vgl. hierzu den Beitrag von Peter Schuster in diesem Band.

[7] Peter Markl, Darwin, Popper und die Evolutionsbiologie, in: Reinhard Neck (Hrsg.), *Evolution-Natur, Mensch, Gesellschaft* (Peter Lang: Frankfurt am Main 2016) 153–187, hier: 155.

[8] Ebd., 155 f.

Eine zweite restriktive Bedingung des folgenden Versuchs ist zu beachten. Trotz gelegentlicher eurozentrischer Vorurteile vertrat Darwin zu keinem Zeitpunkt einen biologischen Rassismus.[9] In seinen beiden Hauptwerken hatte er sein Erkenntnisinteresse klar definiert und eingegrenzt. Es ging ihm nicht um das Wesen und den Ursprung des Lebens und schon gar nicht um die Begründung qualitativer Unterschiede zwischen sogenannten ›Rassen‹, die für ihn nichts weiter waren als Varietäten innerhalb der Art Mensch.[10] Was ihn interessierte, war eine immanente, rein kausale Erklärung für das Zustandekommen von Eigenschaften des organischen Lebens, von deren temporärer Konstanz und ihren schließlichen Veränderungen. Warum setzten sich bestimmte Arten durch, warum verschwanden andere? Wie kam es, dass Varietäten sich zu Arten verdichten konnten? Und welche Triebkraft stand nachweisbar hinter diesen Vorgängen im Zusammenhang mit den geologischen Veränderungen der langen Zeiträume? Dass diese Fragestellungen mit einem liquidatorischen Rassismus und einer Eugenik bzw. Sozialhygiene, die ihm dienen, nichts zu tun haben, bedarf keiner Erklärung.[11] Entsprechend gehen die folgenden Ausführungen von der eng gefassten, von Darwin geprägten biologischen Evolutionstheorie aus, um den inflationären Fallstricken des *Universal Darwinism* zu entgehen. Dessen »Hauptproblem ist die Frage, wie weit man den Evolutionsbegriff ausdehnen kann und will, ohne zu allgemein zu werden«.[12]

Die dritte Vorbemerkung bezieht sich auf den semantischen Gehalt zentraler Kategorien der Evolutionstheorie. Zwar thematisieren die hier ausgewerteten Quellen in unserem Beobachtungszeitraum von 1860 bis 1934 bereits, wenn auch eher marginal, das Problem der Vereinbarkeit der Mendelschen Erbgesetze mit der Darwinschen Selektionstheorie. Aber die Integration der Evolutionstheorie in die molekulare Biologie, die Zellbiologie und die molekulare Genetik fand bekanntlich erst nach 1934 statt.[13] Wenn also im Folgenden von metaphorischen Begriffen wie ›Kampf ums Dasein‹, *survival of the fittest* etc. in einer »Welt mit

---

[9] Vgl. Engels, *Darwin* (Anm. 3) 161.

[10] Vgl. grundlegend ebd., 159–162.

[11] Vgl. Arnold Künzli, *Menschenmarkt. Die Humangenetik zwischen Utopie, Kommerz und Wissenschaft* (Rowohlt: Reinbek bei Hamburg 2001) 34.

[12] Zur Problematik einer allgemeinen Evolutionstheorie mit universalistischem Anspruch vgl. aus naturalistischer Sicht Gerhard Vollmer, Gibt es eine allgemeine Evolutionstheorie?, in: *Universitas* 72 (2017) 5–25, hier 25.

[13] Markl, *Darwin* (Anm.7) 165; vgl. auch den Beitrag von Peter Schuster in diesem Band.

blutigen Zähnen und Klauen«[14] die Rede ist, dann ist dies der frühen Phase in der Wissenschaftsgeschichte der Evolutionstheorie geschuldet, auf die sich die folgenden Ausführungen beziehen.

Kontexte sozialdemokratischer Darwin-Rezeption

Um dem komplexen Thema einigermaßen gerecht zu werden, liegt es nahe, einen Blick auf den sozialdemokratischen Rezeptionshorizont in Deutschland und in Österreich zu werfen. In keiner Region der Welt erreichte die Darwin-Rezeption eine solche Eingriffstiefe in das Gefüge ihrer sozio-kulturellen Milieus wie im deutschsprachigen Bereich, insbesondere des Deutschen Reiches nach seiner Gründung 1870/71.[15] Anhänger fand sie vor allem im liberalen Bürgertum, das die Evolutionstheorie mit dem gesellschaftlichen Fortschritt schlechthin verband und in der ›natürlichen Zuchtwahl‹ eine naturwissenschaftliche Legitimation des ökonomischen Konkurrenzprinzips ausmachen zu können glaubte. Die Sozialdemokratie, die ihrerseits den Anspruch auf die geistige Hegemonie der Gesamtgesellschaft im Rahmen eines naturwissenschaftlich geprägten Weltbildes[16] erhob, hatte sich dieser Herausforderung zu stellen. Doch wollte sie sich ebenfalls als Erbe der Evolutionstheorie verstehen, musste sie ihr ein Profil verleihen, das mit der sozialistischen Solidargemeinschaft vereinbar war und sich so deutlich von der liberalen Interpretation abhob. Diese Herausforderung verschärfte sich, als Rudolf Virchow am 22. September 1877 mit seiner These hervortrat, dass Darwins Evolutionstheorie in der Sozialdemokratie einen Bündnispartner gefunden habe: ein Vorgang, der den Weg zu einem Terror-Regime ebne, wie die Pariser Kommune es angeblich vorgemacht habe:

> Nun stellen sie sich einmal vor, wie sich die Deszendenztheorie heute schon im Kopfe eines Sozialisten darstellt! Ja, meine Herren, das mag manchem lächerlich erscheinen, aber es ist sehr ernst, und ich will sehr hoffen, daß die Deszendenztheorie für uns nicht alle die Schrecken bringen möge, die ähnliche Theorien wirklich im Nachbarlande

---

[14] Markl, *Darwin* (Anm.7) 179.

[15] Vgl. Helmuth Plessner, Die verspätete Nation. Über die Verführbarkeit des bürgerlichen Geistes (1935/1959), in: Ders., *Gesammelte Schriften VI* (Suhrkamp: Frankfurt a. M 1982) 128 f.

[16] Vgl. hierzu grundlegend: Kurt Bayertz, Naturwissenschaft und Sozialismus: Tendenzen der Naturwissenschafts-Rezeption in der deutschen Arbeiterbewegung des 19. Jahrhunderts, in: *Social Studies,* vol. 13 (1983) 355–394.

> angerichtet haben. Immerhin hat diese Theorie, wenn sie konsequent durchgeführt wird, eine ungemein bedenkliche Seite, und daß der Sozialismus mit ihr Fühlung genommen hat, wird ihnen hoffentlich nicht entgangen sein. Wir müssen uns das klar machen.[17]

Virchows Polemik rief eine doppelte Resonanz hervor. Einerseits veranlasste sie Ernst Haeckel, den Darwinismus nach rechts umzubiegen, in dem er die These stark machte, die Deszendenztheorie sei die wissenschaftliche Begründung des aristokratischen Prinzips der Ungleichheit. Auf diesen folgenreichen Paradigmenwechsel im bürgerlichen Spektrum, dessen liberale Vertreter wie Ludwig Büchner, Friedrich Albert Lange und der frühe Ernst Haeckel selbst in der frühen Phase ihrer Darwin-Rezeption an emanzipatorische Forderungen der Aufklärung des 18. Jahrhundert anknüpften, nachdrücklich hingewiesen zu haben, ist das Verdienst von Kurt Bayertz.[18] Aber auch das katholische Lager in Österreich machte in Übereinstimmung mit Virchow gegen die den Darwinismus positiv rezipierende Sozialdemokratie mobil: Es warf ihr vor, die moralischen Grundlagen der Gesellschaft zu zerstören und auf geradem Weg auf eine die christlichen Werte destruierende atheistische Anarchie zuzusteuern.[19] Im Deutschen Reich schlug der Vertreter des konservativen Protestantismus, der führende Antisemit Adolf Stoecker, gegen den Darwinismus mit der These Alarm, »daß nicht allein die christliche Religion durch Darwins Theorie schwersten Gefährdungen ausgesetzt war, sondern auch die Moral – und vor allem natürlich der Staat«.[20]

Wollten andererseits sozialdemokratische Intellektuelle und Politiker wie Otto Bauer, August Bebel, Max Beer, Eduard Bernstein, Heinrich Cunow, Gustav Eckstein, Rudolf Goldscheid, Karl Kautsky, Franz Mehring, Anton Pannekoek, Karl Renner, Emanuel Wurm u. a. sowie mit ihnen sympathisierende Biologen wie Grant Allen, Edward Aveling, Arnold Dodel-Port, Kurt Grottewitz,

---

[17] Vgl. Rudolf Virchow, *Die Freiheit der Wissenschaft im modernen Staat.* Rede gehalten in der dritten allgemeinen Sitzung der fünfzigsten Versammlung deutscher Naturforscher u. Ärzte, München am 22. September 1877 (Wiegandt, Hempel, Parey: Berlin 1877) 12.

[18] Vgl. Kurt Bayertz, Darwinismus als Politik. Zur Genese des Sozialdarwinismus in Deutschland 1860–1900, in: *Stapfia 56, zugleich Kataloge des OÖ. Landesmuseums,* Neue Folge Nr. 131 (1998). 229–288, hier 266–268.

[19] Vgl. Franz Stauracz, *Darwinismus und Schule. Ein Wort an das Volk, seine Lehrer und an die gesetzgebenden Factoren* (Wien 1897) 58.

[20] Bayertz, *Darwinismus* (Anm. 18) 255.

Hugo Iltis oder Paul Kammerer das von ihnen geprägte sozio-kulturelle und politische Profil ihrer Partei nicht preisgeben, so mussten sie Stellung beziehen. Sie konnten den gegen sie gerichteten Terrorismusvorwurf und die biologistisch-naturalistische Darwin-Rezeption des bürgerlichen Lagers andererseits, wie sie insbesondere unter dem Einfluss Ernst Haeckels zunehmende Verbreitung fand, nicht auf sich beruhen lassen. Allerdings ist bemerkenswert, dass diese Auseinandersetzung von Seiten der deutschen und der österreichischen Sozialdemokraten ohne dogmatische Festlegungen erfolgte: eine für die Gesamtpartei verbindliche ›Linie‹ existierte nicht und wurde explizit abgelehnt. Die Offenheit des Dialogs war unmittelbarer Ausfluss dessen, was nach sozialdemokratischer Meinung den Aufstieg der Naturwissenschaften im Allgemeinen und der Evolutionstheorie im Besonderen erst möglich gemacht hatte: Die Freiheit der Forschung und die öffentliche Diskussion ihrer Resultate.

Dem Ansehen der Evolutionstheorie im sozialdemokratischen Lager kamen freilich interne Rezeptionsbedingungen durchaus zur Hilfe. Bekanntlich war für die SPD eine der großen Zäsuren in ihrer Geschichte das ›Erfurter Programm‹ von 1891[21] und für die SDAP das ›Wiener Programm‹ von 1902[22]: Sie signalisierten im sozialdemokratischen Selbstverständnis die undogmatische Wende zum Marxismus, wie er insbesondere von Karl Kautsky und der ›Zweiten Internationale‹ geprägt worden ist. Diese Neuorientierung bezog sich freilich nur auf Teile der sozialdemokratischen Führungsschicht und in vulgarisierter Form auf die Masse der bewusst sozialistischen Parteimitglieder. Wie Hans-Josef Steinberg und Kurt Bayertz am deutschen Beispiel zeigen können, erlebten dagegen darwinistische Schriften wie Haeckels *Welträtsel* sowie Ludwig Büchners *Kraft und Stoff* Massenauflagen. Sie gehörten zum festen Bestand zahlreicher Arbeiterbibliotheken und waren Standardlektüre der sozialdemokratischen Anhängerschaft.[23] Dazu Hans-Josef Steinberg: »Die vulgärmarxistischen Schlagworte trafen auf eine Masse, der ein Vulgärmaterialismus darwinistischer Couleur als *die* ›Wissenschaft‹ im Gegensatz zu ›Pfaffenglauben‹ und idealistischen ›Schrullen‹

---

[21] Daniela Münkel (Hrsg.), »*Freiheit, Gerechtigkeit und Solidarität*«. *Die Programmgeschichte der Sozialdemokratischen Partei Deutschlands* (Vorwärts Buch Verlag: Berlin 2007) 371–374.

[22] Klaus Berchtold (Hrsg.), *Österreichische Parteiprogramme 1868–1966* (Oldenbourg: München 1967) 145–148.

[23] Vgl. Bayertz, *Naturwissenschaft* (Anm. 16), 375.

galt. War nun der Sozialismus von der Art, daß er sich im Einklang mit der darwinistischen Evolutionstheorie befand, so mußte er naturgemäß das Selbstvertrauen der sozialistischen Arbeiterschaft enorm stärken«.[24] Die positive Reaktion der Väter des sogenannten Historischen Materialismus und der *Kritik der politischen Ökonomie* (1859) auf die in der wissenschaftlichen Welt als revolutionär empfundenen Thesen Darwins wirkte zusätzlich bestätigend auf die sozialdemokratische Rezeption der Evolutionstheorie ein.

Abb. 1 (li): Karl Kautsky (1854–1938) (Public Domain)
Abb. 2 (re): Otto Bauer (1881–1938) um 1905 (Public Domain)

Es kommt aber noch ein weiterer Aspekt hinzu, der die Darwinsche Abstammungslehre für die Sozialdemokratie attraktiv machte. Es war dies der evolutionäre Entwicklungsgedanke, der so interpretiert werden konnte, dass das menschliche Geschlecht, wie der Biologe Arnold Dodel-Port es ausdrückte, eher vom Erdboden verschwinden als »in einer anderen denn idealen Richtung sich entwickeln würde«.[25] Niemand hat unter politisch-legitimatorischen Vorzeichen die These des »naturnotwendigen« Fortschritts der Gesellschaft in Richtung auf

[24] Vgl. Hans-Josef Steinberg, *Sozialismus und deutsche Sozialdemokratie. Zur Ideologie der Partei vor dem Ersten Weltkrieg*, 4. Aufl. (Dietz: Bonn 1976) 45.

[25] Arnold Dodel-Port, Charles Robert Darwin, seine Werke und sein Erfolg, in: *Die Neue Zeit*, 1 (1883) 105–119, hier: 118.

den Sozialismus als Ziel der Geschichte im Kaiserreich folgenreicher vertreten als Karl Kautsky.[26] Er bekannte im Vorwort zur dritten Auflage seines Buches *Vermehrung und Entwicklung in Natur und Gesellschaft* (1921): »Früher noch als zum Marxismus war ich zum Darwinismus gekommen, ihn studierte ich mit Feuereifer, als ich Marx noch kühl, ja ablehnend gegenüberstand«[27] Doch worin besteht die gemeinsame Schnittmenge von Kautskys Marxismus und der Darwinschen Evolutionstheorie? Der Schlüssel zur Beantwortung dieser Frage ist in Kautskys Zurückführung der »steten Entwicklung zu immer höheren, das heißt komplizierteren Organismen« auf rein mechanische Veränderungen zu suchen, »die an und in unserem Erdball vor sich gingen«.[28] Unter dieser Voraussetzung bestehe »alle Einheitlichkeit zwischen Entwicklungslehre und Marxismus« darin, dass sich »die Entwicklung der Ideen der Menschen wie die der Organismen im allgemeinen in gleicher Weise durch Anpassung an die wechselnden materiellen, das heißt äußeren Bedingungen ihres Lebens«[29] vollziehe.

Otto Bauer (1881–1938) vertiefte Kautskys Analyse des Verhältnisses von Marxismus und Evolutionstheorie. Wenn Marx' Vorwort zur *Kritik der politischen Ökonomie* und Darwins *Entstehung der Arten* im selben Jahr, nämlich 1859 erschienen, sei dies mehr als ein bloßer Zufall: In diesem Jahrzehnt gingen das expandierende kapitalistische Wirtschaftssystem und die aufstrebenden modernen Naturwissenschaften Hand in Hand. Deren sich wechselseitig stimulierende Dynamik habe erst die Voraussetzung für beide Werke geschaffen. Bauer nennt zwei Überschneidungen ihrer Forschungsfelder: 1. Darwin führe die unübersehbare Mannigfaltigkeit der Arten zurück auf das elementare Substrat des organischen Lebens, das nach wenigen einfachen Gesetzen im Kampf ums Dasein aus sich heraus die vielen verschiedenen Arten der Tier- und Pflanzenwelt hervorbringe. Marx führe die unendlich vielen Gestalten der sozialen Beziehungen, des Staats- und Rechtslebens, der wissenschaftlichen und religiösen Vorstellungen, die Vorstellungen über das Gute und das Schöne zurück auf die Wandlung der Produktivkräfte. 2. Beide hätten ihr Erkenntnisinteresse nicht auf »das Dauernde

---

[26] Vgl. Steinberg, *Sozialismus* (Anm. 24) 60–64.

[27] Karl Kautsky, *Vermehrung und Entwicklung in Natur und Gesellschaft*, 3. Aufl. (Dietz: Stuttgart u. a. 1921) V. Zu Kautskys Wende zum Marxismus und seiner Integration der Evolutionstheorie in das marxistische Muster vgl. grundlegend Steinberg, *Sozialismus* (Anm. 24) 48–53.

[28] Kautsky, *Vermehrung* (Anm.27), 54.

[29] Ebd., 54 f.

im Wechsel der Erscheinungen«[30] fokussiert, sondern auf »die Gesetze der Bewegung, der Entwicklung«[31] ihres Forschungsgegenstandes. Vom Geist der modernen Naturwissenschaften durchdrungen, sei es ihnen auf die Analyse der fortwährenden Umbildung und Umgestaltung ihres Untersuchungssubstrats angekommen.

Aber diese innere Verwandtschaft beider Denkrichtungen habe viele zu dem Fehler verleitet, ihr ›Immediatverhältnis‹ überzubetonen: Sei es, dass man die materialistische Geschichtsauffassung als notwendige Konsequenz der Abstammungslehre, als ihre Anwendung auf das gesellschaftliche Leben ansah; sei es, dass man glaubte, den Historischen Materialismus mit evolutionären Argumenten widerlegen zu können. Doch in Wirklichkeit handele es sich um zwei verschiedene Forschungsfelder, die nicht miteinander transferierbar seien. Indem für Marx »die umwälzende Praxis« bzw. die »Selbsttätigkeit der menschlichen Gesellschaft« im Zentrum seiner Analyse stehe, erhebe sich sein Ansatz über die biologische Natur. Er habe es nicht nur mit dem Menschen als Geschöpf der Natur, sondern auch mit dem Menschen als dem Schöpfer seiner eigenen Daseinsbedingungen zu tun.[32] Man sieht also: Die »Kreuzungspunkte« der Generallinien des Historischen Materialismus einerseits und der Darwinschen Evolutionstheorie andererseits können Bauer zufolge nicht über die Selbständigkeit der beiden Wissenschaftsgebiete hinwegtäuschen[33]: Jener ist kategorial an eine ökonomische, diese an eine biologische Begriffsbildung zurückgekoppelt, die nicht miteinander identifizierbar sind.

Wie wirkte sich nun diese Bestimmung des Verhältnisses beider Theorieparadigmen auf die sozialdemokratische Kontroverse mit der herrschenden Strömung des Darwinismus in unserem Beobachtungszeitraum aus?

---

30 Otto Bauer, Marx und Darwin, in: *Der Kampf*, 2. Bd. (1909) 169–175, hier 170.

31 Ebd.

32 Ebd., 174.

33 Ebd., 175.

Die sozialdemokratische Auseinandersetzung mit dem Darwinismus von rechts

In ihren politischen Konsequenzen war die Evolutionstheorie also für manche Sozialdemokraten die naturwissenschaftliche Fundierung ihres Wegs zum Sozialismus. Doch auch der bürgerliche Liberalismus gründete seinen Fortschrittsglauben auf den Darwinismus, selbst wenn er diesen mit einer den Sozialdemokraten entgegengesetzten Zielvorstellung verband. Worin bestand dann aber die spezifische Differenz zwischen beiden Lagern bei ihrem Versuch, die Evolutionstheorie für ihre ideologischen Zwecke zu nutzen?

Vereinfacht ausgedrückt lässt sich sagen, dass Vertreter eines Darwinismus von rechts wie Wilhelm Preyer, Friedrich von Hellwald, Eduard von Hartmann, Albert Schäffle, Gustav Ratzenburger, Otto Ammon oder Max Weber den Kampf ums Dasein und die ihm korrelierte Selektion und Anpassung vor allem nach dem deutsch-französischen Krieg 1870/71 mit dem ökonomischen Konkurrenzprinzip gleichsetzten.[34] Nur in dem Maße, wie ein harter Wettbewerb die gesellschaftlichen Beziehungen steuere, komme es zu deren Weiter- und Höherentwicklung sowie zu einer optimalen Anpassung an neue Herausforderungen. Der Sozialismus aber habe sich die Beendigung dieses »Kampfes aller gegen alle« (Thomas Hobbes) auf seine Fahnen geschrieben. Also könne er, so argumentierte man, nur eine Fehlentwicklung sein. Er müsse rigoros bekämpft werden, weil er von seinem ganzen Ansatz her die Gesetze der natürlichen Evolution, die auch für die Gesellschaft gälten, negiere, dadurch den Fortschritt blockiere und in letzter Instanz die Kultur zerstöre. In diesem Sinne glaubte Herbert Spencer darauf hinweisen zu können, dass der sozialistische Ansatz mit falschen anthropologischen Prämissen arbeite: Er warnte vor den unbeabsichtigten Nebenfolgen eines künstlichen Eingriffs in die gesellschaftliche Evolution zugunsten des Proletariats. Eine Sozietät könne nur dann stabil bleiben, wenn sie sich den neuen Umweltbedingungen des individualistischen Zeitalters anpasse. Geschehe dies nicht, so sei eine katastrophale Fehlentwicklung die Folge: Es entstehe eine sozialistische Zwangsgesellschaft wie im alten Peru, in der die Masse der Bevölkerung – an den Boden gefesselt – im Privatleben wie bei der Arbeit von einer Beamtenelite des Verwaltungsapparates beherrscht und ausgebeutet werde.[35]

---

[34] Vgl. Bayertz, *Darwinismus* (Anm. 18) 249–252.

[35] Herbert Spencer, *Von der Freiheit zur Gebundenheit.* Vom Verfasser genehmigte

Die sozialdemokratische Replik konzentrierte sich u. a. auf drei Schwerpunkte: 1. Die Behauptung, der Kampf ums Dasein laufe in der Gesellschaft alternativlos auf einen Verdrängungswettbewerb hinaus, in dem sich die Stärkeren durchsetzen. In Wahrheit werde die Selektion durch das natürliche Prinzip der gegenseitigen Hilfe korrigiert. Auch wurde vereinzelt die Position des Neolamarckismus in Stellung gebracht, der die Selektionstheorie durch die selbständige Adaption der Organe an die Überlebensbedingungen ersetzte. 2. Die These, der Sozialismus entziehe der Gesellschaft durch seine Negation des Kampfes ums Dasein seine Entwicklungsdynamik. Diese Behauptung impliziere die Prämisse, die biologischen Kategorien der Evolution seien direkt auf sozio-kulturelle Konstellationen anwendbar. Ein solcher biologischer Naturalismus halte jedoch der Tatsache nicht stand, dass das sozio-kulturelle Bewusstsein einer Gesellschaft entscheidend auch von nicht-biologischen Faktoren bestimmt werde. 3. Die von Darwin verworfene, aber von Haeckel in die Evolutionstheorie erneut eingeführte Teleologie, wonach der Mensch auf dem obersten Wipfel des evolutionären Stammbaums anzusiedeln sei und die darauf aufbauende These, es gäbe Rassen von unterschiedlicher Qualität. Diese Position widerspreche sowohl zentralen Aspekten der Evolutionstheorie als auch der historischen Realität.

Was bedeutet diese Kritik für das Profil des sozialdemokratischen Menschenbildes? Seine Protagonisten hatten vor 1933/34 die Verwurzelung des Menschen in seiner evolutionären Naturgeschichte niemals geleugnet. Aber zugleich war ebenso klar, dass der Mensch nicht nur ›Natur‹ sondern auch ›Kultur‹ ist: Ihn an dieser teilhaben zu lassen, war eines der wichtigsten Ziele der sozialdemokratischen Arbeiterbewegung.[36] Nicht zufällig standen an deren Beginn die Arbeiterbildungsvereine. Dass daher die naturalistische Vererbungslehre August Weismanns abgelehnt wurde, kann nicht verwundern. Wenn sich die ›Erbströme‹, nach außen hermetisch abgeschottet, von Generation zu Generation unmodifiziert Bahn brechen, dann konnte man zwar damit leben, dass Gott oder andere transzendente Gewalten in diesem Prozess der Reproduktion des Lebens keine Rolle mehr spielten. Aber inakzeptabel erschien es den sozialdemokratischen Protagonisten, dass nun auch der Mensch als arbeitendes, seine Existenzbedingungen mit schaffendes und durch eine veränderbare Außenwelt beeinflussbares Wesen ausgeschaltet war.

Übersetzung von Wilhelm Bode (Simion: Berlin 1891) 30.

[36] Berchtold, *Parteiprogramme* (Anm. 22) 260.

In Übereinstimmung mit diesem Tatbestand konnte der Austromarxist Gustav Eckstein feststellen, dass dem Streit über die Nicht-Vererbbarkeit (Weismann/Roux) oder Vererbbarkeit erworbener Eigenschaften (Lamarck) dann die Grundlage entzogen ist, wenn man von dem Zusammenhang zwischen der ersten animalischen und der zweiten sozio-kulturellen Natur des Menschen ausgeht. Wer in der Tat an dieser Prämisse festhalte, komme um die Einsicht nicht herum, dass eine Eigenschaft, ob ererbt oder erworben, in jedem Fall von der Kultur geprägt wird, in der der Einzelne lebt und die er mitgestaltet hat. Selbst wenn sich der genetisch geprägte Charakter des Menschen in der Abfolge der Generationen nicht ändere, so sei es ein qualitativer Unterschied für das menschliche Verhalten, ob es sich in einer Atmosphäre des Friedens und der Sympathie entfalten könne oder sich in einer Situation der Not, der Verwahrlosung, des ewigen Kampfes und der Verzweiflung depraviere.[37] Dies vorausgesetzt, ist die hegemoniale Strömung in den Sozialdemokratien in Deutschland und Österreich bis 1933/34 weder dem christlichen Spiritualismus noch dem naturwissenschaftlichen Naturalismus zuzuschlagen.

Eine spiritualistisch-religiöse Anthropologie schied für sie aus, weil ihr Emanzipationsanspruch durch und durch säkularisiert war. Geschult durch den Historischen Materialismus war es ihr Ziel, das »gute Leben« für die proletarischen Hintersassen der entstehenden und sich entwickelnden Industriegesellschaft auf dieser Welt und nicht erst im Jenseits zu erlangen. So gesehen war die Verheißung des Paradieses für die Mehrheit der sozialdemokratischen Klientel, aber auch für ihre Intellektuellen Privatsache, zumal ein parteioffizieller Atheismus oder Agnostizismus vermieden wurde. Aber auch der biologische Naturalismus stand quer zum sozialdemokratischen Emanzipationsszenario. Indem er unmittelbar Naturgesetze auf die Gesellschaft übertrug, waren die sozialen Hierarchien im Kern unangreifbar. Als naturgesetzliche Strukturen konsumierten sie genau die historischen Ressourcen und Möglichkeiten, ohne die eine Befreiung der lohnabhängigen Schichten aus selbstverschuldeter und/oder von außen oktroyierter Unmündigkeit nicht möglich war. Außerdem sensibilisierte sie ihre Stellung im industrialisierten Produktionsprozess für die Tatsache, dass der Mensch nicht nur in und mit der Natur, sondern auch in einem Kosmos von Artefakten lebt, den er durch seine Arbeit selber geschaffen hat.

---

[37] Gustav Eckstein, Der Kampf ums Dasein, in: Otto Jenssen (Hrsg.), *Marxismus und Naturwissenschaft*. Gedenkschrift zum 30. Todestag v. Friedrich Engels (Berlin 1925) 87.

Doch wenn dergestalt das sozialdemokratische Menschenbild auf eine Anthropologie des »ganzen Menschen« hinausläuft, die ihn als natürliches und artifizielles Wesen zugleich ausweist, ergibt sich ein Problem. Kautsky hatte gelehrt: Die marxistische Methode ist für die sozio-kulturelle Dimension, der biologisch-evolutionäre Ansatz für die animalische Natur des Menschen zuständig. Haben wir es dann aber nicht genau mit jenem Dualismus zu tun, den die Konzeption des »ganzen Menschen« gerade vermeiden will? Dieses Dilemma ist nur dann aufzulösen, wenn sich die marxistische Methode der biologischen Verwurzelung sozio-kultureller Tatbestände und umgekehrt der evolutionäre Ansatz der sozio-kulturellen Überformung seines Untersuchungsgegenstandes bewusst bleibt. Wir kommen zwar nicht um die analytische Trennung beider methodischer Zugriffe herum. Aber diese Differenz sieht sich im Wissen um die »Ganzheit des Menschen« im Hegelschen Sinne »aufgehoben«. Wissenschaftstheoretisch bedeutet dies: Nicht die Abschottung zwischen Geistes- und Naturwissenschaften, sondern ihre Kooperation stehen in der Anthropologiefrage auf der Tagesordnung.

Aber die Frage bleibt, ob die Sozialdemokratie sich mit einer normativen Synthese zwischen einem biologischen Segment und einem sozio-kulturellen Sektor im Sinne eines regulativen Prinzips zufrieden geben konnte. Eine solche Synthese, so der marxistische Theoretiker und Sozialrevolutionär Anton Pannekoek (1873–1960), müsse berücksichtigen, dass der Mensch auch ein Tier sei, aber zugleich seine animalische Existenz überschreite. Folgerichtig zog er aus diesem Sachverhalt den Schluss, das Besondere des Menschen könne nur die Differenz sein, die ihn vom Tier unterscheidet. Doch wodurch wird diese Überschreitung bewirkt? In Anlehnung an Friedrich Engels betonte er, dass dieser Unterschied auf das Engste verbunden sei mit dem Werkzeuggebrauch als der Grundlage menschlicher Arbeit. Zwischen dem selbst gestalteten Werkzeug und dessen Anwendung zur Erreichung eines bestimmten Zwecks schöben sich im Unterschied zum Tier alternative Reflexionsreihen, die komplizierter werden, je verwickelter die Technik ist.[38] Zwar gehe der Wettbewerb der Maschinen weiter, deren Produktivität permanent steige. Doch zwischen den gesellschaftlichen Gruppen höre im Sozialismus der Kampf ums Dasein in dem Maße auf, wie der

---

[38] Zur Differenz zwischen biologischer und technischer Evolution vgl. Rüdiger Vaas, Bewusstsein X. O. Von digitalen Denkwürdigkeiten zur ungeheuerlichen Unsterblichkeit, in: *Universitas*, 72 (2017) 79 f.

technische Fortschritt die Produktivität der Arbeit steigere und Verteilungskämpfen den Boden entzöge.[39]

Abb. 3: Anton Pannekoek, 1908 (Public Domain)

Man kann die Kritik des marxistischen Zentrums am Darwinismus von rechts auf die einfache Formel bringen, dass er nicht hinreichend zwischen Naturdingen und Artefakten unterscheidet. So spaltete bekanntlich Giovanni Battista Vico (1668–1744) den Terminus »Tatsachen« in zwei Kategorien auf: 1. Die Naturtatsachen sind der organischen sowie der anorganischen Natur zuzuordnen und dem Menschen vorgegeben. Als Tatsachen der belebten Natur gelten Pflanzen und Tiere, als die der unbelebten Natur Himmelskörper, Steine, geologische Formationen etc. 2. Von diesen Naturdingen heben sich die Artefakte ab. Sie sind von Menschen geschaffen und umfassen kulturelle, historische, gesellschaftliche, wirtschaftliche und technische Tatbestände. Als Ausfluss menschlicher Kreativität sind die Artefakte dem menschlichen Intellekt nach Vico leichter zugänglich als die Naturdinge. In anthropologischer Hinsicht bedeutet Vicos Unterscheidung, dass der Mensch als Emergenz der Evolution Naturtatsache ist. Aber als Erschaffer seiner eigenen künstlichen Welt, die ihn zivilisiert, ist er zugleich Artefakt. Freilich sind beide Dimensionen ineinander nichtdualistisch verzahnt und folgen eigenen Gesetzlichkeiten vor allem in der Informationsweitergabe: Bei Naturfakten mit organischer Qualität erfolgt sie auf biogenetischem

[39] Anton Pannekoek, *Marxismus und Darwinismus* (Leipziger Buchdruckerei: Leipzig 1909) 44.

Weg, bei sozio-kulturellen Artefakten in tradigentischer (genuin lamarckistischer) Weise.[40]

Der Darwinismus von rechts, so kann zusammenfassend dieses Kritikmuster gekennzeichnet werden, übersieht, dass die Gesellschaft kraft der Besonderheit des Menschen im Vergleich zum Tierreich ihren naturwüchsigen Charakter verliert. Sie mutiere zunehmend zu einer aus menschlicher Arbeit herrührenden künstlichen, aus Wissenschaft und Technik fließenden Form einer Superstruktur der Artefakte in Gestalt der Zivilisation. Zwar gelte der Satz Darwins, »daß der Mensch mit all diesen Fähigkeiten und Kräften in seinem Körperbau immer noch die untilgbaren Zeugnisse seines niedrigen Ursprungs erkennen läßt«.[41] Aber ebenso sicher treffe zu, dass sein eigentliches Leben in dem von ihm geschaffenen System der Kultur bzw. der Zivilisation stattfindet, auf das die Kategorien der Evolutionstheorie nur sehr bedingt anwendbar seien. Selbst Darwin musste unter dem Einfluss von Alfred Russel Wallace zugeben, dass die kulturschaffende Potenz des Menschen »die Natur […] bis zu einem gewissen Grade entmachtet«.[42] Statt den Möglichkeitshorizont einer solchen Ambivalenz ernst zu nehmen, betreibe der Darwinismus von rechts eine Hypostasierung der Darwinschen Kategorien durch deren direkte Anwendung auf sozio-politische Verhältnisse, die nicht Eins-zu-Eins zu ihnen passen.

Dem rechts gewendeten Darwinismus trat bereits um die Jahrhundertwende eine linke Strömung gegenüber, die mit jenem zwar das naturalistische Gesellschaftsbild teilte, aber zugleich das sozialdemokratische Ziel der Verbesserung der Lage der Industriearbeiterschaft verfolgte. Zwischen ihr und dem marxistischen Zentrum um Kautsky kam es zu einer Kontoverse, der wir uns im Folgenden zuwenden.

---

[40] Heinz Penzlin, Gehirn, Bewußtsein-Geist: Die Stellung des Menschen in der Welt, in: H. G. Haase/E. Eichler (Hrsg.), *Wege und Fortschritte in der Wissenschaft.* Beiträge von Mitgliedern der Sächsischen Akademie der Wissenschaft zu Leipzig zum 150. Geburtstag ihrer Gründung (Berlin 1996) 3–33.

[41] Darwin, *Abstammung* (Anm. 6) 274.

[42] Engels, *Darwin* (Anm. 3) 170.

Die Kontroverse zwischen marxistischem Zentrum und Linksdarwinisten

Der Linksdarwinismus hatte in England in der Fabian Society sowie in der ›Unabhängigen Arbeiterpartei‹ unter James Ramsay Macdonald seinen Schwerpunkt, unterstützt von Intellektuellen wie Karl Pearson, der auch in der *Neuen Zeit* publizierte. In Italien scharten sich die Linksdarwinisten um den damaligen Sozialisten Enrico Ferri, und in Deutschland und Österreich rekrutierte er Anhänger auf dem revisionisten Flügel. Sprecher dieser Richtung waren u. a. Oda Olberg, Wilhelm Schallmayer, Julius Tandler, Ludwig Woltmann. Freilich kann der Linksdarwinismus nicht insgesamt dieser Gruppierung zugeordnet werden, wie die kritische Distanzierung Eduard Bernsteins von der linksdarwinistischen Gesellschaftsanalyse und ihrer soziologischen Kategorienbildung zeigt.

Der Darwinismus von links definierte zwar wie die rechten Sozialdarwinisten die Gesellschaft ebenfalls in biologischen Kategorien der Evolutionstheorie. Aber er wendete die durch Vererbung vermittelten Degenerationserscheinungen nicht als Argument gegen die Unterschicht, sondern gegen die herrschende Elite, die der geistigen und physischen Dekadenz bezichtigt wurde. Diese genössen ohne Leistungen Privilegien, welche die Selektionswirkung des Kampfes ums Dasein verfälschten. Daher sei es Aufgabe der Sozialisten, den Kapitalismus abzuschaffen oder zumindest grundlegend zu reformieren, so dass nach Wegfall der Privilegien-Struktur die Gesetzmäßigkeiten der Evolutionstheorie und ihrer Selektion voll und unverfälscht zur Wirkung kommen könnten. Erst unter sozialistischen Bedingungen werde eine Elite entstehen, die sich aus den wirklich Tüchtigsten zum Wohl der Allgemeinheit zusammensetzt. Die Selektion sorge nämlich im Sozialismus dafür, dass die richtigen Personen am richtigen Ort zum Einsatz kämen. Auf diese Weise optimieren sich die physische und kulturelle Verfassung der Arbeiterklasse und ihre Fitness im Kampf ums Dasein. Zwar schieden diese Linksdarwinisten für die Sozialdemokratie in ihrem Klassenkampf gegen die Eliten der bürgerlichen Gesellschaft und ihres Massenanhanges als mögliche Bündnispartner nicht von vornherein aus. Aber sie mussten sich zugleich von ihnen absetzen, da sie in ihrer Gesellschafts- und Geschichtsanalyse dem marxistischen Paradigma verpflichtet waren, innerhalb dessen sie ihre Erkenntnisse nicht in biologischen, sondern in sozio-ökonomischen Kategorien artikulierten. Tatsächlich kam es, wie schon betont, zu einer Auseinandersetzung zwischen diesen beiden Gruppierungen der internationalen Sozialdemokratie.

Das linksdarwinistische Profil wird deutlich an dem Versuch, die Haeckelsche These zu widerlegen, wonach Darwinismus und Sozialismus zueinander im Verhältnis der gegenseitigen Negation stünden. Plausibilität gewinnt diese These aus der links gewendeten Übernahme des biologistischen Gesellschaftsbildes der Soziologie Herbert Spencers. In der Tat wird ein Linksdarwinist wie Enrico Ferri nicht müde, gesellschaftliche Prozesse mit dem Funktionieren von Organismen der Tier- und Pflanzenwelt abzugleichen. So arbeiteten alle Mitglieder der Gesellschaft in Analogie zu den Zellen im Organismus. Davon, dass sie ihre besonderen Funktionen – so bescheiden sie auch sein mögen – ausübten, hänge das Leben und die Leistungsfähigkeit des Organismus ab: »Und wie in einem Organismus keine Zelle ohne zu arbeiten leben kann, weil sie genau in demselben Maße, in dem sie arbeitet, auch Nährstoffe an sich zieht, so darf auch im socialen Organismus kein Individuum leben, ohne zu arbeiten, gleichviel was es arbeitet«.[43] Aber auch die Struktur der Gesellschaft insgesamt begreift Enrico Ferri in biologischen Kategorien des Organismus eines Säugetiers. Wie dieses nur eine Assoziation von Geweben und Organen sei, »so kann der Organismus einer Gesellschaft nur eine Verbindung von Gemeinden, Gauen und Provinzen, der Organismus der Menschheit nur eine Föderation von Völkern sein«.[44] Doch selbst marxistische Kernbegriffe wie ›Klassenkampf‹[45] und ›Transformation‹[46] sind Ausfluss naturalistischer Gegebenheiten und werden als »organische Assimilation« ausgegeben. Generell sind die Bemühungen des Linksdarwinismus unverkennbar, selbst im Marxschen *Das Kapital* eine naturalistische Struktur nachzuweisen.[47]

Eine Konzeption, die Spencers Ansatz lediglich »links« wendet, im Übrigen aber nicht aus dessen Schatten tritt, steht freilich in einem schroffen Gegensatz zu einem marxistischen Ansatz der Gesellschaftsanalyse. Wieder war es Kautsky, der neben Antonio Labriola[48] diese Kritik folgenreich artikulierte und

---

[43] Enrico Ferri, *Sozialismus und moderne Wissenschaft.* Mit Genehmigung des Verfassers übersetzt und ergänzt von Hans Kurella (Wigand: Leipzig 1895) 16.

[44] Ebd., 59.

[45] Ebd., 67.

[46] Ebd., 131.

[47] Vgl. zur einschlägigen Kontroverse zwischen Ludwig Woltmann und Heinrich Cunow zusammenfassend Saage, *Zwischen Darwin und Marx* (Anm. 1) 124–28.

[48] Vgl. Antonio Labriola, *Über den historischen Materialismus.* In: Theorie Suhrkamp-Verlag. Herausgegeben von Anneheide Ascheri-Osterlow und Claudio Pozzoli

damit die ideologische Trennlinie zwischen Linksdarwinismus und marxistischem Zentrum markierte. Der Marxismus zeige, so Kautsky, dass eine jede Gesellschaftsform, die bestanden habe, in dem Maße historisch notwendig war, wie den verschiedenen aufeinander folgenden Produktionsweisen verschiedene Gesellschaftsformen entsprächen. Er beweise in diesem Sinne die Notwendigkeit des Sozialismus nicht schlechthin als naturgegebene Tatsache, sondern nur für bestimmte, historisch gegebene Bedingungen. Unter anderen Voraussetzungen könne eine andere Gesellschaftsform ebenso notwendig sein. Der Fehler des Linksdarwinismus bestehe darin, den Sozialismus »durch ein Naturgesetz beweisen zu wollen«.[49] Ungewollt äußere sich Ferri nicht selten in einer Weise, die Herbert Spencer ähnlicher sehe als Karl Marx[50], der es bekanntlich ablehnte, »Naturgesetze (z. B. den ›Kampf ums Dasein‹) auf soziale Prozesse anzuwenden«.[51]

Wenn es eine Strömung in der deutschen und der österreichischen Sozialdemokratie während des Beobachtungszeitraums gab, die sich gegenüber dem weltweiten Diskurs über Rassenhygiene und Eugenik öffnete[52], dann war es der Linksdarwinismus. Wie dies auch bei den Rechtsdarwinisten der Fall war, so instrumentalisierten die Linksdarwinisten die Darwinsche Evolutionstheorie, um ihrem eugenischen und sozialhygienischen Angebot eine pseudowissenschaftliche Scheinlegitimation zu verschaffen. Aber diese Tatsache ist an die Einschränkung gebunden, dass für sie, im Gegensatz zum Darwinismus von rechts, die materielle und kulturelle Verbesserung der Lebensbedingungen der Arbeiterschaft Priorität hatte. Ferner hoffte man, Rassenhygiene und Eugenik nicht durch staatlichen Zwang, sondern auf freiwilliger Basis durchsetzen zu können. Auch darf nicht vergessen werden, dass es dem Linksdarwinismus innerhalb der SPD und der SDAP niemals gelang, mehrheitsfähig zu werden. Einer der entscheidenden Gründe für diese Abstinenz scheint die Tatsache gewesen zu sein, dass die Freiheitspostulate

(Suhrkamp: Frankfurt am Main 1974) 353.

[49] Karl Kautsky, Darwinismus und Marxismus, in: *Die Neue Zeit*, 13 (1895) 709–716, hier: 710.

[50] Ebd., 711.

[51] Bayertz, *Naturwissenschaft* (Anm. 18), 369.

[52] Vgl. hierzu grundlegend Michael Schwartz, *Sozialistische Eugenik. Eugenische Sozialtechnologien in Debatten und Politik der deutschen Sozialdemokratie 1890–1933* (Dietz: Bonn 1995); Thomas Etzemüller, *Die Romantik der Rationalität. Alva & Gunnar Myrdal – Social Engineering in Schweden* (Transcript: Bielefeld 2010); Reinhard Mocek, *Biologie als soziale Befreiung. Zur Geschichte des Biologismus und der Rassenhygiene in der Arbeiterbewegung* (Peter Lang: Frankfurt am Main 2012).

des frühbürgerlichen Emanzipationsdenkens im kollektiven Bewusstsein der Sozialdemokratie vor allem nach der Revolution von 1848 eine entscheidende Rolle spielten und ihrer Rezeption der Evolutionstheorie den Rahmen vorgaben. Ausgehend von der Fiktion der ursprünglich Gleichen und Freien des modernen Naturrechts, die über einen Vertrag die Regeln im Staat festlegen, waren für sie die individuellen und sozialen Menschenrechte eine nicht verhandelbare Größe, die auch durch biologische Faktoren nicht relativiert werden konnte.

Gehen wir davon aus, dass sich in ihren Programmen die mehrheitsfähigen Ziele der Parteien niederschlagen, so ist dann auch das Resultat eindeutig: Rassistischen Orientierungen, wie sie sich in kolonialistischen und imperialistischen Stoßrichtungen artikulieren, erteilen sie eine eindeutige Absage. Anstelle eugenischer Maßnahmen tritt vielmehr klassische Sozial- und Bildungspolitik zugunsten der lohnabhängigen Bevölkerung, verbunden mit der Forderung nach Demokratisierung der politischen Systeme. Nicht einer »natürlichen Ungleichheit« auf Grund biologischer Faktoren, die das Recht des Stärkeren begründen, wird das Wort geredet, sondern der universalistischen Forderung nach gleichen Rechten und Pflichten aller Staatsbürger.[53] So betont das Gothaer Programm die Bedeutung der Arbeit und nicht die genetischen Substanz als die »Quelle alles Reichtums und aller Kultur«[54]. Das Linzer Programm der SDAP erhebt die Organisation des Arbeiterbildungswesens und der volkstümlichen Kunstpflege zu einem zentralen Ziel. Ganz im Geist der Aufklärung soll über den Zugang zu den Errungenschaften der Wissenschaft und Kunst die Lebensbedingungen der Arbeiterklasse verbessert werden. Ähnliche kulturaffine Forderungen finden sich im Heidelberger Programm. Im Vordergrund steht, wie es auch im Erfurter Programm heißt, die Emanzipation der arbeitenden Klassen, welche nur durch diese selbst erfolgen könne. Es komme darauf an, »jede Art der Ausbeutung und Unterdrückung« abzuschaffen, »ob sie sich gegen eine Klasse, eine Partei, ein Geschlecht oder eine Rasse (richtet)«.[55]

Das sozialdemokratische Menschenbild, wie es in den einschlägigen Diskussionen in der Zeit zwischen 1860 und 1934 aufscheint, ist zu keinem Zeitpunkt als in sich geschlossenes Konzept in Erscheinung getreten. Aber als eine Art regulatives Prinzip wirkte es doch insofern prägend auf das Profil der SPD

---

[53] Münkel, *Programmgeschichte* (Anm. 21) 394.

[54] Ebd., 379.

[55] Ebd., 372.

und der SDAP ein, als es diesem in der Anthropologiefrage einen dritten Weg jenseits von Spiritualismus und Naturalismus vorgab. Ist dieser Ansatz mit der Epoche, in der er entstand, Geschichte? Oder sind Spuren aufzeigbar, die bis auf den heutigen Tag nachwirken?

Aktuelle Aspekte des sozialdemokratischen Menschenbildes vor 1933/34

Wie es scheint, hat die sozialdemokratische Anthropologie mit ihrem Fokus auf der Verklammerung der biologischen und der sozio-kulturellen Dimension der menschlichen Natur bereits im zeitgenössischen Kontext Schule gemacht. Bei allen Unterschieden in der Entfremdungsfrage und in der Stellung zum Historischen Materialismus kann sie als ein genuiner Vorläufer der Philosophischen Anthropologie gelten, wie sie 1928 von Max Scheler[56], Helmuth Plessner[57] und 13 Jahre später von Arnold Gehlen[58] entwickelt worden ist. Ist es nicht auffällig, dass auch sie einen »dritten Weg« zwischen dem biologischen Naturalismus und dem sozio-kulturellen Spiritualismus suchten? Betonten sie nicht in gleicher Weise, dass eine Ortsbestimmung des Menschen nur vom Tierreich aus erfolgen könne, ohne freilich einen naturalistischen Gradualismus zu vertreten? Gingen sie nicht gleichfalls von der Prämisse aus, dass sich der Mensch auf einer bestimmten Höhe der Evolution seiner Besonderheit bewusst wurde?

Tatsächlich scheint sich in der neueren Diskussion immer mehr die Einsicht durchzusetzen, dass der Mensch ungeachtet seines »niedrigen Ursprungs« (Darwin) »im Laufe der Evolution – ob zufällig oder nicht – eine Dimension und neue Qualität zugewachsen (ist), die ihn auf einer anderen Ebene verankert – sicherlich nicht einfach von ›oben‹, aber doch so, dass er beginnt, sich selbst als ein sich selbst erkennendes Subjekt zu begreifen und zu beschreiben«.[59] Diese Fähigkeit setzt freilich eines voraus: die vor 40.000 bis 100.000 Jahren erfolgte

---

[56] Max Scheler, *Die Stellung des Menschen im Kosmos* [1928] (Nymphenburger Verlagshandlung: München 1947).

[57] Helmuth Plessner, *Die Stufen des Organischen und der Mensch* [1928] (Walter de Gruyter: Berlin 1965).

[58] Arnold Gehlen, *Der Mensch. Seine Natur und seine Stellung in der Welt* [1941] 12. Aufl. (Akademische Verlagsgesellschaft Athenaion: Wiesbaden 1972).

[59] Wolf-Rüdiger Schmidt, Religion im Lichte der Evolution, in: *Universitas*, 72. Jg. (2017) 59.

»evolutionäre Herausbildung einer gegliederten, analytischen Sprache«.[60] Welche physiologischen Faktoren ihr auch immer zugrunde liegen mögen: Die über Sprache vermittelte Begriffs- und Symbolbildung und die durch sie vergrößerte Denkkapazität stellt eine neue Entwicklungsstufe dar, die sich nicht monokausal aus den biologischen Ursprüngen des Menschen ableiten lässt. Denn »mit der Sprache hat der Homo sapiens mehr als ein Instrument der Informationsentwicklung erhalten. Er errichtet sich mit dem Wort, der Kombination von Zeichen, mit Begriffen, in denen Erfahrungen tradiert werden, eine zweite Welt«[61]: Sie modifiziert in dem Maße seine animalische Existenz, also seine erste Natur, gravierend, wie er als homo sapiens sapiens zum »Kulturgenerator ersten Ranges« (Assmann) aufsteigt.

Dass auch der Versuch, das Paradigma des sozialdemokratischen Pfades in der Anthropologiefrage mit den neuesten Ergebnissen der Kognitionsforschung zu konfrontieren, weiterführend ist, verdeutlicht ein Vergleich mit Michael Tomasellos Buch *Die kulturelle Entwicklung des menschlichen Denkens* (2006). Schon dessen Ausgangszenario eröffnet überraschende gemeinsame Schnittmengen mit dem Problem des Auseinanderklaffens von Natur- und Geisteswissenschaften in der Anthropologiefrage, für dessen Überwindung sozialdemokratische Theoretiker der Sache nach einst eintraten. Tomasello hebt zu Recht hervor, dass sich der Hiatus zwischen dem naturwissenschaftlichen Paradigma mit seinen naturalistischen und experimentellen Methoden und dem hermeneutischen bzw. interpretativen Ansatz der Geisteswissenschaften heute so vertieft habe, dass beide Richtungen sich gegenseitig des Existenzrecht streitig machten.[62] Die Geisteswissenschaftler betrachteten die Naturwissenschaft als eine kulturelle Institution unter anderen Kulturphänomenen, die nur interpretativ in ihrem abendländischen Entstehungskontext unverzerrt zu verstehen sei. Umgekehrt machten Naturwissenschaftler geltend, »dass die von den Geisteswissenschaften untersuchten Problemlagen schließlich auf physische Phänomene wie Gene, Neuronen und Hormone reduziert werden können, ohne daß etwas übrigbleibt, das durch Kulturprozesse erklärt werden könnte«.[63]

---

[60] Ebd.

[61] Ebd., 59 f.

[62] Michael Tomasello, *Die kulturelle Entwicklung des menschlichen Denkens. Zur Evolution der Kognition*, Aus dem Englischen von Jürgen Schröder (Suhrkamp: Frankfurt am Main 2006) 8.

[63] Ebd.

Wie die sozialdemokratischen Theoretiker, so versucht auch Tomasello einen dritten Weg zwischen diesen methodologischen Extrempositionen zu gehen. Sein Buch lasse sich nicht entlang der polarisierenden Skala hermeneutischer und experimenteller Ansätze einordnen, weil sich einerseits sein Gegenstand mit klassischen Forschungsthemen der Geisteswissenschaften überlappe.[64] So sei das seiner Untersuchung zugrunde liegende Erkenntnisinteresse auf die Erforschung dessen fokussiert, was Menschen dazu befähigt, überhaupt einen Interpretationsprozess zu vollziehen. Ihm geht es also um die Analyse der evolutionären Grundlagen derjenigen Art von Verstehen, »die Dilthey und andere als wesentlich dafür ansahen, interpretierende Sozialwissenschaft zu betreiben (z. B. in der Lage zu sein, sich mit den Gedanken und Gefühlen von Menschen eines anderen Zeitalters zu identifizieren)«.[65] Andererseits generiert Tomasello seine Resultate jedoch mit Hilfe naturwissenschaftlicher Experimente ohne den Rekurs auf hermeneutische Methoden.

Aber charakteristisch ist auch, dass diese naturwissenschaftliche Wende in Tomasellos Ansatz dadurch mit wesentlichen Prämissen der sozialdemokratischen Anthropologie konvergiert, dass er es ausdrücklich vermeidet, das menschliche Erkenntnisvermögen auf physische Faktoren wie Gene oder Neuronen zu reduzieren. Zwar sei die Vorbedingung hermeneutischer Kompetenzen in der biologischen Evolution des Menschen verankert, insofern trage sein methodischer Ansatz naturalistische Züge. Zugleich stehe er aber in einem strikten Gegensatz zum naturalistischen Reduktionismus, weil die kulturelle Entwicklung, obwohl biologisch durch ein einmaliges genetisches Ereignis mit dem Auftreten des *homo sapiens* vor 250.000 Jahren ermöglicht, als nicht-genetisch determinierter Lernprozess eine Eigendynamik entwickelt habe, die einer anderen Gesetzmäßigkeit unterliege als der biologisch evolutionäre Prozess. »Unsere Frage lautet«, schreibt Tomasello, »wie sich Verstehen als kognitive Fähigkeit während der Vorgeschichte und der Geschichte des Menschen zu einer wichtigen Dimension des menschlichen Denkens entwickelte und wie sich diese Fähigkeit heute während der Ontogenese in einer Generation von Kindern nach der anderen entwickelt. Ob das eine naturwissenschaftliche oder eine geisteswissenschaftliche Untersuchung ist, weiß ich nicht«.[66] Dem hätte ein Exponent der sozialdemokratischen Anthropologie wie Karl Kautsky, Otto Bauer oder Gustav Eckstein

---

[64] Ebd., 9.

[65] Ebd.

[66] Ebd.

ebenso zustimmen können wie Tomasellos inhaltlichem Forschungsdesign insgesamt: Tatsächlich überrascht die Ähnlichkeit der Fragestellung und des Erkenntnisinteresses beider Richtungen, in denen sich natur- und geisteswissenschaftliche Dimensionen überschneiden.[67]

Vor allem aber bietet die experimentell verfahrende Kognitionsforschung heute erstaunliche Parallelen zum Ansatz eines nicht-dualistischen »ganzen Menschen«, im Medium der Darwinschen Evolutionstheorie Monopole in der menschlichen Natur sichtbar zu machen. So ist zwar auch für Tomasello eine Vermessung der *conditio humana* nicht mehr entlang der Vergleichsebene Gott-Mensch, sondern in Übereinstimmung mit Darwins Deszendenztheorie nur auf der Basis der Komparatistik Tier-Mensch möglich. Gleichzeitig würden die Vertreter der sozialdemokratischen Anthropologie der These Tomasellos zustimmen, dass zwar auch die Primaten den Werkzeuggebrauch ebenso kennen wie bestimmte Formen des kulturellen Lernens. Doch könnten sie ebenfalls seinen Befund akzeptieren, dass unsere nächsten Verwandten, die Schimpansen, nicht ins Werk zu setzen vermögen, wozu Menschen befähigt sind: Nur diese seien in der Lage, durch »ihre Artgenossen als intentionale Wesen sich selbst zu verstehen«.[68] Bei aller Verankerung in seiner Naturgeschichte ist also die »Stellung des Menschen im Kosmos« (Max Scheler) durch den partiellen Ausbruch aus seiner biologischen Evolution gekennzeichnet, die ihn von der Tierwelt unterscheidet.

Nichts verdeutlicht diese Differenz mehr als die Antworten, die manche Evolutionsbiologen auf die Frage nach dem Sinn des Lebens geben. Ist dieser wirklich ausschließlich auf den Menschen bezogen, also als dessen Monopol zu verstehen? Oder bezieht er die Tier- und Pflanzenwelt mit ein? Seit Darwin scheint diese Frage beantwortet zu sein: Der biologische Sinn des Lebens besteht in der Fortpflanzung, »der möglichst großen Verbreitung der eigenen Gene (nicht die der Art)«.[69] Dieser biologische Imperativ gilt auch für den Menschen. Alles, was ein menschliches Leben sinnvoll macht und zu seinem Gelingen beiträgt, also Kinderwunsch und Familiensinn, Wohlergehen, Lust und Glück, Kunst und Wissenschaft, so die naturalistische Prämisse, steht in einem direkten

---

[67] Ebd.

[68] Ebd., 18.

[69] Thomas Junker, Der Sinn des Lebens: Was sagt die Evolutionsbiologie?, in: Reinhard Neck (Hrsg.), *Evolution – Natur, Mensch, Gesellschaft* (Peter Lang: Frankfurt 2016) 189–203, hier: 193.

oder indirekten Zusammenhang mit dem Postulat der maximalen individuellen Genverbreitung. Aber selbst hart gesottene Evolutionsbiologen müssen zugeben, »daß nur Menschen über den Sinn des Lebens nachdenken«.[70] Vieles spricht dafür, dass durch diese Fähigkeit dem Menschen nicht nur sein vorgegebener biologischer Sinn bewusst wird, sondern dass sie auch den Weg frei macht für einen nicht-biologisch determinierten Sinn- und Erkenntnishorizont. Dass der Mensch solche Besonderheit aufweist, dürfte für die Evolutionsbiologie kein Problem sein.[71] Denn ein solches Monopol bedeutet keineswegs die Rückkehr zum alten Leib-Seele-Dualismus: Die biologische Zugehörigkeit des Menschen zu den Primaten steht außer Frage. Nur ist es unerlässlich, auf seine Fähigkeit zu tradigenetischen Lernprozessen hinzuweisen, die ihn vom Tierreich unterscheiden.

Es ist unstrittig, dass dieser Durchbruch zwar funktional für den Menschen erhebliche Selektionsvorteile in seiner Stammesgeschichte brachte. Verdeutlichen lässt sich dies u. a. am Werkzeuggebrauch von Tieren im Vergleich zu dem des Menschen: Schimpansen, deren genetisches Material zu 99% identisch mit dem des *homo sapiens* ist, kennen nach Tomasello den »kulturellen Wagenhebereffekt« nicht, d. h. es liegt nicht in der Kompetenz selbst der höher entwickelten Tiere, die Gesamtheit der kulturellen Techniken im kollektiven Gedächtnis ihrer Art so zu speichern, dass die nachfolgenden Generationen an dieses kulturelle Erbe anknüpfen und weiter entwickeln können. Aber dieser Weiterentwicklung liegen Lernprozesse zugrunde, die sich mit biologischen Kategorien nicht beschreiben lassen.[72] Gewiss, die Evolution treibt Potenziale in Gestalt von kognitiven Anlagen hervor. Doch deren Aktualisierung folgt dem Muster nicht des genetischen, sondern des sozio-kulturellen Lernens, das auch die Anthropologie des »ganzen Menschen« bei ihrer Begründung der zweiten soziokulturellen Natur des Menschen unterstellt.

Gerhard Vollmer hat die Differenz zwischen diesen beiden Lernprozessen am Beispiel der Evolutionären Erkenntnistheorie bei Konrad Lorenz und der Evolutionären Wissenschaftstheorie bei Karl Popper neuerdings präzise heraus-

---

[70] Ebd.

[71] Volker Gadenne, Die Evolutionstheorie und der menschliche Geist, in: Reinhard Neck (Hrsg.), *Evolution – Natur, Mensch, Gesellschaft* (Peter Lang: Frankfurt am Main 2016)87–102, hier: 93.

[72] Ebd., 92.

gearbeitet.[73] Nur einige Unterschiede seien benannt: Für Lorenz ist ›Evolution‹ Teil der biologischen, für Popper Teil der kulturellen Entwicklung. Jener arbeitet mit einer Zeitskala, die auf Jahrmillionen ausgelegt ist, dieser geht von Jahrzehnten, höchstens von Jahrhunderten aus. Lorenz interpretiert das evolutive Verhalten im Wesentlichen darwinistisch (tolerant aufgrund vieler ökologischer Nischen). Poppers Ansatz läuft demgegenüber auf alles-oder-nichts-Entscheidungen hinaus. Variationen entstehen bei Lorenz blind und zufällig (durch Kopierfehler), bei Popper gezielt und systematisch. Bei dem einen erfolgt die Informationsübertragung durch genetische Vererbung an die eigenen Nachkommen, bei Popper durch Bekanntgabe gegenüber allen interessierten Wissenschaftlern. Der Fortschritt ist in dem einen Fall ein unbeabsichtigter, aber unvermeidlicher Nebeneffekt. In der anderen Variante ist er erhofft, nicht selten sogar beabsichtigt. Der Wandel vollzieht sich bei Lorenz kontinuierlich, bei Popper eher sprunghaft, oft radikal. Lorenz folgt Darwin, wenn ihm zufolge die Natur nicht aus ihren Fehlern, sondern aus ihren Erfolgen lernt. Popper dagegen rechnet mit der Möglichkeit, von begangenen Fehlern zu profitieren und sie in Zukunft erfolgreich zu vermeiden. Selbstverständlich will nach Vollmer diese Bilanz, die von ihm noch weiter fortgeführt wird, die Darwinsche Evolutionstheorie nicht widerlegen. Wohl aber ist sie geeignet, auf Grenzen der naturalistischen, d. h. genetischen Erklärungsmöglichkeiten der Darwinschen Evolutionstheorie hinzuweisen.

So bedeutend das Kulturpotenzial der zweiten Natur des Menschen für die anthropologische Grundierung des sozialdemokratischen Selbstverständnisses auch immer gewesen sein mag: Wesentliche Impulse schöpfte es freilich auch aus der Naturgeschichte des Menschen selbst. Es ist bemerkenswert und viel zu wenig gewürdigt worden, dass ein sozialdemokratischer Vordenker wie Karl Kautsky das altruistische Potenzial in unserem evolutionären Erbe betonte, während der herrschende, von Ernst Haeckel wesentlich bestimmte Zeitgeist die aggressive Komponente der biologischen Selbstbehauptung des *homo sapiens* hervorhob, der in seiner Stammesgeschichte erbarmungslos die konkurrierenden Hominiden mit Hilfe seiner überlegenen Intelligenz verdrängte.[74] Kautskys Argumentationsstrategie zielte hingegen darauf ab, innerhalb der Darwinschen

[73] Gerhard Vollmer, Karl Popper und die Evolutionäre Erkenntnistheorie, in: Reinhard Neck (Hrsg.), *Evolution – Natur, Mensch, Gesellschaft* (Peter Lang: Frankfurt am Main 2016), 129–151, hier: 129–141.

[74] Vgl. Heinz Penzlin, *Das Rätsel Mensch* (unveröffentlichtes Manuskript 2011).

Evolutionstheorie nicht die asoziale, auf Vernichtungskonkurrenz angelegte Dimension der menschlichen Natur, sondern im Gegenteil die *Gegenseitige Hilfe als Faktor der Entwicklung*[75] im Kampf ums Dasein stark zu machen.

Kropotkins und Kautskys These, dass nicht nur Konkurrenz, sondern auch altruistische Kooperation eine wesentliche Komponente der natürlichen Selektion und damit eine wichtige Triebkraft der Entwicklung des organischen Lebens sind, führten im 20. Jahrhundert zunächst ein marginalisiertes Schattendasein. Unterdessen hat sich die Forschungslandschaft in der Evolutionsbiologie grundlegend verändert. Das tierische Sozialverhalten im Licht der Evolution und der Verhaltensbiologie ist zu einem Forschungsgegenstand avanciert, dem sich eine eigenständigen Disziplin innerhalb der Biologie widmet[76]: ein Beweis mehr, dass Ideologie und Wissenschaft sich nicht nur ausschließen müssen, sondern sich auch gegenseitig befruchten können.

---

[75] Peter Kropotkin, *Gegenseitige Hilfe in der Entwicklung*. Autorisierte deutsche Ausgabe besorgt von Gustav Landauer (Theodor Thomas: Leipzig 1904).

[76] Isabella B.R. Scheiber, Sozialverhalten im Licht der Evolution und der Verhaltensbiologie, in: Reinhard Neck (Hrsg.), *Evolution – Natur, Mensch, Gesellschaft* (Peter Lang: Frankfurt am Main) 71–86.

Die Rezeption des naturwissenschaftlichen Monismus von Ernst Haeckel im tschechischen Kulturraum[1]

Lenka Ovčáčková

»Das Weltall besteht – ähnlich dem Körper der Lebewesen – aus Theilen, die in Beziehungen und Einklang zu einander stehen. Nichts hindert uns, in dem schön gegliederten Weltganzen dieselbe Kraft des Bewußtseins, des Selbstgefühls zu empfinden, welche wir – in dem entsprechend geringeren Maße – auch in uns empfinden. Das Weltall hat eine Seele, so wie wir sie haben.«[2]

Einleitung

Die wissenschaftliche und gesellschaftliche Stimmung, in der der Arzt und Zoologe Ernst Haeckel (1834–1919) begann, seine ersten monistischen Gedanken zu präsentieren und eigenständige evolutionistische Ideen zu entwickeln, wird im tschechischen Kulturraum[3] durch den positivistischen Philosophen František Krejčí im Jahre 1906 auf folgende Weise charakterisiert:

---

[1] Dieser Artikel beruht auf der Dissertation der Autorin zum Thema »Ernst Haeckel in Tschechien. Die Spuren des Haeckelschen Monismus im tschechischen Kulturraum am Ende des 19. und am Anfang des 20. Jahrhunderts«, die am Lehrstuhl für Philosophie und Geschichte der Naturwissenschaften, Naturwissenschaftliche Fakultät der Karls-Universität Prag, im Jahre 2013 eingereicht und verteidigt wurde. Der Beitrag wurde im Rahmen des Projektes GA ČR 16-03442S (Přírodovědecká fakulta Německé univerzity v Praze) verfasst.

[2] Josef Adolf Bulova, *Die Einheitslehre (Monismus) als Religion* (Im Selbstverlag: Berlin 1897) 30.

[3] Mit dem Begriff »tschechischer Kulturraum« wird die Konzentration auf die tschechisch-sprachige monistische Bewegung betont. Falls der Begriff »böhmisch« verwendet wird, deutet er auf die breitere, d. h. »multi-ethnische« monistische Rezeption von Ernst Haeckel, die sowohl bei Tschechen als auch bei Deutschen, die im Rahmen der Österreichisch-Ungarischen Monarchie in Böhmen, Mähren oder Schlesien gelebt haben, belegt ist.

> Schon damals hat es viele Schulen von Naturwissenschaftlern gegeben, die Darwinsche Gedanken für unwissenschaftliche Mystik, für Metaphysik, für Philosophie im schlechtesten Sinne des Wortes gehalten haben. [...] Gerade in dieser Zeit (in den 1860er Jahren) hat der junge Haeckel das Lehramt an der Universität in Jena angetreten und es war sehr mutig von ihm, die ganze Karriere preiszugeben, um für Darwin und in seinem Geiste zu arbeiten. Er hat eine gelehrte Monographie über Radiolarien herausgegeben, in der er die Gelegenheit hatte, sich zur Darwinschen Theorie zu bekennen und seine Arbeit als Beweis für diese Theorie vorzulegen. Und ab dieser Zeit ist er ihr treu geblieben und hat sein ganzes Leben ihrer Bestätigung und Durchdringung gewidmet. Ihr war seine wissenschaftliche, popularisierende und philosophische Arbeit gewidmet. Haeckel hat erkannt, dass Darwin nicht nur eine naturwissenschaftliche Hypothese repräsentiert, sondern auch eine Weltanschauung, und in diesem Sinne hat er gehandelt.[4]

Krejčís retrospektiver Blick auf die Anfänge der monistischen Karriere Haeckels hebt berechtigterweise als die größte Inspirationsquelle für dessen weltanschauliche Orientierung die Evolutionstheorie von Charles Darwin hervor. Haeckels Sichtweise und Wahrnehmung des Darwinschen Gedankengutes – in weiterem Sinne inspiriert vor allem durch die naturphilosophischen Gedanken von Johann Wolfgang Goethe – wurden nicht nur durch Haeckels eigene biologische Konzepte, sondern auch neben anderen durch kosmologische, ästhetische und ethische Komponenten erweitert und sind zu einer Weltanschauung oder auch Religion verschmolzen, die auf der monistischen Einheit von Materie und Geist, Gott und Natur oder der anorganischen und organischen Natur beruht

---

[4] František Krejčí, Arnošt Haeckel, in: *Česká Mysl* 7 (1906) 9–21, hier: 12–13. Dieses und auch die folgenden tschechischen Zitate wurden von der Autorin des Beitrages übersetzt. Das Zitat lautet im Original: »Tehdá již byly celé školy přírodopisců, kterým myšlenky Darwinovy platily za nevědeckou mystiku, metafysiku, za filosofii v nejhrůznějším slova toho významu. [...] Zrovna v této době mladý Haeckel (v letech šedesátých) nastupoval úřad učitelský na universitě v Jeně a bylo to odvážné od něho, ježto tím celou kariéru dával v šanc, vystoupiti pro Darwina a pracovati v jeho duchu. Vydal učenou monografii o radioláriích, v níž měl příležitost, přiznati se k Darwinově theorii a svoji práci na doklad této theorie uvésti. A od té doby zůstal jí věren a věnoval veškeren svůj život utvrzení a řešení její. Jí byla věnována jeho vědecká práce, jí byla věnována popularisační a filosofická. Haeckel poznal, že Darwin znamená nejen přírodovědeckou hypothesu, ale i celý názor na svět, a v tom smyslu jednal.«

und somit der Menschheit eine natürliche Schöpfungs-Geschichte vorlegen möchte.

Abb. 1: Ernst Haeckel 1834–1919 (Wikipedia gemeinfrei)

Die Rezeption von Haeckels monistischer Weltanschauung und der ganzen deutschen monistischen Bewegung war in der zweiten Hälfte des 19. Jahrhunderts und in den ersten zwei Jahrzehnten des 20. Jahrhunderts auch im tschechischen Kulturraum sehr eng mit der Verbreitung der Darwinschen Evolutionstheorie verbunden. Die Sehnsucht nach neuen naturwissenschaftlichen Erkenntnissen hatte ebenso wie im Heimatland Haeckels Deutschland auch in Böhmen und Mähren das Verlangen nach der Befreiung aus einem begrenzenden konservativen Rahmen – insbesondere im Bereich der Religion und Bildung – mit sich getragen. Die monistischen Ansätze, die Welt ohne jedes übernatürliche Prinzip als Einheit aus sich selbst und aus der Natur an sich zu erklären – begleitet von starken antidualistischen und antiklerikalen Tendenzen – hingen im tschechischen wissenschaftlichen und gesellschaftlichen Raum von der Denkrichtung und dem Betätigungsfeld des jeweiligen Rezipienten ab, womit auch die unterschiedliche Intensität der eigenständigen monistischen Schritte und die Entwicklung der eigenen monistischen Theorien verbunden waren. Ernst Haeckels Monismus wurde – mitsamt der darwinistischen Prägung seiner weltanschaulichen Herangehensweise – die primäre und wichtigste Inspirationsquelle für die tschechische monistische Bewegung.

Haeckel weist im Rahmen seines wissenschaftlichen Schaffens und somit auch in seinen zahlreichen naturwissenschaftlich-monistisch orientierten Büchern immer wieder auf sein frühes umfassendes zweibändiges im Jahre 1866 herausgegebenes Hauptwerk *Generelle Morphologie der Organismen* hin, das den Grundstein seiner monistischen Religion bildet. Dieses Buch wurde allerdings kaum rezipiert und in den »Schrank der überwundenen Naturphilosophie«[5] gestellt. Aufgrund dieser Erfahrung hatte Haeckel angefangen, populärwissenschaftliche darwinistisch-weltanschaulich orientierte Schriften herauszugeben und hat dies bis zum Ende seines Lebens praktiziert. Seinem erfolgreichen zweibändigen Buch *Natürliche Schöpfungsgeschichte* (1868) folgten unter anderen die umfassende Schrift *Anthropogenie* (1874), der »Bestseller« *Die Welträthsel* (1899), *Die Lebenswunder* (1904), das morphologisch-künstlerische, die Symmetrie hervorhebende Werk *Kunstformen der Natur* (1899–1904), das »Glaubensbekenntnis« *Gott-Natur (Theophysis)* (1913) und die Studien über das anorganische Leben *Kristallseelen* (1917).[6]

Zur fehlenden Rezeption des Darwinismus in Böhmen

Auf eine kritische Weise betrachtet der Zoologe und Professor für Philosophie der Natur Emanuel Rádl (1873–1942) in der tschechischen Ausgabe seines Buches *Dějiny vývojových theorií v biologii XIX. století*[7] [dt.: Geschichte der Entwicklungstheorie in der Biologie des 19. Jahrhunderts] im Kapitel *Darwinism v Čechách* [dt.: Darwinismus in Böhmen] die mangelhafte Rezeption der Werke von Darwin

---

[5] Emanuel Rádl, *Geschichte der biologischen Theorien*. II. Teil. Geschichte der Entwicklungstheorien in der Biologie des XIX. Jahrhunderts (Wilhelm Engelmann: Leipzig 1909) 270.

[6] Die erwähnten Werke und der Lebensweg von Ernst Haeckel werden nicht ausführlicher analysiert. In diesem Zusammenhang sei auf zahlreiche Publikationen des Ernst-Haeckel-Hauses, Institut für Geschichte der Medizin, Naturwissenschaften und Technik, Friedrich Schiller Universität Jena, hingewiesen (www.ehh.uni-jena.de).

[7] Emanuel Rádl, *Dějiny vývojových theorií v biologii XIX.století* (Jan Laichter: Praha 1909).

und Haeckel im tschechischen Kulturraum in den »50er bis 80er Jahren« des 19. Jahrhunderts. Er vergleicht den Nährboden der Darwinschen Entwicklungslehre im tschechischen Kulturraum mit einer Art Wüste: »In Tschechien war aber damals eine traurige Stille: wir haben keine tschechische Bewegung für die Wissenschaft, keinen tschechischen Materialismus. Ins Tschechische wurde nicht die berüchtigte Schrift von Büchner ›*Kraft und Stoff*‹, nicht einmal ›*Das Leben Jesu*‹ oder ›*Der alte und der neue Glaube*‹ von Strauss, nicht einmal Langes Schrift ›*Geschichte des Materialismus*‹, keine populäre Schrift von Vogt übersetzt, es wurde nichts von Huxley, nichts von Darwin, nichts von Haeckel übersetzt. Die mutige wissenschaftliche Zeitspanne von Schleiden zu Virchow und Haeckel ist uns fremd und die Namen Büchner, Strauss, Vogt, Darwin klingen wie aus einer anderen Welt.«[8] Dennoch gab es in den folgenden Jahren eine gewisse Dynamik, die sich auf vereinzelte, darwinistisch geprägte publizistische Aktivitäten bezog. Diese Dynamik betraf im breiteren Rahmen den Darwinismus im allgemeinen – in diesem Kontext sind zum Beispiel der Arzt, Politiker und Publizist Eduard Grégr (1827–1907), der Botaniker Ladislav Josef Čelakovský (1834–1902), der Zoologe František Vejdovský (1849–1939) oder der Geologe Jan Krejčí (1825–1887) zu erwähnen – und im engeren Rahmen die Rezeption und die Übersetzungen von Haeckels Werken. Die Klagen über den Mangel an tschechischen Werken mit darwinistischem Inhalt sind jedoch offensichtlich und sind auch Bestandteil der an Haeckel gerichteten Korrespondenz aus dem tschechischen Kulturraum. Als bislang einziges Buch von Haeckel wurde *Die Welträthsel* im Jahre 1905 unter dem Titel *Záhady světa* durch den Verlag Samostatnost9 in tschechischer Sprache herausgebracht.[10] Die Absicht des Verlages, in Folge das Buch *Die Lebenswunder* ins Tschechische zu

---

[8] Emanuel Rádl, *Dějiny biologických teorií novověku. Díl II. Dějiny evolučních teorií v biologii 19. století* (Academia: Praha 2006) 420. Das Zitat lautet im Original: »V Čechách však bylo tehdy smutné ticho: nemáme českého hnutí pro vědu, nemáme českého materialismu. Do češtiny nebyl přeložen pověstný Büchnerův spis ›Kraft und Stoff‹ ani Straussův ›Das Leben Jesu‹ ani ›Der alte und der neue Glaube‹, ani Langeův spis ›Geschichte des Materialismus‹, žádný populární spis Vogtův, nic tehdy nepřeložili z Huxleyho, nic z Darwina, nic z Haeckla. Smělé období vědecké od Schleidena k Virchowovi a Haecklovi jest nám cizí a jména Büchnerovo, Straussovo, Vogtovo, Darwinovo znějí nám jako z jiného světa.«

[9] Der Verlag Samostatnost [dt.: Selbstständigkeit] – das Druckorgan der Tschechischen Staatsrechtlich Fortschrittlichen Partei – wurde von dem Verleger Antonín Hajn (1868–1949) gegründet. Hajn hatte sich für einen selbstständigen tschechischen Staat eingesetzt und unter anderem die Trennung von Schule und Kirche gefordert.

[10] Arnošt Haeckel, *Záhady světa. Populární studie o monistické filosofii* (Tiskové a vydavatelské družstvo Samostatnost: Praha 1905).

übertragen[11], konnte jedoch nicht verwirklicht werden. Das erste Buch Darwins, das ins Tschechische übersetzt wurde, war *A Naturalist's Voyage Round the World* unter dem Titel *Cesta přírodozpytcova kolem světa*[12] im Jahre 1912, gefolgt von *On the Origin of Species by Means of Natural Selection*, auf Tschechisch *O vzniku druhů přirozených výběrem čili zachováváním vhodných odrůd v boji o život*,[13] im Jahre 1914.

Haeckel als Inspirator für drei junge tschechische Zoologen

Einer der ersten Briefe an Ernst Haeckel aus Böhmen kam im Jahre 1875 aus Jungbunzlau (heute Mladá Boleslav) von dem Zoologen Antonín Stecker (1855–1888), der im selben Jahr über Haeckels biologische Theorien in *Časopis musea Království českého* [dt.: Zeitschrift des Königlich-Tschechischen Museums] referiert hatte. Stecker konzentrierte sich in seinem Artikel auf die spezifisch biologischen Inhalte von Haeckels Schriften – insbesondere auf das Biogenetische Grundgesetz und die Gastraea-Theorie – mit dem Ziel, diese naturwissenschaftlichen Konzepte auch in tschechischer Sprache vorzustellen. Das Biogenetische Grundgesetz, also die »Ontogenie als eine kurze und schnelle Wiederholung der Phylogenese«, bedingt durch Vererbung und Anpassung, soll einem Zoologen die »schönste Hoffnung« bringen, dass die Anwendung dieses natürlichen Systems zu den erwünschten Ergebnissen führen kann.[14] Stecker möchte mit der Erklärung von Haeckels Gastraea-Theorie die neuesten Ergebnisse der naturwissenschaftlichen Forschung vorlegen, denn »… obwohl die meisten Zoologen diese Theorie unterschätzen und verwerfen, ist die Gastraea-Theorie dennoch eine geistesvolle Frucht, und ihre geniale Entwicklung durch Haeckel, den Naturwissenschaftler und Philosophen, der

---

[11] Brief von Antonín Hajn an Ernst Haeckel vom 10. 5. 1905, im Archivbestand des Ernst-Haeckel-Hauses. (Institut für Geschichte der Medizin, Naturwissenschaften und Technik der Friedrich-Schiller-Universität Jena). Übersicht über den Briefbestand in: Uwe Hoßfeld, Olaf Breidbach, *Haeckel-Korrespondenz: Übersicht über den Briefbestand des Ernst-Haeckel-Archivs* (VWB: Berlin 2005).

[12] Charles Darwin, *Journal of researches into the geology and natural history of the various countries visited by H.M.S. Beagle, under the command of Captain Fitzroy. R. N. from 1832 to 1836* (Henry Colburn: London 1839), Charles Darwin, *Cesta přírodozpytcova kolem světa* (Jan Laichter: Praha 1912).

[13] Charles Darwin, *On the Origin of Species by Means of Natural Selection* (John Murray: London 1859), Charles Darwin, *O vzniku druhů přirozených výběrem čili zachováváním vhodných odrůd v boji o život* (Ignác L. Kober: Praha 1914).

[14] Antonín Stecker, Haeckel a genealogické jeho soustavy, in: *Časopis musea Království českého* 49 (1875) 153–166, hier: 156.

derzeit vielfach als Ketzer bezeichnet wird, verdient sicher Bewunderung.«[15] In dem bereits erwähnten Brief an Haeckel betrachtet Stecker sich selbst als Darwinist und Anhänger von Haeckels genealogischen Systemen, insbesondere der Gastraea-Theorie, und betont sein Vorhaben, die Publikation der Theorien Haeckels weiter zu betreiben, weil sonst die Gefahr bestünde, dass Haeckels Gedankengut dem tschechischen Publikum unbekannt bliebe.[16] Steckers wissenschaftliches Interesse hatte aber einen anderen Schwerpunkt bekommen, als er sich entschied, an den Expeditionen des Afrikaforschers Gerhard Rohlfs durch die Libysche Wüste (1878–1879) teilzunehmen und sich danach zu Forschungszwecken in Äthiopien (1880–1883) aufzuhalten. Zufolge seines frühen Todes im Jahre 1888[17] konnten diese Pläne in Bezug auf weitere Übersetzungen von Werken Haeckels leider nicht verwirklicht werden.

Über die Absenz evolutionistischer Schriften im tschechischen Kulturraum beschwerte sich in seinem Brief an Haeckel im Jahre 1900 auch der Assistent des Zoologischen Instituts an der Tschechischen Karl-Ferdinands-Universität Karel Thon (1879–1906) und äußerte den Wunsch, eine kommentierte Übersetzung eines Werkes von Haeckel ins Tschechische herauszugeben:

> Von der frühesten Jugend an habe ich meinem angeborenen Instinkt gemäss mit eingenommener Anhänglichkeit Zoologie getrieben und schon als Gymnasiast habe ich mit Begeisterung Ihre Werke gelesen, deren eifriger Bewunderer (ich) geworden bin. [...] Da in unserer Literatur bisher keine einzige Übersetzung irgend eines Buches von Darwin und Haeckel existiert, wurde ich von einigen Vertretern der böhmischen Schriftsteller aufgefordert, dass ich eines von diesen Werken in meine Muttersprache übersetze. Für den passendsten Anfang möchte ich Ihre nicht umfangreiche, aber

---

[15] Ebd., 166. Das Zitat lautet im Original: »... ač většina zoologů theorii tuto podceňuje a zavrhuje, přece jen jest theorie gastrální plodem duchaplným, a geniální provedení její Haecklem, přírodozpytcem a filosofem nyní mnohonásobně kaceřovaným, obdivu dojista zasluhuje«.

[16] Brief von Antonín Stecker an Ernst Haeckel vom 17. 9. 1875, im Archivbestand des Ernst-Haeckel-Hauses.

[17] Unbekannter Autor, Phil. Dr. Antonín Stecker, africký cestovatel, in: *Světozor* 22 (1888) 351.

gewichtige Schrift *Ueber unsere gegenwärtige Kenntniss vom Ursprung des Menschen* wählen.[18]

Haeckel gab Thon die Zustimmung zur Herausgabe dieser Schrift und hoffte, dass er »dadurch die Ausbreitung der Entwicklungslehre« in seinem »Vaterlande fördern« wird.[19] Auch das Vorhaben von Karel Thon konnte nicht umgesetzt werden, da er nicht lange nach seiner Habilitation, im Alter von nur 27 Jahren, nach schwerer Krankheit gestorben war.

Große Begeisterung für Haeckels Werke und Ideen entwickelte zur gleichen Zeit wie Karel Thon der Biologe Theodor Novák (1879–1901),[20] der in seiner Rezeption von Haeckels Schriften viel Gewicht auf das monistische Gedankengut legte. Für Novák inspirierend und prägend war auf dem Weg zum naturwissenschaftlichen Monismus insbesondere Haeckels Buch *Die Welträthsel*, wobei er den biologischen und den psychologischen Teil des Buches am wertvollsten fand. Nováks Begeisterung für Haeckelsche Ideen war aber auch mit einem intensiven kritischen Hinterfragen der monistischen Weltanschauung verbunden, sowie mit der Tendenz, eigene monistische Gedanken zu entwickeln. Dies wurde in einigen Vorträgen[21] und Artikeln manifest. Im Jahre 1900 hatte Novák eine Studie über Haeckels Leben und Wirken unter dem Titel *Arnošt Haeckel, biolog a filosof* [dt.: Ernst Haeckel, Biologe und Philosoph][22] herausgegeben. Neben der Darstellung der historisch-philosophischen

---

[18] Brief von Karl Thon an Ernst Haeckel vom 25. 1. 1900, im Archivbestand des Ernst-Haeckel-Hauses.

[19] Brief von Ernst Haeckel an Karl Thon vom 30. 1. 1900, im Archivbestand ANM (Archiv Národního muzea), Hn 63, Karel Thon.

[20] Novák studierte ab 1897 Naturwissenschaften an der Prager Tschechischen Karl-Ferdinands-Universität und befasste sich zu dieser Zeit intensiv auch mit der Geschichte der Philosophie. Er interessierte sich für Zoologie, Botanik, Geologie und Mineralogie, seine Vorliebe galt aber der Botanik – er gehörte zum engen Kreis von Schülern um Josef Velenovský. Vgl. Arne Novák/Teréza Nováková (Hrsg.), *Theodora Nováka stati vybrané* (Im Selbstverlag: Praha 1902) 21–22.

[21] Haeckels sowohl rein biologische als auch breitere monistische Konzepte (insbesondere das Buch *Die Welträthsel*) hatte Novák beispielsweise im *Přírodovědecký klub v Praze* [Naturwissenschaftlicher Klub in Prag] oder im Verein *Jednota filosofická* [Philosophische Einheit] vorgestellt. Vgl. Arne Novák/Teréza Nováková (Hrsg.), *Theodora Nováka stati vybrané* (Im Selbstverlag: Praha 1902) 29.

[22] Theodor Novák, Arnošt Haeckel, biolog a filosof, in: Arne Novák/Teréza Nováková (Hrsg.), *Theodora Nováka stati vybrané* (Im Selbstverlag: Praha 1902) 72–109.

monistischen Wurzeln weist Novák als einer von wenigen auf die ästhetische Komponente in Haeckels darwinistisch-pantheistischer Weltanschauung hin: »Der Grundton seiner Seelenstimmung ist der Ästhetizismus. Dieser kommt uns nicht nur aus den prächtigen Zeichnungen in seinen zahlreichen Bildwerken, nicht nur aus den eigenen Landschaftsaquarellen klar entgegen, [...] sondern insbesondere aus seiner Bestrebung, die ganze Welt in ein harmonisches System, den Monismus, einzuschließen.«[23] Zugleich sucht Novák Vergleiche zwischen der Evolutionsidee und der Erlösungsidee, wobei aus seiner Sicht der Fortschritt die Oberhand gewinnt und die Wege in die Zukunft bestimmt: »... ein absoluter Widerspruch zwischen dem Guten und Bösen, der göttlichen Seele und dem sündigen Körper, der nur durch das Wunder oder durch die Verleugnung des eigenen Ich zum Schweigen gebracht werden kann, ist ersetzt durch den relativen Gegensatz zwischen dem Vollkommenen und dem Unvollkommenen, der ständig durch die Wirkung der natürlichen Weltprozesse und die Betätigung der eigenen menschlichen Fähigkeiten verwischt wird; durch die Erlösung des Menschen kann man höchstens in den ursprünglichen Zustand zurückkommen, dessen Vervollkommnung von woanders bestimmt ist; durch die Evolution wird ihm der Weg vorwärts gezeigt, auf Grund der eigenen Kräfte, und keines von den denkbaren Idealen ist so groß, dass es nicht erreicht und überschritten werden könnte.«[24] Novák hatte seine Schrift über Haeckel als Broschüre herausgegeben und diese – versehen mit einem Kommentar – an Haeckel geschickt.[25] Obwohl er sich als Haeckels Schüler bezeichnet, wagt er als Anhänger des Vitalismus, die Worte »seines Meisters« weiterzudenken, denn das Leben ließe sich laut Novák »nur aus sich selbst und nicht aus der toten Materie

[23] Ebd., 75. Das Zitat lautet im Original: »Základní tón celé jeho duševní nálady je estheticismus. Ten na nás zírá jasně nejen ze skvostných kreseb v jeho četných obrazových dílech, nejen z vlastních krajinářských akvarelů, [...] nýbrž zvláště z jeho snahy, celý svět uzavříti v jeden harmonický systém, monismus«.

[24] Ebd., 86. Das Zitat lautet im Original: »... absolutní rozpor mezi dobrem a zlem, božskou duší a hříšným tělem, který jen zázrak a zapření sebe sama může umlčeti, jest zaměněn relativní protivou dokonalejšího a méně dokonalého, kterou neustále zahlazuje působení přirozených dějů světových a uplatnění vlastních schopností člověka; vykoupením člověk se nejvýše vrátiti může v původní stav, jehož dokonalost odjinud jest určena, evolucí se mu ukazuje cesta v před, na základě vlastních sil, a žádný z myslitelných ideálů není tak vysoký, aby nemohl býti dosažen a překročen«.

[25] Brief von Theodor Novák an Ernst Haeckel vom 14. 4. 1901, im Archivbestand des Ernst-Haeckel-Hauses.

begreifen«.[26] Haeckel hatte Novák »viel Erfolg« für das Verfassen weiterer monistischer Studien gewünscht, sich jedoch nicht näher auf den Inhalt des Briefes bezogen.[27] Auch dieser sehr begabte Biologe durfte seinen vielversprechenden monistischen Weg nicht weitergehen, da er im Alter von nur 22 Jahren einem tragischen Unfall zum Opfer fiel.[28]

Der naturphilosophische Monismus von Josef Adolf Bulova

Neben diesen drei wichtigen Befürwortern der naturwissenschaftlichen und weltanschaulichen Denkweise Haeckels ist vor allem das während der letzten zwei Jahrzehnte des 19. Jahrhunderts manifeste monistische Engagement des tschechischen Arztes Josef Bulova (1840–1903) hervorzuheben, da nicht nur die Absicht bestand, die darwinistischen Ideen zu propagieren und zu verbreiten, sondern auch die Gründung einer tschechischen monistischen Organisation angestrebt wurde. Der aus einer jüdischen Familie stammende Josef Bulova trat im Alter von 17 Jahren zur Reformierten Kirche über und wurde kurz vor seinem Tod im Jahre 1903 konfessionslos. Sein monistisches Schaffen ist von kosmologisch und naturphilosophisch gestimmten Gedanken getragen.[29]

Im Jahre 1879 veröffentlichte Bulova sein erstes Buch *Výklad života ze zákonů přírodních. Trest' ze spisů Darwinových a Haeckelových* [dt.: Auslegung des

[26] Arne Novák/Teréza Nováková (Hrsg.), *Theodora Nováka stati vybrané* (Im Selbstverlag: Praha 1902) 30. Das Zitat lautet im Original: »pouze sám ze sebe a nikoliv z mrtvé hmoty pochopiti«.

[27] Ebd., 30.

[28] Über den Tod des jungen Biologen wurde Haeckel durch dessen Mutter, die Schriftstellerin Teréza Nováková, benachrichtigt. Sie hatte Haeckel angeboten, Nováks gesammelte Schriften, die sie mit ihrem zweiten Sohn, dem Literaturhistoriker Arne Novák, unter dem Namen *Theodora Nováka stati vybrané* [dt.: Ausgewählte Abhandlungen von Theodor Novák] herausgegeben hatte, zukommen zu lassen. Die Tatsache, dass dieses Buch auf Tschechisch erschienen sei, sollte kein Problem darstellen, denn es könne dadurch in der Universitätsbibliothek in Jena für slawische Studenten zur Verfügung stehen. Vgl. Brief von Terese Novák an Ernst Haeckel vom 10. 2. 1904, im Archivbestand des Ernst-Haeckel-Hauses.

[29] Bulova war Mitglied der Physiokratischen Gesellschaft, die vom Arzt, Philosophen und Pädagogen Karl Slavomil Amerling (1807–1884) im Jahre 1869 gegründet worden war.

Lebens aus den Naturgesetzen. Auszüge aus den Schriften von Darwin und Haeckel][30], das dazu dienen sollte, dem tschechischen Leserkreis das Gedankengut von Darwin und Haeckel näher zu bringen. Bulova stellt evolutionistisches Gedankengut vor allem auf der Grundlage von Haeckels Buch *Generelle Morphologie der Organismen* vor. Er möchte bereits in seinem ersten Buch Haeckels Gedanken nicht nur rezipieren, sondern auch erweitern, und betont, dass Monismus auf keinen Fall atheistisch wahrzunehmen sei, denn: »Wer Gott empfindet, braucht keine Beweise, damit er an ihn glauben könnte, und demjenigen, der Gott nicht empfindet, würden auch keine Beweise helfen.«[31] Bulova betont gleichzeitig die Notwendigkeit, sich dem »Gottesverständnis zu nähern«, und zwar »durch das Zerlegen des Seelenlebens in seine Elemente auf eine andere Weise als es Haeckel getan hat, durch das Vergleichen der Organisation der Welt mit der Organisation unseres Körpers.«[32] Durch die Hervorhebung des naturphilosophischen Aspektes in Haeckels monistischer Weltanschauung und den Versuch, Haeckels Naturphilosophie zu ergänzen, wird Bulova im tschechischen monistischen Milieu zum Einzelgänger. Die Aufnahme seines im Selbstverlag publizierten Buches war in der Öffentlichkeit zwiespältig, wie auch aus der Kritik des Professors für Zoologie, vergleichende Anatomie und Embryologie František Vejdovský (1849–1939) hervorgeht. Vejdovský schätzt zwar Bulovas Versuch, eine darwinistische Schrift zu veröffentlichen, die in der »tschechischen Literatur fehlt«, weist aber auf die mangelhafte Konzeption des Buches hin und steht auch den konkreten naturwissenschaftlichen Äußerungen sehr kritisch gegenüber, denn seiner Ansicht nach fehlt Bulova die »breite und klare Übersicht«, die für die Veröffentlichung eines Werkes im Bereich der Naturwissenschaften unentbehrlich sei.[33] Kritisch steht Vejdovský auch der »sogenannten Naturphilosophie« gegenüber,

---

[30] Josef Adolf Bulova, *Výklad života ze zákonů přírodních. Trest' ze spisů Darwinových a Haeckelových* (Vlastním nákladem: Praha 1879).

[31] Josef Adolf Bulova, *Výklad života ze zákonů přírodních. Trest' ze spisů Darwinových a Haeckelových.* Druhé vydání rozmnoženo statí Náboženství monistické (2. Ausgabe, erweitert durch die Abhandlung Monistische Religion) (Vlastním nákladem: Praha 1904) 172. Das Zitat lautet im Original: »Kdo Boha cítí, nemá třeba důkazů, by v něj věřil, a kdo by Boha necítil, důkazem by se ho nedodělal«.

[32] Ebd.; das Zitat lautet im Original: »... rozložíme-li duševní život do jeho prvků na jiný způsob, než Haeckel to činil, a porovnáme-li organisaci světa s organizací našeho těla«.

[33] František Vejdovský, Buchbesprechung: Bulova, J. A.: Výklad života ze zákonů přírodních. Trest' ze spisů Darwinových a Haeckelových, in: *Osvěta* 9 (1879) 341–342, hier: 342.

die Bulova in Haeckels monistischer Weltanschauung hervorhebt.[34] Sowohl über die Herausgabe des Buches *Výklad života ze zákonů přírodních*, wofür Bulova keinen Verlag finden konnte, als auch über die darauffolgende Kritik von František Vejdovský berichtete Bulova in seinem Brief an Haeckel vom 21. August 1879.[35] Eine Antwort auf die Kritik von Vejdovský veröffentlichte Bulova in Form eines Flugblattes, in dem er seine Absicht hervorhebt, das herrschende Informationsdefizit in Tschechien in Bezug auf die Darwinistische Entwicklungslehre durch Veröffentlichung des Buches zu verringern, ohne Vejdovskýs Vorhaben, die Publikation »der Bearbeitung von Darwins Werk über den Ursprung der Arten« behindern zu wollen.[36]

Ein eigenständiges monistisches Konzept entwickelte Bulova in seinem auf Deutsch – ebenfalls im Selbstverlag – im Jahre 1897 publizierten Buch *Die Einheitslehre (Monismus) als Religion*[37], in dem er sich ebenso wie in seinem ersten Buch auf sein eigenes monistisches »Glaubenbekenntnis« bezieht: »Wir glauben an einen lebendigen Gott, dessen Körper das Weltall ist, dessen Wille uns nur in dem sittlichen Gefühle und in der unabänderlichen Ordnung zwischen Ursache und Wirkung erforschlich ist, der dem Menschengeschlecht die Zweckmäßigkeit, d. h. das Streben nach dem Wohle des Einzelnen wie des Ganzen vorgesetzt hat. Als vorzüglichstes Werkzeug hiezu hat er dem Menschen eine weitgehende Freiheit des Willens belassen, ihm den Kampf um's Dasein, das Gewissen und die von der Gemeinschaft anerkannten Sittengesetze auferlegt.«[38] Das Gedankengut von Darwin und Haeckel prägt auch diese Schrift, obwohl mehr Wert auf die kosmologischen Konzepte gelegt wird. Bulova fragt nach der Wesenheit des Weltalls bezogen auf »ein Selbstbewußtsein, eine Empfindung und ein Gefühl«, die man mit der menschlichen Wahrnehmung vergleichen kann. Das menschliche Leben – gesehen mit den Augen der Entwicklungslehre – stellt für ihn »nur eine Teilleistung des ewigen allgemeinen Lebens des Weltalls« dar.[39] Die höchste Lebensäußerung ist für Bulova das Bewusstsein im Bezugsrahmen des Weltalles,

---

[34] Ebd., 341.

[35] Brief von Josef Adolf Bulova an Ernst Haeckel vom 21. 8. 1879, im Archivbestand des Ernst-Haeckel-Hauses.

[36] Ebd.

[37] Josef Adolf Bulova, *Die Einheitslehre (Monismus) als Religion* (Im Selbstverlag: Berlin 1897).

[38] Ebd., 44.

[39] Ebd., 15.

wo die frei waltenden Kräfte wirken. Das »Selbstbewusstwerden« der Kräfte kann man »in den feinsten Übergängen durch den Körper der Menschen, der Thiere mit entwickeltem Nervensystem, der Thiere ohne Nerven, den Körper der Pflanzen, ja bis in die sogenannte leblose Natur«[40] verfolgen. Sowohl über die Herausgabe des zweiten Buches als auch über die Tatsache, dass dieses Buch bereits vergriffen war, berichtete Bulova Haeckel drei Jahre später in einem Brief an Haeckel vom 28. April 1900. Dem »Lehrer und Meister« sandte Bulova ein Exemplar seiner Schrift, die Haeckel – wie aus seinem Antwortbrief zu entnehmen ist – »mit großem Interesse gelesen«[41] hatte. Im Gegenzug übermittelte er Bulova die Publikation *Ueber unsere gegenwärtige Kenntniss vom Ursprung des Menschen*.[42] In Bulovas Nachlass befindet sich nicht nur diese Schrift Haeckels, sondern auch unter dem Namen seines zweiten Buches *Die Einheitslehre (Monismus) als Religion* vorbereitete Flugschriften, die sowohl in tschechischer als auch in deutscher Sprache veröffentlicht wurden. Bulovas Vorhaben, eine tschechische monistische Organisation zu gründen und somit die tschechischen Monisten in einer religiösen Gemeinschaft zu organisieren, blieb jedoch erfolglos. Davon zeugen auch Worte des Philosophen František Krejčí, die nach Bulovas Tod in der philosophischen Zeitschrift *Česká Mysl* veröffentlicht wurden: »Es ist nicht bekannt, wie weit die Propagierung der neuen Religion gelungen ist. Die schwere Krankheit und der Tod haben wohl das Werk in den frühen Anfängen unterbrochen. Die philosophische Grundlage ist die pantheistische Vorstellung über die Einheit allen Seins und die in höchstem Maße veredelten ethischen Folgen, es gibt also keine Zweifel, dass die durch Bulova propagierten Gedanken zum Beispiel von jemand anderem, in einer anderen Form Anerkennung und Verbreitung finden.«[43] Josef Bulova, der als einer der wenigen im tschechischen

---

[40] Ebd., 29.

[41] Brief von Ernst Haeckel an Josef Adolf Bulova vom 8. 5. 1900, im Archivbestand AÚTGM (Archiv Ústavu T. G. Masaryka), Fond Josef Bulova, Karton 2.

[42] Ernst Haeckel, *Ueber unsere gegenwärtige Kenntniss vom Ursprung des Menschen* (Emil Strauß: Bonn 1899).

[43] František Krejčí, Josef Bulova (Nachricht über Josef Bulova nach seinem Tod), in: *Česká Mysl* 5 (1904) 77. Das Zitat lautet im Original: »Není známo, jak dalece se propaganda nového náboženství zdařila. Těžká nemoc a smrt asi přerušily dílo v samých začátcích. Filosofický podklad jest pantheistická představa o jednotě všeho jsoucna a ethické důsledky nanejvýš ušlechtilé, takže není pochyby, že myšlenky Bulovou propagované třeba pod jinou firmou, v jiné náboženské formě uznání a

Kulturraum nicht nur über eine monistische Weltanschauung, sondern auch über eine monistische Religion sprach, fand keinen monistischen Nachfolger. Somit blieb sein naturphilosophisch und kosmologisch gestimmter Monismus ohne Nachwirkungen.

Die Verbindung der tschechischen Monisten mit den Freidenkern

> Die monistische Tendenz, die sich an die Erkenntnisse der exakten Naturwissenschaft anlehnt, vervollständigt durch die philosophische Spekulation und auch getragen durch die Schwingen der dichterischen Intuition, hat einfach alle Eigenschaften, um den Atheismus der Konfessionslosen in Gefühle der neuen Frömmigkeit und des neuen Glaubens umzuwerten [...] und zwar nicht ein fertiger Katechismus zu sein, mindestens aber ein vereinigendes Wesensmerkmal des Denkens für die Organisation der Konfessionslosen, in der sich Menschen unterschiedlichster Bildung, unterschiedlichsten Charakters und Temperaments treffen.[44]

Eine umfangreiche, positive und positivistische Rezeption des Haeckelschen Monismus – jedoch ohne Tendenzen, eigene monistische Konzepte verankern zu wollen – stammt von dem bereits erwähnten Philosophen František Krejčí (1858–1934), der die Position des Evolutionismus akzeptierte und den Spencerschen Agnostizismus, den Pantheismus und auch den naturwissenschaftlichen Mechanizismus für richtig hielt.[45] Krejčí akzeptiert als Positivist sowohl Haeckels Aussagen über die einheitliche Existenz von Materie und Geist als auch jene über die Beseeltheit des Atoms. Er sieht darin aber auch eine Art von Dualismus.[46] Krejčí schlägt vor, die Aussage darüber, dass die Substanz Materie und Kraft gleichzeitig sei, durch die positivistische Äußerung zu ersetzen, dass die Substanz

---

rozšíření dojdou«.

[44] František Václav Krejčí, K monistické akci, in: *Akademie (Socialistická revue)* 17 (1913) 140–146, hier: 144. Das Zitat lautet im Original: »Monistická tendence opírající se o poznatky exaktní přírodovědy, docelovaná filosofickou spekulací a nesená i peruťěmi básnické intuice, má zkrátka všecky vlastnosti, aby přehodnotila atheismus nevěrců v city nové zbožnosti a víry [...] a aby mohla být ne sice nějakým hotovým katechismem, alespoň však sjednocujícím rysem myšlení pro organisaci bezvěrců, v níž se setkávají lidé nejrůznějšího vzdělání, povahy a temperamentu«.

[45] Jaroslav Šimsa, Filosof František Krejčí, in: *Naše Doba* 36 (1928–1929) 146–148.

[46] František Krejčí, *O filosofii přítomnosti* (Jan Laichter: Praha 1904) 224.

keine Materie und keine Kraft sei. Somit würde diese Aussage in Übereinstimmung mit der Nichterkennbarkeit der Transzendenz und im Einklang mit dem Positivismus stehen.[47] Krejčí bezeichnet Haeckel auf Grundlage seiner Popularität als eine der bedeutendsten Erscheinungen unter den damaligen deutschen Positivisten. Haeckels Weltanschauung fördere seiner Meinung nach die Verbreitung des positivistischen Geistes und darüber hinaus eine verstärkte Wahrnehmung der wissenschaftlichen Arbeit im gesellschaftlichen Leben.[48]

František Krejčí hatte sich auf eine entscheidende Weise auch im Rahmen der Freidenker-Bewegung engagiert, die in einem großen Maße zur Verbreitung der Haeckelschen monistischen Weltanschauung im tschechischen Kulturraum beitrug. Die tschechischen Freidenker wurden im Jahre 1904 zum Internationalen Freidenker-Kongress in Rom eingeladen, auf dem Ernst Haeckel seine Ideen zur Institutionalisierung der monistischen Weltanschauung vorstellte, die später als *Thesen zur Organisation des Monismus* zum Programm des Monistenbundes wurden.[49] Aus Prag war der Journalist und Pionier der Esperanto-Bewegung Karel Pelant (1874–1925) gekommen, um über die Situation in der tschechischen Freidenkerbewegung zu referieren. Über seine Wahrnehmung der Stimmung auf dem Kongress hatte Pelant nach seiner Rückkehr in der Schrift *Listy z kongresu Volné Myšlenky* [dt.: Blätter vom Kongress des Freien Gedankens] berichtet: »Über 3.000 Delegierte aus der ganzen Welt haben sich zum Manifest für das Recht des freien Gedankens versammelt; die Italiener haben Überhang, gefolgt von etwa 1.000 Franzosen, aus Spanien sind mit dem Dampfschiff nach Civita Vecchia etwa 200 Personen gekommen; etwa 100 Deutsche, 50 Engländer, einige Amerikaner, Russen, Schweden; ein Tscheche.«[50]

---

[47] František Krejčí, *Filosofie posledních let před válkou* (Jan Laichter: Praha 1930) 52–53.

[48] František Krejčí, Arnošt Haeckel, in: *Česká Mysl* 7 (1906) 9–21, hier: 10.

[49] Ernst Haeckel, Der Monistenbund. Thesen zur Organisation des Monismus, in: *Das freie Wort* 4/13 (1904), 481–489. Der Deutsche Monistenbund wurde am 11. 1. 1906 im Zoologischen Institut der Universität Jena gegründet. Es ging um die Tendenz, »durch neue wissenschaftliche Erkenntnisse, vor allem aus den Biowissenschaften, Antworten auf Fragen zu geben, die vormals der Philosophie vorbehalten waren.« Vgl. Heiko Weber, Der deutsche Monistenbund, in: Kai Buchholz/Rita Latocha/Hilke Peckmann/Klaus Wolbert (Hrsg.), *Die Lebensreform, Entwürfe zur Neugestaltung von Leben und Kunst um 1900*. Band II (Häusser: Darmstadt 2001) 125–127, hier: 125.

[50] Karel Pelant, *Listy z kongresu Volné Myšlenky. V Římě 20.–24. září 1904* (Spolek »Augustin Smetana«: Praha 1904) 17. Das Zitat lautet im Original: »Přes 3000 delegátů z celého světa se sešlo k manifestu za právo svobodné myšlenky; Italové mají převahu,

In seiner Schrift bespricht Pelant ausführlich die dort diskutierten Themen und betont die Notwendigkeit, Wissenschaft den breiteren Schichten der Bevölkerung zu vermitteln und »das Ersetzen der relativen Wahrheiten durch die höheren«, die im Einklang mit der Evolution der Menschheit stehen und somit das Gute und Schöne manifestieren können, zu betreiben.[51] Ab dem Jahr 1905 wurde von *Česká sekce Volné Myšlenky* (der tschechischen Sektion des Freien Gedankens), die aus Anlass des Kongresses in Rom im Jahre 1904 gegründet worden war, die Zeitschrift *Volná Myšlenka* [dt.: Freier Gedanke] herausgegeben.[52] Dieses Ereignis hatte Haeckel in einem Brief vom 19. März 1905 sehr unterstützt, mit dem Wunsch des besten Gelingens »im Interesse der Wahrheit, der Aufklärung, der Befreiung von der Tyrannei des Aberglaubens und des Priestertums.«[53] Die gleiche Nummer der Zeitschrift *Volná Myšlenka* beinhaltet auch einen Artikel von Karel Pelant unter dem Titel *Haeckelův názor světový* [dt.: Haeckels Weltanschauung], der die zwiespältige Rezeption Haeckels widerspiegelt:

> In der tschechischen wissenschaftlichen Welt fand vor kurzem offensichtlich eine Kampagne gegen Prof. Ernst Haeckel, den Naturwissenschaftler aus Jena, statt; vorgehalten wurden ihm Irrtümer, Fehler und auch Unrichtigkeiten, die in seinen Schriften später von wissenschaftlichen Schulen entdeckt wurden. Das Publikum wurde als Richter eingeladen, obwohl es nicht in einer Sache urteilen kann, wenn es nur eine Seite gehört hat. Haeckels Buch *Die Welträthsel* war damals noch nicht ins Tschechische übersetzt worden. […] Ein starker Widerstand wegen Haeckels Fehler hat sich in den Gemütern der Laien in eine Anschauung gegen die Evolutionstheorie und gegen den Monismus allgemein gewendet, und eine unvermeidbare Folge war die Skepsis gegenüber der wissenschaftlichen Erkenntnis überhaupt.[54]

---

za nimi asi tisíc Francouzů, ze Španěl přijelo parníkem do Civita Vecchia přes 200 osob; asi sto Němců, padesát Angličanů, několik Američanů, Rusů, Švédů; jeden Čech«.

[51] Ebd., 19.

[52] Die Freidenkerbewegung hatte sich unter der Bezeichnung Freier Gedanke seit 1880 europaweit organisiert. *Volná Myšlenka* war sowohl der Name der tschechischen Organisation der Freidenker als auch der Name der Zeitschrift.

[53] Unbekannter Autor, Pozdravné projevy (Begrüßungsreden), in: *Volná Myšlenka* 1 (1905–1906) 2.

[54] Karel Pelant, Haeckelův názor světový, in: *Volná Myšlenka* 1 (1905–1906) 3–5, hier: 3. Das Zitat lautet im Original: »V českém vědeckém světě byla před nedávnem zřejma kampaň proti prof. Arnoštu Haeckelovi, přírodozpytci v Jeně; byly mu vytýkány vady,

Das war für Karel Pelant der Grund, Haeckels *Thesen zur Organisation des Monismus* ohne Kommentar zu veröffentlichen, damit sich jeder eine eigene Meinung bilden könne. Zuerst wurde in 20 Punkten der theoretische Monismus, »eine Weltanschauung auf Grund der Erfahrung, Vernunft und Wissenschaft«, vorgestellt, danach in zehn Punkten der praktische Monismus, »eine vernünftige Lebensführung auf der Grundlage des theoretischen Monismus«.[55]

Im Jahre 1907 wurde der Internationale Freidenker-Kongress nach Prag einberufen und es bestand – trotz der bereits angekündigten Absage – eine große Hoffnung, dass Haeckel doch daran teilnehmen werde. Ludwig Riess, der Vertreter des Freidenkerbundes für Böhmen,[56] Ortsgruppe Prag, hatte sich bemüht, Haeckel von der Notwendigkeit seiner Teilnahme wenigstens für den ersten Kongresstag zu gewinnen. Der an Haeckel adressierte Brief vom 30. Juli 1907 ist besonders interessant, da Riess in diesem betont, dass die Anwesenheit Haeckels die Verständigung zwischen den beiden Volksgruppen fördern könnte:

> Exzellenz ahnen vielleicht kaum, welche hohe Bedeutung ein Erscheinen Ihrerseits nicht nur für das Gelingen des Kongresses selbst hätte, sondern auch für den Frieden zwischen Deutschen und Čechen in Prag und Böhmen überhaupt. Die breite Kluft, welche bis jetzt leider unüberbrückbar war, würde durch Ew. Exzellenz Erscheinen mit einem Schlage beseitigt sein. Die čechischen Blätter aller Parteiangehörigen, selbst die radikalsten, welche sich dem Deutschtum gegenüber stets als die *heftigesten* Gegner erwiesen haben, wetteifern in der Verherrlichung des groszen deutschen Forschers, Gelehrten und unermüdlichen Pioniers für Freiheit des Geistes und der Volksaufklärung. [...] Exzellenz werden dadurch auszerdem noch das hehre Bewusztsein haben, durch Ihr geneigtes

omyly i nesprávnosti, které v jeho spisech objevily pozdější vědecké školy. Obecenstvo zváno za rozhodčího, ač nemohlo rozsuzovat ve věci, kde slyšelo pouze jedinou stranu. Haeckelův spis »Záhady světa« nebyl tehdy ještě do češtiny přeložen. [...] Prudké potírání vad Haeckelových zvracelo se v myslích laiků v názor proti theorii evoluční a proti monismu všeobecně a nezbytným důsledkem byla skepse proti poznání vědeckému vůbec«.

[55] Ebd., 3.

[56] »Der Freidenkerbund für Böhmen« wurde durch in Böhmen lebende deutschsprachige Freidenker am 16. 9. 1906 gegründet. Vgl. Antonín K. K. Kudláč, *Příběh(y) Volné myšlenky* (Lidové noviny: Praha 2005) 25.

> Erscheinen die so äußerst dringend notwendige Verständigung zwischen Deutschen und Čechen gebahnt zu haben, welche der Beginn einer neuen Aera nicht nur für Böhmen sondern auch für Oesterreich überhaupt bedeuten würde.[57]

Aus gesundheitlichen Gründen konnte Haeckel an diesem Kongress nicht teilnehmen. In seinem Brief an Riess vom 15. September 1907 bedauert Haeckel diese Situation: »... Es tut mir also Leid, dass ich Ihrer freundlichen Einladung nicht entgegenkommen kann. Der Kongressarbeit wünsche ich das beste Gelingen. Mit freundlichem Gruß in tiefer Achtung, Ernst Haeckel.«[58]

Innerhalb der tschechischen freidenkerischen Bewegung wurde Ernst Haeckel auch in den darauf folgenden Jahren sehr geschätzt und blieb eine wichtige Inspirationsquelle. In der Zeitschrift *Volná Myšlenka* finden sich neben vehementen Hinweisen auf die notwendigen Reformen im Bereich Schule und Familie, bezogen auf die Forderung nach einer mehr naturwissenschaftlich orientierten Weltanschauung, immer wieder auch Hinweise auf die Verbindung der monistischen mit der freidenkerischen Bewegung. Obwohl sich die Freidenker weniger auf die theoretischen monistischen Prinzipien konzentrierten und sich vor allem bemühten, alles abzuschaffen, was dem Weg zur Erkenntnis und Wahrheit im Wege stehen könnte, gab es eine Gemeinsamkeit der einheitlichen wissenschaftlichen Weltanschauung, die unter anderem auf den gleichen ethischen Prinzipien beruhte. Thematisiert wurden in diesem Zusammenhang nicht nur die drei Säulen der Haeckelschen monistischen Religion – das Gute, das Schöne und das Wahre –, sondern auch und vor allem der fließende Übergang zwischen der anorganischen und organischen Natur, mit der Betonung der Tatsache, dass es keine vollkommen unbelebte Materie gibt:

> Auch die unbelebte Materie reagiert auf ihre Weise auf Impulse, hat ihre Geschichte, ihr Leben und auch ihren Tod, Zerfall und Veränderung. Auch ein Kristall entwickelt sich aus einem Keim, wächst, indem er sich aus der stofflichen Lösung das ihm Entsprechende auswählt. [...] Auch schon bei der sogenannten unbelebten Materie

---

[57] Brief von Ludwig Riess an Ernst Haeckel vom 30. 7. 1907, im Archivbestand des Ernst-Haeckel-Hauses.

[58] Julius Myslík (Hrsg.), *Světový konres Volné Myšlenky v Praze*, 8., 9., 10., 11. a 12. září 1907 (Volná Myšlenka: Praha 1908) 57.

sehen wir die innere Kraft, das Bemühen, sozusagen, um das Erreichen der vollkommenen Form, die den Tropfen zur Kugel, die (chemische) Zusammensetzung zum Kristall, die frierenden Wassertröpfchen auf einer Oberfläche zu bunten Blättern zwingt. Auch das Leben des Menschen mit seiner Sehnsucht nach Vollkommenheit, nach dem Guten und Schönen ist genauso nur ein Beispiel jenes ewigen Strebens nach Vervollkommnung und Durchsetzung, die in der gesamten Natur herrschen. Dieses Streben kommt durch das Bewusstsein zu höchster Anspannung, und als seelische Energie bemächtigt sich der Wille der äußeren Welt und bildet sich seine Welt. Durch die Spiegelung des Weltalls im menschlichen Gedanken kommt auch die Natur zu ihrem Bewusstsein und dadurch zur Möglichkeit der weiteren Vervollkommnung.[59]

Laut Rusticus, einem anonymen Autor, sei die Rezeption der darwinistischen weltanschaulichen Konzepte von Ernst Haeckel und seiner Bemühungen um die Verbreitung einer einheitlichen Weltanschauung, die auf den Naturwissenschaften beruht, sehr fruchtbar. Es wurde nicht nur ein Kreis von Denkern gebildet, die die Bedeutung der Entwicklungstheorie wahrnehmen, sondern sie seien auch bereit, für ihre Durchsetzung zu arbeiten.[60] Unter Monismus versteht Rusticus ein philosophisches System, dessen Leitgedanke die »Einheit von allem« ist und diese Einheit besteht nicht nur in der organischen Lebenswelt, sondern auch im Geschehen des Weltalls: »Dieser Gedanke, der bisher nur von Mystikern und Dichtern in Momenten aufwallender Gefühlsregungen ausgesprochen wurde, äußert sich heute auf wissenschaftlicher Grundlage. Bisher war dieser nur

[59] Josef Košák, Monismus a Volná Myšlenka, in.: *Volná Myšlenka* 10 (1914) 4–12, hier: 8. Das Zitat lautet im Original: »I neživá hmota reaguje svým způsobem na popudy, má svou historii, svůj život i svou smrt, rozpad a přeměnu. I krystal vyvíjí se ze zárodku, roste vybíraje si z roztoku látky jemu odpovídající. [...] I u t. zv. neživéhmoty vidíme již vnitřní sílu, snahu, abych tak řekl, po dosažení dokonalé formy, která nutí kapku do koule, sloučeninu v krystal, mrznoucí kapénky vody na ploše v pestré listy. I život člověka s jeho touhou po dokonalosti, dobru a kráse jest rovněž jen ukázkou onoho věčného proudu po zdokonalení a uplatnění vládnoucí ve vší přírodě. Tento proud dochází vědomím nejvyššího vypjetí a jako duševní energie, vůle zmocňuje se zevního světa a tvoří si svůj svět. Zrcadlením se vesmíru v myšlence lidské dochází příroda i svého uvědomění a tím možnosti dalšího zdokonalení«.

[60] Rusticus, Monismus, in: *Volná Myšlenka* 7 (1911–1912) 129–134, hier: 130.

ein Gegenstand der ästhetischen Empfindung, heute soll er zum Gegenstand der logisch erkennenden Vernunftstätigkeit werden.«[61]

Zur Organisation des tschechischen Monismus

Die Hervorhebung der poetischen Stimmung von Haeckels naturwissenschaftlicher monistischer Weltanschauung war in der tschechischen Rezeption nach wie vor präsent, obwohl es im Jahre 1913 zum Konflikt zwischen den Freidenkern und den konfessionslosen Sozialdemokraten kam.[62] Als Folge wurde – geleitet vom Schriftsteller, Journalisten und Politiker František Václav Krejčí (1867–1941) – der *Svaz socialistických monistů v Rakousku* [dt.: Tschechischer Sozialistischer Monistenbund in Österreich] gegründet. Er beschäftigte sich nicht nur mit der Beseitigung der »alten mythologischen Religionen«[63], sondern auch mit der Verbreitung der »neuen Erkenntnis und neuen Sittlichkeit«, die von der Wissenschaft ausgehen und »unserem Leben Licht und Segnung« bringen sollen.[64] Hervorgehoben wurde die antiklerikale Ausrichtung des Monistenbundes, aber auch die Rolle der monistischen Aufklärung: »… die organisatorische und aktionsbezogene Ermattung des Freien Gedankens hat die sozialdemokratischen Konfessionslosen gezwungen, sich im Rahmen ihrer Partei einen Brennpunkt für den antiklerikalen Kampf zu schaffen. […] Die Bestrebungen zur Propagierung des Monismus sind erst an zweiter Stelle dazugekommen, von irgendwelchen sektiererischen Absichten kann hier also keine Rede sein.«[65] Dabei ist es aber für František Václav Krejčí auch wichtig, der Öffentlichkeit den Begriff des Monismus

[61] Ebd., 130. Das Zitat lautet im Original: »Tato myšlenka, která dosud byla vyslovována pouze mystiky a básníky ve chvílích citového vzrušení, vystupuje dnes na podkladě vědeckém. Dosud byla pouze předmětem esthetického vzrušení, nyní má se státi předmětem logické, poznávací rozumové činnosti«.

[62] Krejčí, K monistické akci (siehe FN 44).

[63] Die »antiklerikale Agitation« sollte im tschechischen Kulturraum, also in Böhmen, Mähren und Schlesien, so weit fortgeschritten sein, dass »in Böhmen derzeit mehr Konfessionslose sich befinden, als im ganzen übrigen Österreich.« Vgl. Unbekannter Autor, Gründung des tschechischen sozialistischen Monistenbundes in Österreich, in: *Das Monistische Jahrhundert* 2. Erster Halbband (1913) 88–89, hier: 88.

[64] František Václav Krejčí, *Světový názor náboženský a moderní* (Antonín Svěcený: Praha 1914) 82.

[65] Václav Krejčí, K monistické akci (siehe FN 44), 141. Das Zitat lautet im Original: »… organisační a akční ochablost Volné Myšlenky nutila sociálně demokratické bezvěrce, aby se snažili v mezích své strany vytvořit ohnisko pro zápas protiklerikální. […] Snaha o propagandu monismu přistupovala k tomu teprv na místě druhém, o

zu vermitteln und in der Gesellschaft zu verankern, da dieser im tschechischen Kulturraum noch nicht richtig wahrgenommen werde. Monismus stellt für Krejčí die »philosophische und moralische Ergänzung des Sozialismus« dar.[66] Im Rahmen der Sozialdemokratischen Partei sollten Konfessionslose organisiert werden, denen auch Schutz in rechtlichen Angelegenheiten geboten wurde.[67] Nach einem Aufruf hatten sich etwa 5.000 Personen gemeldet, die laut Krejčí eine Möglichkeit haben würden, im Monismus einen religionslosen neuen Glauben zu finden, der im Vergleich mit der christlichen Religion und auch mit dem »leeren und unfruchtbaren Atheismus« eine »erhebende Vorstellung der Unendlichkeit des Weltalls und des ewigen Lebens«[68] bringe, in der sich der Geist und die Materie in eine Einheit verbände und sich die Entwicklungstendenz allen Lebens offenbare. Denn »der Grundgedanke des Monismus: die Tendenz sowohl den älteren Idealismus als auch den groben Materialismus durch die Idee der Einheit zu überwinden, hat für jeden modernen Geist etwas von Natur aus Überzeugendes und unwiderstehlich Harmonisierendes in sich.«[69]

Die Plattform für die sozialistischen Monisten stellte die sozialdemokratische Zeitschrift *Plameny* [Die Flammen], die von einer starken antiklerikalen Note begleitet war, dar. Monistische Themen wurden als Beilage in Form eines sogenannten *Organisační věstník socialistických monistů* [dt.: Organisationsanzeiger der sozialistischen Monisten] präsentiert. Der Monismus als Entwicklungslehre sollte zu einem evolutionären Sozialismus erziehen.[70] Der sozialistische Monistenbund hatte sich zu Beginn vor allem die »Beobachtung der Schulkonflikte«, die Anbahnung von »zahlreichen Kontakten im Ausland« und den »Aufbau der monistischen Literatur« zur Aufgabe gesetzt.[71] Alle sozialistischen Konfessionslosen wurden dazu aufgerufen, Mitglieder des Monistenbundes zu werden, damit

nějakých sektářských úmyslech nemůže tu být tedy řeči«.

[66] Ebd., 146.

[67] Ebd., 140.

[68] Ebd., 141–142.

[69] Ebd., 143. Das Zitat lautet im Original: »… základní myšlenka monismu: snaha překonati i starší idealism i hrubý materialismus pomyslem Jednoty, má v sobě něco přirozeně přesvědčujícího a neodolatelně harmonisujícího pro každou moderní mysl«.

[70] Vgl. zum Beispiel Jiří František Chaloupecký, Náboženství pro socialisty, in: *Plameny* 5/9 (1913).

[71] Unbekannter Autor, Organisační věstník socialistických monistů, in: *Plameny* 5/14 (1913).

diese Organisation zu einem »bedeutenden Bestandteil der Arbeiterbewegung« werden könne.[72] Der monistische Grundton, der von Ernst Haeckels Gedankengut bestimmt wurde, trug jedoch nach wie vor zur Prägung des *Svaz socialistických monistů* [dt.: Verband sozialistischer Monisten] bei: »Wir bauen unsere ganze Welt- und Lebensanschauung neben dem sozialen Denken auf Erkenntnisse der modernen Naturwissenschaft auf. Unser Erkennen kulminiert in der Ahnung von der allgemeinen Einheit von Geist, Materie und Energie, Mensch und Natur, Leben und Welt: wir sind also Anhänger der monistischen Bestrebungen in der Philosophie und werden uns bemühen, diese in Einklang mit den kulturellen und sittlichen sozialistischen Idealen zu bringen.«[73] Innerhalb der sozialistischen monistischen Bewegung wurde wiederholt auf den Mangel an tschechischsprachiger monistischer Literatur hingewiesen. Den »Ursprung der ganzen monistischen Propaganda« stelle das »einzige große tschechische Buch über Monismus«, die Übersetzung von Haeckels Buch *Die Welträthsel*, dar. Für die Arbeiter sei dieses Buch zwar schwer lesbar und darüber hinaus allgemein gesehen veraltet, das Lesen desselben sei aber trotzdem empfehlenswert.[74] Dieser »Mangel« wurde im Jahre 1914 mit der Herausgabe der programmatischen Schrift *Světový názor náboženský a moderní* [dt.: Die religiöse und moderne Weltanschauung] durch den Vorsitzenden des Tschechischen Sozialistischen Monistenbundes František Václav Krejčí behoben.

Öffentliche monistische Disputationen

> Haeckel überragte die anderen dadurch, dass er nicht nur fest an die essentiellenSätze der neuen Lehre, sondern auch an die Gesamtheit mit allen Folgen glaubte; er glaubte und haftete allezeit für seine Überzeugung. Haeckels Wissenschaft ist eine grobe und leere Wissenschaft, aber ehrlich, ohne Vorsicht und ohne Angst, und solche

---

[72] Unbekannter Autor, Organisační věstník socialistických monistů, in: *Plameny* 5/13 (1913).

[73] Unbekannter Autor, Organisační věstník socialistických monistů, in: *Plameny* 5/14 (1913). Das Zitat lautet im Original: »Budujeme celý svůj světový a životní názor vedle myšlení sociálního na poznatcích moderní přírodovědy. Naše poznání vrcholí v tuše všeobecné jednoty ducha, hmoty a energie, člověka a přírody, života a světa, jsme tedy stoupenci monistických snah ve filosofii a budeme se snažit uvésti je v soulad s kulturními a mravními ideály socialismu«.

[74] Unbekannter Autor, Organisační věstník socialistických monistů, in: *Plameny* 5/23 (1913).

> Leute sind notwendig; verzichtbar sind solche, die Haeckel in verschiedenerlei Gedanken folgen, sich aber vor den Folgen fürchten. Die Bestimmtheit und Folgerichtigkeit ist notwendig; und deshalb: Haeckel hat nicht recht, aber – es lebe Haeckel![75]

Während der Blütezeit der tschechischen monistischen Bewegung kam es zu zwei öffentlichen Disputationen über die monistische Weltanschauung. Am 17. Februar 1913 wurde im größten Hörsaal der Philosophischen Fakultät an der Tschechischen Karl-Ferdinands-Universität von dem Verein *Jednota filosofická*[76] [dt.: Philosophische Einheit] in Prag eine Diskussion über den Monismus veranstaltet, zu der bedeutende Persönlichkeiten – sowohl Philosophen als auch andere Wissenschaftler teils außerhalb und teils aus dem Kreis der tschechischen monistischen Bewegung – eingeladen wurden. Teilnehmer waren neben anderen beispielsweise der damalige Rektor der Karls-Universität František Mareš, der designierte Vorsitzende des Tschechischen Sozialistischen Monistenbundes František Václav Krejčí, Emanuel Rádl, Eduard Beneš und der Mitbegründer des Tschechischen Sozialistischen Monistenbundes und nachmalige Herausgeber der Zeitschrift *Socialistický monista* Jaroslav Štych.[77] Die von großem Publikumsinteresse begleitete Diskussion wurde von Emanuel Rádl eingeleitet, indem er die monistischen Theorien von Ernst Haeckel und dem Chemiker und Naturphilosophen Wilhelm Ostwald (1853–1932)[78] vorstellte. Rádl hatte zu Beginn der Diskussion Haeckels Lehre eher kritisch betrachtet, dann aber auf konkrete Nachfrage von Jaroslav Štych gegen Ende der Diskussion seine persönliche, durchaus positive Meinung dargelegt. Zusammenfassend bezeichnete er Haeckel als »einen

---

[75] Emanuel Rádl, E. H. Haeckel, in: *Naše Doba* 15 (1908) 657–663, hier: 663. Das Zitat lautet im Original: »Haeckel vynikl nad ostatní tím, že pevně věřil nejen uzounkým větám nového učení, nýbrž i celku se všemi důsledky, věřil a ručil za své přesvědčení kdykoli. Haeckelova věda jest hrubá a prázdná věda, ale poctivá, bez opatrnictví a beze strachu, a takových lidí jest třeba; k čemu jsou nám takoví, kteří jdou za Haecklem ve všelijakých myšlenečkách, ale důsledků jeho se bojí. Určitosti a důslednosti jest třeba; a proto: Haeckel nemá pravdu, ale – ať žije Haeckel!«.

[76] *Jednota filosofická*, war ein 1881 gegründeter Verein, der Vorträge über philosophische Themen für Fachleute, Studenten, aber auch die breite Öffentlichkeit veranstaltete.

[77] Unbekannter Autor, Diskuse o monismu, in: *Volná Myšlenka* 9 (1913–1914) 169–171.

[78] Wilhelm Ostwald, der 1909 den Nobelpreis für Chemie erhalten hatte, wurde im Jahre 1911 Vorsitzender des Monistenbundes und veranstaltete im selben Jahr den Ersten Monisten-Kongress in Hamburg.

der größten Männer des 19. Jahrhunderts«, bei dem die »Wissenschaft zur Philosophie und die Philosophie zur Wissenschaft« geworden seien.[79] František Václav Krejčí hob hervor, dass Monismus mehr als ein wissenschaftliches System sei. Es gehe um die »Befriedigung der dringenden Lebensbedürfnisse« und der Monismus repräsentiere für ihn eine dem Dualismus überlegene »Grundrichtung des Denkens und des Lebens«[80], denn: »Der Widerstand gegen die Religion der Offenbarung ist keine Besonderheit von Haeckel, aber ein Zeichen für alle heutigen Gebildeten. Der Monismus entspricht dem allgemein empfundenen Bedarf nach Veränderung und nach dem Wiederentstehen einer menschlichen Weltanschauung.«[81] Das große Interesse an dieser Diskussion war ein Zeugnis dafür, dass die monistische Weltanschauung in der Zeit um 1913 im gesellschaftlichen Diskurs in Tschechien ein wichtiges Thema war. Dies zeigte sich auch in der zweiten öffentlichen Disputation »der Vertreter der katholischen Kirche mit den Sozialdemokraten über Religion und Monismus«, die am 1. Juni 1913 in Prag-Hloubětín stattfand. An dieser Veranstaltung nahmen ca. 500 Menschen teil.[82] Als Reaktion auf die Klage, dass die monistische Bewegung in Deutschland entstanden sei und dadurch eine nationale Gefahr für die Tschechen darstelle, wurde die monistische Internationalität hervorgehoben:

> Monismus ist keine nur deutsche oder nur tschechische Bewegung, es ist eine wissenschaftliche Bewegung. Und die Wissenschaft ist nicht deutsch oder slawisch, sie ist international, sie steht, besser gesagt, über den Nationen und ihren Streitigkeiten. Es gibt nur eine [Wissenschaft] für alle Menschen, weil es auch nur eine Wahrheit gibt.[83]

---

[79] Unbekannter Autor, Diskuse o monismu, in: *Volná Myšlenka* 9 (1913–1914) 169–171, hier: 170.

[80] Ebd., 170–171.

[81] Ebd., 171. Das Zitat lautet im Original: »Odpor proti zjevenému náboženství není zvláštností Haeckelovou, ale znakem všech dnešních vzdělanců. Monism vyhovuje jen všeobecně pocit'ované potřebě po proměně a obrodě lidového názoru světového«.

[82] Unbekannter Autor, Organisační věstník socialistických monistů, in: *Plameny* 5/21 (1913).

[83] Ebd. Das Zitat lautet im Original: »Monism není hnutí ani jen německé, ani jen české, jest to prostě hnutí vědecké. A věda není ani německá, ani slovanská, jest mezinárodní, lépe řečeno stojí nad národy a jejich spory. Jest jen jedna pro všechny lidi, neboť také pravda jest jen jedna«.

Anti-monistische Stimmen

Wichtige Impulse für die Diskussion in Prag-Hloubětín kamen aus den Schriften des damaligen Rektors der Karls-Universität, des Physiologen und Politikers František Mareš (1857–1942), der aus seiner betont idealistischen und vitalistischen Sicht dem Monismus sehr kritisch gegenüberstand. Die Evolutionstheorie stellt Mareš in Frage, weil sie vor allem von der Morphologie ausgehe. Die Wesenheit des Lebens zeige sich seiner Meinung nach eher in den Leistungen als in den Formen: »Die Entwicklungstheorie, die sich ausschliesslich mit Formen befasst, vernachlässigt Leistungen, diese wesentliche Seite des Lebens.«[84] Mareš glaubte an die höheren metaphysischen Kräfte, die nicht den Naturgesetzen untergeordnet sind und eine solche sei auch die vitalistische Kraft. Die kritische Betrachtung des Monismus durch Mareš wurde zur argumentativen Unterstützung für die Gegner des Monismus aus dem Kreis des Christentums. Insbesondere das Buch von Mareš *Věda a náboženství: Ke kritice monismu* [dt.: Wissenschaft und Religion: Zur Kritik des Monismus], in dem er sich aber vor allem auf die Kritik des Ostwaldschen Monismus bezieht, wurde zum anti-monistischen Handbuch. Die Gefahr, die seitens der monistischen Bewegung für das Christentum in tschechischen Kulturraum entstand, wurde vor allem durch Jan Konečný (1883–1965) und Václav Oliva Hlošina (1870–1943) thematisiert. Eine wichtige anti-monistische Schrift von Konečný konnte erst nach dem ersten Weltkrieg im Jahre 1920 herausgegeben werden, obwohl sie sich offensichtlich auf die monistische Blütezeit um das Jahr 1913 bezieht:

> … der tschechische Monismus ist eine theoretische Lehre, die wie die ganze Sozialdemokratie aus Deutschland zu uns gekommen ist und sich unter einem wissenschaftlichen Schleier in einen schroffen Gegensatz zur althergebrachten und um die Kultur verdienten christlichen Religion stellt. Er lehnt den persönlichen Gott ab, ebenso die Seele, den freien Willen, das ewige Leben, und verkündet den materialistischen Wahlspruch: ›Lebe Dich mit all deinen Kräften aus‹. Das alles bewirkt aber, dass der Monismus, dem die wirksamen Beweggründe fehlen, nicht imstande ist, den Menschen sittlich und opferbereit zu machen, sondern ihn eher zu Egoismus,

[84] František Mareš, O jednotě života, in: *Živa* 4 (1894), 1–9, hier: 1. Das Zitat lautet im Original: »Vývojná theorie, zabývajíc se výhradně útvary, zanedbává výkony, podstatnou to stránku života«.

> Charakterlosigkeit und Falschheit hinreißt, wohingegen das Christentum mit seiner erhabenen Gottes-Lehre und durch seine Zehn Gebote die beste Schule für die erfolgreiche Erziehung des Einzelnen und auch der ganzen menschlichen Gesellschaft darstellt.[85]

Die Aussagen in einem Artikel Hlošinas spiegeln jedoch auch die schnelle Verbreitung des monistischen Gedankengutes: »Und vielleicht schon aus Opposition waren die Bücher so schnell vergriffen, dass hintereinander mehrere Ausgaben publiziert wurden und die Grundregeln des Monismus sind vor allem durch die Lehrer in die abgelegensten Orte vorgedrungen.«[86] Der Monismus wurde für atheistisch gehalten, ohne den »Menschen die Möglichkeit, die Hoffnung zu geben, sich von der Natur befreien zu können.«[87]

Eine tschechische monistische Zeitschrift

Unter den sozialistischen Monisten kam es aber zu Meinungsverschiedenheiten und dies führte zur Spaltung des tschechischen Monistenbundes. Eine Gruppe blieb František Václav Krejčí treu, die andere ging einen anarcho-kommunistischen Weg, der durch den Astronomen Jaroslav Štych (1881–1941) eingeschlagen wurde. Die anarchistische Orientierung dieser Gruppe spiegelte sich auch in der Zeitschrift *Socialistický monista* [dt.:Sozialistischer Monist] wider, die Štych und seine Mitstreiter als eigene monistische Zeitschrift herausgaben.[88] Die Zeitschrift *Plameny* hatte sich von dem neuen monistischen Periodikum *Socialistický*

---

[85] Jan Konečný, *V boji o nové náboženství (Ke kritice monismu)* (Tiskové družstvo: Hradec Králové 1920) 71. Das Zitat lautet im Original: »… český monismus je theoretické učení, které jako celá sociální demokracie, přišlo k nám z Němec a pod rouškou vědeckosti staví se v příkrý odpor ku starobylému, zasloužilému a kulturnímu náboženství křesťanskému. Týž popírá osobního Boha, duši, svobodnou vůli, život věčný a hlásá materialistické heslo: ›Vyžij se ze všech svých sil‹. Toto všecko však působí, že monismus postrádaje působivých pohnutek, není s to učiniti člověka mravným a obětavým, ale spíše strhuje jej v sobeckost, bezcharakternost a nesprávnost, kdežto křesťanství svou vznešenou naukou o Bohu a svým ›Desaterem‹ je nejlepší školou pro zdárnou výchovu jednotlivce i celé lidské společnosti«.

[86] Václav Oliva Hlošina, Monismus a křesťanství. Příspěvek k ocenění nezdravých proudů časových v naší době, in: *Obrana víry* 1–2/12 (1915) 51. Das Zitat lautet im Original: »A jako ze vzdoru zakázané knihy šly na dračku tak, že vyšlo každé hned za sebou několikeré vydání a zásady monismu vnikly hlavně učitelstvem až do nejzapadlejších osad«.

[87] Konečný, *V boji o nové náboženství*, 85.

[88] Die erste Nummer dieser Zeitschrift erschien im Mai 1914, nachdem sich der

monista distanziert. Es wurde betont, dass die neue Zeitschrift »weder ein offizielles noch ein inoffizielles Organ des Monistenbundes ist und es nie werden wird« und gegen den Willen des »Redaktionsrates und der Führung des Monistenbundes« gegründet worden sei. Die Inhalte der Beiträge, sowie einer der Gründer, Jaroslav Štych, wurden scharf kritisiert.[89] Štych sah im Monismus die Verkörperung der uralten menschlichen Tendenz, alles wissen und kennenlernen zu wollen.[90] Dieser sei seiner Meinung nach kein festgelegtes System oder ein Glaube, sondern: »...eine Methode, durch die wir die Erklärung für alles suchen, das heute noch für übersinnlich gehalten wird, eben durch bekannte Naturgesetze, logisch, analogisch und empirisch ohne Annahme eines weiteren Elementes, das durch die positive Wissenschaft nicht begründet oder bewiesen wäre.«[91] Die poetische Note des Monismus, die ein selbstverständlicher Bestandteil in den Schriften und Beiträgen von František Václav Krejčí war, ist in der Zeitschrift *Socialistický monista* schwer zu finden. Die Herausgabe der Zeitschrift wurde – nachdem nur vier Nummern erschienen waren – behördlich untersagt.[92] Auch der *Organisationsanzeiger für die sozialistischen Monisten* verschwand im Juni 1914 aus den Seiten der Zeitschrift *Plameny*, nachdem in der vorletzten Ausgabe eine Abhandlung unter dem Namen *Úklady o náš svaz* [dt.: Die Fallstricke für unseren Bund] veröffentlicht worden war,[93] in der die schwierige Situation angedeutet wurde: »Gerade in der kritischsten Zeit, als der Sozialistische Monistenbund immer noch nicht alle Schwierigkeiten seiner spontanen Entstehung überwunden hat, haben wir, ohne dass wir wissen weswegen, eine Erschütterung erlitten, die unter bestimmten Umständen fatale Folgen für die gesamte konfessionslose Organisation haben könnte.«[94]

Abspaltungsprozess über mehrere Monate hingezogen hatte.

[89] Unbekannter Autor, Organisační věstník socialistických monistů, in: *Plameny* 6/19 (1914).

[90] Jaroslav Štych, Co je monism, in: *Socialistický Monista* 1 (1914) 21–23, hier: 21.

[91] Ebd., 22. Das Zitat lautet im Original: »... methodou, kterou hledáme vysvětlení pro vše, co zdá se ještě dnes domněle nadsmyslným, prostě známými zákony přírodními, logicky, analogicky a empiricky bez přijímání nějakého dalšího prvku positivní vědou nezdůvodněného a nedokázaného«.

[92] Miroslava Gollová, Počátky české volnomyšlenkářské a bezvěrecké organizace, in: *Československý časopis historický* 32 (1984) 218–249, hier: 228.

[93] Unbekannter Autor, Organisační věstník socialistických monistů, in: *Plameny* 6/20 (1914).

[94] Ebd. Das Zitat lautet im Original: »Zrovna v nejkritičtější době, kdy Svaz socialistických monistů stále ještě nepřekvasil všecky obtíže svého spontánního

Ein Besuch bei Haeckel

Für die Rezeption Haeckels im speziellen und des Monismus im allgemeinen im tschechischen Kulturraum sind auch die Erfahrungen des tschechischen Arztes, Anatomen und Professors der Tschechischen Karl-Ferdinands-Universität Prag Karel Weigner (1874–1937),[95] der im Jahre 1914 nicht nur das Phyletische Museum, sondern auch Haeckel selbst in Jena besucht hatte, von Bedeutung.[96] Weigner betrachtete die Tatsache, dass das ganze Museum auf der Voraussetzung beruhe, dass die Gültigkeit des Biogenetischen Grundgesetzes bereits endgültig bewiesen sei, sehr kritisch und stand auch dem dogmatischen Ton des Monismus skeptisch gegenüber. Diese Gedanken hatten ihn dazu bewogen, Haeckel nach dem Besuch des Phyletischen Museums aufzusuchen, worüber er in der naturwissenschaftlichen Zeitschrift *Živa* [dt.: Leben] berichtete. Haeckel hatte im Gespräch mit Weigner zoologische und philosophische Themen angesprochen und den Monismus lebhaft verteidigt. Wenn die Kenntnisse aus dem Bereich der Naturwissenschaften »alle gesellschaftlichen Schichten« durchdringen, wird die »anthropozentrische Anschauung« beseitigt werden, wodurch der Mensch seine »Beziehungen untereinander und zum Weltall« ändern, seine Lebensaufgaben anders verstehen und sein sittliches Gesetz anpassen könne. In der sozialen, ethischen, politischen und pädagogischen Freiheit sah Haeckel laut Weigner den Höhepunkt des kulturellen Fortschritts des 20. Jahrhunderts.[97] Wie aus den folgenden Zeilen zu entnehmen ist, hatte Haeckels charismatische Art Weigner sehr beeindruckt:

> Es war ein Moment, an den ich mich gerne erinnern werde; am Vorabend eines der ersten Frühlingstage, wenn das schöne Jena vom Licht der untergehenden Sonne durchflutet wird, hat der

---

vzniku, dospěli jsme, ani nevíme jak k otřesu, který by za jistých okolností mohl míti pro celou bezvěreckou organisaci nejosudnější následky«.

[95] Weigner studierte in den Jahren 1893–1898 Medizin an der Tschechischen Karl-Ferdinand-Universität Prag, war ab 1904 Dozent für Anatomie und Physiologie, ab 1906 außerordentlicher Professor für Anatomie. Seine Schriften über die chirurgische Anatomie und Kinesiologie wurden sowohl in tschechischer als auch in deutscher Sprache publiziert. Er befasste sich mit dem Studium der menschlichen Rassen und Typen und war ein Gegner der Rassentheorie. Ab 1898 schrieb er Beiträge für die naturwissenschaftliche Zeitschrift *Živa*.

[96] Karel Weigner, Fyletické museum v Jeně a návštěvou u Haeckla, in: *Živa* 24 (1914) 193–196.

[97] Ebd., 194.

weisshaarige Greis, umgeben von wertvollen Geschenken, mit denen sich seine Freunde am 16. Februar (zum achzigsten Geburtstag) an ihn erinnert haben, mir gegenüber ein Bild der menschlichen Gesellschaft, wie er sie sich in der Zukunft vorstellt, entwickelt, wenn das Gesetz der echten Nächstenliebe herrschen wird. Aus Haeckels warmherzigem Wesen strahlte seine Hingabe für die Sache und der unerschütterliche Glauben an den Fortschritt der Menschheit.[98]

Nach Haeckels Tod

Ernst Haeckel starb im Jahre 1919, in dem auch der *Tschechische Sozialistische Monistenbund* aufgelöst wurde. Nach Haeckels Tod wurde am 13. August 1919 in der tschechischen Zeitung *Národní listy* [dt.: Nationale Blätter] eine kritische retrospektive Betrachtung von Haeckels Leben und Wirken von dem Schriftsteller Karel Čapek veröffentlicht. Haeckel, der »die einseitige naturwissenschatliche naturalistische Kultur« des 19. Jahrhundert verkörpert habe, habe mit seinen Schriften »ein vereinfachtes Weltbild« geschaffen, das seinen Zeitgenossen zugesagt habe.[99] Mit dem Ende des Ersten Weltkrieges habe Haeckel laut Čapek den Zusammenbruch der alten Welt zwar überleben können, er stelle sich aber die Frage, »wie lange der Monismus seinen alten Gründer überlebt. Mit Sicherheit braucht die Menschheit für ihr Leben einen noch mehr verinnerlichten und moralischen Glauben und nicht ein Surrogat, das ihr durch die auf fragwürdigen Wegen in die Irre gegangene Naturwissenschaft gegeben wurde.«[100]

---

[98] Ebd., 195. Das Zitat lautet im Original: »Byla to chvíle, již budu rád vzpomínati; v podvečer jednoho z prvých jarních dnů, za záplavy krásné Jeny růžovým světlem zapadajícího slunce rozvíjel přede mnou bělovlasý kmet, obklopen cennými dary, jimiž ho vzpomenuli jeho přátelé ke dni 16. února (k osmdesátým narozeninám), obraz lidské společnosti, jak si jej kouzlí do budoucna, až zavládne zákon opravdové lásky k bližnímu. Z vlídného zjevu Haecklova zářila jeho zanícenost pro věc a nezlomná víra v pokrok lidstva«.

[99] Karel Čapek, Arnošt Haeckel, in: *Spisy Karla Čapka XIV. Od člověka k člověku I* (Český spisovatel Praha 1988) 129–130, hier: 129.

[100] Ebd., 130. Das Zitat lautet in Original: »... jak dlouho přežije monismus svého stařičkého zakladatele. Rozhodně potřebuje lidstvo ke svému životu víry vnitřnější a morálnější než surogát, který mu podávala z kritických cest zbloudilá přírodní věda«.

Die Faszination der tschechischen monistischen Bewegung und von Haeckels Persönlichkeit, somit eine spezifisch monistische Stimmung, waren jedoch sowohl in der Wissenschaft als auch in der breiteren Öffentlichkeit weiter präsent. Im positivistischen Gedankengut von František Krejčí, in den naturwissenschaftlich-philosophischen Reflexionen von Emanuel Rádl, in der politischen Karriere von František Václav Krejčí, aber auch bei vielen Freidenkern war die monistische naturwissenschaftliche Religion – oft gepaart mit kritischem Hinterfragen der einen oder anderen Prämissen – tief verankert. Haeckels Gedankengut war auch in der Prager Theosophischen Gesellschaft präsent, die bereits vor dem Ersten Weltkrieg, in den Jahren 1908/1909, eine Schrift über Haeckel von Rudolf Steiner[101] – *Haeckel, záhady světové a theosofie* [dt.: Haeckel, die Welträtsel und die Theosophie] – in Übersetzung herausgegeben hatte.[102]

Weitergetragen wurde das Gedankegut von denjenigen Wissenschaftlern, die an der Deutschen Karl-Ferdinands-Universität tätig waren und mit Haeckel nicht nur in einem umfangreichen brieflichen Kontakt gestanden waren, sondern auch seine Theorien begrüßt hatten – erwähnt seien der Arzt und Zoologe Carl Rabl oder die Zoologen Berthold Hatschek und Robert Lendlmayer von Lendenfeld. Die von diesen Ideen beeinflussten und in Böhmen ab 1920 an der Deutschen Universität Prag wirkenden Schüler dieser drei bedeutenden Wissenschaftler – wie beispielsweise der Mediziner und vormalige Leiter der kaiserlich-königlichen Zoologischen Forschungsstation Triest Carl Cori oder der Zoologe Ludwig Freund – waren naturgemäß in ihrem Denken auch von einer mehr oder weniger naturwissenschaftlich-monistischen Weltanschauung geprägt. Das Zoologische Institut der Tschechischen Karl-Ferdinands-Universität[103] leitete ab dem Jahr 1919 Alois Mrázek (1868–1923), der sich sehr ausführlich mit dem Darwinismus und im weiteren auch mit Haeckels Lehre befasst hatte. In seinem Nachruf nach Haeckels Tod reflektiert Mrázek dessen dogmatische Tendenz, die nicht

---

[101] Der Pädagoge, Philosoph und Begründer der Anthroposophie Rudolf Steiner (1861–1925) hatte seine Sympathie für Haeckels Denken in mehreren seiner Schriften manifestiert. Vgl. das Kapitel »Freiheitsphilosophie und Monismus«, in: Rudolf Steiner, *Die Philosophie der Freiheit. Grundzüge einer modernen Weltanschauung* (Philosophisch-Anthroposophischer Verlag: Berlin 1921) 179–189 oder Rudolf Steiner, *Haeckel und seine Gegner* (J. C. C. Bruns' Verlag: Minden i. W. 1900).

[102] Rudolf Steiner, *Haeckel, záhady světové a theosofie* (Česká společnost theosofická: Praha 1908–1909).

[103] Ab 1920 Karls-Universität Prag.

in Einklang mit dem Kampf für die Freiheit der Wissenschaft stehe, recht kritisch.[104] Schlussendlich hebt Mrázek aber auch die Notwendigkeit eines solchen Verhaltens hervor, wenn es um populärwissenschaftliche Bewusstseinsvermittlung geht: »Ein Fachforscher, der überall die noch vorhandenen Lücken der Erkenntnis sieht und der jede seiner ein wenig gewagten Aussagen durch unzählige vorsichtige Klauseln abschwächt, kann nur ein schlechter Popularisator werden. Wer für die Anerkennung einer Idee kämpft, muss von ihrer Richtigkeit felsenfest überzeugt sein und seine Schilderungen müssen natürlich, aber auch immer ein bisschen dogmatisch und schematisch sein. So war es bei Haeckel, der eine hervorragende Persönlichkeit war und der in seiner Person einen herausragenden Zoologen und Philosophen der Natur mit einem begeisterten bildenden Künstler und feurigen Literaten vereinigte – und gerade in diesen Eigenschaften liegen alle Vorzüge und Fehler des bewundernswerten Werkes von Haeckel.«[105]

---

[104] Alois Mrázek, Arnošt Haeckel, in: *Věda přírodní* 1 (1919) 86–90, hier: 90.

[105] Ebd., 88. Das Zitat lautet in Original: »Odborný badatel, vidoucí všude ještě zející mezery poznání, každé poněkud odvážnější svoje tvrzení, nesčetnými opatrnickými klausulemi seslabující, špatně hodí se za popularisátora. Kdo zápasí za uznání nějaké idee, musí o její správnosti býti skálopevně přesvědčen a líčení jeho musí být přirozené, vždy trochu dogmatické a schematické. Tak tomu bylo u Haeckela, jenž byl vynikající osobitostí a spojoval v sobě odborného zoologa a přírodního filosofa s nadšeným umělcem výtvarným a ohnivým literatem, a právě v těchto vlastnostech spočívají všechny přednosti i vady obdivuhodného díla Haeckelova«.

Darwin und die frühe Eugenik in Wien:
Wie und warum der Soziallamarckismus in Österreich die biopolitischen Diskussionen rund um den Ersten Weltkrieg bestimmte

Klaus Taschwer

Einleitung: Nachwirkungen bis in die Gegenwart

Es gibt keine andere wissenschaftliche Bewegung aus der ersten Hälfte des 20. Jahrhunderts, die einen so langen Schatten bis in die Gegenwart wirft, wie die Eugenik. Mehr oder weniger radikale biopolitische Vorschläge zur Verbesserung der Gesellschaft waren in der Zwischenkriegszeit weithin salonfähig, in einigen europäischen Ländern und in Teilen Nordamerikas wurden sie bereits Jahre vor 1933 und der Machtübernahme Hitlers in die Realität umgesetzt. Im Nationalsozialismus legitimierten Eugeniker bzw. Rassenhygieniker dann sogar den Massenmord an als »lebensunwert« definierten Menschen etwa im Rahmen der »Aktion T4«, der zwischen 1940 und 1945 rund 70.000 Personen zum Opfer fielen. In Österreich gab es mit dem Schloss Hartheim jene T4-Tötungsanstalt, in der die Nationalsozialisten am meisten Menschen ermordeten, nämlich rund 28.000 Personen.

Nach 1945 war die Eugenik, die sich durch ihre Anleitung und Rechtfertigung der NS-Verbrechen selbst diskreditiert hatte, in unseren Breiten verpönt. Doch die historische und juristische Aufarbeitung der Mitwirkung von Biologen, Anthropologen oder Medizinern an Verbrechen im Namen der Eugenik ließ lange auf sich warten. So stieß man sich in Österreich lange wenig oder gar nicht daran, hohe staatliche Ehrungen an Personen zu verleihen, die an Verbrechen im Namen der nationalsozialistischen Rassenhygiene beteiligt waren. Im Jahr 1965 etwa erhielt der deutsche Anthropologe Otto Reche, der viele Jahre im Vorstand der Gesellschaft für Rassenhygiene gesessen war und im NS-Regime »Leitsätze zur bevölkerungspolitischen Sicherung des deutschen Ostens« herausgegeben hatte, das Österreichische Ehrenkreuz für Wissenschaft und Kunst I. Klasse.[1] Mit der gleichen Auszeichnung wurde zehn Jahre später auch der Mediziner Heinrich Gross bedacht, der als Anstaltsarzt am Wiener Spiegelgrund in der NS-Zeit für zahllose »Euthanasie«-Morde an Kindern und Jugendlichen mitverantwortlich war. Gross konnte bereits 1955 auf den Steinhof, wie das Arial am Spiegelgrund auch oft genannt wurde, zurückkehren und seine Forschungen an eben jenen präparierten Gehirnen von Kindern fortsetzen, die vor 1945 im Sinne der NS-Rassenhygiene ermordet worden waren.

Erst rund zwanzig Jahre später, als Gross' Beteiligung an diesen NS-Verbrechen bewiesen werden konnte, setzte auch in Österreich eine allmähliche Sensibilisierung in Fragen des Umgangs mit der Geschichte von behinderten Menschen im Nationalsozialismus ein. Diskussionen entzündeten sich meist an einzelnen Wissenschaftlern und Medizinern, die zwar anders als Gross keinen aktiven Beitrag zur Umsetzung der »NS-Euthanasie« leisteten, eugenischen Eingriffen in die Gesellschaft aber durchaus positiv gegenüberstanden und diese auch – zumindest bis 1945 – forderten. Die drei wohl prominentesten Wissenschaftler in diesem Zusammenhang sind der Psychiater Julius Wagner-Jauregg, der Verhaltensforscher Konrad Lorenz sowie der Anatom und Wiener Gesundheitsstadtrat Julius Tandler, die im Gegensatz zu Gross alle längst verstorben waren, als die kritische Aufarbeitung ihrer eugenischen Verstrickungen in der ersten Hälfte des 20. Jahrhunderts begann.

Der Sozialdemokrat Tandler hatte bereits Mitte der 1920er-Jahre Ideen zur »Vernichtung unwerten Lebens« formuliert, die freilich zu Tandlers Lebzeiten in Österreich ohne Umsetzung blieben. Dennoch laufen seit Jahren Diskussionen, den Julius-Tandler-Platz wegen der einschlägigen Aussagen seines Namensgebers umzubenennen.[2] Julius Wagner-Jauregg äußerte sich erst später als Tandler einschlägig; auch in seinem Fall ging es um Umbenennungen im öffentlichen Raum, die dann doch nicht erfolgten. Und der wohl prominenteste Fall ist

---

1 Zu Otto Reche vgl. Katja Geisenhainer, *»Rasse ist Schicksal!« Otto Reche (1879–1966) – ein Leben als Anthropologe und Völkerkundler* (Evangelische Verlagsanstalt: Leipzig 2002).

2 Zu Tandler im Kontext der Eugenik vgl. zuletzt Peter Schwarz, *Julius Tandler. Zwischen Humanismus und Eugenik* (Edition Steinbauer: Wien 2017).

jener von Konrad Lorenz, dem vor allem wegen seiner 1940 getätigten eugenischen Äußerungen Ende 2015 von der Universität Salzburg posthum das Ehrendoktorat aberkannt wurde.[3] Als jüngstes Beispiel für diese anhaltende Aufarbeitung ist schließlich noch der Mediziner Hans Asperger zu erwähnen, Namensgeber einer Form von Autismus. Aspergers aktive Mitwirkung an rassenhygienischen Maßnahmen der Nationalsozialisten wurde erst im April 2018 bekannt und schlägt erneut Wellen.[4]

Ähnlich wie bei den ideologischen Beteiligungen am eugenischen Diskurs vor und nach 1938, so gibt es auch im Hinblick auf die Anfänge dieser biopolitischen Debatten in Österreich noch einigen Forschungsbedarf. Zwar liegen zu diesem Thema mittlerweile bereits Arbeiten vor,[5] doch es gibt gerade im Zusammenhang mit der Darwin-Rezeption in Wien um 1900 noch einige Forschungsdesiderata. Diese Lücken sollen im Folgenden zum Teil verkleinert, zum Teil auch »nur« erstmals thematisiert werden und einen Impuls zur weiteren Erforschung geben. Zudem wird in diesem Beitrag versucht, mit ein paar Thesen, die nicht immer bis ins letzte Detail empirisch abgesichert sind, etwas Orientierung in die verworrene biopolitische Gemengelage Wiens rund um den Ersten Weltkrieg zu bringen. Das mag womöglich auch helfen, die eugenischen Einlassungen der eingangs erwähnten Forscher womöglich in einem etwas anderen Licht zu sehen.

---

[3] Vgl. Klaus Taschwer, *Die verlorene Ehre des Konrad Lorenz*, 18. 12. 2015, https://derstandard.at/2000027787429/Die-verlorene-Ehre-des-Konrad-Lorenz (1. 5. 2018).

[4] Herwig Czech, Hans Asperger, National Socialism, and »race hygiene« in Nazi-era Vienna. In: *Molecular Autism Brain, Cognition and Behavior* 29/9 (2018).

[5] Vgl. u. a. Doris Byer, *Rassenhygiene und Wohlfahrtspflege. Zur Entstehung eines sozialdemokratischen Machtpositivs in Österreich bis 1934* (Campus: Frankfurt a. M./New York 1988); Thomas Praschek, *Darwinismus, Gesellschaft und Politik. Ein Beitrag zur österreichischen Geistes- und Wissenschaftsgeschichte der Jahrhundertwende* (Dissertation der Universität Wien 1993); Gerhard Baader, Eugenische Programme in der sozialistischen Parteienlandschaft in Deutschland und Österreich im Vergleich, in: Gerhard Baader/Veronika Hofer/Thomas Mayer (Hrsg.), *Eugenik in Österreich. Biopolitische Strukturen von 1900 bis 1945* (Czernin Verlag: Wien 2007) 66–139; Paul Weindling, A City Regenerated. Eugenics, Race, and Welfare in Interwar Vienna, in: Deborah Holmes/Lisa Silverman (Hrsg.), *Interwar Vienna. Culture between Tradition and Modernity* (Camden House: Rochester/New York 2009) 81–113.

Die Darwinismus-Diskussion in Wien um 1900

Die Übertragung der Evolutionstheorie Darwins auf die Gesellschaft und zugleich die Anfänge der Eugenik reichen zumindest in England weit ins 19. Jahrhundert zurück: Als Pionier gilt der britische Anthropologe und Schriftsteller Francis Galton, ein Cousin von Charles Darwin. Angeregt durch Darwins 1859 publiziertes Hauptwerk *On the Origin of Species by Means of Natural Selection* begann sich Galton mit der Vererbungslehre und im Speziellen mit der Vererbung geistiger Eigenschaften zu beschäftigen. Bereits 1869 publizierte Galton sein Hauptwerk *Hereditary Genius* (1869), in dem er etliche eugenische Grundgedanken formulierte, die im deutschen Sprachraum auch unter der Bezeichnung Sozialdarwinismus bekannt wurden. Eugenik wurde von Galton in den nächsten Jahren als jene Wissenschaft definiert, die sich mit allen Einflüssen befasst, welche die angeborenen Eigenschaften einer vermeintlichen Rasse verbessern würden. Entsprechend ging er davon aus, dass es gutes und schlechtes Erbmaterial gibt; gute Erbanlagen sollen gefördert (»positive Eugenik«) und schlechte eliminiert werden (»negative Eugenik«). Die »wissenschaftliche« Grundlage für diese damals noch theoretischen Vorstellungen war, dass Darwins Theorie der Auslese auch für die Entwicklung der Menschheit gelte.

Zur Institutionalisierung entsprechender wissenschaftlicher Gesellschaften und der Formierung einer eugenischen Bewegung auf nationaler und internationaler Ebene sollte es erst zu Beginn des 20. Jahrhunderts kommen[6] – und in Österreich, das in den einschlägigen wissenschaftshistorischen Arbeiten meist nur am Rande vorkommt – noch einmal mit besonderer Verspätung. Diese österreichische Verzögerung ging nicht zuletzt auch darauf zurück, dass die Diskussionen um Darwins Evolutionstheorie im Wien der vorletzten Jahrhundertwende besonders heftig waren und hier die Annahme der Vererbung erworbener Eigenschaften als Alternative zum sogenannten Neodarwinismus angesehen wurde. Protagonist dieser Zuspitzung der Evolutionstheorie Darwins war der deutsche Biologe August Weismann, der ab den 1880er-Jahren mit spektakulären Experimenten genau jene (neo-)lamarckistischen Ideen zu widerlegen trachtete, die eine Weitergabe von durch Anpassung erworbenen Eigenschaften behaupteten. In einem seiner berühmtesten Versuche schnitt der Zoologie-Professor der

---

[6] Zur frühen internationalen Institutionalisierung ohne Berücksichtigung Österreichs vgl. Stefan Kühl, *Die Internationale der Rassisten. Aufstieg und Niedergang der internationalen Bewegung für Eugenik und Rassenhygiene im 20. Jahrhundert* (Campus: Frankfurt a. M./New York 1997).

deutschen Universität Freiburg insgesamt 1.592 Mäusen den Schwanz ab und beobachtete dann, ob die jeweiligen Nachkommen (die über viele Generationen beschnitten wurden) ohne Schwänze geboren wurden. Dem war jedoch nicht so, und damit galt die These von der Vererbung erworbener Eigenschaften für ihn empirisch als entkräftet.

Diese Arbeiten wurden in Wien rund um 1900 sehr kritisch rezipiert. An vorderster Front der Weismann-Gegner stand der Mediziner Max Kassowitz, der heute weitgehend in Vergessenheit geraten ist. Kassowitz war ab 1891 Professor für Kinderheilkunde an der Universität Wien und als solcher etliche Jahre Vorgesetzter Sigmund Freuds. In den 1890er-Jahren begann sich Kassowitz intensiv mit biologischen Fragen zu beschäftigen und veröffentlichte von 1898 bis 1906 ein vierbändiges Werk unter dem schlichten Titel *Allgemeine Biologie*. Besonders einflussreich wurde der zweite Band *Vererbung und Entwicklung*, der 1899 erschien und in dem sich Kassowitz eingehend mit Darwin und dessen Selektionstheorie auseinandersetzte.[7] Kassowitz kritisierte dabei Darwin selbst so gut wie gar nicht, sondern hob hervor, dass dieser mit seiner umstrittenen Pangenesis-Theorie aus späteren Arbeiten die Vererbung erworbener Eigenschaften selbst für möglich erachtet habe. Zielscheibe von Kassowitz' Kritik war stattdessen einzig und allein August Weismann.

Im November 1901 wurde Kassowitz eingeladen, im Rahmen der Philosophischen Gesellschaft der Universität Wien eine weithin beachtete Diskussionsreihe mit seinem Vortrag über die »Krisis des Darwinismus« zu eröffnen. Kassowitz nützte die Gelegenheit, sich »definitiv und ohne Vorbehalt« von der Selektionstheorie loszusagen.[8] Als zweiter Wissenschaftler referierte der Botaniker Richard von Wettstein, der in seinem Beitrag unter anderem darauf hinwies, dass seine Fachkollegen eher dem Lamarckismus als dem Darwinismus zuneigen würden. Von Wettstein, der wohl einflussreichste Biologe in Wien zu Beginn des 20. Jahrhundert, sah die Theorien Darwins und Lamarcks aber »nicht als sich ausschließende Gegensätze, sondern als sich ergänzende Lehren«.[9] Mit dieser

---

7 Max Kassowitz, *Vererbung und Entwicklung. Band zwei der vierbändigen Allgemeinen Biologie* (Verlag von Moritz Perles: Wien 1899).

8 Max Kassowitz, Die Krisis des Darwinismus, in: *Wissenschaftliche Beilage zum 15. Jahresbericht (1902) der Philosophischen Gesellschaft an der Universität Wien* (Barth: Leipzig 1902) 5–18, hier: 11.

9 Vgl. Richard von Wettstein, Die Stellung der modernen Botanik zum Darwinismus, in: *Wissenschaftliche Beilage zum 15. Jahresbericht (1902) der Philosophischen*

Ansicht war er in Wien zu dieser Zeit keine Ausnahme, ganz ähnlich dachte etwa auch der Zoologie-Ordinarius Berthold Hatschek, der ebenfalls im Rahmen dieser Vortragsreihe referierte. Die Kritik der damaligen Biologen entzündete sich vor allem an der Frage der Artbildung: Die natürliche Selektion als einziger Mechanismus schien damals ein viel zu langsamer Mechanismus zu sein, um die Entstehung neuer Spezies zu erklären.

Stellte eine solche kritische Diskussion der Evolutionstheorie Darwins damals international keine Ausnahme dar, so war Wien um 1900 doch in mehrfacher Hinsicht etwas anders. Eine Besonderheit lag etwa darin, dass es 1902 zur Gründung eines Forschungsinstituts kam, in dem man die Schlüsselfragen der Evolutionstheorie empirisch klären wollte. In der von Hans Przibram im Wiener Prater gegründeten Biologischen Versuchsanstalt (BVA) begann insbesondere der junge Mitarbeiter Paul Kammerer ein eigenes Forschungsprogramm, bei dem es um den Nachweis der Vererbung erworbener Eigenschaften in längerfristigen zoologischen Versuchsreihen gehen sollte. Kammerer konnte in den nächsten Jahren an einigen Amphibien und Meerestiere tatsächlich phänotypische Veränderungen erzielen, die – jedenfalls seinen Beschreibungen nach – weitervererbt wurde. Das gelang ihm unter anderem mit Farbanpassungen von Feuersalamandern, die auf Böden mit unterschiedlicher Farbe gehalten wurde, mit dem Paarungsverhalten und bestimmten Geschlechtsmerkmalen (insbesondere der Brunftschwielen) von Geburtshelferkröten oder den Siphonen von Seescheiden. Im Verlauf von nur wenigen Jahren machte sich der junge Biologe mit diesen Versuchen auch international einen Namen. Seine Experimente lieferten in der Zeit vor dem Ersten Weltkrieg jedenfalls die wichtigsten empirischen Hinweise darauf, dass eine Vererbung erworbener Eigenschaften möglich wäre und wurden entsprechend auch prominent in der Fachliteratur zitiert.[10]

Dieser auch als »neolamarckistisch« bezeichnete Ansatz prägte den Wiener Diskurs um Evolution und Vererbung zumindest in der Zeit bis zum Ersten Weltkrieg in allen lebenswissenschaftlichen Bereichen von der Zoologie und der

Gesellschaft an der Universität Wien (Barth: Leipzig 1902) 19–32, 24 und 32. Vgl. außerdem Ders., *Der Neo-Lamarckismus und seine Beziehung zum Darwinismus. Vortrag gehalten in der allgemeinen Sitzung der 74. Versammlung deutscher Naturforscher und Ärzte* (Verlag von Gustav Fischer: Jena 1903).

[10] Für eine Zusammenfassung dieser ersten Arbeiten Kammerers und ihre Rezeption vgl. zuletzt Klaus Taschwer, *Der Fall Kammerer. Das abenteuerliche Leben des umstrittensten Biologen seiner Zeit* (Hanser: München 2016) 94–114.

Botanik über die Medizin und Paläontologie bis hin zu den Sozial- und Kulturwissenschaften.[11] Zum Teil waren diese Ansichten auch noch weit in die Zwischenkriegszeit hinein sowohl in der Biologie wie in der Biopolitik dominant und – so lautet jedenfalls die hier vertretene These – vermutlich bestimmender als in den meisten anderen Orten Europas zu dieser Zeit.

Was dazu geführt hatte, dass gerade Wien nach 1900 zu einem weltweiten Zentrum des neolamarckistischen Denkens wurde, liegt aber nicht nur daran, dass es mit der BVA eine einzigartige Forschungsstätte gab. Eine weitere Antwort lieferte der Geologe Eduard Suess bereits im Jahr 1899 in einem Brief an den deutschen Zoologen Ernst Haeckel, dem damals einflussreichsten Biologen des deutschen Sprachraums. Suess, der von 1898 bis 1911 Präsident der kaiserlichen Akademie der Wissenschaften war, meinte in diesem Schreiben, »daß die Fortschritte der Geologie doch mehr und mehr dazu führen, daß dem Einfluße allgemeiner Veränderungen der Lebensumstände eine viel höhere Bedeutung zuerkannt werden muß. Wir sind in Wien immer auf diesem Standpunkt gestanden.«[12]

Wissenschaftssoziologisch betrachtet gibt es für diesen besonderen Fokus auf die Umweltbedingungen freilich noch eine weitere ergänzende Erklärung, die zwar später antisemitisch missbraucht wurde, aber dennoch plausibel erscheint: So wie Freud, Hatschek, Kammerer, Kassowitz, Przibram oder Suess hatten viele andere der führenden Intellektuellen Wiens rund um 1900 jüdische Vorfahren, auch wenn sie selbst oft konvertiert waren bzw. keiner Religionsgemeinschaft angehörten. Und viele von ihnen sahen in einer vollständigen Assimilation in der »deutschen« Mehrheitsgesellschaft die beste Möglichkeit, dem gerade unter Bürgermeister Karl Lueger stärker werdenden Antisemitismus zu entgehen. Und die Theorie von der Vererbbarkeit erworbener Eigenschaften stellte in logischer und hier verkürzter Folge umgelegt auf den Alltag der Forscher nun einmal auch am ehesten in Aussicht, dass die jüdische Bevölkerung Wiens eines Tages den Deutschen gleichgestellt sein und sich so alles zum Besseren wenden würde. Der His-

[11] Für eine ausführlichere Darstellung vgl. den Beitrag von Johannes Feichtinger in diesem Band.

[12] Erika Krauße, Ernst Haeckels Beziehungen zu österreichischen Gelehrten – Spurensuche im Briefnachlass, in: *Stapfia* 56 (1998) 375–414, hier: 395.

toriker Steven Beller formulierte dies etwas überspitzt: »Das Ziel der Fortschrittlichen in der österreichischen Gesellschaft war es daher, jede eigene jüdische Identität zu zerstören.«[13]

Anfänge des eugenischen Denkens in Wien

Rund um das Jahr 1900 kam es aber nicht nur zu wissenschaftlichen Debatten um die entscheidenden Mechanismen der Evolution, die in der englischen Fachliteratur lange unter dem etwas irreführenden Terminus »Eclipse of Darwinism« verhandelt wurden.[14] Man machte sich am Übergang vom 19. zum 20. Jahrhundert erstmals auch im deutschsprachigen Raum Gedanken zur möglichen Umsetzungen der neuen Erkenntnisse über Vererbung und Entwicklung auch beim Menschen. In der deutschen Diskussion, die in dieser Form erst Jahre später in Österreich geführt wurde, stand Weismanns Grundgedanke Pate: Wenn die natürliche Selektion tatsächlich der entscheidende Mechanismus der Evolution ist und dieser in der modernen Gesellschaft außer Kraft gesetzt wird (da sich auch jene Menschen fortpflanzen, die sich »besser« nicht fortpflanzen sollen), dann kann das nichts Gutes für die Gesellschaft, das eigene Volk bzw. die eigene »Rasse« bedeuten.

Wichtige Anstöße zur Formierung des rassenhygienischen Diskurses in Deutschland[15] kamen vom bereits erwähnten Ernst Haeckel – zunächst mit seinem 1899 erstmals erschienenen Bestseller *Die Welträthsel*. Es war dies das meist-

---

[13] Steven Beller, *Wien und die Juden, 1867–1938* (Böhlau: Wien/Köln/Weimar 1993 [orig. 1989]) 154. Diese hier behauptete »Neigung der Juden zum Lamarckismus« findet sich übrigens fast wortwörtlich bereits 1929 in einem antisemitischen Pamphlet des deutschen Rassehygienikers Fritz Lenz, nämlich: Der Fall Kammerer und seine Umfilmung durch Lunatscharsky, in: *Archiv für Rassen- und Gesellschaftsbiologie* 21, 311–318, hier: 316.

[14] Vgl. Peter J. Bowler, *The Eclipse of Darwinism. Anti-Darwinian Theories in the Decades around 1900* (Johns Hopkins University Press: Baltimore/London 1983). Für eine ideologiekritische Diskussion des Begriffs »Eclipse of Darwinism« vgl. zuletzt Mark A. Largent, The So-Called Eclipse of Darwinism. In: Joe Cain/Michael Ruse (Eds.), *Descended from Darwin. Insights into the History of Evolutionary Studies, 1900–1970* (American Philosophical Society: Philadelphia 2009) 3–21.

[15] Für eine umfassende Geschichte vgl. u. a. Peter Weingart/Jürgen Kroll/Kurt Bayertz, *Rasse, Blut und Gene. Geschichte der Eugenik und Rassenhygiene in Deutschland* (Suhrkamp: Frankfurt a. M. 1992).

verkaufte naturwissenschaftliche Sachbuch in Deutschland bis zum Ersten Weltkrieg. Dieses Buch animierte in der Folgezeit viele Biologen, sich auch in gesellschaftliche und politische Fragen einzumischen – ganz gemäß Haeckels Motto, dass Politik angewandte Biologie sei. Fünf Jahre später, 1901, folgte dann sein nächster Bestseller *Die Lebenswunder*, in dem er unter anderem die Tötung schwer behinderter Neugeborener nach Vorbild der Spartaner anregte und sich damit zu einem Vordenker der negativen Eugenik machte. Ein anderer öffentlichkeitswirksamer Anstoß erfolgte in Deutschland pünktlich am 1. Jänner 1900: An dem Tag lobte der deutsche Industrielle und Hobby-Meeresbiologe Friedrich Krupp ein Preisausschreiben aus, das mit 30.000 Reichsmark ziemlich gut dotiert war. Das Geld sollte jener Forscher erhalten, der die folgende Frage am besten beantwortete: »Was lernen wir aus den Prinzipien der Descendenztheorie in Beziehung auf die innenpolitische Entwicklung und Gesetzgebung der Staaten?« Dieses Preisausschreiben unter dem Vorsitz von Ernst Haeckel gewann der Arzt Wilhelm Schallmayer mehr als zwei Jahre später mit dem Aufsatz »Vererbung und Auslese im Lebenslauf der Völker« – was ihn schnell zu einem führenden Protagonisten der deutschen Eugenik machte, die sich wenig später auch institutionalisierte: Im Jahr 1905 gründete der Mediziner Alfred Ploetz die Gesellschaft für Rassenhygiene, Haeckel und Weismann wurden Ehrenmitglieder. Ploetz, der zehn Jahre zuvor den Begriff der ›Rassenhygiene‹ eingeführt hatte, rief 1904 außerdem eine eigene Zeitschrift ins Leben: das von ihm herausgegebene *Archiv für Rassen- und Gesellschaftsbiologie*.

Was passierte in diesen Jahren im katholischen Österreich bzw. in der Reichshauptstadt Wien, die bis 1910 von Bürgermeister Karl Lueger regiert wurde? Das Ergebnis von Recherchen in Tageszeitungen lautet kurz: Nicht allzu viel. Wenn in österreichischen Zeitungen ab 1900 das Wort »Rassenhygiene« vorkommt, dann meist mit Bezug auf Deutschland. Suchen nach den Stichworten »Eugenik« und »eugenisch« liefern bei Volltextsuchen in ANNO, dem virtuellen Zeitungslesesaal der Österreichischen Nationalbibliothek, zwar rund 7.000 Treffer. Das liegt aber schlicht daran, dass Eugenie bzw. Eugenia ein damals in Adelskreisen beliebter Vorname war und die Texterkennung diese feinen Unterschiede noch nicht bewältigt. Am Preisausschreiben Krupps nahmen zwar immerhin acht Österreicher teil, bis auf einige Ausnahmen wie Max von Gruber, der 1902 eine Professur in München antrat, ist aber weitgehend unbekannt, wer damals an diesem Denkwettbewerb teilnahm.

Ein möglicher Einreicher könnte theoretisch der Anatom Emil Zuckerkandl gewesen sein, der in dieser Zeit einen der frühesten »eugenischen« Texte in Österreich publizierte. Zuckerkandl hatte bereits bei seiner Antrittsvorlesung an der Universität Wien 1888 positiv auf Darwins Evolutionstheorie Bezug genommen und musste sich dafür sowohl von der antisemitischen katholischen Presse wie auch vom Unterrichtsminister einige Kritik gefallen lassen. Zuckerkandl habe in seiner Antrittsvorlesung »die Lehre von der Affenbrüderschaft des Menschen proclamiert«, hieß es gleich auf der ersten Seite der Tageszeitung *Das Vaterland*. Und weiter stand in diesem »Bericht« zu lesen: »Bei dieser Glanzstelle seines Vortrages, durch welche sich Herr Zuckerkandl als correcter Reformjude legitimirte, brach das Auditorium in jubelnden Beifall aus. Ihm war sichtlich cannibalisch wohl an einer zur Cultur christlicher Wissenschaft gestifteten Stätte seine Bestialität freudig bekennen zu dürfen.«[16]

In einem Vortrag vierzehn Jahre später im Rahmen der Frauenbewegung kommen die Begriffe Eugenik oder Rassenhygiene, die Namen von Darwin, Lamarck oder Haeckel zwar nicht vor, aber schon derTitel des Texts, »Die physische Veredelung des Menschen«, lässt keine Zweifel aufkommen, um was es Zuckerkandl ging:[17] Der Anatom und Sozialreformer sprach sich darin auf Grundlage von Beispielen aus dem Tierreich erstens klar für die Vererbbarkeit von erworbenen Eigenschaften aus und machte zweitens auch entsprechende Vorschläge, nicht zuletzt für Frauen während der Schwangerschaft – Vorschläge, die heute jeder Arzt unterschreiben würde, wie etwa keinen Alkohol zu trinken. Zuckerkandls Assistent zu dieser Zeit, dies nur als Fußnote, war ein gewisser Julius Tandler, der ihm 1910 auch am Lehrstuhl für Anatomie der Wiener Medizinischen Fakultät nachfolgen sollte.

Ein anderer österreichische Einreicher beim Preisausschreiben Krupps könnte theoretisch der Psychiater Julius Wagner-Jauregg gewesen sein, der 1902 – also in jenem Jahr, in dem Zuckerkandl über die psychische Veredelung des Menschen referierte – die Zweite Psychiatrischen Klinik in Wien übernahm. Auch wenn seine Antrittsvorlesung unter dem Titel »Über erbliche Belastung« stand, ging der spätere Eugenik-Befürworter Wagner-Jauregg damals mit keinem

---

[16] »Der Professor Zuckerkandl«, *Das Vaterland*, 18. 10. 1888, 1.

[17] Emil Zuckerkandl, Die physische Veredelung des Menschen, in: *Das Wissen für Alle* 2/11 (1902) 1–3.

Wort auf mögliche eugenische Maßnahmen ein.[18] Das lag nicht zuletzt daran, dass er die Bedeutung der Erblichkeit gerade im Zusammenhang mit psychiatrischen Erkrankungen für übertrieben hielt. Eine Passage des Vortrags ist besonders bemerkenswert: Nachdem Wagner-Jauregg konstatierte, »dass die Menschen nicht in Belastete und Unbelastete einzuteilen sind, sondern dass Belastung uns allen, nur in sehr verschiedenem Grade zukommt«, zog er folgendes Resümee: »Von einem solchen Gesichtspunkte aus betrachtet, würde allerdings der erblichen Disposition eine weit geringere Rolle bei der Entstehung von Geistesstörungen beigemessen werden können, als gemeinhin angenommen wird.«[19]

Wagner-Jaureggs Zweifel an der Erblichkeit von »Geistesstörungen« und Zuckerkandls sanften biopolitischen Empfehlungen, die das Programm des späteren »Soziallamarckismus« vorwegnahmen, entsprachen die Wiener Innovationen im Umgang mit psychiatrischen PatientInnen um 1900. Man errichtete rund um die Wende zum 20. Jahrhundert in und um Wien einige entsprechende Kliniken (u. a. die Sanatorien Baumgartner Höhe, aka Steinhof und Purkersdorf) und ging dabei ganz von der Annahme aus, dass ein günstiges Milieu die besten Heilungschancen versprach. In dieses soziallamarckistische Bild der Wiener Medizin passte auch die große internationale Hygiene-Ausstellung in der Rotunde im Prater, die 1906 stattfand und die von der Medizin- und Wissenschaftsgeschichte bisher kaum erforscht wurde. Auch in dieser Ausstellung, an deren Zustandekommen Zuckerkandl mitwirkte, ging es ausschließlich um die Verbesserung der Lebensbedingungen sowie um medizinische und technische Fortschritte.[20]

Von Eugenik oder Rassenhygiene im engeren Sinn war in der Schau im Wiener Prater noch überhaupt keine Rede – ganz anders also im Vergleich zur berüchtigten Hygiene-Ausstellung in Dresden, die nur fünf Jahre später ganz im Zeichen von biologischen Vererbungsfragen, von Rassenhygiene und Eugenik stand. Selten aber doch gab es freilich auch in Luegers Wien klassische eugenische Wortmeldungen. Eine davon findet man im Protokoll einer Sitzung des

---

[18] Julius Wagner-Jauregg, Über erbliche Belastung, in: *Wiener klinische Wochenschrift* 15, 30. 10. 1902, 1.153–1.159.

[19] Ebd.

[20] Vgl. Josef Gally (Hrsg.), *Offizieller Katalog der unter dem höchsten Protektorate Sr. k. u. k. Hoheit des Durchlauchtigsten Herrn Erzherzogs Leopold Salvator stehenden Allgemeinen Hygienischen Ausstellung Wien-Rotunde 1906* (Eigenverlag: Wien 1906).

Niederösterreichischen Landtags, der 1905 die Einrichtung eines »statistischen Bureaus« beschloss, um die rasant angestiegenen Ausgaben zur Versorgung der psychisch Kranken zu kontrollieren. Im Zuge dieser Diskussionen wurden im Landtag vor allem von liberaler Seite die ersten eugenisch motivierten Überlegungen in der Politik angestellt, also etwa, ob »erblich Belastete« eine Ehe eingehen dürfen.[21]

Zwei biopolitische Pioniere vor dem Ersten Weltkrieg

Rund um Darwins 100. Geburtstag im Jahr 1909 und zugleich den 50. Jahrestag des Erscheinens von *Über die Entstehung der Arten* nahm nicht nur die Befassung mit Darwin, sondern auch der biopolitische Diskurs in Wien seitens der Lebens- und der Sozialwissenschaften einigen Schwung auf. Geprägt war diese Intensivierung des eugenischen Diskurses in Wien vor allem von linken Denkern, die nicht nur aus der Medizin oder aus der Biologie kamen, sondern auch aus den Sozialwissenschaften. 1910 etwa erschien Francis Galtons eugenisches Pionierwerk *Hereditary Genius* unter dem Titel *Genie und Vererbung* erstmals auf Deutsch. Mitübersetzt wurde das Buch von einem Sozialwissenschaftler, den man aus anderen Zusammenhängen und Kreisen kennt: nämlich vom Ökonomen und Soziologen Otto Neurath sowie seiner Frau Anna Schapire. Die beiden steuerten auch ein wohlwollendes Vorwort bei, ohne freilich im Anschluss an die Publikation selbst zu biopolitischen oder eugenischen Propagandisten zu werden.

Genau das war in diesen Jahren in Wien vor allem dem außeruniversitär tätigen Soziologen Rudolf Goldscheid sowie dem Biologen Paul Kammerer vorbehalten, die rund um den Ersten Weltkrieg in Wien zu bestimmenden Persönlichkeiten in Sachen Eugenik, Biopolitik und Sozialbiologie avancierten. Rudolf Goldscheid war nicht nur ein höchst origineller Denker, sondern auch ein umtriebiger Organisator und Netzwerker:[22] Obwohl er seine Studien der Philosophie, Nationalökonomie und Soziologie nie abschloss und Privatgelehrter blieb,

---

[21] Zitiert nach Sophie Ledebur, *Das Wissen der Anstaltspsychiatrie in der Moderne. Zur Geschichte der Heil- und Pflegeanstalten Am Steinhof in Wien* (Dissertation an der Universität Wien 2011) 60 f.

[22] Zu Goldscheids Aktivitäten vgl. u. a. Georg Witrisal, *Der »Soziallamarckismus« Rudolf Goldscheids. Ein milieutheoretischer Denker zwischen humanitärem Engagement und Sozialdarwinismus* (Ungedruckte Diplomarbeit an der Universität Graz 2004); Gudrun Exner, *Die Soziologische Gesellschaft in Wien (1907–1934) und die Bedeutung Rudolf Goldscheids für ihre Vereinstätigkeit* (New Academic Press: Wien 2013).

leistete er maßgebliche Beiträge zur Etablierung der Soziologie. 1907 gründete er die Soziologische Gesellschaft in Wien, zwei Jahre später war er Mitinitiator der Deutschen Gesellschaft für Soziologie. Zudem übernahm Rudolf Goldscheid im Frühjahr 1912 den Vorsitz der Wiener Ortsgruppe des Monistenbundes, der von Ernst Haeckel Anfang 1906 in Jena gegründet worden war. Diese Organisation hatte enormen Zulauf und 1912 bereits 6000 Mitglieder, die einer von den Naturwissenschaften geprägte Weltanschauung anhingen. Haeckels Monismus wurde dabei selbst quasi zu einer Art Ersatzreligion und setzte auf eine Anwendung biologischer Erkenntnisse in der Gesellschaft.[23]

Umgekehrt war Goldscheid bei der Gründung der Soziologischen Gesellschaft in Wien um eine Integration der Biologie bemüht: Eines der ersten Vorstandsmitglieder war der Zoologie-Ordinarius Berthold Hatschek. Seine eigenen innovativen Ideen entwickelte Goldscheid ebenfalls in Auseinandersetzung mit der Biologie: 1909 erschien sein Buch *Darwin als Lebenselement unserer modernen Kultur*, zwei Jahre später folgte sein Hauptwerk *Höherentwicklung und Menschenökonomie*, das nicht nur Kammerer stark beeinflussen sollte, sondern nach 1918 zu einer Blaupause für die Sozial- und Biopolitik im Roten Wien wurde.[24] Das über 600-seitige Werk trug den Untertitel »Grundlegung der Sozialbiologie« und war ein ungewöhnlicher Beitrag zur der in diesen Jahren besonders heftig geführten Debatte um die Eugenik, die sich 1912 internationalisierte: Im Juli dieses Jahres fand in London der erste internationale Eugenik-Kongress statt, an dem immerhin 700 Wissenschaftler und Wissenschaftlerinnen teilnahmen.

Während man in der deutschen Gesellschaft für Rassenhygiene, der auch Goldscheid kurz angehörte, vor allem auf die verbessernde Kraft der »Auslese« vertraute und auf die Ausmerzung »schlechter« Erbanlagen setzte, entwickelte der humanistisch, sozialdemokratisch, aber auch sozialtechnologisch eingestellte Soziologe Goldscheid ein Konzept zur Verbesserung der Gesellschaft, das von Kammerers Forschungsergebnissen zur Vererbung erworbener Eigenschaften ausging: Wenn eine günstige Umgebung zu positiven Anpassungen führen kann, die sogar weiter vererbt werden, dann würden sich die inhumanen Maßnahmen

---

[23] Zur Geschichte des Monistenbundes in Österreich vgl. Marcus G. Patka, *Freimaurerei und Sozialreform. Der Kampf für Menschenrechte, Pazifismus und Zivilgesellschaft in Österreich 1869–1938* (Löcker: Wien 2010) 72–77.

[24] Rudolf Goldscheid, *Darwin als Lebenselement unserer modernen Kultur* (Heller & Cie: Wien 1909); Ders., *Höherentwicklung und Menschenökonomie. Grundlegung der Sozialbiologie* (Verlag von Dr. W. Klinkhardt: Leipzig 1911).

der ›negativen Eugenik‹ weitgehend erübrigen. Entsprechend sollten zunächst einmal die Lebensbedingungen der verarmten Massen verbessert werden, was sich dann auf die nächsten Generationen positiv auswirken und zu einer Höherentwicklung der Gesellschaft führen würde.

Waren Goldscheids fortschrittliche und zum Teil auch utopische Konzepte durch Kammerers Arbeiten biologisch fundiert, so war der Soziologe umgekehrt mitverantwortlich dafür, dass sich Kammerer immer expliziter gesellschaftlichen Fragen zuwandte und selbst biopolitische Überlegungen anstellte. In gewisser Weise trafen sie sich dabei auf halbem Weg zwischen den beiden Disziplinen, weshalb Goldscheid und Kammerer auch schon als die ersten Sozio-Biologen in der Geschichte der Wissenschaften bezeichnet wurden.[25] Kammerer war nicht nur ein eifriger Leser von Goldscheids *Opus magnum* und lobte oder verteidigte es, wo immer er konnte. Er trat auch der Soziologischen Gesellschaft bei und referierte dort im November 1912 »Über die moderne Variations- und Vererbungslehre« und ihre Bedeutung für eugenische Maßnahmen. Ähnlich wie Goldscheid lehnte auch Kammerer in seinem Vortrag die einfache Umsetzung von Züchtungsideen aus der Biologie ab und hoffte stattdessen, durch günstige Umweltbedingungen das Individuum und die menschliche Gesellschaft verbessern zu können.[26]

Kammerers Interesse für Fragen der Biopolitik ging aber wohl der Bekanntschaft mit Goldscheid voraus. Zum einen war für ihn die frühe Lektüre der Bücher Haeckels prägend, der die Umlegung biologischer Erkenntnisse auf die Gesellschaft zu seinem monistischen Programm machte. Zum anderen beschäftigte sich Kammerer etwa ab 1907 – zunächst noch mehr oder weniger streng biologisch – in rund einem Dutzend Aufsätzen mit der Fragen der Symbiose, die er neben der natürlichen Selektion, der Vererbung erworbener Eigenschaften als dritten wichtigen Mechanismus der Evolution sah. Es war also nicht nur Pjotr Kropotkin ein früher Wegbereiter der heute boomenden Kooperationsforschung, sondern auch Paul Kammerer, der sich insgesamt um so etwas wie einen »Darwinismus mit menschlichem Antlitz« bemühte.

---

[25] Vgl. Reinhard Mocek, The Program of Proletarian Rassenhygiene, in: *Science in Context* 11, 3–4 (1998) 609–619, hier: 613.

[26] Für eine Druckfassung dieses Vortrags vgl. Paul Kammerer, Überblick über die moderne Variations- und Vererbungslehre, in: *Monatshefte für den naturwissenschaftlichen Unterricht* 6, 1 (1913) 44–62.

Ähnlich wie in Sachen Vererbung erworbener Eigenschaften erwies sich Kammerer in diesen Arbeiten zur Symbiose nicht als Darwin-Kritiker, sondern ganz im Gegenteil: als Darwin-Propagandist. Auch für ihn waren die natürliche Selektion und der »Kampf ums Dasein« zentrale Mechanismen der Evolution – aber eben nicht die einzigen. Kammerer sah das Konzept der Symbiose vielmehr als eine Ergänzung der Theorien Darwins, der es lediglich nicht mehr geschafft habe, das Prinzip der gegenseitigen Hilfe für seine Evolutionstheorie fruchtbar zu machen. Denn der Wiener Biologe war grundsätzlich davon überzeugt, dass schon Darwin die Bedeutung der Kooperation richtig erkannt habe.

Spätestens im Jahr 1909 kam es bei Kammerer zu ersten Übertragungen dieser Erkenntnisse auf die Gesellschaft: Der »Kampf ums Dasein« habe schädliche Folgen für die Gesellschaft, schrieb er in einem Text ausgerechnet für das *Archiv für Rassen- und Gesellschaftsbiologie*. Dem in dieser Zeitschrift vorherrschenden Sozialdarwinismus wurden von Kammerer entsprechend »verderbliche Folgen auf die Moral« sowie »das Entstehen der pessimistischen Philosophie und mittelbar der dekadenten Kultur zugeschrieben«.[27] Das Lösungsrezept des Biologen: »Auch hier kann vielleicht das Prinzip der allgemeinen Symbiose Gutes tun und Gegensätze aussöhnen, Schwierigkeiten überwinden helfen, welche die praktische Anwendung der Evolutionstatsache auf soziale Fragen immer noch hemmen und unterbinden!«[28] Zwei Jahre später wagte Kammerer auch einen ersten Sprung in Richtung Praxis: Er wirkte recht intensiv an der bereits erwähnten Hygiene-Ausstellung in Dresden 1911 mit und da im Speziellen am rassenhygienischen Teil: Kammerer lieferte Naturobjekte und war Mitglied der Sondergruppe Rassenhygiene. Im dazugehörigen Katalog gibt es ein ganzes Kapitel zur Vererbung erworbener Eigenschaften, bei dem Kammerers Experimente die zentrale Rolle spielen.[29]

Kammerers frühe Beiträge zur Eugenik-Debatte entsprachen seinen offenen und undogmatischen Positionen in Vererbungsfragen. Er war keineswegs der »reine« Neolamarckist, als der er oft bezeichnet wurde, sondern akzeptierte

---

[27] Paul Kammerer, Allgemeine Symbiose und Kampf ums Dasein als gleichberechtigte Triebkräfte der Evolution, in: *Archiv für Rassen- und Gesellschaftsbiologie* 6/5 (1909) 585–608, hier: 606.

[28] Ebd., 607.

[29] Max von Gruber/Ernst Rüdin, *Fortpflanzung, Vererbung, Rassenhygiene*. Illustrierter Führer durch die Gruppe Rassenhygiene der Internationalen Hygiene-Ausstellung 1911 in Dresden (J. F. Lehmanns Verlag: München 1911) 33–47.

– wie dargelegt – sehr wohl die Rolle der natürlichen Selektion und die Bedeutung der Erbanlagen. Aus diesen Gründen unterstützte er auch Maßnahmen der »negativen Eugenik« – also etwa auch von Sterilisationen, wie sie ab 1907 in einigen Bundesstaaten der USA praktiziert wurden.[30] Sehr viel größere Hoffnungen verband er jedoch mit seiner speziellen Form des »Soziallamarckismus«, der sogenannten »produktiven Eugenik«, die sich konzeptuell auf die von Kammerer propagierte Vererbung erworbener Eigenschaften stützte: Durch günstigere Umweltbedingungen und Investitionen in den Einzelnen ließen sich letztlich bessere Menschen »herstellen«.[31]

Formierung der biopolitischen Lager

Im Jahr 1913 wurde die ›Arbeitssektion für Sozialbiologie und Eugenik‹ als Unterabteilung der Soziologischen Gesellschaft in Wien gegründet.[32] Das war die erste Institutionalisierung eugenischer Diskussionen in Wien. Schriftführer der Arbeitssektion war Paul Kammerer, Sektionsleiter der Anatom Julius Tandler, der auch den Eröffnungsvortrag unter dem Titel »Konstitution und Rassetüchtigkeit« im Hörsaal 38 der Universität Wien hielt. Die Arbeitssektion sollte unter anderem klären, »welche Anteile innere und äußere Faktoren, organische Anlagen und Milieubedingungen an der Volksgesundheit und Rassetüchtigkeit haben.«[33] Diese erste eugenische Initiative in Österreich dürfte kriegsbedingt nur von kurzem Bestand gewesen sein. Dennoch war sie bezeichnend: Die Nichtverwendung der Worte »Rassenhygiene« und »Eugenik« deuten darauf hin, dass Wien vor dem Ersten Weltkrieg nicht nur in Sachen Darwinismus, sondern auch in Sachen Sozialdarwinismus »anders« war als Deutschland.

Genauer besehen zeichnen sich damit bereits vor dem Ersten Weltkrieg im deutschsprachigen biopolitischen Diskurs zwei Fronten immer klarer ab: Auf der einen Seite formierten sich im Laufe der Jahre Vertreter jener Positionen, die

---

[30] Vgl. Kammerers positive Rezension des Buchs *Die Rassenhygiene in den Vereinigten Staaten von Nordamerika* in: *Neue Freie Presse*, 18. 12. 1913, 33.

[31] Zusammenfassend zu Kammerers eugenischem Programm vgl. Cheryl A. Logan, *Hormones, Heredity, and Race: Spectacular Failure in Interwar Vienna* (Rutgers University Press: New Brunswick 2013) 93–99.

[32] Vgl. Gudrun Exner, *Die Soziologische Gesellschaft in Wien (1907–1934)* 230–232 (siehe FN 20).

[33] *Neue Freie Presse*, 19. 11. 1913, 12.

für eine »negative Eugenik« eintraten und sich dabei auf Weismanns Neodarwinismus und Mendels Vererbungsgesetze stützten. In Deutschland waren das vor allem Wissenschaftler und Ärzte aus dem Umfeld der Gesellschaft für Rassenhygiene. Auf der anderen Seite standen die »produktiven Eugeniker« wie Rudolf Goldscheid oder Paul Kammerer, die das Ziel einer besseren Gesellschaft vor allem durch günstigere Umweltbedingungen und positive Veränderungen des »inneren Milieus« (etwa durch medizinische Behandlungen) erreichen wollten.

Diese beiden Richtungen, denen immerhin der feste Glaube an wissenschaftlich legitimierte Eingriffe in die Gesellschaft gemeinsam war, führten auf der rechten Seite zwar nicht schnurgerade zur Rassenpolitik der Nationalsozialisten und zur Politik des ›Neuen Menschen‹ im ›Roten Wien‹ oder in der Sowjetunion auf der Linken.[34] Doch es gab zahlreiche inhaltliche und auch personelle Kontinuitäten, aber auch etliche Ausnahmen. Dass man als Lamarckist bzw. genauer: Anhänger der Vererbung erworbener Eigenschaften etwa nicht notwendigerweise links stehen musste, und Neolamarckisten zum Teil auch arge Antisemiten waren, beweisen Universitätsprofessoren wie der antisemitische Paläobiologe Othenio Abel, in Deutschland der Zoologe Ludwig Plate oder der irische Biologe William MacBride, der zwar Paul Kammerer auch noch über dessen Tod hinaus verteidigte, aber zugleich ein Rechter und Rassist war.[35]

Zwar wurde der biopolitische Sonderweg Wiens unter der Ägide des Gesundheitsstadtrats Julius Tandler noch bis 1934 fortgesetzt, der ein beeindruckendes soziallamarckistisches Programm in die Realität umsetzte. Doch bereits Mitte der 1920er-Jahre begannen sich dann auch in Österreich die bis dahin nicht gut organisierten rechten Rassenhygieniker zu formieren – nicht zuletzt dank der Berufung des eingangs erwähnten Otto Reche ans Institut für Anthropologie der Universität Wien im Jahr 1924. Noch im selben Jahr gründete der Anthropologe die vom österreichischen Sozial- und Unterrichtsministerium geförderte Wiener Gesellschaft für Rassenpflege, deren Eröffnungssitzung am 18. März 1925 im Festsaal der Universität Wien stattfand.[36]

---

[34] Zur besonders komplizierten biopolitischen Gemengelage in der Sowjetunion in den 1920er- und 1930er- Jahren vgl. zuletzt Loren Graham, *Lysenko's Ghost. Epigenetics and Russia* (Harvard University Press: Cambridge, MA. 2016).

[35] Vgl. Peter J. Bowler, E. W. MacBride's Lamarckian Eugenics and Its Implications for the Social Construction of Scientific Knowledge, in: *Annals of Science* 41/3 (1984) 245–260.

[36] Vgl. Brigitte Fuchs, *»Rasse«, »Volk«, Geschlecht. Anthropologische Diskurse in*

Angesichts dieser sich ab Mitte der 1920er-Jahre auch in Wien sich abzeichnenden biopolitischen Frontstellungen erscheinen auch die eingangs geschilderten Diskussionen um die Krise des Darwinismus und die Vererbung erworbener Eigenschaften in einem etwas anderen Licht. Denn bei diesen Auseinandersetzungen ging es jedenfalls nach dem Ersten Weltkrieg nicht nur um die biologische Frage, wie Vererbung funktioniert, sondern auch darum, welche Schlüsse für die Gesellschaft daraus abzuleiten sind. Der wissenschaftliche Streit zwischen den Neodarwinisten und den Neolamarckisten war mithin auch tendenziell einer zwischen einer »rechten« und einer »linken« Biopolitik. Haeckels Diktum, dass Politik angewandte Biologie sei, galt in der politisch so aufgeladenen Zwischenkriegszeit *cum grano salis* auch umgekehrt: Biologie wurde auch in Form von angewandter Politik betrieben.

Österreich 1850–1960 (Campus: Frankfurt a. M./New York 2003) 270.

3 | Öffentlicher Diskurs und populäre Rezeption

Die Darwin-Rezeption in der österreichischen Presse im 19. und frühen 20. Jahrhundert

Gabriele Melischek und Josef Seethaler

Einleitung

Die humoristisch-satirische Wiener Wochenzeitung *Figaro*[1] vermittelte anlässlich des Todestags von Charles Darwin den Eindruck einer polarisierten Öffentlichkeit, indem sie zwei fiktive Nachrufe – aus liberaler und klerikaler Perspektive – publizierte.[2] Während die »liberale Presse« Darwin als den »ersten, tüchtigsten und wohlthätigsten Lehrer der Menschheit im neunzehnten Jahrhundert« bezeichnen würde, sähe die »klerikale Presse« in Darwin nicht nur den »Urheber und Verbreiter der verrückten Idee, der Mensch stamme vom Affen ab«, sondern auch in seinen jüngsten zoologischen Forschungen »Beweise für den Blödsinn des Verstorbenen«[3].

Doch lässt sich die öffentliche Wahrnehmung Darwins und seiner Theorien so vereinfacht darstellen? Wie hat sie sich im Laufe der Zeit verändert? Was waren die Voraussetzungen für das Phänomen Darwin? Wie konnte ein Wissenschaftler im 19. Jahrhundert zu einer öffentlichen Person, einer *public figure* (wie

---

[1] 1857 von Karl Sitter gegründet, gilt das Blatt als »gemäßigt deutschliberal, antiklerikal, antisemitisch und parteiunabhängig«, sein Leserkreis als »gebildetes, wohlhabendes Bürgertum« siehe: Hannes Haas, Die Wiener humoristisch-satirischen Blätter: Zur Produktionsgeschichte eines Zeitschriftentyps (1778–1933), in: *Medien & Zeit* 6/1 (1991) 3–8.

[2] *Figaro*, 6. 5. 1882, 3.

[3] Ebd.

das heute der Europäische Gerichtshof für Menschenrechte in seinen Medienentscheidungen nennt[4]) werden?

Das haben sich schon Zeitgenossen wie der deutsche Anatom, Zoologe und Entwicklungsbiologe Oscar Hertwig[5] gefragt und einen Zusammenhang mit dem Aufstieg des Bürgertums als Träger von Handel, Industrie, Presse und Wissenschaft hergestellt. Das galt auch für Österreich: die meisten Professoren an den Universitäten waren – wie Helmut Rumpler feststellt[6] – Söhne von Industriellen aus der Gründerzeit. Genauso standen hinter den meisten Zeitungen bürgerliche Geschäftsleute. Der Aufstieg der Presse vollzog sich im Zeichen des politischen Führungsanspruchs, den die bürgerlichen Schichten erhoben.

Wenn in diesem Beitrag einige Schlaglichter auf die Rezeption Darwins in der Presse geworfen werden, so fokussieren sie einerseits auf die Tagespresse und andererseits auf die Metropole Wien. Auf die Tagespresse, weil sie im letzten Drittel des 19. und ersten Drittel des 20. Jahrhunderts den wichtigsten Beitrag zur Entstehung einer allgemeinen Öffentlichkeit leistete; auf Wien, um ein möglichst breites Spektrum an Positionen in der damaligen medienvermittelten Öffentlichkeit untersuchen zu können. Als Zeitpunkte der Analyse wurde das Erscheinen seiner Hauptwerke *On the Origin of Species* (1859) und *The Descent of Man* (1871) – wobei letzterem noch im selben Jahr die Wahl zum Mitglied der Akademie der Wissenschaften folgte – sowie sein Tod 1882 und das Gedenken an seinen 100. Geburtstag 1909 gewählt.

Neben zahlreichen Untersuchungen der Rezeption Darwins in Zeitschriften[7] liegen nur wenige Analysen der Zeitungsberichterstattung vor. Als »klassisches

---

[4] *Freedom of expression, the media and journalists: Case-law of the European Court of Human Rights*, IRIS Themes, vol. III (European Audiovisual Observatory: Strasbourg 2013).

[5] Oscar Hertwig, *Das Werden der Organismen: Zur Widerlegung von Darwins Zufallstheorie durch das Gesetz in der Entwicklung*, 2. vermehrte u. verbesserte Aufl. (Gustav Fischer: Jena, 1918).

[6] Helmut Rumpler, *Eine Chance für Mitteleuropa: Bürgerliche Emanzipation und Staatsverfall in der Habsburgermonarchie* (Ueberreuter: Wien 1997) 526.

[7] Für den deutschsprachigen Raum die einschlägigen Kapitel in Andreas W. Daum, *Wissenschaftspopularisierung im 19. Jahrhundert: Bürgerliche Kultur, naturwissenschaftliche Bildung und die deutsche Öffentlichkeit, 1848–1914*. 2. Aufl. (R. Oldenbourg Verlag: München 2002); Eve-Marie Engels, Charles Darwin in der deutschen Zeitschriftenliteratur des 19. Jahrhunderts – Ein Forschungsbericht, in: Rainer

Werk« – so eine Rezension anlässlich des Reprints 1990[8] – gilt die Untersuchung von Alvar Ellegård *Darwin and the General Reader*[9], die auf einem breiten Spektrum britischer Pressereaktionen im Zeitraum 1858 bis 1872 aufbaut. In einem im selben Jahr veröffentlichten Zeitschriftenbeitrag erläuterte Ellegård seinen Untersuchungsansatz, anhand der periodischen Presse Rückschlüsse auf die öffentliche Meinung zu ziehen. Wie er am Beispiel der Rezeption der Theorien Darwins zeigen konnte, ermöglicht die Kombination von Auflagenhöhe und redaktioneller Linie der Zeitungen Aussagen über die Bedeutung spezifischer Themen in unterschiedlichen Segmenten der Bevölkerung.[10] Ähnliches soll auch im vorliegenden Beitrag versucht werden, allerdings einerseits auf einer schmäleren Materialbasis, da nur einige wenige markante Ereignisse herausgegriffen werden, die sich aber andererseits über einen längeren Zeitraum erstrecken. Zu diesen Ereignissen wurde die Berichterstattung aller längerfristig erschienenen Wiener Tageszeitungen erhoben und analysiert,[11] sodass die im Folgenden wiedergegebenen Zitate als charakteristisch für die in der Medienöffentlichkeit jener Zeit kommunizierten Positionen gelten können. Auch wenn Wien im Vergleich zu London ein geringer ausdifferenziertes Pressespektrum aufwies, hat es sich im Laufe des Untersuchungszeitraums nicht nur erweitert und umstrukturiert, sondern vor allem in seinem gesellschaftlichen Stellenwert verändert.

Zur Entwicklung der Wiener Tagespresse

Die der Analyse zugrundegelegten Zeitpunkte fallen in unterschiedliche Phasen der Zeitungsentwicklung.[12] Das lässt sich schon an der Auflagenentwicklung der

---

Brömer/Uwe Hoßfeld/Nikolaas A. Rupke (Hrsg.), *Evolutionsbiologie von Darwin bis heute* (Verlag für Wissenschaft und Bildung: Berlin 2000) 19–57.

8 E. Janet Browne, *Annals of Science* 48/5 (1991) 504–505.

9 Alvar Ellegård, *Darwin and the general reader: The reception of Darwin's theory of evolution in the British periodical press, 1859–1872* (Imprint: Göteborg 1958; Reprint: The University of Chicago Press: Chicago 1990).

10 Alvar Ellegård, Public opinion and the press: Reactions to Darwinism, in: *Journal of the History of Ideas* 19/3 (1958) 379–387.

11 Vgl. die Übersicht über die Wiener Tagespresse in: Gabriele Melischek/Josef Seethaler, Presse und Modernisierung in der Habsburgermonarchie, in: Helmut Rumpler/Peter Urbanitsch (Hrsg.) *Die Habsburgermonarchie 1848–1918. Bd. VIII/2: Politische Öffentlichkeit und Zivilgesellschaft – Die Presse als Faktor der politischen Mobilisierung* (Verlag der Österreichischen Akademie der Wissenschaften: Wien 2006) 1.535–1.714, bes. 1.668–1.674.

12 Ebd., vgl. auch: Gabriele Melischek/Josef Seethaler, Die Tagespresse der franzisko-

Wiener Tagespresse ablesen. Vor 1880 vollzog sich ein kontinuierlicher Anstieg der Gesamtauflage, der in den 1880er Jahren nahezu zum Stillstand kam, ehe danach, also erst nach dem Tod Darwins, ein (in absoluten Zahlen) dramatischer Aufschwung des Zeitungsmarkts einsetzte. Zum 100. Geburtstag Darwins kann schließlich von einer Massenpresse und damit von einer allgemeinen Öffentlichkeit gesprochen werden (siehe Abb. 1).

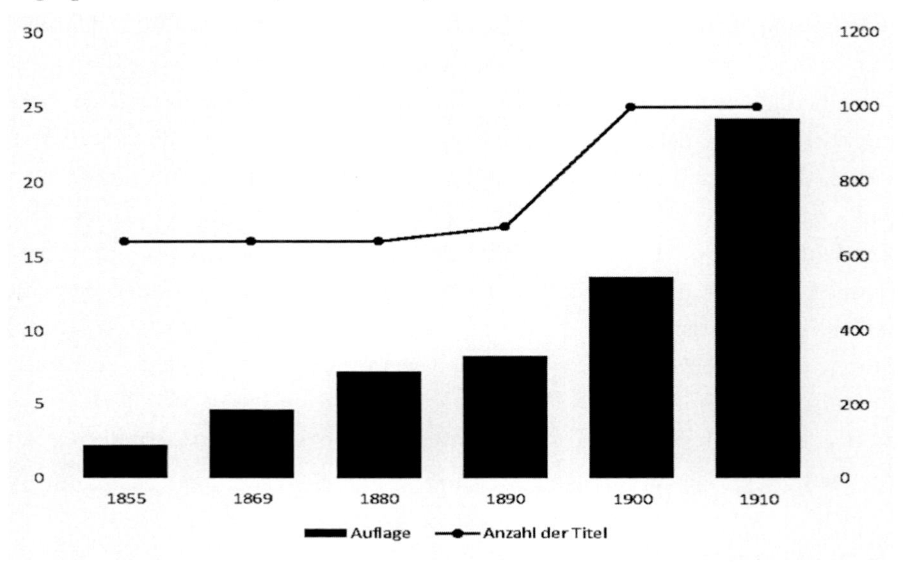

Abb. 1: Entwicklung der Anzahl und Gesamtausgabe der Wiener Tageszeitungen zu den Stichjahren der Volkszählungen[13]

Davor war die Zeitung das, was sie Hertel genannt hatte: Ausdruck des auf wirtschaftlichem Erfolg basierenden bürgerlichen Machtstrebens. Sie stellte primär für wirtschaftliche Unternehmungen Öffentlichkeit her und vermittelte angesichts der Ausdifferenzierung der urbanen Handelsbereiche alltagsrelevante Orientierung in den rasch wachsenden Städten. Aufgrund der herrschenden rechtlichen Restriktionen mussten die Zeitungen jedoch bis zu Beginn der 1860er Jahre auf politisches Räsonnement weitgehend verzichten – weltanschaulich begründete Kommentare waren also zum Zeitpunkt des Erscheinens von *Origin of*

josephinischen Ära, in: Matthias Karmasin/Christian Oggolder (Hrsg.), *Österreichische Mediengeschichte,* Bd. 1: *Von den frühen Drucken zur Ausdifferenzierung des Mediensystems (1500 bis 1918)* (Springer VS: Wiesbaden 2017) 167–192.

[13] Datenbasis: Melischek/Seethaler 2006, 1.666 ff.; aufgrund der Quellenlage wurde anstelle des Jahres der Volkszählung 1857 das Jahr 1855 gewählt.

Species sehr zurückhaltend. Dies änderte sich mit der schrittweisen Legalisierung einer politischen Öffentlichkeit, die eine neue, in der bürgerlichen Revolution von 1848 bereits angekündigte Qualität des öffentlichen Diskurses ermöglichte. Beginnend mit den Beratungen des Verstärkten Reichsrats 1860 wurden Schritt für Schritt die Sitzungen von Herren- und Abgeordnetenhaus, die Sitzungen der Landtage, der Gemeindevertretungen und der Handelskammern öffentlich gemacht. Die Presse, die damit zu den Beratungen zugelassen war, erhielt eine neue, politisch und gesellschaftlich relevante Funktion, die sie in die Lage versetzte, für Themen und Ereignisse Öffentlichkeit herzustellen und dadurch auf politische Willensbildungs- und Entscheidungsprozesse Einfluss zu nehmen. In weiterer Folge lockerte das erste parlamentarisch beschlossene Pressegesetz (1862) einige der ökonomischen Beschränkungen der Zeitungsproduktion und schließlich kam es 1867 zur verfassungsmäßigen Garantie der Pressefreiheit.[14] In dieser Zeit, in die auch die Veröffentlichung von Darwins zweitem Hauptwerk, nämlich *The Descent of Man*, fiel, bestritt der Wiener Pressemarkt noch nahezu ein Drittel der Gesamtzahl der Tageszeitungen im österreichischen Teil der Habsburgermonarchie und gut die Hälfte der Gesamtauflage.

Auch wenn die Zahl der in Wien erschienenen Tageszeitungen bis 1890 stabil blieb, so wurden dennoch mit der in den 1860er Jahren auf die Legalisierung einer politischen Öffentlichkeit folgenden Gründungswelle ein Großteil jener Blätter eingestellt, die aus dem Vormärz stammten oder in den Jahren des Neoabsolutismus gegründet worden waren. Aus der Periode des Vormärz hatte neben der amtlichen *Wiener Zeitung* nur das *Fremdenblatt* und von den während der Revolution 1848 gegründeten Blättern *Die Presse* überdauert. Ihre liberale Position wurde 1864 durch »die wichtigste Zeitungsschöpfung«[15], die von ehemaligen Redakteuren der Presse gegründete *Neue Freie Presse,* verstärkt. Als einziges Weltblatt der Monarchie zählte sie während der Herausgeberschaft durch Moriz Benedikt zu den auflagenstärksten Wiener Tageszeitungen. Die Gegenposition nahm das 1860 gegründete katholisch-konservative Blatt *Das Vaterland* ein, das sich trotz deutlich geringerer Auflage durch seinen einflussreichen Adressatenkreis behauptete.

---

[14] Thomas Olechowski, *Die Entwicklung des Presserechts in Österreich bis 1918. Ein Beitrag zur österreichischen Medienrechtsgeschichte* (Böhlau: Wien 2004).

[15] Ernst Viktor Zenker, *Geschichte der Journalistik in Österreich* (Hof- und Staatsdruckerei: Wien 1900).

Vor allem aber trug die durch den Aufstieg des Liberalismus beförderte Marktwirtschaft zum steigenden Erfolg einer kommerziellen, auf die wachsenden urbanen Märkte orientierten Lokalpresse und damit zu einer schrittweisen Ausweitung des Zeitungspublikums bei, deren Beitrag zur Institutionalisierung von Öffentlichkeit in der Forschung häufig zugunsten einer Überbetonung der Partei- bzw. Meinungspresse unterschätzt wird. Die ersten Vertreter dieses Zeitungstyps wie die *Morgen-Post* waren bereits in den 1850er Jahren, also während der Zeit des Neoabsolutismus, gegründet worden, weil sie als lokale Nachrichtenorgane weniger unter den Einschränkungen der politischen Meinungsäußerung zu leiden hatten. Merkmale ihres Erfolgs waren neben dem Vorrang der Lokalberichterstattung vor dem politischen Teil eine Erweiterung des Anzeigenteils, der dadurch ermöglichte niedrige Verkaufspreis und ein handliches Tabloidformat. Zur ökonomischen Optimierung trug die 1874 abgeschaffte Inseratensteuer bei, die die Basis zur Steigerung der Werbeeinnahmen legte, was sich wiederum positiv auf die Auflagenzahlen auswirken konnte. Das 1867 gegründete *Neue Wiener Tagblatt* konnte sich beispielsweise auf diese Weise »eine große Verbreitung in den Kreisen der gewerbetreibenden Bürgerschaft und der kleinen Beamten«16 sichern und zum führenden Anzeigenorgan der Stadt entwickeln. Später gegründete Lokalzeitungen wie das nach englischen und französischen Vorbildern 1872 gestaltete *Illustrirte Wiener Extrablatt* verbanden die angeführten Erfolgskomponenten mit dem Einsatz von Illustrationen wie einem ganzseitigen Bild auf der ersten Seite und illustrierten Berichten auf den Innenseiten. Damit bilden sie die Brücke zu dem prominentesten Beispiel für diesen Zeitungstyp, die 1900 gegründete *Österreichische* (später: *Illustrierte*) *Kronen-Zeitung*, die zum 100. Geburtstag Darwins bereits zur auflagenstärksten Wiener Tageszeitung geworden war.

Die für Lokalzeitungen vorrangige Orientierung am Publikum formulierte die *Oesterreichische Volks-Zeitung*, Nachfolgetitel der 1855 gegründeten *Wiener Stadt- und Vorstadt-Zeitung*, zu ihrem fünfzigjährigen Jubiläum am 31. März 1905: »Nicht nur eine Zeitung für das Volk, auch eine Zeitung durch das Volk« wolle sie sein. Dementsprechend verband der Präsident der Akademie der Wissenschaften, Eduard Suess, seinen Glückwunsch auf der Titelseite mit einem Plädoyer für eine Intensivierung der Volksbildung. Die Massenpresse sah sich – ähnlich den in dieser Zeit gegründeten zahlreichen populärwissenschaftlichen Zeitschriften[17] – im

[16] Zenker, Geschichte, 67.

[17] Klaus Taschwer, Das Wissen für Alle: Annäherungen an das populärwissenschaftliche

Dienste der Einbindung und Befähigung der Bevölkerung zur Teilhabe am öffentlichen, gesellschaftlichen Geschehen. Ihr gelang es, das »enorme Leser- und Käuferpotential«[18] der steigenden und sozialstrukturell sich verändernden Stadtbevölkerung zu nutzen und – über die bisherigen bürgerlichen Kernleserschichten hinaus – das Kleinbürgertum und die Arbeiterschaft in das Zeitungspublikum zu integrieren. Der damit gegebene Markterfolg erleichterte die Proklamation der Unabhängigkeit von Subventionen der Regierung wie von politischen Gruppierungen, die zu einem Kennzeichen der Massenpresse wurde, womit sie sich von der »großen« – und das hieß auch: großformatigen – politischen Presse abzugrenzen versuchte.

Deren Spektrum hatte sich mit der Ausdifferenzierung des Parteiensystems vor der Jahrhundertwende wesentlich erweitert. Dazu gehören die 1894 erstmals erschienene *Reichspost*, die sich im Untertitel zwar ebenfalls »unabhängig« nannte und damit auf den von der Massenpresse vorgegebenen Trend aufzuspringen versuchte, aber tatsächlich als Sprachrohr der Christlich-Sozialen Partei (CSP) agierte, die im deutschnationalen Lager 1890 ins Leben gerufene *Ostdeutsche Rundschau*und die 1889 gegründete *Arbeiter-Zeitung*, die ab 1895 zum Zentralorgan der Sozialdemokratischen Arbeiterpartei (SDAP) wurde. Ihrem Chefredakteur war allerdings bewusst, dass der »durchschnittliche Zeitungsleser«, so Friedrich Austerlitz am sozialdemokratischen Parteitag im September 1909, weder die *Arbeiter-Zeitung* noch die *Neue Freie Presse* lese, sondern die »über den kleinen Kreis der sogenannten Intellektuellen hinaus« sich orientierenden Volksblätter[19], wie die *Illustrierte Kronen-Zeitung, die Kleine Oesterreichische Volks-Zeitung* oder *Die Neue Zeitung* gehörten. Auch wenn diese kleinformatigen Massenzeitungen keine dezidierte Parteiposition vertraten, richtete sich ihre redaktionelle Linie nach der weltanschaulichen Orientierung des jeweiligen Leserkreises.

Vermittlungsformen in der Tagespresse

Im Wesentlichen sind es drei Formen, durch die die Öffentlichkeit von Darwin erfuhr. Erstens bezogen sich zumeist kurze Meldungen im Nachrichtenteil auf mit ihm verbundene Ereignisse wie Ankündigungen von Vorträgen über seine

---

Zeitschriftenwesen um 1900, in: *Relation: Medien – Gesellschaft – Geschichte* 4/2 (1997) 17–47.

[18] Jörg Requate, Öffentlichkeit und Medien als Gegenstände historischer Analyse, in: *Geschichte und Gesellschaft* 25/1 (1999) 5–31, hier: 16.

[19] *Arbeiter-Zeitung*, 25. 9. 1909, 2.

Theorien, Meldungen über aktuelle Auszeichnungen und Hinweise auf Gedenktage und Jubiläumsveranstaltungen. So veröffentlichte beispielsweise *Die Presse* vom 11. November 1860 in der Rubrik »Wiener Nachrichten« das Programm der »populären Montags-Vorlesungen im Gebäude der Akademie der Wissenschaften«, das den zweiteiligen Vortrag Gustav Jägers[20] »Über Darwins Schöpfungstheorie« ankündigte. Solche Ankündigungen belegen, dass Darwin bereits zum Zeitpunkt des Erscheinens seines ersten Hauptwerkes relativ prominent war und sein Name Publikum anzog. Dies galt umso mehr ein Jahrzehnt später zur Wahl zum auswärtigen korrespondierenden Mitglied der Akademie der Wissenschaften, die unverzüglich Eingang in die Nachrichtenspalten fand, wie etwa in die »Kleinen Chronik« der *Neuen Freien Presse* vom 27. Mai 1871. Ebenso veröffentlichten nahezu alle Wiener Tageszeitungen die Todesnachricht unmittelbar nach ihrem Eintreffen und noch vor ihren mehr oder weniger ausführlichen Nachrufen.

Zweitens wurde in längeren Beiträgen über Vorträge berichtet, die Darwins Theorien einem breiteren Publikum zu vermitteln suchten. Diese Vorträge waren – wie in vielen europäischen Städten – Teil und Motor einer breiten, vor allem von wissenschaftlichen Vereinen getragenen Popularisierung der (Natur-) Wissenschaft[21], die sich auch in der Gründung populärwissenschaftlicher Zeitschriften[22] und einer Ausweitung der Wissenschaftsberichterstattung der Tageszeitungen niederschlug. Ein prägender Akteur dieser Art der Popularisierung war die Gesellschaft Deutscher Naturforscher und Ärzte (GDNA)[23], die im September 1856 auch in Wien tagte und so ihr Vermittlungskonzept von Wissenschaft auch in Österreich propagierte.[24] Selten wurde jedoch in den Vortragsberichten dem Leser diese doppelte Vermittlungsebene bewusst gemacht, wie in einem Zitat aus der katholisch-konservativen Zeitung *Das Vaterland*: »Wünschenwerth

---

[20] Gustav Jäger, habilitierte sich 1859 für Vergleichende Anatomie in Wien: Daum, *Wissenschaftspopularisierung* 494 f.

[21] Klaus Taschwer, Wie Naturwissenschaften populär wurden: Zur Geschichte der Verbreitung naturwissenschaftlicher Kenntnisse in Österreich zwischen 1800 und 1870, in: *Spurensuche*, 1997/1–2, 4–31.

[22] Daum, *Wissenschaftspopularisierung* 337 ff.

[23] Zur Entwicklung der Gesellschaft Deutscher Naturforscher und Ärzte und ihre Bedeutung für die Popularisierung der Naturwissenschaft siehe Daum, *Wissenschaftspopularisierung* 119 ff.

[24] Vgl. *Oesterreichisch Kaiserliche Wiener Zeitung*, 17. 9. 1856, 2–7. Selbst die *Morgen-Post* (22. 9. 1856, 2) berichtete über die Fahrt auf den Semmering im Rahmen der in Wien abgehaltenen 32. Versammlung Deutscher Naturforscher und Ärzte.

wäre es nur gewesen, wenn er [der Vortragende] genauer bezeichnet hätte, was von den vorgetragenen Ideen, die zum Theil von den in Darwin's Werke ausgesprochenen abzuweichen scheinen, ihm selbst und was dem Letzteren angehört.«[25] Diese mehrfache Vermittlungsebene, indem ein Journalist dem Zeitungspublikum vermittelt, wie ein Vortragender seinem Saalpublikum Darwins Werk nahezubringen versuchte, ließ Raum sowohl für Interpretation als auch für Instrumentalisierung. Die wenigsten im Publikum solcher Veranstaltungen und schon gar nicht die Zeitungsleser konnten sich ein Bild aus eigener Anschauung machen. Die Medien waren längst zu Konstrukteuren sozialer Realität geworden. Je mehr Darwin zum Teil dieser medienvermittelten Realität wurde, desto stärker wurde er zu einer »public figure«, zu einer Projektionsfläche, an der man sich ebenso reiben wie orientieren konnte.

Drittens bildeten Beiträge im Feuilletonteil, in spezifischen (natur)wissenschaftlichen Rubriken und in eigenen Wissenschaftsbeilagen der Zeitungen, die in Wien in den 1860er Jahren im Zuge der Popularisierung der Wissenschaften entstanden waren, die Grundlage für eine differenziertere Auseinandersetzung mit den Werken Darwins in der Wiener Tagespresse. Beispielsweise hatte die *Wiener Zeitung* »den vielseitigen und immer dringender geäußerten Wünschen«[26] ihrer Leser entsprechend im Februar 1862 ihre Rubrik »Wochenschrift für Wissenschaft, Kunst und öffentliches Leben« zu einer gleichnamigen Beilage erweitert, in der Darwin wiederholt thematisiert ist. Dies gilt auch für die Beilage »Natur- und Völkerkunde« der *Neuen Freien Presse*, deren erste Nummer bereits auf Darwin verweist.[27] Noch vor dem Erscheinen der deutschsprachigen Übersetzungen seiner beiden Hauptwerke flossen seine Reisedarstellungen in eine Vielzahl von Beiträgen ein wie beispielsweise in den im Abendblatt der *Wiener Zeitung* veröffentlichten Bericht über die Expedition der k. k. Fregatte »Novara« von

---

[25] *Vaterland*, 16. 12. 1860, 1.

[26] *Wiener Zeitung*, 26. 1. 1862, 1.

[27] Edm[und] Reitlinger »Ein Blick ins Weltall«, *Neue Freie Presse*. Abendblatt, 1. 9. 1864, 4. Die Beilage der *Neuen Freien Presse* wurde mehrere Jahre von Reitlinger, Professor für Physik der Technischen Hochschule in Wien, redigiert.

Ferdinand von Hochstetter, dem späteren Direktor des Naturhistorischen Hofmuseums.[28] Sein Verweis auf die »scharfsinnige Theorie Darwin's von der Bildung von Wallriffen und Atollen durch Senkung des Bodens«[29] oder die Bezeichnung Darwins als der »berühmte Englische Reisende und Naturforscher«[30] in einem im Feuilleton der *Wiener Zeitung* abgedruckten Vortrag von Franz Unger, Professor für Pflanzenphysiologie und -paläontologie sowie Geographie der Universität Wien[31], belegen, dass Darwin schon früh einem gebildeten Wiener Zeitungspublikum bekannt war.

Die Rezeption der Hauptwerke 1859/60 und 1871/72

On the Origin of Species: Von der Popularisierung zur Ideologisierung von Wissenschaft

Aus Anlass der Veröffentlichung von *On the Origin of Species*[32] erschienen in der Wiener Tagespresse vor allem Berichte über Sitzungen naturwissenschaftlicher Vereine[33], in denen die Theorie Darwins thematisiert worden war, sowie Berichte über Vorträge, die sich an eine breitere Öffentlichkeit richteten und durchaus

---

[28] *Wiener Zeitung*. Abendblatt, 25. 1. 1859, 2–3.

[29] Ebd., 3.

[30] *Wiener Zeitung*. Abendblatt, 16. 7. 1859, 1–3, hier 2.

[31] Franz Unger wird aufgrund seiner Schriften *Versuch der Geschichte der Pflanzenwelt* (Braumüller: Wien 1852) und *Botanische Briefe* (Gerold: Wien 1852) von Constantin von Wurzbach als ein Vorläufer Darwins bezeichnet: Unger, Franz, in: *Biographisches Lexikon des Kaiserthums Oesterreich,* 49. Theil. Kaiserlich-königliche Hof- und Staatsdruckerei, Wien 1884, 44–61, hier 48–49. http://www.literature.at/viewer.alo?objid=11708&page=50&scale=3.33&viewmode=fullscreen (14. 3. 2018).

[32] Charles Darwin, *On the Origin of Species by Means of Natural Selection, or the Preservation of Favoured Races in the Struggle for Life* (John Murray: London 1859); erste deutschsprachige Übersetzung von Heinrich Georg Bronn: Charles Darwin, *Über die Entstehung der Arten im Thier- und Pflanzen-Reich durch natürliche Züchtung, oder Erhaltung der vervollkommneten Rassen im Kampfe um's Daseyn* (E. Schweizerbart'sche Verlagshandlung und Druckerei: Stuttgart 1860); Zur Übersetzungsproblematik siehe: Eve-Marie Engels, Darwin, der ›Bedeutendste Pfadfinder‹ der Wissenschaft des 19. Jahrhunderts, in: Stefanie Samida (Hrsg.), *Inszenierte Wissenschaft: Zur Popularisierung von Wissen im 19. Jahrhundert* (transcript-Verlag: Bielefeld 2011) 213–243, hier 222 ff.

[33] Die *Wiener Zeitung* führte »Sitzungsberichte« als eigene Rubrik, in der *Presse* waren sie Teil der »Wiener Nachrichten« und im *Vaterland* Teil des »Wissenschaftlichen Lebens in Wien«.

erfolgreich waren.[34] So mussten in Wien die sogenannten »Montag-Vorträge« jüngerer Naturforscher, die seit dem Winter 1855/56 im Saale der k. k. geologischen Reichsanstalt begonnen hatten, aufgrund des großen Interesses zuerst in einen größeren Raum der Akademie der Wissenschaften verlegt werden. Als auch dieser der Zahl der Teilnehmer nicht mehr genügte, stellte die Akademie »als warme Förderin des Unternehmens« – so *Die Presse* in ihrem Feuilleton auf der ersten Seite[35] – den sogenannten »grünen Saal« zur Verfügung. Diesen Bemühungen um eine populäre Vermittlung naturwissenschaftlicher Forschungen wurde nicht nur wissenschaftliche, sondern auch politische Reife attestiert:

> Dieses naturwissenschaftliche Interesse gereicht Wien zur Ehre, und ist ein Zeugniß seiner Reife. England, unser großes Vorbild, zeigt uns, daß freiheitliche und naturwissenschaftliche Entwicklung Hand in Hand gehen.[36]

Neben der amtlichen *Wiener Zeitung* berichteten sowohl *Die Presse* mit ihrer auf das Revolutionsjahr zurückgehenden liberalen Ausrichtung als auch *Das Vaterland* als prominentester Vertreter der damals staatstragenden katholisch-konservativen Presse über die Vereinssitzungen, sandten Reporter zu den Vorträgen und machten so die Debatte über Darwins Thesen öffentlich. Sie war primär von zwei Akteuren bestimmt, dem österreichischen Ornithologen und Novara Expedition-Teilnehmer August von Pelzeln, der gegen Darwin Stellung bezog, und Gustav Jäger, der für ihn eintrat. Nach einer Auseinandersetzung in der zoologisch-botanischen Gesellschaft am 6. Dezember 1860 kündigten die Kontrahenten »ein wissenschaftliches Turnier über diesen Gegenstand in der nächsten Versammlung an.«[37] Ein solcher Konflikt zwischen den Vortragenden bedeutete einen zusätzlichen Nachrichtenwert für die Presse, der die Aufmerksamkeit für das Werk Darwins noch erhöhte.

---

[34] Lediglich *Die Presse* hatte bereits die englischsprachige Ausgabe mit dem Hinweis angekündigt, dass auf Darwins Buch »die Gelehrtenwelt nicht früh genug aufmerksam gemacht werden [kann]«: *Die Presse*, 10. 11. 1860, 10.

[35] *Die Presse*, 4. 9. 1863, 1–2, hier 1; *Die Presse*, 10. 4. 1863, 1–2.

[36] Ebd., zur Bedeutung der Montagsvorträge für die Verbreitung naturwissenschaftlicher Kenntnisse: Taschwer, Naturwissenschaften 17 f.

[37] *Die Presse*, 7. 12. 1860, 3; in ihrer Ankündigung des Vortrags von Gustav Jäger verweist sie erneut auf den Konflikt, *Die Presse*, 10. 12. 1860, 1.

In beiden Blättern stand die wissenschaftliche Leistung Darwins außer Zweifel.[38] Dem Gegner August von Pelzeln warf selbst *Das Vaterland* vor, »in den wenigen Arbeiten, die derselbe bisher veröffentlichte«, in keiner Weise bewiesen zu haben, zu irgendeiner Kritik berechtigt zu sein – und dies, obwohl Pelzeln von einem religiösen Standpunkt ausgehend argumentiert hatte. In dem Bericht der Zeitung wurde Darwins Theorie nicht als Angriff auf den Schöpfungsglauben interpretiert – im Gegenteil: »Man erweist weder der Wissenschaft noch dem positiven Glauben einen Dienst, wenn man ihre Sphären willkürlich mit einander vermengt«, urteilte *Das Vaterland*.[39] Die öffentliche Debatte bewegte sich also unmittelbar nach dem Erscheinen von *On the Origin of Species* im Wesentlichen auf der Ebene einer durchaus populären, aber sachlichen Auseinandersetzung mit den Inhalten und der Rolle von Wissenschaft und beschränkte sich auf eine gebildete Öffentlichkeit. Für die gerade erst aufstrebende, breitere Publikumsschichten adressierende Lokalpresse war Darwin noch kein Thema. Sie kündigte zwar an, wann und wo ein Vortrag über seine Theorie stattfinden würde – ein Veranstaltungskalender war fixer Bestandteil der Lokalzeitungen –, doch sie veröffentlichte keine Berichte darüber.

Das gesellschaftliche Konfliktpotenzial, das der Debatte innewohnte und alsbald eskalieren sollte, kündigte sich jedoch zu dieser Zeit bereits an. Der Anlass dafür lag in der Schulpolitik. Trotz repressiver Pressepolitik zitierten sowohl *Die Presse* als auch das *Fremdenblatt* aus der *Medizinischen Wochenschrift* einen Interventionsversuch des Baron von Helfert[40], der als provisorischer Leiter der Unterrichts-Angelegenheiten Gustav Jäger bewegen wollte, seinen Vortrag über die Theorie Darwins fallen zu lassen. Das *Fremdenblatt* begründete die Veröffentlichung des Vorfalls damit, dass es »unsere Pflicht ist [...] diese Thatsache bekannt zu geben, weil sie dem vor einiger Zeit verbreitet gewesenen Gerüchte, Baron Helfert wolle die Naturwissenschaften ausmerzen, mehr Wahrscheinlichkeit verleiht.« Beide Zeitungen schlossen sich dem Wunsch der *Medizinischen Wochenschrift* an, dass durch die baldige definitive Besetzung des wichtigen Postens eines Leiters der Unterrichts-Angelegenheiten den Gelüsten des Barons Helfert ein Ende gesetzt werde.[41] Der Vorfall verweist bereits auf die politische Vereinnahmung Darwins im Rahmen der Auseinandersetzungen über das neue Schulgesetz,

---

[38] *Das Vaterland,* 8. 12. 1860, 1; *Die Presse*, 12. 12. 1860, 4.

[39] *Das Vaterland,* 8. 12. 1860, 1.

[40] *Die Presse.* Abendblatt, 15. 12. 1860, 1, *Fremdenblatt*, 16. 12. 1860, 2.

[41] Joseph Alexander von Helfert war am 21. 10. 1860 zum interimistischen Leiter des

in denen von liberaler Seite gefordert wurde, seine Theorie als Unterrichtsstoff einzubeziehen.

> Mag sein, dass die Masse des Volkes nicht viel danach fragt, was der Clerus […] von der Darwin'schen Theorie hält oder wie die Jesuiten Naturwissenschaft treiben; davon aber ist das Volk wohl überzeugt, daß […] die vielfach zurückgebliebene Bildung in Oesterreich, zumal in den unteren Classen, das Werk clericaler Bevormundung und ultramontaner Beschränktheit sei, und daß die Fesseln gesprengt werden müssen, welche das Concordat um das Unterrichtswesen überhaupt, ganz speziell aber um den niederen Volksunterricht gespannt hat.[42]

Mit diesen Worten kommentierte die *Neue Freie Presse* die wörtliche Veröffentlichung des Schlusses der Debatte aus der 44. Sitzung des Reichsrats am 26. November 1867, in der anhand der Divergenz zwischen Schöpfungsgeschichte und Darwin'scher Lehre der Gegensatz zwischen Kirche und Wissenschaft erörtert worden war. Während die *Wiener Zeitung*[43] den Wortlaut der Sitzungen kommentarlos veröffentlichte, stellten liberale Blätter – neben der *Neuen Freien Presse* das *Fremdenblatt, Die Presse* und das lokal stark verankerte *Neue Wiener Tagblatt,* das gemeinsam mit seiner Abendausgabe, dem *Neuen Wiener Abendblatt,* bereits die Marktführung übernommen hatte – der Debatte Kommentare voran, in denen sie die Forderung nach der Aufhebung des Konkordats und insbesondere der Trennung von Kirche und Schule durch zusätzliche Argumente unterstützten.

---

dem Staatsministerium zugewiesenen Ministeriums für Kultus und Unterricht bestellt: Erika Weinzierl, Helfert, Joseph Freiherr von, in: *Neue Deutsche Biographie (NDB)*, Bd. 8 (Duncker & Humblot: Berlin 1969) 469; *Die Presse* interpretierte zwei Tage später den Wunsch des Barons als Bedingung für die Genehmigung zur Gründung eines »Vereins für populäre wissenschaftliche Vorträge«, ein Wunsch, der von den jüngeren Gelehrten Wiens an den Baron herangetragen worden war (*Die Presse*, 17. 12. 1860, 3). Eduard Suess überzeugte Baron von Helfert von der Notwendigkeit des Themas, sodass Jäger seinen Vortrag halten konnte (Taschwer, Naturwissenschaften 19). Zur Vereinsgründung u.d.T. »Verein zur Verbreitung naturwissenschaftlicher Kenntnisse«: http://www.zobodat.at/pdf/SVVNWK_1_0003-0014.pdf (20. 3. 2018), zur aktuellen Website des heute noch aktiven Vereins: http://www.univie.ac.at/Verbreitung-naturwiss-Kenntnisse/index.html (20. 3. 2018).

[42] *Neue Freie Presse*, 26. 10. 1867, 1–2.

[43] *Wiener Zeitung*, 27. 10. 1867, 1–2.

Die Antwort der Bischöfe auf diese Forderungen lag in einer jahrelangen Mobilisierung der bäuerlichen Bevölkerung und der Kleingewerbetreibenden gegen das Besitzbürgertum, gegen Wissenschaft, Journalismus und Kunst, die eine erste Umstrukturierung des bislang elitären katholisch-konservativen Lagers hin zu einer christlich-sozialen Massenbewegung bedeutete. Diese Mobilisierung fand zwar Eingang in die politischen Meldungen katholischer Wiener Zeitungen wie dem *Vaterland* und der *Gemeinde-Zeitung*, hatte aber in Wien – im Gegensatz zur regionalen Presse der Alpenländer[44] – keine breite publizistische Basis. Der Kampf gegen das Konkordat mündete 1868 in die Verabschiedung der sogenannten Maigesetze zur Aushebelung jener Teile des Konkordats, die im Widerspruch zur Dezemberverfassung standen. Sie überantworteten die Schulaufsicht dem Staat und versuchten den Einfluss der Kirche zurückzudrängen, bis schließlich 1870 das Konkordat für unwirksam erklärt wurde.[45]

Daraus erklärt sich letztlich auch die Reaktion der liberalen Presse auf die in der *Wiener Zeitung* vom 13. Juli 1871 veröffentlichte kaiserliche Genehmigung der Wahl Darwins zum korrespondierenden ausländischen Mitglied der mathematisch-naturwissenschaftlichen Klasse der Akademie der Wissenschaften.[46] Obwohl die Bestätigung der Wahl »des ins Gelehrtenthum übersetzten leibhaftigen ›Antichrists‹ (nach dem Zeugnisse aller Gottesfürchtigen)« für das *Neue Wiener Abendblatt* nicht überraschend gekommen war, lag für die Zeitung darin, »daß keine kirchlich-reaktionäre Strömung mehr im Stande ist, solche Ereignisse aufzuhalten oder ungeschehen zu machen, [...] das Bezeichnende des Vorgangs, [...] das Tröstliche«.[47] In der darauffolgenden Tagesausgabe unterstrich das *Neue Wiener Tagblatt* seine Haltung, indem es in einem Leitartikel mit dem Titel »Von einem Revolutionär« Darwins neues Buch über die Abstammung des Menschen[48]

---

[44] Zur Rolle des *Vorarlberger Volksblatts* auf Seiten der klerikalen Konkordatsverteidiger siehe Hubert Weitensfelder, *»Römlinge« und »Preußenseuchler«: Konservativ-Christlichsoziale, Liberal-Deutschnationale und der Kulturkampf in Vorarlberg, 1860 bis 1914* (Verlag für Geschichte und Politik: Wien 2008).

[45] Rumpler, *Chance* 419 ff.

[46] *Wiener Zeitung*, 13. 7. 1871, 1.

[47] *Neues Wiener Abendblatt*, 13. 7. 1871, 1.

[48] Charles Darwin, *The Descent of Man, and Selection in Relation to Sex* [dt: Die Abstammung des Menschen und die geschlechtliche Zuchtwahl] (John Murray: London 1871).

vorstellte. Davon überzeugt, dass dieses Buch »wahrscheinlich nicht minder diskutirt, kommentirt und angefeindet werden«[49] würde, beschließt das Blatt seine Ausführungen:

> Darwin ist ein Revolutionär, keiner von denen, die Dokumente verbrennen oder Eintags-Republiken proklamiren, aber ein Revolutionär, der alte Nebel zerstreut, alte Kutten ausklopft, langgeschlossene Augen öffnet, der Wahrheit und damit der Freiheit eine Gasse bahnt. Und dieser gefährliche Revolutionär gehört jetzt einem österreichischen Gelehrten-Institute an, er ist unser geworden – mit kaiserlicher Genehmigung.[50]

The Descent of Man: Von der Ideologisierung zur generellen Instrumentalisierung von Wissenschaft

Tatsächlich hatte Darwin zum Zeitpunkt des Erscheinens von *The Descent of Man* (1871) einen hohen Bekanntheitsgrad erreicht. Nicht nur im oben zitierten Leitartikel des *Neuen Wiener Tagblatts* wurde eine gewisse Kenntnis der Lehren Darwins vorausgesetzt, selbst die politisch weniger exponierte *Morgen-Post* führte Darwin als einzigen der vom Kaiser bestätigten neuen Akademie-Mitglieder namentlich an.[51] Noch vor einem Jahrzehnt war Darwin der Lokalpresse keinen Bericht wert gewesen. Der Kampf um die Schulgesetze hatte ihn jedoch zu einer »public figure« werden lassen, die im positiven wie im negativen Sinn als Bezugsgröße taugte, um die jeweiligen ideologischen Zielsetzungen auf den Punkt zu bringen. Voraussetzung dafür war eine Popularisierung seiner Lehre, durch die sie nicht für politische Zwecke, sondern sowohl als beliebig einsetzbare wissenschaftliche Referenzgröße als auch zur Erklärung und Legitimation unterschiedlichster gesellschaftlicher Phänomene instrumentalisiert werden konnte.

Ersteres geschah in zahlreichen, thematisch breit gefächerten naturwissenschaftlichen Beiträgen im Feuilleton und in Beilagen der Zeitungen, sowie in einer Vielzahl von Berichten über naturwissenschaftliche Vorträge im Rahmen von Veranstaltungen wissenschaftlicher Vereine im In- und Ausland. Diese Vorträge

---

[49] *Neues Wiener Tagblatt*, 14. 7. 1871, 1–2, hier 1.

[50] Ebd., 2.

[51] *Morgen-Post*, 14. 7. 1871, 3.

wurden primär von Vertretern einer sich damals ausdifferenzierenden Wissenschaftsvermittlung gehalten, die sich aus professionellen und okkasionellen, aber auch universitären »Popularisierern« sowie zur Wissenschaftselite gehörigen akademischen »Meinungsführern« zusammensetzten.[52] Sie begleiteten und förderten die Professionalisierung der naturwissenschaftlichen Disziplinen, doch im angespannten kulturpolitischen Klima führten die zahlenmäßig explodierenden einschlägigen Medienberichte, in denen auch wiederholt und in unterschiedlichen Kontexten auf Darwins Werk Bezug genommen wurde, zu heftigen Reaktionen seitens der katholisch-konservativen Presse. So verunglimpfte beispielsweise die an mittelständische Leser gerichtete *Gemeindezeitung* den deutsch-schweizerischen Naturwissenschaftler Carl Vogt als »Affenprofessor«[53], als er in seinem Engagement für die Verbreitung der Lehre Darwins im Rahmen der 43. Versammlung der Gesellschaft Deutscher Naturforscher und Ärzte in Innsbruck im September 1869 religiöse Vorstellungen ins Lächerliche gezogen hatte, während *Das Vaterland* vor allem die Reaktionen der liberalen Presse kritisierte, durch die es »den Volksgeist in Tirol und den städtischen Liberalismus [...] immer schroffer gegeneinander antreten« sah.[54] Trotz wiederholter Ablehnung der Vorträge des »Wanderprediger[s] des Materialismus«[55] unterschied die Zeitung dennoch zwischen Darwin und dem Darwinismus seiner Anhänger, wie in der Wiedergabe eines Vortrags von Vinzenz Knauer, der Darwin als ernsten, ruhigen Forscher bezeichnete, »der durch seine gelehrten Werke und geistvollen Hypothesen über manche Gebiete der Naturwissenschaft Licht verbreitete und nicht von ferne daran dachte, jene Scandale anzuzetteln, welche Leute, wie Vogt, mit seinem berühmten Namen zu bemänteln versuchen. ... [Er ist] kein Affenprofessor und wer ihn für einen solchen ausgibt, ist ein Verleumder.«[56]

Zum Erscheinen von Darwins *The Descent of Man* bezog sie allerdings eine prononcierte Gegenposition und untermauerte sie mit einer Rezension über die fünfte Auflage der *Fragmente über Geologie* des Markgrafen Franz Marenzi[57], in

---

52 Daum, *Wissenschaftspopularisierung* 383.

53 *Gemeinde-Zeitung*, 28. 9. 1869, [4].

54 *Das Vaterland*, 11. 10. 1869, 1.

55 *Das Vaterland*, 30. 11. 1869, 1. Karl Vogt hielt im November 1869 sechs Gastvorträge im Akademischen Gymnasium in Wien, über die die Presse ausführlich berichtete.

56 *Das Vaterland*, 19. 12. 1869, 6.

57 Franz Marenzi, *Fragmente über Geologie oder die Einsturzhypothese* (Buchdruckerei des Oesterr. Lloyd: Triest 1872).

dem »die berüchtigten Behauptungen Darwin's und anderer Gegner des Schöpfungsglaubens auf das Gründlichste widerlegt werden«.[58] Eine eigene Rezension von Darwins Werk findet sich nicht. Die ablehnende Haltung des Blattes drückte sich vielmehr in weiteren Rezensionen anderer Bücher aus wie beispielsweise in der Empfehlung des von Johann Wieser veröffentlichten Bandes *Mensch und Thier*[59], dem attestiert wurde, »den Darwinismus in seiner ganzen inneren Unhaltbarkeit an den Pranger« gestellt zu haben.«[60] Hingegen wurde zur Weihnachtszeit 1876 vor der Neuauflage von *Brehm's Thierleben*[61] unter Verwendung antisemitischer Untergriffe gewarnt: »Alle unsere liberalen Judenblätter wissen nicht Lobes genug über dasselbe zu sagen. [...] wir müssen auf das Dringendste jede christliche Familie davor warnen, diesen frechsten Panegyrikus des Darwinismus ihren Kindern in die Hände zu geben.«[62]

Auf liberaler Seite fächerte sich das Spektrum der Positionen auf. Auf der einen Seite setzten sich die Versuche einer volksbildnerischen Popularisierung fort, während sich auf der anderen Seite – und zwar vor allem in den auflagenstarken Lokalzeitungen – die Instrumentalisierung der Theoreme Darwins als vielseitig verwendbare Erklärungs- und Legitimationsfolie verschärfte. Von beiden Positionen hob sich die *Neue Freie Presse* ab, indem sie versuchte, die Rezeption Darwins zu reflektieren und Verständnis für die wissenschaftliche Arbeitsweise zu wecken. So erkannte Oskar Schmidt, Professor für Zoologie und Rektor der Universität Graz, in seiner Rezension[63] die gesellschaftliche Spaltung in Darwinianer und Anti-Darwinianer als Folge einer Popularisierung von Wissenschaft, die aber mit der Problematik einhergehe, dass Laien ohne entsprechende Vorkenntnisse der Argumentation Darwins kaum Folge leisten könnten:

---

[58] *Das Vaterland*, 30. 10. 1872, 3.

[59] Johann Wieser, *Mensch und Thier: Populär-wissenschaftliche Vorträge über den Wesensunterschied zwischen Mensch und Thier, mit Rücksicht auf die Darwin'sche Descendenzlehre.* (Herder: Freiburg 1875).

[60] *Das Vaterland*, 1. 3. 1876, 2.

[61] [Alfred Edmund Brehm], *Brehms Thierleben: Allgemeine Kunde des Thierreiches*. Große Ausgabe, 2. Aufl. (Verlag des Bibliographischen Instituts: Leipzig 1876)

[62] *Das Vaterland*, 14. 12. 1876, 2; eine zweite Warnung folgte am 9. 3. 1877, 2.

[63] Schmidts Vortrag »über die Anwendung der Descendenzlehre auf den Menschen« basiert auf dem letzten Abschnitt seines Buches *Descendenzlehre und Darwinismus* (F A Brockhaus: Leipzig 1873).

> Darwin ist schwer zu lesen und für den Laien sehr ungenießbar, weil er die Thatsachen, welche er für seine Beweisführung verwendet und woraus er, wenn auch oft nur Wahrscheinlichkeitsschüsse zieht, in erdrückender Fülle beibringt. Für die Fachleute, d. h. für die in dem ungeheuren Gebiete der Zoologie und zum Theile auch der Botanik bewanderten Naturforscher, ist dann die Probe, welche die Lehre oder Hypothese in ihrer Anwendung zur Klärung jener Gesamtheit des Thatsächlichen zu bestehen hat, etwas Natürliches und Verständliches.[64]

In seinen Ausführungen ging es Schmidt daher weniger um den Inhalt des Werkes als vielmehr darum, mit Einblicken in die wissenschaftliche Arbeitsweise zu argumentieren. Indem er versuchte, ein Verständnis für die damit verbundenen Wahrscheinlichkeitsaussagen zu erzeugen, die von den Gegnern Darwins als Schwäche ausgelegt wurden, definierte er die Funktion von Wissenschaft:

> Wir sind uns unserer Unfertigkeiten und Schwächen bewußt, und darin liegt unsere Stärke. Denn eben deshalb arbeiten wir und machen Fortschritte, während wir mit Vergnügen unsere Gegner in ihrer geistigen Stagnation immer greisenhafter werden und dem sicheren Erlöschen zuwanken sehen.[65]

Entgegen Schmidts Einsichten blieb *Die Presse* bei ihren Versuchen, in populärer Darstellung den Inhalt des neuen Werkes Darwins zu vermitteln. Während sie in einer ersten Mitteilung die mittlerweile erreichte Anerkennung der Abstammungslehre in Europa sowie die Weiterentwicklung der Theorie durch andere Forscher, insbesondere Ernst Haeckel, hervorhob und den Leser noch kommentarlos mit einigen (übersetzten) Zitaten konfrontierte[66], veröffentlichte sie nur wenige Tage später einen ausführlich kommentierten Überblick über die ersten sechs Kapitel des Buches, um Darwins Schlussfolgerungen für den Leser

---

[64] »Darwin's neuestes Werk« in: *Neue Freie Presse*. Abendblatt, 17. 5. 1871, 8.

[65] Ebd., auch in ihren Berichten über Vorträge zu Darwins Theorien griff die *Neue Freie Presse* erneut auf Schmidt zurück, indem sie Teile aus seinem Vortrag auf der 46. Jahresversammlung Deutscher Naturforscher und Ärzte in Wiesbaden im September 1873 veröffentlichte, wo er zu verschiedenen Gegenargumenten Stellung bezog: *Neue Freie Presse*, 20. 9. 1873, 2–3.

[66] *Die Presse*. Abendblatt, 23. 3. 1871, 13.

nachvollziehbar zu machen.[67] Die Platzierung der Rezension auf der ersten Seite mit dem um Aufmerksamkeit heischenden Titel »Neuestes zur Affenfrage« verdeutlicht hingegen, wie rasch ein popularisierender Umgang mit wissenschaftlichen Erkenntnissen in populistische Metaphern umschlagen kann. Diese bestimmten schließlich weitgehend die Darwin-Rezeption in den Lokalzeitungen, die zu diesem Zeitpunkt bereits eine breite, nicht nur Bildungsschichten, sondern auch die gewerbetreibende Bürgerschaft und die kleinen Beamten einschließende Öffentlichkeit erreichten. Das dort vermittelte Bild reichte von der bereits erwähnten Stilisierung Darwins zum »Revolutionär« im *Neuen Wiener Tagblatt*[68] bis zu humorvollen Persiflagen wie der »Soirée im Vaterland der Affen«, in der die *Morgen-Post* einen Gastvortrag Karl Vogts zum Anlass nahm, die Wiener Gesellschaft zu parodieren.[69] Beides bezeugt, wie populär Darwin war – »ganz Wien spricht jetzt nur von Darwin«, heißt es in der *Morgen-Post*[70] –, und wie sehr sich deshalb seine Erkenntnisse, ihres Entstehungs- und Erklärungskontextes beraubt, beliebig verwenden ließen. Dieses Schicksal kam vor allem der Metapher »Kampf ums Dasein« zu, mit der sich nahezu alle individuellen und gesellschaftlichen Entwicklungen interpretieren ließen.

Exkurs: »Der Kampf ums Dasein«

Seit den ersten publizierten Vortragstexten, wie jenen Gustav Jägers[71], findet sich die Metapher »Kampf ums Dasein« in sämtlichen Sparten der Presse.[72] Die Beliebigkeit ihrer Verwendung dokumentiert sich in den politischen Nachrichten genauso wie in den Feuilletons und Wissenschaftsbeilagen. Ist sie in naturwissenschaftlichen Beiträgen wie über den »Einfluß der Darwin'schen Lehre auf die Systematik des Pflanzenreiches« in der Beilage »Natur- und Völkerkunde« der *Neuen Freien Presse*[73] noch themenadäquat, so macht sie keineswegs dort Halt,

---

[67] *Die Presse*, 28. 3. 1871, 1–4.

[68] *Neues Wiener Tagblatt*, 14. 7. 1871, 1–2.

[69] *Morgen-Post*, 29. 11. 1869, 1–2.

[70] Ebd.

[71] Gustav Jaeger, Die Darwin'sche Theorie über die Entstehung der Arten, in: *Wiener Zeitung*, 6. 4. 1861, 5–6; 7. 4. 1861, 7–8.

[72] Zu Darwins Metaphern siehe: Eve-Marie Engels, Charles Darwin: Person, Theorie, Rezeption: Zur Einführung, in: Eve-Marie Engels (Hrsg.), *Charles Darwin und seine Wirkung* (Suhrkamp: Frankfurt a. M. 2009) 9–57, hier 30 ff.

[73] F[ranz] Unger, Der Einfluß der Darwin'schen Lehre auf die Systematik des

sondern dringt auch in andere Wissenschaftsdisziplinen ein. Beispiel für Letzteres ist ein über zwei Ausgaben sich erstreckender Feuilletonbeitrag über »Buckle und Darwin«[74], der Darwins »Lehre vom Kampfe ums Dasein« im Sinne einer »naturalisierte[n] Kulturgeschichtsschreibung«[75] instrumentalisiert, die er in dem Werk von Henry Thomas Buckle[76] teilweise realisiert sieht: »Erst die allmächtige Göttin unserer Zeit, die Naturforschung, lehrte eine wissenschaftliche Behandlung der Weltgeschichte, indem man sie als eine Unterabtheilung der Naturgeschichte aufzufassen hat«[77] – und zwar derart, dass sich »alle Erscheinungen der Menschengeschichte« nicht nur durch den Kampf zwischen dem Menschen und der Natur, sondern auch »zwischen Mensch und Mensch« erklären würden.[78] Einen Schritt weiter geht Louis Büchner[79], dessen Gastvorträge vom *Neuen Fremden-Blatt* in Auszügen veröffentlicht wurden. Mit seiner Überzeugung, dass die Erkenntnis vom »unendlich langen und höchst beschwerlichen Kampfe«, in dem der Mensch sein Dasein gewonnen hätte, auf »alle Zweige menschlichen Wissens und Forschens, auf alle die menschliche Gesellschaft bewegenden Fragen [...] entweder schon jetzt von entscheidendem Einfluß« sei oder »es noch werden müsse«,[80] plädierte er für eine Übertragung der Darwin'schen Theoreme auf alle Bereiche des gesellschaftlichen Lebens.

Dies geschah in extrem verkürzender Weise in der politischen Berichterstattung. So verhalf der »Kampf ums Dasein« in einer Original-Korrespondenz aus Galizien zu dem Schluss, dass der Aufstand der Polen gegen Germanisierung und Russifizierung in den preußischen und russischen Besatzungszonen schon deswegen scheitern musste, weil Russen und Deutsche »die stärkeren Rassen« seien »und nach dem Gesetz Darwin's die schwächere [also die Polen – Anm. d.

Pflanzenreiches, in: *Neue Freie Presse*. Abendblatt, 20. 8. 1868, 4.

[74] *Neue Freie Presse*, 18. 8. 1868, 1–3 und 19. 8. 1868, 1–3.

[75] Vgl. Christian Mehr, *Kultur als Naturgeschichte: Opposition oder Komplementarität zur politischen Geschichtsschreibung 1850–1890* (Akademie Verlag: Berlin 2009), 14.

[76] Henry Thomas Buckle, *History of Civilization in England,* 2 Bände [dt.: Geschichte der Zivilisation in England] (J. W. Parker & Son: London 1857–1861).

[77] *Neue Freie Presse*, 18. 8. 1868, 1–3, hier 2.

[78] *Neue Freie Presse*, 19. 8. 1868, 1.

[79] Louis bzw. Ludwig Büchner hielt im März 1872 drei Gastvorlesungen im Musikvereinssaal in Wien.

[80] *Neues Fremdenblatt*, 23. 3. 1872, 12.

Verf.] weichen muß«.[81] Besonders in der Lokalpresse knüpfte sich die Popularität Darwins an diese Metapher, mit der zahlreiche Leitartikel überschrieben wurden, sei es um die aktuelle Kriegsgefahr am Vorabend des Deutsch-Französischen Krieges[82] zu kommentieren oder die politische Situation nach der Schlacht bei Sedan, die zwar zum Zusammenbruch des französischen Kaiserreiches geführt hatte, nicht aber ein Ende des Krieges bedeutete.[83] Diesen kurzschlüssigen Kommentaren entsprechend bewunderte die *Morgen-Post* Bismarck dafür, dass er »die Darwin'sche Lehre vom Kampfe um's Dasein auf die Politik übertragen [...], die Gesetze einer eisernen Nothwendigkeit« begriffen habe.[84] Schließlich erfasste der »Kampf ums Dasein« auch die Wirtschaftsberichterstattung, wo er hinter den Schutzzöllen zwischen Österreich und Ungarn[85] ebenso vermutet wurde wie hinter dem »Racenkampf an der Börse«.[86] Diese ebenso simplifizierende wie beliebige Verwendung trug wesentlich zum Erfolg sozialdarwinistischer Vorstellungen und Argumentationsmuster bei: »Mensch, Thier, Pflanze, jeder muß um das Dasein kämpfen gegen jeden, denn jeder beschränkt jeden in Luft, Licht und Raum, in Lebensmöglichkeit«, hieß es im *Neuen Wiener Tagblatt*.[87] Peter Walkenhorsts Befund, dass der Sozialdarwinismus letztlich als »zentrale ›Hintergrundüberzeugung‹ der wilhelminischen Gesellschaft [...] die weltanschauliche und diskursive Matrix für die Akzeptanz radikalnationalistischer Deutungsmuster«[88] gebildet habe, scheint auch auf Österreich zuzutreffen.

Der Tod Darwins 1882: Personalisierung

Die oben zitierte besonnene und auf den Charakteristika wissenschaftlichen Arbeitens aufbauende Argumentation Oskar Schmidts stieß in der Wiener Presse erst nach Darwins Tod auf ein breiteres Echo. Als Darwin 1882 starb, folgten den Ausgaben mit der Todesnachricht vom 21. April 1882 in vielen bürgerlichen

---

81 *Neue Freie Presse*, 23. 9. 1864, 2.

82 *Morgen-Post*, 4. 2. 1869, 1.

83 *Neues Wiener Tagblatt*, 4. 12. 1870, 1–2, hier 2.

84 *Morgen-Post*, 14. 8. 1871, 1.

85 *Morgen-Post*, 6. 5. 1875, 1.

86 *Neues Wiener Tagblatt*, 25. 6. 1873, 1.

87 *Neues Wiener Tagblatt*, 14. 7. 1871, 1.

88 Peter Walkenhorst, *Nation – Volk – Rasse: Radikaler Nationalismus im Deutschen Kaiserreich* (Vandenhoeck & Ruprecht: Göttingen 2011) 119.

Zeitungen ausführliche Nachrufe, die erneut davon sprachen, dass die wissenschaftliche Bedeutung des Verstorbenen nicht hoch genug einzuschätzen sei. Dennoch mischte sich in den Leitartikel des *Neuen Wiener Tagblatts*, das ein Jahrzehnt zuvor den »Kampf jeder gegen jeden« verkündet hatte, Kritik an jenen, welche »die Grausamkeit als Prinzip des Lebens proklamirten. Es hat Leute gegeben, welche jedes ärztliche Eingreifen in die Krankheit als eine Versündigung an dem Menschengeschlechte bezeichneten, weil dadurch schwache und sieche Organismen länger, als die Natur es bestimmt, zum Schaden der starken und kräftigen am Leben erhalten bleiben. Es hat auch nicht an Leuten gefehlt, welche im Darwinismus eine neue Stütze für aristokratische Tendenzen erblickten und die Forderung der Gleichheit auch vor dem Gesetze als eine in der Natur unbegründete zurückwiesen.«[89]

Die Zeitung schlug auch eine Brücke zum klerikalen Lager: Indem sich die Darwin'sche Lehre über die »letzte Ursache« nicht äußere, lässt sie »dem individuellen Empfinden freien Spielraum, sich diese letzte Ursache vorzustellen, sei es [...] als einen aus der unbelebten Materie nach ihren Gesetzen hervorgegangener Act, sei es [...] als den ersten Anstoß, der von einem geistigen Wesen, dem Träger des eigentlichen Lebens, der todten Materie eingehaucht worden ist.«[90]

Ähnlich dem *Neuen Wiener Tagblatt* verurteilte *Die Presse* in ihrem Feuilletonbeitrag vom 22. April 1882 den »Kampf ums Dasein« als »Modetheorie, die aberwitzig und geschmacklos ihr Unwesen in allen möglichen und unmöglichen Formen trieb«, und den »hitzköpfigsten Jünger[n] Darwin's« warf sie vor »das Weltgeheimniß für enträthselt« zu halten, »uns mit den abenteurlichsten Schöpfungsgeschichten und Plänen zur Gesellschaftsrettung heim[zusuchen], statt in der unermüdlichen, sich selbst niemals genugthuenden Weise ihres großen, bedeutsamen Lehrmeisters vor Allem an den Ausbau seines Systems und die Erkenntniß der Lücken und Gebrechen desselben zu denken.«[91] Die Hauptursache für den durchschlagenden Erfolg der Lehre Darwins sah *Die Presse* nämlich »in der beispiellosen Selbstkritik, die ihr Urheber zu üben verstand, das außerordentliche Beobachtungsvermögen, mit dem er sich ans Werk machte, vor allem aber die erstaunliche Beharrlichkeit und Arbeitskraft, mit der er [...] die Richtigkeit

---

[89] *Neues Wiener Tagblatt*, 22. 4. 1882, 1–2; hier 2.

[90] Ebd.

[91] *Die Presse*, 22. 4. 1882, 1–3, hier 2.

seiner Doktrin durch ungezählte Züchtungsversuche und unablässige theoretische Studien erprobte.«[92]

Der Darwinismus wurde in den meisten bürgerlich-liberalen Zeitungen entzaubert, Darwin blieb unangetastet. Dazu trugen nicht zuletzt Informationen über das private Umfeld des Verstorbenen bei. Unter dem Strich, im Feuilleton der gleichen Ausgabe des *Neuen Wiener Tagblatts*, das in seiner Würdigung der Darwinschen Lehre auch leise Vorbehalte anklingen ließ, gab der österreichisch-ungarische Dirigent, Hans Richter, ein Interview, in dem er über seinen Besuch bei Darwin detailliert berichtete: wie er gewohnt hatte, wie sein Haus und sein Arbeitszimmer eingerichtet waren, sein Garten gestaltet war.[93] Die Rituale solcher Besuche trugen dazu bei, dass nicht bloß die Stellung Darwins als prominente Persönlichkeit verfestigt, sondern zunehmend der Kritik entrückt wurde.[94] Auch die ausführlichen Beschreibungen der letzten Stunden vor seinem Tod sowie posthum in den Zeitungen veröffentlichte Briefe sprengten die Grenze zwischen »privat« und »öffentlich«. So zitierte beispielsweise die *Neue Freie Presse* Stellen aus zwei Briefe Darwins an Julius Wiesner, Professor für Anatomie und Physiologie der Pflanzen der Universität Wien, mit dem Hinweis, dass es sich um jene Stellen handeln würde, »welche für Darwin's Rechtsgefühl, für seine Bereitwilligkeit, jeden ihm nachgewiesenen Irrthum einzugestehen, und für die Liebeswürdigkeit seines Charakters bezeichnend sind.«[95] Im Feuilleton des Abendblatts folgte dann die briefliche Antwort Darwins an Carl Claus, Professor für Zoologie der Universität Wien, der Darwin seine Untersuchungen zur Erforschung der genealogischen Grundlage des Crustaceen-Systems[96] gewidmet hatte, mit einer Skizze der Eindrücke, die Claus bei seinem Besuch bei Darwin gewonnen hatte.[97] Die noch weitgehend fehlende technische Möglichkeit von Illustrationen in der Tagespresse führte zu eindringlichen sprachlichen Beschreibungen der betroffenen Personen mit dem Ziel, diese den Leserinnen und Lesern greifbar nahe zu bringen. »Sein Bild liegt vor uns« heißt es in einem Feuilletonbeitrag der *Deutschen*

---

[92] Ebd.

[93] *Neues Wiener Tagblatt*, 22. 4. 1882, 1–2.

[94] Janet Browne, Charles Darwin as a Celebrity, in: *Science in Context* 16/1–2 (2003) 175–194.

[95] *Neue Freie Presse*, 22. 4. 1882, 5.

[96] Carl Claus, *Untersuchungen zur Erforschung der genealogischen Grundlage des Crustaceen-Systems. Ein Beitrag zur Descendenzlehre* (Wien: C. Gerold 1876).

[97] *Neue Freie Presse*. Abendblatt, 22. 4. 1882, 5.

Zeitung: »[…] und wenn wir lange in dieses Antlitz blicken, so bannt uns das hohle, übermäßig tief liegende Auge mit seinem durchdringenden Blick, die mächtige Wölbung des kahlen Schädels weist auf einen mächtigen und festgefügten Geist, das faltige Antlitz auf Zähigkeit und stetes, energisches Nachdenken, der harte, dichte, weiße Bart auf eine Productionskraft, welche die Kränklichkeit und Schwächlichkeit, die sich in den eingefallenen Wangen und dem magern Körper ausdrückt, zu überwinden vermag; wie ein verklärender Schimmer spielt schließlich um Mund und Auge, die zuerst so hart erscheinen ein Zug von Menschenfreundlichkeit, von Wohlwollen und Bescheidenheit.«[98]

Allein das 1872 gegründete *Illustrierte Wiener Extrablatt* stellte seinem Nachruf auf der zweiten Seite ein Portrait Darwins auf der Titelseite voran. Die Schlagzeile darunter bezog sich allerdings auf »Die Judenmassacer in Rußland«.[99] Dieser Kontrast zwischen dem an Darwin festgemachten Fortschrittsglauben und der politischen Realität wurde auch in einem von der *Neuen Freien Presse* veröffentlichter Leserbrief thematisiert[100]: »Der Stolz und die Schmach des neunzehnten Jahrhunderts, Freiheit und Knechtschaft, Erleuchtung und blinder Fanatismus – im engen Raume eines Blattes nebeneinandergestellt, müssen die Wirkung eines jeden dieser Aufsätze wesentlich erhöhen.«[101]

Der katholischen Presse war der Tod Darwins bestenfalls eine kurze Notiz[102] oder eine bissige Bemerkung wert. »Wenn nur am Ende über diesen Todesfall nicht auch der gesamte ›fortgeschrittene‹ Menschenverstand stille steht« schrieb die *Gemeinde-Zeitung* als einzigen Kommentar.[103] Darwin war hier kein Thema mehr. Mit einigen Tagen Verspätung berichtete *Das Vaterland* über eine »mäßig besuchte« Versammlung des katholischen Volksvereins für Niederösterreich, in der der Reichsratsabgeordnete Josef Anton Oelz »über die Vorgänge in letzter Zeit« informierte und unter anderem den Tod Darwins erwähnte: »Redner bespricht das Leben dieses Naturforschers, und tadelt dessen Anschauungen und

[98] *Deutsche Zeitung*, 22. 4. 1882, 1–3, hier 1.

[99] *Illustriertes Wiener Extrablatt*, 22. 4. 1882, 1.

[100] Der Brief bezieht sich auf den Bricht über die Vorgänge in Balta und den Beitrag über Darwin, *Neue Freie Presse*, 22. 4. 1882, 5.

[101] *Neue Freie Presse*, 23. 4. 1882, 5.

[102] *Das Vaterland*, 21. 4. 1882, 4.

[103] *Gemeinde-Zeitung*, 22. 4. 1882, 5.

deren schlechte Folgen auf das heutige Leben.«[104] In einer zwei Wochen später abgehaltenen, diesmal »gut besuchten« Versammlung wurde Oelz deutlicher, indem er als eine Folge der Lehren Darwins den Sozialismus bezeichnete. Durch das gleichzeitige Gedenken an den hundertjährigen Geburtstag Friedrich Fröbels, des Gründers der Kindergärten, sah sich ein zweiter Vortragender zu Ausfällen gegen das Judentum und die liberale Presse veranlasst, die von dem dritten Vortragenden aufgegriffen und an Beispielen der *Neuen Freien Presse* und des *Neuen Wiener Tagblatts* noch vertieft wurden.[105] Die katholische Darwin-Rezeption verlagerte also ihren Schwerpunkt von der Schulpolitik zur antisemitischen Propaganda.

Darwins 100. Geburtstag: Kanonisierung

Im Jahre 1909 hatte sich das Angebot an Zeitungen in Wien radikal verändert. Einerseits kam es infolge der Parteigründungen in den 1890er Jahren zu einer Erweiterung des Spektrums der politisch gebundenen Zeitungen, andererseits wurde durch den Wegfall des »Zeitungsstempels«, einer Art Steuer auf jedes Zeitungsexemplar, das letzte Hindernis auf dem Weg zu hohen Auflagen beseitigt und so die Inklusion breiter Bevölkerungsgruppen in das Zeitungspublikum ermöglicht. Für diese breite Öffentlichkeit war Darwin weitgehend zum Bestandteil des wissenschaftlichen Kanons geworden, den man feierte oder zumindest unangetastet ließ, der aber keine tagesaktuelle Relevanz mehr besaß. Darwin war zu seinem 100. Geburtstag mit wenigen Ausnahmen aus den Leitartikeln und den Tagesneuigkeiten verschwunden und in den meisten Zeitungen dorthin zurückgekehrt, wo seine »Medienkarriere« begonnen hatte: ins Feuilleton.

Eine Ausnahme bildet die sozialdemokratische *Arbeiter-Zeitung*, die am 12. Februar 1909 als einzige Wiener Zeitung ihren Leitartikel einer Würdigung Darwins[106] widmete, in dem er – »neben Karl Marx« (wie es hieß) – als Identifikationsfigur der Arbeiterklasse vereinnahmt und wie in den 1860er Jahren durch die Liberalen und Katholisch-Konservativen ideologisiert wurde:

---

[104] *Das Vaterland*, 4. 5. 1882, 7.

[105] *Das Vaterland*, 17. 5. 1882, 6.

[106] Im Inneren des Blatts brachte die Zeitung eine ausführliche Darstellung von Darwins Leben und Werken: *Arbeiter-Zeitung*, 12. 2. 1909, 6–7.

So hat Darwin in den großen Erlebnissen der vom Kapitalismus geknechteten Menschheit die Gesetze alles Lebens entdeckt. Darum hat uns seine Lehre so tief ergriffen, als wir sie zum erstenmal gehört. Wir haben in ihr unser eigenes Schicksal wiedererkannt: das furchtbare Leiden der Brüder, die im Daseinskampf gefallen, aber auch die große Zukunftshoffnung der Starken, die ihn bestehen, um die Menschheit zu neuen Entwicklungsformen emporzuführen. So erstarkt auch an seinen Gedanken das Selbstbewußtsein unserer Klasse. Darum nennen heute Tausende junger und alter Arbeiter mit leuchtenden Augen den Namen Darwin.[107]

Vortragsberichte: Stellenwert der Wissenschaft

Diese kämpferische Politisierung in der im Vergleich zur liberalen und katholischen Zeitungstradition jungen sozialdemokratischen Presse entsprach nicht dem Grundtenor der Medienberichterstattung zu Darwins 100. Geburtstag. Vielmehr belegen die Berichte in der liberalen Tagespresse über die in Wien aus diesem Anlass abgehaltenen Festveranstaltungen den Stellenwert, den die Wissenschaft und ihre Disziplinen in der bürgerlichen Öffentlichkeit innehatten und zu dem die gesellschaftliche Debatte rund um Darwins Theorien trotz oder gerade wegen aller popularisierenden Vereinfachungen und Instrumentalisierungen zweifellos einen Beitrag geleistet hat, weil sie durch das Öffentlich-Machen von Wissenschaft diese legitimierte.[108] Naturgemäß erfuhren diese Aktivitäten im großbürgerlichen »Flaggschiff« der Wiener Presse, der *Neuen Freien Presse,* besondere Aufmerksamkeit. Sie kündigte ihren Lesern nicht nur alle Gedenkfeiern (zum Teil mehrfach) an, sondern informierte sie über die Inhalte der meisten Vorträge und die anwesenden hochrangigen Persönlichkeiten. Am 12. Februar eröffnete die *Neue Freie Presse* ihr Morgenblatt mit einem Gastbeitrag des Zoologen Berthold Hatscheks[109] und war damit – neben der *Arbeiter-Zeitung* – eine der einzigen beiden Wiener Tageszeitungen, die Darwins Geburtstag als wichtigstes Tagesereignis auf Seite 1 brachten. Schon in der vorangegangenen Ausgabe hatte sie sowohl über Hatscheks Festrede im Rahmen der Veranstaltung der Philosophischen Gesellschaft als auch über die des Paläontologen Othenio Abel

---

[107] *Arbeiter Zeitung*, 12. 2. 1909, 1–2, hier 2.

[108] Vgl. Taschwer, Naturwissenschaften 23.

[109] Berthold Hatschek, Darwins 100. Geburtstag, in: *Neue Freie Presse*, 11. 2. 1909, 9–10.

im Rahmen der Veranstaltung des Naturwissenschaftlichen Vereins berichtet. Im Anschluss an Hatscheks Artikel, der gleich zu Beginn an Lamarcks Hauptwerk *Philosophie zoologique* als »Vorläufer in der wissenschaftlichen Begründung der Deszendenzlehre« erinnerte[110], folgen Beiträge von Richard Wettstein, dem Direktor des Botanischen Gartens und Präsidenten der zoologisch-botanischen Gesellschaft, sowie des Paläontologen Carl Diener.[111] In dieser Ausgabe waren die ersten drei Seiten der *Neuen Freien Presse* ausschließlich dem Jubiläum Darwins gewidmet; erst auf der vierten Seite fuhr sie mit der politischen Berichterstattung fort. Im Inneren des Blattes, im Zusammenhang mit einigen Informationen zur Persönlichkeit Darwins und seinem Bezug zu Österreich verwies sie auf Julius Wiesner, den zu dieser Zeit »einzig Überlebende[n]« der von Darwin erwähnten fünf österreichischen Gelehrten[112], dessen Vortrag über die Bedeutung Darwins als Naturforscher aus Sicht der Pflanzenphysiologie überdies Gegenstand eines Berichts im Abendblatt war.[113] Am folgenden Tag folgte ein Bericht über Wettsteins Vortrag im Kontext der Darwin-Feier der zoologisch-botanischen Gesellschaft im Großen Festsaal der Universität, der Darwin als Naturforscher – und nur als solchen – würdigte und durch die von der Zeitung ergänzten Informationen über den Entwurf einer Darwin-Plakette und das »Darwin-Denkmal« an der Fassade des Naturhistorischen Museums[114] gleichzeitig historisierte – eine Haltung, die durch die auf der nächsten Seite veröffentlichte Wiedergabe eines Artikels der Berliner *National-Zeitung* über »Haeckels Abschiedsvorlesung«[115], die er am Tag des Jubiläums in Jena gehalten hatte, noch unterstrichen wurde. Eine kombinierte Berichterstattung über die Darwin-Feier im großen Festsaal der Universität und Haeckels Abschiedsvortrag findet sich auch in den beiden auflagenstarken Blättern *Kleine Oesterreichische Volks-Zeitung*[116] und *Neues Wiener Journal*[117]. Die meisten anderen Zeitungen ergänzten ihre Berichte von der Universitätsfeier mit einer der anderen, ihrem jeweiligen Leserkreis entsprechenden

---

[110] Ebd.

[111] [Richard] Wettstein, Der Einfluß Ch. Darwins auf die Entwicklung der Botanik, *Neue Freie Presse*, 12. 2. 1909, 3; C[arl] Diener, Darwin und die moderne Paläontologie, *Neue Freie Presse*, 12. 2. 1909, 3–4.

[112] *Neue Freie Presse*, 12. 2. 1909, 12.

[113] *Neue Freie Presse*. Abendblatt, 12. 2. 1909, 1.

[114] *Neue Freie Presse*, 13. 2. 1909, 8.

[115] *Neue Freie Presse*, 13. 2. 1909, 9–10.

[116] *Kleine Oesterreichische Volks-Zeitung*, 13. 2. 1909, 3–4.

[117] *Neues Wiener Journal*, 13. 2. 1909, 6; 14. 2. 1909, 3–4.

Veranstaltung und unterstrichen damit die öffentliche Relevanz der Wissenschaft, auch wenn keine Zeitung die Jubiläumsfeierlichkeiten in einem vergleichbaren Ausmaß wie die *Neue Freie Presse* thematisierte.

Dort folgte mit einigen Tagen Verspätung noch ein Bericht über einen Vortrag von Rudolf Goldscheid, den der studierte Philosoph im Rahmen der Darwin-Feier der 1907 (und damit früher als in Deutschland) gegründeten Soziologischen Gesellschaft zum Thema »Darwin als Lebenselement unserer modernen Kultur« gehalten hatte. Im Unterschied zur distanzierten Haltung der etablierten Naturwissenschaftler soll sich diese Feier »zu einer imposanten Kundgebung« der sich gerade erst formierenden jungen Wissenschaft gestaltet haben. In Anbetracht des postulierten »Ewigkeitsgehalts der Darwinschen Lehre« endete sie »mit einem energischen Appell an die Unterrichtsbehörden, »den unerschöpflichen Schatz des Entwicklungsgedankens auch der Jugend und dem gesamten Volke nicht länger freventlich vorzuenthalten«.[118] Eine ähnlich von der sonst beobachtbaren feierlich-distanzierten Grundstimmung der Vortragsberichte abweichende, wenn auch in eine andere Richtung weisende Haltung findet sich in der *Arbeiter-Zeitung*. Sie hatte ihren Lesern – ebenso wie die auflagenstarke, um das Kleinbürgertum und die Arbeiterschaft bemühte *Kleine Oesterreichische Volks-Zeitung*[119] – den Gastvortrag des Eugenikers Alfred Ploetz über »Darwinismus und Rassenhygiene« im Arbeiter-Abstinentenbund empfohlen und dabei auf sein Buch »Die Tüchtigkeit unserer Rasse und der Schutz der Schwachen« sowie die von ihm begründete Fachzeitschrift *Archiv für Rassen- und Gesellschaftsbiologie* verwiesen. Ploetz, der »eine entscheidende Rolle im Prozess der Konzeptualisierung und Institutionalisierung der Rassenhygiene spielte«[120], leitete aus dieser unter anderem – so die *Arbeiter-Zeitung* – zwei sich widersprechende Forderungen ab, »nämlich einerseits die der Ausmerzung der Minderwertigen, damit der Hochstand der Rasse erhalten bleibe,

---

[118] *Neue Freie Presse*, 16. 2. 1909, 9. Drei weitere Veranstaltungen waren angekündigt (*Neue Freie Presse*, 10. 2. 1909, 11), aber nicht über sie berichtet worden – ein Vortrag von Ernst Moriz Kronfeld im Rahmen des Wiener Volksbildungsvereins, ein Gastvortrag von Alfred Ploetz im Rahmen der Darwin-Gedenkfeier des Arbeiter-Abstinentenbundes (*Neue Freie Presse*, 10. 2. 1909, 11) sowie ein Vortrag von Hans [Leo] Przibram im Rahmen der Vereinigung Wiener Mediziner (*Neue Freie Presse*, 11. 2. 1909, 12).

[119] *Kleine Oesterreichische Volks-Zeitung*, 10. 2. 1909, 6.

[120] Hans-Walter Schmuhl, *Rassenhygiene, Nationalsozialismus, Euthanasie: Von der Verhütung zur Vernichtung ›lebensunwerten Lebens‹ 1890–1945* (Vandenhoeck und Rupprecht: Göttingen 1987), 33.

andererseits die möglichst allgemeine Betätigung der Solidaritätsgefühle, um die innere Reibung in der Rasse zu vermindern und ihre Kraftentfaltung nach außen zu steigern.« Durch eine entsprechende Lebensführung, die auch eine Abstinenz von alkoholischen Getränken umfasse, könnte das Erbgut verbessert und die »Natürliche Ausmerzung« reduziert werden.[121]

Gedenkartikel – Bilanz der Darwinrezeption

Die Gefahr solcher Konzepte zur Neuordnung gesellschaftlicher Verhältnisse auf biologischer Grundlage hatte Berthold Hatschek in seinem bereits erwähnten, auf Seite 1 der *Neuen Freien Presse* erschienenen Gastbeitrag hellsichtig dargelegt. Er kritisierte nicht nur, dass aus dem Darwinismus besonders auf dem Gebiet der Ethik und Soziologie voreilige und unrichtige Schlussfolgerungen gezogen würden, sondern warf einer »großen Schar leidenschaftlicher Theoretiker« vor, den Göttern des ›Kampfes‹ und der ›Auslese‹ die Ideale der Menschlichkeit zu opfern: »Gewünscht wird ein unerbittlicher Kampf der Rassen, der Millionen dahinmordet und ausmerzt […] einem angeblichen Rassenideal zu Liebe, das aus Tod und Vernichtung aller ›Unerwünschten‹ emporblühen soll.«[122] Dass der Entwicklungsgedanke, wie es David Josef Bach in der *Arbeiter-Zeitung* formulierte, Darwin »über die Wissenschaft, der er angehört, empor[hebt]«[123], war in den Gedenkartikeln der Wiener Tagespresse, die zumeist im Feuilletonteil oder auf den hinteren Seiten der aktuellen Berichterstattung erschienen, keineswegs mehr Konsens. Im Gegenteil: Nahezu alle Wiener Tageszeitungen unterstrichen – unterschiedlich stark – Darwins Bedeutung für die Wissenschaft, bezeugten aber gleichzeitig die Distanz, die mittlerweile zum Jubilar entstanden war.

»Einem alten Gebrauche folgend, feiern wir Gedenktage großer Männer«, leiteten dementsprechend die große und kleine Ausgabe der *Oesterreichischen Volks-*

---

[121] *Arbeiter-Zeitung*, 12. 2. 1909, 6. In der darauffolgenden Ausgabe veröffentlichte die *Arbeiter-Zeitung* einen aus der Zeitschrift *Der Abstinent* übernommenen Feuilletonbeitrag des Physiologen und Mitbegründers des Arbeiter-Abstinentenbundes Rudolf Wlassak, der für die praktische Umsetzung der Gedankengänge des Darwinismus in der Rassenhygiene als »Kampf gegen die keimverderbende, rassenverschlechternde Wirkung des Alkohols« plädierte: R[udolf] Wlassak, Darwinismus und Kulturentwicklung, in: *Arbeiter-Zeitung*, 13. 2. 1909, 1–2.

[122] *Neue Freie Presse*, 12. 2. 1909, 1–3, hier 3.

[123] D[avid] J[osef] Bach, Darwins Lebenswerk (Zur hundertsten Wiederkehr seines Geburtstages, 12. Februar 1809), in: *Arbeiter-Zeitung*, 12. 2. 1909, 1–3: hier 3.

Zeitung ihren Feuilletonbeitrag ein.[124] Und das *Neue Wiener Tagblatt* formulierte nüchtern: »Wir urteilen heute etwas kühler, müssen aber zugeben, daß Darwin's Theorie das glänzendste Plädoyer war, daß zur Rechtfertigung der natürlichen Abstammungslehre jemals vor einem öffentlichen Tribunal gehalten worden ist.«[125]

Das »kühlere Urteil« bezog sich einerseits auf das Verhältnis zwischen Darwin und Lamarck, der den einen – unter Berufung auf die Position des »Neu-Lamarckisten« Wettstein – als eigentlicher Begründer der Lehre von der Umwandlung der Arten galt[126], während die anderen betonten, dass es »Darwin und kein anderer [war], der dem Entwicklungsgedanken zum Durchbruche in der biologischen Wissenschaft verhalf«[127], und andererseits auf das Verhältnis zwischen Darwin und dem Darwinismus, unter dem die nachfolgenden Vertreter seiner Lehre wie Vogt und Haeckel sowie generelle sozialdarwinistische Ansätze subsumiert wurden.

So würdigte der liberale Philosoph und Volksbildner Friedrich Jodl im Feuilleton der am Geburtstag erschienenen Ausgabe der *Neuen Freien Presse* Darwins Bedeutung für die Wechselwirkung von empirischer Naturwissenschaft und Philosophie, sah aber – »unabhängig von »den großen geschichtlichen Wirkungen Darwins« – im Versuch der Sozialwissenschaften, »die Begriffe der natürlichen Auslese und des Kampfes ums Dasein als Hebel universellen Fortschritts auch zu leitenden Grundsätzen des gesellschaftlichen Lebens zu machen«, die Grenzen des Darwinismus überschritten.[128] Schon am vorhergehenden Tag hatte die Zeitung in ihrer Beilage »Natur- und Völkerkunde« einen Gedenkbeitrag des jungen deutschen Chemikers Karl Oppenheimer veröffentlicht, in dem ebenfalls der Bedeutung Darwins für die Erkenntnis des »Evolutionsprinzips« Haeckels »materialistische Auffassung« gegenübergestellt wird, der der Vorwurf galt, »von Darwins eigener Lehre abgelenkt« zu haben, wodurch Darwin allzu häufig zugeschrieben werde, »was eben seine allzu eifrigen Jünger aus ihr gemacht haben«[129]. Ähnlich

---

[124] *Oesterreichische Volks-Zeitung*, 12. 2. 1909, 1–2; *Kleine Oesterreichische Volks-Zeitung*, 12. 2. 1909, 1–3.

[125] Adolf Koelsch, Darwin: Zu seinem hundertsten Geburtstage am 12. Februar, in: *Neues Wiener Tagblatt*, 11. 2. 1909, 1–3.

[126] *Ostdeutsche Rundschau*, 14. 2. 1909, 4.

[127] *Illustriertes Wiener Extrablatt*, 12. 2. 1909, 4.

[128] Fr[iedrich] Jodl, Darwins Bedeutung für die Philosophie, in: *Neue Freie Presse*, 12. 2. 1909, 1–2.

[129] Karl Oppenheimer, Charles Darwin: Zum 12. Februar 1909, in: *Neue Freie Presse*, 11. 2. 1909, 21–23.

argumentierte das zu den auflagenstärkeren Zeitungen zählende *Illustrierte Wiener Extrablatt*, das seinem Text zum Gedenktag drei Portraits voranstellte, die Darwin als Vierzehnjährigen mit seiner Schwester, Darwin im mittleren und im hohen Alter zeigen. Es kritisierte, dass es »gewissermaßen Mode geworden« sei, »den großen englischen Naturforscher und sein gewaltiges Lebenswerk zu verkleinern«, was es damit begründete, dass »man ihn mitverantwortlich macht für mancherlei Ansichten und Behauptungen seiner in ihrem Eifer übers Ziel schießenden Schüler«[130]. Beinahe wortgleich findet sich diese Argumentation auch in der 1902 gegründeten *Zeit*.[131] Dennoch stand sie als sozialliberale Zeitung der sozialdemokratischen Rezeption am nächsten und meinte eine fruchtbare »Krise des Darwinismus« auszumachen: Darwin als »Hauptschöpfer des Entwicklungsgedankens« könne sich keinen größeren Erfolg seiner Ideen als deren Entwicklung wünschen, »Entwicklung aber ist Widerspruch, und Kampf – ist ›Krise‹.«[132]

Unter den kleinformatigen Massenblättern fand das Jubiläum, wie bereits erwähnt, in der um das Kleinbürgertum und die Arbeiterschaft bemühten *Kleinen Oesterreichischen Volks-Zeitung* mit Vortragsankündigungen, Veranstaltungsberichten und einem Gedenkartikel im Feuilleton auf der ersten Seite die größte Beachtung.[133] Die *Illustrierte Kronen-Zeitung* hingegen, die zu diesem Zeitpunkt auflagenstärkste Zeitung Wiens, nahm lediglich in einem kurzen, in ihre lokale Berichterstattung über sensationelle Unglücksfälle und Verbrechen eingebundenen und mit einem Portrait Darwins versehenen Artikel Bezug, der mit einem Lexikoneintrag vergleichbar ist[134]. Das hinsichtlich der Auflage zweitstärkste Blatt, die christlich-sozial orientierte *Neue Zeitung*, ignorierte schließlich Darwins 100. Geburtstag vollständig und stimmte darin mit anderen katholisch-konservativen bzw. christlich-sozialen Blättern wie dem *Vaterland* und dem von Ernst Vergani als nationale antisemitische Zeitung gegründeten Deutschen Volksblatt überein.[135] In der ebenfalls christlich-sozialen *Reichspost* war man wieder zur Position des *Vaterlandes* vor 40 Jahren zurückgekehrt und unterschied zwischen Darwinismus als

[130] *Illustriertes Wiener Extrablatt*, 12. 2. 1909, 4.

[131] Leo Gilbert, Darwin: Zum 12. Februar, seinen hundertsten Geburtstag, in: *Die Zeit*, 11. 2. 1909, 1–2, hier 1.

[132] Ebd., 2.

[133] *Kleine Oesterreichische Volks-Zeitung*, 10. 2. 1909, 6; 12. 2. 1909, 1–3; 13. 2. 1909, 3–4.

[134] *Illustrierte Kronen-Zeitung*, 12. 2. 1909,

[135] *Deutsches Volksblatt*, 12. 2. 1909, 1–2; *Das Vaterland*, 13. 2. 1909, 1–2.

»kausalmechanischer Selektionstheorie«, die »wissenschaftlich tot« sei, und Darwins Verdienst, »den Deszendenzgedanken auf allen Gebieten in Fluß gebracht zu haben«, sodass ihm schließlich die »gesamte moderne Wissenschaft [...] ein dankbares Andenken bewahren« müsse. Selbst die »Abstammung des Menschen vom Tier« sei für den »katholischen Theologen« annehmbar.[136]

Die die zweite Hälfte des 19. Jahrhunderts prägende gesellschaftliche Bruchlinie, das liberal-konservative *Cleavage* des Kulturkampfes, war weitgehend obsolet und hatte sich hin zum Klassenkampf zwischen Bürgertum und Arbeiterschaft verschoben. Gegen alle Bemühung der sozialdemokratischen Presse war jedoch Darwin dafür in der Öffentlichkeit kaum mehr zu aktivieren. Die Abgrenzung Darwins von seinen populären Adepten in vielen Gedenkartikeln belegen, dass die im Zuge der Popularisierung und Instrumentalisierung seiner Theorien entstandenen Interpretationen und Metaphern wie jene vom »Kampf ums Dasein« zwar weiterhin lebendig waren, aber keine gesellschaftliche Brisanz mehr hatten. Selbst einem genauen Beobachter der Öffentlichkeit wie Karl Kraus war Darwin seit der Gründung der *Fackel* 1899 bis zu dessen 100. Geburtstag nur eine einzige Erwähnung (in einem Nachruf auf Friedrich Nietzsche) wert[137]; einige wenige Beiträge bezogen sich auf den Stellenwert des Darwinismus in der Unterrichtspolitik[138] oder parodierten unter dem Stichwort »Darwinist« die Affäre Caruso als »Affenkomödie«.[139] Charles Darwin war als Forscher in den wissenschaftlichen Kanon entrückt; die auf ihn aufbauenden Metaphern lebten – zumindest unterschwellig – weiter und sollten in der nahenden deutschradikalen Instrumentalisierung[140] eine tragische Entwicklung nehmen.

---

[136] Johann Ude, Der Darwinismus, die Ursachen seines Erfolges und seine Aussichten, in: *Reichspost*, 12. 2. 1909, 1–4; 13. 2. 1909, 1–3, hier 12. 2. 1909, 3.

[137] *Die Fackel*, AAC – Austrian Academy Corpus, *AAC-FACKEL: Online Version: »Die Fackel. Herausgeber: Karl Kraus, Wien 1899–1936«* 2/51 (1900) 20 http://corpus1.aac.ac.at/fackel/ (aufgerufen am 20. 2. 2018).

[138] Ebd. 1/10 (1899) 15; 1/16 (1899) 13; 3/82 (1901) 8.

[139] Ebd. 8/212 (1906) 23; 8/213 (1906) 21.

[140] Ob und auf welche Weise der 100. Geburtstag Darwins von der alldeutschen Presse benutzt wurde, ihre nationalistisch ausgerichteten Konzeptionen sozialdarwinistisch zu begründen, konnte nicht überprüft werden, da das *Alldeutsche Tagblatt* Georg Schönerers in der Österreichischen Nationalbibliothek nicht zugänglich war. Allerdings fanden sich in den untersuchten Zeitungen auch keine Hinweise auf oder Abgrenzungen von deutschnationalen Positionen.

Wissenschaft und Öffentlichkeit: Die Rezeption des Darwinismus in ungarischen Zeitschriften des 19. Jahrhunderts

Katalin Stráner

Einführung

In der Zeitspanne von etwa fünfzehn Jahren, die zwischen dem ersten Erscheinen von Charles Darwins *On the Origin of Species* 1859 in London und ihrer ersten vollständigen Übersetzung ins Ungarische von László Dapsy in Budapest 1871 verstrich, wurde eine lebhafte öffentliche Diskussion über Evolution und Darwinismus in Wort und Schrift geführt. Diese fand nicht nur in wissenschaftlichen Zeitschriften und in den Debatten gelehrter Gesellschaften statt, sondern ebenso in der Tagespresse und in populären Printmedien, insbesondere enzyklopädischen und illustrierten Magazinen, die sich an die wachsende Mittelschicht und somit ein Massenpublikum richteten. Nach einer Phase des erzwungenen Schweigens in der Zeit nach 1848 und dem Wiederaufbau ihrer Strukturen und Institutionen übernahm die wissenschaftliche Gemeinde Ungarns in den 1860er und 1870er Jahren zunehmend wieder eine aktive Rolle bei der Vermittlung und Popularisierung wissenschaftlicher Erkenntnisse. Es lag im Interesse dieser wissenschaftlichen Vereinigungen, das breite Publikum für die Naturwissenschaften zu begeistern. Eine Voraussetzung dafür bildete das Vorhandensein von Öffentlichkeit – und damit eine Wiederbelebung des urbanen Raumes, seiner intellektuellen Netzwerke und insbesondere der Presselandschaft. Das ungeheure Anschwellen von Presseprodukten im Ungarn der 1860er Jahre wurde von Zeitgenossen ironisch als »Veröffentlichungs-Cholera« charakterisiert, wie dem illustrierten Satirejournal *Bolond Miska* vom Juni 1867 zu entnehmen ist: »Die Veröffentlichungs-Cholera« verbreitet sich so rasend schnell, dass die Zeitungsherausgeber bald weder Leser noch Journalisten finden werden.«[1] Das rasante Wachstum der Zeitungsindustrie und damit einer öffentlichen Sphäre wurde zum entscheidenden Faktor im Wissenstransfer im Hinblick auf Darwin und seine Evolutionslehre in den 1860er und 1870er Jahren. Die Autoren des Sammelbandes *Science in the Nineteenth-Century Periodical: Reading the Magazine of Nature* prägten dafür den Begriff »Zeitschrift der Natur« im Kontrast zur Metapher vom »Buch der Natur«, um zu veranschaulichen, wie populäre Zeitschriften im 19. Jahrhundert den Zugang der Öffentlichkeit zu wissenschaftlichen Resultaten veränderten. Ein Blick auf diese Periodika zeichnet ein sehr vielschichtiges Bild vom Dialog, der unter den Rezipienten der Forschungsergebnisse ablief (und diese weckten außerdem das Interesse an deren Veröffentlichung in Buchform). Die wichtige Rolle von Zeitschriften akademischen oder allgemeinen Charakters für die Vermittlung von wissenschaftlichen Ideen liegt für diese Autoren[2] damit auf der Hand. Ihre zunehmende Bedeutung zeichnet sich im veränderten politischen Klima Zentraleuropas in den Nachwehen der Revolutionen von 1848 ab. Die Ausdifferenzierung der Naturwissenschaften, ihrer Institutionen sowie einer aufblühenden Zeitschriftenkultur wirkte nachhaltig auf den vielsprachigen und multikulturellen Raum der Habsburgermonarchie ein. Durch das Jahrzehnt der Repression, das auf die gescheiterte Revolution von 1848/49 folgte und für einen Bruch sowie eine anschließende Stagnation in einer ohnehin schon gehemmten Entwicklung sorgte, gestaltete sich das Wirken der metaphorischen »Zeitschrift der Natur« in Ungarn entlang anderer Parameter als im viktorianischen Großbritannien.

In Westeuropa waren die Jahrzehnte von 1850 bis 1870 eine Zeit massiver Veränderungen, die sich in einem lebendigen öffentlichen Raum manifestierten und dort ihren dynamischen und machtvollen Ausdruck fanden. In Ungarn dagegen waren diese Jahre vom bloßen Überleben gekennzeichnet, und selbst nach der raschen Umgestaltung der öffentlichen Sphäre durch den Österreichisch-ungarischen Ausgleich von 1867 war die Herausforderung, zum Entwicklungsstand Westeuropas aufzuschließen, eher eine Idealforderung als realistisch. Als Ergeb-

---

1 *Bolond Miska* 8/26 (30. Juni 1867) 105.

2 Introduction, in: Geoffrey Cantor/Gowan Dawson/Graeme Gooday/Richard Noakes/Sally Shuttleworth/Jonathan R. Topham, *Science in the Nineteenth-Century Periodical: Reading the Magazine of Nature*, (Cambridge University Press: Cambridge 2004).

nis davon weisen die Dekaden der 1850er, 1860er und 1870er Jahre jeweils verschiedene Zugänge zur medialen Vermittlung von Wissenschaft aus, was sich in divergierenden Strategien der Kommunikation wie auch der Interessenlagen des Schreibens ausdrückt.

Diese Darstellung befasst sich in erster Linie damit, wie in den 1860er und 1870er Jahren das Werk Darwins und dessen Ideen der ungarischen Öffentlichkeit vermittelt wurden. Einerseits bezieht sich das auf die Rolle einer sich wandelnden ungarischen Wissenschaftsgemeinde bei der öffentlichen Verbreitung der Evolutionstheorie von den späten 1850er Jahren bis zum Erscheinen von László Dapsys Übersetzung von *On the Origin of Species* im Jahr 1873. Andererseits will diese Analyse aufzeigen, dass ungarische Intellektuelle und Akademiker ihren Anteil daran hatten, die Naturwissenschaften – und damit in einem weiteren Sinne wissenschaftliche Erkenntnisse – einer wachsenden Zahl von Menschen in populärer Form zu vermitteln, indem sie die Möglichkeiten nutzten, die ihnen das aufstrebende Pressewesen und die wachsende Vielfalt an Zeitschriften boten. Durch die Beschäftigung mit der öffentlichen Wahrnehmung, speziell den Verbindungen zwischen einer sich wandelnden Presselandschaft und der akademischen Welt, stehen nicht nur die Wissenschaftsgeschichte, sondern auch die Veränderungen in der komplexen politischen, kulturellen und gesellschaftlichen Lebenswelt Ungarns in der Habsburgermonarchie in der zweiten Hälfte des 19. Jahrhunderts zur Debatte.

Darwin in der ungarischen Presse von 1860 bis 1870

Dieser Beitrag beleuchtet die Rolle der Presse in der Verbreitung wissenschaftlicher Erkenntnisse und insbesondere des Darwinismus in der ungarischen Öffentlichkeit nach dem Erscheinen von *On the Origin of Species* (1859). Zugleich muss hier angemerkt werden, dass man sich schon zuvor in den Fachjournalen Ungarns der in Westeuropa stattfindenden Umbrüche in der wissenschaftlichen Weltsicht gewärtig war, was sich sowohl in der Presse des Vormärz als auch später in der Zeit nach 1848/49 widerspiegelte. Eine Reihe von Zeitschriften behandelte Fragen der Evolution und es gab ein zunehmendes Bewusstsein dafür, dass viele Aspekte der Geschichte des Universums und der Entwicklung von Leben auf der Erde einer Erklärung bedurften.[3] Man findet hier Hinweise auf Charles

---

[3] Zu den Gelehrten, die vor 1848 die Werke von Cuvier, Lamarck, Oken oder Erasmus Darwin übersetzten oder als Referenz benutzten, vgl. Erzsébet Boldog

Darwins Arbeiten vor der Entstehung von *On the Origin of Species*, etwa Berichte zu seiner Reise auf der *Beagle* oder seinen Forschungen an Korallenriffen von 1842.[4] Obwohl die wissenschaftlichen Aktivitäten durch die repressive Periode nach dem Scheitern der Ungarischen Revolution und dem Unabhängigkeitskrieg von 1848/49 eingeschränkt waren, gab es doch ab den späten 1850er Jahren ein vermehrtes Interesse an der Erforschung einer »fortschreitenden Entwicklung«, wie die Beiträge von József Dorner, József Pólya und Károly Nendtvich zeigen, zum Beispiel in der Zeitschrift *Új Magyar Múzeum*. Auch wenn diese Beiträge in Umfang und Vielfalt begrenzt waren, diente diese frühe Rezeption von evolutionären Ideen als Bezugsrahmen für spätere Diskussionen des Darwinismus.

Ein entscheidender, wenn auch wenig bekannter Markstein war die Veröffentlichung von József Somodys Übersetzung der *Vestiges of the Natural History of Creation* von Robert Chambers (ursprünglich anonym erschienen) in Pápa im Jahr 1858[5], die in der Presse einige Beachtung fand. Ihr Erscheinen stand jedoch im Schatten der zeitgleich stattfindenden Reaktivierung vieler wissenschaftlicher Institutionen und Vereinigungen nach der für den Großteil der 1850er Jahre erzwungenen Unterbrechung ihrer Tätigkeit. Das Jahr 1858 bildete hier einen Wendepunkt, in dem die Akademie der Wissenschaft wieder ihren Vollbetrieb aufnahm. Dieser Impuls führte nicht nur zur Wiederrichtung und Neuorganisation wissenschaftlicher Einrichtungen an vielen Orten, sondern setzte einen neuen Rahmen, insofern diese politischen Veränderungen mit der weltweiten Umwälzung der Naturwissenschaften durch das Erscheinen von *On the Origin of Species* zusammenfielen. Diese Entwicklung erfolgte in Ungarn parallel zur und beschleunigt durch die erwähnte »Veröffentlichungs-Cholera« der 1860er Jahre.

Ladányiné, *A magyar filozófia és a darwinizmus XIX. századi történetéből 1850–1875* [Die Geschichte der ungarischen Philosophie im 19. Jahrhundert und der Darwinismus, 1850−1875] (Akadémiai Kiadó: Budapest 1986) 32–37.

[4] Vgl. z. B. Pál Almási Balogh, Egy pillantás földünk életére [Ein Blick auf das Leben unserer Erde], in: *A Magyar Tudós Társaság Évkönyvei* [Jahrbücher der Ungarischen gelehrten Gesellschaft], 8 (1844–47) (Magyar Tudományos Akadémia: Buda 1860), 77.

[5] Katalin Stráner, Tudomány magyar fordításban: A teremtés természettörténelmének nyomai [Wissenschaft in ungarischer Übersetzung: Spuren der Naturgeschichte der Schöpfung], in: *Századvég* 56 (2010) 97–121.

Die erste Reaktion in Ungarn auf *On the Origin of Species* war eine Rezension von Ferenc Jánosi in *Budapesti Szemle* [Budapester Rundschau].[6] Diese basierte auf einer französischen Vorlage, die wie Janosi selbst betonte, von ihm »entsprechend dem maßgeblichen Artikel einer französischen Rezension«[7] verfasst worden war. Als Quelle kann die erste bekannte französische Rezension von Auguste Laugel,[8] »Nouvelle théorie d'historie naturelle« identifiziert werden, die in der *Revue des Deux Mondes* etwas früher im Jahr 1860 erschienen war.[9] Jánosis Rezension lehnte sich bemerkenswert eng an das Vorbild an: nicht nur der ungarische Titel, der eine direkte Übersetzung aus dem Französischen ist, sondern auch der Inhalt folgt weitgehend der Vorlage. Dieser Text vermeidet eine klare Positionierung zu Darwins umstritteneren Ideen und spricht einige Schwachstellen an, wie etwa die Verwandtschaft des Menschen mit den »Affen«. Als erster Bericht für die ungarischen Leser war es jedoch eine wohlinformierte und umfassende Rezension.[10]

Bemerkenswert an der Besprechung von Jánosi ist der einleitende Absatz, in dem er seine Motivation beschreibt, die Rezension für *Budapesti Szemle* zu verfassen:

> Nur wenige wissenschaftliche Arbeiten haben so viel Aufmerksamkeit auf sich gezogen wie der Buchtitel zu Eingang dieser Zeilen.

---

6 Ferenc Jánosi, Új természetrajzi elmélet. Charles Darwin: On the Origin of Species. A nemek eredete [Neue Theorie in der Naturgeschichte. Charles Darwin: Über den Ursprung der Arten], in: *Budapesti Szemle* 10/33–34 (1860) 383–397.

7 Jánosi, Új természetrajzi elmélet 383.

8 Eve-Marie Engels/Thomas Glick (Hrsg.), *The Reception of Charles Darwin in Europe* (Continuum: London 2008) xxix.

9 Auguste Laugel, Nouvelle théorie d'histoire naturelle: l'origine des espèces, in: *Revue des deux mondes* 26/3 (1860) 644–671.

10 Ferenc Jánosi (1818–1879) lieferte regelmäßig Beiträge für *Budapesti Szemle*, wo er zu einer Vielzahl von Themen veröffentlichte, von wirtschaftlichen Fragen bis hin zu Literaturrezensionen. Wie viele andere Gelehrte war er gezwungen, sich der habsburgischen Verfolgung in den Jahren ab 1849 zu entziehen, und unterrichtete bis 1853 Chemie, Naturgeschichte und Wirtschaft am calvinistischen Gymnasium von Nagykőrös. Später ging er nach Pest und schrieb bis 1867, als er Beamter im Justizministerium wurde, für eine Vielzahl von Zeitschriften und machte in seinen Mußestunden chemische Experimente. Ferencz Jánosi, in: József Szinnyei, *Magyar írók élete és munkája* [Leben und Werk ungarischer Schriftsteller] (Hornyánszky Viktor: Budapest 1891) http://mek.oszk.hu/03600/03630/html/.

> Die schrillsten Angriffe und ebenso die lautstärksten Lobeshymnen, die seinem Erscheinen folgten belegen in einem fort, dass wir das Werk eines Genies vor uns haben, das darauf zielt, befruchtend zu wirken und die gewohnten Gedanken und Ideen in eine neue Richtung zu lenken. [...] Das öffentliche Interesse an Darwins Forschung wird allein durch die Tatsache belegt, dass alle wissenschaftlichen Journale darin konkurrierten, diese ihren Lesern bekannt zu machen.[11]

Die Einführung legt nahe, dass Jánosi und die Herausgeber von *Budapesti Szemle* auch Rezensionen in wichtigen ausländischen Zeitschriften verfolgten und so die Bedeutung von Darwins Werk sowie die außerordentliche Wichtigkeit der Frage nach der Entwicklung und Entstehung der Arten für die zeitgenössische Forschung erkannten.

Budapesti Szemle sollte in der Tat von Beginn seiner Existenz an zu einer der wichtigsten Plattformen für die Diskussion von Evolutionsideen werden. Im Jahr 1857 gegründet, war das Journal bestrebt, westeuropäischen Vorbildern wie der französischen *Revue des Deux Mondes* oder dem englischen *Athenaeum* nachzueifern. Antal Csengery, der Gründer, verantwortliche Herausgeber und bis 1867 auch Verleger, wollte die Öffentlichkeit über die jüngsten Errungenschaften in den Wissenschaften und auf anderen Gebieten der Kultur im In- und Ausland auf dem Laufenden halten. In den späten 1850er und frühen 1860er Jahren war diese Absicht mit dem festen Glauben verbunden, dass die Natur- und Gesellschaftswissenschaften Werkzeuge für den Fortschritt der Menschheit seien, die sich für positivistische Anwendungen in den Humanwissenschaften eignen könnten. Aufgrund des Zusammentreffens dieser Faktoren bot *Budapesti Szemle* daher schon früh ein Forum für Beiträge zum Darwinismus in Ungarn.[12]

Schon vor dem Erscheinen von Darwins Werk war die Evolutionstheorie in *Budapesti Szemle* ein Thema. József Somodys ungarische Übersetzung von *Vestiges of Creation* erhielt 1858 eine Vorschau gewidmet, die den Einfluss von Charles Lyells frühen Arbeiten zur Geologie würdigte.[13] In derselben Nummer

---

[11] Jánosi, Új természetrajzi elmélet 383.

[12] Domokos Kosáry/Béla G. Németh, *A magyar sajtó története.* [Die Geschichte der ungarischen Presse] (Akadémiai Kiadó: Budapest 1985) II. 1. 477–501.

[13] László Korizmics, A teremtés természettörténelmének nyomai. [Spuren der

veröffentlichte der Geologe József Szabó eine Besprechung eines Artikels des positivistischen Philosophen Émile Littré »Études d'histoire primitive. Y a-t-il eu des hommes sur la terre avant la dernière époque géologique?«, der im selben Jahr zuvor in der *Revue des Deux Mondes* erschienen war.[14] Lyells Theorie, dass die Erdgeschichte eine Abfolge von durch die Kräfte der Natur bewirkte kleiner Veränderungen sei, wurde von Szabó wiederholt in *Budapesti Szemle* und auch andernorts aufgegriffen. Auf Lyells *Principles of Geology* und *Manual of Elementary Geology* gestützt schloss Szabó bereits im Jahr 1858, dass »die gegenwärtige Welt nichts anderes ist als der Ergebnis ihrer Vergangenheit«.[15] Er behandelte in weiterer Folge Fragen zur Stellung des Menschen in der Erdgeschichte, und sein Artikel »Der Mensch in der Geologie« wurde beim ersten Treffen – nach mehr als einem Jahrzehnt der Inaktivität – der Ungarischen Vereinigung für die Geschichte der Wissenschaften 1863 vorgetragen und kurze Zeit später in *Budapesti Szemle* abgedruckt.[16]

Antal Csengery war in den 1860er Jahren nicht nur Herausgeber von *Budapesti Szemle*, sondern eine zentrale Instanz bei der Herausbildung einer Rezensionskultur in Ungarn, eine Galionsfigur der Wissenschaften sowie der verlegerischen und kulturellen Produktion. Er spielte eine aktive Rolle bei der Wiederrichtung der Akademie und von literarischen Gesellschaften, war ein gewichtiger Unterstützer des Programms der Deák-Partei und nicht zuletzt aufgrund seiner zahlreichen Verbindungen äußerst einflussreich.[17]

Csengerys Anschauungen und der Kreis seiner Bekanntschaften waren jedoch so heterogen, dass *Budapesti Szemle* nicht nur positive Besprechungen zu Darwins Lehre veröffentlichte, sondern auch kritische Stimmen zu Darwin und

---

Naturgeschichte der Schöpfung], in: *Budapesti Szemle* 3/9–10 (1858) 301–304.

[14] *Revue des Deux Mondes* 14 (1858) 5–32.

[15] József Szabó, Geologiai alapnézetek: a folytonossági elmélet szellemében [Geologische Grundlagen: im Geist der Kontinuität-Theorie], in: *Budapesti Szemle* 2/4 (1858) 57–78.

[16] József Szabó, Az ember a geológiában [Der Mensch in der Geologie], in: József Szabó (Hrsg.), *A Magyar Orvosok és Természetvizsgálók 1863. September 19–26. Pesten tartott IX. nagygyűlésének történeti vázlata és munkálatai*, (Pest 1864) 45–52; József Szabó, Ember a geologiában [Der Mensch in der Geologie], in: *Budapesti Szemle* 18/59–60 (1863) 309–320.

[17] Csengery Antal, in: Szinnyei, *Magyar írók* http://mek.oszk.hu/03600/03630/html/index.htm.

seinem Kreis, zum Beispiel zu Thomas H. Huxley. Eine der ersten, der *Budapesti Szemle* Raum gewährte, war jene von Sámuel Brassai. Bei seinem im Jahr 1862 erschienenen Aufsatz »Éledés és életkezdet«[18] handelt es sich um eine frühe ablehnende Stellungnahme, die behauptet, dass Darwins Theorie, besonders seine neuartige Taxonomie und deren Konzept fortwährender Weiterentwicklung, nicht nur das bislang bekannte Verständnis der Arten, sondern die Naturwissenschaften als Ganzes gefährde.[19]

Ein weiterer Kritiker und einflussreiches Mitglied der Akademie der Wissenschaften war der Philosoph und Universalgelehrte Ágost Greguss, dessen (ziemlich kritische) Analyse von Huxleys *Man's Place in Nature* 1863 in *Budapesti Szemle* abgedruckt wurde.[20] Diese Veröffentlichung ist in enger Verbindung zu den wichtigsten frühen Texten zu Darwin in ungarischer Sprache zu sehen, die der Naturforscher und Benediktinermönch Jácint Rónay während seines politischen Exils in London zwischen 1850 und 1866 verfasste. Er veröffentlichte in den frühen 1860er Jahren in ungarischen Zeitungen eine Serie von Artikeln in Fortsetzungen. Diese erschienen 1864 in Buchform mit dem Titel *The formation of species; man's place in nature and his antiquity*[21] und fassten die Werke von Darwin, Huxley und Lyell zusammen – oder anders formuliert: waren wortgetreue Adaptionen. Rónays Memoiren geben eine lebhafte und emotional aufgeladene Beschreibung der Ereignisse (aus seiner Perspektive). Gemäß seiner Darstellung sandte er eine Abschrift seines Manuskripts, das auf einer frühen Fassung von Huxleys *Man's Place in Nature* basierte, an Csengery, um es publizieren zu lassen; jedoch stellte er folgendes fest:

> Zunächst trug József Szabó, Universitätsprofessor und korrespondierendes Mitglied der Akademie, mein Manuskript in der Geologischen Gesellschaft vor; anschließend Ágost Greguss, ebenfalls

[18] Sámuel Brassai, Éledés és életkezdet [Erwachen und Beginn des Lebens], in: *Budapesti Szemle* 16 (1862) 328–345.

[19] Sámuel Brassai (1800–1897), war ein entschiedener Kritiker des Materialismus, der die Auffassung einer beständigen Weiterentwicklung als eines der »Dogmen einer Denkschule, die Leben und Seele leugnet« bezeichnete. Vgl. Ladányiné, *A magyar filozófia és a darwinizmus* 95.

[20] Ágost Greguss, Az ember helye a természetben [Der Platz des Menschen in der Natur], in: *Budapesti Szemle* 18 (1863) 420–449.

[21] Jácint Rónay, *Fajkeletkezés; Az embernek helye a természetben és Régisége* [Die Enstehung der Arten; Der Platz des Menschen in der Natur und seine Frühgeschichte] (Demjén és Sebes: Pest 1864).

> Mitglied der Akademie, bei einem Treffen der Akademie; schließlich wurde mein Manuskript in Budapesti Szemle veröffentlicht – unter dem Namen von Greguss. Und was machte Antal Cengery? Gemäß meinem Informanten [Gyula Schwarcz] hatte er Bedenken wegen Huxleys Arbeiten und wagte den Namen des Kollegen, der ihm das Manuskript geschickt hatte, nicht zu erwähnen. Ich weiß nicht, ob das wirklich so ist? Aber mir ist klar, dass mein Manuskript nur mit seinem [Csengerys] Einverständnis unter Greguss' Namen publiziert werden konnte. [...] Jeder sollte zum Schluss kommen, dass dieser den Aufsatz anhand des Originaltextes verfasst habe, aber in Wahrheit veröffentlichte er mein Manuskript. Er fügte einige Zeilen am Anfang und am Schluss hinzu, die in Deutsch ausgedacht und dann in Ungarisch formuliert wurden, – wohl um sein eigenes und Csengerys Gewissen zu beruhigen? Dies alles geschah ohne meine Zustimmung durch angesehene Patrioten, ohne mich mit einer Silbe davon in Kenntnis zu setzen. Es ist natürlich ein Leichtes, einen Exilierten so zu behandeln, der weder Rechte noch guten Namen in seinem Heimatlande hat, und wahrscheinlich auf fremder Erde sein Leben aushauchen wird![22]

Aus Rónays Sicht wirkt die ganze Affäre wie ein eindeutiges akademisches Plagiat, selbst gemessen an den Verhältnissen der Zeit: Er schickte seinen Text ein, dieser wurde verlesen, ohne ihn als Autor zu nennen, und schließlich nach der Hinzufügung einiger Sätze unter anderem Namen veröffentlicht. Es ist nicht bekannt, ob Rónay den von Greguss in *Budapesti Szemle* veröffentlichten Artikel auch zu Gesicht bekommen hat, sonst hätte er wohl bemerkt, dass dieser Text sowohl vom ideologischen Hintergrund als auch von der Programmatik her von seinem eigenen stark abweicht. Tatsächlich handelt es sich nur um wenige Seiten dieses Aufsatzes, die, wie Greguss selbst einräumt, auf dem Manuskript eines anderen (wenn auch ungenannten) ungarischen Gelehrten beruhten. Diese Geschichte zeigt, welch großen Stellenwert für diese Autoren die Veröffentlichung in einem anerkannten Journal hatte, das von prominenten Intellektuellen und Gelehrten gelesen wurde. Rónays Entschluss, dann noch seine eigene Fassung zu veröffentlichen – gemeinsam mit seinen Schriften zu Darwins *On the Origin*

---

[22] Jácint Rónay, *Napló-töredék. Hetven év reményei és csalódásai* [Tagebuchauschnitt. Hoffnungen und Enttäuschungen aus siebzig Jahren] (Pozsony 1884), III. 274–75.

of Species und Lyells Forschungen –, lässt sich aus dem Wunsch erklären, als Autor und öffentliche Person im Verdienst um die Verbreitung neuer wissenschaftlicher Erkenntnisse Anerkennung zu finden.

Rónays *Fajkeletkezés* erhielt 1864 in *Budapesti Szemle* eine positive Besprechung von Gyula Schwarcz[23], seinem gelegentlichen Besucher in London und zugleich jener Informant, der ihn teilnahmsvoll von den Intrigen der Csengery-Clique in der Akademie und den Details zum üblen Umgang mit seiner Person in Abwesenheit in Kenntnis gesetzt hatte.[24] Die Rezension würdigt Rónays Beitrag zur Fachliteratur und seine Bemühungen, die Aufmerksamkeit der ungarischen Öffentlichkeit auf die Arbeiten von Darwin, Huxley und Lyell zu lenken. Er empfiehlt das Buch nachdrücklich, denn »im Westen gehört es nicht nur zum guten Ton, es gelesen zu haben, sondern geradezu zur Mode des Zeitalters, ebenso wie Tische rücken, Spiritismus etc.« Darüber hinaus hofft Schwarcz, dass Rónay »seine Feder nicht niederlegen werde, sondern sie zum Kampf für sein Vaterland einsetzen, den noblen Regungen seiner Seele folgend, und sich durch die ungünstigen Umstände der Gegenwart nicht entmutigen lassen werde«.[25] Trotz dieses Rückhalts sollte Rónay keine weiteren Beiträge zum Darwinismus mehr veröffentlichen; abgesehen von einigen kleinen Artikeln hörte er in den späten 1860er Jahren auf, in der Presse zu publizieren, als er wieder nach Ungarn zurückgekehrt war und die Beschäftigung mit den Naturwissenschaften zugunsten anderer Aktivitäten aufgab. Zur selben Zeit konzentrierte sich *Budapesti Szemle* zunehmend auf literarische Besprechungen und der Anteil der Naturwissenschaften an den Inhalten nahm ab. Obwohl weiterhin Studien und Rezensionen zu Themen rund um Darwins Forschung erschienen, wurde die Aufgabe, das Bildungsbürgertum über die neuen naturwissenschaftlichen Entwicklungen zu informieren, zunehmend von der seit kurzem aktiven *Természettudományi*

---

[23] Gyula Schwartz, Fajkeletkezés. Az ember helye a természetben és régisége [Die Enstehung der Arten; Der Platz des Menschen in der Natur und seine Frühgeschichte], in: *Budapesti Szemle* 20/64–65 (1864) 282–285.

[24] Gyula Schwarcz (1839–1900; es existieren unterschiedliche Schreibweisen des Nachnamens), später Universitätsprofessor für Alte Geschichte, Parlamentsabgeordneter und Mitglied der Akademie, besuchte Rónay wiederholte Male in London. Sein Werk *On the Failure of Geological Attempts in Greece prior to the Epoch Alexander the Great* erschien in London in zwei Bänden 1862 und 1865 mit Rónays (zögerlicher) Unterstützung. Vgl. Rónay, *Napló-töredék* III. 354–55.

[25] Schwarcz, Fajkeletkezés 282, 286.

Társulat [Gesellschaft für Naturwissenschaften] und seit 1869 von deren Journal *Természettudományi Közlöny* [Naturwissenschaftliche Gazette] übernommen.

Eine zentrale literarische Gattung, die sich um die Verbreitung und Popularisierung von Wissenschaft im öffentlichen Raum verdient machte, war das enzyklopädische Magazin, seit den 1850er Jahren ein zunehmend beliebtes Genre der lesenden Mittelschichten. Obwohl die bedeutendste illustrierte enzyklopädische Wochenschrift Ungarns, die 1859 gegründete *Vasárnapi Újság* [Sonntagszeitung], für die Popularisierung des Darwinismus nach 1867 eine besonders wichtige Rolle spielen sollte, brachte sie schon von Anfang an Artikel zu Themen, die auch für Laien von Interesse waren. Im Verlauf dieses Jahrzehnts, besonders nach der durch den Ausgleich völlig veränderten Situation, widmeten sich wissenschaftliche Gesellschaften und ihre Publikationen der Aufgabe, dem Bildungsbürgertum neue Forschungsergebnisse und dabei besonders den Darwinismus näherzubringen. Die Urbanisierung der gedruckten Periodika stärkte zunehmend die Rolle der enzyklopädischen Journale bei der Popularisierung des Darwinismus für die breite Gesellschaft. Ihre wachsende Reichweite an Rezipienten reflektiert die veränderten politischen Umstände, die schließlich zum Ausgleich führten, ebenso wie die Rolle der Wissenschaften, die in einer nun radikal gewandelten Öffentlichkeit ihren neuen Ausdruck fand.

Darwin in der ungarischen Presse im Zeitraum von 1867 bis 1875

In Hinblick auf die öffentliche Rezeption des Darwinismus ist der Zeitraum vom Ausgleich bis Mitte der 1870er Jahre von eminenter Bedeutung, da er nicht nur die Übergangsperiode nach einer jahrzehntelangen Unterdrückung darstellt, sondern auch einen fruchtbaren Boden für die Entwicklung der Wissenschaften und die Aufnahme wissenschaftlicher Ideen bot. Mit der Wiederbelebung der Akademie der Wissenschaften und der wissenschaftlichen Gesellschaften, der Umgestaltung der mittleren und der höheren Bildung sowie der Ausbildung der einzelnen Fachdisziplinen war auch das Netzwerk der Wissenschaften tiefgreifenden Veränderungen unterworfen. Zur selben Zeit änderte sich auch die öffentliche Wahrnehmung, der Charakter der Presselandschaft wurde vielgestaltiger und eine wachsende Anzahl von Publikationen erschien auf dem Markt. Drittens wandelte sich das herrschende Konzept von Fortschritt, der zunehmend als evolutionärer Prozess gesehen wurde, zur Vorgabe, den »Rückstand aufzuholen«. Indem wissenschaftliche Erkenntnisse durch allerlei Druckwerke weite Verbreitung fanden und popularisiert wurden, wurde unter Fortschritt zunehmend verstanden, nach vorwärts zu streben und dem Ideal zu folgen, das durch die weiter entwickelten Nationen im Westen, wie Großbritannien, verkörpert wurde.

Da diese Periode der Darwin-Rezeption, insbesondere die Verbreitung seiner Ideen durch die Presse, bereits von der früheren Forschung abgedeckt ist, liegt der Fokus des folgenden Abschnitts auf den Mittelsmännern, dem komplexen Netzwerk, innerhalb dessen sie agierten und den Inhalten ihrer Beiträge.[26] Eine zentrale Figur in diesem Narrativ ist László Dapsy, weithin bekannt für die erste vollständige Übersetzung von *On the Origin of Species* ins Ungarische, die 1873/1874 erschien.[27] Daneben interessiert er auch in seiner Rolle als früher Propagator des Darwinismus, die er gemeinsam mit einigen seiner Zeitgenossen auf verschiedenen Ebenen ausübte: einerseits in seinen Verbindungen zur wissenschaftlichen Gemeinde, aber ebenso aktiv in der Popularisierung durch enzyklopädische Wochenschriften wie in der Tages- und Zeitschriftenpresse. Dapsy war Teil eines Netzwerks gleichgesinnter Männer, die in Beziehung zur Akademie der Wissenschaften standen – viele davon auch aktiv bei der *Természettudományi Társulat*, der Gesellschaft für Naturwissenschaft, – und veröffentlichte in den verschiedensten Publikationen Beiträge zu einem breiten Spektrum von Gegenständen, von Politik und Ökonomie über Philosophie, Literatur, die schönen Künste bis hin zu den Naturwissenschaften.

---

[26] Ladányiné hat eine eindrucksvolle Liste von Quellen wissenschaftlicher Publikationen erstellt, und Géza Buzinkay hat die Rezeption des Darwinismus in der populären Presse untersucht, mit Fokus auf den enzyklopädischen Wochenschriften, wie *Vasárnapi Újság* and *Magyarország és a Nagy Világ*. Vgl. Géza Buzinkay, A darwinizmus és a magyar közgondolkodás az 1870-es években [Der Darwinismus und die öffentliche Meinung in Ungarn in den 1870er Jahren], in: *Orvosi Hetilap* 126/18 (1985) 1103–05. Katalin Mund gibt eine nützliche Zusammenfassung der Rezeption des Darwinismus in der ungarischen Gesellschaft, wenn auch ihr Schwerpunkt eher auf den 1870er und 1880er Jahren liegt. Katalin Mund, The Reception of Darwin in Nineteenth-Century Society, in: Glick/Engels, *The Reception of Charles Darwin in Europe* 441–462.

[27] See Katalin Stráner, Magyar természettudomány, vagy ternészettudomány magyarul? Dapsy László, a magyar darwinizmus, és a Magyar Természettudománai Társulat Kiadóvállalatának eredete [Naturwissenschaft in ungarischer Sprache oder ungarische Naturwissenschaft? László Dapsy, Darwinismus in Ungarn und die Anfänge des Verlags der Ungarischen Gesellschaft für Naturwissenschaft], in: *Korall Társadalomtörténeti Folyóirat* 16–62 (2015) 97–115.

Der Österreichisch-ungarische Ausgleich brachte einschneidende Veränderungen für das wissenschaftliche Leben mit sich, was sich auf Übersetzungen, Rezeption und Verbreitung des Darwinismus im habsburgischen Zentraleuropa auswirkte. In Ungarn resultierte dieser Wandel im Wiedererstehen und Aufblühen der wissenschaftlichen Gesellschaften und Vereine nicht nur in der Hauptstadt, sondern auch in größeren und kleineren Provinzstädten. Die bedeutendste und bekannteste unter ihnen war die *Természettudományi Társulat*, eine Gesellschaft mit sehr heterogener Mitgliederschaft und einem noch breiteren Kreis von Lesern ihrer Publikationen und Besuchern ihrer volkstümlichen Vorlesungen. Ihre Zeitschrift *Természettudományi Közlöny* war darauf ausgerichtet, Wissenschaft für die gebildete Mittelklasse zu popularisieren, indem sie die neuesten Forschungsergebnisse und Entdeckungen in einen gesellschaftlichen Kontext stellte. Sie veröffentlichte Auszüge der Werke von Charles Darwin, Carl Vogt oder John Stuart Mill, außerdem umfangreichere Studien anerkannter ungarischer Wissenschaftler, die auf deren eigenen Forschungen beruhten, ebenso wie – eine häufige Erscheinung in den 1870er Jahren – Besprechungen fremdsprachiger Werke und die Verhandlungen der Gesellschaft. Daneben finden sich Exzerpte und Übersetzungen aus ausländischen Journalen, wie dem *Popular Science Review*. Darwins erste Übersetzer ins Ungarische, László Dapsy, Tivadar Margó, Géza Entz und Aurél Török, waren in den frühen Jahren regelmäßige Beiträger dieser Zeitschrift.[28]

Die *Természettudományi Társulat* hatte somit hinsichtlich ihrer Mitglieder wie ihrer Verbindungen seit den frühen 1870er Jahren eine wichtige Rolle bei der Vermittlung des Darwinismus inne. Diese war sehr umfassend, auch in dem Sinne, dass sich die Gesellschaft, die sich seit den 1840er Jahren als maßgebliches Forum der Naturwissenschaften betrachtete, bei ihrer Reaktivierung in den 1860er Jahren einer neuen Zielsetzung verschrieben hatte: Man wollte nicht nur engere Verbindungen zu den Mitgliedern schaffen, sondern auch die breite Öffentlichkeit erreichen. Der Vorschlag dazu kam vom Geologen József Szabó, der im selben Jahr die Aufmerksamkeit der Gesellschaft auf den verbreiterten Ansatz der Akademie lenkte und davor warnte, dass die in diesen Fächern tätigen Wis-

---

[28] Vgl. Endre Gombocz, *A királyi magyar természettudományi társulat története* [Die Geschichte der königlichen ungarischen naturwissenschaftlichen Gesellschaft], (Természettudományi Társulat: Budapest 1941) 128–144; Kosáry and Németh, *A magyar sajtó története* II. 2. 497–499.

senschaftler ihre Ergebnisse und Veröffentlichungen zukünftig nur den zuständigen Abteilungen der Akademie zukommen lassen würden. Szabó schlug daher vor, dass die Gesellschaft ihre Gründungsstatuten überprüfen und ihre Programmatik zur Ausrichtung ihrer Aktivitäten adaptieren sollte, um als »Einrichtung für die Mathematik und die Naturwissenschaften die Forschungsergebnisse in populärer Form aufzubereiten, für ihre Verbreitung zu sorgen, um sie so dem Leben anzunähern und ihre Beliebtheit zu steigern«.[29] Szabós Vorschlag verdeutlicht, dass der Aufgabenbereich einer wissenschaftlichen Gesellschaft in Ungarn nicht nur im akademischen Bereich verortet war, sondern ihr Wirken auch der Öffentlichkeit näherbringen sollte. Darin zeigt sich auch Szabós Unterstützung für den Gedanken, dass die Akademie das Zentrum der ungarischen Forschung bilden sollte. Ergänzend dazu sollte die Aufgabe der Naturwissenschaftlichen Gesellschaft vielmehr darin bestehen, als Plattform für die Popularisierung zu dienen, als an vorderster Front der Forschung zu stehen (zumindest angesichts der beschränkten Möglichkeiten an der Peripherie Europas).

Die Ideen Szabós zur Etablierung einer populären Zeitschrift und frei zugänglicher öffentlicher Vorlesungen wurden schließlich ab 1865 realisiert: Das bedeutete nicht nur das Entstehen einer neuen Zeitschrift in Gestalt der *Természettudományi Közlöny*, sondern auch eine völlige Neugestaltung der Gesellschaft. Nach der Reorganisation des Vorstandskomitees gehörten diesem die wichtigsten Vermittler des Darwinismus in Ungarn an, unter anderen Károly Nendtvich, János Kriesch, László Dapsy, József Dorner und József Szabó[30].

Dank der Umsicht ihres Herausgebers Kálmán Szily bildete *Természettudományi Közlöny* ein Forum, das Naturwissenschaften nicht nur populär, sondern beliebter und zum Zeitvertreib einer breiteren Öffentlichkeit machen sollte. Wie er in der Einleitung zur ersten Ausgabe erklärte, sollte dieses Unterfangen den Schlussstrich unter eine Ära setzen, als »die ungarische Öffentlichkeit sich nicht für Naturwissenschaften interessierte« und »wissenschaftliche Werke sich in Ungarn nicht verkauften«. Nach seinen Vorstellungen sollte die *Gazette* dem Publikum Lesestoff bieten, der nicht nur belehren, sondern auch unterhaltsam sein sollte. Ihre Zielrichtung war eine zweifache: zum einen der wachsenden Mitgliederschar die neuesten Entwicklungen in den Naturwissenschaften zu vermitteln,

---

[29] See Gombocz, A magyar természettudományi társulat 103–105.

[30] Für eine komplette Mitgliederliste des Komitees siehe Gombocz, *A magyar természettudományi társulat* 120.

zum anderen breiten Gesellschaftskreisen wissenschaftliche Erkenntnisse »langsam einzuimpfen«. Szily wurde von einer Gruppe von Mitherausgebern unterstützt, unter ihnen László Dapsy (Kulturpflanzenkunde und Zoologie), Géza Entz (Zoologie) und Aurél Török (Biologie).[31] Von Beginn an veröffentlichte die *Gazette* Artikel zum Darwinismus, darunter Besprechungen und Übersetzungen von Darwins Arbeiten, Untersuchungen zu deren Anwendungen in der ungarischen Wissenschaft und Gesellschaft sowie kurze Nachrichten zur Aufnahme von Darwins Forschung und der damit einhergehenden Debatten im Ausland. Schon aus dieser Auswahl wird klar, dass die Autoren und die Leserschaft dieser Artikel im Kontext einer umfassenden Rezeption des Darwinismus weit davon entfernt waren, sich auf die Mitglieder der Gesellschaft zu beschränken, die so ihren Anspruch einlöste, die öffentliche Aufmerksamkeit zu gewinnen und einem wachsenden Publikum naturwissenschaftliche Erkenntnisse zu vermitteln.

Eine weitere wichtige Figur bei diesem Unterfangen war Tivadar Margó, Vizepräsident der Gesellschaft seit 1869, und einer der Hauptvertreter der ungarischen Darwinismus-Rezeption in den späten 1860er und 1870er Jahren.[32] Er besetzte eine einflussreiche Position sowohl in der wissenschaftlichen wie auch der populären Vermittlung des Darwinismus in Ungarn, was selbst von jenen Stimmen anerkannt wird, die der Ansicht sind, dass die Rezeption Darwins in Ungarn eher von bekannten Intellektuellen als von Naturwissenschaftlern auf den Weg gebracht wurde.[33] Margó studierte Medizin an den Universitäten Pest und Wien und hatte anschließend Professuren in Graz, Kolozsvár und seit 1863 in Pest inne.[34] Er nahm bleibenden Einfluss auf die Zoologie und Taxonomie in

---

[31] Kálmán Szily, Olvasóinkhoz [An unsere Leser], in: *Természettudományi Közlöny* 1/1 (1869) 1–4.

[32] Sándor Soós, The Scientific Reception of Darwin's Work in Nineteenth-Century Hungary, in: Engels/Glick, *The Reception of Charles Darwin in Europe* 431–440, hier 431.

[33] Vgl. z. B. Gábor Palló, Scientific Nationalism: A Historical Approach to Nature in Late Nineteenth-Century Hungary, in: Mitchell Ash/Jan Surman (Hrsg.), *The Nationalization of Scientific Knowledge in the Habsburg Empire, 1848–1918* (Palgrave Macmillan: Basingstoke 2012) 102–112, hier 104; Gábor Palló, Darwin utazása Magyarországon [Darwins Reise in Ungarn] *Magyar Tudomány* 170/6 (2009) 714–726, hier 714–715.

[34] Géza Entz, *Emlékbeszéd Margó Tivadar rendes tagról* [Nachruf auf das Mitglied Tivadar Margó] (Magyar Tudományos Akadémia: Budapest 1898).

Ungarn, was nach Ansicht einiger Beobachter so weit geht, dass er die Methodologie Darwins in die Zoologie-Vorlesungen an der Universität einbrachte.[35] Zudem ist er der einzige ungarische Wissenschaftler, von dem bekannt ist, dass er Darwin zuhause besucht hat.[36] Margó unterstützte als wissenschaftlicher Berater László Dapsy bei seiner Übersetzung von *On the Origin of Species*, war ein Mitglied der Akademie und veröffentlichte extensiv über Themen der Biologie und Medizin. Seine Beiträge zur Verbreitung der Lehre Darwins in Ungarn beschränken sich jedoch nicht auf seine Mithilfe bei Dapsys Übersetzung; sein eigenes Buch *Darwin és az állatvilág* [Darwin und die Tierwelt] wurde zuerst bei einem Treffen der *Természettudományi Társulat* vorgelesen, später in Fortsetzungen in *Közlöny* abgedruckt und schließlich 1869 als eigener illustrierter Band veröffentlicht.[37] Margó verfasste eine Biografie von Darwin für Géza Entz' und Aurál Töröks Übersetzung von *The Descent of Man* und hielt eine Laudatio auf Darwin in der Ungarischen Akademie (deren Ehrenmitglied dieser seit 1872 war).[38] Durch Berichte von Dapsy, der kurze Zeit später mit Margó an der Übersetzung von *On the Origin of Species* arbeiten sollte, die zuerst im *Természettudományi Társulat* veröffentlicht wurde, erreichte der Ruf der populären Vorlesungen des anerkannten Zoologieprofessors auch die Leser des illustrierten Wochenmagazins *Vasárnapi Újság*.

Természettudományi Közlöny veröffentlichte in den frühen 1870er Jahren auch als eines der ersten Magazine Nachrichten zu Darwins jüngsten Forschungen. In manchen Fällen geschah das so schnell, dass dort zum Beispiel János Krieschs Besprechung von *The Descent of Man* und Dapsys Übersetzung von dessen letztem Kapitel veröffentlicht wurden, bevor seine Übersetzung von *On the Origin of Species* in der Ausgabe der Gesellschaft auf den Markt gelangte.[39]

---

[35] Vgl. Bozidar Kovacek, Who is Tivadar Margó?, in: *Archive of Oncology* 9/1 (2001) 67–70. Kovacek behauptet auch, dass Margó, der Sohn eines serbisch-othodoxen Priesters, indirekt auch das Werk des ersten serbischen Darwinisten Jovan Petrovic beeinflusst hat.

[36] Vgl. Entz, *Emlékbeszéd* 16.

[37] Die Gespräche wurden am 17. März und am 7. April 1869 abgehalten, und im selben Jahr in Nr. 5 und 6 von *Természettudományi Közlöny* veröffentlicht (1 (1869): 193–207 und 241–266).

[38] Tivadar Margó, *Emlékbeszád Charles Robert Darwin a M. T. A. k. tagja felett* [Nachruf auf das Ehrenmitglied Charles Robert Darwin] (Magyar Tudományos Akadémia: Budapest 1884).

[39] Kriesch János, Darwin legújabb művéről [Zu Darwins neuestem Werk], in:

Aber weder Dapsy noch Kriesch, Professor für Zoologie an der technischen Universität Budapest und häufiger Autor für *Természettudományi Közlöny* und andere Zeitschriften[40], waren an der späteren Veröffentlichung von *The Descent of Man* beteiligt. Das Werk erschien erst 1884 in ungarischer Sprache (*Az ember származasa és az ivari kiválás*) in der Übersetzung von Géza Entz, dem ersten bedeutenden ungarischen Vertreter der Hydrobiologie und der Meteorologie, und Aurél Török. Letzterer war der erste ungarische Professor für Anthropologie und führte die Craniologie in Ungarn ein, eine Lehre, die mit dem Aufstieg des Nativismus um die Jahrhundertwende zum Werkzeug der extremsten Ausformungen des Sozialdarwinismus werden sollte.[41]

Géza Entz und Aurél Török trugen zur Vermittlung des Darwinismus an weitere Kreise auch über andere Kanäle bei, etwa durch *Természettudományi Társulat*, wo Entz seit 1869 Mitglied des Exekutivausschusses war. Er hatte in Pest Zoologie bei Margó studiert und übernahm nach Krieschs Ableben dessen Lehrstuhl an der Technischen Universität und lehrte an der Universität von Kolozsvár, als er und Török *The Descent of Man* übersetzten.[42] Sein Artikel zum Darwinismus in der Zeitschrift *Természet* [Natur], einem weiteren populären Wissenschaftsmagazin, wurde im Jahr 1868 veröffentlicht.[43] Török, der sich mehr für die praktischen Anwendungsmöglichkeiten der Darwin'schen Ideen interessierte, war ebenfalls ein aktives Mitglied der Gesellschaft und veröffentlichte bis in die späten 1880er Jahre zum Darwinismus und damit verbundene Fragen wie

---

Természettudományi Közlöny 3/25 (1871) 330–340; László Dapsy, Darwin legújabb művének utolsó fejezete [Das letzte Kapitel von Darwins jüngstem Werk], in: *Természettudományi Közlöny* 3/26 (1871) 372–384.

[40] *Budapesti Szemle* brachte – trotz verschiedener Beschwerden über Druckfehler und einige Verwechslungen in der Terminologie – eine sehr positive Rezension über sein Naturgeschichtelehrbuch für Gymnasien: Kriesch János: A természetrajz elemei [János Kriesch, Die Elemente der Naturgeschichte], in: *Budapesti Szemle* 5/9 (1874) 216–220.

[41] Vgl. Tibor Frank, Anthropology and Politics: Craniology and Racism in the Austro-Hungarian Monarchy, in: Tibor Frank, *Ethnicity, Propaganda, Myth-Making. Studies in Hungarian Connections to Britain and America 1848–1945* (Akadémiai Könyvkiadó: Budapest 1999).

[42] Vgl. Endre Dudich, Id. Entz Géza emlékezete születésének százéves évfordulója alkalmából. 1842–1942 [The memory of Géza Entz on the 100th anniversary of his birth. 1842–1942], in: *Állattani Közlemények* 39 (1942) 113–124.

[43] Entz, Géza, Darwinismus, in: *Természet* 1 (1868): 18–22, 30–33, 39–43, 61–65; Tivadar Margó, *Általános állattan* [Allgemeine Zoologie] (Lampel: Pest 1868).

den ›Kampf ums Dasein‹.[44] Noch während seiner Lehrtätigkeit in Kolozsvár kontaktierte Török im Jahr 1874 Ernst Haeckel, um erfolgreich dessen Erlaubnis zu erhalten, die *Anthropogenie* zu übersetzen, »eine wahre ›Bibel‹ der Moderne, die in keinem Haushalt fehlen darf«.[45]

Anhand von Lajos Felméri, der ebenfalls in Kolozsvár wirkte, zeigt sich die Bedeutung des Briefverkehrs im Netzwerk der Gelehrten. Als Akademiker trug er, obwohl er selbst kein Naturwissenschaftler war, viel zum breiten Bekanntwerden von Darwins Werk bei. Felméri, dessen Arbeiten auf dem Gebiet der Pädagogik in akademischen Kreisen weithin Anerkennung fanden,[46] »befasste sich [mit Darwins Lehre] zuerst in Jena, nachdem er sie durch Prof. Haeckel kennen gelernt hatte«.[47] In einem Brief informierte er Darwin nicht nur davon, dass seine Besprechung von *The Expression of the Emotions in Man and Animals* demnächst in *Természettudományi Közlöny* erscheinen werde,[48] sondern auch, dass er in Kolozsvár (Cluj/Klausenburg) Vorlesungen zu den Berührungspunkten von Darwinismus und Psychologie halte, wo sich seine »Hörer stets mit Freude an den Prinzipien der ›Descendenz-Theorie‹ ergötzen.«[49] Nicht alle Stimmen in der Presse von Kolozsvár aber waren dem Werk Darwins wohlgesinnt:

---

44 Rajmund Rapaics, Török Aurél (»M.B.T.«), in: *Természettudományi Múzeum Tudománytörténeti Gyűjtemény, Budapest* [Wissenschaftsgeschichtl. Sammlung, Naturwissenschaftliches Museum, Budapest] 269/68/2 (3–5 p.).

45 Aurél Török an Ernst Haeckel, 12. November 1874, Ernst-Haeckel-Haus, Jena [EHH], Briefwechsel von Ernst Haeckel; Haeckel an Török, 16. November 1874, Magyar Tudományos Akadémia, Kézirattár, Budapest [Manuskriptabteilung, Ungarische Akademie der Wissenschaft, Budapest] [MTAK] Ms. 4093/237 (Kopie).

46 Seine Arbeiten zur Erziehung waren der Grund für seine Ernennung zum korrespondierenden Mitglied der Akademie der Wissenschaften, vgl. Régi Akadémiai Levéltár, Budapest [Altes Korrespondenz-Archiv, Ungarische Akademie der Wissenschaften, Budapest] [MTA RAL] 160/1883 und 278/1885.

47 «Lajos Felméri an Charles Darwin, 3. Januar 1873, Cambridge University Library, Darwin Archives, The Correspondence of Charles Darwin [CUL DAR] 164:116. Auch wenn Felméris Brief deutlich den Einfluss seiner Studien bei Haeckel zeigt, besonders sichtbar am wiederholten Gebrauch des Begriffes »Deszendenztheorie«, so wird anhand seiner frühen Laufbahn beispielhaft deutlich, wie die Ausübenden verschiedenster Disziplinen diese Theorie auf ihr eigenes Feld anzuwenden versuchten.

48 Lajos Felméri, A nevetésről: Egy fejezet Darwin legújabb művéből [Über das Lachen: Ein Kapitel aus Darwins neuestem Werk], in: *Természettudományi Közlöny* 5/45 (1873) 179–192.

49 Lajos Felméri an Charles Darwin, 3. Januar 1873, CUL DAR 164:116.

einige Jahre später erschien im *Erdélyi Múzeum* [Transsilvanisches Museum], das seit den 1860er Jahren Artikel zum Darwinismus publizierte, eine Besprechung von *The Expression of Emotions*. Béla Dezső, der Verfasser der Rezension, bedauerte, »dass hierorts die Theorien Darwins in so hohem Ansehen stehen, dass es fast unmöglich ist, daran zu zweifeln oder gar Kritik zu üben«.[50] Dezső schlug vor, dass Forschungen auf diesem Gebiet nur von durch ihre Profession dazu Berufenen unternommen werden sollten.

Auch außerhalb von Budapest erscheinende Periodika leisteten einen bedeutenden Beitrag dazu, Wissen über Darwin und den Darwinismus zu vermitteln. Die pädagogische Presse hatte – entsprechend dem Beinahe-Monopol der Kirchen im ungarischen Bildungswesen in der zweiten Hälfte des 19. Jahrhunderts – fast durchgehend konfessionell geprägten Charakter. Die beiden wichtigsten waren die römisch-katholische *Tanodai Lapok* [Schulzeitung] und die *Protestáns Egyházi s Iskolai Szemle* [Protestantische Schul- und Kirchenrevue].[51] Viele Schulstädte hatten ihre eigenen protestantischen und/oder katholischen Bildungsschriften. Die *Sárospataki Füzetek* [Sárospataker Notizen] zählten zu den ersten ungarischen Blättern, als sie 1868 einen umfassenden Aufsatz zur Entwicklung der Naturwissenschaften (mit Hinweisen auf Darwins Werk) im Hinblick auf die Theologie brachten.[52] Das Jahrbuch des Gymnasiums des Zisterzienserordens in Székesfehérvár veröffentlichte eine umfangreiche Studie zu Darwins Theorie unter Berücksichtigung der Psychologie.[53] Obwohl die Verfasser die Verdienste Darwins würdigten, versuchten sie die biologische Materie von der menschlichen Seele zu trennen, was kennzeichnend selbst für die aufgeschlossensten unter den konfessionellen Publikationen ist. Beide Aufsätze zitieren englische und deutsche Quellen; die katholische erwähnt Jácint Rónays

---

[50] Béla Dezső, Az indulatok kifejeződése az embernél és állatoknál [Der Ausdruck von Gefühlen beim Menschen und bei Tieren], in: *Erdélyi Múzeum* 5 (1878) 8–12. Dezsős Rezension beruhte auf der deutschen Übersetzung von J. V. Carus 1872.

[51] Kosáry und Németh, *Magyar sajtó* II.1.677.

[52] László Gonda, A természettudományok fejlődése a theologiára vonatkozással [Die Entwicklung der Naturwissenschaften im Hinblick auf die Theologie], in: *Sárospataki Füzetek* 7 (1868) 795–847.

[53] B. L., Nézetek Darwin elméletéről, különösen psychológiai szempontból [Einblicke in Darwins Theorie, insbesondere aus psychologischer Sicht], in: *Értesítvény a Zircz-Czisztercі Rend Székesfehérvári Főgymnásiumáról az 1873/74 tanév végén* (Székesfehérvár, 1874).

Fajkeletkezés [Die Enstehung der Arten] und Tivadar Margós *Darwin és az állatvilág* [Darwin und die Tierwelt], was belegt, dass diese an nichtakademische Kreise adressierten Werke den Weg auch in religiöse Institutionen fanden.

Obwohl die Rezeption von religiöser Seite nicht im Fokus dieses Artikels steht[54], ist zu erwähnen, dass die Grundschulen ebenso wie die höhere Bildung zu jener Zeit weitgehend in den Händen der Kirche lagen. Die Sicht auf den Darwinismus war daher in vielerlei Hinsicht von der Kirche beeinflusst, so auch von ihren Schriften, die eine Vielzahl von Positionen und Reaktionen beinhalten. Deren Bandbreite reicht von positiv bis negativ, was sich auch in den Publikationen widerspiegelt. *Keresztény Magvető* [Der christliche Sämann], ein unitarisches Organ (aus der Druckerei des katholischen Lyceums in Kolozsvár) wies darauf hin, dass in England durch die offene und populäre Verbreitung naturwissenschaftlicher Erkenntnisse, einschließlich des Darwinismus, das Entstehen einer großen Kluft zwischen Wissenschaftlern und dem einfachen Volk verhindert werden konnte, wie es etwa in Deutschland geschehen war.[55] Andererseits brachte *Magyar protestáns egyházi és iskolai figyelmező* [Protestantische Schul- und Kirchenrevue] eine Serie mit »Stellungnahmen angesehener Wissenschaftler unserer Tage gegen Materialismus, Darwinismus und Pantheismus«. Darin setzt sich Imre Révész, basierend auf deutschen, aber auch einigen englischen Quellen, mit Aussagen von Kritikern an Darwin auseinander, um daraus den Schluss zu ziehen, dass die Naturwissenschaften die moralische Kultur des Christentums niemals übertreffen könnten.[56] Dennoch ist hier zu ergänzen, dass eine weitere

---

[54] Die religiösen und theologischen Rezeptionen des Darwinismus in Ungarn sind bislang nicht umfassend untersucht worden und somit wenig aussagekräftig, aber in der vorhandenen Literatur herrscht die Ansicht vor, dass protestantische Publikationen ein Interesse daran hatten, den Dialog zwischen Theologie und Darwinismus zu fördern, denn »der gemeinsame Ursprung widerspricht nicht unserem geistigen Dasein«. Vgl. Ábrahám Kovács, »Intellectual Treasures of Humankind«: Religion, Society and László Dapsy's Translation of On the Origin of Species, in: *Calvinism on the Peripheries: Religion and Civil Society in Europe* (L'Harmattan: Budapest 2009) 78–89, hier 85. Katalin Mund gibt einen kurzen Abriss der religiösen Debatten in Ungarn zum Darwinismus, 445–457.

[55] Gergely Benczédi, Különfélék. London, 1866 [Varia. London, 1866], in: *Keresztény Magvető* 3 (1867) 276–277.

[56] Imre Révész, Tekintélyes tudósok nyilatkozatai korunkból a materializmus, darwinizmus és pantheizmus ellen [Stellungnahmen angesehener Wissenschaftler unserer Zeit gegen Materialismus, Darwinismus und Pantheismus], in: *Magyar protestáns egyházi és iskolai figyelmező* 3/1–2 (1872) 22–34.

protestantische Publikation, *Magyar protestáns egyházi és iskolai lap* [Protestantische Schul- und Kirchenzeitung], nicht nur im Jahr 1858 eine frühe Besprechung der ungarischen Fassung der *Vestiges* von József Pólya brachte, sondern die Leserschaft auch weiterhin über das Erscheinen von Darwins Werken auf dem Laufenden hielt. Im Jahr 1861 empfahl man dort Jánosis Rezension von *On the Origin of Species* in *Budapesti Szemle*[57] und gab schon 1871 Nachricht von der bevorstehenden Publikation von Dapsys Übersetzung[58], die sich noch in Vorbereitung befand, was auf ein gewisses Ausmaß an Kontakten hindeutet.

Daraus lässt sich auch ableiten, dass immer größere Teile der Öffentlichkeit Darwin wahrnahmen. Die Diskussionen zu Darwin und seinem Werk erreichten in den frühen 1870er Jahren die politische Presse und mitunter schrieben dort auch Angehörige der wissenschaftlichen Gemeinde Kommentare – über Wissenschaft ebenso wie über öffentliche Angelegenheiten. Ein interessantes Beispiel dafür ist die Zeitung *Reform*, und der dem Darwinismus darin eingeräumte Platz zeigt auf, wie vielfach verschlungen zu Anfang der 1870er Jahre die Landkarte der Wissensvermittlung war, ebenso wie die Wege jener, die an ihr Anteil hatten.[59] Die *Reform* war 1869 von Jenő Rákosi mit der Intention gegründet worden, »als einer der Faktoren des praktischen Fortschritts« zu wirken. Die Zeitung war um die vollständige Anonymität ihrer Beiträger bemüht und diese Bedachtnahme ging auch über politische Themen hinaus. László Dapsy und Bernát Alexander veröffentlichten hier mehrere Artikel über Darwinismus. Die Herausgeber waren der Ansicht, dass sich der ungarische Patriotismus auf einem Tiefstand befinde und Ungarn im »Wettstreit der Nationen« hinterherhinke. Daher formulierten sie in einem Artikel vom 19. August 1871 eine Agenda für den sozialen und kulturellen Fortschritt: »Wir müssen schon damit zufrieden sein, nicht hinter den Rest der Welt zurückzufallen [...], und wenn wir ausländische Erkenntnisse unserem Nationalgeist und der Natur unseres Vaterlandes anpassen können.«[60] Diese Gedanken ähneln jenen, die Dapsy über das Wesen der Übersetzung zum Ausdruck brachte.[61] Er schrieb 1873 an Darwin:

---

57 E—y, Mozgalom az angol egyház körében [Bewegung in der englischen Kirche], in: *Magyar protestáns egyházi és iskolai lap,* 4/46 (1861) 1496–1499.

58 Különfélék [Varia], in: *Magyar protestáns egyházi és iskolai lap,* 14/27 (1871) 855.

59 Kosáry und Németh, *Magyar sajtó* II.2.140–147.

60 Vgl. Kosáry und Németh, *A magyar sajtó* II.2.145.

61 Stráner, Magyar természettudomány.

> In der letzten Wintersitzung des ungarischen Parlaments attackierte ein sehr prominentes Mitglied, Mr. Paul Somsich [sic] bei einer Gelegenheit Ihre gesamte Theorie. Aufgrund der Tatsache, dass er im vergangenen Jahr Präsident des Parlaments war und ein sehr einflussreicher Vertreter der Rechten ist, antwortete ich ihm öffentlich in der »Reform«, einer der größten ungarischen Zeitungen, indem ich ihn sehr heftig für seine unhaltbaren Behauptungen kritisierte. Er antwortete mir ebenso öffentlich, indem er seine früheren Vorwürfe wiederholte – was mir aber am bemerkenswertesten erscheint, ist, dass die Öffentlichkeit meine Verteidigung für Sie mit vielen Zeichen der Sympathie aufgenommen hat; – es kann daher nicht bezweifelt werden, dass Origin of Species hier großen Einfluss nehmen wird.[62]

Die Praxis der Herausgeber von *Reform* war es, den Großteil ihrer Artikel ohne Nennung der Verfasser zu publizieren, um widersprüchliche politische Standpunkte bringen zu können. Die Zeitung enthielt im Frühjahr 1871 zumindest einen Artikel über Darwin, »dessen wissenschaftliche Ergebnisse mit aller Entschlossenheit Aberglauben und Vorurteilen widersprachen«[63]. Die konkrete Wirkung von Dapsys Beitrag lässt sich nicht abschätzen, aber sein streitlustiger Stil hielt Pál Somssich offenbar nicht ab, die Reihe der *Természettudományi Társulat*, in der Dapsys Übersetzung von *Origin* wenig später erschien, zu subskribieren.

Die größte Änderung, die sich anhand der Presse in der öffentlichen Wahrnehmung des Darwinismus ablesen lässt, war eine nach 1867 neu auftauchende populäre Publikationsform, die anders als die Tagespresse spezifisch auf die Verbreitung von Wissen ausgelegt war. Etwa zur selben Zeit, als die *Természettudományi Közlöny* ein über ihre Mitgliederschaft hinausreichendes Publikum anzusprechen versuchte, indem sie ihre Zeitschrift zugänglicher gestaltete, wurde ein noch wesentlich breiteres Segment der Mittelschichten vom neuen Genre des illustrierten Wochenblatts umworben.

Vasárnapi Újság, zuerst 1854 vom Verlag Heckenast herausgegeben, war ein bis dahin beispielloses Phänomen in der ungarischen Presselandschaft: das erste illustrierte Wochenmagazin in ungarischer Sprache, das sich an ein breites

---

[62] Dapsy an Darwin, 1. Juni 1873, CUL DAR 162:41.

[63] Darwin Róbert Károly, in: *Reform*, 20. 3. 1871.

Publikum richtete. Obwohl es das ursprüngliche Ziel der Verleger war, ein informatives Printmedium für einen möglichst weiten Leserkreis zu schaffen, entwickelte sich daraus rasch ein enzyklopädisches Journal in Gestalt eines Familienmagazins, das jene Angehörigen der Mittelklasse ansprechen wollte, die ein tieferes Interesse an ihrer Umwelt und der Welt hatten, als eine Tageszeitung befriedigen konnte.[64] Die Herausgeber waren bestrebt, die zahlreichen verschiedenen Zweige der Wissenschaft auf eine verständliche und nachvollziehbare Weise zu Wort kommen zu lassen, orientiert an Vorbildern wie *Illustrated London News*, der *Gartenlaube* oder der *Berliner Illustrierten Zeitung*; das hatte es bis dahin in der ungarischen Presse nicht gegeben.[65]

Im Jahr 1867 war *Vasárnapi Újság* zum populärsten Wochenmagazin in Ungarn aufgestiegen. Artikel zu Politik, Kultur, Wissenschaft und den schönen Künsten richteten sich an die Leserschaft der urbanen Mittelschicht und einen wachsenden Anteil stellte auch der protestantische Landadel. *Vasárnapi Újság* war das erste populäre Printmedium in Ungarn für ein Massenpublikum, das extensiv über neue Entwicklungen des Materialismus, Positivismus und Liberalismus berichtete, und damit auch unter den ersten Magazinen dieser Gattung, die schon Mitte der 1860er Jahre Artikel über den Darwinismus publizierten.[66]

Das Fallbeispiel von *Vasárnapi Újság*, wenn gewiss nicht einzigartig, illustriert treffend, wie die frühe Rezeption des Darwinismus, sowohl im engeren, wissenschaftlichen Sinn, als auch im weiteren »populären« Diskurs, in hohem Ausmaß von denselben Protagonisten gesteuert wurde. Die Herausgeber volkstümlicher enzyklopädischer Journale und selbst politischer Tagesblätter erkannten den großen Bedarf an Berichten zu den neuesten Entwicklungen in Wissenschaft und Technologie, nicht zuletzt wegen ihres potenziellen gesellschaftlichen Nutzens und des Interesses, das dieser bei den Lesern hervorrief. Der Beitrag einiger Mitglieder der Wissenschaftsgemeinde zu enzyklopädischen Wochenschriften wie *Vasárnapi Újság* veranschaulicht, dass sie ihre Positionen als angesehene Gelehrte dazu benutzten, den Fortschritt der ungarischen Nation und

---

[64] Kosáry and Németh, *A magyar sajtó* I.296. György Kókay/Géza Buzinkay/Gábor Murányi, A magyar sajtó története [Die Geschichte der ungarischen Presse], (Sajtóház Kiadó: Budapest 2001) 73.

[65] Dorottya Lipták, *Újságok és újságolvasók Ferenc József korában* [Zeitungen und ihre Leser im Zeitalter von Kaiser Franz Joseph] (L'Harmattan: Budapest 2002), 53.

[66] Kosáry und Németh, *A magyar sajtó* II.1.213.

Kultur durch Bildungsvermittlung für die Leserschaft populärer Magazine zu fördern.

László Dapsy, der profilierteste ungarische Darwinist und Autor für *Vasárnapi Újság*, war in den 1860er Jahren bei einem Austauschprogramm der schottischen Presbyterianischen Kirche im New College in Edinburgh mit den Gedanken Darwins in Berührung gekommen.[67] Im Anschluss an seine Rückkehr nach Ungarn unterrichtete er im calvinistischen Gymnasium in Pest, veröffentlichte naturgeschichtliche Lehrbücher und publizierte zu einer Vielzahl von Themen von politischer Ökonomie bis hin zur Naturkunde, einschließlich Biografien von Darwin und Artikel zum Darwinismus in populären und wissenschaftlichen Zeitschriften. Seine krönende Leistung war die Gründung des Verlagshauses von *Természettudományi Társulat*, dessen vorrangige Aufgabe es war, bedeutende wissenschaftliche Werke westeuropäischer Gelehrter in ungarischer Übersetzung herauszugeben. Seine Übersetzung von *On the Origin of Species* (1873/74) war der zweite Band einer wohlwollend aufgenommenen Serie, die dem ungarischen Leser die Werke von Darwin, Lyell oder Huxley näherbrachte und in der bis 1920 insgesamt über 90 Titel erscheinen sollten.[68]

Dapsy schrieb 1869 seinen ersten umfangreichen Artikel über Darwin in *Vasárnapi Újság* in Form eines Berichts über eine öffentliche Vorlesung des Zoologen Tivadar Margó, der ihn wenige Jahre danach bei seiner Übersetzung von *Origin* unterstützen sollte.[69] Der Artikel war vordergründig eine positive Besprechung der Vorlesung (die auf Margós jüngst veröffentlichtem Buch über Darwin basierte[70]), aber das eigentliche Anliegen Dapsys war es offensichtlich, Darwins Theorie und seine Prinzipien dem durchschnittlichen Leser des Journals zu vermitteln. So gesehen ist der Bericht zugleich eine Erläuterung von Darwins Werk für Laien und eine Rezension zum Werk des Arztes und Universitätsprofessors Margó. In diesem Buch wie auch seiner Vorlesung erörterte er die zentralen

---

[67] Kovács, »Intellectual Treasures of Humankind«, 78–89.

[68] József Szabós Besprechung des ersten Bandes der Reihe, der Übersetzung von Bernhard von Cottas *Geologie der Gegenwart* durch Gyula Petrovics, erschien 1874. József Szabó, A jelen geologiája, írta Bernhard von Cotta [*Geologie der Gegenwart*], in: *Budapesti Szemle* 5/9 (1874) 220–222.

[69] László Dapsy, Darwin és az állatvilág [Darwin und die Tierwelt], in: *Vasárnapi Újság*, 18. Juli 1869, 397.

[70] Tivadar Margó, *Darwin és az állatvilág* [Darwin und die Tierwelt] (Aigner L.: Pest 1868).

Punkte des Darwinismus, »der jüngst für großen Aufruhr in der wissenschaftlichen Welt in ganz Europa und ebenso in Amerika gesorgt hatte«. Die Einleitung der Vorlesung ist ebenso wie jene des Artikels nicht kontrovers gehalten, vermutlich um damit möglichst viele Leser zu erreichen, ohne Gefahr zu laufen, jene abzuschrecken, die konservativer oder religiöser Kritik an Darwin zugeneigt waren. Der eher liberale Charakter des Magazins bis in die späten 1870er Jahre erlaubte es Dapsy, eine positive Meinung zu Darwins Werk zu äußern, mit dem Ergebnis, dass der Artikel viel weniger zu Margó und seiner Sicht auf *Darwin und die Tierwelt* enthält als Ausführungen dazu, wie die Auswirkungen von Darwins Lehre auf das intellektuelle Leben und deren Umsetzbarkeit in die Praxis einzuschätzen sind. Er beschreibt einige Ideen für Anwendungen im alltäglichen Leben, und dass sogar Darwins Gegner einräumten, dass von der praktischen Nutzung der Prinzipien Vorteile zu erwarten sind, etwa in der Landwirtschaft sowie der gezielten Züchtung in agrartechnisch fortschrittlicheren Ländern, wie Deutschland, Großbritannien und Frankreich. Da Ungarn ein überwiegend noch agrarisch geprägtes Land war, mögen die Hinweise auf die Nutzbarmachung von praktischen Aspekten in Darwins Lehre auf jene Leser, die an der »Praxis« in den Naturwissenschaften mehr Interesse zeigten als an der Naturphilosophie, ihre Anziehungskraft ausgeübt haben.[71] Darwins Theorie erklärte nichts anderes als die Grundprinzipien der Auslese, um die (bereits seit längerem angewandte) Praxis der künstlichen Zuchtwahl systematischer zu betreiben, was Dapsy vermutlich selbst bewusst war. Die Bekräftigung dieses Arguments gegen Ende des Artikels ist jedoch zugleich ein Zeichen für seine Entschlossenheit, Darwin gegen potenzielle Zensur von konservativer Seite zu verteidigen.

Dapsys nächster Artikel zwei Jahre später war ein umfangreicher biografischer Abriss auf der Titelseite des Journals, illustriert mit einem beeindruckenden Stahlstichporträt von Darwin.[72] Schon die Einleitung der Biografie reiht Darwin unter die »wissenschaftliche Aristokratie«, nicht nur als Sprössling einer angesehenen Gelehrtenfamilie, sondern auch als wohlhabender Gutsbesitzer. Es kann nur gemutmaßt werden, ob Dapsy mit dieser sozialen und intellektuellen Überhöhung Darwins Werk mehr Respektabilität verleihen wollte, indem er ihn als

---

[71] Das war ein wiederkehrendes Motiv in den frühen Texten, die Darwins Forschungen einem weiteren Interessentenkreis empfahlen, und es war auch eines von Dapsys Argumenten zum Nutzen von Darwins Arbeit in der Einleitung zu seiner Übersetzung von *On the Origin of Species*.

[72] László Dapsy, Darwin Róbert Károly, in: *Vasárnapi Újság*, 26. 3. 1871, 153–54.

Landedelmann darstellte, um die Evolutionstheorie in den Augen einiger Leser akzeptabler zu machen. Dapsy unterstreicht darin den Bedarf nach mehr Evidenz für Darwins Behauptungen, versichert aber dem Leser, dass dessen Hauptprinzipien (wie die Entwicklung der Arten und deren Anpassung an die natürliche Umgebung) schon ausreichend lange bekannt seien, um vertrauenswürdig zu sein, und reiht Charles Darwin abschließend unter die größten Denker der Gegenwart. Dahinter steht seine Absicht, Darwins Ideen den gebührenden Platz im wissenschaftlichen und gesellschaftlichen Diskurs Ungarns zuzuweisen, was seiner Meinung zufolge umso eher gelingen könne, je weiter die Kreise sind, die Zugang dazu erhalten. Das bildete die Grundlage für seine bleibendste Leistung, die Verlagsgesellschaft der *Természettudományi Társulat*, die nicht nur seine Übersetzung von *On the Origin of Species*, sondern noch viele weitere Werke in Ungarisch herausgab, und damit von den frühen 1870er Jahren an der ungarischen Öffentlichkeit diese Grundlagentexte zugänglich machte.

Dieselbe Agenda beherrscht auch den dritten Artikel von Dapsy in *Vasárnapi Újság* im September 1871,[73] die Darwins fesselnden Reisebericht von den Feuerlandinseln über die schmutzigen, unzivilisierten und unartikuliert stammelnden Ureinwohner, die »auf dem niedrigsten Stand geistiger Existenz leben«, referiert. Er argumentiert, dass der Gegensatz zwischen primitiver und moderner Welt nur im unterschiedlichen Zugang zu wissenschaftlicher Erkenntnis besteht, denn diese bilde das Werkzeug, das Fortschritt und Erwachen der Nation ermöglicht. Auch wenn es nicht offen ausgesprochen wird, ist der Artikel im Zusammenhang mit Dapsys laufendem Übersetzungsprojekt zu sehen.

Neben Dapsy übernahmen weitere junge Mitglieder der wissenschaftlichen Elite die Aufgabe, die Aufmerksamkeit der Öffentlichkeit auf den Darwinismus zu lenken. Jenő Kvassay berichtete schon in den frühen 1870er Jahren in mehreren Artikeln über Darwins Forschungen, in denen sich die Interessen der aktiven Mitglieder von *Természettudományi Társulat* spiegeln.[74] Gyula Petrovits'

---

[73] László Dapsy, Az ember a fejlődés legalsó fokán [Der Mensch auf der niedersten Stufe der Evolution], in: *Vasárnapi Újság*, 24. September 1871, 486–87.

[74] Jenő Kvassay, A rovarok Darwin tanában [Die Insekten in der Theorie Darwins], in: *Vasárnapi Újság*, 12. Dezember 1872, 663; Jenő Kvassay, Darwin legújabb munkája. A kedélyhangulatok kifejezése az embernél és az allatnál [Darwins jüngstes Werk. Der Ausdruck emotionaler Zustände bei Menschen und Tieren], in: *Vasárnapi Újság*, Teil 1, 9. 3. 1873, 115–17; Teil 2, 16. 3. 1873, 130; Teil 3, 23. 3. 1873, 142; Teil 4, 8. 6. 1873, 154; Jenő Kvassay, A létérti harc. (Darwin könyvéből.) [Der Kampf ums

Artikel über die »Die Entwicklung der intellektuellen und moralischen Fähigkeiten des Menschen« führte zu weitreichenden Rückschlüssen über die Zivilisation und die bürgerliche Gesellschaft.[75] Es handelt sich um eine Rezension, »ein kurzer Abriss in einer Nussschale«, des kurz zuvor veröffentlichten *The Descent of Man*. Petrovits beleuchtet die sozialen Aspekte der Theorien Darwins, mit besonderem Augenmerk auf deren Implikationen für den nationalen Fortschritt in Ungarn. Er hebt von Darwins Gedanken besonders hervor: die Entwicklung der Geisteskräfte; bürgerliche Gesellschaft und Barbarei; die Rolle und Bedeutung der Mimikry; Sympathie, Freundschaft und moralische Entwicklung; Loyalität, Mut, Gehorsam und Opferbereitschaft; die Helden des fossilen Zeitalters; Gewohnheiten; Selbstachtung und Eitelkeit bei unseren Vorfahren. *The Descent of Man* spiegelt – und davon versucht Petrovits die Leser zu überzeugen – die Ansicht, dass Fortschritt und das Anbrechen eines Goldenen Zeitalters nicht unausweichlich oder mit Notwendigkeit in menschlichen Gesellschaften stattfinden.

Zusammenfassung

Wie die obigen Ausführungen gezeigt haben, gab es seit Mitte der 1860er Jahre eine weitgehende personelle Überlappung der ersten akademischen Diskutanten und Übersetzer des Evolutionsgedankens mit den frühen Vermittlern des Darwinismus in die Sprache des Alltags. Dieser Gruppe, der unter anderem László Dapsy, Tivadar Margó, Gyula Schwarcz, Jenő Kvassay und Gyula Petrovits angehörten, bildete ein loses Netzwerk von jungen Mitgliedern verschiedener wissenschaftlicher Gesellschaften. Viele von ihnen unterrichteten Medizin oder Naturkunde an Gymnasien oder Universitäten. Sie wollten ihre Ergebnisse möglichst weithin bekanntmachen und schrieben daher nicht nur für wissenschaftliche Zeitschriften, sondern auch für populäre Journale, die ein heterogenes und wachsendes Publikum fanden. Ihre Leserschaft erreichten sie über *Természettudományi Közlöny* oder *Budapesti Szemle*, aber auch über illustrierte Magazine mit dem Anspruch, die Leute zugleich zu unterhalten und zu bilden. Illustrierte Periodika wie *Vasárnapi Újság* waren für die Unterstützer des Darwinismus – dank ihrer allgemein interessierten Leserschaft, ihres fachlichen Niveaus sowie des

---

Dasein (Aus Darwins Werk)], in: *Vasárnapi Újság*, Teil 1, 28. 9. 1873, 465; Teil 2, 5. 10. 1873, 478; Teil 3, 12. 10. 1873, 487.

[75] Gyula Petrovits, Az ember értelmi es erkölcsi képességeinek fejlődése. Darwin legújabb műveiből [Die Entwicklung der intellektuellen und moralischen Fähigkeiten des Menschen], in: *Vasárnapi Újság*, 4. Juni 1871, 291–92, 315–16.

leicht verständlichen Stils – geradezu ideale Vehikel, um neue Anhänger zu gewinnen. Auch in Artikeln zu anderen Themen, wie Soziologie, Technik, Anthropologie und Kultur, erfolgten immer wieder Verweise auf Darwin, weil aus naheliegenden Gründen in der Bildungspraxis viele Ideen und Erfindungen des Zeitalters mit Darwins revolutionären Entdeckungen in Verbindung gebracht wurden.[76]

Dieses Phänomen beschränkte sich keineswegs auf die Rezeption und Vermittlung des Darwinismus in Ungarn. Sowohl in Europa wie weltweit erfuhr er in den 1870er Jahren dank seiner intensiven Präsenz in der Presse ein immens gesteigertes Ausmaß an Aufmerksamkeit. Innerhalb von zehn Jahren war er zum Bezugspunkt nicht nur für die Wissenschaft, sondern auch für die breite Öffentlichkeit geworden. Erreicht wurde das durch die Aktivitäten und Strategien nationaler und übernationaler akademischer Vereinigungen. In Ungarn verlief dieser Prozess durch die veränderte politische Situation vor und nach dem Ausgleich ungleich komplizierter, was beständig die Neuverhandlung von Zielen und Agenden hinsichtlich der Rolle wissenschaftlicher Erkenntnisse für den kulturellen Fortschritt und die gesellschaftliche Weiterentwicklung erforderte.

In diesem Aufsatz wird der Kontext der frühen Darwin-Rezeption durch die Untersuchung der Wechselbeziehungen zwischen der Wissenschaftsgemeinde und der Presse in Ungarn veranschaulicht. Beide Bereiche durchlebten in den 1860er und frühen 1870er Jahren eine tiefgreifende Wandlung. Ein lockeres Netzwerk von Wissenschaftlern und Intellektuellen, die sich mit den Naturwissenschaften auseinandersetzten, war auf allen Ebenen in die Rezeption des Darwinismus involviert, von Diskussionen an der Akademie der Wissenschaften und in Vereinen über wissenschaftliche Publikationen und allgemeine Zeitschriften bis hin zu populären Magazinen für die breite Masse. Ihre Beweggründe reichten von wissenschaftlicher Begeisterung bis hin zu patriotischem Szientismus, der die Motive des Wettstreits und des Kampfes um Dasein begierig aufgriff.

Die Presse spielte dabei eine zentrale Rolle in der Rezeption und Vermittlung wissenschaftlicher Forschung und methodischen Denkens. In Großbritannien leistete der Darwinismus seinen Beitrag zum Entstehen (und zur Inspiration) einer kontroversiellen neuen Weltsicht im Kontext einer differenzierten

---

[76] Kosáry und Németh, *A magyar sajtó* II.1.221.

und weit entwickelten Presselandschaft. Die Unterscheidung zwischen Fachkreisen und allgemeinem Publikum sowie den ihre jeweiligen Bedürfnisse deckenden Printmedien geschah in einem langwierigen, organisch verlaufenden Prozess.[77] Eine neue Generation von Berufsgelehrten fand in den 1860er Jahren ein vielgestaltiges Angebot von Printmedien vor, um ihre Ideen zu verbreiten und erreichte von diesen Plattformen aus eine umfangreiche Leserschaft. Diese waren an verschiedene Segmente der Gesellschaft gerichtet und bildeten zugleich Foren für weitere Überlegungen und Debatten.[78] In Ungarn waren die 1860er Jahre eine Zeit des radikalen politischen und gesellschaftlichen Umbruchs, die auf eine Periode der Repression und der Stagnation folgte. Als hier binnen weniger Jahre eine völlig neue Konfiguration von öffentlicher Sphäre und Presseprodukten entstand, ganz zu schweigen vom Übernehmen innovativer wissenschaftlicher Ideen, geschah das in einem ganz anderen Tempo als in Westeuropa – wesentlich überstürzter und nicht aus dem schrittweisen Wachstum einer bestehenden Infrastruktur und Zivilgesellschaft heraus.

---

[77] Alvar Ellegard, *Darwin and the General Reader: The Reception of Darwin's Theory of Evolution in the British Periodical Press, 1859–1872* (University of Chicago Press: Chicago 1990) 21.

[78] James A. Secord, *Victorian Sensation: The Extraordinary Publication, Reception and Secret Authorship of Vestiges of the Natural History of Creation* (Chicago University Press: Chicago and London 2000) 351.

Das Wiener Naturhistorische Museum und die Rezeption von Darwin(ismus) aus kunsthistorischer Perspektive

Stefanie Jovanovic-Kruspel

Abb. 1: Außenansicht NHMW, Foto: Kurt Kracher.

Im folgenden Artikel soll der Versuch unternommen werden, das Naturhistorische Museum Wien (NHMW) als Beispiel für eine breitenwirksame Rezeption des Darwinismus zu präsentieren:

> Das Alterthum baute seinen Göttern Tempel, die es mit den idealen Schöpfungen seiner Phantasie schmückte; das Mittelalter baute Kirchen für seine Heiligen und füllte sie mit den Darstellungen aus der Kirchengeschichte. Unsere Zeit aber, führt ein Gebäude auf, in welchem sie die erforschten Schätze der Natur niederlegt, das sie mit den Darstellungen der geistigen Grossthaten des Menschengeschlechtes und mit den Abbildungen der bestehenden Welt schmückt. Sie baut

der Naturwissenschaft ein würdiges Heiligthum, einen prachtvollen Tempel der Natur.[1]

Mit diesen geradezu hymnischen Worten begrüßte Alfred Nossig in der *Österreichischen Kunstchronik* 1889 das neu eröffnete Naturhistorische Museum. Dieses Zitat zeigt, dass das neue Museum mit Stolz und Ehrfurcht betrachtet wurde. Das Naturhistorische Museum Wien war als erstes konsequentes Evolutionsmuseum sowohl in seiner wissenschaftlichen Konzeption als auch in seiner Ausstattung zur damaligen Zeit einzigartig. Obwohl zur selben Zeit viele bedeutende Naturmuseen in Europa entstanden, wurde nirgendwo sonst ein derart innovatives Konzept umgesetzt. Das neue Naturhistorische Museum erfreute sich von Anfang an größter Beliebtheit – ob trotz seiner bis heute umstrittenen Grundaussage oder gerade wegen dieser bleibt offen. Beleg dafür sind unter anderem die Besucherzahlen des ersten Jahres. Bereits ein Jahr nach seiner Eröffnung hatten über 400.000 Menschen das neue Naturhistorische Museum besucht – und das, obwohl es nur an drei Tagen pro Woche, insgesamt 15 Stunden pro Woche, geöffnet war. (Nur zum Vergleich: heute hat das Museum sechs Tage und insgesamt 50 Stunden pro Woche offen und erreicht etwa 700.000 Besucher pro Jahr.)

Die hohe Aufmerksamkeit des ersten Jahres zeigt, dass das neu eröffnete Naturhistorische Museum mit seiner Konzeption den »Nerv des Jahrhunderts« traf. Doch weshalb war das Wiener Naturhistorische Museum so interessant? Im Folgenden sollen dafür drei Hauptgründe ausgemacht werden:

1. Seine mutige inhaltliche Ausrichtung als erstes konsequentes »Evolutionsmuseum«[2] Europas.
2. Das klar durchdachte und künstlerisch hochwertige Dekorationsprogramm des Museums, das das radikale wissenschaftliche Konzept an den Besucher kommuniziert und das Museum zu einem wahren »Tempel der Evolution« macht. Und

[1] Alfred Nossig, Das Wiener naturhistorische Hofmuseum, verglichen mit den Museen von Berlin und Dresden, in: Wilhelm Lauser (Hrsg.), *Allgemeine Kunst-Chronik. Illustrierte Zeitschrift für Kunst, Kunstgewerbe, Musik, Theater und Literatur*, Bd. XIII/17 (Verlag der allgemeinen Kunstchronik: Wien 1889) 512.

[2] Auch wenn der Begriff ›Evolutionsmuseum‹ selbstverständlich eine moderne Schöpfung ist, da ›Evolution‹ erst nach dem Durchbruch der Darwinschen Abstammungslehre für die Stammesgeschichte verwendet wurde. Auf dem Hintergrund der heutigen Nutzung dieses Begriffes scheint diese Begrifflichkeit jedoch angemessen.

3. seine einzigartige urbane Position im Kontext des Kaiserforums, als integraler Teil der kaiserlichen Palastanlage, belegt, dass das Evolutionsmuseum seine Heimat im Herrschaftsanspruch der Habsburger finden sollte.

Ad 1. Das Naturhistorische Museum als erstes konsequentes »Evolutionsmuseum«:

Durch die Publikation von Darwins Evolutionstheorie im Jahre 1859 wurde das öffentliche Interesse an den Naturwissenschaften nicht nur in der wissenschaftlichen *Community*, sondern – vielleicht zum ersten Mal in der Geschichte – auch in der breiten Öffentlichkeit enorm gesteigert. Diese neue Popularität der Naturwissenschaften führte zu dem Wunsch, eigens dafür eingerichtete Museen zu errichten. Ausgehend von Großbritannien entstanden daher um diese Zeit überall in Europa neue Naturmuseen: Oxford 1859 von Deane & Woodward, London 1881 von Alfred Waterhouse, Edinburgh Museum of Science and Art von Francis Fowke, Paris Grande Galerie 1889 von Jules André, Berlin 1889 von August Tiede. Besonders das Oxford University Museum (eröffnet 1860) und das Natural History Museum in London (eröffnet 1881) sind wichtige Vorläuferbauten und beispielhaft für das, was dann in Wien geschah.

Vergleicht man die wissenschaftlichen Grundkonzeptionen der damals errichteten Naturmuseen in Europa so zeigt sich, dass Wien das einzige konsequente »Evolutionsmuseum« ist.[3] Nirgendwo sonst, weder in London noch in Paris oder Berlin, wo fast zeitgleich Naturmuseen eröffnet wurden, ist ein derart modernes Konzept umgesetzt worden. Diese radikale und moderne wissenschaftliche Ausrichtung ist im höchsten Maße dem ersten Direktor des Naturhistorischen Museums, Ferdinand von Hochstetter (1829–1884), zu verdanken.

Seiner Rolle ist bis heute keine angemessene Würdigung zuteilgeworden. Hochstetter, der Protestant war und ursprünglich Theologie studiert hatte, beschäftigte sich im Laufe seines Lebens mit einer Reihe von Disziplinen. Neben seinem Schwerpunkt auf den Erdwissenschaften widmete er sich auch der Anth-

[3] Stefanie Jovanovic-Kruspel, *Das Naturhistorische Museum – Baugeschichte, Konzeption & Architektur* (Verlag des Naturhistorischen Museums: Wien 2014) 113–127.

ropologie, der Prähistorie und der Ethnographie. Den eigentlichen wissenschaftlichen Durchbruch brachte Hochstetter seine Teilnahme an der Weltumsegelung der Fregatte Novara mit der geologischen Erforschung Neuseelands.[4]

Abb. 2: Ferdinand von Hochstetter (1829–1884), Porträt von Franz Rumpler, ca. 1882, NHMW, Foto: Alice Schumacher.

[4] Am 26. März 1868 sandte Hochstetter seine Geologie von Neu-Seeland und Geologische Beobachtungen (in: Reise der österreichischen Fregatte Novara um die Erde in den Jahren 1857, 1858, 1859 unter den Befehlen des Commodore B. von Wüllerstorf-Urbair. Geologischer Theil, 1. Bd. 1. Abt. u. 2. Bd. 1. Abt.) Abteilung) 2 Abteilungen in 2 Bänden) an Charles Darwin. Dieser bedankte sich in einem Brief vom 31. März 1868 bei Hochstetter. Dieser Dankesbrief befindet sich in der Hochstetter Collection Basel in der Geolog. Paläontolog. Abt. des NHMW. Ebendort befindet sich auch ein von Darwin übersandtes Portraitfoto mit rückseitiger Widmung: »To Prof. Hochstetter, from Charles Darwin with much respect, Down, Kent, Jan. 31, 1877« – Dieses Foto könnte dem Bildhauer Josef Beyer, der die Darwinbüste auf der Fassade des NHMW geschaffen hat, als Vorlage gedient haben.

Wieder in Wien wurde er durch sein für eine breite Öffentlichkeit gedachtes Neuseeland-Buch[5] berühmt. Am 15. Februar 1871 hielt er einen Vortrag vor dem Kronprinzen Rudolf im ›Rudolfinum‹ unter dem Titel *Neu Seeland, seine Natur und seine Einwohner.*[6] Der Kronprinz war durch den Vortrag, in dem Hochstetter auch ein Abschiedsgedicht eines Maori-Häuptlings in der Maori-Sprache vorlas, sehr beeindruckt. Dieses Gedicht ist höchstwahrscheinlich jenes, das in der »Hochstetter Collection Basel« in der Geologisch-Paläontologischen Abteilung des NHMW verwahrt wird. Dieser und andere populärwissenschaftliche Vorträge machten Hochstetter überaus bekannt. Bereits 1861 trat Hochstetter in einem Vortrag öffentlich für den Darwinismus ein[7] – ein für die damalige Zeit sehr mutiger Schritt, bedenkt man, dass sich sein Freund, der Zoologe Gustav Jaeger (1832–1917), der ein Jahr zuvor dasselbe getan hatte[8], damit ernsthafte disziplinäre Schwierigkeiten eingehandelt und vermutlich auch seine wissenschaftliche Karriere an der Universität Wien verspielt hatte.[9] Hochstetter hielt diesen Vortrag im Rahmen des von ihm 1860/61 mitbegründeten »Vereins zur Verbreitung Naturwissenschaftlicher Kenntnisse in Wien«. In diesem Forum, das bereits seit 1855/56 vor seiner offiziellen Vereinsgründung immer wieder populäre naturwissenschaftliche Vorträge unter dem Namen »Montags-Vorträge« abhielt, wurde kein wissenschaftliches, sondern ganz gezielt ein gebildetes, hauptsächlich bürgerliches Publikum über neueste wissenschaftliche Erkenntnisse

---

[5] Ferdinand von Hochstetter, *Neu-Seeland* (Gotta: Stuttgart 1863, übersetzt ins Englische 1867).

[6] *Morgen-Post*, 21. Jg., Nr. 46, v. 15. 2 1871, 1.

[7] Ferdinand von Hochstetter, Die ausgestorbenen Riesenvögel von Neuseeland. Vortrag gehalten am 18. Februar 1861, in: *Schriften des Vereins zur Verbreitung Naturwissenschaftlicher Kenntnisse in Wien*, 1 (1860/61) 213–246.

[8] Gustav Jaeger, Über die Sprache der Tiere. Vortrag, 11. 4. 1860 auf der »feierlichen Jahresversammlung«. Nur als Ankündigung in: *Verhandlungen der k. k. zoologisch-botanischen Gesellschaft in Wien* 10 (1860), Sitzungsberichte, 49. (Erstabdruck) in: Der Zoologische Garten (3/1862), Teil I–II, 245–248 u. Teil III, 266–268. *Verhandlungen der k. k. zoologisch-botanischen Gesellschaft in Wien*, Bd 10 (Jg. 1860), Wien 1860, Bericht zur Sitzung am 11. 4. 1860; Gustav Jaeger, *Die Darwinsche Theorie und ihre Stellung zu Moral und Religion* (Julius Hoffmann: Stuttgart 1869); Gustav Jaeger, Erinnerungen eines fünfundachtzigjährigen Naturforschers. Eine Autobiographie, 1917, in: Hans Helmut Jaeger 1982: *Familienchronik Jaeger*. Bd V, Teil 1. Prof. Dr. med. Gustav Eberhard Jaeger 1832–1917. Ein ungewöhnlicher Mann. Erlangen 1982.

[9] Elisabeth Kaufmann, *Gustav Jaeger 1832–1917: Arzt, Zoologe und Hygieniker* (Juris: Zürich 1984) 1–67.

informiert.[10] Hochstetters Lehrtätigkeit beschränkte sich jedoch nicht nur auf Vorträge. Er war auch publizistisch tätig. 1872 veröffentlichte er sein erstes Lehrbuch *Allgemeine Erdkunde*.[11] Es war das erste darwinistische Schulbuch im deutschen Sprachraum[12] und wurde zu einem Bestseller, der mehrfach wieder aufgelegt wurde. Das Buch wurde im Verlag von F. Tempsky in Prag gedruckt und beinhaltete 143 Holzstiche im Text und 5 Farbtafeln. Als die erste Auflage von 372 Seiten sehr bald ausverkauft war, wurde bereits 1875 eine zweite Auflage herausgegeben, gefolgt von drei weiteren – immer erweitert und aktualisiert. Die dritte Auflage von 1881 hatte mit 646 Seiten bereits doppelt so viele Seiten wie die erste. Im Vorwort der dritten Auflage erklärten die Autoren die Gründe für die Aktualisierung und Erweiterung mit dem breiten Interesse, das das Buch auf sich zog:

> Nachdem die Allgemeine Erdkunde, die in erster Linie zu einem Leitfaden für den Unterricht in der physischen Geographie an den oberen Classen der österreichischen Mittelschulen bestimmt war, einen Leserkreis sich erworben hat, der weit über unsere Erwartung hinausging, hielten wir es bei der dritten Auflage für unsere Pflicht, das Werk nicht allein einer sorgfältigen Revision in Bezug auf die neuesten Fortschritte der Wissenschaft zu unterziehen, sondern reichlich neuen Stoff in dasselbe aufzunehmen. Der Umfang des Buches ist hierdurch nahezu auf das Doppelte angewachsen….[13]

Die fünfte und letzte Auflage wurde 1896–99, lange nach Hochstetters Tod, und daher neu adaptiert von Julius Hann, Eduard Brückner und Alfred Kirchhoff, herausgegeben. Der Umstand, dass ein derartig pro-Darwinistisches Buch an Österreichs Schulen als Lehrbuch akzeptiert wurde, wurde in Deutschland mit Respekt und auch mit gewissem Neid beobachtet. In dem Gratulationsheft zu Darwins 70. Geburtstag der deutschen Zeitschrift *Kosmos* 1878 hieß es:«… wir wünschen von Herzen, unsere Regierung möge sich hierin die österreichische zum Vorbild nehmen, die einen vortrefflichen, durchaus auf der neuen

---

[10] Ausschussmitglieder für das Vereinsjahr 1860/61, in: *Schriften des Vereins zur Verbreitung naturwissenschaftlicher Kenntnisse in Wien* (Wien 1862) 1: XII–XIII.

[11] Josef Hann/Ferdinand von Hochstetter/Alois Pokorny, *Allgemeine Erdkunde. Ein Leitfaden der astronomischen Geographie, Meteorologie, Geologie und Biologie* (F. Tempsky: Prag, 1872).

[12] *Literarisches Centralblatt*, 1873/31, 968.

[13] Hann/Hochstetter/Pokorny, *Allgemeine Erdkunde.* Vorwort.

Weltanschauung beruhenden ›Leitfaden der allgemeinen Erdkunde‹ von Hann, Hochstetter und Pokorny unbeanstandet an ihren Lehranstalten als Schulbuch benützen läßt.«[14] Im gleichen Jahr, in dem das Schulbuch erschien, wurde Hochstetter zum naturwissenschaftlichen Lehrer des Kronprinzen Rudolf ernannt. Schon am 9. Juli 1872 verkündete das *Neue Wiener Tagblatt* Hochstetters Ernennung.[15] Offenbar sah das Kaiserhaus in Hochstetters liberalen und darwinistischen Ansichten kein Hindernis. Es scheint fast so, als ob seitens des Kaiserhauses seine liberale Darwinistische Auffassung bewusst unterstützt wurde – ein Umstand, der das Bild, das wir üblicherweise bis heute von der Regierungszeit Kaiser Franz Josephs haben, um eine neue Facette reicher macht. Die Literatur-Liste des Kronprinzen, die sich im Nachlass von Brigitte Hamann (heute Wien-Bibliothek im Rathaus) befindet, zeigt, dass Hochstetter Darwins Bücher in den Lehrplan Rudolfs aufgenommen hatte.

Hochstetters Eintreten für den Darwinismus brachte ihm nicht nur Freunde ein – in der konservativen Presse beschrieb man ihn unverhohlen kritisch als »darwinistischer als Darwin«.[16] Dennoch förderte das Kaiserhaus seinen weiteren Aufstieg: 1876 wurde er zum Intendanten des gerade im Bau befindlichen Naturhistorischen Museums ernannt. Diese Ernennung stellte den absoluten Höhepunkt in der Karriere Hochstetters dar.

Hochstetter nutzte diese Gelegenheit und führte eine völlige Neuorganisation der naturwissenschaftlichen Sammlungen durch. Statt der bisher bestehenden drei schuf er fünf Abteilungen: neben den bereits existierenden mineralogischen, zoologischen und botanischen kreierte er eine Abteilung für Paläontologie und eine Anthropologisch-Ethnographische Abteilung, die er selbst leitete. Vor allem die Schöpfung der Anthropologisch-Ethnographischen Abteilung im Rahmenwerk eines naturhistorischen Museums ist als ein historisches Novum zu sehen. Hochstetter schrieb 1884 selbst über sein neues Museum:

> Das Wiener naturhistorische Hofmuseum wird demnach das einzige von den analogen grossen naturhistorischen Museen in Europa sein, welches die Sammlungen sämmtlicher naturhistorischer

---

[14] Das versöhnende Element in der Darwinistischen Weltanschauung, in: *Kosmos*, Oct. 1878–März 1879, 2/11, 351–359, hier: 358.

[15] *Neues Wiener Tagblatt*, 9/1872, 1.

[16] *Das Vaterland. Zeitung für die österreichische Monarchie*, Nr. 148, XV. Jg., 31. 5. 1874, 2.

> Disciplinen, auch den Menschen und seine Urgeschichte mit inbegriffen, unter einem Dache vereinigt. Das grosse neue naturhistorische Museum von Kensington in London umfasst bekanntlich nur mineralogische, geologische, paläontologische, botanische und zoologische Sammlungen; die prähistorischen und ethnographischen Sammlungen sind davon ausgeschlossen; und in Berlin, wo ein neues naturhistorisches Museum geplant ist, hat man für die ethnographischen und prähistorischen Sammlungen ein eigenes Gebäude errichtet, welches eben seiner Vollendung entgegengeht.[17]

Die Anthropologisch-Ethnographische Abteilung blieb während der Amtszeit Hochstetters mit der Intendanz vereint. Erst nach seinem Tod 1885 wurde sie offiziell als eigenständige Abteilung geführt.[18] Hochstetter war es gelungen, die ›Anthropologische Gesellschaft‹ zu überzeugen, ihre Sammlungen an das neue Naturhistorische Museum zu übergeben. Am 13. Februar 1877 fasste die Anthropologische Gesellschaft in Wien anlässlich ihrer Jahresversammlung einstimmig den Beschluss, ihre anthropologisch-urgeschichtliche Sammlung bedingungslos und die Bibliothek der Gesellschaft gegen Ersatz der Kosten an das k. k. Naturhistorische Hofmuseum abzutreten.[19] Hochstetter versprach, alle Sammlungen der Fachwelt zugänglich zu machen. Dank seiner Forschungs-Ausrichtung auf die Archäologie gelang es Hochstetter auch, die prähistorischen Sammlungen, die vorher nie mit Konsequenz gesammelt worden waren, auf ein hohes wissenschaftliches Niveau zu heben. Umfassende archäologische Grabungen wurden Großteils unter der Leitung von Hochstetters Assistenten Josef Szombathy und Franz Heger durchgeführt, u. a. Höhlenausgrabungen in Mähren, Forschungen in Krain sowie archäologische Grabungen in Niederösterreich, Steiermark, Kärnten und im oberösterreichischen Hallstatt.[20] Im Jahre 1926 wurde dann die Ethnographische Abteilung, die sich bereits 1924 verselbstständigt hatte, in die Neue Burg übersiedelt, und am 25. Mai 1928 wurde das nunmehr eigenständige ›Museum für Völkerkunde‹ eröffnet und dem Publikum zugänglich gemacht.

---

[17] Hochstetter, *Hof-Mineraliencabinet*, 285.

[18] Angelika Heinrich, Vom Museum der Anthropologischen Gesellschaft in Wien zur Prähistorischen Sammlung im k. k. Naturhistorischen Hofmuseum (1870–1876–1889–1895), in: *Mitteilungen der Anthropologischen Gesellschaft in Wien* (MAGW), Bd. 125/126, 1995/96, 11–42. http://www.nhm wien.ac.at/jart/prj3/nhm/data/uploads/mitarbeiter_dokumente/heinrich/HeinrichAnthropGes.pdf.

[19] Heinrich, Museum, 26.

[20] Ebd.

Die Integration des Menschen in das Rahmenwerk eines Naturmuseums entspricht der heiß debattierten Theorie Charles Darwins. Diese innovative Ausrichtung des Museums durch Hochstetter wurde auch international zur Kenntnis genommen: 1877 wurde William Boyd Dawkins in der Zeitschrift *Nature* über das NHM in Wien mit den Worten zitiert:

> With regard to the arrangement of subordinate parts in a museum, that which is now being carried out in the Imperial Museum, at Vienna, under Dr Hochstetter, seems to me the best; to form one lineal series, inorganic objects forming the base, then Paleontological specimens, illustrating the life which has been, and leading up to the illustration of the life which is now on the earth, Botany, Zoology, Anatomy, and the like. When this is completed, the Museum at Vienna will present a more perfect and complete history of the knowledge of the earth and its inhabitants than has yet been presented.[21]

Es kann gar nicht genug betont werden, wie erstaunlich diese Ausrichtung als Evolutionsmuseum war, bedenkt man, dass der Auftraggeber wiederum das konservativ-katholische Kaiserhaus war. Politischer Hintergrund und Wegbereiter für diese temporäre Aufgeschlossenheit gegenüber dem Darwinismus ist sicher die zumindest kurzfristige Aufhebung der Pressezensur im Jahr 1848 nach der Vertreibung Metternichs und die damit boomende Macht der Zeitungen, die für ein freieres geistiges Klima sorgten. Nicht vergessen werden darf auch der Umstand, dass nach dem Ausgleich von 1867 die Liberalen in der österreichischen Reichshälfte bis 1879 die Mehrheit im Reichsrat hatten. Dies führte nicht nur zu einigen liberalen Reformen, sondern offenbar in der gesamten Monarchie zu einem deutlichen Wandel des wissenschaftlichen Klimas.[22] Darwin wurde mit kaiserlicher Genehmigung 1871 zum korrespondierenden Mitglied und 1875 zum Ehrenmitglied der Akademie der Wissenschaften ernannt. Obwohl Österreich mit seiner Ernennung 1871 nicht unter den allerersten rangierte, geschah dies zu einem markanten Zeitpunkt, denn 1871 war das Jahr als Darwin sein Buch *The Descent of Man*, den wohl umstrittensten Teil seiner Evolutionslehre veröffentlichte.[23]

---

[21] *Nature* 1877, Volume XV, 129.

[22] John W. Mason, *The Dissolution of the Austro-Hungarian Empire 1867–1918*, 2nd edition (Routledge: London-New York 1997) 140 ff.

[23] Allgemein dazu: F. Glick/Elinor Shaffer (Eds.), *The Literary and Cultural Reception of Charles Darwin in Europe*, in: Elinor Shaffer (Ed.) The Reception of British and Irish

Hochstetters Einfluss auf die Organisation der Sammlungen ist nicht allzu überraschend, da dies definitiv Teil seiner Aufgabe als Museumsdirektor war. Was aber besonders hervorgehoben werden muss, wie im Folgenden gezeigt werden soll, ist seine direkte Einflussnahme auf die Planung des künstlerischen Programmes des Museums.[24]

Abb. 3: Hauptstiege NHMW, Foto: Kurt Kracher

Authors in Europe, vol. 3 (Bloomsbury: London u. a. 2014).

[24] Jovanovic-Kruspel, *Das Naturhistorische Museum* (2014) 113–127.

Ad 2. Das Naturhistorische Museum Wien als »Tempel der Evolution«:

Hochstetter war – und dieser Aspekte ist heute fast vergessen – aufgrund seiner umfangreichen Vortragstätigkeit und der Publikation von mehreren Lehrbüchern gewissermaßen ›D e r naturwissenschaftliche Lehrer der Nation‹. Dementsprechend nutzte er seine neue Funktion als Direktor, um das Museum zu einem öffentlichen Erkenntnis- und Erlebnisraum zu gestalten; er schuf ›ein begehbares Lehrbuch‹, in dem die Evolutionstheorie die Hauptaussage bildete. Wie genauere Untersuchungen der künstlerischen Ausstattung des Museums nahelegen, können die von ihm publizierten Lehrbücher sowie das einzige von ihm veröffentlichte Kinderbuch[25] als Vorstufen zum didaktischen Konzept des NHMs verstanden werden.[26] Die Entwicklung dieses umfassenden Konzeptes, das mit Fug und Recht als gelungenes ›Gesamtkunstwerk‹ bezeichnet werden kann, ist das Resultat einer engen Kooperation mit den ausführenden Architekten Gottfried Semper (1803–1879) und Carl Hasenauer (1833–1894). Es muss betont werden, dass Hochstetter für sein Evolutionsmuseum vor allem in Gottfried Semper einen kongenialen Mitstreiter fand. Semper hat sich selbst auch mit den neuesten naturwissenschaftlichen Theorien beschäftigt. Mit seinem theoretischen Hauptwerk *Der Stil* hat er gewissermaßen einen Entwurf für eine Evolution der Stilbildung vorgelegt.[27] Darüber hinaus war Semper durch seine Exilzeit in London bestens über die Museumsbauten in England informiert. Es ist sicher kein Zufall, dass Francis Fowkes Siegerentwurf für das Natural History Museum in London einige Gemeinsamkeiten mit den Wiener Museen aufweist. Wie intensiv der Austausch zwischen Hochstetter und Semper war und dass dieser sogar schon vor Hochstetters offizieller Ernennung zum Direktor des Museums 1876 stattfand, beweisen Aufzeichnungen in Hochstetters privaten Notizbüchern. Aus ihnen wird

---

[25] Ferdinand von Hochstetter, *Geologische Bilder der Vorwelt und der Jetztwelt* (J. F. Schreiber: Esslingen) 1873.

[26] Stefanie Jovanovic-Kruspel/Omar Olivares, The primeval world of the Austrian Painter Josef Hoffmann and its export to Mexico, in: *Jahrbuch der Geologischen Bundesanstalt*, 2017 (im Druck).

[27] Gottfried Semper, *Der Stil in den technischen und tektonischen Künsten oder praktische Ästhetik: ein Handbuch für Techniker, Künstler und Kunstfreunde*; Band 1: Die textile Kunst für sich betrachtet und in Beziehung zur Baukunst (Verlag für Kunst und Wissenschaft: Frankfurt a. M. 1860) 1–525; Band 2: Keramik, Tektonik, Stereotomie, Metallotechnik für sich betrachtet und in Beziehung zur Baukunst (F. Bruckmann: München 1863) 1–591. http://digi.ub.uni-heidelberg.de/diglit/semper1860ga.

ersichtlich, dass Hochstetter bereits vor 1876 bei der Fassadengestaltung des Museums in Konsultationen eingebunden war. Ein Beispiel für den Austausch zwischen Semper und Hochstetter ist z. B. die Gestaltung der Museumskuppel. Dazu findet sich eine Skizze in einem Notizbuch Hochstetters[28]. Sie zeigt einen Entwurf für die Dekoration der Kuppel, aus dem die Auffassungsunterschiede zwischen Hochstetter und Semper klar hervorgehen. Das Notizbuch ist zwar undatiert, doch der Eintrag muss vor 1876 erfolgt sein, da Semper 1876 Wien bereits verließ.

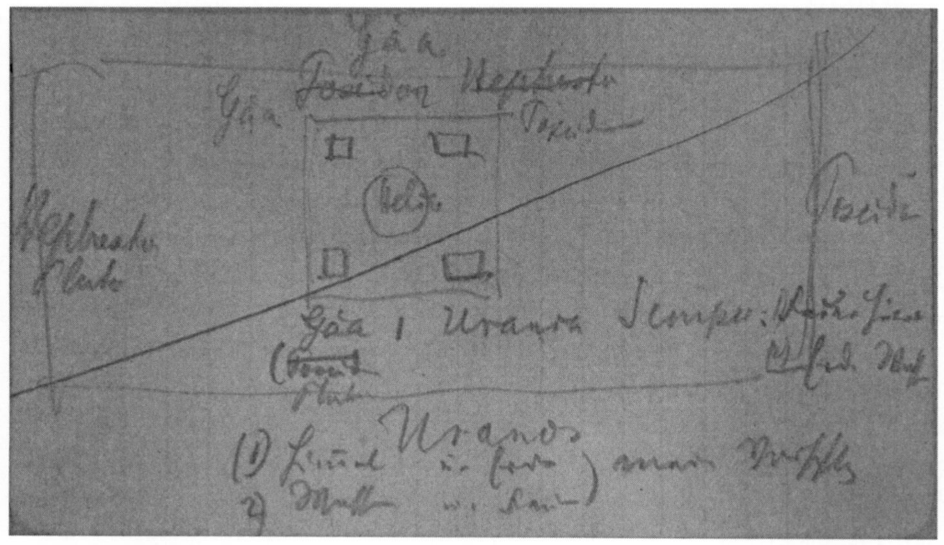

Abb. 4: Hochstetter-Notizbuch, undatiert, Sammlung A. Schedl, Foto: A. Schumacher.

Die Programmatik der Fassade folgt einem rein naturphilosophischen Gedanken – damit hebt sich das Naturhistorische Museum Wien von seinen prominenten Vorgängerbauten in London und Oxford ab, denn dort wurde durch die Dekoration stets ein religiöser Ausgangspunkt für die Betrachtung des Museums nahegelegt. Während in Wien die Figur des Sonnengottes Helios die prominenteste Stelle auf der Kuppelspitze des Museums einnimmt, prangte in London in seiner ursprünglichen Konzeption die Figur des Adam über dem Giebel des Eingangsportals und in Oxford wird der Besucher beim Eingangsportal ebenfalls von Adam und Eva empfangen. Wie stark die nichtreligiöse Ausrichtung des Museums in Wien war, zeigt auch die wenig prominente Platzierung des

---

[28] Private Notizbücher von Hochstetter, Privatsammlung Albert Schedl.

christlichen Schöpfergottes. Er wird auf der Rückseite des Museums ohne spezielle Hervorhebung, in gleicher Ebene mit anderen mythologischen Gestalten dargestellt. Der Ausgangspunkt für die Betrachtung des Museumsinhaltes sollte definitiv kein religiöser sein.

Auch im Inneren des Museums nahm Hochstetter weitreichenden Einfluss auf das Dekorationsprogramm. Er wählte für die von den Architekten geplanten Dekorationselemente die Inhalte und nutzte sie so zur Wissensvermittlung und Interpretation der Sammlungen. Entsprechend der sammlungsorganisatorischen Integration des Menschen in die Naturgeschichte wird auch im Deckengemälde im Hauptstiegenhaus der Mensch in den Mittelpunkt gerückt. 1881 wurde der Maler Hans Canon mit der Ausführung dieses Gemäldes beauftragt. Bei der Wahl des Bildthemas hatte Canon vertragsmäßig völlig freie Hand.[29] Es ist aber davon auszugehen, dass es mündliche Absprachen mit Ferdinand von Hochstetter gab, der dazu sicherlich seine Zustimmung geben musste. Das Bild zeigt in einer kreisförmigen Komposition den »Kreislauf des Lebens«, in dessen Zentrum der Mensch steht. In dem Kreislauf des Werdens und Vergehens spiegelt sich der menschliche Kampf ums Dasein. Das Bild adressiert damit den Besucher direkt. Er soll sich – entsprechend Hochstetters Konzeption – als Teil der Naturgeschichte erkennen.

In der achteckigen Kuppel – einem Architektur-Motiv, das in der Geschichte eine klare sakrale Konnotation hat – feiert sich der menschliche Forschergeist. Inmitten der Dekorationen findet sich die berühmteste und wohl direkteste Anspielung auf die Theorie Darwins zur Abstammung des Menschen: Der »Darwin-Fries« in der oberen Kuppelhalle.

Der Bildhauer Johannes Benk (1844–1914) baut hier in das Grundthema ›Mensch-Tier‹ seines Frieses eine sprechende Szene ein: Ein Affe hält einem Knaben den Spiegel vor und dieser bedeckt seine Augen, weil er sein Spiegelbild nicht sehen will. Ein zweiter Affe hinter dem Knaben hält ein aufgeschlagenes Buch mit der Aufschrift »Darwin. Abstammung des Menschen« in Händen. Die ›Darwinsche Kränkung‹ wird von dem Künstler mit einem gewissen Augenzwinkern erzählt. Es ist sicher kein Zufall, dass sich diese sehr direkte Anspielung auf die Theorie von Charles Darwin im Zentralbereich findet. Der Besucher des

---

[29] F. J. Drewes, *Hans Canon (1829–1885)*. Werkverzeichnis und Monographien, 2 Bde. (Hildesheim 1994).

Museums wird hier mit seiner eigenen Doppelrolle als forschendes Subjekt und als Objekt der Forschung konfrontiert.

Abb. 5: Deckengemälde im Stiegenhaus des NHMW von Hans Canon: »Kreislauf des Lebens«, 1885, Foto: A. Schumacher

Entsprechend Hochstetters neuem Museumskonzept nahmen die ethnographischen Sammlungen fast ein Drittel der Schaufläche im Hochparterre (sechs Säle von insgesamt 19) ein. So wie alle Schausäle in diesem Geschoß wurden auch diese im Sinne des Semperschen Gesamtkunstwerks mit großformatigen Ölgemälden, die inhaltlich ganz auf die Ausstellung abgestimmt waren, ausgestattet. Laut Hochstetter[30] stammte die Idee von Carl Hasenauer, aber detaillierte Entwürfe

---

[30] Ferdinand von Hochstetter, Das k. k. Hof-Mineraliencabinet in Wien, die Geschichte

wurden schon viel früher von Gottfried Semper ausgeführt.[31] Bereits 1870 schrieb Semper an Hasenauer bezüglich der dekorativen Ausgestaltung der Schausäle:

Abb. 6: Johannes Benk: Darwin-Szene obere Kuppelhalle des NHMW (ca. 1888/89), Foto: A. Schumacher

> Leider haben die Herrn Direktoren das Magazinartige gar zu gern, ja noch mehr, sie mögen nicht einmal dem Raume den Charakter der aufzunehmenden Sammlungen geben lassen, nachdem sie finden, dass dadurch die Dehnbarkeit und Verschiebungsfähigkeit leidet. Trotzdem glaube ich, werden wir an den Ausführungsplänen in dieser Beziehung unseren Ansichten folgen.[32]

Die Auswahl der insgesamt 111 Bildthemen oblag Ferdinand von Hochstetter und dieser bemühte sich die Vorlagen für die beauftragten Künstler zu besorgen.[33] Wenn notwendig, wurden auch Reisen zu den darzustellenden Orten finanziert. In den meisten Fällen mussten jedoch fotografische Vorlagen genügen. Doch auch die in den Sammlungen befindlichen Objekte wurden den

---

seiner Sammlungen und die Pläne für die Neuaufstellung derselben in dem k. k. naturhistorischen Hofmuseum, in: *Jahrbuch d. k. k. Geologischen Reichsanstalt*, Nr. 34 (Wien 1884) 263–298.

[31] Jovanovic-Kruspel, *Das Naturhistorische Museum* (2014) 132 f.

[32] Manfred Semper, Hasenauer und Semper, in: *Allgemeine Bauzeitung* (Wien 1894) 94, Brief Sempers an Hasenauer v. 21. 11. 1870.

[33] G. von Lüttow, Wiener Neubauten und ihr Schmuck, in: Carl von Lützow (Hrsg.), *Zeitschrift für bildende Kunst. Mit dem Beiblatt Kunst-Chronik*, Neue Folge, 1. Jg. [25. Bd.] (E. A. Seemann: Leipzig 1890) 47.

Künstlern zur Inspiration zur Verfügung gestellt. Dies belegt unter anderem ein Brief an Hochstetter vom 8. Juni 1883 von Kustos Franz Heger (1853–1931), der für Hochstetter (und später für Franz von Hauer) die Einrichtung der Ethnographischen Sammlungen besorgte, über die Arbeiten zu dem Bild »Mundrucu Indianer, Rio Tapajoz, Brasilien« im Saal XVI: »Maler Blaas arbeitet ruhig an dem brasilianischen Bilde, welches sein bestes werden dürfte. Ich habe die Mühe nicht gescheut, ihm eine Anzahl Gegenstände der Mundrucu, namentlich den prächtigen Federschmuck auszupacken…«[34]

Die angesprochenen ethnographischen Objekte der Munduruku-Indianer sind ein Teil der berühmten Sammlung des Zoologen Johann Natterer (1787–1843), die dieser anlegte, als er als Mitglied der österreichischen Brasilien-Expedition 1817–35 das Land bereiste. Diese Bestände zählten schon zum Zeitpunkt der Museumseröffnung zu den absoluten Highlights der ethnographischen Sammlung. In den sechs Sälen (Saal XIV–XIX) der ehemaligen Ethnographie schmücken »Idealbilder aus dem Culturleben der Menschen in den vorhistorischen Zeiten und Scenen aus dem Leben und Treiben der verschiedenen Völkerschaften der Erde« die Wände[35] Während in den anderen Sälen des Hochparterres die Bilder pro Saal auf die Ausstellung abgestimmt wurden, sind hier die Bilder »nur im Ganzen, nicht aber für jeden einzelnen Saal mit den in denselben aufgestellten Objecten in Zusammenhang. So bringen jene der Säle XIV und XV Baudenkmale, Ruinen von solchen, dann Kolossalstatuen aus verschiedenen Gebieten der fremden Welttheile zur Anschauung, – jene der Säle XVI bis XVIII zeigen Ansichten von Ansiedelungen, Dörfern und Städten, von den primitiven Formen (Australneger-Behausung) bis zur modernen Grossstadt (Rio de Janeiro), sowie Scenen aus dem Leben aussereuropäischer Völker, – die des Saales XIX endlich sind Darstellungen einiger der berühmtesten, meist als Cultusstätten ›heiliger‹ Berge.«[36] Diese lockerere Verbindung zwischen Dekoration und Ausstellung in der Ethnographischen Abteilung sollte den noch jungen und daher stark im Wachsen befindlichen Sammlungen genügend Spielraum für etwaige Neuarrangements in der Schausammlung geben. Die Ecksäle (IV, VI, XIV und XVI) sowie der Zentralsaal (Saal X) des Hochparterres neben den Gemälden sind

---

[34] Hochstetter Collection Basel, Geolog. Paläontolog. Abt., NHM Wien.

[35] Franz von Hauer, *Allgemeiner Führer durch das k. k. naturhistorische Hofmuseum* (Selbstverlag des k. k. Naturhistorischen Hofmuseums: Wien 1889) 145.

[36] Franz von Hauer, Notizen, Jahresbericht für 1888, in: *Annalen des k. k. naturhistorischen Hofmuseums*, Bd. IV (Wien 1889) 11 f.

auch noch mit plastischem Bildschmuck ausgestattet. In der ehemaligen Ethnographie sind dies die zwei Säle 14 und 16, die mit ›Karyatiden‹ geschmückt sind. Den Auftrag für diese plastische Ausstattung dieser beiden Säle erhielt der österreichische Bildhauer Viktor Tilgner (1844–1896). Für Ferdinand von Hochstetter als Gründer der Ethnographischen Sammlungen war die Naturtreue dieser Figuren ein großes Anliegen. Er empfahl daher den Ankauf von nach der Natur aufgenommenen Gesichtsmasken, die der Künstler als Vorlage nutzen sollte. Dies wurde aber vom Hofbaukomitee als zu teuer abgelehnt, zumal Tilgner angab, die Figuren auch nach Fotografien ausführen zu können.[37] Die Karyatiden des Saales XIV symbolisieren Vertreter amerikanischer Völker und die im Saal XVI Völker Australiens und Ozeaniens. So wie bei dem Munduruku-Gemälde waren auch bei den Karyatiden Objekte aus der ethnographischen Sammlung Vorlage. In diesem Fall ein von den Munduruku mumifizierter Kopf, der im ›Weltmuseum Wien‹ die Inventarnummer 1.232 aufweist.[38]

Abb. 7: Julius von Blaas: Mundrucu Indianer, Rio Tapajoz, Brasilien, Saal 16, NHMW, Foto: Alice Schumacher.

[37] 149. Sitzung des Hofbaukomitees am 30. April 1884, zit. nach: Jovanovic-Kruspel, *Das Naturhistorische Museum* (2014) 171–177.

[38] Georg Schifko/Stefanie Jovanovic-Kruspel, Anmerkungen zur plastischen und malerischen Darstellung von Munduruku-Kopftrophäen (pariuá-á) im Naturhistorischen Museum Wien, in: *Archiv Weltmuseum Wien*, eingereicht 2017.

Abb. 8: Viktor Tilgner: Munduruku-Karyatiden, Saal 14, NHMW, Foto: Alice Schumacher.

Kustos Franz Heger war auch für die Positionierung der einzelnen Figuren in den Sälen verantwortlich. In einem Brief an Carl von Hasenauer übersandte dieser einen Versetzungs-Plan und schrieb darin: »Diese Aufstellung ist sowohl mit Rücksicht auf die in den betreffenden Sälen befindlichen Sammlungen, als auch mit Rücksicht auf die schon ausgeführten und noch auszuführenden Bilder gewählt und ersuche ich daher keinerlei weitere Änderungen an derselben vorzunehmen.«[39]) Die Figuren waren ursprünglich bunt gefasst. Diese Polychromierung scheint einen hohen Grad von Naturalismus gehabt zu haben. Dank einer

[39] Heger an Hasenauer [Juli 1884?], Nachlass Heger, Weltmuseum Wien.

Übermalung im 20. Jahrhundert (vermutlich in den 1960er Jahren) mit weißer Leimfarbe ist davon heute leider nichts mehr zu sehen. Neuere Forschungen und Befundungen[40] zeigen jedoch, dass das ursprüngliche Kolorit der Plastiken sehr viel naturalistischer war, als es möglicherweise unserem heutigen ästhetischen Empfinden verträglich erschiene.

Die doppelte Ausschmückung mit Bildern und auch Figuren, die offenbar in höchster Lebendigkeit die Schöpfer der hier präsentierten Sammlungen (wie Werkzeuge und Kunst-Gegenstände) ins Museum holte, zeigt die besondere Wertigkeit, die Hochstetter der Präsentation der Sammlungen zumaß. Der Mensch, der hier das eigentliche Studienobjekt war, war durch die Figuren der Völkerschaften »lebendig hierher verpflanzt«.[41]

Ein Detail an der Fassade des NHMW ist ein besonderes Indiz für die Bedeutung, die Charles Darwin für das neu eröffnete Museum hatte. Er ist der einzige Wissenschaftler, der noch zu seinen Lebzeiten an der Fassade verewigt wurde. 1881, ein Jahr vor Darwins Tod, war die Fassade vollendet. Sein Porträtkopf (geschaffen von dem Bildhauer Josef Beyer) ist der letzte an der Ringstraße und blickt auf den Prachtboulevard mit dem Parlament, der ganz dem neuen liberalen Bürgertum und seinen Idealen gewidmet ist.

Abb. 7: Charles Darwin vor 1881, von Josef Beyer (1843 –1917), Fassade Bellaria NHMW, Foto: A. Schumacher

---

[40] Stefanie Jovanovic-Kruspel, Vorläufige Bemerkungen über bemalte Architektur und Plastik des Historismus. Eine Spurensuche zur vergessenen Farbigkeit des plastischen Schmuckes im Naturhistorischen Museum Wien. In: *Kunstgeschichte.* Open Peer Reviewed Journal, 2017 (urn:nbn:de:bvb:355-kuge–504-0).

[41] Julius Deininger, Die k. k. Hofmuseen, in: Wilhelm Lauser (Hrsg.): *Die Kunst in Österreich-Ungarn* II. = Jahrbuch der Allgemeinen Kunst-Chronik, 2. Jg., Wien o. J. [1886?] 3–8.

Ad 3. Die einzigartige urbane Position des Naturhistorischen Museums.

Es gibt außer dem Naturhistorischen Museum Wien kein einziges neues Naturmuseum in Europa, dass Teil eines Palastkomplexes ist. Überall sonst – in London, Berlin, Edinburgh, Paris und Frankfurt wurden die Naturmuseen entweder in den Außenbezirken oder in der Nähe von Universitäten und Botanischen Gärten errichtet. Das Natural History Museum in London befand sich z. B. in dem im 19. Jahrhundert noch sehr entlegenen Stadtteil South Kensington. Die Aussage eines Arbeiters, den man bezüglich des Standortes befragte, zeigt, wie es um die Erreichbarkeit des Neubaus für die einfache Bevölkerung stand. Er soll angeblich gesagt haben: «(The new NHM) might as well be in New Zealand as South Kensington for our purpose, because we cannot get there«.[42] Das Naturhistorische Museum in Wien hingegen wurde nicht nur im Zentrum der Stadt errichtet, sondern es war – was heute schwer nachvollziehbar erscheint – substantieller Bestandteil der von Semper geplanten kaiserlichen Palastanlage. In Sempers Idee des ›Kaiserforums‹ wären die Museen durch Triumphbögen über die Ringstraße mit der Erweiterung der Hofburg zu einem abgeschlossenen Palastbezirk zusammengewachsen. Da das Kaiserforum jedoch ein Torso blieb, ist der ursprünglich geplante enge räumliche Zusammenhang nicht mehr erlebbar.

Abb. 8: Rudolf von Alt: Kaiserforum nach Plänen von Gottfried Semper und Carl Hasenauer, Aquarell, 1873, Burghauptmannschaft.

[42] John Thackray/Bob Press, *The Natural History Museum. Nature's Treasurehouse* (National History Museum: London 2001) 60.

In der Ansicht von Rudolf von Alt ist klar zu sehen, dass der Forumsplan eine Ehrenhofanlage in einer Größe vorsah, die im europäischen Schlossbau einzigartig ist.[43] Der projektierte Komplex bestand aus einem Thronsaalbau als Mittelteil und zwei neuen Hofburgflügeln, inspiriert von Berninis Petersplatzkolonnaden in Rom.[44]

Semper griff mit dieser Planung sowohl auf seine eigenen Planungen für das Zwinger-Forum in Dresden als auch – was für die Bedeutungsaufladung dieses Projektes sicher noch viel wichtiger ist – ganz bewusst auf Ideen des Barockarchitekten Johann Bernhard Fischer von Erlach zurück. Er verstand es damit, einerseits an die ›goldene Zeit‹ des Habsburger-Reiches anzuknüpfen und gleichzeitig mit der historischen Tradition zu brechen.[45] Auf eine architektonisch sichtbare Verbindung zu einem Sakralbau, eine Hofkirche, wurde bewusst verzichtet.[46] Stattdessen wurde die Residenz mit den Museen, die den Idealen der Aufklärung geweiht waren, verklammert. Die Einbindung eines Naturmuseums in ein Palast-Ensemble ist weltweit in dieser Form einzigartig und unterstreicht die besondere Bedeutung, die diesem Museum zugemessen wurde. Die architektonische Einbeziehung des Museums in das Areal der kaiserlichen Residenz zeigt klar, dass das Herrscherhaus die Schirmherrschaft auch über die ›bürgerlichen Ideale‹ ausüben wollte. Der Bau des Wiener Naturhistorischen Museum war ein gesellschaftspolitisches Signal: Die modernen Naturwissenschaften und damit auch Darwins umstrittene Theorie sollten im Herrschaftsanspruch des Kaiserhauses ihre Heimat finden.

Auf dem Hintergrund dieser Überlegungen bleibt nur noch zu sagen, dass es Zeiten gibt, in denen der menschliche Forschergeist offenbar frei genug ist, gegen innere und äußere Widerstände Neues zu erkennen und sich dafür einzusetzen. Selbst wenn damit eine ›Kränkung‹ verbunden ist, die bis heute noch immer von vielen nicht überwunden ist. Ein wahres Wunder ist es wohl, dass ein so gestaltetes Museum wie das Naturhistorische Museum gerade in Wien entstehen konnte.

---

[43] Margaret Gottfried, *Das Wiener Kaiserforum. Utopien zwischen Hofburg und Museumsquartier* (Böhlau: Wien 2001) 81.

[44] Klaus Eggert, Gottfried Semper und Carl von Hasenauer, in: Renate Wagner-Rieger (Hrsg.), *Die Wiener Ringstraße. Bild einer Epoche*, Bd. VIII/2 (Franz Steiner: Wiesbaden 1978) 172–173.

[45] Gottfried, *Wiener Kaiserforum*, 81–83.

[46] Mündliche Anmerkung von Hellmut Lorenz bei der Tagung »Gottfried Semper und Wien«, Wien 8.–10. 4. 2005.

Ausblick

Darwin gestern und heute

Peter Schuster

Charles Darwins natürliche Auslese (*natural selection*) ist ein einfaches Prinzip, dessen Gültigkeit mit exakter Mathematik bewiesen werden kann. Es bleibt ein historisches Rätsel, warum weder Darwin noch seine Zeitgenossen aus der Evolutionsbiologie die Möglichkeit nutzten, auf mathematischer Basis eine einfache Theorie der Evolution zu entwickeln, so wie Isaac Newton dies mit den Fallgesetzen im Fall der Gravitation getan hatte. Gregor Mendels Versuche mit Küchenerbsen, ihre mathematisch-statistische Analyse und ihr Aufgreifen durch die Biologen um 1900 erweitern die Biologie um eine Theorie der Vererbung und den damals noch abstrakten Begriff des Gens. Es dauert ziemlich lange, bis die Darwinschen Evolutionsvorstellungen und die Mendelsche Genetik zu einer biologischen Evolutionstheorie, der sogenannten ›synthetischen Theorie‹, vereinigt wurden. Die Entwicklung der Molekularbiologie stellte das biologische Wissen auf ein neues, aus Chemie und Physik stammendes, solides Fundament und erweiterte es gleichzeitig ganz entscheidend. Nicht immer werden die Eigenschaften von Arten optimiert und Vererbung nach Mendel ist nicht der einzige Mechanismus, der Nachkommen gestaltet. Unsere heutigen Vorstellungen von der molekularen Biologie sind mit dem Begriff der ›kodierten Information‹ untrennbar verbunden. Die Darwinsche Evolution und die Mendelsche Genetik stehen nach wie vor im Zentrum der Evolutionsbiologie, aber sie haben ihre Alleinstellungsmerkmale verloren und werden durch Epigenetik und Kooperation in Form symbiotischer Prozesse ergänzt.

Vermehrung in einer endlichen Welt

Schon sehr lange, aber spätestens seit Fibonaccis Hasenmodell[1] ist allen Naturalisten, Ökonomen und Philosophen geläufig, dass die Populationsgrößen von Tieren bei unbegrenzten Nahrungsvorräten von Generation zu Generation wie geometrische Reihen, zum Beispiel

$$1 \Rightarrow 2 \Rightarrow 4 \Rightarrow 8 \Rightarrow 16 \Rightarrow 32 \Rightarrow 64 \Rightarrow 128 \Rightarrow 256 \ldots,$$

zunehmen.[2] Der englische Nationalökonom Thomas Robert Malthus[3] hat im Jahre 1798 diese Überlegungen auf die menschliche Population und die ökonomischen Konsequenzen unbeschränkten Bevölkerungswachstums angewendet. Er kommt zu dem auch aus heutiger Sicht bemerkenswerten Schluss, dass eine gedeihliche ökonomische Entwicklung der menschlichen Gesellschaften nur mit Geburtenkontrolle möglich ist, andernfalls droht eine Hungerkatastrophe. Die pessimistische Weltsicht von Malthus wurde von vielen Seiten kritisiert. In erster Linie wurde ins Treffen geführt, dass die agrarische Nahrungsmittelproduktion durch die Entwicklung neuer landwirtschaftlicher Methoden und die Züchtung neuer Pflanzensorten sehr viel stärker zugenommen hat als von Malthus angenommen. Allerdings liegt es in der Natur der geometrischen Reihe oder dem ihr entsprechenden exponentiellen Wachstum (Abb. 1), dass eine nach diesem Gesetz wachsende Population alle Ressourcen eines endlichen Ökosystems konsumiert. Darüber hinaus manifestieren sich auch andere Auswirkungen der Überbevölkerung und letzten Endes ist der anthropogene Anteil am Klimawandel auch eine Konsequenz der enorm angewachsenen Menschenzahl.

---

[1] Das Modell für die Vermehrung von Hasenpärchen wird allgemein dem mittelalterlichen Mathematiker Leonardo da Pisa zugeschrieben, der es in sein Rechenbuch *Liber abaci* aufgenommen hat: Laurence E. Sigler, *Fibonacci's Liber Abaci: A Translation into Modern English of Leonardo Pisano's Book of Calculation* (Springer Science & Business Media: Berlin 2012). Es sei erwähnt, dass die Fibonaccische Reihe viel älter ist und aus Indien stammt: Parmanand Singh. The so-called Fibonacci numbers in ancient and medieval India, in: *Historia Mathematica* 12/3 (1985) 229–244.

[2] Der Schweizer Mathematiker Leonhard Euler hat gezeigt, dass eine geometrische Reihe für nicht diskrete Generationen zu einer Exponentialfunktion wird: $N(t) = N(0)\cdot\exp(f\,t)$. Der Parameter f wird als Fitness bezeichnet. Bisweilen wird auch r für f geschrieben und die Bezeichnung Malthus-Parameter verwendet.

[3] Thomas Robert Malthus, *Essay on the Principle of Population* (John Murray: London 1798).

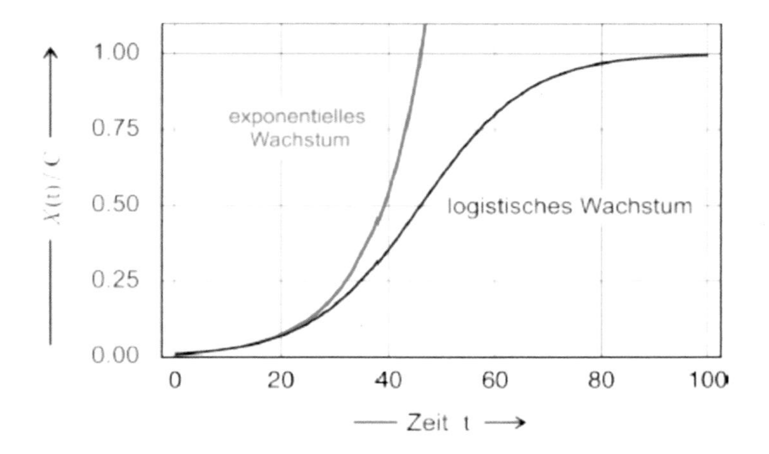

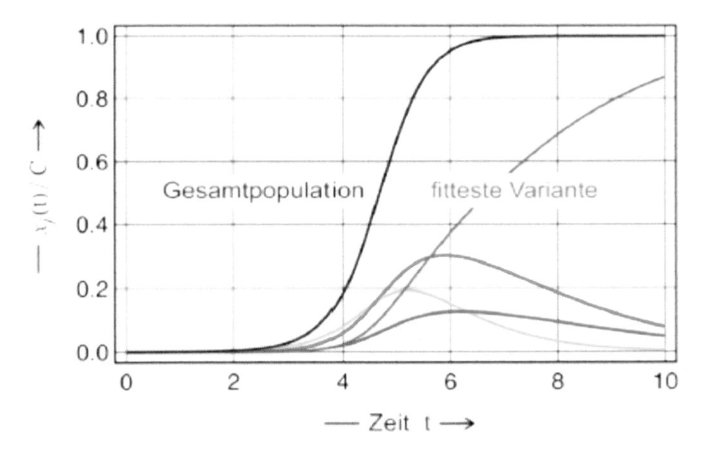

Abb. 1: Exponentielles Wachstum und Darwins natürliche Auslese

Exponentielles Wachstum (rot) ist im oberen Teil der Abbildung der entsprechenden Lösungskurve der logistischen Gleichung (schwarz) gegenübergestellt. Um besser vergleichen zu können, wurde die Kapazität des Ökosystems mit C = 1 angesetzt. Der untere Teil der Abbildung zeigt die Entwicklung einer aus vier Varianten bestehenden Population. Während die Gesamtpopulation rasch die Ressourcen des Ökosystems voll ausschöpft (schwarz), dauert es wesentlich länger bis die interne Dynamik der Population in Form der Selektion der fittesten Variante (blau). zu einem Ende kommt. Parameterwahl: $f = 0.1$ $[N^{-1} \cdot t^{-1}]$ mit dem Anfangswert $X(0) = 0.01$ und der Kapazität $C = 1$ (oberes Bild) und $f_1 = 2.80$, $f_2 = 2.35$, $f_3 = 2.25$, $f_4 = 1.75$ $[N^{-1} \cdot t^{-1}]$ mit $C = 1$ den Anfangswerten $X_1(0) = 1$ (blau), $X_2(0) = 1$ (grün), $X_3(0) = 1$ (rot), $X_4(0) = 1$ (gelb) und einer Populationsgröße $Z = 10^6$ (unteres Bild). Die Variablen sind normiert: $x_i = X_i / Z$.

Die Arbeiten von Malthus und insbesondere die darin angesprochenen Probleme, welche durch die Beschränktheit von Ressourcen entstehen, haben eine ganze Reihe von Wissenschaftlern, unter ihnen Charles Darwin und den belgischen Mathematiker Pierre-François Verhulst[4], entscheidend beeinflusst. Verhulst gibt an, dass er nach der Lektüre des Buches von Malthus auf die Idee kam, in die Gleichung für exponentielles Wachstum eine Beschränkung in Form einer endlichen Tragfähigkeit des Ökosystems einzuführen (Abb. 1). Diese Tragfähigkeit wird mit C bezeichnet (C steht für ›capacity‹ oder Kapazität) und gibt die maximale Zahl der Individuen an, die im betrachteten Ökosystem leben können.

Darwin und Mathematik

Von der Verhulstschen Gleichung zu einer Selektions-Gleichung, die zur natürlichen Auslese führt, ist es nur ein kleiner Schritt: Die Population besteht wie bei Verhulst aus einer einzigen Spezies, aber diese ist nicht homogen, sondern in Subspezies oder Varianten aufgespalten, die sich in ihren Fitnesswerten unterscheiden:

$$\Pi = \{(X; f)\} \quad \Rightarrow \quad \Pi = \{(X_1; f_1), (X_2; f_2), (X_3; f_3), \ldots, (X_n; f_n)\} \ .$$

Die Kapazität eines Ökosystems bleibt von der Strukturierung der Population unberührt oder, mit anderen Worten, alle Subspezies zusammen können im Maximum nicht mehr Individuen umfassen als eine einzige: $|X|_{max} = |X_1| + |X_2| + |X_3| + \ldots + |X_n|$. Auf Grund dieser Beschränkung kommt es zur Konkurrenz zwischen den einzelnen Subspezies und jene Subspezies, welche im Mittel die meisten Nachkommen hat, wird schließlich als Einzige überbleiben, wodurch sich natürliche Auslese, im Englischen *Natural selection* oder *Survival of the fittest,* manifestiert (Abb. 1). Fitness bezieht sich hier – und dies ist wichtig zu betonen – ausschließlich auf die Zahl der fruchtbaren Nachkommen in den Folgegenerationen und hat nichts mit allgemeinem Erfolg im Leben, körperlicher Tüchtigkeit oder Durchsetzungsvermögen zu tun.[5] Während des Selektionsprozesses nimmt die mittlere Fitness der Population laufend zu, präzise ausgedrückt

---

[4] Pierre-François Verhulst, Notice sur la loi que la population pursuit dans son accroisement, in: *Correspondance mathématique et physique 10* (1838) 113–121.

[5] *Natural selection* oder natürliche Auslese charakterisiert den Sachverhalt viel besser als die öfter verwendete, bevorzugte Bezeichnung *survival of the fittest*, das Überleben des Tüchtigsten. Fitness hat in diesem Zusammenhang nichts mit körperlicher Überlegenheit oder allgemeinem Erfolg zu tun. In der Biologie misst sie ausschließlich den Fortpflanzungserfolg in Form der fortpflanzungsfähigen Nachkommen in der nächsten

niemals ab, wie durch elementare Mathematik bewiesen werden kann. Es ist wichtig festzuhalten, dass die einzelnen Subspezies nur um die gemeinsamen Ressourcen konkurrieren und sie vermehren sich abgesehen davon unabhängig voneinander. Dieser Sachverhalt ist wichtig für die mathematische Beweisführung.

Einem mathematischen Modell wäre Darwin sicher skeptisch bis ablehnend gegenübergestanden. Was war aber dann seine geniale Leistung? Um das zu erkennen und einschätzen zu können, müssen wir uns in die Welt eines Naturalisten des 19. Jahrhunderts versetzen: Er war auf seine Beobachtungen angewiesen, für die ihm außer seinen Augen nur noch das Lichtmikroskop zur Verfügung stand. Was Darwin und seine Zeitgenossen sahen, war ein unwahrscheinlicher Reichtum an verschiedenen Formen und Funktionen der Lebewesen, Mikroben, Pilze, Pflanzen und Tiere. Entscheidend für Darwin war seine Weltreise auf HMS Beagle, die ihn unter anderem zu den Galápagosinseln führte, wo er »*evolution in action*« beobachten konnte. Oft wird vermutlich zu Unrecht eine Gruppe von nach ihm benannten, untereinander verwandten Finken, die Darwin-Finken, genannt, anhand derer Darwin die unterschiedlichen Schnabelformen als evolutionäre Anpassungen an die unterschiedlichen Ökosysteme und Ernährungsweisen auf den verschiedenen Inseln erkannt haben soll.[6] Bei dieser Gelegenheit muss auch ein Zeitgenosse von Charles Darwin, Alfred Russel Wallace erwähnt werden.[7] Er hat auf der Basis von Beobachtungen der Anpassungen von Tierarten im Amazonasgebiet und im Malaiischen Archipel völlig unabhängig von Darwin eine äquivalente Theorie der natürlichen Auslese entwickelt. In akribischer Art und Weise sammelten Darwin und Wallace Material über nahe verwandte biologische Arten und beide kamen schließlich zu dem Schluss, dass sie alle ihr heutiges Aussehen durch denselben Mechanismus erhalten haben, der auf drei Säulen ruht:

Generation. Darüber hinaus bezieht sich *natural selection* nur auf den Selektionsprozess, nämlich auf die Tatsache, dass nach hinreichend langer Zeit nur eine Subspezies vorhanden ist, und legt noch nicht fest, dass dies auch die Variante größter Fitness sein muss (siehe später im Text und Abbildung 2).

6 Es erscheint wahrscheinlicher, dass es nicht die Finken, sondern eine Gruppe nahe verwandter Spottdrosseln waren, denen Darwin das Erkennen verschiedener Anpassungen verdankt. Einen Hinweis auf die Richtigkeit dieser Annahme gibt die Tatsache, dass Darwin die Inseln als Fundstellen nur bei den Spottdrosseln aber nicht bei den Finken vermerkt hat.

7 Alfred Russel Wallace, Contributions to the theory of natural selection. A series of essays, 2nd ed. (MacMillan & Co.: New York 2007).

(i) Vermehrung und Vererbung – die Kinder ähneln ihren Eltern,

(ii) Variation – die Kinder sehen nicht genauso wie ihre Eltern aus – und

(iii) Beschränktheit aller Ressourcen.

Die Bedingungen (i) und (iii) führen, wie gezeigt, zwanglos auf das Prinzip der natürlichen Auslese. Über Vererbung und die Mechanismen der Variation des Erscheinungsbildes und der Eigenschaften von Organismen existierten zur Zeit Darwins aus heutiger Sicht nur hochspekulative, abenteuerlich anmutende Vorstellungen (siehe den nächsten Textabschnitt).

Für das Eintreten der natürlichen Auslese im Sinne von Optimierung der mittleren Fitness der Population müssen einige Voraussetzungen erfüllt sein. Im Allgemeinen dauert der Selektionsprozess in kleinen Populationen weniger lang, weshalb diese von Vorteil sind. Andrerseits benötigt man auch hinreichend große Subpopulationen: Ist die Subpopulation, zu der die Variante größter Fitness gehört, sehr klein, spielen mehr oder minder zufällige Prozesse oder unkontrollierte Schwankungen eine wichtige Rolle. Allerdings ist es für den Evolutionsprozess als Ganzes bedeutungslos, ob sich die beste, die zweitbeste oder die drittbeste, etc., Variante durchsetzt, solange echte Verbesserungen eintreten.

Als Illustrationsbeispiel erwähnen wir die Ergebnisse von einschlägigen Computersimulationen: Im Fall kleiner Anfangswerte für die einzelnen Subspezies können diese aussterben, bevor sie in der Wachstumsphase vervielfältigt werden. Da kein Prozess außer dem autokatalytischen Wachstumsschritt $A + X_i \rightarrow 2X_i$[8] die Subspezies X_i, den Autokatalysator, produziert aber eben dieser das Vorhandensein von X_i voraussetzt, kann X_i – einmal verschwunden – nicht mehr nachgeliefert werden. Nehmen wir nun an, das Aussterben betrifft die Variante mit der höchsten Fitness, dann kann *survival of the fittest* nicht mehr eintreten und selektiert wird die nächstbeste Variante. In der Tat sieht das stochastische Modell der Darwinschen Evolution die Selektion jeder Subspezies ebenso wie das Aussterben der gesamten Population als Möglichkeiten vor, die sich durch ihre Wahrscheinlichkeiten unterscheiden. Anstelle einer deterministischen Aussage eines *survival of the fittest* tritt eine Wahrscheinlichkeitsverteilung, in welcher die

---

8 Mit A bezeichnen wir hier die Ressourcen und mit X die Einheit, die sich vermehrt. Durch die fette Schreibweise weisen wir auf den Autokatalysator hin.

Selektion der fittesten Subspezies die höchste Wahrscheinlichkeit aufweist und die Prozesse, die zur Selektion anderer Varianten führen, entsprechend geringere Wahrscheinlichkeiten haben (Abb. 2).

Mendel und die synthetische Theorie

Im vergangenen Abschnitt wurde ein Grundpfeiler der Darwinschen Evolution überhaupt noch nicht behandelt: Variation durch Vererbung. Wie schon erwähnt, waren Darwins Vorstellungen von Vererbung schlichtweg falsch und er kannte entweder Gregor Mendels Arbeiten[9] nicht oder hielt sie für irrelevant für die Vorstellungen der biologischen Evolution. Mendel konnte durch die Interpretation sorgfältiger Versuche und die Anwendung von Mathematik, insbesondere Statistik, seine Regeln für die Vererbung herleiten (Abb. 3). Vererbung erfolgt in einzelnen Merkmalen und für jedes dieser Merkmale besitzt jedes Individuum zwei Träger. Sind die Träger gleich, spricht man von Reinerbigkeit, andernfalls ist das Individuum mischerbig:

(i) Uniformitätsregel: In der ersten Generation (F1, erste Tochtergeneration) sind alle Nachkommen von zwei verschieden, reinerbigen Elternteilen (P, Parental- oder Elterngeneration) gleich und mischerbig.

(ii) Segregationsregel: Werden zwei Individuen der ersten Generation miteinander gekreuzt, so treten in der zweiten Generation (F2, zweite Tochtergeneration) alle Kombinationen auf und zwar je ein Enkel mit den beiden reinerbigen Formen (P) sowie die beiden mischerbigen Formen (F1).

(iii) Unabhängigkeitsregel: Zwei oder mehrere Merkmale werden unabhängig voneinander vererbt.

Die Regel (iii) hat, wie sich bald herausstellte, nur eingeschränkte Gültigkeit. Grundsätzlich ist sie nur dann erfüllt, wenn die Träger auf dem Genom sehr weit voneinander entfernt situiert sind.[10] Alle zahlenmäßigen Aussagen der Mendelschen Regeln gelten im Mittel großer Zahlen an einzelnen Paarungen. In der

---

[9] Gregor Mendel, Versuche über Pflanzen-Hybriden, in: *Verhandlungen des naturforschenden Vereins Brünn* 4 (1866) 3–47.

[10] Unabhängigkeit von Merkmalen tritt nur auf, wenn die Merkmale auf verschiedenen Chromosomen liegen oder wenn sie auf einem Chromosom sehr weit voneinander entfernt sind.

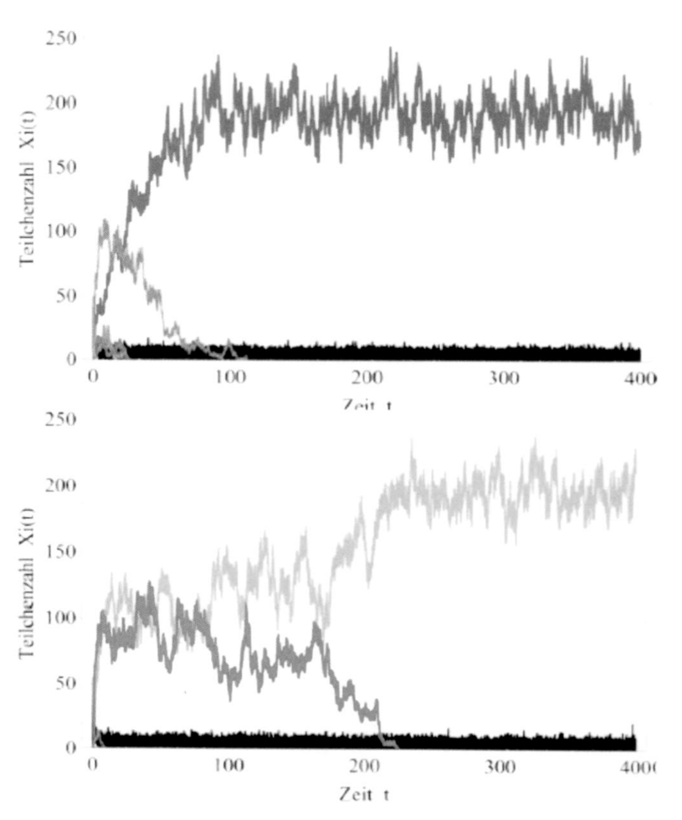

Abb. 2: Darwinsche natürliche Auslese und Selektionswahrscheinlichkeit. Die beiden Bilder zeigen zwei stochastische Selektionsverläufe mit verschiedenen Abfolgen der Zufallsprozesse unter sonst identischen Bedingungen in Form von Trajektorien, $X_i(t)$ (i = 1, …, 5). Im oberen Bild beobachten wir »Survival of the fittest«: Selektiert wird die Variante höchster Fitness, X_1 (rot), und alle anderen Varianten (gelb, grün, blau, cyan) sterben aus. Im unteren Bild geht die Variante höchster Fitness durch ein Zufallsereignis in der frühen Phase des Prozesses verloren und die beiden Varianten mit den nächsthoher Fitnesswerten, X_2 (gelb) und X_3 (grün), stehen in Konkurrenz, wobei sich schließlich die gelbe Varianten mit der zweithöchsten Fitness durchsetzt. Die Anfangswerte $A(0) = 0$, $X_1(0) = X_2(0) = X_3(0) = X_4(0) = X_5(0) = 1$ wurden so gewählt, dass die stochastischen Effekte maximalen Einfluss haben. ....Weitere Parameterwahl: $f_1 = 0.1050$, $f_2 = 0.1025$, $f_3 = 0.1000$, $f_4 = 0.0975$ und $f_5 = 0.0950$ $[N^{-1} \cdot t^{-1}]$, Ressource $A_0 = 200$, Flussrate $r = 0.5$ $[V \cdot t^{-1}]$ sowie $s = 089$ (oberes Bild) und $s = 131$ (unteres Bild) als Startwerte für den Pseudozufallszahlengenerator (Mathematica, ExtendedCA). Für das gegebene Beispiel sind die Selektionswahrscheinlichkeiten nach $t = 400$ [t] Zeiteinheiten: $P_{\mathbf{X}1}(400) = 0.585$, $P_{\mathbf{X}2}(400) = 0.253$, $P_{\mathbf{X}3}(400) = 0.085$, $P_{\mathbf{X}4}(400) = 0.022$ und $P_{\mathbf{X}5}(400) = 0.002$. Die gesamte Population ist mit $P_{\mathbf{A}}(400) = 0.001$ ausgestorben und in 51 von 1000 Fällen ist bei der Zeit $t = 400$ noch keine Selektion erfolgt. Mit anderen Worten in 58,5 % aller Fälle beobachten wir »Survival of the fittest«. Ein Erhöhung der Anfangswerte auf $X_i(0) = 2$

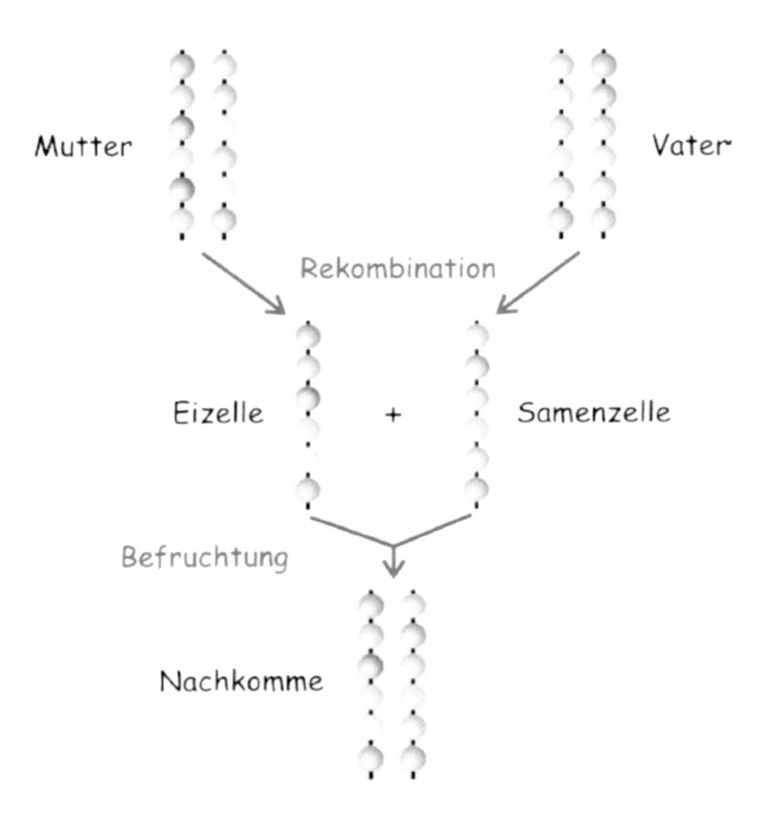

Abb. 3: Rekombination und Mendels Vererbungsgesetze.

Bei der Bildung von Ei- und Samenzellen durch Reduktionsteilung (Meiose) wird das diploide Erbgut, in welchem jedes Gen in zwei Exemplaren enthalten ist (eine Ausnahme bilden nur die Geschlechtschromosomen beim Mann, X und Y, die auch im diploiden Organismus nur einfach vorkommen), in je zwei haploide Genome aufgeteilt, wobei die Auswahl, welche der beiden Genkopien der Mutter oder des Vaters in die das Genom der haploide Zelle aufgenommen wird, durch einen Zufallsprozess erfolgt. Bei der Befruchtung der Eizelle durch eine Samenzelle werden die beiden haploiden Genome zu einem diploiden Genom zusammengeführt.

Tat hat Mendel viele Tausende von Einzelbefruchtungen durchgeführt, um seine Regeln abzuleiten. Die Mendelschen Regeln haben daher mit ›statistischen Gesetzen‹ zu tun, und statistische Analyse ist durchaus noch ungewöhnlich für die Naturwissenschaft in der Mitte des 19. Jahrhunderts. Beispielsweise führte Sir Francis Galton die Standardabweichung erst gegen Ende der 1860er Jahre zur statistischen Analyse von Daten ein, James Clerk Maxwell und Ludwig Boltzmann begannen die statistische Mechanik ebenfalls erst zur Zeit von Mendels Arbeiten und später zu entwickeln.

Obwohl die Menschen seit dem Beginn ihrer Sesshaftigkeit in der Jungsteinzeit – etwa vor 12.000 Jahren – begannen, Tiere für ihre Zwecke zu verändern, gibt es systematische Tierzucht erst seit der zweiten Hälfte des 19. Jahrhunderts. Ohne die Kenntnis genetischer Aspekte wurden Tiere nur nach äußeren Merkmalen für die Paarung ausgewählt. Pflanzenanbau und Pflanzenzüchtung beginnen ebenfalls in der Jungsteinzeit und wurden bis ins 20. Jahrhundert hinein immer gemeinsam betrieben. Die vorwissenschaftliche Erzeugung von verbesserten oder neuen Pflanzensorten erfolgte ohne Kenntnis der Gesetze der Vererbung durch künstliche Selektion gewünschter Formen und blinde Kreuzung mit anderen Sorten. Erst um die Jahrhundertwende vom 19. zum 20. Jahrhundert wurde die Tragweite von Mendels Arbeiten als Grundlage der Vererbung erkannt. Der Begriff des ›*Gens*‹ als eine abstrakte Vererbungseinheit wurde dann anno 1909 vom dänischen Botaniker Wilhelm Johannsen geprägt[11], und in der Folge entstand die Genetik rasch als ein eigener Wissenschaftszweig der Biologie. Johannsen insistierte darauf, in dem Gen eine abstrakte Vererbungseinheit ohne jegliche physische Realität zu sehen. Dessen ungeachtet stellte die Anwendung der Genetik die Pflanzen- und Tierzüchtung auf eine wissenschaftliche Basis. Wie wir im nächsten Abschnitt sehen werden, wurde diese abstrakte Vorstellung der Gene durch die Molekularbiologie überholt: Es gelang, den Träger der genetischen Merkmale in Form eines Desoxyribonukleinsäure-Moleküls (DNA) mit einer wohl definierten physikalischen Struktur zu identifizieren.

Es ist wert, erwähnt zu werden, dass der berühmte englische Statistiker und Populationsgenetiker Ronald A. Fisher die Aufzeichnungen Mendels über die Vererbungsversuche mit der Gartenerbse mit Hilfe der von ihm entwickelten

---

[11] Staffan Müller-Wille/Hans-Jörg Rheinberger, *Das Gen im Zeitalter der Postgenomik. Eine wissenschafts-historische Bestandsaufnahme* (Edition Unseld, Suhrkamp Verlag: Frankfurt am Main 2009).

statistischen Methode des χ^2-(*Chi-Square*)-Tests genau analysierte und zu dem Schluss kam, dass Mendels Daten »zu gut seien und daher einer unehrlichen Vorauswahl unterzogen worden wären«. Fishers Arbeit[12] war der Anfang einer lang andauernden und zum Teil polemisch geführten Diskussion über die Aufbereitung von Mendels Ergebnissen, die als »Mendel-Fisher Kontroverse«[13,14] in die Literatur einging. Ein umfassender und detaillierter Überblick über die heftige Auseinandersetzung wurde im Jahre 2008 mit dem vielsagenden Titel »Ending the Mendel-Fisher-Controversy« publiziert.[15]

Evolutionstheorie und Genetik standen lange Zeit im Clinch und es waren die Populationsgenetiker Ronald A. Fisher, John B. S. Haldane und Sewall Wright, denen um etwa 1930 in Form einer mathematischen Theorie die Synthese von Mendelscher Genetik und Darwinscher natürlicher Selektion gelang. In der Biologie allgemein beendete die sogenannte ›synthetische Evolutionstheorie‹ erst mehr als zehn Jahre später den Streit. Berühmte Vertreter waren Theodosius Dobzhansky[16] und Ernst Mayr.[17] Trotz der unleugbaren Erfolge der synthetischen Theorie und der auf diese Weise gelungenen Vereinheitlichung des biologischen Weltbildes blieben grundlegende Probleme offen. Allen voran fehlte ein zufriedenstellender Mechanismus für die Entstehung von echten Neuerungen durch den Evolutionsprozess. Rekombination kann eine gewaltige Vielzahl von Varianten der bestehenden Organismen erzeugen, aber echte Innovationen kann sie nicht schaffen. Darüber hinaus gibt es mehr Organismen, die durch asexuelle Vermehrung ohne obligate Rekombination ebenso perfekt evolvieren wie sexuell reproduzierende höhere Lebewesen. Die Mutation – in der ersten Hälfte des 20. Jahrhunderts noch vollkommen unverstanden hinsichtlich des Mechanismus

---

12 Ronald A. Fisher, Has Mendel's work been rediscovered? In: *Annals of Science* 1 (1936) 115–137.

13 Gregory Radick, Beyond the »Mendel-Fisher controversy«, in: *Science* 320 (2015) 159–160.

14 Ana M. Pires/João A. Branco, A statistical model to explain the Mendel-Fisher controversy, in: *Statistical Science* 25 (2010) 545–565.

15 Allan Franklin/Anthony W. F. Edwards/Daniel J. Fairbanks/Daniel L. Hartl/Teddy Seidenfeld, *Ending the Mendel-Fisher controversy* (University of Pittsburgh Press: Pittsburgh/PA 2008).

16 Theodosius Dobzhansky, *Genetics and the origin of species* (Columbia University Press: New York 1937).

17 Ernst Mayr, Systematics and the origin of species from the viewpoint of a zoologist (Columbia University Press: New York 1941).

ihrer Entstehung – konnte zwar für kleine Innovationsschritte und Optimierung von Eigenschaften verantwortlich gemacht werden, aber die Artenbildung erschien den Biologen stets als großer Sprung in den Eigenschaften der Organismen.[18,19] Dessen ungeachtet folgten die meisten Evolutionsbiologen Charles Darwin und lehnten große Sprünge ab, da sie an die kreationistisch geprägten ›Saltationstheorien‹ des 19. Jahrhunderts vor Darwin erinnerten.

Die Diskussion über die Geschwindigkeit der Evolution – langsam und graduell in kleinen Schritten oder sprunghaft, plötzlich und in großen Schritten – findet kein Ende und lebt in den Arbeiten von Stephen Jay Gould und Niles Eldridge erneut wieder auf.[20] Als ›Punktualismus‹ wird die Vorstellung bezeichnet, dass die Arten in ihrer Morphologie zumeist unveränderlich erscheinen und diese Scheinstabilität nur von seltenen sprunghaften Änderungen unterbrochen wird. Geblieben von dieser Debatte ist die Einsicht, dass Evolution auf der morphologischen oder phänotypischen, das heißt der makroskopischen und direkt beobachtbaren Ebene, mit sehr unterschiedlichen Geschwindigkeiten stattfinden kann. In Evolutionsexperimenten mit Bakterien konnten diese Ungleichmäßigkeiten in den Prozessgeschwindigkeiten unmittelbar beobachtet werden. Computersimulationen der Evolution von RNA-Molekülen[21] zeigten ebensolche Sprünge, die in diesem besonders einfachen Fall auch molekular interpretiert werden konnten.

Die Brücke von der Chemie zur Biologie

Eine wahre Revolution im biologischen Denken wurde durch das Vordringen der Chemie in die Welt der Biomoleküle initiiert. Bereits im 19. Jahrhundert begannen Chemiker biologische Prozesse mit den Methoden von Physik und Chemie

---

[18] John Christopher Willis, The origin of species by large, rather than by gradual, change and by Guppy's method of differentiation, in: *Annals of Botany* 37 (1923) 605–618.

[19] Richard Goldschmidt, *The material basis of evolution* (Yale University Press: New Haven/CT 1940).

[20] Niles Eldridge/Stephen Jay Gould, Punctuated equlibria: An alternative to phyletic gradualism, in: Thomas J. M. Schopf (ed.), *Models in Paleobiology* (Freeman Cooper: San Francisco 1972) 82–115.

[21] Walter Fontana/Peter Schuster, Continuity in evolution. On the nature of transitions, in: *Science* 280 (1998) 1451–1455 und Peter Schuster, Prediction of RNA secondary structures: From theory to models and real molecules, in: *Reports on Progress in Physics* 69 (2006) 1419–1477.

zu studieren und in Form der Biochemie begannen Chemie und Biologie auch miteinander zu verschmelzen. Zu Anfang galt das Interesse der Biochemiker den ›Fermenten‹, hochspezifischen und überaus effizienten biologischen Katalysatoren, die wir heute als Proteinmoleküle charakterisieren und in ihrer Wirkungsweise auf der Ebene der molekularen Strukturen verstehen. Als Meilenstein im Verstehen der evolutionsbiologischen Prozesse wird zurecht der auf Röntgenstrukturdaten aufbauende Vorschlag einer molekularen Struktur für das Desoxyribonukleinsäure-(DNA)-Molekül in der B-Konformation durch James D. Watson und Francis H. C. Crick angesehen.[22] Die doppelhelikale Struktur mit den nach innen gerichteten Nukleotiden, die sich eindeutig zu komplementären Basenpaaren zusammenfinden (Abb. 4), klärte mehrere offene Fragen der Evolutionsbiologie mit einem Schlag:

i. DNA-Moleküle sind Kettenpolymere wie viele andere Polymere, beispielsweise die Proteine, auch. Das besondere an der DNA-Struktur ist eine Geometrie, die es gestattet, die Reihenfolge der Substituenten an der Kette {A,T,G,C} abzulesen, wodurch das Molekül zur Kodierung von Nachrichten in der Art eines Informationsträgers geeignet ist.

ii. Die Paarungslogik, A=T und G≡C, verbindet jede eindimensionale Folge von Buchstaben mit einer eindeutig definierten Komplementärsequenz und man kann daher von einer zur Kodierung von im Nukleotid-Alphabet, {A,T,G,C}, digitalisierten Nachrichten geeigneten Struktur sprechen.

iii. Das DNA-Molekül besteht aus zwei Strängen, plus und minus, die jeder für sich die volle Information für das zweisträngige Gesamtmolekül enthalten. Jeder der beiden Stränge kann unzweideutig zu einem kompletten DNA-Molekül ergänzt werden kann.

iv. Dieser Sachverhalt suggeriert unmittelbar einen Kopiermechanismus wie Watson und Crick dies in ihrer berühmten Publikation in der Zeitschrift *Nature* zum Ausdruck brachten:

v. »It has not escaped out notice that the specific pairing we have postulated immediately suggests a copying mechanism for the genetic material.«

vi. Die DNA-Doppelhelix lässt ebenso unmittelbar einen möglichen Mechanismus für Mutationen erkennen, der im Fehleinbau eines einzigen Nukleotids

---

[22] James D. Watson/Francis H.C. Crick, A structure for deoxyribose nucleic acid, in: *Nature* 171 (1953) 737–738.

besteht und der sich später auch tatsächlich in Form der Punktmutation als einfachste Veränderung der Nukleotid-Sequenz herausgestellt hat.

An Hand der Strukturen und Funktionen der Nukleinsäuren kann man die wichtigsten Innovationen, die von der Biologie in die Chemie eingebracht werden, am besten erkennen: (i) Die DNA-Struktur ermöglicht eine Digitalisierung der Chemie. Obwohl das G≡C-Basenpaar thermodynamisch um gut eine Zehnerpotenz stabiler oder stärker als das A=T-Basenpaar ist, erweisen sich beide Paarungen als gleichwertig in der DNA und ihren Funktionen, und (ii) die digitale Form der Sequenzen in der DNA-Struktur bildet die Grundlage für das Entstehen biologischer oder genetischer Information und ihrer Speicherung und Stabilisierung. Zu Recht sieht man in der Strukturaufklärung der DNA den Anfang der molekularen Biologie.

Weitere grundlegende Entdeckungen betrafen die Biochemie der Genprozessierung und die Übersetzung der genetischen Information von Nukleinsäuren in Proteine, die vorerst als die einzigen wesentlichen Funktionsträger in den Zellen angesehen wurden. Gene waren keine abstrakten Einheiten mehr, sondern konnten mit Sequenzabschnitten auf der DNA identifiziert werden. Die Entwicklung effizienter und preisgünstiger Verfahren der DNA-Sequenzanalyse ermöglicht es, vollständige DNA-Sequenzen einzelner Gene und ganzer Organismen zu bestimmen und zu vergleichen. Die DNA-Sequenzierung eröffnete und eröffnet nach wie vor ungeahnte Möglichkeiten von der Biologie und Medizin bis zur Forensik.

Für die Evolutionstheorie besonders bedeutsam war die schon früher anhand von Aminosäuresequenzen in Proteinen erfolgte Entdeckung der ›neutralen Evolution‹ durch den Japaner Motoo Kimura.[23] Mit Hilfe eines theoretischen Modells sowie Sequenz- und Funktionsvergleichen von Proteinen konnte er zeigen, dass Selektion auch in Abwesenheit von Fitnessdifferenzen eintritt. Selektion ist dann das Ergebnis eines stochastischen Prozesses[24]: Welche Variante selektiert wird, kann nicht vorhergesagt werden, und wir haben es dann nicht mit *survival of the fittest*, das es ja nicht gibt, sondern mit der Tautologie *survival of the survivor* zu tun.

---

[23] Motoo Kimura, *The neutral theory of molecular evolution* (Cambridge University Press: Cambridge/UK 1983).

[24] Peter Schuster, Stochasticity in processes. Fundamentals and applications to chemistry and biology (Springer International Publishing: Cham/ZG 2016).

Evolutionsexperimente

Natürliche Auslese in dem eben beschriebenen Sinne kann durch einfache Experimente mit RNA-Viren oder RNA-Molekülen experimentell untersucht werden.[25] Die ersten einfach interpretierbaren Studien gehen auf den US-amerikanischen Biochemiker Sol Spiegelman zurück.[26] Manfred Eigen entwickelte etwa zur selben Zeit eine molekulare Theorie der Kinetik von Evolutionsvorgängen.[27] Zwei Ergebnisse dieser Untersuchungen hatten weitreichenden Einfluss auf das Verstehen der Evolution: (i) Stationäre Populationen bestehen insbesondere bei hinreichend hohen Mutationsraten nicht nur aus einem einzigen Genotyp, sondern aus einer Familie von nahe verwandten Genotypen, die *Quasispezies*[28] genannt wird und aus der selektierten Sequenz sowie ihren häufigsten Mutanten besteht, und (ii) für die meisten Fitnesslandschaften[29] gibt es eine Fehlerschranke (Abb. 5), welche darin zum Ausdruck kommt, dass Systeme mit Mutationsraten über einem kritischen Wert keine stabilen Zustände ausbilden können, sondern in der Art eines Diffusionsprozesses durch den Sequenzraum wandern. Die Fehlerschranke manifestiert sich in der Genomlänge von Organismen, welche durch die Evolution so adjustiert wird, dass beim Kopieren eines gesamten Genoms höchs-

---

[25] Sehr viele Evolutionsexperimente mit RNA-Molekülen sind in der Literatur dokumentiert. Hier erwähnen wir stellvertretend für andere einen Übersichtsartikel von Christof Kurt Biebricher, Darwinian selection of self-replicating RNA. In: M. K. Hecht/B. Wallace/G. T. Prance (eds.), *Evolutionary Biology* 16 (1983) 1–52. RNA virus evolution is described in Esteban Domingo/Colin R. Parrish/John J. Holland (eds.), *Origin and evolution of viruses*, 2nd ed. (Academic Press: London 2008).

[26] Gerald F. Joyce, Forty Years of *In Vitro* Evolution, in: *Angewandte Chemie International Edition* 46 (2007) 6420–6436.

[27] Manfred Eigen, Selforganization of Matter and the Evolution of Biological Macromolecules, in: *Naturwissenschaften* 58 (1971) 465–523.

[28] Manfred Eigen/Peter Schuster, The Hypercycle a priniciple of natural selforganization. Part A: The emergence of the hypercycle, in: *Naturwissenschaften* 64 (1977) 541–565.

[29] Seit Sewall Wrights Arbeiten in den 1930iger Jahren versteht man unter einer ›Fitesslandschaft‹ ein abstraktes Gebilde, welches durch Auftragen von Fitnesswerten für die einzelnen Sequenzen im Sequenzraum zustande kommt. Siehe Sewall Wright, The roles of mutation, inbreeding, crossbreeding and selection in evolution, in: D. F. Jones (Hrsg.), *International proceedings if the sixth international congress on genetics,* Vol.1 (Brooklyn Botanic Garden: Ithaca NY 1932) 356–366 und Sewall Wright, Surfaces of selective value revisited, in: *American Naturalist* 131 (1988) 115–123.

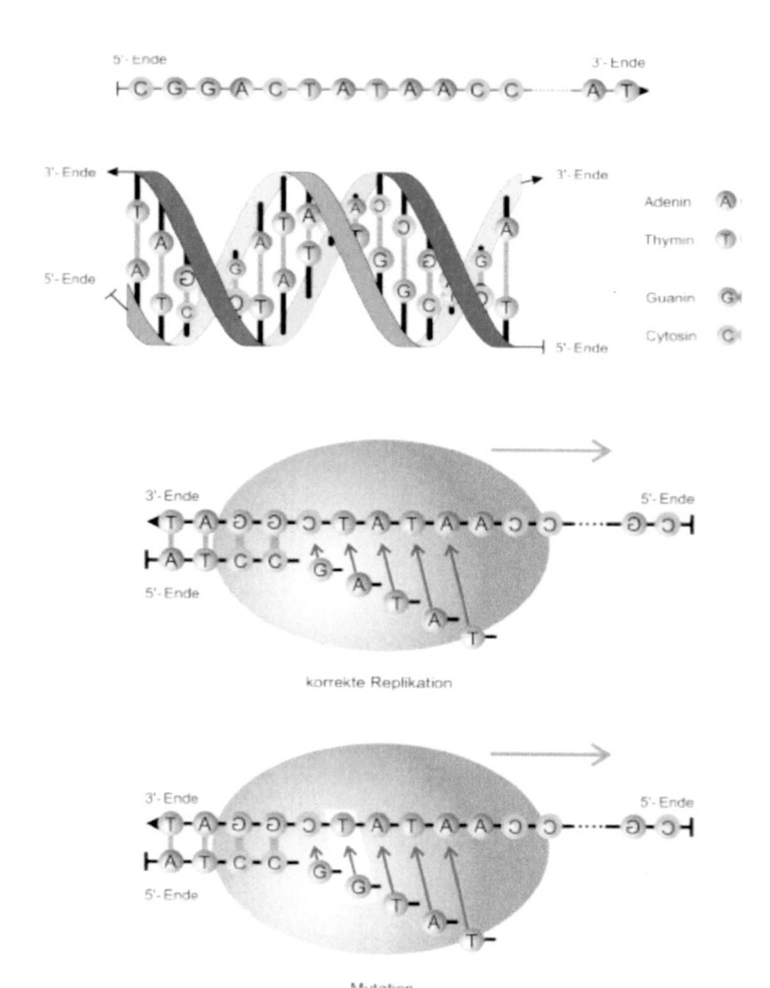

Abb. 4: Struktur der Desoxyribonukleinsäure (DNA) und Kopieren von Molekülen. Die DNA ist ein nicht verzweigtes Kettenmolekül (oberstes Bild) mit einem eindimensionalen Grundgerüst, an das vier verschiedene Klassen von Seitenketten, die Nukleotidbasen A, T, G und C, angehängt sind. Diese Struktur gestattet es in einem Vierbuchstabenalphabet kodierte Nachrichten zu verschlüsseln. Die beiden Enden, 3'- und 5'-Ende, sind chemisch und strukturell verschieden. Die DNA-Doppelhelix (zweites Bild) besteht aus zwei in verschiedene Richtungen laufenden Einzelsträngen mit den Seitenketten im Inneren der Helix. Die beiden Stränge sind über ihre Seitenketten durch spezifische zwischenmolekulare Bindungen aneinander geknüpft. Aus energetischen sowie stereochemischen Gründen infolge der Geometrie der Helix können nur zwei komplementäre Paarungen, A=T und G≡C, in den stabilen Strukturen auftreten. Die Komplementarität der Nukleotidbasenpaare und die notwendigerweise entgegengesetzten Richtung der Stränge in der Doppelhelix gestatten es, einen Einzelstrang eindeutig zu einem Doppelstrang zu ergänzen und damit ist ein möglicher Weg zur Vervielfältigung von DNA-Molekülen vorgezeichnet (zweites Bild von unter): Ein

Einzelstrang wird in einer enzymkatalysierten Reaktion zum Doppelstrang ergänzt und der Doppelstrang wird – zumeist schon während des Komplementierungsprozesses – in die beiden Einzelstränge getrennt. Diese werden dann jeder für sich zu Doppelsträngen komplementiert. Eine im Labor viel verwendete Reaktion zur Vermehrung von DNA – die »Polymerase chain reaction« (PCR) arbeitet nach diesem Prinzip. Mutationen kommen z. B. durch den zeitweise vorkommenden Fehleinbau von Nukleotidbasen zustande (unterstes Bild).

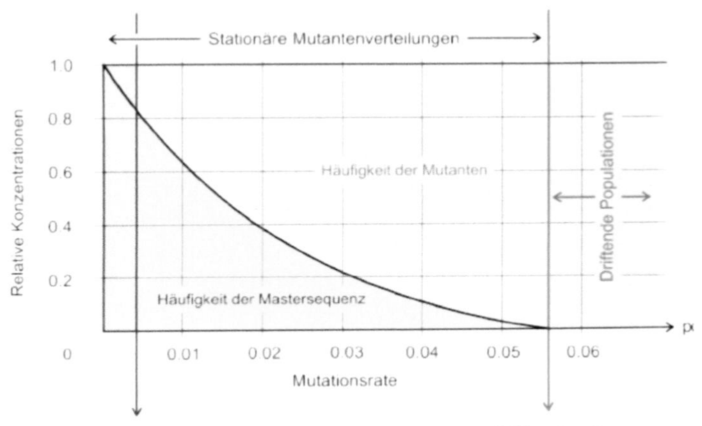

Abb. 5: Quasispezies und Fehlerschranke.

Mutationen sind für die Evolution unentbehrlich, aber ihr in der Natur und im Laborexperiment zugänglicher Bereich ist durch zwei natürliche Grenzen beschränkt. Die Replikationsmaschinerie gibt eine obere Schranke für die Genauigkeit vor. Die Frage, ob auch eine untere Genauigkeitsschranke entsprechend einer maximalen Mutationsrate existiert, wurde durch die kinetische molekulare Evolutionstheorie beantwortet. Die Genauigkeit der Replikation wird durch die mittlere Fehlerrate pro Nukleotid und Replikation, p, gemessen. Mit zunehmender Mutationsrate p wird der prozentuelle Anteil der Mastersequenz in der stationären Population, der *Quasispezies*, immer kleiner und der Anteil der Mutanten nimmt zu. Im Fall von realitätsnahen Verteilungen der Fitnesswerte im Raum der Genotypen gibt es einen abrupten Übergang von einer strukturierten stationären Population zu einer im Raum der Genotypen zufällig driftenden Population. Dieser an einen Phasenübergang erinnernde Wechsel der Populationsstruktur wurde als *Fehlerschranke* bezeichnet. Bei Replikationsgenauigkeiten, welche unterhalb dieser zweiten Grenze liegen, bricht die Vererbung zusammen: Wegen der zu geringen Kopiergenauigkeit kommt es zu einem akkumulierenden Fehleranteil, welcher nach hinreichend vielen Generationen alle Polynukleotidsequenzen verändert und daher werden alle Genotypen gleich wahrscheinlich. Da die Zahl aller möglichen Sequenzen jede Populationsgröße bei weitem übersteigt, kann die Population nicht den Raum der Sequenzen ausfüllen und sie driftet daher nach der Art eines Irrflugs. Viren, insbesondere RNA-Viren, operieren mit Genauigkeiten knapp oberhalb der Fehlerschranke und deshalb wurden antivirale Strategien entwickelt, welche darauf abzielen, die Mutationsrate durch Pharmaka zu erhöhen, sodass sich die Viren nicht mehr ordnungsgemäß vermehren können und durch einen zu großen Anteil letaler Mutanten aussterben.

tens eine Mutation auftritt.[30] Dementsprechend liegt die Fehlerschranke etwa beim reziproken Wert der Genomlänge und dies ergibt bei Viren eine Fehlerrate von 10^{-4} und beim menschlichen Genom einen Wert von 3 mal 10^{-10}.

Selektion *in vitro* kann mit Erfolg zur »Züchtung« von Molekülen mit vorgegebenen Eigenschaften angewandt werden (Abb. 6). Erfolgreiche Beispiele sind Proteine[31] und RNA- oder DNA-Moleküle.[32] Quasispezies bilden sich unter anderem auch bei Infektionen durch Viren aus, und die dann entstehenden Viruspopulationen sind spezifisch für das Virus und für den infizierten Wirt. Dementsprechend wurde die Quasispeziestheorie auch zur Entwicklung von neuen Strategien und Medikamenten gegen Virusinfektionen eingesetzt.[33] Der Grundgedanke ist, durch eine Erhöhung der Mutationsrate mittels Gaben geeigneter Pharmaka die Viruspopulation zum Aussterben zu bringen und dies entweder durch Erhöhen des Anteils an letalen Varianten oder durch Überschreiten der Fehlerschranke.[34] [35]

Besonders eindrucksvoll ist auch ein Evolutionsexperiment, das der US-amerikanische Biologie Richard Lenski unter präzise kontrollierten Bedingungen mit Bakterien der Spezies ›Escherichia coli‹ durchgeführt hat. Lenski begann dieses Evolutionsexperiment am 24. Februar 1988, also vor etwas weniger als 30 Jahren an der University of Michigan in East Lansing mit zwölf Bakterienkolonien, die unabhängig voneinander evolvieren. Nach einer anfänglichen Phase der

---

[30] S. Gago/S. F. Elena/R. Flores/R. Sanjuan, Extremely high mutation rate of a hammerhead viroid, in: *Science* 323 (2009) 1308.

[31] Susanne Brackmann/Kai Johnson (eds.), *Directed Evolution of Proteins or How to improve enzymes for biocatalysis* (Wiley-Verlag Chemie: Weinheim 2002).

[32] Sven Klussmann (eds.), The aptamer handbook. Functional oligonocleotides and their applications (Wiley-Verlag Chemie: Weinheim 2006).

[33] Bezüglich einer zeitgemäßen Übersicht über das Quasispezies-Konzept und seine verschiedenartigen Anwendungen siehe Esteban Domingo/Peter Schuster (eds.), Quasispecies: From theory to experimental systems, in: *Current Topics in Microbiology and Immunology*, vol. 392 (Springer International Publishing: Cham/ZG 2016).

[34] Guillaume Martin/Sylvain Gandon, Lethal mutagenesis and evolutionary epidemiology, in: *Philosophical Transactions of the Royal Society,* Biology 365 (2010) 1953–1963.

[35] Celia Perales/Esteban Domingo, Antiviral strategies based on lethal mutagenesis and error threshold, in: Esteban Domingo/Peter Schuster (eds.), Quasispecies: From theory to experimental systems, in: *Current Topics in Microbiology and Immunology*, vol. 392 (Springer International Publishing: Cham/ZG 2016), 323–339.

Anpassung an das neue Wachstumsmilieu des Experiments schritt die Evolution langsam mit nur geringen äußeren Änderungen voran, bis nach etwa 31.500 Generationen in einem der zwölf Parallelexperimenten plötzlich eine Variante gebildet wurde, die auf Zitrat wachsen konnte und daher einen großen Vorteil gegenüber den anderen elf Kolonien hatte. Diese Bakterienpopulationen haben bis heute etwa 68.000 Generationen durchlaufen[36] – dies entspricht mehr als einer Million Jahre humaner Evolution – und das Evolutionsexperiment geht weiter.

Molekulare Genetik des 21. Jahrhunderts

Das molekularbiologische Wissen um die Genetik wurde fast bis zur Wende vom 20. zum 21. Jahrhundert von der Viren- und Bakteriengenetik bestimmt, aber dann wurde sehr bald klar: Pflanzen und Tiere sind keine ›Riesenbakterien‹. Die Regulationsmechanismen der Genexpression unterscheiden sich grundlegend und RNA spielt bei den höheren Mechanismen auch in der Genregulation eine fundamentale Rolle. Der Australische Biologe John Mattick vertritt die Ansicht, dass sich mit den gut bekannten bakteriellen Mechanismen der Genregulation nur Gennetzwerke von bis zu einigen Tausend Genen kontrollieren lassen[37] – und dies ist etwa die Länge der Bakteriengenome. Mattick vertritt auch die bis heute noch umstrittene Ansicht, dass es im Wesentlichen keine ungenützte oder ›junk‹-DNA gibt, da alle Genomabschnitte für die Regulation der komplexen Funktionen des Vielzellerorganismus gebraucht werden[38], wogegen andere Autoren davon ausgehen, dass der Großteil der nicht-translatierten DNA vom Organismus auch funktionslos ist.[39] Mit dieser Streitfrage haben wir nun auch schon die heutige Front der molekularbiologischen Forschung erreicht.

---

[36] Benjamin H. Good/Michael J. McDonald/Jeffrey E. Barrick/Richard E. Lenski/Michael M. Desai, The dynamics of molecular evolution over 60,000 generations, in: *Nature* 551 (2017) 45–50, and Elisabeth Pennisi, The man who bottled evolution, in: *Science* 342 (2013) 790–793.

[37] Larry J. Croft/Martin J. Lercher/Michael J. Gagen/John S. Mattick, Is prokaryotic complexity limited by accelerated growth in regulatory overhead, in: *Genome Biology* 5:P2 (2003) 1–26. http://genomebiology.com/2003/5/1/P2 (abgerufen am 11. 12. 2017).

[38] Ira W. Deveson/Simon A. Hardvick/Tim R. Mercer/John S. Mattick, The dimensions, dynamics, and relevance of the mammalian non-coding transcriptome, in: *Trends in Genetics* 33 (2017) 464–478.

[39] Alexander F. Palazzo/Eliza S. Lee, Non-coding RNA: What is functional and what is junk? In: *Frontiers in Genetics* 6 (2015) P2.

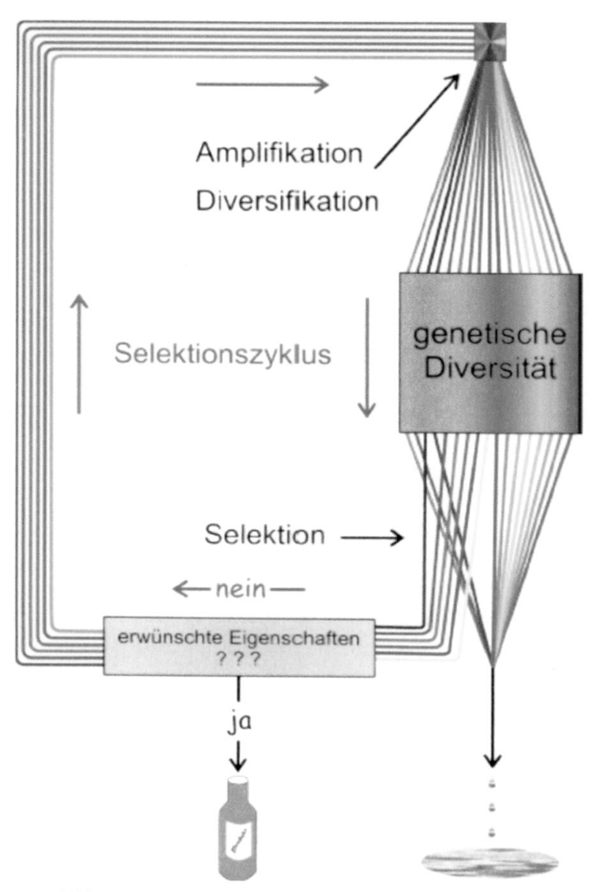

Abb. 6: Prinzip der Züchtung von Molekülen.
Die gerichtete Evolution von Molekülen verfährt nach dem allgemeinen in der Abbildung skizzierten Protokoll und folgt damit genau den gleichen Prinzipien wie die Darwinsche natürliche Auslese: Vermehrung mit Vererbung, Variation und Selektion. Vermehrung und Variation sind synonym mit Amplifikation – beispielsweise durch PCR (Abb. 4) – und Diversifikation durch Replikation mit künstlich erhöhter Mutationsrate oder Zufallssynthese und bilden Standardtechniken der modernen Molekularbiologie. Gerichtete Selektion von geeigneten Molekülen stellt zumeist eine Herausforderung an das Geschick des Experimentators dar. Für evolutionäre Herstellung von spezifisch an Zielstrukturen bindende Molekülen, Aptamere genannt, gibt es Standardverfahren. Die selektierten Moleküle werden einem Test unterworfen und wenn das gewünschte Resultat durch Selektion erzielt wurde, ist das Evolutionsexperiment beendet. Sind die erwarteten Eigenschaften noch nicht erreicht, wird ein weiterer Selektionszyklus bestehend aus Amplifikation, Diversifikation und Selektion angeschlossen und die Zyklen werden solange fortgesetzt, bis entweder das vorgegebene Ziel erreicht wurde oder keine Verbesserung mehr erzielt werden konnte.

Die genaueren Untersuchungen der Vererbung von Genexpression und Genregulation in einer Vielzahl von Organismen haben große Unterschiede zutage gebracht. Viele der schwer oder gar nicht erklärbaren Phänomene wurden früher als ›Epigenetik‹ abgetan. Heutzutage beginnen wir einzelne Mechanismen auf der molekularen Ebene zu verstehen. Genaktivitäten sind abhängig von ›Markern‹ die, ohne die DNA-Sequenzen zu verändern, angebracht und abgenommen werden können. Nicht nur die DNA des Organismus ist für seine Eigenschaften maßgeblich, sondern es sind auch jene Marker, die von seinen mehr oder weniger weit zurückliegenden Vorfahren angebracht wurden, und auch die Umwelt kann das Genom beeinflussen. Typischerweise haben diese Marker eine Lebensdauer von einigen Generationen, um dann wieder verloren zu gehen. Eine andere häufige Form des Abschaltens von Genen bedient sich teilweise sequenzgleicher RNA-Moleküle. Eine dem heutigen Wissensstand entsprechende Definition von Epigenetik wäre: »Die Erforschung von Phänomenen und Mechanismen, die erbliche Veränderungen an den Chromosomen hervorrufen und die Aktivität von Genen beeinflussen, ohne die Sequenz der DNA zu verändern.«[40] Sicherlich haben die künftigen Forschungen auf dem Gebiet der Molekulargenetik noch viele Überraschungen für uns bereit. Mit diesen Andeutungen einiger aktueller Forschungsrichtungen wollen wir zu einer Kernfrage dieser Tagung zurückkehren: Was bedeutet Darwin heute für die Naturwissenschaft?

Was von Darwin 158 Jahre nach *Origin of Species* geblieben ist

Die Vorstellungen Darwins vom »Baum des Lebens«, der als einzige Zeichnung in der *Origin of Species* vorkommt, haben letztlich die Grundlage für die Phylogenie durch DNA-Sequenzvergleiche gelegt, ohne die die moderne Evolutionsbiologie nicht mehr auskommen könnte. Sind auch die Vorstellungen von veränderlichen Arten im evolutionären Sinne schon viel älter als Darwin, so hat er doch als erster klar zum Ausdruck gebracht, dass alle heutigen irdischen Lebewesen von einem einzigen Urahn, einer *Urzelle* abstammen. Zur Beantwortung der Frage nach der heutigen Bedeutung Darwins für die Evolutionsdynamik können wir uns auf das Selektionsprinzip und seine universelle Gültigkeit beschränken, da er hinsichtlich der Vorstellungen von Variation und Vererbung kein heute vertretbares Modell vor Augen hatte. Darwins Vorstellungen von der natürlichen

---

[40] Carrie Deans/Keith A. Maggert, What do you mean, «Epigenetic«, in: *Genetics* 199 (2015) 887–896.

Auslese sind aber universell, da die Fitness nur Individuen zu zählen braucht und daher unabhängig vom komplexen inneren Aufbau der Organismen ist.

Die Komplexität der Lebewesen nimmt während der biologischen Evolution nicht graduell zu, sondern sprunghaft in großen Übergängen,[41] den *major transitions*, die zurzeit nur soweit verstanden sind, als man plausibel machen kann, dass neben dem Darwinschen Prinzip auch andere Mechanismen wirksam waren. Kleinere Einheiten finden sich zu regulierten größeren Verbänden zusammen, wobei die vormals selbständigen Elemente ihre Unabhängigkeit zumindest teilweise verlieren. Beispiele sind: RNA-Welt → DNA & Protein-Welt, Gene → Genom, Einzeller → Vielzeller, solitäre Tiere → Tiergesellschaften, Primatengesellschaften → menschliche Kulturen. Zusätzlich zur Evolution durch Variation und Selektion kommt Kooperation zwischen Konkurrenten als neues Prinzip zum Tragen. Wir erwähnen hier nur ein ›Hyperzyklus‹ benanntes einfaches dynamisches Modell, das vor vierzig Jahren entwickelt wurde, um eine *major transition*, den Übergang von einer RNA-Welt zu einer DNA & Protein-Welt, plausibel machen zu können[42]: Die einzelnen Elemente eines Hyperzyklus haben jeweils zwei Funktionen, sie sind als Vorlagen zu ihrer eigenen Kopierung aktiv und sie sind in der Lage, Kopierprozesse zu katalysieren. Um eine stabile Organisationsform zu erreichen, werden die genetischen Informationsträger – in der Regel RNA-Moleküle – zu einer ringförmigen Funktionskette, dem ›Hyperzyklus‹, zusammengeschlossen. In der makroskopischen Biologie treten solche multifunktionellen Systeme vor allem in Form der verschiedenartigen Symbiosen auf. Systematische Untersuchungen mit RNA-Molekülen haben gezeigt,[43] [44] dass es oft einfacher ist, kooperative Netzwerke an Stelle von einfache Zyklen zu bilden. Um die in der Natur beobachteten Phänomene beschreiben zu können, muss Darwins Evolutionsmodell von Variation und Selektion durch die Einbeziehung

---

[41] John Maynard Smith/Eörs Szathmáry, *The major transitions in evolution* (Oxford University Press: Oxford, UK 1995).

[42] Manfred Eigen/Peter Schuster, *The hypercycle. A principle of natural self-organization* (Springer-Verlag: Berlin 1979).

[43] T. A. Lincoln/G. F. Joyce, Self-sustained replication of an RNA enzyme, in: *Science* 323 (2009) 1229–1232 und D. P. Horning/G. F. Joyce, Amplification of RNA by an RNA polymerase enzyme, in: *Proceedings of the National Academy of Science of the USA* 113 (2016) 9786–9791.

[44] N. Vaidya/M. L. Manapat/I. A. Chem/R. Xulvi-Brunet/E. J. Hayden/N. Lehman, Spontaneous network formation among cooperative RNA replicators, in: *Nature* 491 (2012) 72–77.

von Kooperation zwischen Konkurrenten erweitert werden, und dies ist zumindest auf der Ebene der Theorie ohne große Probleme möglich.[45] [46]

Eine kurze Schlussbemerkung finde ich noch angebracht: Die biologische Evolution ist ebenso ein wissenschaftlicher Fakt wie Newtons Gravitation oder die Bewegung der Erde um die Sonne – wir vergessen der Einfachheit halber Einsteins Korrekturen. Man mag einwenden, dass das Ptolemäische Weltbild erst durch die Raumfahrt endgültig zur Fiktion wurde. Eben genau dieses Schicksal wird der Leugnung von Evolutionsvorgängen durch die Evolutionsexperimente zuteil. Newtons Fallgesetze sind eine Idealisierung, denn wer hat schon beobachtet, dass eine Daunenfeder und ein Kieselstein gleich rasch fallen. Zwei Unterschiede zwischen Physik und Biologie gibt es aber dennoch: (i) In der Himmelsmechanik können wir Newtons Gesetze frei von Störungen durch den Luftwiderstand und anderen Komplikationen unmittelbar in Aktion beobachten, aber ›Himmelsbiologie‹ gibt es keine, und (ii) die biologischen Studienobjekte sind ungleich komplizierter als die physikalischen.

Ganz zum Schluss noch eine »Was wäre wenn?«-Frage: Wie hätte sich die Molekularbiologie entwickelt, hätte es nicht schon Darwins Arbeiten und Erkenntnisse gegeben? Die Entwicklung der Molekularbiologie erfolgte völlig unabhängig von der Evolutionsbiologie und es ist naheliegend, zu vermuten, dass es bis zur Vorhersage des Strukturmodells der B-DNA durch Watson und Crick kaum wesentliche Unterschiede gegeben hätte. Danach gab aber die Evolutionsbiologie vor, wonach die Molekularbiologen suchen sollten. Das beste Beispiel sind wohl die Rekonstruktionen von Stammbäumen durch Sequenzvergleiche. Schlussendlich wäre die Molekularbiologie mit oder ohne Evolutionsbiologie in dieselbe Richtung gegangen – es hätte aber im zweiten Fall viel länger gedauert.

---

[45] Peter Schuster, Some mechanistic requirements for major transitions, in: *Philosophical Transactions of the Royal Society*, Biology 371 (2016) e20150439.

[46] Peter Schuster, Increase in complexity and information through molecular evolution, in: *Entropy* 18 (2016) 397.

Zu den AutorInnen

emer. Prof. Dr. Sc. Josip BALABANIĆ war bis zu seiner Emeritierung am Institut für Geschichte und Philosophie der Naturwissenschaften an der Kroatischen Akademie der Wissenschaften und im Naturgeschichtlichen Museum in Zagreb tätig. Er übersetzte erstmals die Hauptwerke Darwins ins Kroatische und ist seit 2002 Mitglied der Akademie der Wissenschaften in Zagreb.

emer. Prof. Dr. Kurt BAYERTZ (*1948 in Düsseldorf) war zunächst nach seinem Studium an den Universitäten Frankfurt und Düsseldorf wissenschaftlicher Mitarbeiter an den Universitäten Bremen und Bielefeld, an der er nach seiner Habilitation im Jahr 1988 eine Professur für Wissenschaftsforschung antrat. Von 1990 bis 1992 leitete er die Abteilung Technikfolgenabschätzung am Institut für System- und Technologieanalysen in Bad Oeynhausen. 1992/1993 war er Stiftungsprofessor für Philosophie an der Universität Ulm. Von 1993 bis zu seiner Emeritierung 2017 war er Professor für praktische Philosophie an der Universität Münster. Zu seinen wichtigsten Arbeitsgebieten gehören Ethik (angewandte Ethik, Bioethik), philosophische Anthropologie, Wissenschaftstheorie und politische Philosophie.

Prof. Dr. Eve-Marie ENGELS War von 1993 bis 1996 Professorin für Theoretische Philosophie an der Universität Kassel. Von 1996 bis zu ihrer Pensionierung im Oktober 2017 hatte sie als Ordinaria den Lehrstuhl für Ethik in den Biowissenschaften an der Universität Tübingen inne. Sie ist Mitglied des Internationalen Zentrums für Ethik in den Wissenschaften (IZEW) der Universität Tübingen und war zehn Jahre lang dessen Sprecherin und seines von der DFG geförderten Graduiertenkollegs Bioethik. Ihre Schwerpunkte liegen in der Ethik, Theorie und Geschichte der Biowissenschaften.

Doz. Dr. Johannes FEICHTINGER ist wissenschaftlicher Mitarbeiter der Österreichischen Akademie der Wissenschaften und Dozent für Neuere Geschichte an der Universität Wien. Gastprofessuren in Österreich und USA. Forschungsschwerpunkte: Wissenschaftsgeschichte, Zentraleuropa, Kulturtheorie. Er ist seit 2015 korrespondierendes Mitglied der Österreichischen Akademie der Wissenschaften.

Dr. Tomáš HERMANN, Ph. D. (*1974), ist an der Naturwissenschaftlichen Fakultät der Karls-Universität (KU) Prag (derzeit Leiter des Lehrstuhls für Philosophie und Geschichte der Naturwissenschaften) und am Institut für Zeitgeschichte der Akademie der Wissenschaften der Tschechischen Republik tätig. Er studierte Philosophie und Geschichte (Philosophische Fakultät KU, 2000) und promovierte in Philosophie und Geschichte der Naturwissenschaften (Naturwissenschaftliche Fakultät KU, 2008). Er befasst sich mit Wissenschaftsgeschichte und Geistesgeschichte im 19. und 20. Jahrhundert.

Dr. Stefanie JOVANOVIC-KRUSPEL ist Kunsthistorikerin und Publizistin. Sie ist wissenschaftliche Mitarbeiterin im Naturhistorischen Museum Wien und widmet sich dort der (kunst)geschichtlichen Aufarbeitung der Sammlungen. Ihr besonderes Interesse gilt der Geschichte und Architektur von Naturmuseen sowie der künstlerischen Visualisierung wissenschaftlicher Inhalte vor allem im 19. und frühen 20. Jahrhundert.

Prof. Dr. Marianne KLEMUN ist am Institut für Geschichte der Universität Wien tätig und seit 2004 gewähltes Mitglied bzw. seit 2016 Generalsekretär der »International Commission on the History of Geological Sciences«. Ihre Forschungsschwerpunkte liegen in der Naturforschung im kulturellen Kontext, der Wissenschaftsgeschichte und den Kulturwissenschaften.

emer. Prof. Dr. Herbert MATIS (*1941 in Wien) studierte an der Universität Wien Geschichte und Geographie und war von 1973 bis zu seiner Emeritierung 2009 Ordinarius für Wirtschafts- und Sozialgeschichte an der Wirtschaftsuniversität Wien, 1983/1985 Rektor der Wirtschaftsuniversität Wien, 1997–2000 Vizepräsident des Fonds z. Förderung d. Wiss. Forschung (FWF) und 2004–2010 kooptiertes Vorstandsmitglied der Ludwig Boltzmann Gesellschaft. Er ist wirkliches Mitglied d. Österr. Akademie der Wissenschaften und war 2003–2009 deren Vizepräsident.

Prof. Dr. Werner MICHLER (*1967 in Wien) ist seit 2013 Proferssor für Neuere deutsche Literatur an der Univ. Salzburg. Präsident der Österr. Gesellschaft für Germanistik (ÖGG). Schwerpunkte u. a.: Literatur und Naturwissenschaft; Grundfragen der Poetik; Gattungstheorie, Übersetzung, literarische Bildung, deutschsprachige, insb. österreichische Literatur des 18.–21. Jahrhundert

DDr. Gabriele MELISCHEK ist Konsulentin des Instituts für vergleichende Medien- und Kommunikationsforschung der Österreichischen Akademie der Wissenschaften und der Alpen-Adria-Universität Klagenfurt sowie wissenschaftliche Beraterin des Bundesministeriums für Europa, Integration und Äußeres. Forschungsschwerpunkte: Politische Kommunikation in Geschichte und Gegenwart mit besonderem Schwerpunkt auf sozialpsychologischen Ansätzen, Wahlkampfkommunikation und kulturellen Indikatoren.

Dr. Lenka OVČÁČKOVÁ (*1977 in Uherske Hradiste) promovierte am Lehrstuhl für Philosophie und Geschichte der Naturwissenschaften an der Karlsuniversität Prag, wo sie derzeit als wissenschaftliche Mitarbeiterin tätig ist. Sie befasst sich mit dem Kontext naturwissenschaftlich-philosophisch-religiöser Strömungen am Ende des 19. und am Anfang des 20. Jhdts. in Tschechien, Deutschland und Österreich, mit der Geschichte der Deutschen Universität Prag sowie mit der Produktion von Dokumentarfilmen über Aspekte der historischen and aktuellen Wahrnehmung des tschechisch-deutsch-österreichischen Grenzraumes.

Hon. Prof. Dr. Wolfgang L. REITER, (*1946 in Bad Ischl), Studium der Physik, Mathematik und Philosophie an der Universität Wien. Honorarprofessor an der Historisch-Kulturwissenschaftlichen Fakultät der Universität Wien. Gründungsmitglied und Vizepräsident der »Ignaz-Lieben-Gesellschaft. Verein zur Förderung der Wissenschaftsgeschichte«. Veröffentlichungen in diversen wissenschaftlichen Zeitschriften sowie Buchbeiträge zu kernphysikalischen, wissenschaftssoziologischen und wissenschaftshistorischen Themen.

Dr. phil., Dr. disc. pol. habil. Richard SAAGE, (geb. 1941), Universitätsprofessor i. R., 1992–2006 Lehrstuhl für Politische Theorie und Ideengeschichte an der Martin-Luther-Universität Halle-Wittenberg. Seit 1998 Ordentliches Mitglied der Sächsischen Akademie der Wissenschaften zu Leipzig.
Aktuelle Forschungsschwerpunkte u. a. »Philosophische Anthropologie und der technisch aufgerüstete Mensch« (2011), »Zwischen Darwin und Marx« (2012), »Der erste Präsident. Karl Renner – eine politsche Biografie« (2016).

Dr. Josef SEETHALER ist stellvertretender Direktor des Instituts für vergleichende Medien- und Kommunikationsforschung der Österreichischen Akademie der Wissenschaften und der Alpen-Adria-Universität Klagenfurt sowie Lehrbeauftragter an mehreren Universitäten. Er ist österreichischer Vertreter in einer Reihe internationaler Projekte Forschungsschwerpunkte: Politische Kommunikation und gesellschaftliche Partizipation, Mediensystemanalyse; Wissenschaftskommunikation.

emer. Prof. Dr. Peter SCHUSTER, geb. 1941 in Wien, studierte Chemie und Physik an der Universität Wien, promovierte zum Dr. phil. im Jahre 1967 und war anschließend Post-Doc Assistent bei Manfred Eigen am Max Planck-Institut für physikalische Chemie in Göttingen. 1973 nahm er eine Berufung an die Universität Wien als Professor für Theoretische Chemie an, wo er von 1973 bis 2010 Vorstand des gleichnamigen Instituts war – mit einer Unterbrechung in den Jahren 1992–1995, in denen er als Gründungsdirektor das Institut für Molekulare Biotechnologie in Jena aufbaute. 2006–2009 war er Präsident der Österreichischen Akademie der Wissenschaften. Sein gegenwärtiges Arbeitsgebiet sind mathematische Modelle der molekularen biologischen Evolution.

Dr. Katalin STRÁNER lehrt Modern European History an der Universität Southampton, UK. Sie erwarb einen PhD an der Central European University in Budapest und bekleidete Fellowships am University College London, an der Harvard Universität, am Institut für Europäische Geschichte in Mainz, und am European University Institute in Florenz. Ihre Forschungsinteressen liegen auf den Gebieten Wissenschaftsgeschichte, Stadtgeschichte, Translationsforschung und Ideengeschichte, sowie Auswirkungen von Migration und Exil auf den Wissenstransfer.

Dr. Klaus TASCHWER, Studium der Sozialwissenschaften und Philosophie in Wien, Dissertation über Wissenschaftspopularisierung in Wien um 1900. Daneben und danach »Zwischenschaftler« (freier Journalist und freier Wissenschaftsforscher bzw. -historiker). Gründer und Mitherausgeber des Wissenschaftsmagazins »heureka!« (1998 bis 2009) sowie Gründer und Ko-Leiter des Universitätslehrgangs SciMedia für Wissenschaftskommunikation in Wien (2002 bis 2006). Seit 2007 Wissenschaftsredakteur bei der Tageszeitung DER STANDARD (Wien). 2013 erster Journalist-in-Residence am Max-Planck-Institut für Wissenschaftsgeschichte in Berlin.

Ignaz-Lieben-Gesellschaft: Studien zu Wissenschaftsgeschichte
hrsg. von Mitchell G. Ash, Johannes Feichtinger, Juliane Mikoletzky, Wolfgang L. Reiter

Wolfgang L. Reiter; Juliane Mikoletzky; Herbert Matis; Mitchell G. Ash (Hg.)
Wissenschaft, Technologie und industrielle Entwicklung in Zentraleuropa im Kalten Krieg
Der vorliegende Band beleuchtet die Rolle von Wissenschaft und Technik im Kalten Krieg im zentraleuropäischen Raum. Überblicksdarstellungen von Wissenschaft und Technik aus globaler und europäischer Perspektive folgen forschungspolitische und institutionengeschichtliche Fallstudien zu wissenschaftlichen, technologischen und industriellen Entwicklungen in Österreich, Ungarn und der damaligen ČSSR, sowie Beiträge zu wissenschaftlich und technisch relevanten, politisch orientierten Geschehnissen.
Bd. 1, 2017, 372 S., 39,90 €, br., ISBN 978-3-643-50840-9